CHANYE ZHUANLI FENXI BAOGAO

产业专利分析报告

（第3册）

杨铁军◎主编

1. 切削加工刀具
2. 煤矿机械
3. 燃煤锅炉燃烧设备

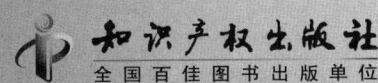

知识产权出版社
全国百佳图书出版单位

内容提要

本书收集了三个行业的专利态势分析报告。每个报告从相关行业的专利（国内、国外）申请、授权、申请人的已有专利状态、其他先进国家的专利状况、同领域领先企业的专利壁垒等方面入手，充分结合相关数据，展开分析，并得出分析结果。本书是了解相关行业技术发展现状并预测未来走向，帮助企业做好专利预警的必备资料。

读者对象： 相关行业的企业管理者、研发人员、知识产权预警及管理的研究人员。

责任编辑：王　欣　卢海鹰　　　　责任校对：韩秀天
版式设计：王　欣　卢海鹰　　　　责任出版：卢运霞
文字编辑：胡文彬

图书在版编目（CIP）数据

产业专利分析报告. 第 3 册 / 杨铁军主编 . —北京：知识产权出版社，2012.3
ISBN 978 - 7 - 5130 - 1079 - 5

Ⅰ . ①产… 　Ⅱ . ①杨… 　Ⅲ . ①专利 – 研究报告 – 世界
Ⅳ . ①G306.71

中国版本图书馆 CIP 数据核字（2012）第 012873 号

产业专利分析报告（第 3 册）
CHANYE ZHUANLI FENXI BAOGAO
杨铁军　主　编

出版发行：知识产权出版社

社　　　址：北京市海淀区马甸南村 1 号	邮　　编：100088
网　　　址：http：//www. ipph. cn	邮　　箱：bjb@ cnipr. com
发行电话：010-82000860 转 8101/8102	传　　真：010-82005070/82000893
责编电话：010-82000860 转 8122	
印　　刷：北京富生印刷厂	经　　销：新华书店及相关销售网点
开　　本：787mm×1092mm　1/16	印　　张：34.25
版　　次：2012 年 3 月第 1 版	印　　次：2012 年 3 月第 1 次印刷
字　　数：793 千字	定　　价：88.00 元（赠光盘）

ISBN 978 - 7 - 5130 - 1079 - 5/G・472（3957）

编委会

序

　　专利分析作为专利信息利用的一种有效方式，是提高企业创新水平、把握市场方向的重要途径，也是避免专利纠纷、规避经营风险的有效手段。

　　为助力国家产业发展、贯彻实施《国家知识产权战略纲要》，国家知识产权局在"十二五"期间组织实施了专利分析普及推广项目。该项目的一项重要内容就是，紧密结合国家的产业发展方向、围绕企业对专利信息运用和产业发展的需求，发挥国家知识产权局的专利人才优势和资源优势，开展专利分析研究工作，形成并发布《产业专利分析报告》。

　　专利分析普及推广项目，始终把产业放在第一位，以"源于产业、依靠产业、推动产业"为原则开展专利分析研究。专利分析研究的需求，围绕产业来选择和确定，坚持将产业需求作为专利分析的切入点。专利分析研究的内容，注重从整个产业升级和发展的层面、紧密结合产业特色来展开。在专利分析研究的过程中，广泛听取相关部门、单位及专家、学者的意见和建议，集各方经验和智慧使《产业专利分析报告》更具使用价值。

　　我衷心希望这些《产业专利分析报告》的出版对相关行业、企业和知识产权管理部门以及知识产权服务机构开展专利工作发挥有益作用，并祝愿专利分析工作在我国各产业、各地区结出累累硕果！

国家知识产权局副局长

杨铁军

前　言

　　"十二五"期间，专利分析普及推广项目每年选择若干行业开展专利分析研究，发布《产业专利分析报告》，推广专利分析成果；逐渐形成专利分析报告标准，规范专利分析内容，普及专利分析方法。通过这些工作的开展，力图实现"普及方法、培育市场、服务创新"的项目宗旨。

　　为了促进项目成果的发布和推广，引导和促进企业等创新主体开展专利分析工作，提升其专利信息运用水平，《产业专利分析报告》丛书对项目开展中形成的各行业专利分析报告进行分册出版。

　　我们在 2011 年出版的第 1～2 册中，发布了薄膜太阳能电池等 5 个行业的专利分析报告，受到了社会和产业界的广泛关注。在 2012 年出版的第 3～6 册中，将发布 10 个行业的专利分析报告。这其中，涉及电子信息技术领域的有 5 个，包括有机发光二极管、光通信网络、通信用光器件、立体影像、智能手机，涉及装备制造领域的有 3 个，包括煤矿机械、燃煤锅炉燃烧设备、切削加工刀具，涉及食品药品领域的有 2 个，包括乳制品和生物医用天然多糖。为便于相关领域企业自行开展专利分析研究，本书还在所赠光盘中提供了各报告分析使用的专利数据集。

　　2012 年出版的《产业专利分析报告》，在研究方法上，提出了专利数据检索的准确性和完整性的验证方法，保证了数据质量。在研究视角上，紧密结合行业特色和需求，有选择地开展了专利诉讼、专利许可、技术引进和消化吸收、新兴市场、技术标准、行业认证和准入、企业并购分析、专利评估等多角度的分析研究，提升了报告对行业专利信息运用的示范指导意义。在研究深度上，将专利数量与技术发展、重点专利、重点申请人、重要产品及市场变化等多方面信息相结合，加强了对专利信息与产业信息和技术信息之间关联性的挖掘。

在展现形式上，增加了综合性图表的种类和数量，同时大量使用经过深度二次加工的专利统计数据，并融入技术、市场、政策等多维度信息，提高了信息综合度和报告的可读性。

由于报告中专利文献数据采集范围和专利分析手段的限制，加之研究人员水平有限，报告的数据、结论和建议仅供社会各界借鉴参考。

本书编委会
2012 年 3 月

目　录

报告一

切削加工刀具
专利分析报告

一、项目指导

国家知识产权局：杨铁军　葛　树　韩秀成　徐　聪　毛金生

二、项目管理

国家知识产权局专利局：冯小兵　韩爱朋　李超凡　崔　磊　李银锁

三、课题组

承担部门：国家知识产权局专利局机械发明审查部

课题负责人：朱仁秀

课题组长：马天旗

课题组成员：汪　勇　许志庆　马玉青　田丽莉　赵晓明

四、研究分工

文献检索：汪　勇　许志庆　马玉青　田丽莉　赵晓明

数据清理：汪　勇　许志庆　马玉青　田丽莉　赵晓明

数据标引：汪　勇　许志庆　马玉青　田丽莉

图表制作：田丽莉　马玉青　马天旗　汪　勇　许志庆　赵晓明

报告执笔：马天旗　汪　勇　许志庆　马玉青　田丽莉　赵晓明

报告统稿：朱仁秀　马天旗

报告编辑：赵晓明　田丽莉　马玉青

报告审校：葛　树　冯小兵　韩秀成　朱振宇　郭震宇　孙全亮
　　　　　李超凡　马　克

五、报告撰稿

马天旗：主要执笔第2章、第3章、第6章第1节、第7章第2、4节，
　　　　参与执笔第6章第3节

汪　勇：主要执笔第1章、第5章第2节、第6章第2，3节

许志庆：主要执笔第5章第4节，参与执笔第3章、第6章第2节

马玉青：主要执笔第5章第3节，参与执笔第2章、第6章第2节

田丽莉：主要执笔第5章第1节、参与执笔第6章第2节

赵晓明：主要执笔第4章，第7章第1、3节

六、指导专家

行业专家：

邵钦作　中国机械工业协会行业发展部副主任

商宏谟　成都工具研究所副所长

沈壮行　中国机床工具工业协会工具分会秘书长

王社权　株洲钻石切削刀具股份有限公司副总经理

技术专家：

陈响明　株洲钻石切削刀具股份有限公司研发中心副主任

于继龙　哈尔滨第一工具制造公司总工程师
朱鸿杰　哈尔滨量具刃具集团有限责任公司副总经理
王永国　上海大学先进工艺与刀具技术研究所博士

专利分析专家：

肖沪卫　上海科技情报研究所咨询部
单淑梅　黑龙江省知识产权局服务中心
韩树刚　国家知识产权局专利局机械发明审查部
李超凡　国家知识产权局专利局审查业务管理部

七、合作单位

株洲钻石切削刀具股份有限公司、哈尔滨第一工具制造公司、哈尔滨量具刃具集团有限责任公司、汉江工具有限责任公司、四川省知识产权局、黑龙江省知识产权局

分 目 录 （一）

第1章 前 言

第2章
第3章
第4章
第5章
第6章
第7章
第8章

1.1 立题背景

刀具行业是机械制造行业和重大技术领域的基础行业。切削加工约占整个机械加工工作量的 90%，刀具技术在汽车、航空航天、能源、军事、模具等现代机械制造领域发挥着越来越重要的作用。据统计，高效先进刀具可明显提高加工效率，使生产成本降低 10% ~15%。刀具的质量直接决定了机械制造行业的生产水平，更是制造业提高生产效率和产品质量的最重要因素。

中国刀具市场规模大，增长速度快。2010 年上半年，中国刀具产品出口 31.1 亿美元，同比增长 45.7%。到 2010 年年底，中国生产刀具的大中型企业已达 700 多家，相关从业人员数量已达 10 万多人。❶

中国在刀具行业的研发投入大。在国家科技重大专项"高档数控机床与基础制造装备"中涉及刀具的就有 5 个重要项目。机床工具行业先后申报列入国家振兴规划技改项目 50 多项，总投资 100 多亿元人民币。

但中国刀具企业的专利产出较少，亟须掌握科学的专利分析方法快速提升专利信息情报分析能力，以提高专利产出和专利信息运用能力。中国除了株洲钻石切削刀具股份有限公司申请了近 100 项专利以外，其他一些较大的刀具企业都只有几十项甚至几项专利。与之相比，众多国际知名刀具企业申请专利都在 100 项以上，其中日本的三菱材料（MITSUBISHI MATERIALS CORP）更是申请了 2 100 多项专利。

1.2 行业发展状况

1.2.1 市场概况

1.2.1.1 全球

2009 年，由美国次贷危机引发的全球金融风暴和经济衰退继续冲击着世界各个经济体，严重影响了全球制造业的正常发展，特别是对主要的机床生产国家和地区的机床生产、销售与消费造成了极大影响。❷ 2010 年，全球制造业对刀具的需求出现了全面回升，中国刀具市场的回升势头尤为强劲。从国际上看，全球最大的工具集团山特

---

❶ 中国机械工业年鉴编辑委员会，中国机床工具工业协会. 2010 中国机床工具工业年鉴［M］. 北京：机械工业出版社，2010.

❷ 刀具行业专家畅想刀具产业 2011 发展［EB/OL］.（2011 - 02 - 23）［2011 - 06 - 14］http：//www. cnsb. cn/html/news/582521. html.

维克（Sandvik Tooling）2010 年第一至第三季度报表显示全球需求普遍回升。美国肯纳金属（Kenna metal）下属的 MSSG 作为全球第二大工具集团，其报告显示 2010 年第一季度同比增长 19%，第二季度同比增长 44%。日本工具企业的销售也出现和欧美类似的明显复苏。总体来看，全球制造业从 2009 年第三季度开始缓慢地复苏，至今已连续6 个季度稳定上升。❶

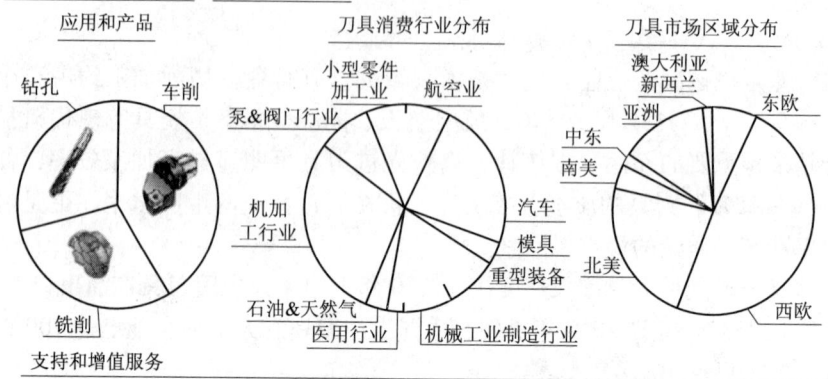

图1-2-1 全球各地区刀具进出口统计图

切削加工工具进口（百万欧元）

	法国	德国	英国	意大利	荷兰	西班牙	瑞典	比利时(卢森堡)	瑞士	奥地利	捷克	俄罗斯	美国	日本	韩国	中国	墨西哥	印度	马来西亚
2001	332	727	308	377	443	128	164	443	236	118	69	32	607	220	135	78	196	54	141
2002	320	687	274	351	531	130	152	531	215	129	84	37	617	201	39	104	185	60	120
2003	298	726	232	343	543	128	120	543	217	131	74	43	572	215	145	128	158	66	120
2004	308	783	240	361	550	133	100	550	244	149	84	49	630	249	60	169	168	81	128
2005	314	900	257	386	551	144	123	551	228	168	103	63	772	295	197	221	174	117	115
2006	328	957	271	429	534	155	127	420	255	187	112	91	812	321	202	261	204	145	127
2007	363	1 134	265	488	789	173	161	496	298	204	130	132	829	324	206	311	199	166	140
2008	393	1 323	243	513	890	145	166	495	299	209	148	169	788	340	194	325	211	175	187

切削加工刀具出口（百万欧元）

	法国	德国	英国	意大利	荷兰	西班牙	瑞典	比利时(卢森堡)	瑞士	奥地利	捷克	俄罗斯	美国	日本	韩国	中国	墨西哥	印度	马来西亚	全球
2001	138	1 071	265	229	449	54	502	353	414	232	34	302	378	589	174	206	524	28	20	6 224
2002	130	1 108	205	224	557	50	484	350	394	209	41	20	365	570	179	231	334	31	47	5 826
2003	141	1 178	190	217	557	53	451	350	374	206	44	28	313	575	192	257	36	38	31	5 553
2004	149	1 318	207	245	641	51	457	373	375	229	57	27	315	674	244	323	42	42	11	6 088
2005	147	1 460	220	265	631	65	434	425	359	244	76	16	410	765	296	451	60	77	14	6 718
2006	154	1 646	229	283	611	66	479	514	397	271	81	15	435	812	316	572	52	93	18	7 545
2007	185	1 890	215	288	865	76	506	586	445	311	96	23	450	821	352	706	47	75	21	8 512
2008	204	1 968	182	298	949	69	485	589	447	313	109	15	432	851	372	729	51	76	28	8 708

---

❶ 刀具行业专家畅想刀具产业 2011 发展 ［EB/OL］. （2011 - 02 - 23）［2011 - 06 - 14］http://www.cnsb.cn/html/news/582521.html.

从图 1-2-1 中可以看出，未来硬质合金所占比率将逐步增大，而高速钢产品的比率将逐步减少。由图 1-2-3 可见，其中高速钢占到 35%，硬质合金占 15%。国际市场上由于原材料紧缺，仲钨酸铵（APT）的价格在最近的几年中从每吨 50 美元涨到每吨 250 美元左右。而成本的增加终将转嫁到刀具终端用户身上。从图 1-2-2 来看，日本国内的刀具产值，硬质合金刀具的产量近年持续增长，而高速钢刀具开始呈现下降趋势，硬质合金的进出口量均显著增长，主要的出口对象为亚洲，其次为欧洲，然后为北美洲及其他地区。❶

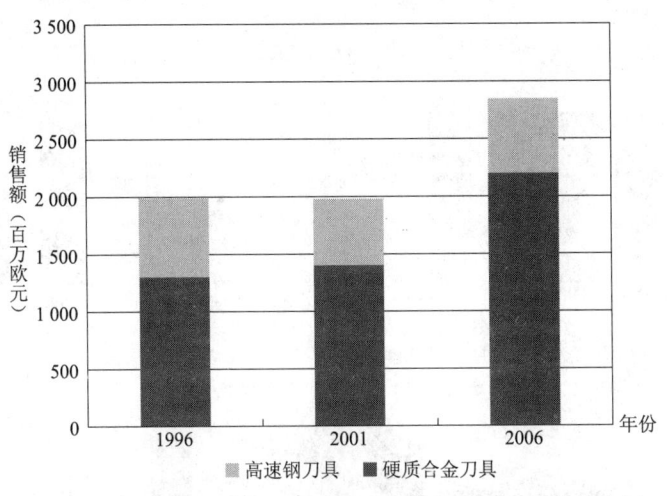

图 1-2-2 日本国内市场硬质合金和高速钢刀具的销售比例

近年来，超硬刀具 CBN/PCD 大幅度增长，可以看出国际工具市场在这个领域的发展态势。全球刀具制造业发展的主要领域是现代高效刀具，其中以硬质合金刀具为主打产品，超硬刀具也在迅速发展，传统高速钢标准刀具数量不断下降，齿轮刀具、拉刀等仍然以高速钢为主要材料的切削刀具也在向高精、高速、高效方向发展。

1.2.1.2 中国

2009 年，世界机床总产值陡降 32%，机床总消费额同比下降 33%，只有中国的机床总产值不仅没有下降，反而增长了 7.6%，使中国机床总产值在其他国家大幅下降的情况下首次跃居世界第一。因此，各国纷纷看好新兴经济体特别是中国制造业的

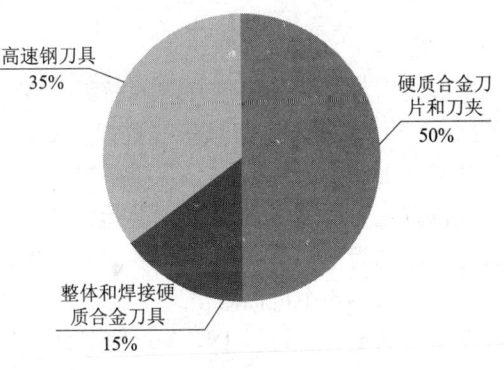

图 1-2-3 全球硬质合金钢和
高速钢刀具消费比例❷

---

❶ 刀具行业专家畅想刀具产业 2011 发展 ［EB/OL］.（2011-02-23）［2011-06-14］http://www.cnsb.cn/html/news/582521.html.

❷ 沈壮行. 在新的历史起点上，对工具行业发展战略的再思考 ［J］. 工具技术，2008, 42 (1): 6-11.

发展，欧、美、日各大跨国工具集团在全球金融危机后的发展战略中，毫无例外地把扩大在中国市场的销售作为首选。

中国刀具行业近两年生产和销售情况：2009 年共生产各类刀具 121 942.23 万件，比上年减少 47.3%；2009 年，工具行业刀具出口量占销售量的 38.9%，出口额占销售额的 21.9%。根据中国机床工具工业协会工具分会提供的数据，2009 年，进口刀具的增长幅度有所回落，进口刀具购置费约为 12 亿美元，参见图 1－2－4。❶

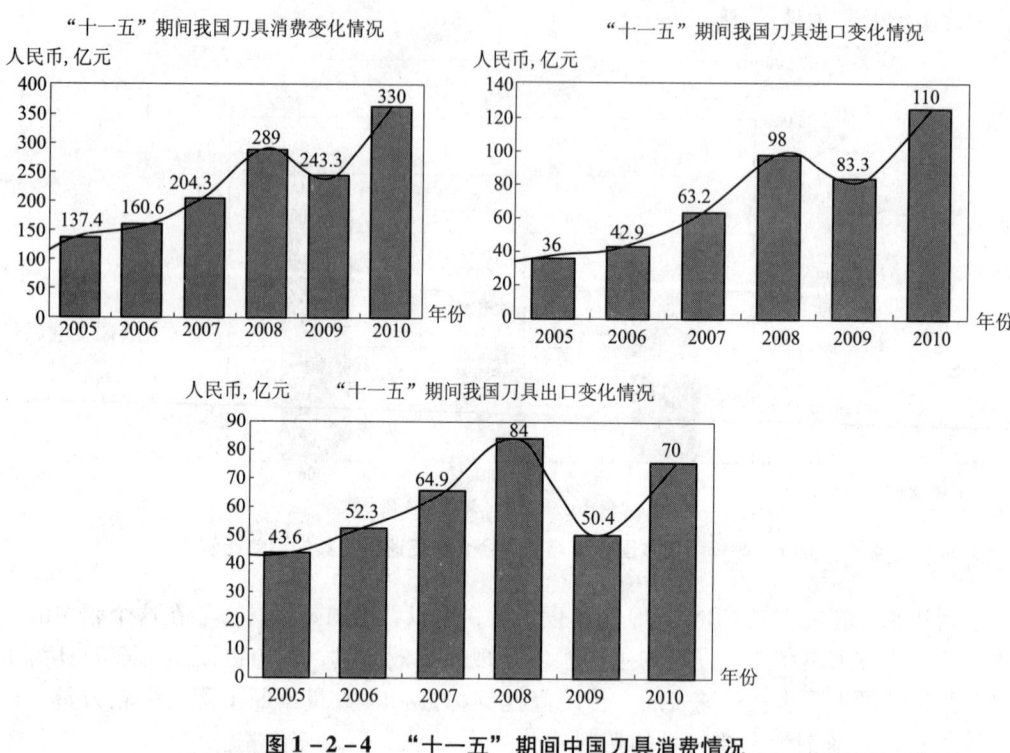

图 1－2－4　"十一五"期间中国刀具消费情况

中国的刀具产业结构具有以下特点：（1）刀具产品消费水平低；（2）刀具产品附加值低；（3）高效先进刀具依赖进口；（4）在国际市场竞争力较弱，同行相差较大；（5）市场前景看好。❷"十二五"期间中国工具行业的发展，将面临一个新的历史机遇期，其特点是：强劲的国内需求是推动发展的主要动力；国内制造业对刀具的需求，将从中、低端为主向高端为主转移，现代高效刀具的需求将明显提速。❸

从图 1－2－5 中可以看出，中国 2009 年硬质合金等高性能刀具的产量和产值的比率都有明显的上升，可见中国企业在调整产业结构方面已经取得了初步成效。

❶ 中国机械工业年鉴编辑委员会，中国机床工具工业协会. 2010 中国机床工具工业年鉴 ［M］. 北京：机械工业出版社，2010.

❷ 刀具行业专家畅想刀具产业 2011 发展 ［EB/OL］.（2011－02－23）［2011－06－14］http：//www. cnsb. cn/html/news/582521. html.

❸ 在国际金融危机的大背景下中国工具工业的发展前景和奋斗方向 ［EB/OL］. ［2011－06－14］http：//www. cut35. com/info/3089_ P2. html.

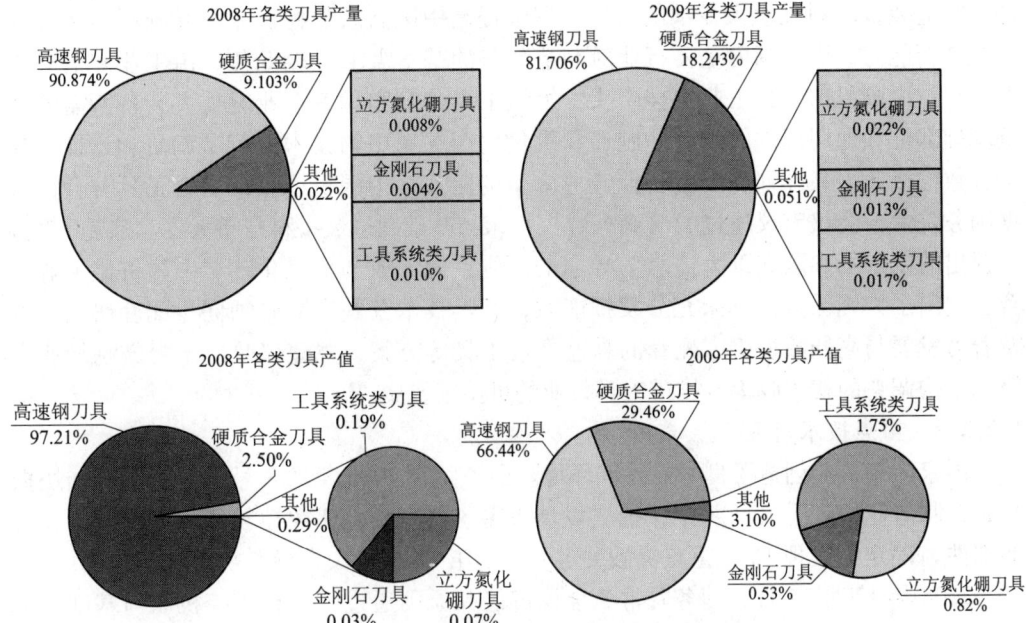

图 1 - 2 - 5　2008~2009 年中国各类刀具产量及产值

1.2.2　产业政策

1.2.2.1　基础研究

如图 1 - 2 - 6 所示，关于刀具行业产业政策涉及了基础研究、重点技术研究、投资与税收和机遇 4 个方面，下文将对这 4 个方面的产业政策进行逐一解读。

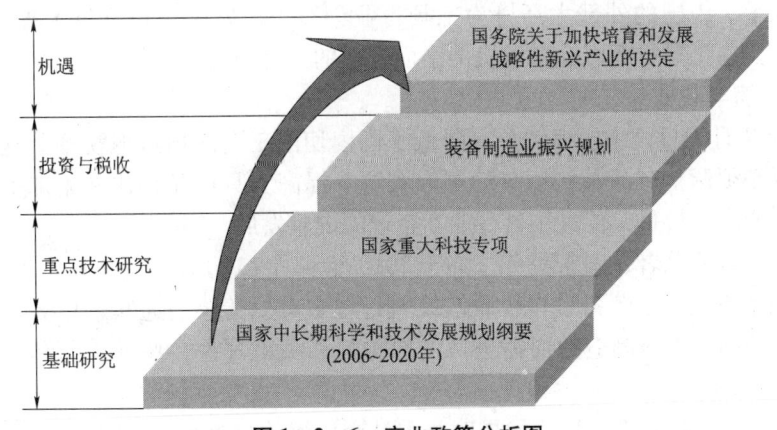

图 1 - 2 - 6　产业政策分析图

因为刀具行业包括在机床工具行业之内，凡是针对机床工具行业的政策都适用于刀具行业。为实现《国家中长期科学和技术发展规划纲要》❶ 中的"高档数控机床与

---

❶　中国机械工业年鉴编辑委员会，中国机床工具工业协会．机床工具工业年鉴 2007［M］．北京：机械工业出版社，2007.

基础制造装备"科技重大专项的目标，逐步提高中国高档数控机床与基础制造装备的自主创新能力，满足国内主要行业对制造装备的基本需求，2008 年，由工业和信息化部组织，中国机床工具工业协会牵头，组织工具分会和相关企业对重大装备所需的关键基础部件和通用部件的设计、制造和批量生产关键中的技术进行了调研和论证。为配合数控机床振兴计划和工具行业产业政策的落实，中国机床工具协会工具分会，依据国务院常务会议审议通过的《高档数控机床与基础制造装备科技重大专项实施方案》中提出的以市场和国家重大需求为导向的原则，向工业和信息化部、中国机械工业联合会提出了为确保数控机床充分发挥能效，工具技术及其产品必须同步配套研发，以及着力发展与高档数控机床配套的高速高效工具等方案，并建议政府出台鼓励行业升级和结构调整的相关政策，推进工具行业的可持续发展。❶

1.2.2.2 重点技术研究

国家为制造业创造了良好的外部环境。国务院在 2006 年的 8 号文件《关于加快振兴装备制造业的若干意见》中，把"发展大型、精密、高速数控装备和数控系统及功能部件"确定为实现 16 个重点突破关键领域的第 12 个重大支持专项任务。

2008 年 12 月 24 日，国务院常务会议审议并原则通过《高档数控机床与基础制造装备科技重大专项实施方案》，科学技术部、国家发展改革委员会、财政部三部委于 2009 年 1 月 25 日正式批复，数控机床专项进入实施阶段。❷ 在《高档数控机床与基础制造装备科技重大专项实施方案》中，工具行业承担了"高速数控机床用新型工具系统""高效可转位系列及超硬工具""超细晶粒整体硬质合金涂层刀具系列""高效、高性能、精密、复杂数控切削刀具""高性能激光测量系统"等重要项目。工具企业通过承担国家重大专项，可以攻克、开发一批产业关键技术、共性技术与核心技术，形成一批拥有自主知识产权、市场竞争力强的高新技术产品，提升企业的核心竞争力和产品创新水平。中国的外部大环境为工具行业创造了广阔的市场和巨大的发展空间，有效遏制了国内工具行业因金融危机冲击而造成的下滑势头。

1.2.2.3 投资与税收

2008 年 7 月 1 日，中国海关总署降低了国内切削工具的出口退税率。这就要求国内工具企业必须调整产品结构，节约国家资源，提高工具产品档次和附加值，细化出口切削工具的海关税目，促进工具行业和企业的健康发展。

财政部、海关总署、国家税务总局于 2010 年 4 月 13 日发布财关税（2010）17 号文《关于调整重大技术装备进口税收政策暂行规定有关清单的通知》中规定：为生产重大技术装备国内不能制造的而需进口的原材料和关键零件，免征关税和进口环节增值税。

财政部、科学技术部、国家发展改革委员会、海关总署、国家税务总局于 2010 年 7 月 24 号下达财关税（2010）28 号文中规定：自 2010 年 7 月 15 号起，承担科技重大

---

❶ 中国机械工业年鉴编辑委员会，中国机床工具工业协会. 机床工具工业年鉴 2008 [M]. 北京：机械工业出版社，2008.

❷ 中国机械工业年鉴编辑委员会，中国机床工具工业协会. 机床工具工业年鉴 2009 [M]. 北京：机械工业出版社，2009.

专项课题的单位，使用中央财政拨款、地方财政资金、单位自筹资金以及其他渠道筹集资金，进口所需国内不能生产的设备（含软件、刀具及技术）、零部件、原材料，免征关税和进口环节所得税。

1.2.2.4　发展机遇

党和国家领导人非常关心和支持机床工具行业的发展，2009 年，就有多位党和国家领导人先后亲临机床工具企业考察行业发展情况，并作出重要指示。2009 年 6 月 27 日，中共中央总书记、国家主席胡锦涛视察了哈尔滨量具刃具集团有限公司，详细询问了企业在调整结构、自主创新、并购重组、消化吸收、经营效益等方面的情况，并指出，要积极应对国际金融危机的冲击，抓住时机，化危为机，苦练内功，集中力量进行攻关，开发自主技术，同时加强消化吸收再创新，努力掌握更多核心技术和关键技术，增强企业竞争力，做好技术储备，为将来更好发展打下基础。胡总书记的重要指示为中国工具行业的技术进步和发展指明了方向。

除此之外，众所周知，2010 年 10 月国务院常务会议通过了《国务院关于加快培育和发展战略性新兴产业的决定》（以下简称《决定》），在提到的 7 项国务院扶植产业中，其中的 4 项：高端装备制造、新能源、新材料和新能源汽车，都与切削加工刀具行业息息相关，这不仅给各企业带来了商业机遇，也是对各企业更大的挑战。

1.2.3　产业链

切削加工刀具行业的产业链从上游到下游包括：原材料供应、切削加工刀具制造设备的制造、切削加工刀具的设计及制造、应用切削加工刀具进行其他装备的设计和制造，参见图 1-2-7。

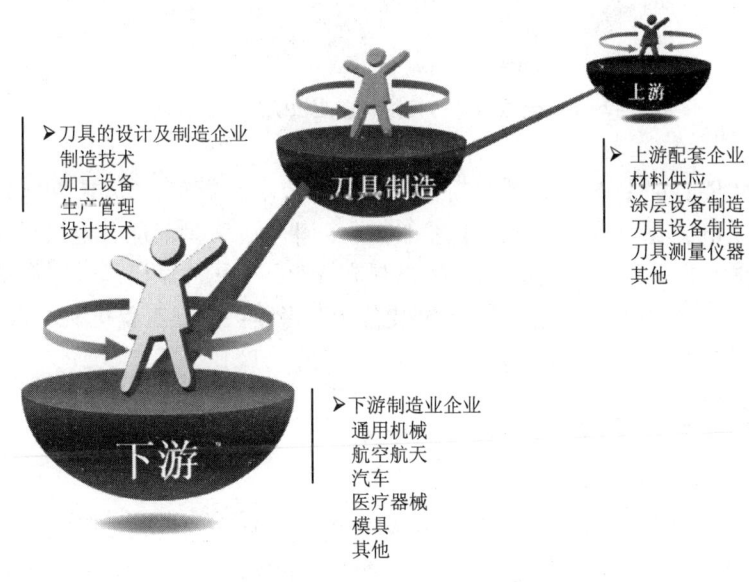

图 1-2-7　切削加工刀具行业产业链分布图

1.2.3.1 刀具上游配套企业

主要指与刀具设计制造相关的刀具材料供应及其他配套企业。主要进行材料的性能研究、现代刀具材料研制、刀具制造装备研制等。

上游行业主要有：① 特种钢生产行业（如：高速钢、高性能高速钢和粉末冶金行业）；② 涂层设备制造技术开发行业；③ 刀具制造专用设备和测量仪器制造行业；④ 硬质合金及超硬材料制品的生产行业。

1.2.3.2 刀具设计制造企业

主要指各类刀具的设计制造生产企业，主要进行刀具专用数字化设计、刀具制造技术与装备、刀具辅助设备制造、刀具使用与服务等。

1.2.3.3 刀具下游制造业企业

应用各类刀具（铣刀、车刀、孔加工刀具、齿轮加工刀具等）通过各种加工设备将原材料加工为零件或产品的企业。如通用机械制造企业、汽车制造以及模具加工企业。据统计，全球切削刀具的应用按制造业板块的销售去向统计，通用机械占35%，汽车占34%，航空工业占12%，医疗机械占5%，模具占4%，其他占10%，参见图1－2－8。

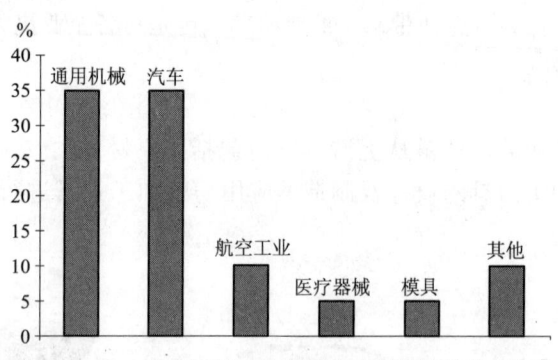

图1－2－8　全球切削刀具按制造业板块的销售去向❶

下游行业主要有：① 汽车行业：轿车、重汽、轻卡、货车；② 能源行业：核电、水电、火电、风电、石油钻探设备；③ 船舶行业：船舶、大型船舶、港口机械；④ 航空航天行业：航空发动机、大飞机；⑤ 模具制造行业：金属冲压模具、塑料制品模具；⑥ 兵器工业：坦克、战车、军舰；⑦ 重型装备制造行业：大型工程机械、重型矿山机械、大型轧钢设备；⑧ 其他装备制造业：机床、机车、摩托车等行业。

1.2.4　国内外主要刀具企业

1.2.4.1　国外主要刀具企业

在中国的切削加工刀具行业活跃着五大主流外资派系：一是山特系，山特维克公司有着庞大而复杂的刀具分支；二是美国系，主要以肯纳、Widia、Star 等为代

---

❶　2010 年世界金属切削工具大会．［EB/OL］．［2011－06－14］http：//www.jxzzlj.com/high/Content.asp?id＝27.

表；三是欧洲系，主要以德国为主，包括 MAPAL、Guehring、EMUGE、TBT、瓦格纳等；四是日本系，包括三菱材料、住友电工、东芝、OSG、黛杰、不二越、日立等；五是以色列系，包括伊斯卡、莫格索尔、瓦格丝等。其他的产品则包括韩国等国家的产品以及中国台湾地区的产品。韩国的 Taegutec 的刀具产品齐全，但价格优势不大；KORLOY 则价格比较实惠，同时借助其刀柄产品，进入中国市场也很快。参见表 1 - 2 - 1。

表 1 - 2 - 1　全球主要刀具厂商的产品及品牌

序号	公司名称	国别	经营优势产品
1	山特维克	瑞典	可转位硬质合金刀具刀具、整体硬质合金刀具、超硬刀具等
2	肯纳	美国	可转位硬质合金刀具、整体硬质合金刀具、超硬刀具等
3	伊斯卡	以色列	可转位硬质合金刀具、整体硬质合金刀具、超硬刀具等
4	山高	瑞典	可转位硬质合金刀具、整体硬质合金刀具、超硬刀具等
5	玛帕	德国	超硬刀具等
6	三菱材料	日本	可转位硬质合金刀具、整体硬质合金刀具、超硬刀具等，超硬刀具是其优势
7	住友电工	日本	可转位硬质合金刀具、整体硬质合金刀具、超硬刀具等
8	京瓷	日本	可转位硬质合金刀具、整体硬质合金刀具、超硬刀具等，金属陶瓷是其优势
9	可洛伊	韩国	可转位硬质合金刀具、整体硬质合金刀具、超硬刀具等

1.2.4.2　国内主要刀具企业

国内刀具企业数量众多，从地域分布上来看，这些企业所处位置都相对较为集中。华南地区以株洲钻石和厦门金鹭为代表，还有遍布东莞的一大批小刀具企业，为珠三角地区的制造业添力不少；华东地区则以老牌企业上工领衔，阿诺、嘉兴恒锋、宁波三韩等一批新兴企业近些年发展很快，此外还形成了常州西夏墅、丹阳和浙江温岭刀具产业群；北方地区的刀具企业主要集中在东北老工业基地，以哈量、哈一工领衔，还有如牡丹江工具在内的一批民营企业；西北地区主要集中在陕西，主要企业有汉江工具、陕硬刀具和青海刀量具等；西南地区的成都附近集中了成量、工研所、自贡硬质合金和新兴的如森泰英格、成都千木等众多企业，另外还有贵州的西南工具；比较而言，中原地区的刀具企业比较少，太原工具、郑州钻石是较有代表性的企业。❶ 参见表 1 - 2 - 2。

---

❶ 市场分析：国内刀具行业兴盛崛起原因 [EB/OL]. (2011 - 05 - 05)[2011 - 06 - 14] http://www.jd37.com/news/20115/96571.html.

表1-2-2　国内主要刀具厂商的产品及品牌

序号	公司名称	省市	经营优势产品
1	株洲钻石切削刀具股份有限公司	湖南株洲	可转位硬质合金刀具、整体硬质合金刀具、超硬刀具等
2	厦门金鹭	福建厦门	整体刀具
3	成都工具研究所	四川成都	可转位螺纹刀
4	上海工具厂	上海	整体刀具
5	西南工具厂	贵州	复杂刀具（齿轮刀具）
6	森泰英格数控刀具	四川成都	可转位刀具，整体刀具
7	成都千木数控刀具有限公司	四川成都	可转位刀具，整体刀具
8	郑州市钻石精密制造有限公司	河南郑州	超硬刀具
9	汉江工具厂	陕西	齿轮刀具等复杂刀具
10	阿诺（苏州）刀具有限公司	苏州	整体刀具及其修磨
11	常州西夏墅刀具群	常州	在常州西夏墅镇建立了刀具企业群（380家小企业）
12	哈尔滨量具刃具集团有限责任公司	哈尔滨	刀柄
13	哈尔滨第一工具制造有限公司	哈尔滨	精密复杂刀具
14	陕西航空硬质合金工具公司	陕西西安	硬质合金特种刀具及高速钢复杂刀具，填补了国内焊接式硬质合金螺旋立铣刀的生产空白
15	太原工具	山西太原	复杂刀具（齿轮刀具）

1.3　技术发展现状

高精度、高效率、高可靠性和专用化（以下简称"三高一专"）是先进数控加工技术的基本特征。在"三高一专"目标的推动下，现代刀具企业从传统的单纯加工型企业逐步发展成为涉及刀具基础材料、表面处理、基础工艺和成套服务等具有综合高科技特征的开发型企业。其表现在：第一，工具新材料的研发和生产已经成为现代刀具企业不可分割的组成部分；第二，涂层技术（PVD和CVD）的开发和应用成为现代刀具制造业中与新材料发展并驾齐驱的技术发展方向；第三，先进数控加工技术的开发和应用已经成为现代刀具制造业确保产品质量的必备手段。

第1章

第2章

第3章

第4章

第5章

第6章

第7章

第8章

1.3.1 可转位铣刀技术

可转位刀具是使用可转位刀片的机夹刀具。机夹可转位刀具是用夹紧元件和刀垫以机械夹固方法将具有合理几何参数、断屑槽形、装夹孔和数个切削刃的多边形刀片夹紧在刀体上。当刀片的一个刀刃用钝以后，只要把夹紧元件松开，将刀片转一个角度，换另一个新刀刃，并重新夹紧就可以继续使用。当所有刀刃用钝后，换一新刀片即可继续切削，不需要更换刀体。可转位刀具的主要特征是：（1）具有现成可用的刀刃；（2）刀具的几何参数，对同一种型号的每一刀体、每一刀片及每条刀刃都一致；（3）刀片在刀体上的空间位置相对固定不变；（4）刀片、刀体以机械夹固方式连接❶。

可转位刀具从 20 世纪 60 年代末的生产工艺完善到推广应用，西方工业化国家一般用了 5 ~ 10 年，20 世纪 70 年代是全面普及阶段。到 20 世纪 80 年代中期，可转位刀具应用已完全改变了金属切削刀具五大类材料的构成比例。在硬质合金刀具中，硬质合金可转位刀具在工业化国家中占硬质合金刀具总产值的 80% 左右，美国、瑞典等国则高达 90%。而涂层可转位刀片在工业化国家中占可转位刀片的 40% 左右。同时，除部分成形专用刀具及中小尺寸的孔加工（ϕ16mm 以下）刀具、立铣刀外，可转位刀具品种已基本覆盖了所有高速钢刀具品种。可以说近 20 年来，西方工业化国家已基本完成硬质合金刀具向可转位化的过渡。

图 1 - 3 - 1 可转位刀片

图 1 - 3 - 2 八角刀片

1.3.2 刀具涂层技术

刀具涂层，就是在刀具基体上进行表面涂层，涂覆具有高硬度、高耐磨性、耐高温材料的薄层（如 TiN、TiC 等），使刀具有全面、良好的综合性能。未涂层高速钢的硬度仅为 760 ~ 960HV（62 ~ 68HRC），硬质合金的硬度仅为 1 300 ~ 1 850HV（89 ~ 93.5HRC）；而涂层后的表面硬度可达到 2 000 ~ 3 000HV 以上。

20 世纪 60 年末和 20 世纪 70 年代初分别出现了应用于刀具的 CVD（化学气相沉积）涂层技术和 PVD（物理气相沉积）涂层技术，并有应用 CVD 技术的 TiC 刀具和应用 PVD 技术的 TiN 高速钢刀具产品被推向市场。当时 CVD 涂层工艺温度约 1 000℃，

---

❶ 大连市先进刀具系统推广服务站. 可转位刀具实用手册 ［M］. 北京：北京科学技术出版社，1992.

主要用于硬质合金刀具的表面涂层；PVD 涂层工艺温度为 500℃和 500℃以下，主要用于高速钢刀具的表面涂层。后来，CVD 和 PVD 涂层技术不断迅速发展，在涂层材料、涂层设备和工艺等方面都有了很大进步，多层涂层的出现，使涂层刀具的使用性能有了很大的提高。近年来随着 PVD 涂层技术飞跃发展，也成功用于硬质合金刀具。现在，涂层高速钢刀具和涂层硬质合金刀具广泛应用，已占全部刀具使用总量的 50% 以上。参见图 1-3-3 和图 1-3-4。

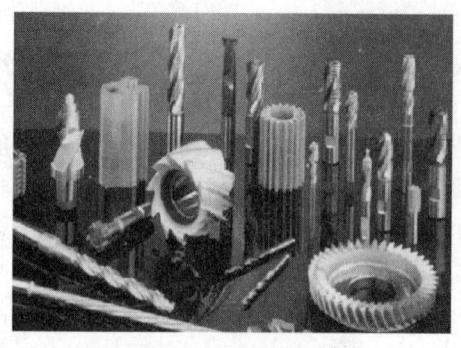

图 1-3-3　各类涂层刀具　　　　　　图 1-3-4　涂层刀片

1.3.3　刀具热处理技术

热处理，就是将金属工件放在一定的介质中加热到适宜的温度，并在此温度中保持一定时间后，又以不同速度在不同的介质中冷却，通过改变金属材料表面或内部的显微组织结构来控制其性能的一种工艺。热处理一般不改变工件的形状和整体的化学成分，而是通过改变工件内部的显微组织，或改变工件表面的化学成分，赋予或改善工件的使用性能。[1]

热处理技术理论的发展起源于 1868 年俄国冶金学家 D. K. 切尔诺夫发现钢在加热和冷却过程中有组织转变，后来 F. I. 奥斯蒙德用热分析法确定了钢的相变临界点温度以及建立了合金状态图，在接下来的百余年发展过程中，E. C. 贝茵、P. 梅拉、P. 德拜、G. V. 库久莫夫和萨克斯等科学家相继研究得出了相变机制、晶体结构、晶体变化的一系列卓有贡献的理论，特别是科学家在研究过程中发的现金属晶体位错结构缺陷及其对强度影响规律的结论，使物理冶金理论向更微观和更量化的深度发展，解释了金属材料热处理强韧化效果的机理，并启发了一系列热处理新技术的开发，特别是各种类型的形变热处理新工艺。

1.3.4　硬质合金基本材料技术

硬质合金是碳化物（WC、TiC 等）的粉末冶金制品。[2] 1923～1932 年，出现了碳化钨（WC-Co）硬质合金，随后在 WC-Co 中添加碳化钛、碳化钽、碳化铌等，刀具

---

[1]　朱祖昌. 热处理技术发展和热处理行业市场的分析 [J]. 热处理, 2009 (4).
[2]　艾兴. 刀具材料的现状和发展动向 [J]. 中国机械工程, 1989 (4).

耐 800℃ ~1 000℃ 的高温，切削速度达到每分钟几百米的水平。第二次世界大战期间，由于大批量、高效率生产兵器的需要，美、英、苏、德各国已经部分使用硬质合金刀具，且在"二战"后逐步扩大使用。20 世纪 50 年代末出现了碳化钛基硬质合金，耐 1 100℃，切削速度更高。随后在 20 世纪 60 年代末相继发展了超细晶粒硬质合金和新添加物的高级硬质合金，提高了强度和硬度，改善了切削性能，可切削多种难加工材料。涂层硬质合金刀具的出现使切削速度提高 30% ~40% 甚至 1~2 倍，刀具耐用度提高 2~4 倍。硬质合金可转位刀片的出现及使用，是硬质合金发展史上的一次重要革命❶。它自 20 世纪 60 年代问世以来，发展极为迅速，产量已占硬质合金总量的 60% ~80%，有的国家甚至高达 90% 以上。参见图 1-3-5。

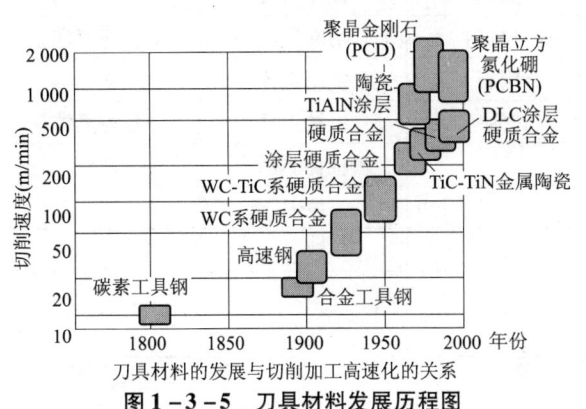

图 1-3-5 刀具材料发展历程图

1.4 刀具技术分解方法

1.4.1 刀具行业常见分类方法

刀具行业的分类方法大致有以下几种：（1）行业分类，按具体刀具产品来分类，例如：车刀、铣刀、刨刀、钻头、丝锥等；（2）专利分类体系，主要按《国际专利分类表》来分类，其特点是：按应用领域为主，间杂着刀具种类及其相关的技术点；（3）行业标准，主要以产品分类，例如：麻花钻、锪钻、扩孔钻；立铣刀、三面刃铣刀、锯片铣刀、键槽铣刀、可转位铣刀；矩形花键拉刀、键槽拉刀、圆拉刀；可转位车刀；丝锥；绞刀；板牙；插齿刀；（4）行业习惯，例如美国切削刀具协会（USCTI）的分类是：硬质合金刀具、钻/绞刀具、金属切削锯片、铣刀、聚晶金刚石刀具、聚晶立方氮化硼刀具、棒料、表面涂层、螺纹丝锥、刀架、其他；（5）商业分类，按刀具及相关产业链的产品、主要提供的技术支持来分类，更多的针对客户需求，参见表 1-4-1。

表 1-4-1 国内刀具商业分类

刀具材料	刀具产品	加工设备	加工市场	刀具相关
钨基硬质合金	车削刀具	加工中心	金属加工	刀杆刀柄
钛基硬质合金	铣削刀具	数控车床	模具加工	夹头夹具
氧化物陶瓷	孔加工刀具	数控磨床	零部件加工	刀具涂层

❶ 于启勋，等. 刀具材料的历史、进展与展望［J］. 机械工程学报，2003，39（12）.

续表

刀具材料	刀具产品	加工设备	加工市场	刀具相关
氮化物陶瓷	数控刀具	数控钻床	五金工具加工	磨料产品
立方氮化硼	螺纹刀具	数控成形	其他	切削液
工具钢	齿轮刀具	特种专用		润滑油
进口材料	切断刀具	普通机床		刀具软件
金刚石	机用锯片	测量仪器		其他
其他	机械刀具	数控系统		
	特种非标	其他		
	拉刀			
	锉刀			
	刨刀			
	其他			

　　以上各种分类方法都有其优缺点，虽然在其适用的场合都基本能满足使用要求，但是对于本课题的研究来说都有一些不足（参见表1-4-2），因此不能满足本课题的研究需要，必须建立新的技术分解表。

表1-4-2　常见分类方法的不足

分类方法	不　足
行业分类	不同刀具产品具有共性的制备工艺、制备材料技术，对于主要涉及制备工艺、制备材料的专利申请不好划分界限
专利分类体系	和技术主题相关的分类号太多，涉及工艺的部分由于应用范围较广，专利文献噪声太大，无法凸显关键技术点
行业标准	涉及的具体产品种类，分类太细，各细分类下的专利文献数量不均，有的分类不足以形成研究样本
行业习惯	部分关键技术未涉及，不能凸显关键技术
商业分类	涉及领域太多，研究范围太大，难以界定研究边界

1.4.2　刀具技术分解流程及方法

　　如图1-4-1所示，刀具技术分解表的制定是一个复杂的过程，本课题组将以该图为基础详细阐述其制定流程。

　　在立题阶段，课题组为了制定符合研究需要的技术分解表，主要做了以下工作：（1）收集非专利文献资料，了解行业背景、行业发展状况和技术发展现状。收集的非专利文献主要包括：行业的宏观报告，行业期刊发表的相关文章，相关的硕博论文，相关的最新国家和行业技术标准；（2）咨询中国机械工业协会、中国刀具协会和株洲钻石切削刀具股份有限公司等8家企业的专家；（3）初步检索专利文献，对研究的专

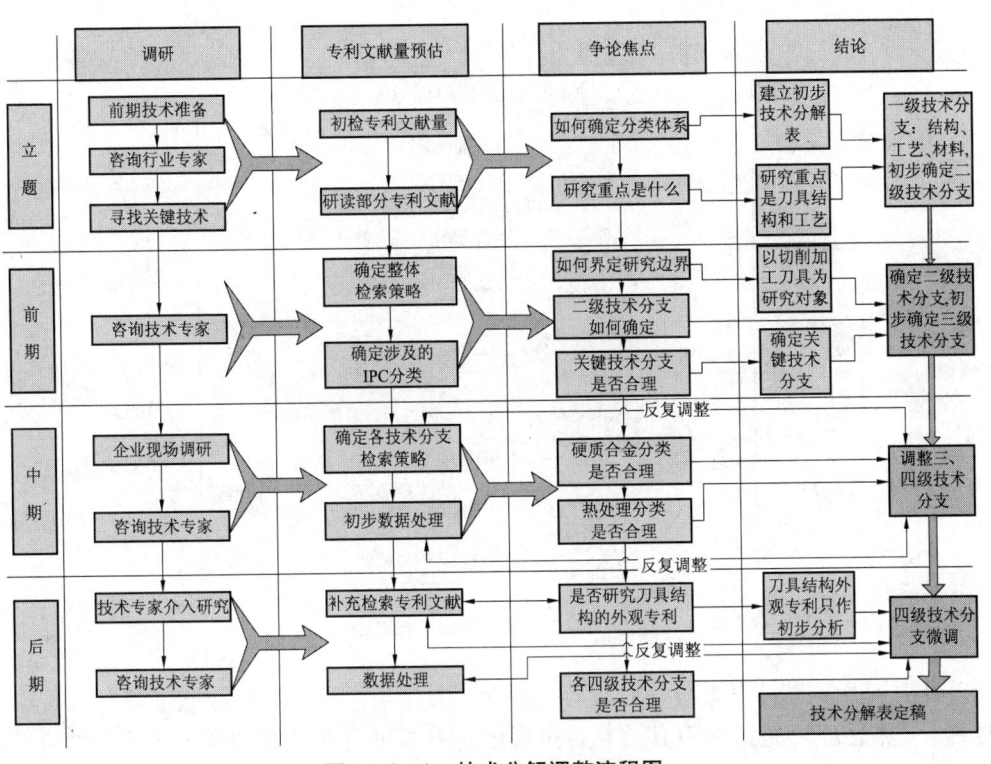

图 1-4-1 技术分解调整流程图

利文献量做初步的评估。

经过上述工作,课题组对如何确定研究的边界设定了以下原则:(1)涉及的刀具应当产业附加值高,应用产业面相对较广;(2)涉及的刀具的专利文献量适当,中文专利文献量不超过 5 000 篇,外文文献量不超过 50 000 篇;(3)涉及的刀具应当是行业和企业所认可的关键技术点,即:在技术上应有一定的高度。根据这样的原则,课题组划定的研究总边界是:切削加工刀具。对切削加工刀具的研究包括:该类刀具的结构,该类刀具的制造工艺和制造该类刀具的材料。在结构、工艺、材料方面又确定了 4 项关键技术,即可转位刀具技术、刀具涂层技术、刀具的热处理技术和用于刀具的硬质合金材料。

课题组经过征求行业、企业专家的意见并经内部讨论,以"尊重行业习惯,方便专利数据检索,专利数据量适中"为原则,制定了技术分解方法:首先根据刀具行业的发展特点"三高一专",结合刀具的技术指标和对其性能的需求,将切削加工刀具的技术划分为:结构设计、制造工艺和制备材料(参见图 1-4-2),简称为:结构、工艺、材料。在结构方面,综合考虑了行业习惯和专利检索的需要,决定按照刀具的应用进行分类。在工艺方面,主要考虑刀具制造工艺的各个重要工艺步骤,决定按照刀具制造工艺的流程进行分类。在材料方面,主要考虑行业习惯分类,按照刀具基体的常用材料进行分类。

如表 1-4-3 所示,"结构"方面主要包括:铣刀、孔加工刀具、车刀、螺纹刀具、齿轮刀具、复合刀具以及其他刀具。"复合刀具"是指把一个刀具当做几个刀具使用,或把几个刀具合在一起使用,统称为组合刀具(或称之为复合刀具)。

"工艺"方面主要包括:涂层、热处理、刀具成型以及刀具后处理。"涂层"是指

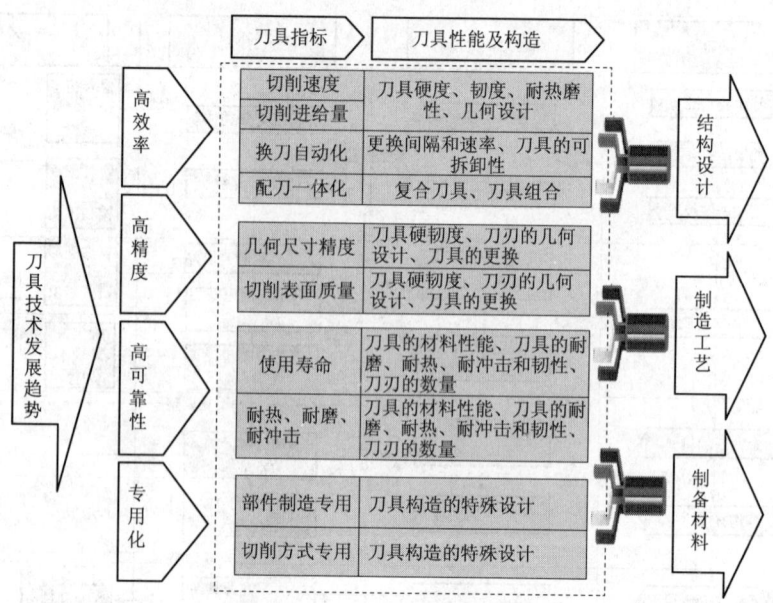

图1-4-2 刀具技术分解逻辑图

在刀具（刀片）基体上进行表面涂层，包含刀具涂层结构、刀具涂层工艺和刀具涂层材料；"热处理"是指在刀具的制造过程中对刀具进行热处理的相关工艺。"刀具成型"是指在刀具制造过程中使刀具形成各种需要的结构的工艺。"刀具后处理"是指在刀具成型后对刀具表面进行处理的工艺，如提高刀具表面光洁度，施加表面应力。

"材料"方面主要包括：用于制造刀具的高速钢、硬质合金、金刚石、陶瓷和其他材料。

表1-4-3 切削加工刀具技术分解表

一级分类	二级分类	三级分类	四级分类
结构（1）	铣刀（11）	可转位铣刀（111）	可转位刀片（1111）
			可转位刀片夹固（1112）
			可转位铣刀刀体（1113）
			可转位铣刀刀柄（1114）
			其他可转位铣刀（1115）
		整体铣刀（112）	
		焊接铣刀（113）	
	孔加工刀具（12）		
	车刀（13）		
	螺纹刀具（14）		
	齿轮刀具（15）		
	复合刀具（16）		
	其他刀具（17）		

续表

一级分类	二级分类	三级分类	四级分类
工艺（2）	涂层（21）	涂层结构（211）	单层涂层（2111）
			双层涂层（2112）
			多层涂层（2113）
			梯度涂层（2114）
			软硬涂层（2115）
			纳米涂层（2116）
		涂层材料（212）	
		涂层涂覆技术（213）	
	热处理（22）	空气热处理工艺（221）	
		惰性气体热处理工艺（222）	
		真空热处理（223）	
		熔融盐热处理（盐浴）（224）	
		化学热处理（固渗）（225）	
		加热源及淬火剂（226）	
	刀具成型（23）		
	刀具后处理（24）		
材料（3）	高速钢（31）		
	硬质合金（32）	普通硬质合金（321）	
		细晶粒和超细晶粒硬质合金（322）	
		梯度硬质合金（323）	
		金属陶瓷硬质合金（324）	
	陶瓷（33）		
	金刚石（34）		
	立方氮化硼（35）		

1.5　数据检索及处理

1.5.1　数据来源

本报告采用的专利文献数据主要来自国家知识产权局专利检索与服务系统（以下

第1章
第2章
第3章
第4章
第5章
第6章
第7章
第8章

简称"S 系统"）。

数据范围：

（1）专利文献来源

CNABS（China Patent Abstract Database，中国专利文摘数据库）。

CNTXT（China Patent Full-Text Database，中国专利全文文本代码化数据库）。

VEN（Virtual or logical Database，外文数据库），由 SIPOABS、DWPI 组成的虚拟数据库。

DWPI（Derwent World Patents Index，德温特世界专利索引数据库）。

（2）非专利文献来源

CJFD（China Journal Full-Text Database，中国期刊全文数据库）。

Elsevier Science：包括 1 600 多种学术期刊，包括数学、物理、生命科学、化学、计算机、临床医学、环境科学、材料科学、航空航天、工程与能源技术、地球科学、天文学、经济、商业管理、社会科学等学科。

EI：Engineering Village 平台上的 10 多个数据库涵盖了工程、应用科学相关的最为广泛的领域，内容来源包括学术文献、商业出版物、发明专利、会议论文和技术报告等；其中的 Compendex 就是美国工程索引 Engineering Index 数据库，是全世界最早的工程文摘来源。Compendex 是科学和技术工程研究方面最为全面的文摘数据库，涉足 190 个工程学科，囊括了从 1969 年至今的 1 130 多万份文摘记录。

（3）法律状态查询

中文法律状态数据来自 CPRS 数据库。

（4）引用频次查询

引文数据来自 DII（Derwent Innovations Index）数据库❶。

（5）诉讼专利来源

诉讼相关数据来自 Westlaw 数据库。Westlaw 数据库内容主要包括：判例，法律法规，法学期刊，法学专著、教材、词典和百科全书以及新闻、公司和商业信息。

1.5.2　数据检索

1.5.2.1　总体检索策略

课题组对涉及四项关键技术的专利文献作了初步分析，认为检索目标的文献具有以下特征：（1）四项关键技术相互之间的分界相对独立清晰，相互之间的 IPC 分类号无包容关系，刀具涂层技术因涉及材料而与硬质合金之间会有部分重叠文献，刀具热处理技术和硬质合金材料之间会有部分重叠；（2）各关键技术无专门的 IPC 分类号，检索会有一定的难度；（3）根据初步检索的情况判断，可转位刀具的专利文献量较大，刀具涂层和硬质合金的文献量适中，刀具热处理的文献量相对较小。

根据上述分析，课题组制定了以下检索策略和分工：（1）在二级分支上采取分 – 总模式，各技术分支独立检索然后再合并；（2）在三、四级分支上，各技术分支灵活采用

---

❶　该数据库的网址是：http：//apps. webofkonwledge. com/。

总－分模式或分－总模式，各技术分支根据检索总文献量再进行细分。参见图1-5-1。

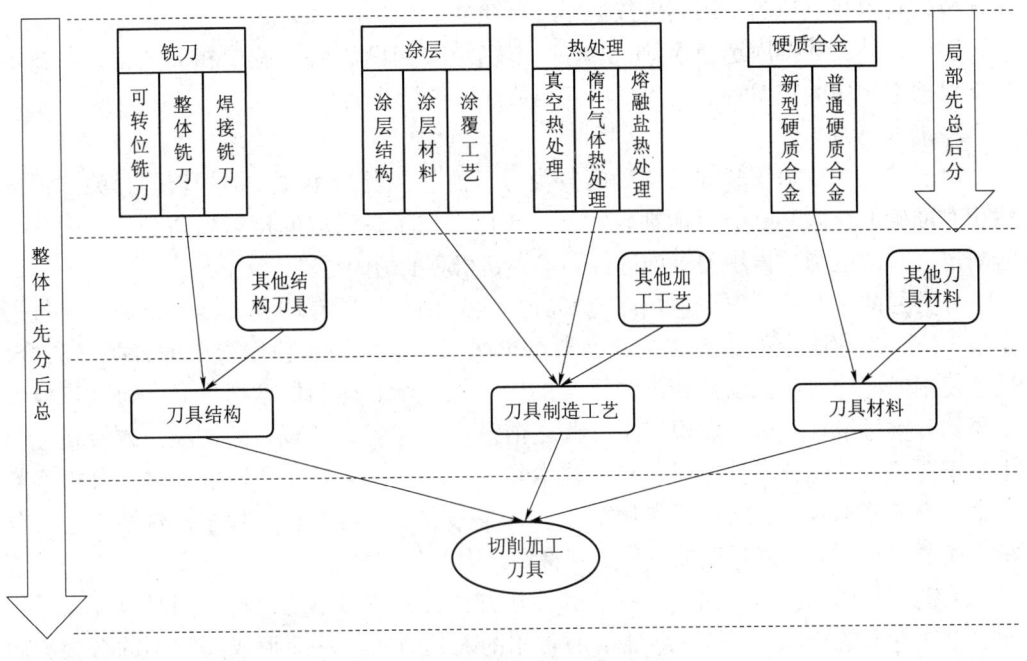

图1-5-1　总体检索策略示意图

1.5.2.2　各技术分支检索策略

1. 数据库的使用

中文可供检索的数据库主要有 CPRS，S 系统的 CPRSABS、CNABS、CNTXT、TWABS。每个数据库都有自己的特点和优势。CPRS 的著录项目比较适合专利分析软件加工整理；CNABS 的数据经过系统深加工处理，因而检索结果准确全面，CNTXT 因为包含了说明书和权利要求的检索项目，所以检索覆盖的文献量较大。为了保证检索结果的"全"和"准"，所使用的数据库应该满足以下要求：（1）数据要尽可能全；（2）噪声应当在可控范围内。作为在课题进程中先行的刀具涂层技术分支在此方面作了适当探索，采用相同的检索式在不同数据库中检索，结果如表1-5-1所示。

表1-5-1　检索结果比较（刀具涂层技术）

数据库	CPRSABS	CNABS	CNTXT
专利文献量	555	944	4306

通过对上述检索结果初步分析发现：（1）CPRSABS 的检索文献量明显小于其他两个数据库，原因为其是文摘数据库，命中文献的噪声较小；（2）CNABS 的检索文献量介于两者之间，命中文献的噪声较小，原因是系统对数据进行过深加工处理，克服了原有文献的缺陷，带入了更多有效的文献；（3）虽然 CNTXT 的文献量最大，但通过概览后发现噪声也很大，因为关键词可能只在说明书中被提及但并不作为发明点的文献被大量纳入检索结果中。

综合上述分析，课题组将 CNABS 数据库作为主要的中文数据库，各技术分支根据本领域的技术特点适当采用其他数据库进行补全。

同样，外文数据库选择 VEN 数据库，然后转入 DWPI 库，提取相关数据，各技术分支根据本领域的技术特点适当采用其他数据库进行补全。

2. 检索方法

由于涉及的技术领域并无明确的分类号，而且涉及的相关分类号较多，关键词虽然相对准确但遗漏文献的可能性较大，鉴于以上情况，采取的检索思路是：先用分类号限定出总的范围，再用关键词进行限定得到相对准确的范围。

分类号的选取：首先在《国际专利分类表》中找出所有涉及刀具的分类号，再根据表 1 - 4 - 3 和确定的边界去掉不必要的分类号，形成初步检索式中的分类号集合，适当使用通配符，避免漏掉相近分类号的误分类文献。得到检索结果后，通过对检索结果的分类号统计分析，发现存在一些之前没有注意的分类号下的文献，或者是分类中易于混淆为其他分类号的但是和本技术领域很相关的文献，然后根据这些分析调整检索式中的分类号，检索中或者增加或者减少分类号，再次进行检索，对结果进行分析。通过这样一个不断反馈的过程完善检索式中的分类号。

关键词的选取：首先列出尽可能的表达方式，并交由小组讨论，同时也征询了行业、企业专家的意见，了解一些通俗的常用的表达方式，从而形成关键词的合集。而在检索关键词的取舍上，主要遵循以下原则：（1）核心关键词必须保留，例如"涂层"就是刀具涂层技术领域常用的核心关键词，在行业期刊，硕博论文中经常出现，其含义相对明确不易混淆，因此可作为核心关键词；（2）其他关键词要慎重取舍，对于每一个加入或拿出检索式的关键词要对其可能带来的噪声文献量进行评估，例如，和"涂层"含义相近的"薄膜"，也有可能用来表达"涂层"这一概念，但是通过检索就发现，"薄膜"很少用于刀具涂层技术领域，更多的涉及塑料行业或者太阳能行业，因此若加入"薄膜"关键词必然会带来大量噪声，因此不宜取"薄膜"作为"涂层"的相近关键词；（3）使用关键词时尽量少用带来歧义较多的关键词，且少用"+"的表达方式，例如：plan + 、surfac + ；尽量采用相对准确的表达方式，例如：plan or planer or planning, surface or surfacing；（4）关键词之间尽量使用准确的逻辑运算符，如"nW""nD""S"等。

1.5.3 数据处理

1.5.3.1 数据去噪

任何一个检索式都不可避免地会带来噪声，专利文献的检索过程主要是利用分类号和关键词，因此检索结果中噪声也主要形成于以下两个方面：（1）分类号带来的噪声，主要包括：分类不准导致的噪声；专利文献本身内容丰富导致其具有多个副分类号，而这多个副分类号中必然会有一些并不体现该专利文献所记载的技术方案本身的发明点所在，这样就会形成噪声文献；（2）关键词带来的噪声，主要包括：关键词本身使用范围很广带来的噪声，如"刀具"可以是指水果刀，也可以是指切削加工用的车刀，当"刀具"指代水果刀时就会带来噪声；利用关键词表述但是和技术主题并不相关，如"一种零件的加工的方法"，其中会提到"利用涂层刀具加工其表面"，这样虽然出现了检索的关键词，但是确实和检索的技术主题关系不大，形成另一类型的噪声。

基于对噪声来源的分析，课题组确定了以下去噪策略：（1）利用分类号去噪，对检索结果的分类号进行统计分析，将噪声分类号分为两类：a. 大部不相关分类号，例如 A 部分类号几乎和本领域不相关，可以明确去除；b. 同部不同类的不相关分类号，例如 B 部的关于磨削加工的分类号，可以明确去除；（2）利用关键词去噪，例如在可转位刀具技术领域，可利用"涂层"去除在可转位刀片上进行涂层的相关文献的噪声；（3）利用特殊字符去除噪声，例如要去除可转位刀具中有关硬质合金的相关文献的噪声，可利用与硬质合金相关的文献中一般会出现百分比的"％"、此外还有"、""／"等符号的特点去除噪声；（4）利用否定词去噪，如"不""非""无"等；（5）在后续的标引过程中还会发现噪声文献，可以通过标引的过程同时去噪。

去除噪声的步骤可归纳为以下几步：

（1）确定去除的噪声分类号或者关键词或者特殊字符，在检索结果中进行噪声去除。

（2）浏览去除的文献，评估去噪的效果，如果去除的文献中含有较多的和技术主题相关的文献，对相关文献进行统计分析，对去噪检索式进行调整。

（3）利用调整后的去噪检索式继续去噪，重复步骤（2），直至达到满意的去噪效果。

需要注意的是，在调整的过程中，调整的分类号或者关键词不宜过多，否则无法准确判断每个分类号或者关键词的去噪效果。对于效果较好的去噪检索式中的误伤文献，需要将这些误伤文献合并到最终经过检索去噪的结果中，重新作为目标文献。

1.5.3.2 申请人名称整理

同一位申请人的名称通常会发生以下变化：（1）译名的变化，当本国专利进入其他国家或者地区申请时，同一申请人会因为翻译的不同而导致具有不同的名称；（2）公司并购或者母子公司，由于市场竞争的因素，很多申请人之间会发生并购或者拆分，这样也会导致同一申请人的名称变化。因此为了数据分析的准确，需要对申请人名称进行整理（参见表 1-6-1）。

1.5.3.3 数据查全率、查准率验证

通过对各技术分支的数据查全率、查准率进行验证，以判断是否要终止检索过程。主要是保证数据查全率，使检索过程可靠。在数据去噪结束时进行各技术分支的数据查全率、查准率验证，主要是保证数据查准率。

查全率的评估方法是：（1）选择一名重要申请人，一般为该技术领域申请量排名在前 10 位的申请人或者行业内普遍认可的重要申请人，以该申请人为入口检索其全部申请，通过人工确认其在本技术领域的申请文献量形成母样本。对于所选择的该申请人，需要注意：a. 该申请人是否有多个名称；b. 该申请人是否兼并收购或者被兼并收购；c. 该申请人是否有子公司或者分公司；（2）在检索结果数据库中以该申请人为入口检索其申请文献量形成子样本；（3）子样本/母样本×100% = 查全率。

查准率的评估方法是：（1）在结果数据库中随机选取一定数量的专利文献作为母样本；对母样本中的每篇专利文献进行阅读确定其与技术主题的相关性，和技术主题

高度相关的专利文献形成子样本；（3）子样本/母样本×100% ＝查准率。

1.5.4 数据标引

数据标引就是给经过数据清理和去噪的每一项专利申请赋予属性标签，以便于统计学上的分析研究。所述的"属性"可以是技术分解表中的类别，也可以是技术功效的类别，或者其他需要研究的项目的类别。当给每一项专利申请进行数据标引后，就可以方便地统计相应类别的专利申请量或者其他需要统计的分析项目。因此，数据标引在专利分析工作中具有很重要的地位。

1.5.4.1 标引方法

对技术分支的标引，以数字编码指代具体的技术分支，每个技术分支的编码如表1-4-3中的括号内的数字所示。例如，一篇专利文献被标引有如下数字编码，则它的含义是：

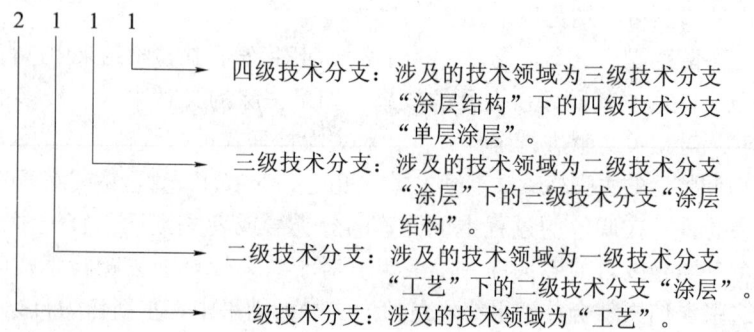

每篇专利文献都被标引到三级或四级技术分支。

对技术功效的标引，以数字编码指代每种技术功效。例如，在刀具涂层结构的技术领域，共研究了6种技术功效，为了方便标引对它们有如下数字编码：

1——提高硬度   2——提高耐磨性能   3——提高耐热性能

4——提高粘接性能   5——提高润滑性能   6——提高韧性

1.5.4.2 标引问题的解决方案

（1）具有多个技术方案的专利文献的处理

一篇专利文献往往公开了多个技术方案，这些技术方案往往会涉及不同的二级技术分支，分支可以分为以下几种情况：以某个技术分支为主，仅提及其他技术，例如：一篇专利文献公开硬质合金的组成成分并提及可以该硬质合金为基体进行涂层涂覆，那么这篇文献就会被标引为硬质合金（32）。

如果在这几个涉及的技术分支中都公开了完整的技术方案，那么该篇文献就归到各个技术分支。例如：一篇专利文献既公开了刀具涂层结构，也公开了刀具涂层的基体为硬质合金并有具体的组成成分，那么该篇文献就会被标引为涂层结构，也会被标引为硬质合金。

涉及不同的三级技术分支，如果技术方案有侧重，则以重要的技术方案进行标引。例如：一篇专利文献公开了单层涂层结构的具体技术方案，也声明可以构成多层涂层，很显然单层涂层结构的技术方案更为重要，那么该篇文献就会被标引为单层涂层结构。

（2）噪声文献的标引

当一篇文献涵盖了所有的关键词，但是通过阅读发现和技术主题不相关，那么这篇文献就可以标引为噪声文献。

（3）技术功效的标引

一个技术方案通常具有多种技术功效，对每一种技术功效也进行了编码化处理，以便于标引和统计。

1.5.4.3　标引的作用

① 技术分支标引有利于理清技术方案，并方便统计各个技术分支的各项数据，为后续的专利分析打下坚实的基础。

② 技术功效标引有利于进行技术需求分析，并帮助找到相应的技术热点和技术空白点，为制定相应的技术研发方向和专利申请策略提供重要的参考。

1.6　相关事项和约定

1.6.1　主要申请人名称约定

由于翻译或者存在子母公司等因素，在申请人的表述上存在一定的差异，因此对主要申请人名称进行统一，便于本报告的规范，见表 1-6-1。

表 1-6-1　主要申请人名称约定表

约定名称	对应申请人名称及注释
山特维克	Sandvik-Coromant Walter（2001 年收购） Valenite（2002 年收购） Diamond Innovations（2007 年收购） Dormer（2011 年收购） Titex（收购深孔加工业务） 蒂泰克斯公司 多马公司 钻石创新公司 瓦尔特公司 万耐特公司 山特维克可乐满公司 桑德维克公司 桑德维克公司史密斯国际公司 山特维克知识产权股份有限公司 山特维克知识产权公司 山特维克公司

第1章　第2章　第3章　第4章　第5章　第6章　第7章　第8章

约定名称	对应申请人名称及注释
肯纳	Kenna metal Hertel（1993 年收购） Widia（2002 年收购） Hanita（收购硬质合金铣刀业务） Bencere（收购深孔加工刀具业务） 钴碳化钨硬质合金公司 肯纳金属公司 赫尔特公司 威地亚公司 汉那塔公司 贝那茨公司
山高	Seco tools Carboloy（1986 年收购） Planche SA（1992 年收购） EPB（2000 年收购） Jabro 公司（2002 年收购） 山高刀具公司
伊斯卡	Iscar Ingersoll Cutting Tool Co.（收购专用铣削刀具业务） Taegutec（整体收购） 伊斯卡公司 英格索尔刀具公司 大韩金属特固克
玛帕	Mapal 德国玛帕刀具有限公司
钴领	Guehring 德国钴领刀具有限公司
蓝炽	Leitz 德国蓝炽刀具有限公司
三菱材料	Mitsubishi-Materials 三菱材料株式会社 三菱麻铁里亚尔株式会社 三菱综合材料神户工具株式会社 三菱综合材料株式会社

约定名称	对应申请人名称及注释
住友电工	Sumitomo Electric Sumitomo Electric Hardmetal 住友电气工业株式会社 住友电工株式会社 住友电工硬质合金有限公司
不二越	Nachi 不二越株式会社
黛杰（Dijet）	Dijet 黛杰工业株式会社
京瓷（Kyocera）	Kyocera 京瓷株式会社
日立电工	Hitachi-Tool 日立电工株式会社
东芝钨业	Toshiba-Tungalloy 东芝钨业株式会社
克罗伊	Korloy 韩国克罗伊刀具公司
株洲钻石	株洲钻石切削刀具股份有限公司
上海工具厂	上海工具厂有限公司
阿诺	阿诺（苏州）刀具有限公司
嘉兴恒锋	嘉兴恒锋工具有限公司
宁波三韩	宁波三韩刀具制造有限公司
厦门金鹭	厦门金鹭特种合金有限公司
哈量	哈尔滨量具刃具集团有限责任公司
哈一工	哈尔滨第一工具制造有限公司
牡丹江工具	牡丹江工具有限责任公司
陕硬刀具	陕西航空硬质合金工具公司
青海刃量	青海量具刃具有限责任公司
成量	成都成量工具集团有限公司
工研所	成都工具研究所
自贡硬质合金	自贡硬质合金有限公司

约定名称	对应申请人名称及注释
森泰英格	森泰英格（成都）数控刀具有限公司
成都千木	成都千木数控刀具有限公司
西南工具	贵州西南工具（集团）有限公司
太原工具	太原工具厂
郑州钻石	郑州市钻石精密制造有限公司
沈飞工业	沈阳飞机工业有限公司
东方汽轮机	东方电气集团东方汽轮机有限公司
鸿富锦精密工业	鸿富锦精密工业（深圳）有限公司
鸿海精密工业	鸿海精密工业股份有限公司

1.6.2 术语约定

本节对本报告上下文中出现的各种术语或现象，一并给出解释。

1.6.2.1 专利分析术语

项：同一项发明可能在多个国家或地区提出专利申请，WPI 数据库将这些相关的多件申请作为一条记录收录。在进行专利申请数量统计时，对于数据库中以一族（这里的"族"指的是同族专利中的"族"）数据的形式出现的一系列专利文献，计算为"1 项"。一般情况下，专利申请的项数对应于技术的数目。

件：在进行专利申请数量统计时，例如为了分析申请人在不同国家、地区或组织所提出的专利申请的分布情况，将同族专利申请分开进行统计，所得到的结果对应于申请的件数。1 项专利申请可能对应于 1 件或多件专利申请。

专利被引频次：是指专利文献被在后申请的其他专利文献引用的次数。

同族专利：同一项发明创造在多个国家申请专利而产生的一组内容相同或基本相同的专利文献出版物，称为一个专利族或同族专利。从技术角度来看，属于同一专利族的多件专利申请可视为同一项技术。在本报告中，针对技术和专利技术原创国分析时对同族专利进行了合并统计，针对专利在国家或地区的公开情况进行分析时各件专利进行了单独统计。

同族专利数量：一件专利同时在多个国家或地区的专利局申请专利的数量。

涉诉专利：涉及诉讼的专利。

技术发展路线关键节点：在该领域具有一定开创性的专利申请，此类申请申请人一般主要为研究机构或者主要申请人。

主要申请人的主要产品专利：申请量排名靠前的申请人针对主要产品申请的专利。

重要技术首次申请：业界公认的一些重要技术首次提出的专利申请，这些专利申请应当具备以下特征之一：① 涉及新的技术领域或者扩展了原有的技术领域，对于同一申请人来说，他的某件专利相对之前的专利申请出现新的主分类号或副分类号；

② 权利要求保护范围较大并获得授权；③ 主要申请人或主要发明人的最新专利申请。

全球申请：申请人在全球范围内的各专利局的专利申请。

在中国申请：申请人在中国国家知识产权局的专利申请。

3/5 局申请：指同一项专利申请同时向美国专利商标局、欧洲专利局、中国国家知识产权局、日本特许厅、韩国知识产权局中的任意 3 个局提交了专利申请。

国内申请：中国申请人在中国国家知识产权局的专利申请。

国外来中国申请：外国申请人在中国国家知识产权局的专利申请。

平均被引次数：专利被他人引用总次数除以被引用专利件数。

平均自引次数：自己引用总次数除以被引用专利件数。

国别归属规定：国别根据专利申请人的国籍予以确定，其中俄罗斯的数据包含前苏联，德国的数据包括东德、西德，中国的数据不包含中国台湾。

日期规定：依照授权最早优先权日确定每年的专利数量，无优先权日以申请日为准。

图表数据约定：由于 2010 年或 2011 年数据的不完整性，其不能完全代表真正的专利申请趋势，为避免不必要的误解，在与年份有关的趋势图中未给出 2010 年或 2011 年数据段。

1.6.2.2　技术术语

切削加工刀具：以金属材质为加工对象实现车、铣、刨、钻、螺纹加工、齿轮加工等功能的刀具，尤其是指应用于机床的刀具，简称为"刀具"，如无特殊说明皆指"切削加工刀具"。

普通硬质合金：碳化钨（WC）基硬质合金。

细晶粒和超细晶粒硬质合金：硬质相粒度在 2 微米之下的硬质合金。

梯度硬质合金：其组成、结构在断面的不同部位呈现有规律差别的一种硬质合金。

金属陶瓷硬质合金：以 Ti（C，N）或 TiC 为主硬质相，以 Ni、Mo 为粘结相的硬质合金。

单层涂层：是指刀具涂层的层数仅有一层，或者仅对一层涂层的结构、组成和性能进行限定。

双层涂层：是指刀具涂层的层数具有两层。

多层涂层：是指刀具涂层的层数具有三层或者三层以上，但不包括具有特殊结构的涂层，如"梯度涂层""软硬涂层""纳米涂层"。

梯度涂层：是指刀具涂层的一层或多层中的一种或多种元素含量呈梯度分布。

软硬涂层：是指刀具涂层的一层或多层具有软涂层，例如："MoS_2 软涂层"。

纳米涂层：是指刀具涂层的一层或多层具有纳米结构。

铣刀：用于铣削加工的、具有一个或多个刀齿的旋转刀具。

可转位刀具：将能转位使用的多边形刀片用机械方法夹固在刀杆或刀体上的刀具。

热处理：对固态金属或合金采用适当方式加热、保温和冷却，以获得所需要的组织结构与性能的加工方法。

第1章

第2章

第3章

第4章

第5章

第6章

第7章

第8章

1.7　本报告主要专利分析方法

表1-7-1　专利分析方法一览表

专利分析方法	具体操作	作用体现	文中所示部分
国内申请人的追踪对象	通过研发重心找出在该技术领域占据优势的国内申请人	寻找技术开发合作的对象	表3-3-4
共同申请的类型分析	统计不同模式的共同申请的数量	研究可借鉴的合作关系	表7-2-1
申请人的子公司分析	检索申请人旗下的子公司及收购兼并的企业	更加准确地统计相关申请人的申请量	表4-1-2
申请人的排名分析	从申请总量、3/5局申请量、授权量多个维度统计申请人的排名	发现该行业中具有较强专利实力和技术实力的主要申请人	表4-1-4
申请人各技术分支的申请量比较	统计申请人在各技术分支上的申请量	确定申请人的优势领域，比较申请人间的专利申请	表4-3-3
申请人按年份趋势变化	列出申请人在相关年份的申请量	找出申请人的专利申请重点及研发趋势	图4-2-13
申请人在主要区域的专利申请比较	统计申请人在五局按年份的专利申请趋势	确定申请人的专利区域申请特点及趋势	图4-2-14
发明人的排名分析	从申请总量、特定申请人、特定技术领域多个维度统计发明人的排名	了解该行业发展的前沿动向，关注相关申请人的研发重点和趋势	表2-4-1
技术生命周期分析	按照年份统计专利申请量及对应的申请人数量	确定专利技术的发展历程	图5-2-1
专利技术发展路线分析	通过相关专利文献确定专利技术出现的节点	分析专利技术的发展轨迹及趋势	图5-2-5

第 2 章　全球专利申请态势分析

为了解全球刀具专利申请的整体态势，本章重点研究了全球刀具专利申请趋势、研发重点和热点以及刀具专利技术的主要来源国与目的地，简要分析了刀具专利技术的集中度和申请人类型。研究发现，刀具技术正处于快速发展期，涂层技术以及硬质合金基体材料是刀具专利技术申请的重点，刀具专利的技术集中度不是很高，申请人以公司为主。

2.1　全球专利申请趋势分析

2.1.1　专利申请趋势分析

截至 2010 年 12 月 31 日，全球切削加工刀具专利申请总量 21 738 件。切削加工刀具领域专利申请量总体呈现增长态势，1970 ~ 2009 年，年均增长率为 23.65%。最早的刀具专利为 1953 年山高公司申请的螺纹刀具 SE453267B。此后的近 20 年里，专利申请量增长缓慢，从 20 世纪 60 年代末申请量开始大幅攀升，1990 ~ 1993 年出现了短期回落，1993 年以后又进入快速增长期。申请人数量的发展趋势与申请数量变化趋势基本一致。参见图 2 - 1 - 1。

由图 2 - 1 - 1 可知，刀具领域的全球专利申请趋势可分为 4 个阶段：

（1）缓慢发展期（1953 ~ 1968 年）

在此期间，车、铣、孔加工等传统刀具以及高速钢刀具材料和热处理技术占据技术发展的主要地位。而涂层技术以及硬质合金和陶瓷刀具材料正处于技术发展的萌芽期。这个时期刀具涂层结构主要为单层结构，单层涂层材料成分主要是碳化钛（例如：US3616506A，1969 - 01 - 02❶，山特维克）；在硬质合金基体材料上出现了钨钴类和钨钴钛类硬质合金，❷ 由于这类硬质合金制得的刀具硬度高、耐高温、可进行高速切削，因而在切削刀具上逐步得到应用。另外，首次出现于 1937 年莱比锡春季博览会上的陶瓷刀具也开始有所发展，❸ 虽然它具有很高的硬度和耐磨性以及良好的抗黏性，具有摩擦系数低以及物理性能和化学稳定性好等优点，但是由于韧性差、抗震性差、不耐冲击，所以并未得到广泛应用。直到 1968 年才出现第二代陶瓷刀具即复合氧化铝刀具，由于其在强度和韧度上比氧化铝刀具有了明显提高，所以可以在较高的速度和较大的进给量下切削各种工件，从而得到了较广泛的应用。

---

❶ 其表示申请日或最早优先权日，下同。

❷ 于启勋，朱正芳. 刀具材料的历史、进展与展望 [J]. 机械工程学报，2003 (12).

❸ 黄家华. 陶瓷刀具的应用与推广 [J]. 机械制造，1986 (12).

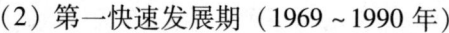

（2）第一快速发展期（1969～1990 年）

图 2-1-1　全球专利申请趋势

注：

（1）数据说明：全球申请指全球范围内的专利申请；在中国申请指全球申请人在中国的专利申请。

（2）数据拐点分析：① 技术因素：20 世纪 60 年代以来的硬质合金材料技术；20 世纪 70 年代兴起的并不断发展的刀具涂层技术和可转位刀片技术等。② 经济因素：经济危机不仅会导致股市缩水，同样也会逼迫各个企业压缩各项开支（包括研发投入），最近的四大经济危机：1990～1992 年海湾战争导致的经济衰退；1997～1998 年亚洲金融风暴；2000～2002 年美国新经济危机；2007～2008 年美国次贷危机。❶ 经济危机带给专利申请量的影响会有一定时间的延迟。③ 地缘政治因素：1991 年年底，前苏联解体，导致俄罗斯的国内生产总值下降 50%，❷ 这必将严重影响其在科技研发上的投入。④ 世界贸易因素：2001 年年底，中国正式加入 WTO，从此全面实施了保护知识产权的 TPIPS 协议。⑤ 中国的政策因素：中国在"十五"规划、"十一五"规划、中长期科技规划、振兴装备制造业规划等中制定了一系列的激励政策（具体参见本报告的第 1 章第 1 节）。

可转位铣刀在此时期出现了技术萌芽并快速发展起来。从 20 世纪 60 年代末可转位铣刀的生产工艺才逐步完善，到 20 世纪 80 年代中期，可转位刀具应用已完全改变了金属切削刀具五大类材料的构成比例。❸ 从 20 世纪 70 年代初即开始出现该领域的重要专利技术，例如伊斯卡公司的申请 US49641083A，英格索尔公司的申请 US000110053A。

涂层技术进入快速发展期。山特维克率先面向市场推出单层涂层的刀具涂层产品，各刀具主要制造商也纷纷进入该领域，随后出现了双层涂层（例如：DE2253745A）和多层涂层（例如：US4237184A）的专利申请。1972 年，出现了利用 PVD（物理气相沉

❶ 杨小强. 90 年代以来的主要经济危机 ［EB/OL］. （2008-10-07）［2011-05-10］http：//www.docin.com.

❷ 于洪君. 苏联解体二十年：影响远未结束 ［J］. 当代世界，2011（5）.

❸ 大连市先进刀具系统推广服务站. 可转位刀具实用手册 ［M］. 北京：北京科学技术出版社，1992.

淀）制作刀具涂层，利用 PVD 技术制作刀具涂层涂逐渐得到重视和应用（例如：US5075181A，1989 - 05 - 05，肯纳），20 世纪 80 年代末 PCVD（低温化学气相沉淀）技术开始出现。

硬质合金材料技术发展十分迅速。在该阶段，普通硬质合金、细晶和超细晶硬质合金、金属陶瓷、梯度硬质合金均得到了长足的发展。对于普通硬质合金，开展了添加多种成分（例如 TiC、TaC、NbC、稀土等）来改善硬质合金性能的研究。另外随着工艺水平的提高，可以得到粒度更小的硬质合金，从而实现硬度和强度之间的完美统一（例如 DE2621472A1，1975 - 05 - 16，山特维克）。为了满足对刀具不同工作部位的不同性能要求，梯度硬质合金应运而生（例如 JP53031882B，1969 - 11 - 10，SUWA SEIKOSHA KK）。梯度硬质合金包括表面富立方相型、表面贫粘结相型、表面富粘结相型、晶粒梯度等。

陶瓷材料的应用更加广泛。陶瓷材料开始在车削灰铸铁和硬铸铁中得到广泛应用。[1] 20 世纪 70 年代到 80 年代初期发展了氮化硅基陶瓷刀具材料及 ZrO_2 相变增韧陶瓷刀具材料，在 20 世纪 80 年代后期到 90 年代发展了晶须增韧陶瓷刀具。其中涌现出京瓷等一批企业，制造了多种陶瓷刀具（例如 JP4037653A，1990 - 05 - 30，京瓷）。

超硬材料进入缓慢发展的技术萌芽期。由于金刚石和立方氮化硼具有远高于其他刀具材料的硬度，因此它们在刀具材料方面的应用具有广阔的前景，但在该阶段，由于受制于工艺条件，超硬材料发展较为缓慢。尽管如此，金刚石材料也从天然金刚石（ND）发展为人造聚晶金刚石（PCD）、人造聚晶金刚石复合片（PDC），立方氮化硼（CBN）也发展为聚晶立方氮化硼（PCBN）。

（3）调整期（1991～1993 年）

在此期间，申请人数量和申请量都出现了大幅下挫，主要原因是由于前苏联解体，其经济和科技遭到重创。前苏联（俄罗斯）的专利申请量从每年 300 件下降到了每年 50 件以下，并导致其失去了在刀具技术上的主导地位。而其他国家在刀具技术上的发展上并未受到太大影响。因此，从全球范围看，刀具技术从在此期间并未出现"断层"，只是在传统刀具、热处理技术、涂层技术方面受到一定影响。

（4）第二快速发展期（1994 年至今）

高速高效切削理念大大激发了可转位铣刀技术的研发。在这一发展时期随着计算机技术的普及，刀具的设计进入一个新的发展阶段，各种复杂曲线的刃型设计能够得以实现，因此在这阶段各种刀具的新技术也不断涌现（例如，伊斯卡公司的 CN200580003889A，日本三菱材料的申请 CN96106062A）。

在涂层技术上，随着主要申请人在 MT - CVD（中温化学气相沉淀）技术获得突破，[2] 纳米涂层和梯度涂层的专利申请量逐渐增加，多层涂层的专利申请量仍然保持增长态势。近几年，刀具涂层技术领域的专利申请人数量和专利申请量都达到了近 25%

---

[1] 卞其士. 国外陶瓷刀片拾贝 [J]. 机械制造，1981（5）.

[2] 李建平，高见，曾祥才，等. 中温化学气相沉积（MT - CVD）工艺技术及超级涂层材料的研究 [J]. 工具技术，2004（9）.

的增长率，说明涂层技术领域的技术创新热度持续增加，这也意味着刀具涂层仍然处于技术发展期。

硬质合金在刀具材料中主导地位的确立。由于硬质合金材料具有硬度高和耐磨性好等优点，尤其是涂层技术的应用，促进了硬质合金刀具材料的应用，因此在欧、美、日等发达国家或地区逐渐占据了主导地位。随着研究的不断深入，不仅对于硬质合金形成机理的研究更加微观，而且硬质合金各个发展路线之间的融合也更加紧密，例如CN101586204A，2009－05－13，长沙高新开发区鑫天超硬材料有限公司，该专利申请公开了一种碳化钨－碳化钛－碳化钽－碳化铌固溶体硬质合金，其技术方案是将元素添加、超细晶粒、梯度结构技术、双峰结构技术结合在一起。

超硬材料的应用日益广泛。随着精密切削、超精密切削和难切削材料使用的增多，超硬刀具材料的应用日益广泛，其应用也从精加工扩大到粗加工，因此被国际上公认为是当代提高生产率最有希望的刀具材料之一。利用超硬材料加工钢、铸铁、有色金属及其合金等零件，其切削速度可比硬质合金高一个数量级，刀具寿命可比硬质合金高几十倍，甚至几百倍。同时它的出现，还使传统的工艺概念发生变化，利用超硬刀具常常可直接以车、铣代磨（或抛光），对淬硬零件加工，可用单一工序代替多道工序，大大缩短工艺流程（例如 JP2001021790A，1999－07－02，ISHIKAWAJIMA HARIMA HEAVY IN）。

传统刀具和热处理技术趋于成熟，专用刀具和非标刀具逐渐趋热。

整体技术发展前景良好。全球刀具行业的专利技术申请从20世纪70年代开始进入快速发展期，专利申请量在2009年甚至突破了1 000件大关。这主要得益于自20世纪60年代以来的硬质合金刀具材料的应用[1]、可转位刀片的出现[2]、涂层材料和工艺的持续改进[3]以及对新型超硬刀具材料的不断探索[4]。刀具行业专利申请量的激增预示着该行业的新技术不断涌现、行业景气度较高[5]。刀具技术的不断创新大大降低了制造业的生产成本，全球制造业的繁荣和发展反过来又激励了刀具行业对刀具技术的研发热情[6]。

2.1.2 专利申请技术构成分析

参见图2－1－2，刀具专利技术可以分为刀具结构、刀具工艺和刀具材料3个分支。在刀具结构方面，铣刀和孔加工刀具是专利申请的重点，其他依次是车刀、螺纹刀、齿轮刀和其他刀具；在刀具工艺方面，涂层技术的专利申请占据绝对的数量优势；在刀具材料上，硬质合金材料的专利申请数量占到五成，其他依次是陶瓷、金刚石、

[1] 艾兴. 刀具材料的现状和发展动向［J］. 中国机械工程，1989（4）.
[2] 于启勋，等. 刀具材料的历史、进展与展望［J］. 机械工程学报，2003（12）.
[3] 袁家栋. 涂层技术与现代切削刀具的互动发展［C］. 2006年中国机械工程学会年会暨中国工程院机械与运载工程学部首届年会，2006.
[4] 田磊. 从刀具调查结果看汽车刀具制造及消费趋势［J］. 现代零部件，2008（8）.
[5] ［EB/OL］.（2010－10－17）［2011－07－18］http://www.ecta－tools.org/basic－statistics.
[6] 刀具行业专家畅想刀具产业2011发展［EB/OL］.（2011－02－23）［2011－06－14］http://www.cnsb.cn/html/news/582521.html.

高速钢和立方氮化硼。

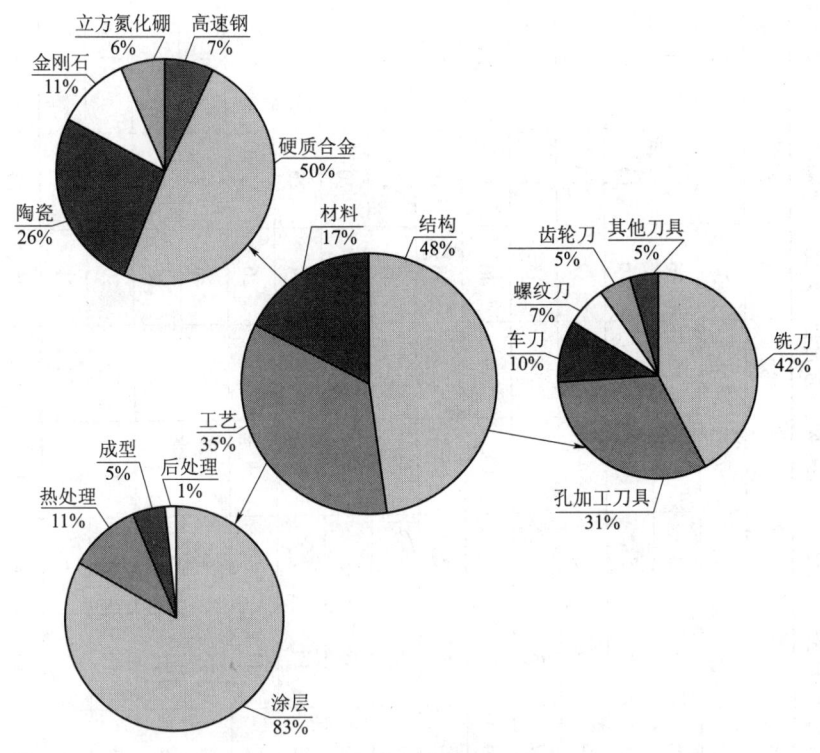

图 2-1-2　专利申请技术构成

2.1.3　专利技术研发重点与热点分析

　　如表 2-1-1 所示，毫无疑问，在刀具制备工艺上，被誉为"刀具重大技术革命"的涂层技术一直是刀具行业技术研发的重点。在刀具结构上，本行业对用途最广的铣刀和孔加工刀具技术的关注度也非常高。螺纹刀具和齿轮刀具正在逐渐成为研发热点。这是因为螺纹刀具在国际整体刀具市场占有重要地位，美国、德国、日本等发达国家的螺纹刀具销售量约占刀具总销售额的 25%，仅次于麻花钻（约 30%）[1]。汽车、飞机，水力发电等行业的快速发展激励了齿轮刀具技术的不断改进[2]。在刀具材料上，硬质合金和陶瓷一直是申请人较为关注的刀具基体材料；超硬材料如 CBN（立方氮化硼）、PCD（聚晶金刚石）被用来制作刀具时其切削速度和使用寿命是硬质合金刀具无法比拟的，这也使得它们在先进切削加工中的应用日益广泛[3]，专利技术申请逐渐加强。

　　[1]　［EB/OL］.（2010-11-25）［2011-05-10］http：//cn.china.cn/article/d586161，f30590，d2254_9910.html

　　[2]　［EB/OL］.（2010-04-19）［2011-06-13］http：//www.jdzj.com/gongyi/article/2010-4-19/13822-1.htm

　　[3]　张宪．山特维克可乐满等提出切削刀具 5 条新规则［J］.工具展望，2011（1）.

单位：项

表2-1-1 全球专利申请技术构成表

年份	结构						工艺				材料				
	铣刀	孔加工	车刀	螺纹刀	齿轮刀	其他刀具	涂层	热处理	成型	后处理	高速钢	硬质合金	陶瓷	金刚石	立方氮化硼
1991	66	40	62	16	22	5	175	27	2	1	14	32	58	5	5
1992	52	40	41	16	14	13	145	29	4	1	7	58	34	11	2
1993	68	34	17	11	10	6	123	16	9	2	9	45	36	16	4
1994	109	57	35	16	9	7	131	13	6	3	5	56	26	13	9
1995	111	69	26	16	13	4	122	19	6	3	4	49	32	10	18
1996	111	92	31	23	8	5	132	17	3	3	4	46	35	8	5
1997	123	91	33	18	14	19	153	24	2	1	10	60	40	9	6
1998	134	96	36	18	22	10	185	29	5	2	15	52	38	16	5
1999	119	89	26	25	16	11	152	15	12	7	17	70	24	13	7
2000	155	117	21	19	9	8	137	20	6	3	4	64	35	20	7
2001	186	162	31	28	15	12	234	33	15	7	7	102	34	23	15
2002	138	151	24	18	10	10	215	31	11	5	4	61	26	12	7
2003	162	158	23	21	18	21	247	33	15	1	13	82	28	9	6
2004	182	117	27	36	23	22	291	23	11	2	6	59	25	15	6
2005	173	118	40	25	11	26	354	23	13	3	11	76	30	20	11
2006	229	124	38	21	14	34	264	37	25	6	11	51	31	23	4
2007	180	143	40	28	25	31	260	36	18	6	10	65	25	12	9
2008	176	148	43	20	26	34	258	44	24	3	7	63	24	16	8
2009	233	149	39	31	36	25	315	36	20	8	8	54	20	23	18

2.1.4　专利申请技术广度分析

刀具行业是一个知识密集型行业，如图 2-1-3 所示，刀具技术更是涉及基体材料制备与分析技术、表面化学处理技术、计算机辅助设计制造技术、产品质量与性能检测技术以及刀具应用技术等方面的复合性技术，其中与表面化学处理技术、基体材料制备与分析技术关联度最大。近几年，刀具基体材料技术、涂层技术、计算机辅助刀具设计制造技术发展十分迅速❶❷❸，但在计算机辅助刀具设计制造技术方面专利申请量并不多，原因可能是大多数情况下，将其作为软件或者以刀具加工机床的形式来保护。

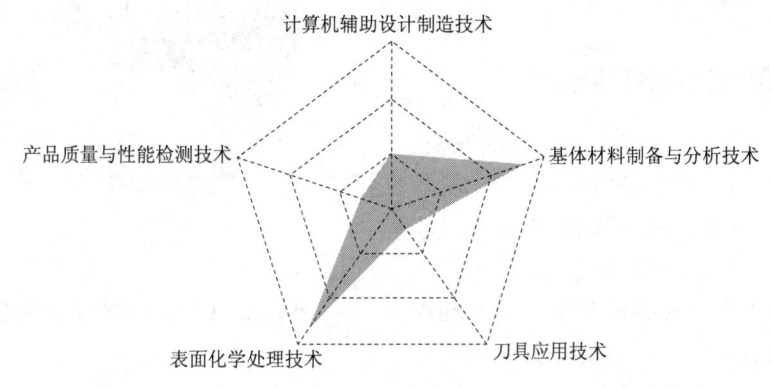

图 2-1-3　技术广度

注："基体材料制备与分析技术"包括刀具基体材料的烧结、合金制造、材料分析等；"计算机辅助设计制造技术"包括刀具形状结构的计算机设计与加工等；"刀具应用技术"包括根据被加工对象的要求来选取刀具、切削参数和工艺条件，以满足对生产效率、制造成本和加工质量的要求，主要包括工件材料的分类及可切削性、正确选用刀具、正确设置切削参数等；"表面化学处理技术"包括刀具的化学热处理、涂层技术等；"产品质量与性能检测技术"包括刀具产品质量和各项性能指标的检测。在检索过程中，发现涉及计算机辅助设计制造技术的专利申请量为 1 073 项；涉及基体材料制备与分析技术的专利申请量为 2 573 项；涉及刀具应用技术的专利申请量为 425 项；涉及表面化学处理技术的专利申请量为 2 677 项。

刀具行业需要复合型人才和高端人才。刀具技术是跨多个学科、技术更新速度快的综合性技术。其中更为具体的现代刀具材料技术、涂层技术以及专用数字化设计与制造技术是刀具技术中最基础和最核心的部分❹，而这三大块的高端技术主要还是掌握在瑞典人、德国人、日本人和美国人手中。因此，中国刀具行业亟需掌握刀具各项技术知识的复合型人才和能快速吸收新知识的高端人才，这两类人才应当是中国刀具企业在人才培养、人才引进乃至企业兼并等方面需要重点考虑的因素，尤其是在人才培养方面，高校应当注重课程设计，以便为国家培养刀具技术专业人才；企业应当制定

❶　戚正风，任瑞铭. 国内外刀具材料发展现状 [J]. 金属热处理，2008 (1).
❷　李洪林，等. 刀具涂层技术的最新发展状况 [J]. 工具技术，2010 (1).
❸　陈峙，等. 基于 Web 的计算机辅助刀具设计系统开发 [J]. 工艺与装备，2008 (7).
❹　朱海涛，王召阳. 看刀具今天势，为刀具明日谋——访中国机床协会工具分会沈壮行秘书长 [J]. 国防制造技术，2010 (1).

第1章　第2章　第3章　第4章　第5章　第6章　第7章　第8章

有利于技术人才知识更新的培养模式❶，以便构建适应刀具技术快速发展的研发团队。

2.2　七国专利申请态势分析

日本、俄罗斯、美国、德国、瑞典、中国、韩国是刀具专利技术的主要来源国。在全球刀具专利申请中，日本占四成，俄罗斯占两成，德国和美国各占一成，中、韩和瑞典三国占一成，其他国家占一成。参见图2-2-1。

2.2.1　七国专利申请趋势分析

由图2-2-2可知，瑞典、俄罗斯、美国、德国、日本从20世纪60年代就开始申请刀具专利，中、韩两国进入得较晚，都是在20世纪90年代才开始申请刀具专利。日本在一开始就非常注重专利申请，前苏联解体后，日本的刀具专利申请

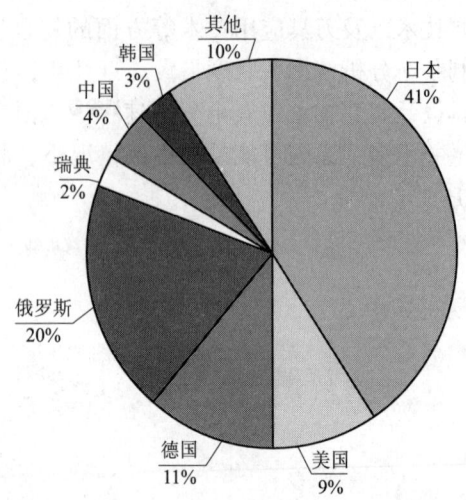

图2-2-1　专利申请主要来源国

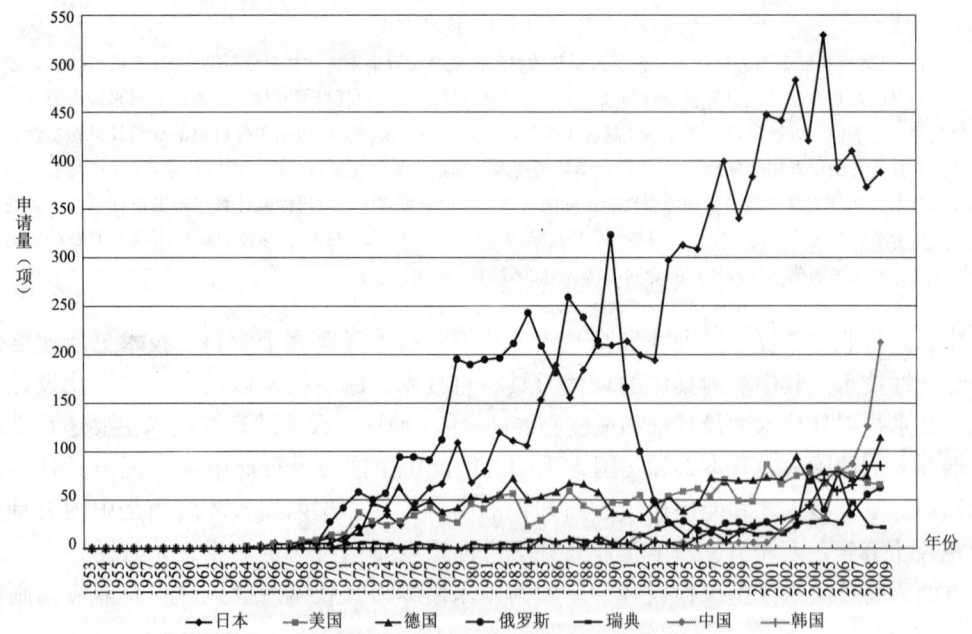

图2-2-2　七国申请人专利申请趋势

注：俄罗斯的数据包含前苏联；德国的数据包括东德、西德；中国的数据不包含中国台湾。该图中的国别是根据专利申请人的国籍予以确定的。

---

❶　王永国，等．我国刀具行业的人才培养模式探索［J］．工具技术，2009（6）．

量一直保持全球第一。前苏联解体后，俄罗斯不仅在专利申请量上大幅下降，在主要刀具技术上的专利申请也出现了时间上的"断层"。中国现代刀具技术起步较晚。从时间上看，中国从 20 世纪 90 年代以后才开始申请刀具专利。一部分原因是中国建立专利制度的时间较晚，但主要的原因是中国工业基础薄弱，刀具技术发展时间短、起点低。

　　从表 2 - 2 - 1 来看，日本除了在高速钢、陶瓷上研发热情略微下降之外，其他技术分支上均有持续的专利产出，尤其是在涂层和铣刀方面。从表 2 - 2 - 2 和表 2 - 2 - 3 来看，德国和美国在铣刀、孔加工刀具、其他刀具以及硬质合金方面研发热情持续升温。如表 2 - 2 - 4 所示，瑞典把主要精力放在了铣刀、涂层和硬质合金方面，在其他传统刀具结构和工艺上研发投入较少。如表 2 - 2 - 5 所示，俄罗斯最关注涂层技术，这方面的专利产出增长迅速，但在其他方面投入较少。

表 2 - 2 - 1　日本在各技术分支专利申请趋势　　　　单位：项

技术分支/年份	1991~1995	1996~2000	2001~2005	2006~2010	总计
车刀	24	76	64	78	242
成型	7	8	6	5	26
齿轮刀具	12	37	32	30	111
高速钢	20	27	20	7	74
后处理	3	5	6	6	20
金刚石	43	40	33	28	144
孔加工刀具	66	219	320	166	771
立方氮化硼	30	19	32	31	112
螺纹刀具	16	36	43	23	118
其他刀具	8	21	32	14	75
热处理	33	47	47	33	160
陶瓷	133	114	71	28	346
涂层	454	499	962	649	2 564
铣刀	199	414	391	326	1 330
硬质合金	172	215	247	108	742
总计	1 220	1 777	2 306	1 532	6 835

表 2 - 2 - 2　德国在各技术分支专利申请趋势　　　　单位：项

技术分支/年份	1991~1995	1996~2000	2001~2005	2006~2010	总计
车刀	28	14	15	17	74
成型	9	4	20	16	49
齿轮刀具	12	9	14	11	46

技术分支/年份	1991~1995	1996~2000	2001~2005	2006~2010	总计
高速钢	1	2	0	0	3
后处理	3	6	3	5	17
金刚石	2	7	9	5	23
孔加工刀具	46	81	96	75	298
立方氮化硼	0	0	4	0	4
螺纹刀具	12	19	26	19	76
其他刀具	3	4	9	24	40
热处理	3	8	15	8	34
陶瓷	7	19	8	18	52
涂层	40	70	49	41	200
铣刀	34	69	90	98	291
硬质合金	13	21	35	22	91
总计	213	333	393	359	1 298

表2-2-3　美国在各技术分支专利申请趋势　　　　　　单位：项

技术分支/年份	1991~1995	1996~2000	2001~2005	2006~2010	总计
车刀	16	13	15	5	49
成型	5	2	12	6	25
齿轮刀具	10	2	8	7	27
高速钢	0	3	1	1	5
后处理	2	2	3	1	8
金刚石	8	10	11	8	37
孔加工刀具	51	73	96	70	290
立方氮化硼	0	1	1	1	3
螺纹刀具	12	11	6	5	34
其他刀具	6	2	12	32	52
热处理	9	12	16	27	64
陶瓷	16	16	20	6	58
涂层	52	69	54	48	223
铣刀	44	45	100	78	267
硬质合金	8	14	14	11	47
总计	239	275	369	306	1 189

表 2 - 2 - 4　瑞典在各技术分支专利申请趋势　　　　　　　单位：项

技术分支/年份	1991~1995	1996~2000	2001~2005	2006~2010	总计
车刀	13	13	12	2	40
成型	1	3	1	7	12
高速钢	2	2	0	1	5
后处理	0	1	0	0	1
孔加工刀具	8	14	8	10	40
立方氮化硼	0	0	1	1	2
螺纹刀具	1	2	4	1	8
其他刀具	1	1	2	3	7
热处理	0	3	3	1	7
陶瓷	10	2	2	3	17
涂层	18	21	25	33	97
铣刀	29	25	42	34	130
硬质合金	6	11	17	22	56
总计	89	98	117	118	422

表 2 - 2 - 5　俄罗斯在各技术分支专利申请趋势　　　　　　　单位：项

技术分支/年份	1991~1995	1996~2000	2001~2005	2006~2010	总计
车刀	74	11	5	0	90
成型	1	2	1	0	4
齿轮刀具	25	10	10	9	54
高速钢	8	2	3	7	20
后处理	0	0	0	1	1
金刚石	1	4	2	2	9
孔加工刀具	27	5	6	15	53
立方氮化硼	1	0	2	0	3
螺纹刀具	14	11	12	7	44
其他刀具	7	4	3	11	25
热处理	37	14	19	18	88
陶瓷	7	1	1	1	10
涂层	93	32	101	171	397
铣刀	46	9	24	12	91
硬质合金	29	7	5	15	56
总计	370	112	194	269	945

2.2.2　六国专利申请重点领域分析

从表2-2-6来看，日本几乎在所有的技术分支上都占有优势，特别是在硬质合金、陶瓷、金刚石和立方氮化硼等刀具基体材料上更是占据绝对的优势。

从表2-2-6来看，日本主要集中在涂层、铣刀、孔加工刀具上；瑞典主要集中在铣刀、涂层、硬质合金刀具基体材料上；美国和德国都是主要集中在孔加工刀具、铣刀、涂层技术上；俄罗斯主要集中在涂层、铣刀、车刀上。

表2-2-6　六国在刀具技术分支上的申请情况

技术分支＼国家	日本	俄罗斯	美国	德国	瑞典	中国
铣刀	1 330	91	267	291	130	59
孔加工刀具	771	53	290	298	40	61
车刀	242	90	49	74	40	43
螺纹刀具	118	44	34	76	8	18
齿轮刀具	111	54	27	46	0	3
其他刀具	75	25	52	40	7	11
涂层	2 564	397	223	200	97	116
热处理	160	88	64	34	7	3
成型	26	4	25	49	12	29
后处理	20	1	8	17	1	40
高速钢	74	20	5	3	5	86
硬质合金	742	56	47	91	56	55
陶瓷	346	10	58	52	17	195
金刚石	144	9	37	23	0	104
立方氮化硼	112	3	3	4	2	78

注：俄罗斯的数据包含前苏联；德国的数据包括东德、西德；中国的数据不包含中国台湾。该表中的国别是根据专利申请人的国籍予以确定的。

2.2.3　六国专利申请目的地及流向分析

如图2-2-3所示，从主要申请国来看，日本申请人除了在本国大量申请专利外，还在美国、欧洲专利局和德国申请了一定量的专利，说明日本非常重视本国以及美国和欧洲（特别是德国）市场；美国申请人除了在本国大量申请专利外，还在欧洲专利局和德国、日本申请了一定量的专利，说明美国非常重视本国以及日本和欧洲（特别是德国）市场；俄罗斯主要在国内申请专利，在国外申请刀具专利的数量非常少；瑞典在全球范围的专利申请最均匀，在美、日、欧、德、中、韩等受理局都有超过200件的专利申请；德国申请人除了在本国大量申请专利外，还在欧洲专利局、美国、日本、中国和韩国申请了一定量的专利，说明德国非常重视本国和欧洲其他地区以及美、日、中、韩等国市场。

中国与俄罗斯非常类似，中国刀具行业对外专利申请少。与刀具技术发达的国家相比，中国刀具行业在国外的专利申请量非常少，即使在对外申请量最大的美国，申请量（16件）也只有在国内申请总量（925件）的1.7%。

主要申请国在美国、欧洲地区（特别是德国）、日本市场的专利申请量相对较大，在进入这些国家和地区市场时，应当充分分析遭遇专利侵权风险的程度。

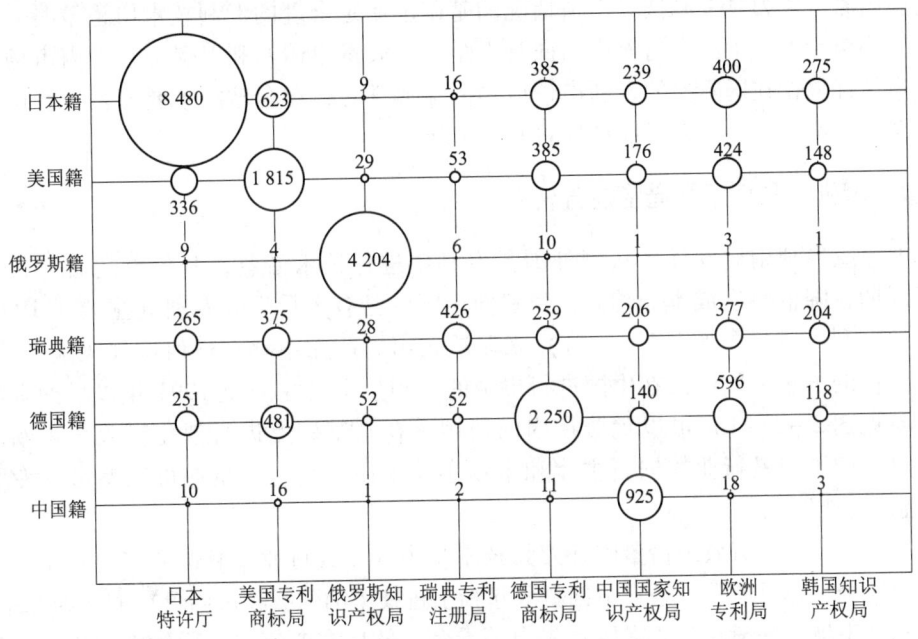

图2-2-3　六国专利目的地及流向图

注：① 俄罗斯的数据包含前苏联；德国的数据包括东德、西德；中国的数据不包含中国台湾；欧洲的数据表示在欧洲专利局公开的专利。

② 竖列的国别是指申请人的国籍，横排的国别是专利受理地点。

中国刀具企业的专利申请应当支持其市场战略。有资料证明，中国制造业的快速发展正在为刀具行业提供巨大的市场，且国内制造业对刀具的需求将从以中、低端为主向以高端为主转移，对现代高效刀具的需求将明显提速。❶ 行业专家对上述情况也表示认同，并指出中国刀具企业当前乃至未来一段时间的市场战略应当是主打国内中、高端市场，积极开拓国际市场。❷

与刀具技术发达的国家相比，中国在刀具领域的专利技术及其地域申请都较为薄

❶ 刀具行业专家畅想刀具产业2011发展［EB/OL］.（2011-02-23）［2011-06-14］http：//www.cnsb.cn/html/news/582521.html.

❷ 沈壮行. 在新的历史起点上，对工具行业发展战略的再思考［J］. 工具技术，2008（1）.

弱。为了实现上述市场战略，中国申请人应当加大对先进刀具技术的研发投入，特别是在用途广、技术更新和改进速度快的刀具技术（如以铣刀和孔加工刀具为主的刀具结构设计技术、以涂层技术为主的刀具制备技术和以硬质合金为主的刀具材料技术等，参见表2-2-6）上应加大专利申请的速度和力度。

此外，中国申请人在国内进行专利申请的同时，也应当根据自身的市场战略在市场目的地进行相应的专利地域申请，否则出口到这些国家和地区的刀具产品将得不到应有的专利保护。而目前，中国刀具企业在国外的专利申请量非常少。中国应当首先在中国刀具产品出口的主要目的地美国、德国和韩国❶等国家或地区进行专利地域申请，但由于主要刀具技术输出国在这些国家专利申请已相对完善，因此应当在深入研究这些国家有关刀具专利技术申请情况的基础上制定合理的专利技术申请策略。在国内的专利申请上，中国申请人应当向日本学习，大量申请专利以保证在国内市场上的技术申请优势；在国际上的专利申请应当向瑞典学习，在全球的主要刀具消费市场及时、全面地申请专利，以保证自身的市场地位。

2.2.4 国外专利技术可借鉴性分析

中国应当利用后发优势从国外刀具专利中进行技术借鉴，避免重复研究，缩短研发周期，降低研发成本。首先，免费使用国外已有大量失效专利（主要是1991年以前的专利申请，参见图2-1-1）来制造、出口产品不存在任何侵权风险；其次，还有大量的虽未失效但未在中国进行申请的专利技术（主要是1991年以后的专利申请，参见图2-1-1）可以免费在国内使用并在其基础上进行消化吸收再创新。总之，对于中国刀具行业的创新主体和市场主体来说，具有大量的可以参考的专利技术文献。

因此，充分、有效地借鉴国外刀具技术是中国刀具行业追赶国外先进技术的一条重要的捷径！也可能是一条自主创新（包括引进技术消化吸收再创新）的必经之路！❷

专利申请人一般在其所在国首先申请专利，然后在一年内利用优先权申请国外专利（但也存在例外情况，不同申请人可能会考虑不同的市场战略）。❸ 因此，从专利申请人优先权所属国的数量分布上可以了解各个国家在该领域的技术实力。从这个角度考虑，日本在刀具领域的技术实力强，可借鉴度高。其次是德国、美国和韩国，这其中德国和韩国在申请量上近几年有较快增长，技术活跃度比较高，可能有一些值得借鉴的先进技术。自前苏联解体后，俄罗斯在申请量上起伏不定，技术的连续性不好，

---

❶ 2009年中国刀具出口前3位的是：美国（2.1亿美元），德国（0.91亿美元），韩国（0.78亿美元）。引自：中国机床工具工业协会.2010中国机床工具工业年鉴［M］.北京：机械工业出版社，2010：13.

❷ 沈壮行.在新的历史起点上，对工具行业发展战略的再思考［J］.工具技术，2008 42（1）.在此文中中国机床工具工业协会工具分会秘书长沈壮行指出："刀具行业相对于传统的制造业有些特殊，国外工具企业（包括跨国公司和私营企业）的生产基地仍留在本国，近年来大举进入中国的是他们的销售系统和部分与销售配套的服务系统。"此外，根据本课题组到企业的调研情况，国外刀具企业很少与国内企业进行技术合作或者合资建厂。因此，我国刀具行业直接引进国外先进技术的难度比较大。

❸ 例如本国的市场潜力远不及其他国家或地区，这些国家的申请人可能直接到国外申请专利，比如瑞典的山特维克公司就有近1/4以上的专利不在本国进行申请。

但由于继承了大量的前苏联的刀具技术，因而在传统技术方面比较有优势。瑞典在刀具制造方面具有较大的技术优势，这也是业界公认的事实。但由于瑞典的刀具消费市场不大，很多瑞典籍的跨国刀具公司的很多专利技术不在瑞典进行申请，瑞典人在1953年就开始申请刀具专利，技术连续性好，在地域上申请全面。

从刀具技术分支的专利申请的比例来看，日本的刀具技术主要在铣刀和孔加工刀具方面有较高的借鉴价值，刀具材料更是必须要参考的技术。德国的刀具在成型技术和后处理工艺方面值得借鉴，其各种刀具产品也具有一定的技术参考价值。美国的刀具技术专利申请最为均衡，均具有一定的参考价值，其中美国对金刚石刀具的研发投入相对较多。韩国在各个领域均具有一定量的专利申请，可以适当关注。正如前文所述，瑞典的情况可能需要结合其主要申请人的技术专利申请进行具体分析，参见图2-2-3。

2.3　申请人分析

2.3.1　技术集中度分析

由图2-3-1可知，从1981～1991年这10年间，前10位申请人成长迅速。从2000年以后，前10位申请人的专利申请总量占全球专利申请总量的比例逐渐趋于稳定。虽然刀具行业具有一些高端技术，如涂层、计算机辅助制造、基体材料等方面，但在整体上，其技术门槛不是太高。因此，从总体看上，刀具领域专利申请的集中度不是很高。

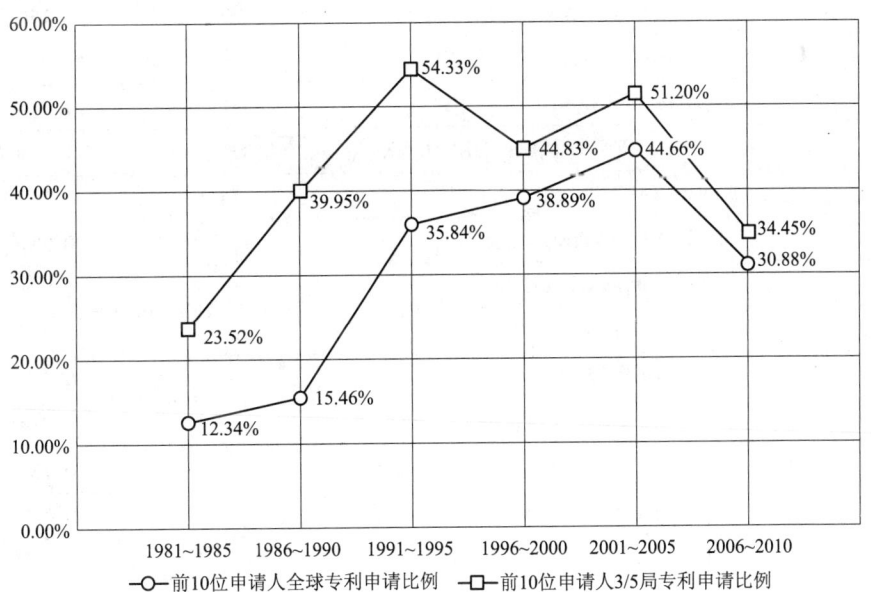

图2-3-1　技术集中度分析

51

2.3.2 申请人类型分析

从图 2-3-2 可以确定，在该行业中申请人主要为公司，公司的申请量占到了申请总量的 76%（对于合作申请，课题组分别进行了拆分），可见公司在行业技术创新中占据主导地位，企业的发展水平基本代表了刀具行业的整体发展水平。

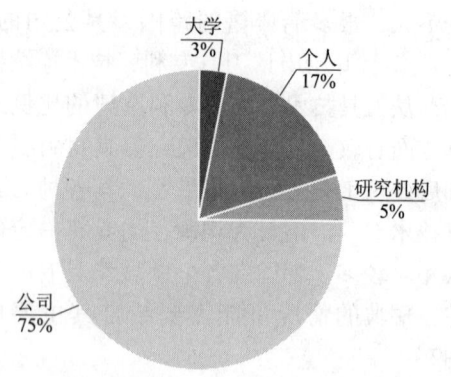

图 2-3-2 申请人类型

2.3.3 申请人申请量排名分析

如表 2-3-1 所示，从申请量上，排名前 5 位的申请人都来自日本，在前 20 位当中日本也占据了 12 席。

表 2-3-1 申请人按申请量排名

序号	申 请 人	申请量（项）	占申请总量的比例
1	MITSUBISHI MATERIALS CORP	2 132	9.81%
2	SUMITOMO ELECTRIC IND LTD	790	3.63%
3	HITACHI TOOL KK	677	3.11%
4	TOSHIBA TUNGALLOY KK	554	2.55%
5	KYOCERA CORP	547	2.52%
6	SANDVIK AB（瑞典）	467	2.15%
7	SHINKO KOBELCO TOOL KK	426	1.96%
8	MITSUBISHI METAL CORP	341	1.57%
9	SUMITOMO DENKO HARD METAL KK	327	1.50%
10	KENNAMETAL INC（美国）	274	1.26%
11	UNIV ULYAN TECH（俄罗斯）	213	0.98%
12	NGK SPARK PLUG CO LTD	211	0.97%
13	NACHI FUJIKOSHI CORP	176	0.81%
14	KOBE STEEL LTD	170	0.78%
15	ISCAR LTD（以色列）	164	0.75%
16	SECO TOOLS AB（瑞典）	156	0.72%
17	HITACHI METALS LTD	143	0.66%
18	MITSUBISHI HEAVY IND CO LTD	117	0.54%
19	DIJET IND CO LTD	90	0.41%
20	CHERNAVSKII F G（前苏联）	89	0.41%

2.3.4　典型申请人专利质量分析

专利数量多不等于专利技术含量高。在评价专利技术的优劣时，应当结合实际情况和实际需求利用衡量专利质量的相关指标进行较为准确的评估。

在专利分析领域，常用企业专利技术的被引用情况和自引用情况来评判该企业的技术地位。例如，如果企业专利技术的被引次数和自引次数都很高，则该企业可被视为该领域的技术先驱者；相反，如果企业专利技术的被引次数和自引次数都很低，则该企业可被视为该领域的技术模仿者。如表 2 - 3 - 2 所示，以在涂层领域申请量最大的三菱材料和 3/5 局申请量最大的三特维克为例进行引用情况的对比分析，可以看出三特维克的涂层专利技术在"质量"上要比三菱材料要好，参见图 2 - 3 - 3。

表 2 - 3 - 2　典型企业专利申请质量分析

	国籍	总申请量（项）	五局申请量（项）	引用 5 次以上的专利数	平均被引次数	平均自引次数
山特维克	瑞典	54	21	27	20.6	12.4
三菱材料	日本	756	28	8	8.1	6

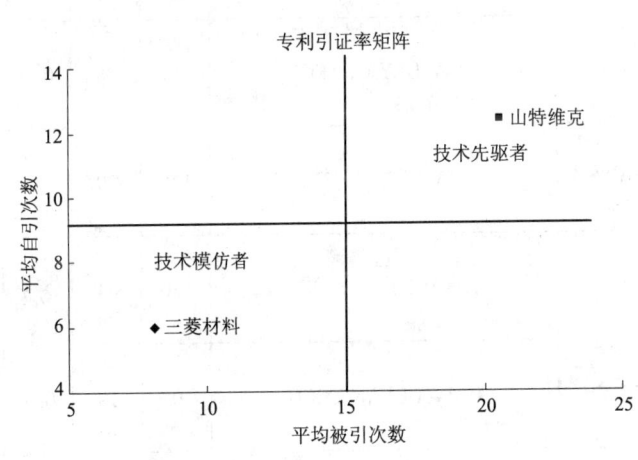

图 2 - 3 - 3　典型企业技术地位分析

注：① 平均被引次数：他人引用总次数除以被引用专利件数。

② 平均自引次数：自己引用总次数除以被引用专利件数。

③ 采用的是引用次数在 5 次以上的样本。

2.4　发明人分析

发明人阵容不仅可以从整体上反映主要申请人的研发实力，而且通过发明人阵容分析，可以发现主要申请人的核心发明人以及核心发明人的核心研究领域，为日后对

第1章

第2章

第3章

第4章

第5章

第6章

第7章

第8章

相关研发领域的持续关注和相关技术人才的研发合作提供一定参考意义❶。课题组分析了全球申请量排名前10位的发明人（参见表2-4-1），并标注了它们的研究领域及专利文献的被引用频次。

表2-4-1　全球范围发明人专利申请量排名

全球排名	发明人	相关申请人	专利总量（项）	被引用专利数	平均被引频次	主要研发领域
1	OSADA A	MITSUBISHI MATERIALS CORP	255	16	1.1	单层涂层和涂层涂覆技术
2	NAKAMURA K	MITSUBISHI MATERIALS CORP	244	48	0.5	普通、梯度硬质合金
3	TABAKOV V P	UNIV ULYAN TECH	209	42	0.8	单层、梯度涂层
4	TAKIGUCHI M	MITSUBISHI MATERIALS CORP	184	18	0.2	孔加工刀具和可转位铣刀体
5	TSIRKIN A V	UNIV ULYAN TECH	157	38	0.9	梯度涂层和涂层涂覆技术
6	CHIKHRANOV A V	UNIV ULYAN TECH	146	39	1	多层涂层和涂层涂覆技术
7	ISHIKAWA T	HITACHI TOOL KK	120	64	2.5	多层涂层和普通硬质合金
8	SMIRNOV M YU	UNIV ULYAN TECH	105	19	0.4	双层、梯度涂层
9	HOMMA H	MITSUBISHI MATERIALS CORP	88	5	0.1	涂层涂覆技术和金属陶瓷硬质合金
10	CHERNAVSKI F G	BEARING IND DES	80	6	0.1	车刀和可转位铣刀片

---

❶ 肖沪卫. 专利地图方法与应用［M］. 上海：上海交通大学出版社，2011.

同样道理，课题组以山特维克公司为例分析了专利申请量排名前 10 位的发明人，参见表 2 - 4 - 2。

表 2 - 4 - 2　山特维克公司发明人专利申请量排名

SANdvik 排名	发明人	专利总量（项）	被引用篇数	平均引用频次	主要研发领域（技术分支）	2005 ~ 2010
1	PANTZAR G	25	23	6.9	可转位铣刀片和车刀	8
2	HESSMAN I	22	20	5.4	车刀和螺纹刀具	2
3	LJUNGBERG B	19	19	18.6	可转位铣刀体和单层涂层	6
4	SELINDER T	17	17	7.5	可转位铣刀体和普通硬质合金	5
5	BRANDT G	16	13	7	可转位铣刀刀柄和整体铣刀	1
6	AHLGREN M	13	10	1.9	可转位铣刀片和整体铣刀	3
7	WERMEISTER G	10	8	7	金属陶瓷硬质合金	2
8	COLLIN M	7	6	6	可转位铣刀片	1
9	ANDERSSON C	7	5	5.3	可转位铣刀夹固和整体铣刀	1
10	LINDBLOM S	7	4	10	多层涂层	1

从表 2 - 4 - 2 中可以看出，该公司发明专利最多的 10 个发明人参与了公司 33% 的专利研发（由于他们之间存在合作的可能，所以实际值会低些），因此可以将这些发明人视为山特维克的核心发明人。此外通过进一步分析这些发明人参与的研发项目来了解这些发明人的重点研发领域，也可以通过定时追踪这些发明人的研发活动来了解山特维克的发展状态。

除此之外，还可针对某一技术领域找出专利数量较多的申请人，如表 2 - 4 - 3 就是在铣刀领域专利申请量排名前 10 位的发明人。

表 2 - 4 - 3　铣刀领域发明人专利申请量排名

排名	发明人	专利总量（项）	引用篇数	被引用频次
1	TAKIGUCHI M	22	12	5.3
2	ISHIDA T	20	20	7.2
3	OKANISHI R	19	6	12
4	HATTA K	17	15	7.5
5	YAMAYORI T	17	13	7
6	YOSHITOSHI S	13	10	6

排名	发明人	专利总量（项）	引用篇数	被引用频次
7	ARAI T；SAITOU T	12	8	7
8	HECHT G	12	7	4
9	KOGA K	12	5	2
10	FOUQUER R	11	3	10

　　在资源、时间有限的情况下，可以重点关注这些核心发明人的研发动向，以间接获得其公司的技术研发重点和趋势，当然企业也可以根据自己的专利战略和研发趋势适时与这些发明人进行研发合作。

第3章　中国专利状况分析

为了掌握中国刀具专利申请的总体状况，本章重点研究了中国专利申请趋势、国内外申请人的专利申请重点及差异、国外申请人在中国专利申请情况、中国专利的申请人类型及主要申请人的专利技术申请情况。数据表明，相对于国外申请人，国内申请人刀具专利申请量增长较快，但在重要技术上仍处于劣势；国外申请人中瑞典和日本在中国申请总量以及在重要技术上的申请量较多；中国刀具企业专利申请偏少，而大学的刀具申请量相比较多。

3.1　中国专利总体状况

中国申请人刀具专利申请量增长较快，但专利质量有待提高，参见表3-1-1。截至2010年，在刀具领域，国内申请人在中国的专利申请总量（1 093件）已经和国外申请人在中国的专利申请总量（1 117件）相当，但在授权量和有效量上，国内申请人要弱于国外申请人。

截至2010年，国内申请人在全球的刀具专利申请总量（1 205件）只占全球刀具专利申请总量（21 953件）的5.5%；截至2009年❶，国外申请人来中国申请的总量也大于国内申请人申请的总量（1 170件/1 021件）。因此，在刀具主要技术分支上，中国也不具备优势，尤其是在铣刀、涂层技术等刀具重点技术以及金刚石、立方氮化硼超硬材料等刀具热点技术上的专利申请较少，参见图2-2-1、图2-2-2。

表3-1-1　中国专利中国内外申请人的发明专利和实用新型情况　　　单位：项

	发明专利申请量	发明专利授权量	发明专利有效量	实用新型	总计
国内申请人	1 093	449	337	3 124	5 003
国外申请人	1 117	578	509	8	2 212
总计	2 210	1 027	846	3 132	7 215

3.1.1　专利申请趋势分析

与全球刀具专利申请增幅相比，中国刀具专利申请自2001年以来申请量增长较快（特别是2001~2008年）。在中国刀具专利申请中，自2001年以来，国内申请人专利申请量的年均增幅就已经超过了国外申请人的专利申请量年均增幅。在2008年，国内申请人的专利申请总量超过了国外申请人的专利申请总量。值得注意的是，国外申请

---

❶　2009年以后的国外来中国申请可能还处于未公开的状态。

人自 2007 年以后申请量开始骤然下降。虽然国外申请人在最近几年专利申请步伐放缓，但中国对刀具的市场需求仍然很大。在刀具消费量上，中国自 2009 年开始居全球之首，且对现代高效刀具的需求量巨大❶。可以说，中国刀具市场是全球刀具跨国企业角逐的主战场之一。只要经济形势稍微好转，国外刀具企业必将在中国继续加强专利申请。根据申请量变化趋势大致可以分为以下三个阶段来分析。

（1）缓慢布局阶段（1991～2000 年）

在此阶段，不论国内还是国外每年申请量都不超过 50 件。申请的重点领域主要集中在涂层、整体刀具和机夹刀具，例如 CN1256983A、CN1102219A。国外大多数刀具行业的跨国公司等都已来中国申请专利，例如山特维克、肯纳、三菱材料、山高、伊斯卡等；中国的申请人主要是山东工业大学、北京科技大学等。

（2）快速布局阶段（2001～2006 年）

在此阶段，国外申请人的申请量从每年 50 件上升到了 150 件，国内申请人一直在50 件上下徘徊，中国在 2005 年正式启动国家知识产权战略的制定工作，各省市也纷纷出台 2005～2010 年知识产权发展战略纲要，对专利申请的质量和数量都提出了战略性指标，因此，在 2006 年国内申请量突然超过了 100 件。专利技术发展迅速，申请的重点领域主要集中在涂层、整体刀具、机夹刀具、热处理，例如 CN1464073A、CN1425787A。国外大多数刀具行业的跨国公司都已来中国申请专利，例如山特维克、山高、肯纳、三菱材料、伊斯卡、OSG 株式会社、住友电工、住友电气工业株式会社等；中国的申请人主要是株洲钻石、山东大学、上海交通大学等。

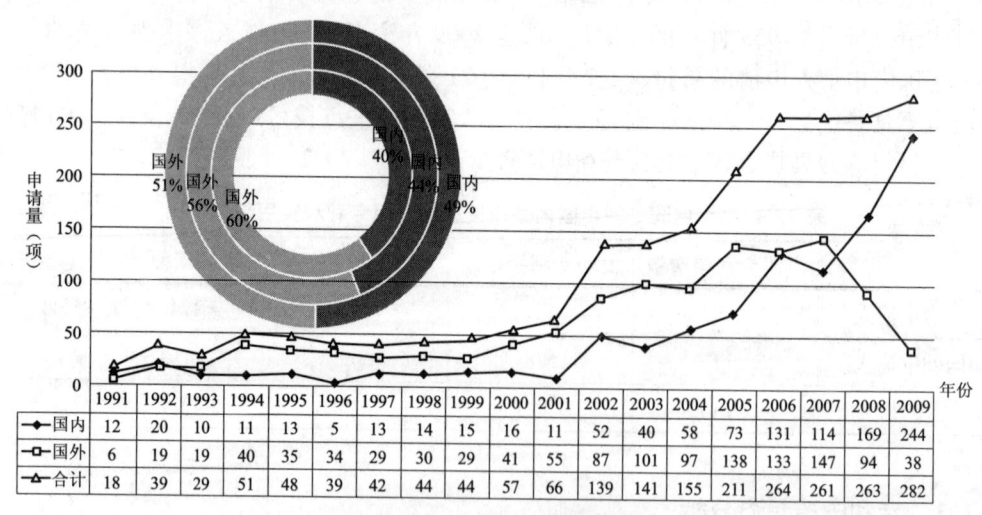

年份	1991	1992	1993	1994	1995	1996	1997	1998	1999	2000	2001	2002	2003	2004	2005	2006	2007	2008	2009
国内	12	20	10	11	13	5	13	14	15	16	11	52	40	58	73	131	114	169	244
国外	6	19	19	40	35	34	29	30	29	41	55	87	101	97	138	133	147	94	38
合计	18	39	29	51	48	39	42	44	44	57	66	139	141	155	211	264	261	263	282

图 3-1-1　中国专利申请趋势

注："国内"是指国内申请人的中国申请；"国外"是指国外申请人的在中国申请。

图中外圈是指专利申请量；中圈是指专利有效量；内圈是指专利授权量。

（3）国内高速布局阶段（2007 年至今）

2007 年，胡锦涛总书记在十七大报告中明确提出"实施知识产权战略"，大大激

❶　参见：中国机床工具工业协会 . 2010 中国机床工具工业年鉴［M］. 北京：机械工业出版社，2010：39.

励了国内申请人申请专利的热情。国内申请人在 2008 年突破了 150 件，2009 年接近 250 件。从 2007～2009 年，年均增幅达到了 57%。申请的领域主要集中在涂层、机夹刀具和整体刀具，例如专利 CN101008064A、CN101255512A 等。申请人主要是山特维克、株洲钻石、肯纳、山高、京瓷等。

3.1.2 中国与全球专利申请的差异

表 3-1-2 全球与中国专利申请重点与热点

地域范围	传统申请重点	近几年申请热点
世界刀具申请	涂层（3 986 件） 铣刀（2 750 件） 孔加工刀具（2 033 件） 硬质合金（1 170 件） 车刀（653 件）	涂层（327 件） 铣刀（168 件） 其他工具（77 件） 车刀（74 件） 成型（42 件）
中国刀具申请	铣刀（322 件） 孔加工刀具（325 件） 涂层（514 件） 热处理（247 件） 硬质合金（205 件）	孔加工刀具（113 件） 其他刀具（67 件） 热处理（66 件） 铣刀（62 件） 硬质合金（54 件）

注：传统申请重点是指：自 1991～2010 年各技术分支申请总量排名的前 5 位；近几年申请热点是指：中国刀具申请是按相比 2001～2005 年、2006～2010 年各技术分支增量排名的前 5 位；由于 2010 年国外专利申请数据严重失真，世界刀具申请是按相比 2000～2004 年、2005～2009 年各技术分支增量排名的前 5 位。

（1）相同点

不管是在全球还是在中国，涂层、铣刀、孔加工刀具、硬质合金都是专利申请的重点。但近年来，常规刀具之外的其他工具逐渐成为新的专利申请热点。主要是因为新材料的应用和越来越复杂工件几何形状导致客户的特殊需求日益增多，❶ 进一步促进通用刀具之外的其他刀具在专用化❷和非标准化方向上快速发展。

立方氮化硼和金刚石刀具材料的专利申请量增长缓慢，主要原因是在这些刀具材料上还未取得重大突破。例如金刚石刀具加工难度大、成本高、化学稳定性差等；❸❹立方氮化硼脆性大、韧性不足、使用寿命短等。❺❻但是立方氮化硼和金刚石刀具已经展现出了卓越的性能，应当对国内外相关技术发展动向给予较高的重视。

---

❶ RALF HAASSENGIER, et al. Fast track to the non-standard tool [J]. Word Manufacturing Engineering & Market, 2009 (2).

❷ 周利平，等. 专用刀具职能化开发系统总体设计 [J]. 工具技术，2006 (1).

❸ 例如参见申请号为 93104981.4、95192087.1、200420095938.8、01100381.2、201120043167.8 等中国专利申请。

❹ 再如：[EB/OL]. http://wenku. baidu. com/view/baaf2f8b6529647d272852a3. htm.

❺ 例如参见申请号为 01142529.6、200410060270.8 等中国专利申请。

❻ 再如：[EB/OL]. http：//zj. jdzj. com/cp_ view. asp? id = 11583226.

（2）差异点

热处理是国内申请人申请的重点。这是因为在中国高速钢刀具一直占有很大的产量，而热处理主要是用来提高高速钢刀具性能，因此国内申请人在热处理上具有很多的研发热情。相对全球而言，孔加工刀具正在成为中国专利申请的热点，而车刀不是中国专利近期的申请热点。

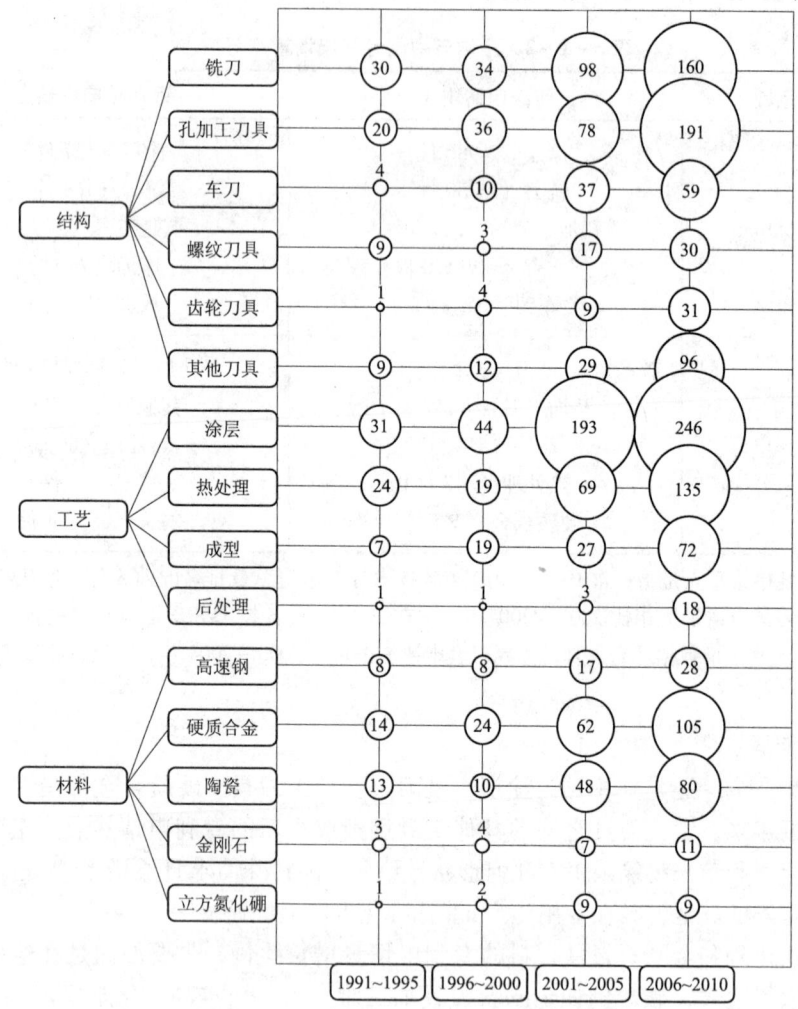

图3-1-2　中国切削加工刀具专利申请的技术构成

3.1.3　国内外申请人专利申请优劣势分析

由表3-1-3可知，国内申请人在中国专利申请量中局部占优，但在关键技术上实力不强。在高速钢、硬质合金、陶瓷、金刚石等刀具基体材料方面，中国申请量上具有一定的数量优势。这是因为中国在这些刀具基体材料上储量丰富，如硬质合金的主要原材料钨矿中国储量第一，世界上80%的人造金刚石也产于中国，可见中国结合自身资源进行的自主研发较多。但是，中国申请人在涂层、铣刀、孔加工刀具等刀具重要技术分支的专利申请量（特别是专利授权量和有效量）与国外申请人差距较大。技术的优劣决定了市场地位，在国内制造业亟须的现代高速高效刀具中，国产刀具所占份额仅为 10%～20%，和国外竞争对手相比，我们的差距还很大。[1] 即使在国内申请人申请量占优的硬质合金刀具基体材料上，国内硬质合金高效刀具的整体生产技术水平与国外还有相当大的差距，这是业内公认的事实。[2]

表 3-1-3　中国发明专利国内外申请人专利数据对比　　　单位：件

		公开量			授权量			有效量		
		国内	国外	小计	国内	国外	小计	国内	国外	小计
结构	铣刀	101	221	322	21	122	143	21	106	127
	孔加工刀具	140	185	325	29	90	119	24	77	101
	车刀	56	54	110	15	41	56	12	39	51
	螺纹刀	30	29	59	6	9	15	5	9	14
	齿轮刀	36	9	45	16	7	23	14	6	20
	其他	58	88	146	12	42	54	8	42	50
工艺	涂层	176	338	514	86	151	237	69	150	219
	热处理	205	42	247	104	21	125	82	20	102
	成型	83	42	125	33	19	52	24	16	40
	后处理	15	8	23	6	3	9	7	3	10
材料	高速钢	52	9	61	33	5	38	17	2	19
	硬质合金	129	76	205	58	43	101	44	40	84
	陶瓷	104	47	151	52	22	74	35	19	54
	金刚石	16	9	25	7	4	11	5	4	9
	立方氮化硼	7	14	21	2	6	8	1	6	7
总计		1 208	1 171	2 379	480	585	1 065	368	539	907

3.1.4　国内主要刀具聚集区专利申请状况分析

如图 3-1-3 所示，由于国内刀具企业在地域分布上相对较为集中，因此导致刀具企业所在地域的刀具专利申请量相对较大。

华东地区：江苏常州和丹阳被称为"刀具之乡"，形成了规模庞大的西夏墅和丹阳刀具产业群，刀具年产值已经超过了 15 亿元人民币。但由于这些企业规模都不大，研发能

---

[1] 沈壮行. 在新的历史起点上，对工具行业发展战略的再思考 [J]. 工具技术，2008 (1).
[2] 参见：中国机床工具工业协会 . 2010 中国机床工具工业年鉴 [M]. 北京：机械工业出版社，2010：13. 以 2007 年为例，我国有 4500 吨硬质合金用于切削刀具的生产上，数量上和日本相当，但制成刀具后的价值仅 8 亿美元，远不及日本的 25 亿美元。

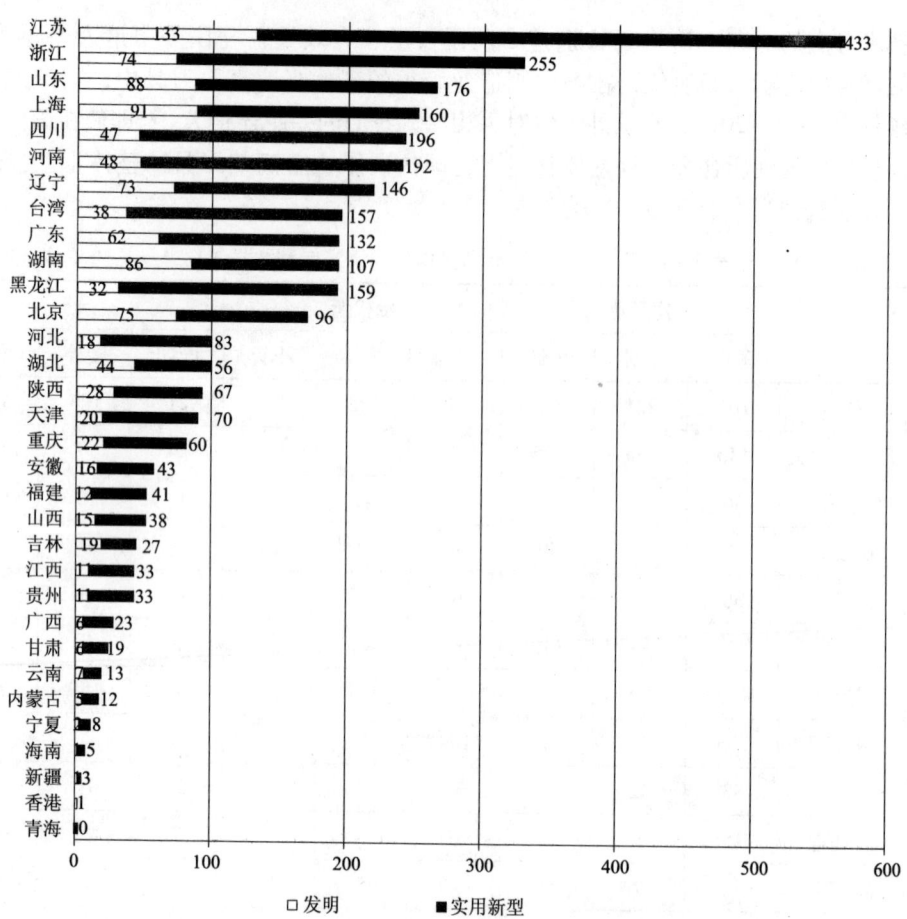

图3-1-3　国内各省市发明与实用新型专利申请量排名

力相对较弱，申请的实用新型专利量大，发明专利的有效量少。其他地区则以老牌企业上海工具厂领衔，阿诺、嘉兴恒锋、宁波三韩等一批新兴企业近些年发展很快，上海交通大学在刀具涂层领域的研究成果也很丰富，使得上海、浙江的刀具专利申请量较大。

华南地区：华南地区以株洲钻石和厦门金鹭为代表，还有遍布东莞的一大批小刀具企业。如前文所述，株洲钻石在国内刀具主要申请人中排名第1位，单发明申请量就有50多件，厦门金鹭也具备一定的研发实力。因此，湖南和广东两省发明申请在各自总申请量上所占比例较大。

东北地区：该区的刀具企业主要集中在东北老工业基地，以哈量、哈一工领衔，还有如牡丹江工具在内的一批民营企业；辽宁在数控刀具和涂层技术方面聚集了一些规模不大的公司。

西部地区：西北地区主要集中在陕西，主要企业有汉江工具、陕硬刀具和青海刃量具等；西南地区的成都附近集中了成量、工研所、自贡硬质合金和新兴的如森泰英格、成都千木等众多企业，另外还有贵州的西南工具发展势头也不错。四川大学在硬质合金和涂层领域也具有一定的申请量。

中原地区：中原地区的刀具企业比较少，太原工具、郑州钻石是较有代表性的企业。

其他地区：其他地区的专利申请人主要是以大学或者个人为主，例如山东大学、清华大学、北京科技大学等。

表 3－1－4　国内各省市申请排名　　　　　　　　　单位：件

总量排名	省　份	发明授权	发明有效
1	湖南	41	37
2	辽宁	40	24
3	浙江	39	22
4	北京	36	23
5	山东	33	18
6	上海	32	28
7	江苏	29	27
8	湖北	25	21
9	四川	24	22
10	河南	22	20
11	广东	21	17
12	台湾	13	10
13	黑龙江	11	9
14	吉林	11	7
15	陕西	11	6
16	河北	11	4
17	山西	10	5
18	重庆	10	4
19	天津	9	7
20	福建	5	5
21	安徽	3	2
22	贵州	3	3
23	江西	2	2
24	甘肃	2	1
25	内蒙古	2	1
26	云南	1	1
27	宁夏	1	1
28	香港	1	0
29	澳门	0	0
30	广西	0	0
31	海南	0	0
32	新疆	0	0
33	青海	0	0

3.2 各国在中国申请分析

3.2.1 各国在中国专利申请趋势分析

国外申请人主要来自瑞典、日本、美国、德国和以色列，其中瑞典和日本各占国外在中国申请总量的三成（参见图3-2）。专利技术申请是为占有市场为目的的，瑞典、日本和德国的刀具在对中国出口中占据了62%。❶ 2000年以前，瑞典在申请量上占据优势，其他国家在中国申请较少。2000年以后，各国开始加强在中国申请刀具专利，其中瑞典和日本增长十分迅速。日本申请人自2000年开始大力加强在中国申请刀具专利，并在2007年超过瑞典申请人在国外申请人中跃居第一。从2000年开始，日本工具行业大力开拓海外市场，刀具产值比1999年增长了10.9%。大批日资企业加大了在中国的专利申请，例如住友电工、京瓷等（图4-2-12、图4-2-14）。

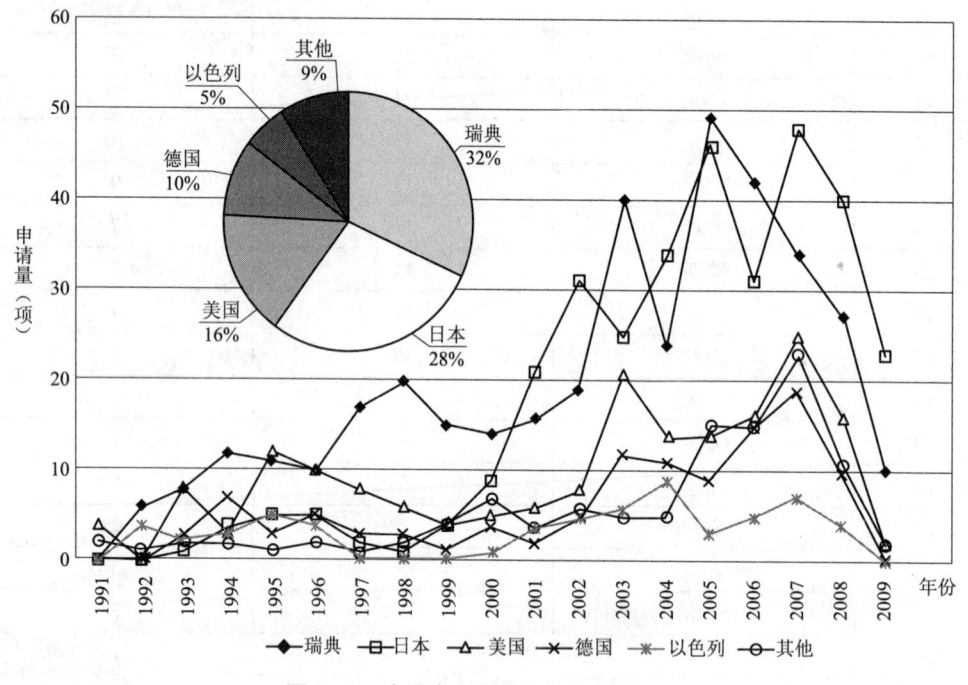

图3-2 中国专利国外申请比例及趋势

3.2.2 各国专利技术申请情况分析

如表3-2所示，瑞典在涂层、铣刀、硬质合金、车刀上申请量最大；日本在孔加工刀具、其他刀具、热处理技术方面的申请量最大，在陶瓷刀具上的申请量也很大，

❶ 我国在2009年的切削刀具及工具进口额为5.19亿美元，进口来源国前3位的是：德国1.3亿美元，占切削刀具及工具总进口额的25.0%；日本1.1亿美元，占切削刀具及工具总进口额的21.2%；瑞典0.8亿美元，占切削刀具及工具总进口额的15.4%。

日本在各个技术分支上均有涉及，在立方氮化硼和金刚石上也有一定量申请；美国在陶瓷刀具上的申请量最大，在铣刀、涂层和孔加工上也有一定的申请量；德国在孔加工刀具和涂层上具有一定的申请量；以色列主要在铣刀上申请专利。

表3-2　国外申请人在刀具各技术领域中的申请量　　　　单位：件

	结　　　构					工　　　艺				材　　　料				
	铣刀	孔加工	车刀	螺纹	齿轮	其他	涂层	热处理	成型	后处理	高速钢	硬质合金	陶瓷	金刚石	立方氮化硼
瑞典	74	43	34	9	0	22	119	9	12	3	2	35	9	0	3
日本	42	56	7	10	2	23	115	16	8	2	4	18	15	5	8
美国	38	28	6	5	6	13	38	9	10	1	0	12	17	1	1
德国	15	33	1	4	1	8	29	1	9	2	0	7	2	0	0
以色列	37	10	2	1	0	9	2	0	0	0	0	1	0	0	0
其他	15	15	4	0	0	13	37	7	3	0	3	4	4	3	2

3.3　申请人分析

3.3.1　申请人类型分析

由图3-3-1可知，从整体上看，刀具领域的中国专利申请人以企业占据主导地

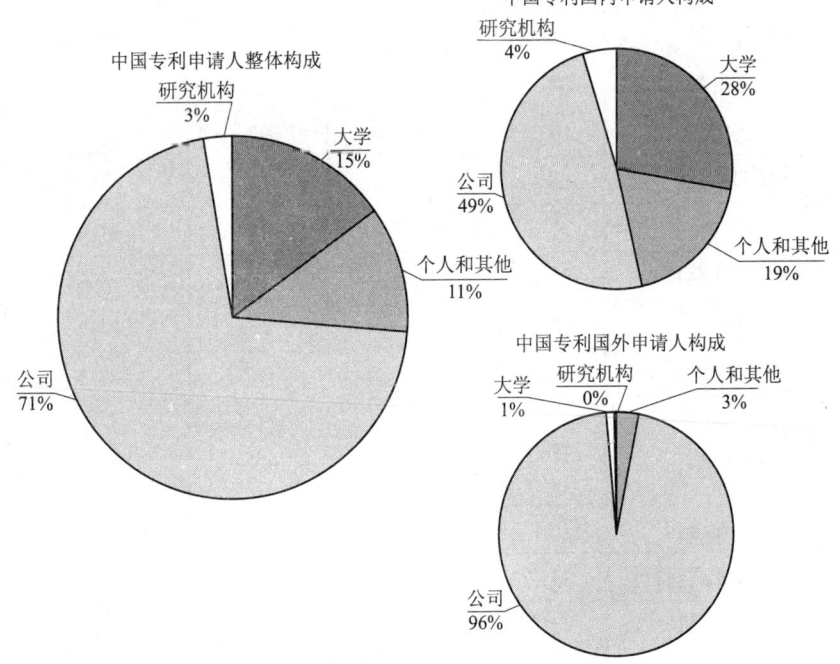

图3-3-1　中国专利申请人构成

位，其申请量的总比例达到了 71%。与国外以公司为创新主体的情形相比，国内的刀具专利申请有相当部分源于大学和个人，在中国专利申请中，国内申请人存在研发与市场脱离的情况，超过三成的专利掌握在大学和研究机构手里。而相比之下，国外申请人中公司所占比例极高，达到 96%。

3.3.2　主要申请人技术布局分析

3.3.2.1　申请人申请量排名分析

从中国专利的申请量和有效量排名来看，山特维克（包括山高）、肯纳、伊斯卡为第一梯队，第二梯队以日本刀具企业、中国刀具企业和中国大学为主。国内具有技术竞争力的企业少，在第二梯队中，中国申请人则以大学为主，企业只占少数几家。如表3-3-1所示，国外研发活力较强的申请人主要是山特维克、肯纳、山高、京瓷、住友电工、佑能工具等企业，其中日本企业近年来的申请量占总量的比例较高。国内刀具申请人大学居多，以四川大学、吉林大学、中南大学、清华大学和山东大学为主。

表 3-3-1　中国发明专利申请人排名　　　　　　　单位：件

名次	申请人名称	申请量	有效量	有效量名次	2006~2008年的数量	2006~2008年的数量占总量的百分比（%）	是否为市场主体
1	山特维克	255	141	1	75	29.4	是
2	山高	114	73	2	29	25.4	是
3	肯纳	113	36	4	38	33.6	是
4	伊斯卡	86	34	5	19	22.1	是
5	三菱材料	84	38	3	18	21.4	是
6	住友电工	64	32	6	27	42.2	是
7	株洲钻石	58	24	7	7	12	是
8	山东大学	35	11	10	11	31.4	否
9	OSG 株式会社	28	9	11	14	50	是
10	京瓷	28	5	17	23	82.1	是
11	上海交通大学	28	5	18	8	28.6	否
12	沃尔特公开股份有限公司	17	2	24	4	23.5	是
13	TDY 工业公司	16	6	14	4	25	是
14	佑能工具株式会社	15	5	19	8	53.3	是
15	东方汽轮机	14	2	23	3	21.4	是
16	北京科技大学	14	3	22	2	14.3	否

续表

名次	申请人名称	申请量	有效量	有效量名次	2006~2008年的数量	2006~2008年的数量占总量的百分比（%）	是否为市场主体
17	四川大学	14	5	20	10	71.4	否
18	清华大学	12	2	25	5	41.7	否
19	鸿富锦精密工业	12	2	28	4	33.3	是
20	鸿海精密工业	12	2	29	3	25	是
21	上海工具厂	12	1	27	1	8.3	是
22	株式会社神户制钢所	11	9	12	4	36.4	是
23	吉林大学	10	6	15	6	60	否
24	日立工具股份有限公司	10	6	16	3	30	是
25	中国科学院金属研究所	10	2	26	1	10	否
26	中南大学	10	7	13	6	60	否
27	沈飞工业	10	3	21	0	0	是

注：① 有效量：目前处于授权且有效状态的发明数量。

② 2006~2008年的数量占总量的百分比：2006~2008年的专利数量占该申请人在中国总申请量的百分比。

③ 是否为市场主体：是否有产品投入市场。

3.3.2.2 国外十大申请人的技术申请重点及动向分析

如表3-3-2和表3-3-3所示，就国外十大申请人而言，山特维克的技术实力明显更高一筹，在铣刀、孔加工刀具、车刀、涂层、硬质合金等众多方面均有比较明显的领先优势；相比之下，山高、肯纳在铣刀、涂层领域占据一席之地，以色列的伊斯卡在铣刀方面有一定的技术特色，而以三菱材料、住友电工等为代表的一批日本企业在涂层方面均有一定的技术实力，这些日本企业近年来申请量较大，整体上显示出较强的研发实力。

表3-3-2 国外主要申请人在各技术分支的申请情况 单位：件

		结构						工艺				材料			
		铣刀	孔加工	车刀	螺纹	齿轮	其他	涂层	热处理	成型	后处理	高速钢	硬质合金	陶瓷	金刚石	立方氮化硼
山特维克	公开	49	30	23	5	0	13	81	5	11	3	0	23	9	0	3
	2007~2009年	12	8	3	0	0	3	14	0	2	0	0	2	3	0	0
肯纳	公开	34	18	5	1	1	10	27	3	2	0	0	6	6	0	0
	2007~2009年	11	6	2	0	0	2	7	1	1	0	0	1	0	0	0

续表

		结　　构						工　　艺				材　　料				
		铣刀	孔加工	车刀	螺纹	齿轮	其他	涂层	热处理	成型	后处理	高速钢	硬质合金	陶瓷	金刚石	立方氮化硼
山高	公开	25	14	11	4	0	9	40	1	1	0	0	9	0	0	0
	2007~2009 年	4	1	1	0	0	3	15	0	0	0	0	0	0	0	0
伊斯卡	公开	63	6	5	0	0	3	2	0	3	0	0	3	1	0	0
	2007~2009 年	7	3	1	0	0	0	2	0	1	0	0	0	1	0	0
住友电工	公开	4	4	3	0	0	0	31	1	2	0	1	5	5	2	5
	2007~2009 年	0	3	0	0	0	1	1	0	0	0	0	2	2	2	1
三菱材料	公开	17	7	0	2	0	11	37	1	4	0	0	3	1	0	1
	2007~2009 年	5	2	0	1	0	3	11	0	0	0	0	0	0	0	0
OSG株式会社	公开	8	7	0	6	0	0	7	0	0	0	0	0	0	0	0
	2007~2009 年	2	4	0	3	0	1	2	1	0	0	0	0	0	0	0
京瓷	公开	2	6	0	0	0	6	9	0	0	0	0	5	0	0	0
	2007~2009 年	0	5	0	0	0	6	5	0	0	0	0	4	0	0	0

注：① 数据说明：发明；按授权优先权日计算每年的专利数量。

② 已按归属关系对申请人进行了统一。

表 3-3-3　国外主要申请人在中国的专利申请状况分析

国外主要申请人	申请量占绝对优势的技术分支	申请量占相对优势的技术分支	技术申请的重点技术分支	近年来的申请专利较多的技术分支
山特维克	涂层、孔加工刀具、硬质合金、车刀、陶瓷材料、成型、其他刀具	铣刀	涂层、铣刀、孔加工	涂层、铣刀、孔加工
肯纳	无	铣刀、孔加工、其他刀具、陶瓷材料	铣刀、涂层、孔加工	铣刀、涂层、孔加工
山高	无	涂层、硬质合金、铣刀、孔加工刀具	涂层、铣刀、孔加工	涂层
伊斯卡	铣刀	0	铣刀	铣刀
住友电工	无	涂层、超硬材料	涂层	孔加工
三菱材料	无	涂层、铣刀、其他刀具	涂层、其他刀具	涂层、铣刀、其他刀具

国外主要申请人	申请量占绝对优势的技术分支	申请量占相对优势的技术分支	技术申请的重点技术分支	近年来的申请专利较多的技术分支
OSG 株式会社	无	无	铣刀、孔加工、涂层	孔加工
京瓷	无	涂层、孔加工	涂层、孔加工、其他刀具	其他刀具、孔加工、涂层

3.3.2.3 国内十大申请人专利申请重点及动向分析

如表3-3-4和表3-3-5所示，就国内十大申请人而言，缺少在各重要技术分支都占据优势地位的申请人。其中株洲钻石在铣刀、硬质合金方面有一定优势，并在涂层方面具有一定的申请量。大学在国内十大申请人中占据半壁江山，且申请重点和研发动向各不相同。山东大学在陶瓷基体材料上的专利申请量占据绝对优势，并在涂层方面具有一定的申请量；上海交通大学在涂层领域的申请量最大；四川大学在硬质合金基体材料方面研究较多；清华大学在陶瓷基体材料具有一定的申请量。

表3-3-4　国内主要申请人在各技术分支上的申请情况　　单位：件

		结构						工艺				材料			
		铣刀	孔加工	车刀	螺纹	齿轮	其他	涂层	热处理	成型	后处理	高速钢	硬质合金	陶瓷	金刚石	立方氮化硼
株洲钻石	公开	18	4	5	2	0	3	7	1	3	1	0	14	0	0	0
	2008～2010年	10	4	2	1	0	3	7	1	3	1	0	5	0	0	0
山东大学	公开	2	0	0	0	0	0	8	2	2	0	0	2	19	0	1
	2008～2010年	2	0	0	0	0	0	3	0	1	0	0	0	9	0	0
上海交通大学	公开	2	0	1	1	0	0	18	1	1	0	0	0	4	0	0
	2008～2010年	2	0	1	1	0	0	4	0	0	0	0	0	2	0	0
东方汽轮机	公开	6	0	1	0	0	0	0	0	2	1	0	0	4	0	0
	2008～2010年	4	0	1	0	0	0	0	0	0	0	0	0	4	0	0
北京科技大学	公开	0	0	0	0	1	0	3	2	0	0	3	3	1	0	0
	2008～2010年	0	0	0	0	0	0	1	1	0	0	0	2	0	0	0
四川大学	公开	0	0	0	0	0	0	0	0	0	0	0	7	1	0	0
	2008～2010年	0	0	0	0	0	0	0	0	0	0	0	4	0	0	0
清华大学	公开	0	0	0	0	0	0	3	3	0	0	1	1	10	0	0
	2008～2010年	0	0	0	0	0	0	0	0	0	0	0	0	0	0	0

续表

		结		构				工		艺		材			料	
		铣刀	孔加工	车刀	螺纹	齿轮	其他	涂层	热处理	成型	后处理	高速钢	硬质合金	陶瓷	金刚石	立方氮化硼
鸿富锦精密工业	公开	3	1	1	0	0	3	1	0	2	2	1	0	0	0	0
	2008~2010 年	2	1	1	0	0	1	1	0	2	1	1	0	0	0	0
鸿海精密工业	公开	3	1	1	0	0	3	1	0	2	1	1	0	0	0	0
	2008~2010 年	2	1	1	0	0	1	0	0	2	1	1	0	0	0	0
上海工具厂	公开	0	1	0	0	0	0	7	0	1	0	0	0	3	0	0
	2008~2010 年	0	0	0	0	0	0	4	0	1	0	0	0	2	0	0

表 3-3-5　国内十大申请人专利技术申请及研发动向

国内主要申请人	技术申请的重点	近年来的研发动向
株洲钻石	铣刀、硬质合金	铣刀、涂层
山东大学	陶瓷、涂层	陶瓷
上海交通大学	涂层	涂层
东方汽轮机	铣刀、硬质合金	铣刀、硬质合金
北京科技大学	涂层、高速钢、硬质合金	硬质合金
四川大学	硬质合金、涂层	硬质合金
清华大学	陶瓷	陶瓷
鸿富锦精密工业	铣刀、其他刀具	铣刀、成型
鸿海精密工业	铣刀、其他刀具	铣刀、成型
上海工具厂	涂层、陶瓷	涂层、陶瓷

第4章 主要专利申请人分析

为了研究刀具领域主要申请人的研发热点及专利申请区域分布，本章重点分析了7位申请人的专利申请态势。数据表明，山特维克、肯纳、山高、伊斯卡4位申请人在刀具各个技术分支上研发实力突出而且比较均衡，三菱材料、住友电工、京瓷3位日本申请人在申请量上已经超过了上述4位申请人，但从专利申请的区域来看，日本申请人并没有选择"走出去"的国际化路线，它们更倾向于在本国申请专利。

据国家相关部门统计，2008年全球刀具消费210亿美元[1]，其中中国刀具消费也首次超过各主要发达国家，达40亿美元。中国俨然已成为世界公认的机床大国、用刀大国。

放眼于中国的刀具行业，活跃着大大小小世界知名的外资企业。总体而言，可以将它们归纳如表4-1-1所示。[2]

表4-1-1　刀具行业的各大派系

派系名称	代表公司	行业特色
山特系	山特维克	全球第一大刀具制造集团，整体服务能力强；在刀具结构、工艺及材料等多个技术分支上发展均衡，特别是硬质合金和CVD涂层方面的研发能力尤为突出
美国系	肯纳	全球第二大刀具制造集团，与美国强大的航空航天企业以及军工企业共同发展起来，硬质合金刀具方面的研究颇有造诣[3]
欧洲系	以德国公司为主，包括玛帕、钴领等	整体刀具的实力比较强，比如说玛帕的高精度铰刀以及非标孔加工刀具尽管很贵，交货很慢，但论精度和可靠性，全球无有能出其右者[4]
以色列系	伊斯卡	凭借以色列强大的航空与军工市场作为后盾，在全球范围内迅速扩张，擅长于刀具设计
日韩系	包括三菱材料、住友电工、黛杰等	跟随欧美发达刀具制造企业的策略，在刀具结构和工艺上小幅改进居多，在超硬材料上具有一定优势

---

[1] 聚焦2009：刀具外企在中国 [J]. 机械工程师，2009 (10)：11-13.
[2] 活跃于中国市场的世界五大刀具派系 [J]. 机械工程师，2008 (3)：14.
[3] 金属加工巨头-肯纳中国市场排兵布阵 [J]. 机械工程师，2008 (3)：15.
[4] 2009国内刀具市场分析 [EB/OL]. (2009-07-03) [2011-10-26] http://china.toocle.com/cbna/item/2009-07-03/4668812.html.

第1章
第2章
第3章
第4章
第5章
第6章
第7章
第8章

　　根据本报告第 2 章的分析，该行业的创新主体主要为公司，可见公司在行业技术创新中占据主导地位，公司的发展水平基本代表了刀具行业的整体发展水平。

　　既然确定了公司在该领域的主导地位，那就需要考虑一些跨国公司在全球范围的收购兼并情况，因为子公司的加入，都会对各技术分支的专利申请量带来很大的变化。此外研究主要申请人的最终目的还是为了分析它们在中国的专利申请，因此需要理清楚这些跨国公司在中国的合作动向（这里提到的兼并、收购以及旗下公司都指与切削加工刀具有关的公司），在此从上文所提到的各大派系中选取了几个具有代表性的公司进行了分析。

　　根据表 4 - 1 - 2 所示，山特维克、肯纳、伊斯卡、山高等几大公司旗下品牌众多，跨国兼并了多个行业巨头公司。相比以上几个跨国公司，日本的刀具公司则呈现出了与众不同的特色，它们并没有选择"走出去"或者"合纵连横"组建大型综合性的刀具集团公司，而是更关注于在本国领土的业务。

表 4 - 1 - 2　各大派系的收购与兼并

申请人	品牌	兼并、收购公司	在中国子公司	在中国合作动向
山特维克	可乐满 美国万耐特 蒂泰克斯 德国瓦尔特 美国钻石创新 山高刀具 多马 精密 普罗梯普	2007 年收购钻石创新公司 2002 年收购万耐特公司 2001 年收购瓦尔特刀具 蒂泰克斯深孔加工 2011 年收购多马高速钢	山特维克中国有限责任公司（北京） 山特维克硬质材料有限公司（无锡）	2005 年收购中国厦门金鹭特种合金有限公司10% 的股份❶
肯纳	德国 Widia 德国 Hertel 以色列 Hanita 英国 Bencere 美国 Gre Field	2002 年收购 Widia 1993 年收购 Hertel Hanita 1994 年收购 Bencere Green Field	肯纳金属上海有限公司 肯纳金属徐州有限公司❷	
伊斯卡	德国霍恩 意大利意泰迪 法国欧提泰克 德国英格索尔 韩国特固克	英格索尔刀具 大韩金属特固克	伊斯卡刀具（上海）有限公司	

　❶　厦门金鹭特种合金有限公司简介 ［J］. 粉末冶金材料科学与工程, 2010 (6)：685.
　❷　肯纳金属徐州新厂落成 ［J］. 工程机械与维修, 2009 (11)：34.

续表

申请人	品牌	兼并、收购公司	在中国子公司	在中国合作动向
山高	Carboloy Planche SA EPB Jabro	1986 年收购 Carboloy 1992 年收购 Planche SA 2000 年收购 EPB 2002 年收购 Jabro	山高刀具（上海）有限公司❶	
三菱材料	MITSUBISHI MATERIALS	—	天津天菱超硬工具有限公司 天津菱云刀具设计有限公司	
住友电工	SUMITOMO ELECTRIC	—	住友电工硬质合金贸易（上海）公司 住友电工硬质合金（常州）公司	
京瓷	KYOCERA	—	深圳 美国技术陶瓷（中国）有限公司	

4.1 主要专利申请人的确定

纵观当今中国刀具市场，各大派系的知名外资企业发展步伐愈发快速稳健，山特维克的销售额高速增长，业绩遥遥领先；肯纳排兵布阵，立足长远；伊斯卡并购整合，如虎添翼；还有日本的三菱材料、瑞典的山高强势出击。面对国外企业的强劲发展势头，本课题组试图从它们当中找出刀具行业的主要申请人，并分析它们的专利申请趋势及专利申请特点，在确定主要申请人的过程中重点考察了以下几方面因素，见表4-1-3。

表4-1-3 申请人的相关排名 单位：件

序号	申 请 人	申请量	3/5 局申请量	在中国申请量	授权量
1	MITSUBISHI MATERIALS CORP	2 132	98	84	698
2	SUMITOMO ELECTRIC IND LTD	790	137	64	257
3	HITACHI TOOL KK	677	16	10	168
4	TOSHIBA TUNGALLOY KK	554	15	5	133
5	KYOCERA CORP	547	30	28	178

---

❶ 蓝扬. 山高刀具——2006 年在中国销售10亿 [J]. 制造技术与机床，2006（4）：10.

第1章
第2章
第3章
第4章
第5章
第6章
第7章
第8章

续表

序号	申请人	申请量	3/5局申请量	在中国申请量	授权量
6	SANDVIK AB	467	293	255	307
7	SHINKO KOBELCO TOOL KK	426	8	11	236
8	MITSUBISHI METAL CORP	341	6	0	82
9	SUMITOMO DENKO HARD METAL KK	327	71	50	117
10	KENNAMETAL INC	274	135	113	194
11	UNIV ULYAN TECH	213	0	0	0
12	NGK SPARK PLUG CO LTD	211	21	3	55
13	NACHI FUJIKOSHI CORP	176	3	2	38
14	KOBE STEEL LTD	170	7	9	43
15	ISCAR LTD	164	103	86	108
16	SECO TOOLS AB	156	92	114	87
17	HITACHI METALS LTD	143	9	3	32
18	MITSUBISHI HEAVY IND CO LTD	117	6	6	26
19	DIJET IND CO LTD	90	1	0	19
20	CHERNAVSKII F G	89	0	0	0

表4－1－4　申请人综合排名

申请人	行业影响力	全球总申请量	3/5局申请量	在中国申请量	授权量	在中国合作	综合评价
山特维克	★★★★★	★★★★★	★★★★★	★★★★★	★★★★★	★★★★★	★★★★★
肯纳金属	★★★★★	★★★★★	★★★★★	★★★★★	★★★★★	★★★★★	★★★★★
玛帕	★★★	★★	★★	★★	★★	★★★	★★★
钻领	★★★	★★	★★	★★	★★	★★★	★★★
蓝炽	★★★★	★★	★★	★★	★★	★★★	★★★
伊斯卡	★★★★★	★★★★	★★★★	★★★★★	★★★★	★★★★★	★★★★★
山高刀具	★★★★★	★★★★	★★★★	★★★★	★★★★	★★★★★	★★★★
住友电工	★★★★	★★★★★	★★★★	★★★★	★★★★	★★★★	★★★★
三菱材料	★★★★	★★★★★	★★★★	★★★★	★★★★	★★★★	★★★★★
京瓷	★★★★	★★★★	★★★	★★★	★★★	★★★★	★★★★
日立电工	★★★	★★★	★★★	★★★	★★★	★★★	★★★
东芝钨业	★★★	★★★	★★★	★★★	★★★	★★★	★★★

注：★的数量越多，表明该方面的实力越强。

综合分析以上各因素，课题组将山特维克、肯纳、山高、伊斯卡、三菱材料、住友电工、京瓷作为主要申请人进行分析。

4.2 七大专利申请人的申请态势

本节将从专利申请的角度进一步分析各位申请人的专利申请总体情况、研发热点、专利区域申请，从而找出这 7 位申请人更多的共性和差异点。

4.2.1 山特维克

（1）企业基本情况

山特维克公司于 1862 年在北欧国家瑞典创立，经过 140 余年的发展，已经成为国际一流的跨国集团公司，在世界 130 个国家和地区建立了 300 家子公司。山特维克的三大核心业务包括：① 用于金属机加工行业的烧结硬质合金和高速工具钢，以及用烧结硬质合金和其他硬质材料制成的坯料和部件；② 用于凿岩的工具、设备和机械；③ 不锈钢、高合金钢、特殊合金、电阻材料和过程系统。

（2）专利申请总体情况

山特维克的发展如此迅速，很大程度上归功于其先进而广泛的研发工作，每年均有超过 20 亿元人民币的资金投入。❶ 在注重技术研发的同时，山特维克对专利的保护也非常重视，仅在刀具领域的专利申请就达到了 460 余件。山特维克从 1970 年开始在刀具领域申请专利，如图 4 - 2 - 1 所示，1986 ~ 1996 年是其专利申请量快速增长的时期，到 1997 年专利申请量极速下降，到 1998 年时更是达到了谷底，申请量比 1996 年少了近一半，这与当时全球经济环境恶化有一定关系。1999 年之后，山特维克的专利申请量又重新进入快速增长的轨道，其中的原因主要是山特维克兼并收购了多家刀具巨头公司，通过一系列的战略收购，山特维克进一步增强了研发实力，并确立了强大的市场地位。

（3）研发热点分析

山特维克在铣刀、孔加工、车刀、涂层、硬质合金及陶瓷等技术分支均有很好表现，特别是在铣刀、涂层和硬质合金方面均排到了前三甲，铣刀方面的申请（137 件）有 83% 集中在了可转位铣刀上，如 CN02822401A 提到的可换刀头技术；涂层方面的申请（62 件）有 50% 集中在涂层结构，其中单层涂层和梯度涂层的申请各占到了涂层结构申请量的 1/3（分别为 26 件、21 件），如 US3616506A 的碳化钛单层涂层，EP65903A1 的三氧化二铝多层涂层；硬质合金方面的申请主要集中在普通硬质合金上（46 件），占到了硬质合金方面申请总量的 73%，如 CN200580041617 涉及的超硬刀具技术。除了这些专利技术之外，山特维克也开发出了对应的产品，如 Wiper 的车削刀片因其几何形状设计先进而被业内津津乐道，还有特别用于加工销部件的环形铣刀 CoRoMill300 和系列新型径向放射状刀片。

---

❶ 回首 2009，展望 2010——对话山特维克可乐满大中华区总经理李贻善先生 ［J］. 航空制造技术，2010（4）：38 - 39.

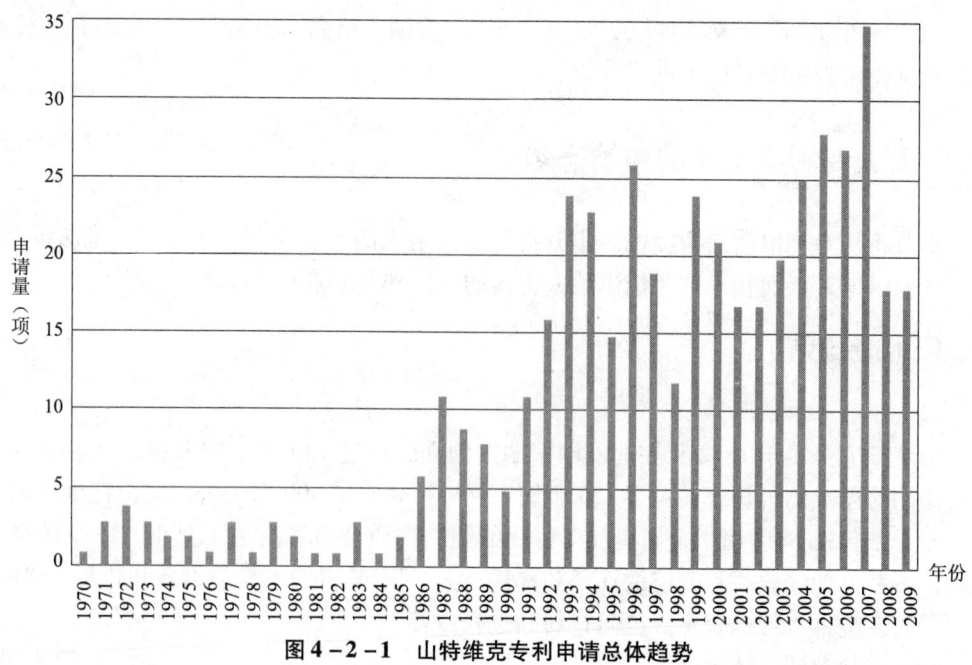

图 4 - 2 - 1　山特维克专利申请总体趋势

（4）专利申请区域分布

该公司年报显示，2008 年山特维克全球总销售额为 926.54 亿瑞典克朗（约 123 亿美元），净利润为 105.77 亿瑞典克朗（约 14 亿美元）❶。山特维克的刀具产品在北美、欧洲、南美、非洲、中亚、亚洲和澳大利亚都有销售，欧洲是山特维克最大的市场，其中 46% 的销售收入来自于欧洲市场。从专利申请方面看，如图 4 - 2 - 2 所示，体现

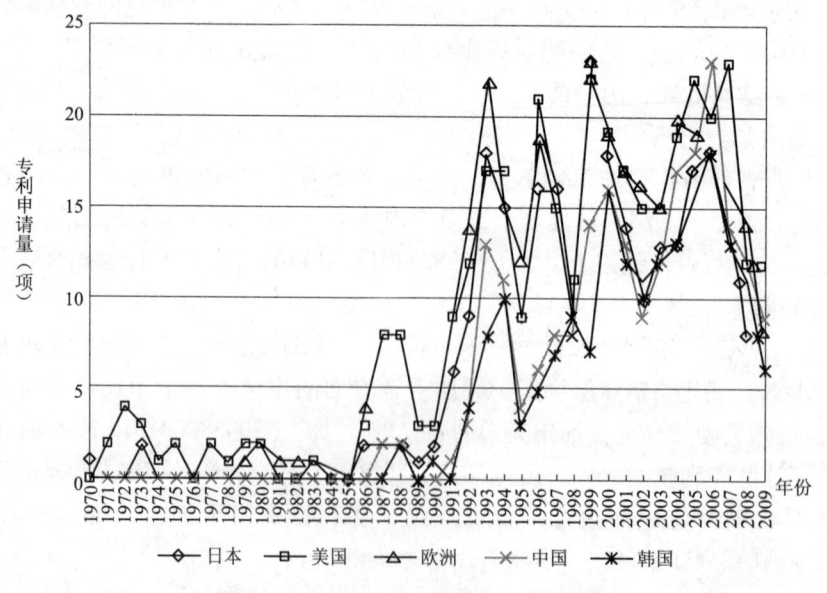

图 4 - 2 - 2　山特维克专利申请区域分布

---

❶　山特维克可乐满：不平凡的 2008 [J]．中国机电工业，2009（1）：84．

为山特维克在美国和欧洲的专利申请时间较早，基本到了 20 世纪 90 年代末期才在中国和韩国有了相关专利申请。到 1994 年前后，在五局的专利申请量趋于相同，也说明了山特维克加大了对亚洲市场的重视。山特维克于 1985 年来到中国，经过多年的发展，中国已经成为该公司的全球第六大市场。因为在中国市场销售额的高速增长，2006 年山特维克在中国的专利申请量一举超过了在美国和欧洲的申请量。山特维克在中国有 255 件专利申请，有效专利为 141 件，2006～2008 年的申请量占到了总申请量的 29.4%，在中国的技术申请重点为涂层、铣刀、孔加工刀具，近几年的研发趋势为涂层、铣刀、孔加工刀具。

4.2.2　山高

（1）企业基本情况

山高始建于 19 世纪末叶，总部设在瑞典中部的法格斯塔镇。经过 100 多年的耕耘，山高刀具已经成为全球四大硬质合金刀具制造商之一，虽然是山特维克集团公司旗下的一员，但作为独立的法人在瑞典斯德哥尔摩证交所上市。山高刀具的产品范围覆盖铣削、车削、钻削、镗削等多个系列，广泛应用于汽车、航空航天、发电设备、模具、机床制造等行业，在全球市场享有盛誉，被称为"铣削之王"。

（2）专利申请总体情况

正如山高刀具（上海）有限公司总经理蒋文德先生所说，"技术创新是企业发展的不竭动力"，山高每年销售额的 5% 都会投入到技术研发中去，大到切削原理，小到金相分析。因为在研发工作中的高投入，山高在刀具领域的专利申请累计达到了 150 余件，如图 4-2-3 所示，从 1971～1996 年申请量经历了平缓过渡和高速增长的时期，1997～2000 年时期由于受到全球金融风暴的冲击，专利申请量有所减少。从 2001 年开始伴随着经济的复苏，公司的销售额重新开始快速增长，专利申请量也在稳步上升。

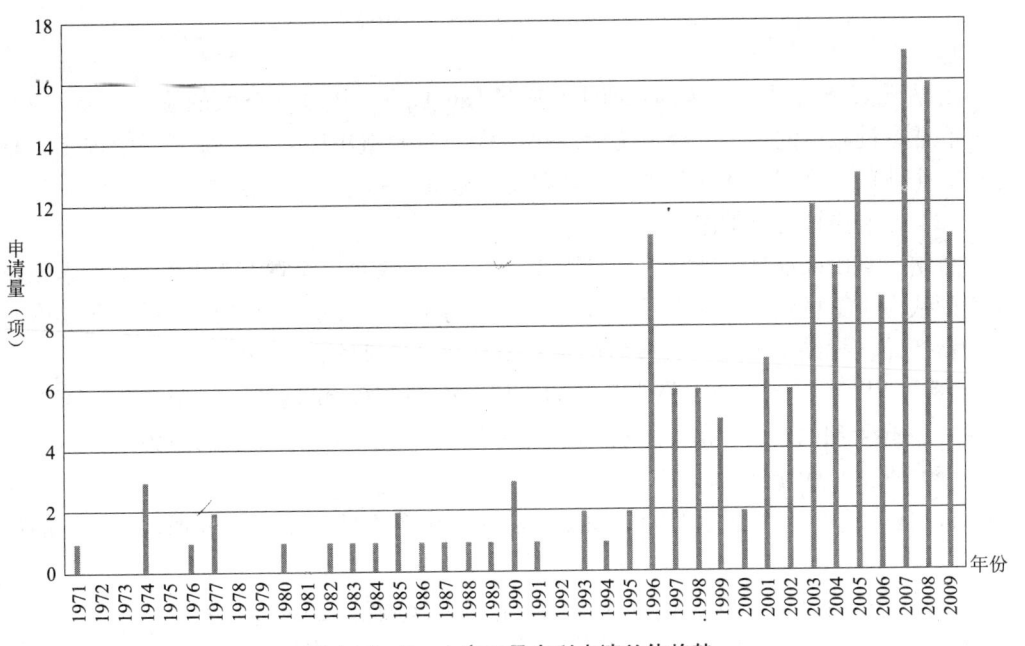

图 4-2-3　山高刀具专利申请总体趋势

（3）研发热点分析

山高始终把握着切削加工刀具的前沿技术与发展方向，经过百年传承，山高的产品系列已从初期的单一铣刀系列发展到 20 世纪末期的集铣、车、钻等多系列，在完成一系列的战略兼并之后，山高的产品目前已经能涵盖车、铣、钻、铰、镗及刀柄系统等全系列。这种技术上的优势体现在专利申请上，表现为申请的领域主要集中于刀具结构方面，如 CN200980120594A 涉及的套组式刀片，可将多种刀片安置于相同的凹座中；CN200780043994A 中的刀片倒角角度设置等；刀具产品方面如 45°主偏角面铣刀和"小魔王"可换刀头球头立铣刀，分别解决了当时困扰着刀具界的 74°主偏角铣刀铣削钢件材料时径向切削力过大、小径刀杆可换刀头与杆体连接这两大难题。随着公司产品的多样化，山高刀具的市场形象也从当年的"铣削之王"发展成为"可信赖刀具系统供应商"，进而演变为"机加工整体方案提供者"。

（4）专利申请区域分布

山高在全球范围遍布有 40 多家公司，95% 以上的销售收入来自于瑞典之外的国家和地区。2005 的销售收入为 49.36 亿瑞典克朗（合 6.3 亿美元），其中欧洲市场占 64%，北美占 19%，亚太地区占 11%，南美与非洲占 6%，❶ 从中可以看出欧洲和北美是山高的主要市场，这在专利申请的区域分布上也有所体现，美国和欧洲的申请量往往超过在其他国家的数量。

山高自 1994 年进入中国市场之后，取得了骄人的成绩，年销售额从创业之初的 10 万美元发展到 2005 年的 2 000 万美元，❷ 几乎是每 2 ~ 3 年就翻一番，体现在专利申请上，如图 4 - 2 - 4 所示，自 2000 年之后申请量快速增长，特别是在 2008 年达到了顶峰，山高刀具在中国申请量占相对优势的技术分支为涂层、硬质合金、铣刀、孔加工刀具。

4.2.3 肯纳

（1）企业基本情况

肯纳于 1938 年创建于美国宾西法利亚州 Latrobe 镇，与美国强大的航空航天企业及军工企业共同发展起来，已经成为全球第二大刀具制造集团公司。除了切削加工刀具之外，企业的产品服务还涉及矿山工具和公路建筑工具。

（2）专利申请总体情况

肯纳一直以来都是以新技术新产品来带动市场的发展，全球有 1 000 多名科学家及工程师致力于新材料、新工艺的开发，在此努力下，40% 以上的肯纳产品是 5 年内开发的新产品。肯纳金属在刀具领域的专利申请累计有 274 件，如图 4 - 2 - 5 所示，自 1966 年申请以来，一直处于稳步上升的阶段，直到 2003 年达到了一个峰值，虽然在 2004 ~ 2006 年期间有所回落，但从 2007 年开始又开始恢复迅猛增长的态势。

（3）研发热点分析

肯纳在铣刀、孔加工、车刀、涂层、硬质合金等方面均有不俗表现，虽然不能说

---

❶ 蒋文德. 山高望远——技术创新是企业发展的支柱 [J]. 工具技术，2008（1）：14 - 16.
❷ 蓝扬. 山高刀具——2006 年在中国销售 10 亿 [J]. 制造技术与机床，2006（4）：10.

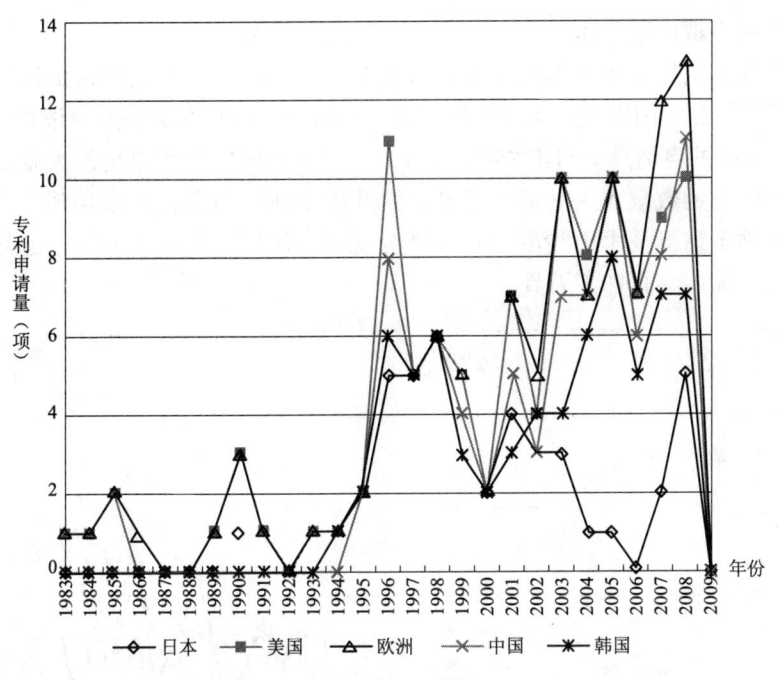

图 4 - 2 - 4　山高刀具专利申请区域分布

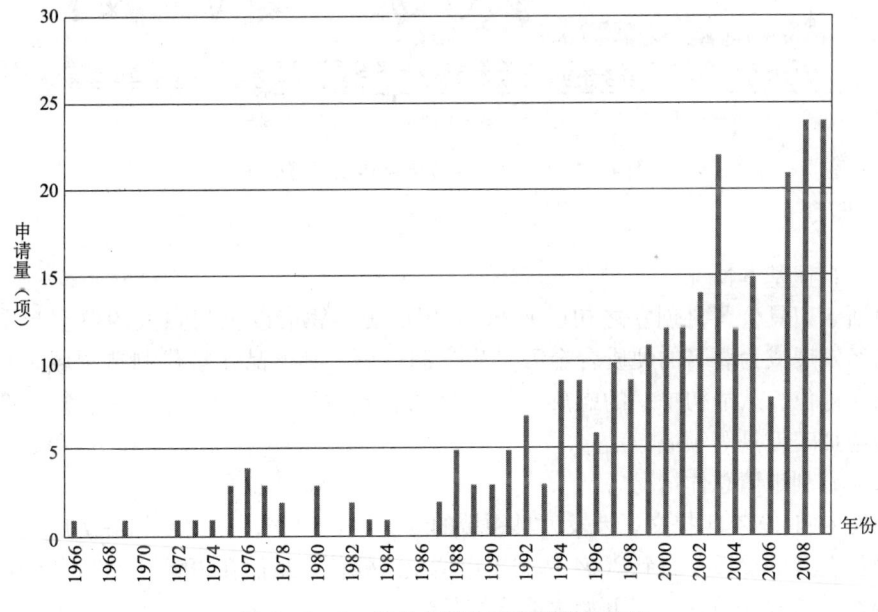

图 4 - 2 - 5　肯纳金属专利申请总体趋势

具有明显优势，也是各技术领域比较均衡。在铣刀方面的研发实力比较突出，申请量占到了总量的 50% 左右，其中在铣刀方面的申请有 85% 集中在了可转位铣刀上，足见其在刀具结构上的研发投入，比如在 CN101378869 中提到的一种复合铣刀，板形的切削，可进行高精密加工，肯纳也相继推出了 KC633M、KC625M、KC635M、KP525M 和 KH110M 五种新牌号，从而扩大了其在整体硬质合金立铣刀方面的产品系列。

第1章

第2章

第3章

第4章

第5章

第6章

第7章

第8章

（4）专利申请区域分布

肯纳在北美的切削加工刀具市场占有龙头地位，体现在专利申请的区域上，如图4-2-6所示，在美国涉及相关专利申请的时间最早，而且在美国的申请量均高于其他4个国家和地区的申请量。自1994年之后，在亚洲地区的专利申请量大幅度上升，已经与美国和欧洲的数量齐头并进，足见肯纳开始重视亚洲潜在的市场消费力。肯纳在中国有113件申请，技术申请的重点领域为铣刀、涂层、孔加工刀具，近几年的研发趋势为铣刀、涂层、孔加工刀具。

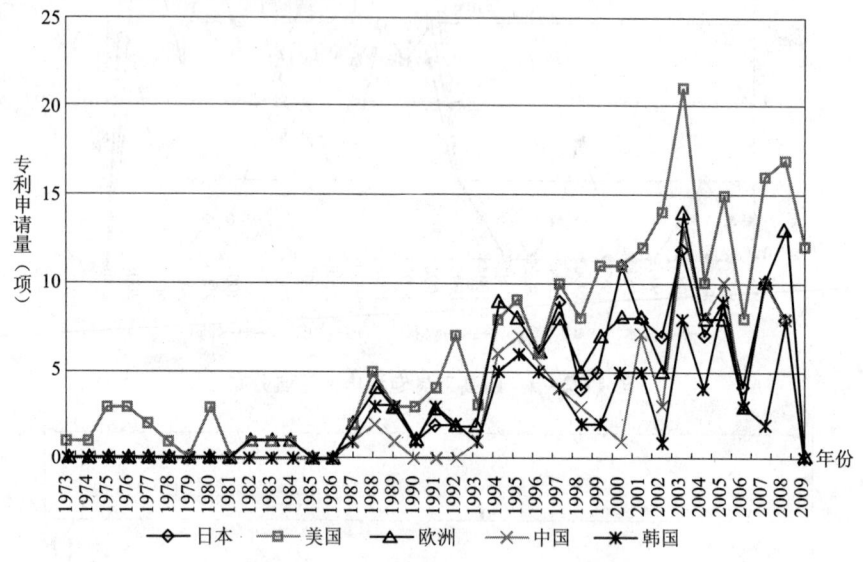

图4-2-6　肯纳金属专利申请区域分布

4.2.4　伊斯卡

（1）企业基本情况

伊斯卡刀具公司自创立之初已有50多年历史，凭借以色列强大的航空与军工市场，已经发展成为著名的硬质合金刀具生产制造商。其产品在现代制造领域一直处于世界领先地位，从最初单一的螺旋刃铣刀已拓展到硬质合金铰刀、枪钻、复合孔加工和铝合金加工刀具等领域。

（2）专利申请总体情况

伊斯卡自1974年提交了涉及刀具领域的专利申请以来，如图4-2-7所示，一直处于稳步上升的阶段，直到2004达到了申请量的峰值，虽然在2005~2006年经历了短暂的低谷，2007~2009年又开始大幅度增长。

（3）研发热点分析

每年6%的销售总额作为研发投入，保证了伊斯卡在产品更新和技术上的领先。[1]正如产品所涉及的领域一样，伊斯卡在刀具结构方面具有非常强的研发实力，特别是涉及铣刀的申请，占到了总申请量（164件）的70%，而且主要集中于可转位铣刀

---

❶　魏莹．伊斯卡，当之无愧的刀具专家［J］．MC现代零部件，2004（7）：33.

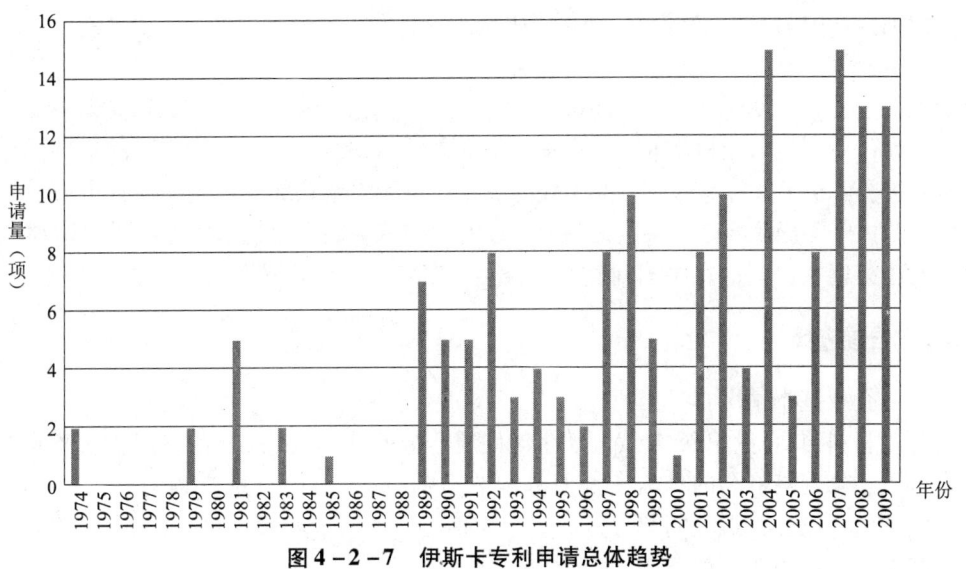

图4-2-7 伊斯卡专利申请总体趋势

（102件），如在行业率先推出的螺旋刃铣刀、氮铝钛涂层铣刀及基于航空航天加工要求而设计开发的精镗刀系列，还有应用于汽车行业金属加工的"霸王刀"，足见伊斯卡在刀具设计上的深厚功力。

（4）专利申请区域分布

欧洲和北美是伊斯卡的主要市场，体现在专利申请的区域分布，如图4-2-8所示，其在美国进行专利申请的时间比较早，直到1989年前后伊斯卡开始关注到亚洲市场，从1997年开始伊斯卡在5个国家和地区的专利申请量趋于相同，也正是在这一年伊斯卡正式进入中国市场，并在上海和北京成立了办事处。

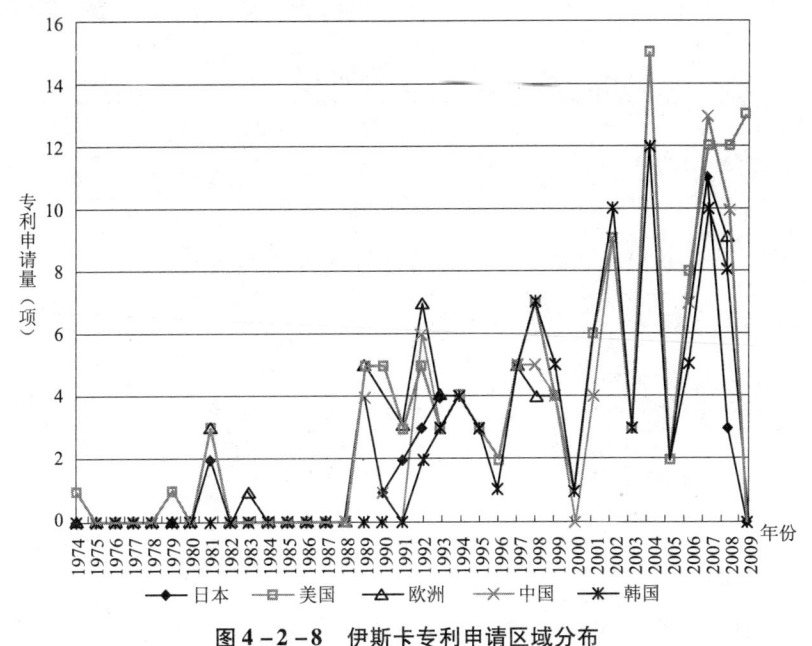

图4-2-8 伊斯卡专利申请区域分布

伊斯卡在中国有86件申请，申请量占绝对优势的技术分支为铣刀，而且铣刀方面的大部分申请集中于可转位刀片，因为伊斯卡在刀具结构方面的超强优势，其已经与国内申请人发生了专利侵权纠纷，在2010年的7月，株洲钻石就伊斯卡的"切向切削镶块和铣削刀具"专利权向专利复审委员会提出了无效宣告请求，经过3个多月的审理，专利复审委员会作出了宣告专利权全部无效的决定，伊斯卡就该无效决定向北京市第一中级人民法院提出了行政诉讼。从该案例中可以看出随着国内企业技术实力的不断增强，势必会对国外巨头公司的在中国利益构成威胁，类似的专利摩擦将不断增多。

4.2.5　三菱材料

（1）企业基本情况

三菱材料自20世纪30年代开始生产硬质合金刀具，经过多年的发展，已经成为与住友电工、泰珂洛齐名的日本三大刀具制造商❶，如果按照日本市场的占有率排名的话，三菱材料已经是最大的综合刀具生产厂商。

（2）专利申请总体情况

如果说三菱材料在刀具行业起步较晚的话，那只能用"厚积薄发"来形容这30年来的发展，体现在专利申请量上，如图4-2-9所示，三菱材料以2 132件专利申请的巨大优势占据行业的霸主地位，1991~1998平均每年80多件的申请量，虽然受到1998年亚洲金融危机的影响，1999~2001年的申请量受到一定冲击，但从2002开始又恢复了高速增长的势头，特别指出的是在2005年提交了236件申请，这也在侧面反映出企业对专利保护战略的高度重视。

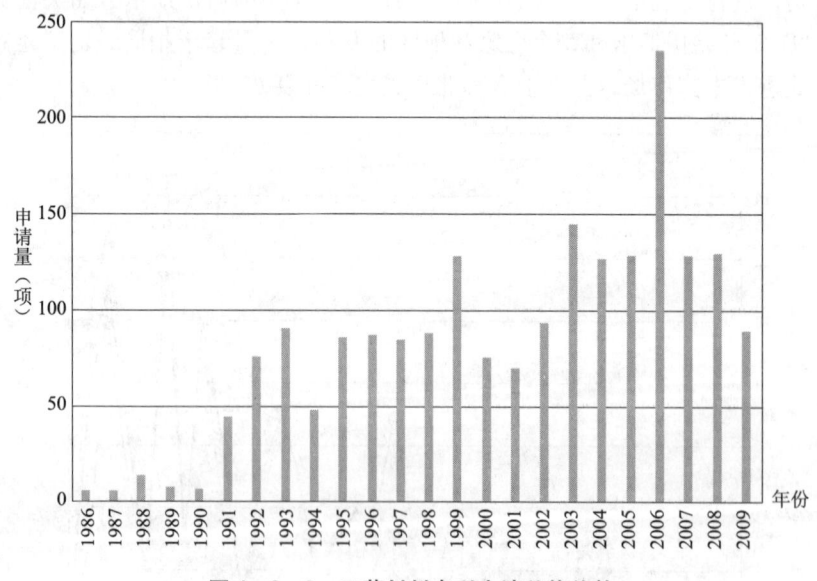

图4-2-9　三菱材料专利申请总体趋势

---

❶ 阎晓彦，陈明月. 严谨早就成功［J］. 机械工人：冷加工，2006（8）：22-23.

（3）研发热点分析

正如业界人士所评价的"从原材料的提供，到成品刀具的制造，三菱材料能够做到一贯制的、全面的生产，特别在刀具材料方面，三菱材料具有独特的优势"。三菱材料在铣刀、孔加工、车刀、涂层、硬质合金及陶瓷等技术领域都具有非常明显的技术优势，特别是在涂层方面，申请量居然是其他企业的几十倍，让人不得佩服其深厚功力。而且在可转位铣刀、单层涂层、金属陶瓷等方面的技术实力特别强劲，分别占到了铣刀、涂层和硬质合金领域申请量的84%、30%、60%。体现在产品的多样性上，三菱材料不仅向模具行业提供多种规格的可转位刀片式立铣刀和整体硬质合金力铣刀，还向汽车行业提供最新的涂层刀片，此外还有超硬质合金涂层 UC5105、台阶面铣刀 APX3000、PACT MIRACLE 钻头新涂层。

（4）专利申请区域分布

三菱材料的市场主要集中于日本本土，这在专利申请区域分布也有所体现，如图 4-2-10 所示，其在本国的申请量几乎是其他国家和地区的几十倍之多。10 年之前三菱材料已经开始在中国的销售产品，但直到现在他们依然通过代理商、分销商向用户提供刀具产品。

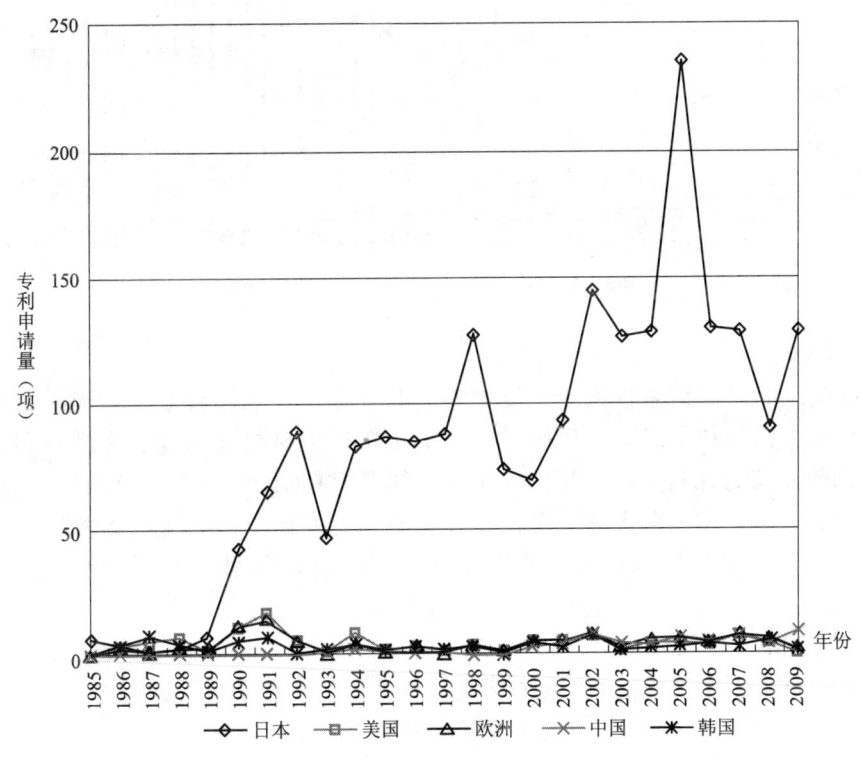

图 4-2-10 三菱材料专利申请区域分布

4.2.6 住友电工

（1）企业基本情况

住友电工创立于1897年，1948年通过研发烧结产品开始涉足刀具行业，2003年成立了住友电工超硬合金公司，专门负责粉末合金、金刚石产品。至今住友电工的产品已经涵盖了汽车、信息通信、电子、电线、机械材料、能源等多个领域。

（2）专利申请总体情况

住友电工在刀具领域起步较早，如图 4 - 2 - 11 所示，1966 年就申请了相关专利，从 1978 年开始进入平稳发展的阶段，每年申请量均稳定在 20 ~ 30 项，从而看出住友电工的基础比较扎实，除了在 1986 年出现了 43 项的峰值，没有大起大落的局面。

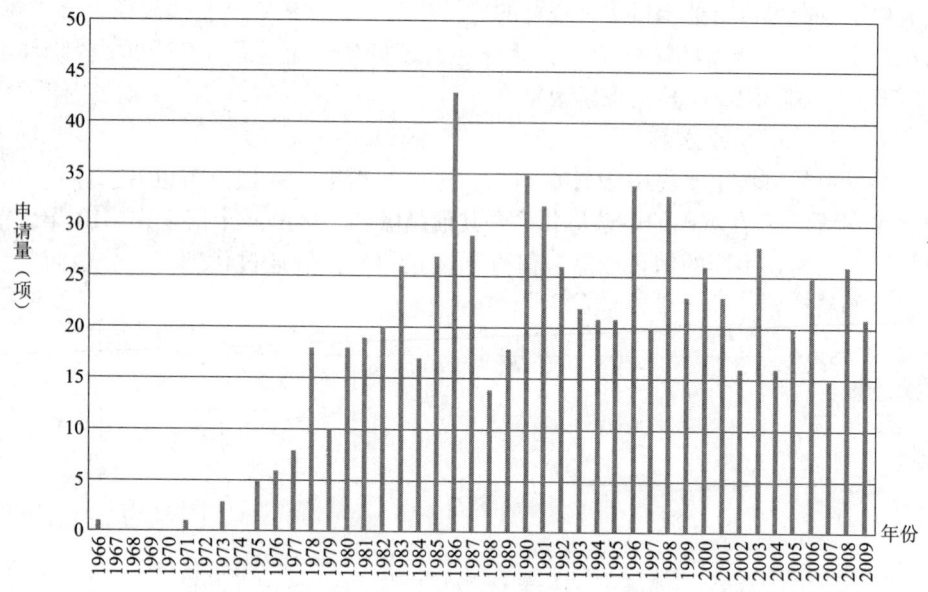

图 4 - 2 - 11   住友电工专利申请总体趋势

（3）研发热点分析

住友电工的总申请量仅次于三菱材料，其在涂层、硬质合金、陶瓷、金刚石和立方氮化硼方面的技术优势比较明显，特别是在超硬材料（陶瓷、金刚石和立方氮化硼）的研发实力比较突出，相比较而言，其在刀具结构（铣刀、孔加工等）方面的实力要弱一些。体现在产品研发上，住友电工开发出了具有正前角的装配式硬质合金铣刀，及铣削各种材料用的涂层新型刀具，还为车削加工开发了多涂层刀片系列。

（4）专利申请区域分布

与三菱材料相比，住友电工也是更关注在本国的专利申请，如图 4 - 2 - 12 所示，2002 年之前，其在本国的申请量几乎是其他国家和地区的几倍之多，但到了 2004 年之后这种情况有所改观，住友电工开始加大在其他国家和地区的专利申请，其在中国上海成立住友电工硬质合金贸易（上海）公司就是一个佐证，近几年的在中国申请量占到了在中国申请总量的 50% 。

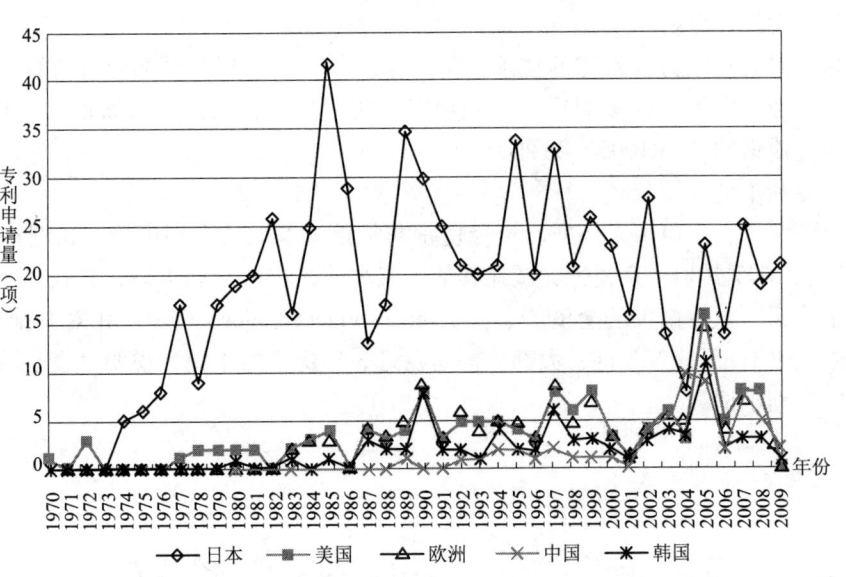

图 4 - 2 - 12　住友电工专利申请区域分布

4.2.7　京瓷

（1）企业基本情况

京瓷株式会社自 1973 年从事机械工具生产以来，主要研发和销售可转位刀具为主的产品，以高硬度镗杆、魔幻钻头、金属陶瓷刀片闻名于业界。

（2）专利申请总体情况

与三菱材料有所相似，京瓷在刀具行业也算是起步较晚，如图 4 - 2 - 13 所示，从 1983 ~ 1999 年属于平稳增长期，平均每年申请量维持在 10 项左右，从 2000 年开始，年申请量到了 20 多项的台阶。

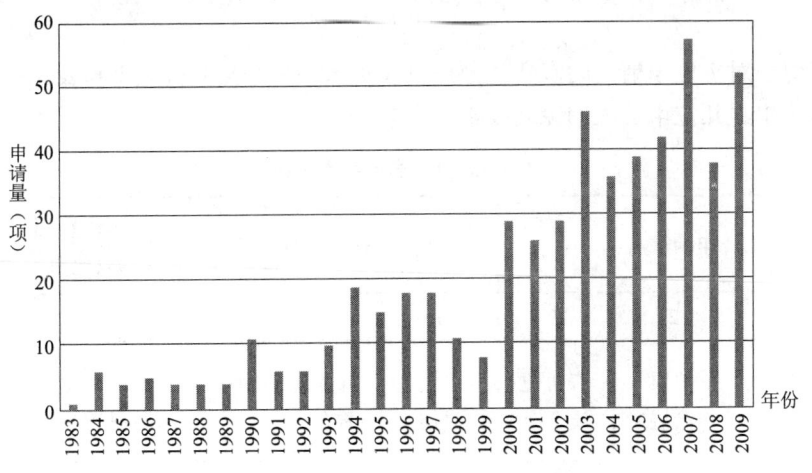

图 4 - 2 - 13　京瓷专利申请总体趋势

第1章　第2章　第3章　第4章　第5章　第6章　第7章　第8章

（3）研发热点分析

作为一名后起之秀，京瓷的技术优势集中在铣刀、涂层和硬质合金方面，体现在产品上，京瓷开发出了许多应用于精密加工的切削刀具，如面向普通钢的"PR1025"以及面向高速钢的"PR1005"系列。

（4）专利申请区域分布

与上面两位日本申请人一样，京瓷也是非常重视本国的专利申请，如图4-2-14所示，但从2005开始，京瓷也尝试在其他国家和地区进行专利申请，并在多个国家成立全资子公司，如在德国的全资子公司 Kyocera Fineceramics GmbH。相对其他申请人，京瓷在中国申请量只有28件，大部分都是在近3年提交的申请，说明京瓷也开始重视在中国的专利申请。

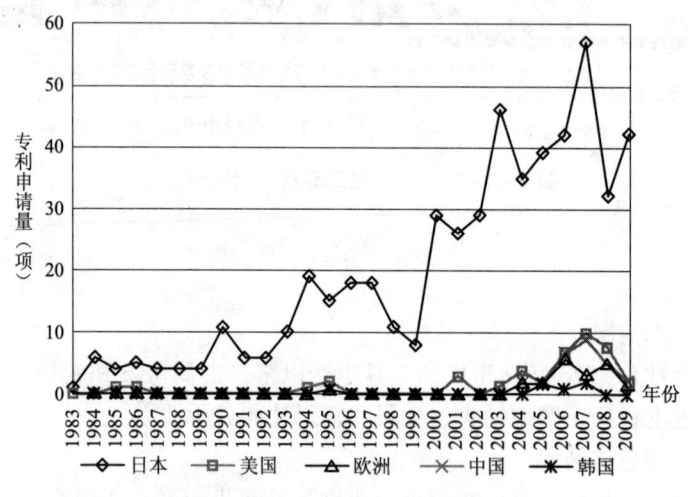

图4-2-14　京瓷专利申请区域分布

4.3　七大专利申请人综合实力比较

根据前面对7位申请人的多角度分析及表4-3-1、表4-3-2和表4-3-3，可以清晰地看出这几位申请人的专利技术申请。

表4-3-1　专利技术申请

申请人	申请重点			研发方向			申请量绝对优势	申请量相对优势
	1	2	3	1	2	3		
山特维克	可转位铣刀片	单层涂层	普通硬质合金	多层涂层	梯度硬质合金	孔加工	可转位铣刀片	单层涂层和普通硬质合金
山高	可转位铣刀体	梯度涂层	车刀	可转位铣刀刀片	双层涂层	普通硬质合金	可转位铣刀体	梯度涂层和金属陶瓷

申请人	申请重点			研发方向			申请量绝对优势	申请量相对优势
	1	2	3	1	2	3		
肯纳	可转位铣刀夹固	多层涂层	孔加工	可转位铣刀体	多层涂层	金属陶瓷	可转位铣刀夹固	整体铣刀和梯度硬质合金
伊斯卡	可转位铣刀体	车刀	孔加工	可转位铣刀夹固	孔加工	车刀	可转位铣刀体	可转位铣刀片和普通硬质合金
三菱材料	单层涂层	可转位铣刀刀片	梯度硬质合金	多层涂层	可转位铣刀体	普通硬质合金	单层涂层	多层涂层和金属陶瓷
住友电工	单层涂层	硬质合金	可转位铣刀夹固	涂层	铣刀	立方氮化硼	单层涂层	多层涂层和普通硬质合金
京瓷	梯度涂层	可转位铣刀柄	普通硬质合金	可转位铣刀片	单层涂层	梯度硬质合金	梯度涂层	可转位铣刀柄和多层涂层

而在专利区域申请上，7 位申请人呈现出了两种截然不同的企业发展轨迹。山特维克、肯纳、山高、伊斯卡公司 4 位申请人在美国和欧洲的申请较早，基本到了 20 世纪 90 年代末期才在中国和韩国有了相关专利申请。到 1994 年前后，他们在五局的专利申请量趋于相同，而且在各个技术分支上在五局的申请量也趋于相当，这说明上述 4 位申请人已经走向国际化，同等重视这 5 个国家或地区的市场占有程度。三菱材料、住友电工、京瓷 3 位申请人坚持本土化路线，他们更重视在本国的专利申请。

表 4-3-2 二级技术分支的申请量 单位：项

	结构						工艺				材料				
	铣刀	孔加工	车刀	螺纹	齿轮	其他	涂层	热处理	成型	后处理	高速钢	硬质合金	陶瓷	金刚石	立方氮化硼
山特维克	137	52	44	10	0	4	102	4	12	1	5	63	28	1	4
肯纳	114	32	22	2	2	7	40	1	6	1	0	24	13	7	3
伊斯卡	115	9	15	0	0	2	8	0	5	0	0	5	3	1	1
山高	61	13	16	5	0	5	33	1	4	0	1	16	0	0	1
三菱材料	336	175	59	0	14	21	1111	5	2	4	17	257	69	18	44
住友电工	67	25	15	0	2	3	382	4	4	4		120	54	54	48
京瓷会社	154	58	43	4	0	1	146	1	1	4		88	35	5	6

表4－3－3　重点技术分支的申请量　　　　　单位：项

	铣刀			涂层结构						硬质合金			
	可转位	整体	焊接	单层	双层	多层	梯度	硬软复合	纳米	普通	细晶粒和超细晶粒	梯度	金属陶瓷
山特维克	114	23	0	23	5	16	6	0	4	52	5	23	14
肯纳	92	21	1	9	7	12	7	0	0	23	0	5	1
伊斯卡	102	13	0	2	2	5	1	0	1	5	0	0	0
山高	52	9	0	4	0	7	10	0	2	10	3	0	3
三菱材料	282	54	0	476	86	162	23	6	3	147	16	8	208
住友电工	53	14	0	248	53	106	6	4	3	77	10	3	29
京瓷会社	141	13	0	89	14	24	4	0	1	40	1	1	47

第 5 章　重点技术专利分析

为了了解全球刀具重点技术分支的具体发展脉络和重点技术，本章重点研究了可转位铣刀、刀具涂层结构、刀具热处理、硬质合金刀具材料这 4 个技术分支的技术发展历程及技术发展方向，通过分析技术发展历程并结合技术构成得到各技术分支的技术发展路线图，在此基础上，参照技术发展需求、功效矩阵以及专利技术的相互引用关系给出了预见性的技术发展路线延伸分析，按照课题组拟定的重要专利筛选方案选出了重点专利，并给出了代表性专利目录。

5.1　可转位铣刀技术专利分析

5.1.1　可转位铣刀技术发展历程分析

5.1.1.1　可转位铣刀技术发展阶段分析

（1）可转位铣刀专利技术发展历程

在可转位刀具中，由于铣刀加工变化多，且直接影响最后产品的加工效率和质量，所以可转位铣刀技术的发展尤为迅速。从专利数据中可以看出，可转位铣刀的专利申请量和申请人数量自 20 世纪 60 年代末以来整体呈上升趋势。到 2009 年该领域的专利年申请量接近 200 项，年申请人数量接近 80 人，体现了可转位铣刀的蓬勃发展态势，参见图 5 – 1 – 1。

① 萌芽期（20 世纪 60 年代末）。

在世界切削刀具的发展过程中，20 世纪 60 年代末至 70 年代在切削刀具方面发生了被行家们誉为刀具结构与工艺的两次革命，其中一次起源于美国，这次革命是焊接刀片变革为机夹可转位刀片。20 世纪 60 年代中期开始出现可转位铣刀的专利申请，此后逐年递增，年均申请量 2 ~ 3 件。

② 第一发展期（20 世纪 70 年代至 90 年代初）。

可转位刀具从 20 世纪 60 年代末的生产工艺完善到推广应用，西方工业化国家一般用了 5 ~ 10 年，20 世纪 70 年代是全面普及阶段。到 20 世纪 80 年代中期，可转位刀具的应用已完全改变了金属切削刀具五大类材料的构成比例❶。至 1984 年（即 20 世纪 80 年代中期），相对于 1970 年，申请人数量和专利申请量都达到了接近 5 倍以上的增长，其中 1972 年相比于 1971 年，申请人数量以及专利申请量增长最为明显，此阶段可转位铣刀的技术研发处于快速发展期，各公司都开始关注可转位铣刀技术，申请量和申请人数量稳步攀升。此后直到 1992 年，可转位铣刀的专利申请人数量以及专利数量呈曲

---

❶　大连市先进刀具系统推广服务站. 可转位刀具实用手册［M］. 北京：北京科学技术出版社，1992.

线变化，但是相差不多，在这一阶段国外可转位铣刀技术开始全面普及，且技术发展进入相对成熟期，尤其是1984年以后，申请人数量总体呈减少趋势，说明主要申请人已掌握了较为核心的技术，同时提高了该技术领域的准入门槛。参见图5-1-1。

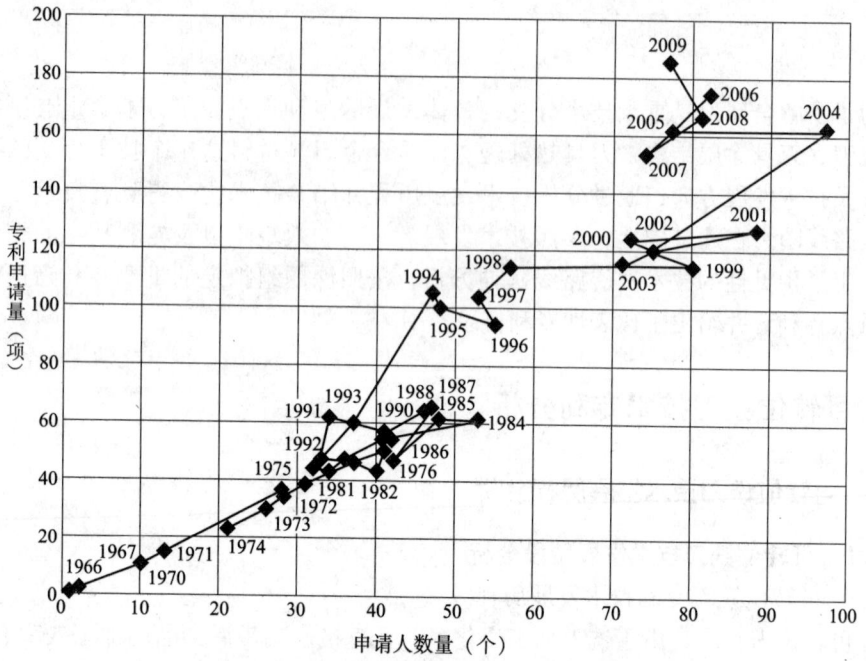

图5-1-1　可转位铣刀技术生命周期图

可转位铣刀从诞生之初其性能追求集中表现在高可靠度、高精度、高耐用度、断屑良好、可快换等方面，因此其技术发展主要也是围绕这几方面，但发展较为分散，几乎每一年都会有新的技术出现，其中一些主要申请人的申请带动了这些技术的发展（例如，三菱材料的申请 DE2339873A，山高的申请 US58022175A，肯纳的申请 US23142681A，伊斯卡的申请 US49641083A，英格索尔的申请 US000110053），这些主要申请的申请从20世纪70年代初即开始出现，且很快成为该领域的重要专利技术。

③ 第二发展期（20世纪90年代初至今）。

20世纪90年代初期出现了高速高效切削这一新理念，可转位铣刀这一主流的刀具开发也围绕这一新理念开始展开，这一新理念大大激发了各公司对可转位铣刀技术的研发，1992~1994年专利申请量和申请人数量迅速增加，1994年前后主要申请人（即历年申请总量排名前10位的申请人❶，参见图5-1-3）申请量所占比重达到最高，约占总申请量的62%，说明在可转位铣刀领域主要申请人为引领新技术的创新主体，此阶段为新技术的蓬勃发展期。1994~1998年申请人数量迅速增长，总增长率接近40%，说明随着主要申请人进入该领域，该领域的申请量迅速增加；随后当主要申请人完成该技术的专利申请后，即1994年后，主要申请人的申请量的比重开始降低，但基本维

---

❶　可转位铣刀历年总申请量排名前10位的申请人分别是：三菱材料、山特维克、肯纳、伊斯卡、京瓷、东芝、山高、住友电工、日立以及特固克。

持在40%以上，这一时期申请人数量虽然持续增加，但是专利申请总量维持稳定或者下降（参见图5-1-2）；随着市场竞争的深入，申请人的数量大幅减少，一部分申请人会退出该技术领域的市场（参见图5-1-2）。此后一段时间，可转位铣刀的专利发展处于稳定状态，直到新的技术出现。

在这一发展时期随着计算机技术的普及，刀具的设计进入一个新的发展阶段，各种复杂曲线的刃型设计能够得以实现，在此阶段各种刀具的新技术也不断涌现（例如，以色列伊斯卡的 CN200580003889A、CN200680024254A，日本三菱材料的申请 CN96106062A，瑞典山特维克的申请 CN200910253768、CN200780043994A 以及 CN200880104103）。

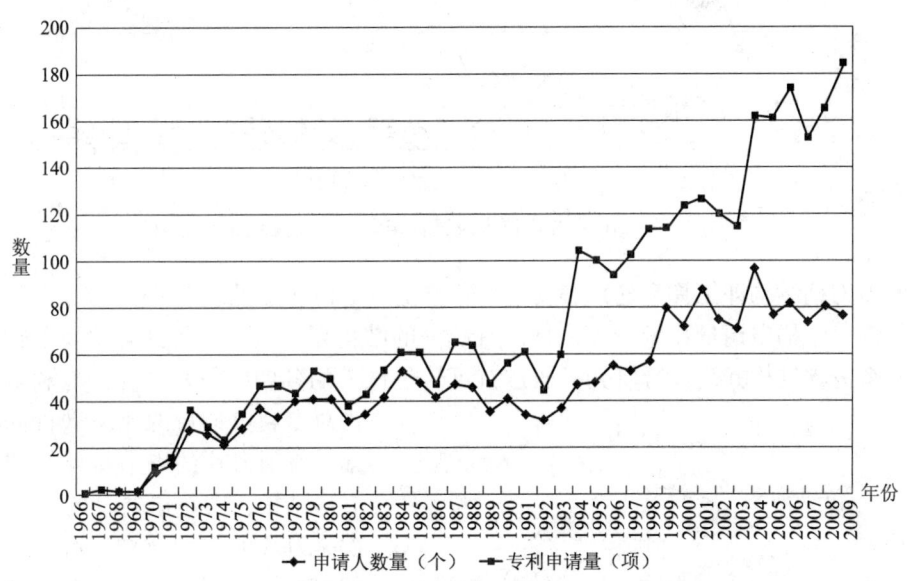

图5-1-2 可转位铣刀申请量及申请人发展趋势图

（2）技术集中度分析

如图5-1-3所示，可转位铣刀技术的专利申请较早出现在1966年，从1970年开始出现前十大主要申请人的申请，前十大申请人所占总申请量的比重，总体上呈现增长趋势，进入20世纪90年代后，前十大申请人的申请量约占总申请量的半壁江山，可以认为在可转位铣刀技术领域中其技术集中度较高，尤其是在近20年，主要申请人掌握了大量的专利技术。同时可以发现可转位铣刀主要申请人的发展具有一定的周期性，呈波浪形式的变化，这样一种变化也比较符合主要申请人对新技术刺激的一种反应，在新技术发展初期大量申请，随后减少，直到其他新技术的出现。

5.1.1.2 可转位铣刀技术构成分析

铣刀的种类繁多，通常可以分为整体铣刀、焊接铣刀和可转位铣刀，可转位铣刀的出现是刀具结构的一次重要革命，其极大地降低了刀具的成本，提高了刀具的加工效率，因此此处选择可转位铣刀作为研究重点。可转位铣刀的基本结构可以分为常规可转位铣刀结构（包括可转位刀片、可转位刀片的夹固、可转位铣刀刀体结构以及可

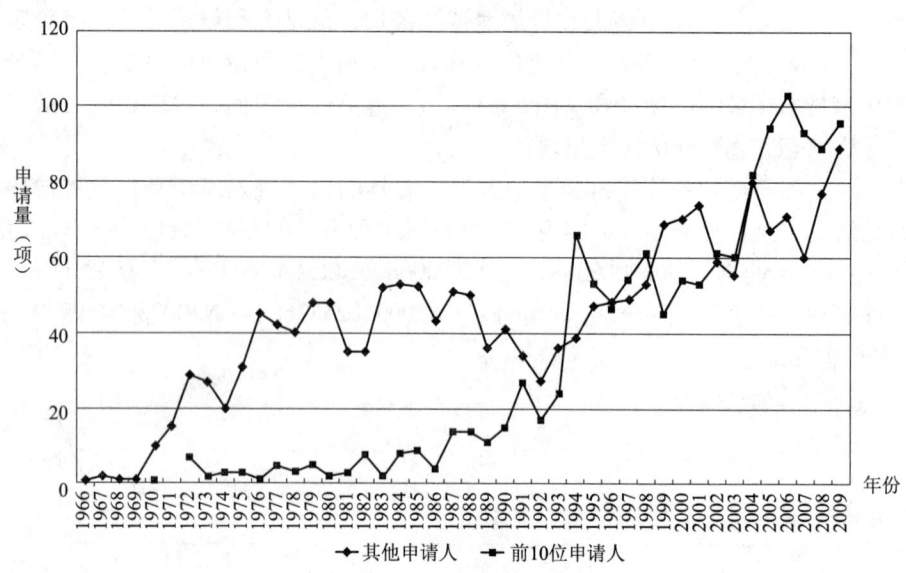

图 5-1-3　前 10 位申请人及其他申请人申请量变化趋势图

转位铣刀刀柄结构即工具系统）和其他可转位铣刀结构（参见表 1-4-3），由于其他可转位铣刀结构申请量数量较少，且没有统一的结构划分，此处将其与常规可转位铣刀的各个分支结构并列进行研究。通过对可转位铣刀的各四级技术分支的专利申请量

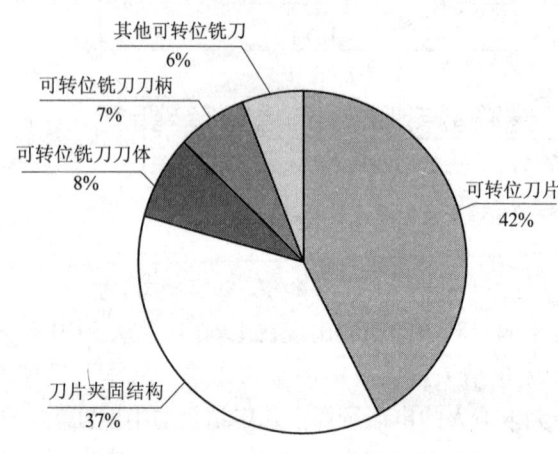

图 5-1-4　可转位铣刀技术构成分布图

占总专利申请量的比率进行分析可知，铣削刀片的申请量始终都高于其他结构，占总申请量的 42%，其次是刀片的夹固结构，占总申请量的 37%（参见图 5-1-4），两者的申请量远远超过其他技术分支，是可转位铣刀的重点技术。这主要是因为这两部分结构直接决定了铣刀的最终加工效果，且变化较多，细微的改进也能带来明显的技术效果。因此这两部分内容的研发仍将是今后的重点。

从发展趋势看，如图 5-1-5 所示，近 20 年可转位刀片的发展最为迅猛，净增长量最大，其次是可转位铣刀的刀片夹固，可转位铣刀的刀体、可转位铣刀的刀柄以及其他可转位铣刀的发展相对缓慢。这是由于可转位刀片以及刀片的夹固是可转位铣刀技术的核心，各申请人在这两个技术分支的研发投入相对比较大，且可转位刀体和刀柄在很多企业已经制成一系列的标准件，从而导致这两个技术分支的发展比较缓慢。

5.1.1.3　可转位铣刀技术引领者分析

（1）前 5 位申请人主要技术分支专利分析

在可转位铣刀领域前 5 位申请人的申请量明显高于后面的申请人，且在 5 个技术

年份	1991	1992	1993	1994	1995	1996	1997	1998	1999	2000	2001	2002	2003	2004	2005	2006	2007	2008	2009
可转位刀片	26	27	30	58	52	47	40	62	50	54	46	50	48	68	79	72	76	76	95
可转位铣刀刀片夹固	23	10	25	30	25	28	40	25	35	35	43	37	38	56	46	67	41	48	52
可转位铣刀刀体	4	3	3	12	7	7	11	5	9	18	17	14	15	17	14	11	17	17	12
可转位铣刀刀柄	5	2	2	2	10	1	4	7	9	4	15	9	10	13	9	10	11	17
其他可转位铣刀	3	2	0	3	6	11	8	15	11	8	17	4	5	11	9	15	9	14	9

图 5 - 1 - 5　可转位铣刀各技术分支历年申请分布情况

分支中可转位刀片以及可转位刀片夹固的申请量也远远高于其余技术分支，因此此处重点分析前 5 位主要申请人在两个主要技术分支可转位刀片以及可转位刀片的夹固方面的专利申请情况。

　　首先，对于可转位刀片，从图 5 - 1 - 6 可知，三菱材料和山特维克公司在 20 世纪90 年代中期优势较为明显，尤其是三菱材料直至 2000 年的申请量均高于其他申请人，

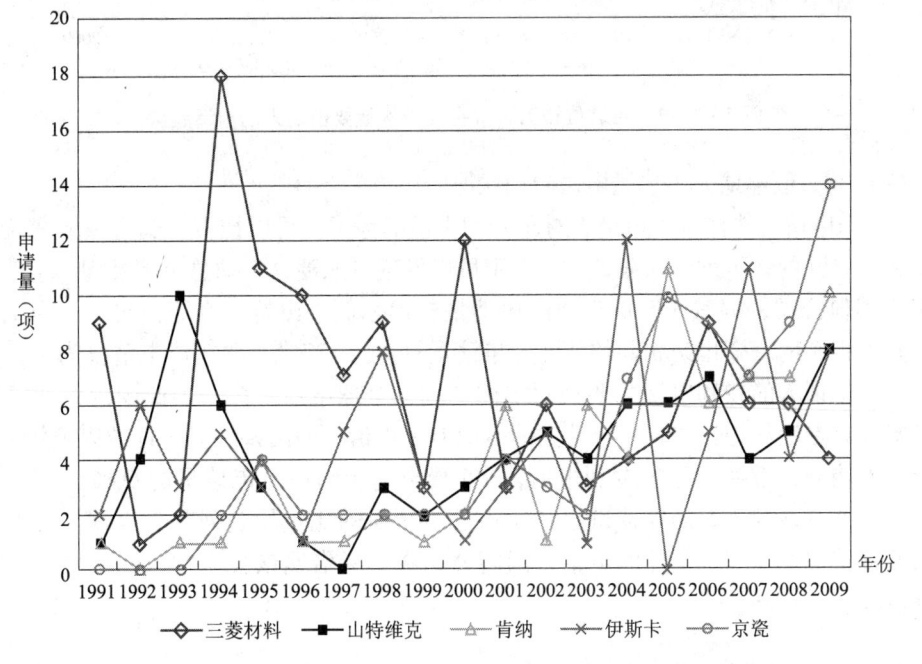

图 5 - 1 - 6　可转位铣刀刀片结构重要申请人的申请趋势

第1章

第2章

第3章

第4章

第5章

第6章

第7章

第8章

但 2001 年以后可转位刀片的各公司申请量呈现一个胶着的状态，每年申请量最多的公司都在变化，这进一步证实了可转位刀片的重要性，其仍然是各主要申请人角逐的重要技术。从总体趋势来看，2001 年后肯纳以及京瓷的上升趋势较为明显，可见它们正在提高对可转位刀片技术的重视程度。

其次，对于可转位刀片的夹固，从图 5 – 1 – 7 可知，三菱材料的申请量始终保持着较为明显的优势，肯纳以及京瓷 2001 年后略有上升趋势，而山特维克和伊斯卡的申请量基本较为平稳，每年略有波动。相对于可转位刀片的申请情况，可转位刀片的夹固还未受到各申请人的广泛重视。

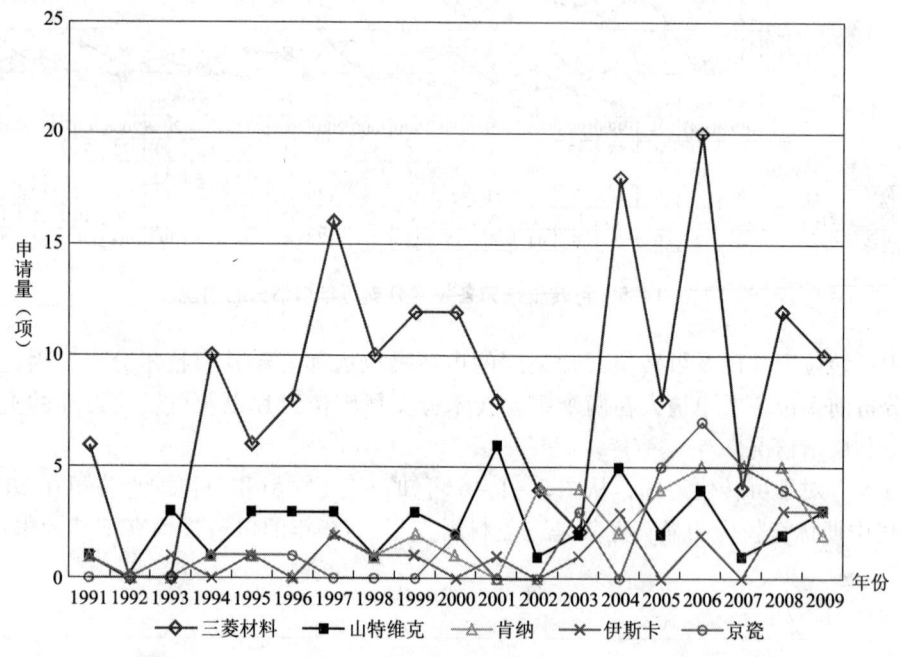

图 5 – 1 – 7　可转位铣刀刀片夹固结构重要申请人的申请趋势

（2）前 5 位申请人 3/5 局申请专利状况

3/5 局申请往往体现了申请人对于专利申请的考虑，可以初步反映出该申请人对于该专利重要性的认可度。从表 5 – 1 – 1 中可以发现，三菱材料的总申请量为 524 件，远远高于其他公司，但其 3/5 局申请的申请量却远远低于山特维克等公司，仅为 43 件，与其同为日系的京瓷也是相同的情况，申请量总量为 127 件，3/5 局申请仅为 9 件，这说明日系申请人的专利申请主要针对本国专利，全球申请不多，因此国内企业可以大量借鉴或者参考使用这些日系申请人的本国专利申请。而山特维克、肯纳以及伊斯卡 3 个申请人均非常重视全球的专利申请，3/5 局申请量约占总申请量的 60% ~ 80%，尤其是山特维克，其 3/5 局申请量以及所占总申请量的比重均名列其他申请人之首，可见其非常重视其专利在全球的申请，国内公司在参考借鉴该公司的产品中应多留意其专利情况。

表5-1-1　主要申请人申请量及3/5局申请量情况　　　单位：项

排名	主要申请人	申请量	3/5局申请量
1	三菱材料	524	43
2	山特维克	162	140
3	肯纳	156	94
4	京瓷	127	9
5	伊斯卡	121	89

5.1.1.4　可转位铣刀技术发展路线分析

可转位铣刀的研究始终围绕高精度、高效率以及高经济性这一主线展开，尤其是在高速高效切削技术产生之后，可转位铣刀的新技术不断涌现，形成了其特定的多分支发展路线（参见图5-1-8及图5-1-9），其中这些主要发展路线属于可转位刀片和可转位刀片的夹固这两个主要技术分支，其余的3个技术分支专利总量较少，且更为分散无法得到清晰的技术发展路线。

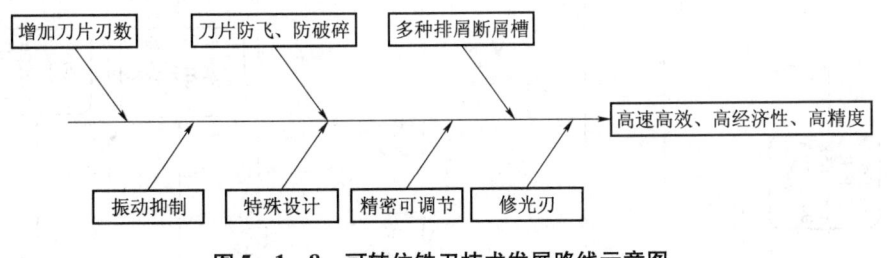

图5-1-8　可转位铣刀技术发展路线示意图

①从不断增加单面刀片刃数到实现双面刃刀片，不断提高经济性。初期的可转位刀片仅有2~3个切削刃，各生产厂家为提高自身的产品的竞争力，不断试图增加切削刃的数量（如德国瓦尔特的申请DE10312922A——四刃，瑞典山特维克的申请DE50214190A——六刃），还出现了双面可转位刀片（如以色列伊斯卡的CN200580003889A、CN200680024254A），目前已有双面16个切削刃的可转位铣刀片（如株洲钻石的申请CN200910211398）。

②刀片防飞、刀片防破碎等结构，提高安全性，适应高速高效切削的需求。由于高速切削中，刀具旋转速度较快，传统的刀片夹固结构很难承受这样大的离心力，因此防止刀片断裂和防刀片飞出的新技术不断出现（如以色列伊斯卡的申请CN2008800089798A——切削部件具有燕尾或者楔形以减小螺栓部件承受的离心力，瑞典山特维克的申请CN01142239A——镶装座结构、CN00817556A——刀片具有刀柄部分，德国瓦尔特的申请DE59504791A——刀片底面具有凸起，美国肯纳的申请CN96199273A——刀柄为圆盘部件）。

③多样的排屑断屑槽，以适应高效切削的需求。在高速高效切削中，切屑不容易排出，容易划伤工件表面，从而影响加工质量及精度，为了减小切削力、抑制刀具振动，很多公司针对该问题提出了多种排屑断屑槽类型（如日本三菱材料的申请CN96106062A，

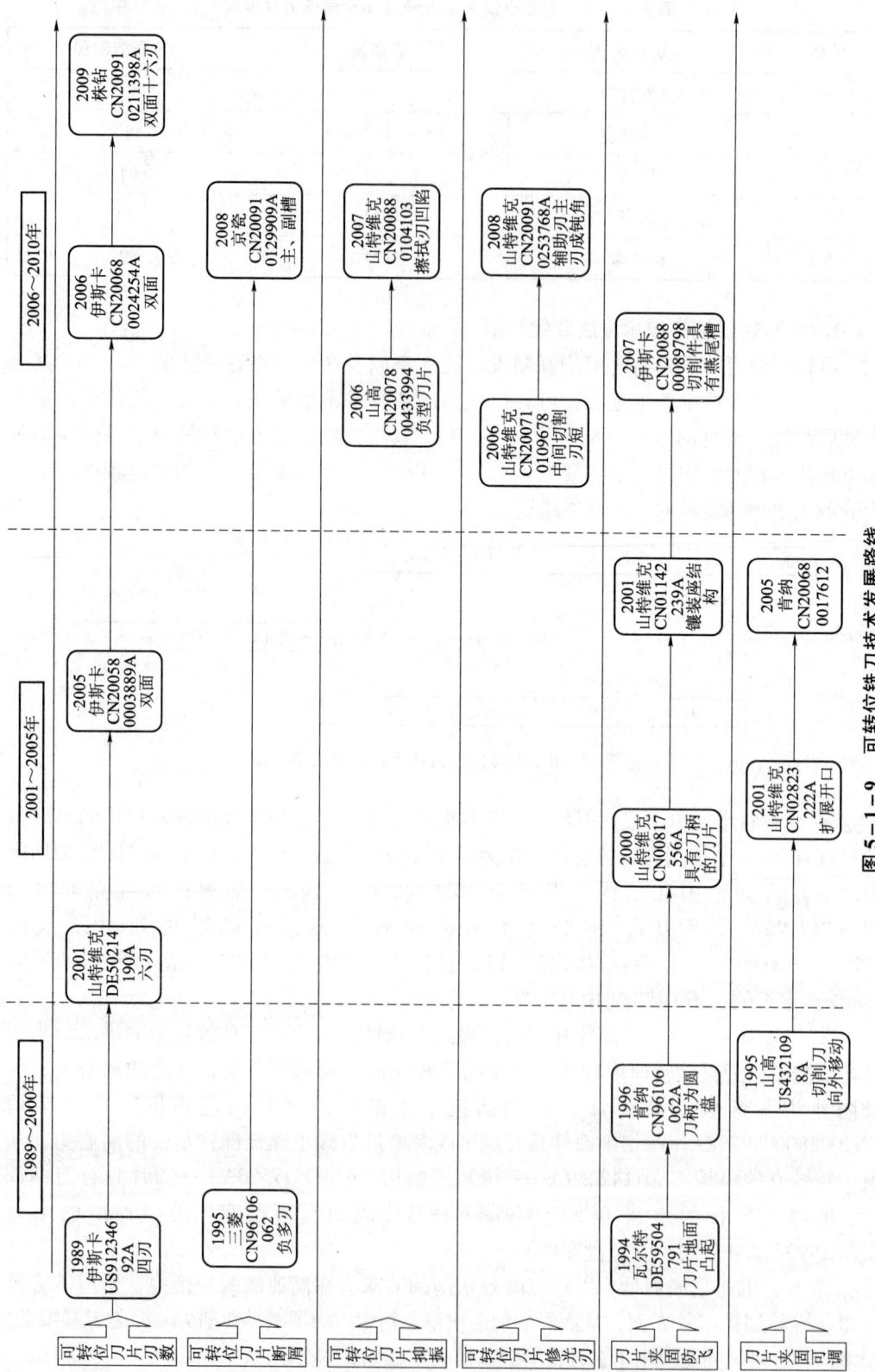

图 5-1-9 可转位铣刀技术发展路线

以色列伊斯卡的申请 EP5914782A），包括前波刃以及后波刃等新的断屑方式。

④ 抑制振动，可提高加工精度。高速切削中切削速度快，刀片及刀体易发生振动，从而带来安全隐患以及影响最终产品的表面质量，因此在振动抑制方面的专利申请也有很多（如瑞典山特维克的申请 CN200910253768——该双面面铣刀片在铣刀主体中的轴向负倾斜角减小到最小，同时仍使铣刀的性能最佳；CN200880104103——切削刀片，其擦拭刃段形成凹陷，瑞典山高刀具公司的申请；CN200780043994A——负型刀片的角部的区域中设有在刀片的至少一个横向侧上将切削刃连接到间隙侧的平的或圆化的倒角，并且倒角与间隙侧形成1°~15°的角度）。

⑤ 用于特殊加工方式和被加工材料的特殊刀具结构，高速切削的铣削刀具逐渐应用于航空航天、汽车制造等行业，因此对铣削刀具提出了更高的要求，许多刀具的设计应用于特殊的被加工表面以及被加工材料，如出现的铝合金的加工（如日本三菱材料的申请 CN0312019A）。

⑥ 精密可调节的夹固方式，可以适应多种型面加工的需要，提高铣刀及刀片的通用性以及安装精度，同时便于更换刀片，提高加工效率，可调节夹固的方式种类繁多，夹固方式多种多样（如瑞典山高的申请 US4321098A，美国肯纳的申请 CN200680017612A，瑞典山特维克的申请 CN02823222A）。

⑦ 修光刃，可实现铣削精加工，随着客户对产品精度的要求越来越高，铣削加工的精度不断提高，铣削加工有代替磨削加工成为精加工工艺的趋势，因此提高铣削表面最终加工精度的技术开始涌现，其中比较典型的是修光刃技术（如瑞典山特维克的申请 CN200910253768A——辅助刃与主刃形成钝角；CN200710109678A——面铣刀片在主辅刀刃间形成与第三间隙表面相邻的中间切割刀刃，中间切割刀刃比主切割刀刃短，并与延长线形成20°~40°范围内的角，中间切割刀刃经由与凸间隙表面相邻的弓形部分刀刃而转变到相邻刀刃）。

5.1.2 可转位铣刀技术发展方向分析

5.1.2.1 可转位铣刀技术发展需求分析

随着市场竞争的日益加剧，各制造企业为了获得竞争优势，希望不断降低加工成本，对金属切削刀具而言，意味着需要更长的加工寿命（高经济性刀片）、更高的加工效率（高速、高进给、大切深刀具）以及更好的加工精度。在本节的分析中对可转位铣刀的功效进行了更为详细的划分，分别包括改善切削性能（包括改善排屑及断屑性能、降低振动等）、降低成本（此处仅指除提高加工效率和延长刀具使用寿命这两种降低成本方式外的其他降低成本的方式）、提高安全性（包括防止刀片断裂、防飞等性能）、提高定位精度（包括提高夹固稳定性等）、提高加工精度（包括改善被加工产品表面质量等）、提高加工效率、延长使用寿命以及特殊功能（即除以上功能之外的其他一些功能，包括提高通用性、便于装卸等）。

第1章 第2章 第3章 第4章 第5章 第6章 第7章 第8章

　　对可转位铣刀的技术需求变化趋势进行分析可知（参见图 5 - 1 - 10），有关各技术需求的申请量，整体上都是呈逐步增长的趋势，但显然可以看出，有关改善切削性能、提高定位精度、特殊功能以及提高加工效率等方面的申请所占的比重最大，其申请量一直保持在较高的水平，因此可以认为改善切削性能、提高定位精度以及提高加工效率（即以提高经济性为目的）是可转位铣刀业内的关注热点，尤其是在提高加工效率方面的申请量在近几年上升明显，各企业为提高自身的竞争力在提高经济性方面投入较多。提高加工精度、延长刀具使用寿命以及提高安全性等方面的申请，所占比例也较高，申请量也大致呈逐年上升的趋势。2005 年以来的专利申请重点集中在改善切削性能和提高加工效率方面。

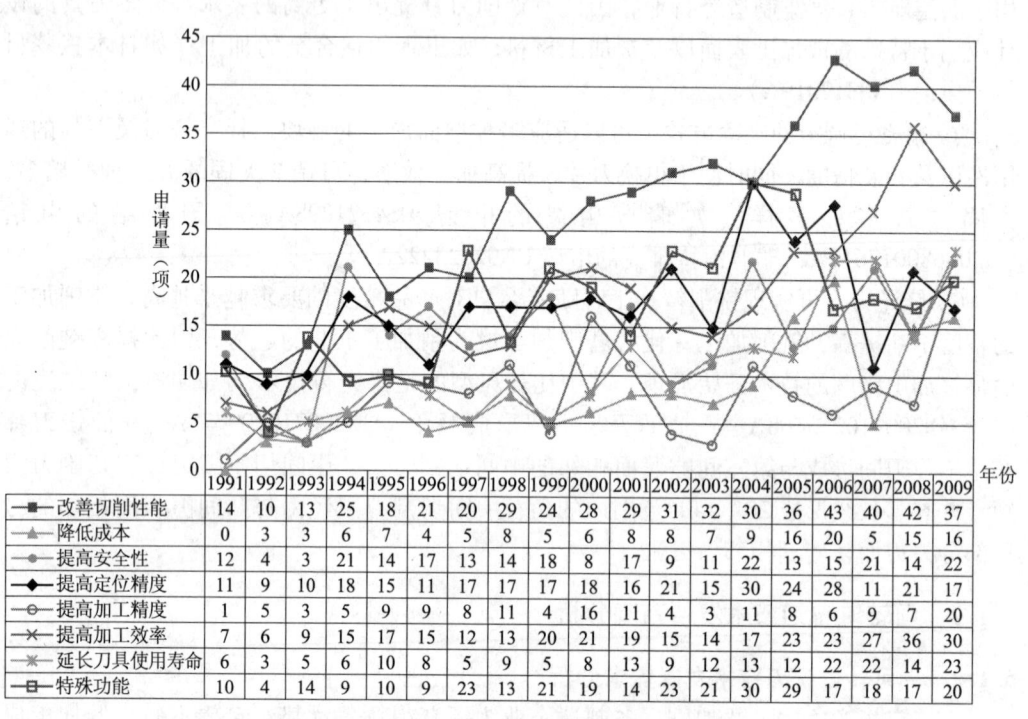

	1991	1992	1993	1994	1995	1996	1997	1998	1999	2000	2001	2002	2003	2004	2005	2006	2007	2008	2009
改善切削性能	14	10	13	25	18	21	20	29	24	28	29	31	32	30	36	43	40	42	37
降低成本	0	3	3	6	7	4	5	8	5	6	8	8	7	9	16	20	5	15	16
提高安全性	12	4	3	21	14	17	13	14	18	8	17	9	11	22	13	15	21	14	22
提高定位精度	11	9	10	18	15	11	17	17	17	18	16	21	15	30	24	28	11	21	17
提高加工精度	1	5	3	5	9	9	8	11	4	16	11	4	3	11	8	6	9	7	20
提高加工效率	7	6	9	15	17	15	12	13	20	21	19	15	14	17	23	23	27	36	30
延长刀具使用寿命	6	3	5	6	10	8	5	9	5	8	13	9	12	13	12	22	22	14	23
特殊功能	10	4	14	9	10	9	23	13	21	19	14	23	21	30	29	17	18	17	20

图 5 - 1 - 10　可转位铣刀技术需求趋势图

5.1.2.2　可转位铣刀技术发展热点及空白点分析

　　图 5 - 1 - 11 是可转位铣刀技术 - 功效矩阵图，横坐标为技术 - 功效（代表相应的技术需求），纵坐标为各技术分支（代表相应的技术手段），该图中面积越大的圆代表申请量越集中，表明针对纵坐标所代表的技术分支的改进是解决相应的技术需求的主要技术手段；反之，图中面积小的圆则代表专利申请量很少，但是部分技术 - 功效矩阵分析是无法实现或者没有价值的，这样的点无需关注，而有些点则存在实现的可能，值得关注。可转位铣刀刀体、刀柄以及其他可转位铣刀的总申请量本身不大，因此它们各个功效下的申请量分布也不多，因此未必能够构成技术空白点或突破点。

　　图 5 - 1 - 11 表明，在技术需求最大的改善切削性能、提高定位精度和特殊功能三

大技术功效方面主要通过对可转位刀片以及刀片的夹固的改进加以实现。而降低成本、提高加工效率和延长刀具使用寿命共同构成的提高经济性性能也占有相当大的比重，各申请人在提高加工效率方面投入的研究较多。刀具的使用寿命受制于刀片本身及其夹固结构，从图5-1-11中可以看出，本领域的申请人为延长刀具使用寿命对刀片本身的研究投入较多，当刀片自身的使用性能提高很多后，必然会受到夹固结构的制约，因此夹固结构可能成为后期提高刀具使用寿命的热点。

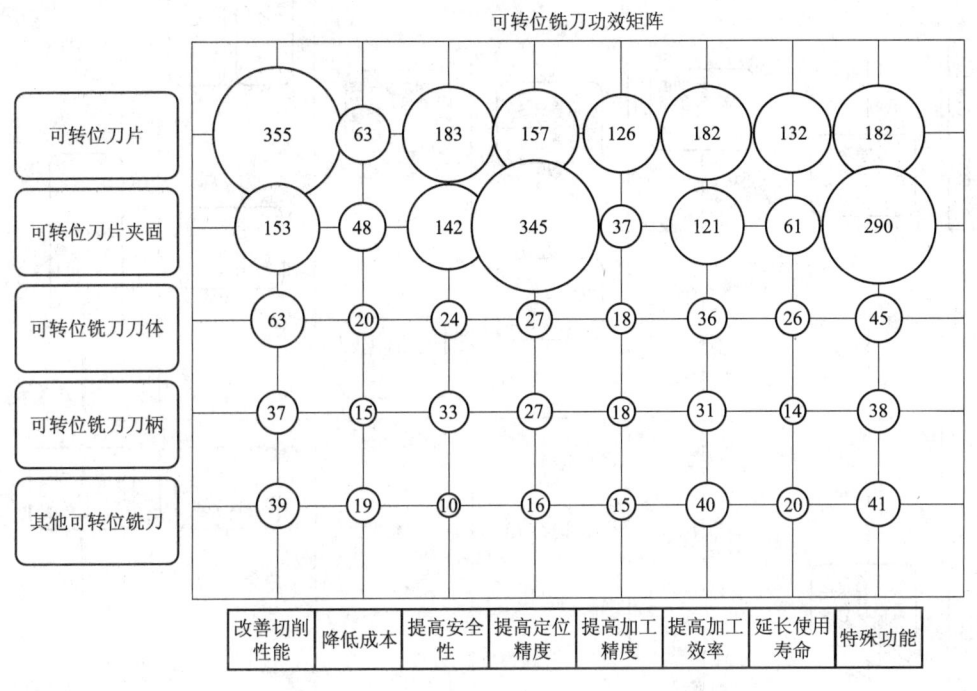

图5-1-11　可转位铣刀技术-功效矩阵图

5.1.2.3　可转位铣刀技术发展方向延伸分析

根据对可转位铣刀的整体技术需求及功效分析结合重点专利技术以及技术发展路线分析，预测可转位铣刀将具有如下的发展趋势：

① 高速高效加工仍将为研究热点，例如大进给加工技术（三菱材料的申请CN200710096143——特别的切削刃设计能够改善排屑；京瓷的申请CN200910129909A——特殊的槽形设计可以抑制切削阻力增加；山特维克的申请CN200880104103——改善刀片表面特性并降低切削力和振动，CN201010508347——优化垫板结构；山高的申请CN200980120594A——套组式刀片，多种刀片可安置于相同的凹座中）。大进给铣削刀具的主要优势是具有很高的材料切除率和小的切削振动，在大多数场合能替代传统的圆形刀片。较之圆形刀片，大进给刀片有较小的主偏角，适合于小切深、大进给加工，较传统加工方式，大进给铣刀在很多场合大幅提高了加工效率。大进给加工的优点在于可减小切深，并在可能的情况下提高机床进给量，这样在粗加工后便形成接近要求的精加工形状，提高总体生产效率。

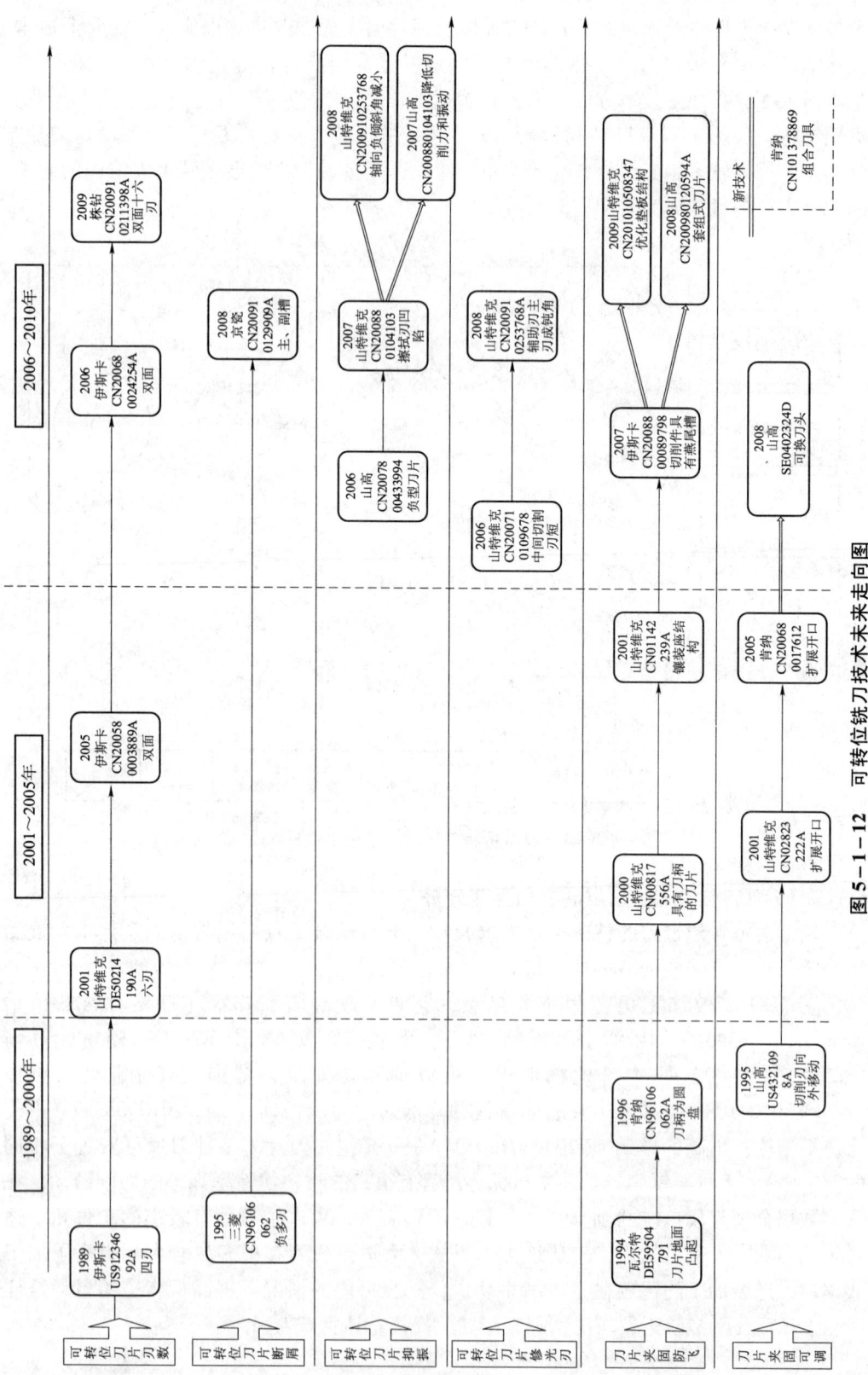

图 5-1-12　可转位铣刀技术未来走向图

② 多种技术或功能复合（组合）的刀具也是一大研究热点。复合成为刀具技术发展的一大热门词汇，无论是刀具材料还是涂层技术都在复合方面下工夫。在可转位铣刀结构方面，各种热点技术的复合以及各种加工功能的复合成为可转位铣刀的新的研究热点，如肯纳的申请 CN101378869，一种组合刀具，板形的切削，可进行高精密加工。因此可以认为复合刀具成为可转位铣刀的发展的另一个新趋势。

③ 经济性需求仍然很大，经济性是各刀具产品能够占据市场的一个重要标准，各企业仍纷纷在提高经济性方面下工夫，以占据更大的市场份额，超硬刀具技术（山特维克的申请 CN200580041617，切削端焊接在刀片上，更加延长刀片的寿命）、可换刀头技术（如瑞典山特维克的申请 CN02822401A 和瑞典山高的申请 SE0402324D，两者都是进一步提高可换头的连接性能）方面的专利，这类降低成本、提高刀具使用寿命的技术仍然不断推陈出新，成为一个重要的研究热点。

5.1.3　可转位铣刀技术重要专利筛选

5.1.3.1　可转位铣刀重要专利筛选过程

首先根据"专利被引频次"的统计，分别根据年代和被引用频次设定筛选条件，引用频次筛选条件的设定随年代的向前推进而随之降低。在可转位铣刀重要专利的筛选过程中，1990 年之前的专利选取引用频次 20 次以上的，1991～2000 年之间的专利选取引用频次 10 次以上的，2001～2005 年之间的专利选取引用频次 5 次以上的，2006 年之后的专利选取引用频次 3 次以上的。

此外，在 2000 年以后的专利文献被引用次数很少，这些近年的专利很难通过被引用频次来确定其重要性。由于可转位铣刀是一种市场化产品，其专利重要性可以利用各公司的最新产品来推定，因此采取对主要申请人的最新主打产品进行相应分析，从而获取相关的重要专利。

最后，在重点专利选取过程中还要注意重要申请人的申请，即申请总量排名前 10 位的重要申请人，同时根据与行业专家交流注重考虑几个铣刀的专门生产厂家的申请，包括德国的马帕以及英格索尔等公司。

5.1.3.2　代表性重要专利目录

按照上述的重要专利筛选过程，经检索得到 89 篇重要专利文献，从中选取代表性专利文献共计 22 篇，列于表 5－1－2 中。

5.2　刀具涂层结构技术专利分析

5.2.1　刀具涂层结构技术发展历程分析

5.2.1.1　刀具涂层结构技术发展阶段分析

（1）刀具涂层结构专利技术发展历程

① 刀具涂层技术萌芽期。

表 5 - 1 - 2 可转位铣刀代表性重要发明专利目录

序号	申请号	优先权日	地域申请情况	发明点	申请人	所属技术分支	引用频次	是否进入中国	法律状态
1	EP9636852A	1995 - 12 - 22	CN；WO；AU；AU；EP；ES；US；MX	旋转刀具包括刀柄、圆盘、切削镶齿、箍圈	肯纳	可转位刀片	7	是	失效
2	DE2339873A	1972 - 08 - 08	DE	通过调节刀片座用于消除空隙	三菱材料	可转位刀片夹固	27	否	
3	US23142681A	1979 - 12 - 04	DE；GB；SE；AT；CA；US；GB；FR；US	刀片具有至少两个切割刃、切割刃上具有回陷	肯纳	可转位刀片	24	否	
4	ZA200711127A	2006 - 06 - 21	EP；NO；CA；EP；IN；TW；NZ；CN；AU；US；AU；RU；DE；CN；IL；MX；MX；US；KR；ZA；WO；JP	切削镶块，其周侧表面包括 Y 主侧表面和 Y 副侧表面，每个副侧表面将两个相邻主侧表面互连。每个副侧表面是具有给定半径的单圆柱形表面的一个区段，给定半径大于每个副侧表面离开通孔轴线的副侧表面距离	伊斯卡	可转位刀片	3	是	授权
5	CN03107341A	2002 - 03 - 20	CN；JP；KR；US；EP；JP；EP；CN；JP；KR；US；DE；CN；ES；JP；US；EP；DE；US	多刃刀片，其前倾面的角部形成呈圆弧状的角刃，连接到角刃的一个端部上的前倾面的边棱部上形成主切削刃，连接于角刃的另外一个端部上的前倾面的边棱部上、与角刃的另一个端部邻接地形成相对于另一个端部处的角刃的切线，凹向前倾面的内侧的凹部	三菱材料	可转位刀片	9	是	授权

续表

序号	申请号	优先权日	地域申请情况	发明点	申请人	所属技术分支	引用频次	是否进入中国	法律状态
6	CA2554594A	2004-02-04	WO; IN; IN; JP; IL; KR; US; NO; AU; KR; US; MX; RU; MX; BR; CN; AU; NZ; EP; ZA; CN; CA	双面切削刀片，在每个主切削刀片中，与每个主切削刀相邻的是初级离隙面。从与主侧面垂直的平面上截取切削刀片的截面，每个截面中与初级离隙面在主切削刀相切的线，以内锐角向切削刀片的中间平面倾斜	伊斯卡	可转位刀片	7	是	授权
7	WO2006EP03777	2007-11-30	WO; JP; US; KR; BR; US; DE; IN; CA; CN; RU; US; EP	刀具座的支承壁通过制出扩展开口构成保持弹性的板条，板条只在固定侧连接其余的刀具基体。扩展开口中拧入调节螺钉	肯纳	可转位刀片夹固	3	是	未决
8	US000576337	2005-03-14	WO; CN; JP; KR; JP; EP; US; JP; CN; JP; KR; CN; US; JP; US; KR; CN	不重磨插入物的主切削刀形成在前离隙面的交叉棱线上，后隙面的多个槽部由主槽部和副槽部构成，副槽部在宽度、长度及深度之中至少一方面小于主槽部	京瓷	可转位刀片	11	是	授权
9	US29166602A	2001-11-13	WO; EP; US; JP; SE; US; JP; KR; CN; KR; CN	可旋转工具，其切削部件的凸部件由护套状主体和夹持部件内的导向槽构成，支座为径向的导向口，护套主体可向开口移动进入和离开径向横向开口的导向槽	山特维克	可转位刀片夹固	17	是	授权

续表

序号	申请号	优先权日	地域申请情况	发明点	申请人	所属技术分支	引用频次	是否进入中国	法律状态
10	CN200780043994A	2006-11-27	SE；EP；US；WO；US；SE；SE；CN；CN	负型刀片的角部的区域中设有在刀片的至少一个横向侧上将切削刃连接到间隙侧侧的平的或圆化的倒角，并且倒角与间隙侧形成1～15°的角度	山高	可转位刀片	1	是	授权
11	JP2009286864A	2008-12-17	US；SE；JP；KR；EP；SE；CN	双面的可转位面铣刀片，角部表面在每对上侧辅助刀和下侧辅助刃之间延伸，角部表面用作间隙表面并经由部分表面连接到侧辅助刃，当在侧视图中观察时，部分表面与平行于中性平面的各个参考平面形成锐角	山特维克	可转位刀片	1	是	未决
12	JP2010522860T	2007-08-31	IN；WO；EP；KR；JP；CN；US；SE；SE	切削刀片，其擦拭刃段形成凹陷	山特维克	可转位刀片	0	是	未决
13	AU6942396D	1995-09-18	WO；KR；EP；CN；JP	铣刀刀片，其共承面平面支承面和平面支承面分别沿铣刀主体的第一对侧面中的两个侧面形成；刀片切削角包括前切削刃；前切削刃向外突出于铣刀主体第二对侧面中的与第一对侧面的第二个侧面，且其平行于间隔开的共面支承面	伊斯卡	可转位刀片	0	是	未决

续表

序号	申请号	优先权日	地域申请情况	发明点	申请人	所属技术分支	引用频次	是否进入中国	法律状态
14	EP0098616 0A	1999－12－22	WO; EP; KR; CN; US; DE; CN; EP; JP; DE; US	刀夹和刀片，其刀柄部分未置于刀柄安装孔中并且刀夹处于正常室温下时，刀柄安装孔小于刀柄部分，刀柄安装孔受热可膨胀，刀柄冷却到预定温度以下并且在刀柄部分插入在刀柄安装孔之后，刀柄安装孔收缩，以大体上与刀柄部分的形状一致	山特维克	可转位刀片夹固	13	是	授权
15	CN20071010 9678A	2006－06－27	EP; JP; SE; CN; SE; US; US; KR	面铣刀片在主辅刀刃间形成与第三同隙表面相邻的中间切割刀刃，中间切割刀刃比主切割刀刃短，并与延长线形成20°～40°范围内的角。中间切割刀刃经由与同隙表面相邻的弓形部分刀刃而转变到相邻刀刃	山特维克	可转位刀片	9	是	未决
16	US29983302A	2001－11－21	SE; KR; US; WO; EP; US; CN; CN; SE	可转位刀具的定位螺钉通过阳螺纹和基体上的阴螺纹配合，孔的端口部相对阴螺纹偏心设置，使定位螺钉位于切削刀片之后的区域以钝角倾斜，螺钉刀片的侧面可压靠在切削刀片的自由端可压靠在切削刀片的后端面上	山特维克	可转位刀片夹固	4	是	授权

续表

序号	申请号	优先权日	地域申请情况	发明点	申请人	所属技术分支	引用频次	是否进入中国	法律状态
17	KR20077006752A	2004－09－24	CN; US; US; WO; KR; SE; SE; EP; IN	切削刀片的安装部分包括截头圆锥形的支撑表面螺纹部分和截头尖端部分的支撑表面，支撑表面尖端部分为切削刀片提供相对于切削刀片架的轴向支撑	山高	可转位刀片	4	是	未决
18	EP10179107A	2009－10－06	EP; JP; CN; KR; SE; US	用于去屑加工类型的铣削刀具的垫板，垫板的边缘包括倒角表面而被加强	山特维克	可转位刀片	0	是	未决
19	CN200910211398A	2009－10－29	CN	具有双层切削刃的切削刀片，上表面上沿与侧面的交线设有至少一个上表面凹槽，侧面上沿与上表面的交线设有侧面凹槽，侧面凹槽与上表面凹槽交错位置的侧面成第一层切削刃，上表面凹槽与上表面凹槽相交形成第二层切削刃	株洲钻石	可转位刀片	0	是	未决

续表

序号	申请号	优先权日	地域申请情况	发明点	申请人	所属技术分支	引用频次	是否进入中国	法律状态
20	JP2004076949 A	2003 – 03 – 22	DE; US; CN; BR; KR; MX; IN; JP; KR; CN; EP; US; DE; IN; JP; DE; CA	刀片的基体的绕两个轴线扭转，底面和顶面有相同形状且彼此旋转对称，它们分别朝顶面倾斜经过底面或顶面的槽向下倾斜	瓦尔特	可转位刀片	12	是	授权
21	DE59504791 A	1994 – 08 – 25	JP; DE; EP; EP; ES; DE; DE; US	环形切削刃	瓦尔特	可转位刀片夹固	19	否	
22	JP5158395 A	1995 – 03 – 10	GB; CN; CN; GB; DE; JP; JP; JP; JP; JP; DE; JP; US; KR; DE	多刃刀片的每个主切削刀刃沿着远离一个相邻的辅助切削刀刃的延伸逐渐向下表面倾斜，然后向上弯曲另一个相邻的辅助切削刀刃的前正面沿着主切削刀刃远离一个辅助切削刀刃的主切削刀刃的延伸方向逐渐向下表面倾斜	三菱材料	可转位刀片	26	是	授权

第1章 第2章 第3章 第4章 第5章 第6章 第7章 第8章

20世纪60年代，是刀具涂层技术的萌芽时期，这个时期开始出现刀具涂层相关专利技术的申请，无论是申请人的数量还是专利申请量都在个位数（参见图5-2-1），这期间刀具涂层结构主要为单层结构，因为CVD技术刚刚得到应用，单层涂层材料成分主要是碳化钛（如：US3616506A，1969-01-02，山特维克）。

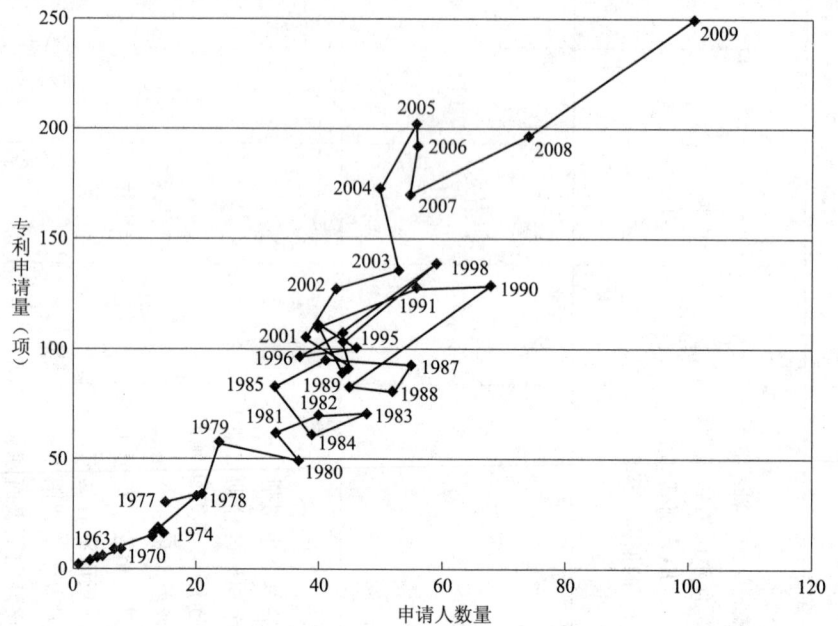

图5-2-1　刀具涂层结构技术生命周期图

② 刀具涂层技术发展期。

20世纪70年代，历年申请量平均不足30件。山特维克率先面向市场推出单层涂层的刀具涂层产品，各刀具主要制造商也纷纷进入该领域，随后出现了双层涂层（如：DE2253745A，1971-11-12，山特维克）和多层涂层（如：US4237184A，1978-06-22，斯特拉姆）的专利申请。至1979年，相对于1969年，申请人数量和专利申请量都达到了接近4倍以上的增长。1972年，出现了利用PVD技术制作刀具涂层，由于利用CVD技术制造的涂层比利用PVD技术制造的涂层具有更好的均匀性和粘接强度，因此主要是利用CVD技术制造刀具涂层。1977年，申请人数量减少而申请量基本没有变化，这是由于新进入刀具涂层技术领域的申请人增长趋势放缓，而主要申请人的专利申请量仍然保持增长，说明主要申请人已掌握了较为核心的技术，同时加强专利战略申请，提高了该技术领域的准入门槛。

20世纪80年代：历年申请量达到50件以上。至1989年，相对于1981年申请人数量的和专利申请量的增长幅度都达到30%。这是因为随着刀具涂层多层结构的出现，利用PVD技术制作的刀具涂层的性能开始接近利用CVD技术制作的刀具涂层的性能，同时还具有工艺温度低（500℃~600℃）的优势，利用PVD技术制作刀具涂层得到重视和应用（例如：US5075181A，1989-05-05，肯纳），使得可进行涂层处理的刀具基体材料扩展到高速钢，并且刀具种类得到大幅扩展。

　　20 世纪 90 年代：历年平均专利申请量都达到 100 件以上，说明申请人在该技术领域投入较多，该技术领域已成为行业共识的研究热点，单层涂层和多层涂层的相关专利申请量总的趋势是持续增长（参见图 5 – 2 – 6），单层涂层和多层涂层的材料也扩展到三氧化二铝（如：EP65903A1，1993 – 12 – 23，山特维克）、金刚石等。因为涂层工艺的进步扫除了多层涂层的结构变化和应用新材料的障碍，20 世纪 80 年代末 PCVD 技术出现，导致 1990 年的专利申请量和申请人数量的增幅都达 50% 左右。此后进入调整期，申请人数量逐年减少，专利申请量并未明显减少，至 1996 年调整结束。随后，随着主要申请人在 MT – CVD 技术上获得突破❶，申请人数量和专利申请量再次进入上升通道，1998 年相对于 1996 年的专利申请量出现了 40% 的增幅。随后由于 1998 年亚洲金融危机❷的影响，1999 年的申请人数量和专利申请量都出现下滑，尤其是日本、韩国的主要申请人的专利申请量出现了大幅下降，从而造成整体专利申请量的下降，一直延续到 2001 年。

　　2000 ~ 2009 年期间，2004 年以后历年申请量均在 150 件以上且呈增长趋势，至 2009 年专利申请量高达 249 件。纳米涂层和梯度涂层的申请量逐渐增加，多层涂层仍然保持增加态势，这些是构成专利申请量增长的主要推动力量。2009 年相对于 2008 年，申请人数量和专利申请量都达到了近 25% 的增长率，说明该领域的技术创新热度持续增加，这也意味着刀具涂层仍然处于技术发展期，行业人员对其改进仍保持着极大兴趣。

　　（2）技术主导力量分析

　　主要申请人主导了刀具涂层技术的进步。主要申请人每年的申请量占据了该领域每年总申请量 50% 以上，尤其是申请量位于前 10 位的申请人历年所占比例稳步上升（参见图 5 – 2 – 3），从而导致主要申请人每年申请量的变化趋势和该领域每年总申请量的变化趋势大致相同（参见图 5 – 2 – 2）。每当主要申请人取得重大的技术突破，随着该项技术的推广和扩散，整个行业的其他申请人会随后跟进，造成申请人数量和专利申请量双增长（1961 ~ 1976 年）；当主要申请人完成该阶段的技术申请后，主要申请人的专利申请量会趋于稳定甚至减少，而其他申请人会继续申请试图获得一定的专利竞争力，但是其他申请人的申请量都很小，这样会造成申请人数量虽然持续增加，但是专利申请总量会下降（如 1980 年、1987 年）；随着市场竞争的深入，一部分申请人会退出该技术领域的市场，但是主要申请人会继续扩大自己的专利技术优势，可能会出现新的技术进步，这样会造成申请人的数量虽然减少，但是专利申请量仍然会增加的情况（如 1981 年、1985 年和 2004 年）（参见图 5 – 2 – 1）。主要申请人的专利申请在时间上具有稳定性，每年都会有专利申请，相应的发明人也会相对稳定，当研发获得突破会迅速进行相应的专利申请，在完成初步的申请后还会有持续的技术改进和创新，同时主要申请人也容易受到市场等外部环境变化的影响。

---

　　❶ 李建平，高见，曾祥才，等．中温化学气相沉积（MT – CVD）工艺技术及超级涂层材料的研究［J］．工具技术，2004（9）．

　　❷ 世界银行发展报告．亚洲金融风险的发生与感染［R］．1999．

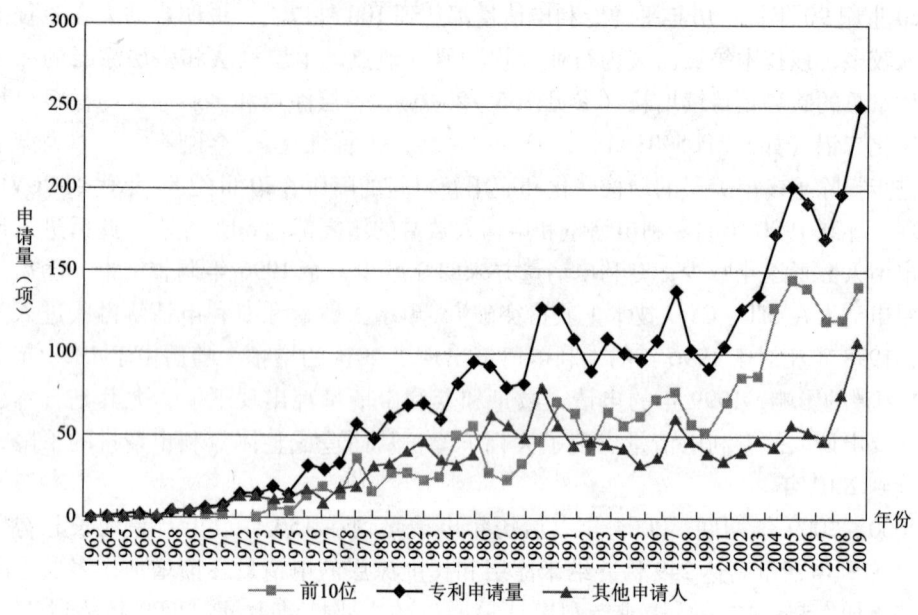

图 5 - 2 - 2 主要申请人专利申请趋势

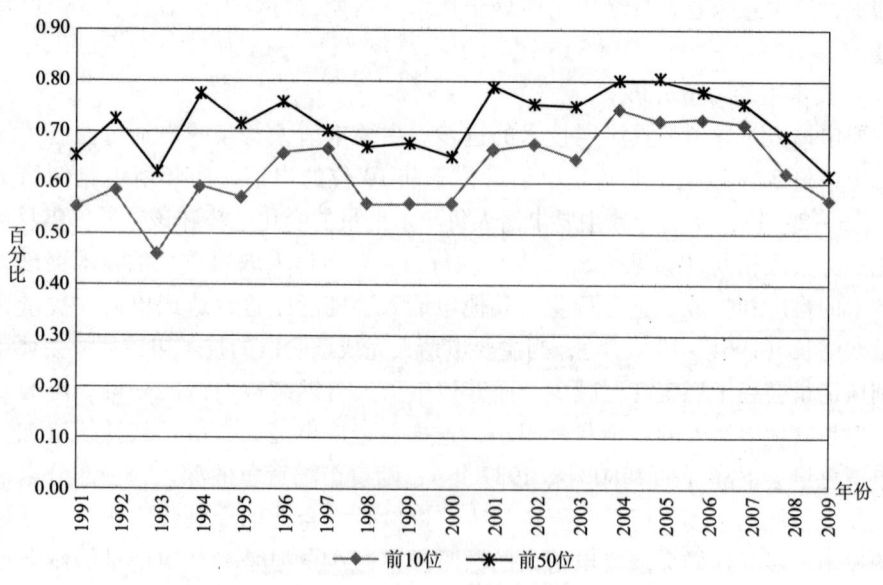

图 5 - 2 - 3 主要申请人所占份额趋势

主要申请人引领技术进步，专利申请量大幅稳定增长，专利技术集中度越来越高；其他申请人亦步亦趋，和主要申请人的差距逐渐拉大。

其他申请人专利申请增长期（1979～1983 年、1986～1990 年、1997～1998 年、2007～2009 年）滞后于主要申请人的专利申请量增长期（1978～1979 年、1984～1986 年、1994～1998 年、2001～2009 年），且滞后期越来越长。其他申请人顶峰期（1987 年）的申请量初期还能超越主要申请人的顶峰期申请量（1986 年），但是到后来就很难超越（1998 年），且两者之间的申请量的差距越来越大（2009 年）。2000～2009 年，主要申请人位于专利申请量增长期，在 2005 年专利申请量高达 145 件；其他申请人还处于申请量蛰伏期，在 2005 年的专利申请量不足 60 件，和主要申请人当年申请量的差距为 80 件以上，随后历年申请量在大约在 40～60 件之间徘徊，直到 2007 年才进入增长期，比主要申请人滞后了 6 年。

5.2.1.2　刀具涂层结构技术构成分析

刀具涂层结构中早期出现的为单层涂层（如：DE2142601A，1970－11－25，山特维克，碳化物涂层），由于其经历了 40 多年的发展，涂层的材料和涂层基体的材料以及涂层刀具种类得到不断扩展，因此其申请量占有一半以上（参见图 5－2－4）。由于单层涂层结构单一，导致性能也较为单一，因此为了获得更好的综合性能，出现了双层涂层以及多层涂层。在多层涂层中，更多的是为了获得更好的综合性能。由于多层涂层结构变化多样，技术创新点很多，因此其专利申请量占据总量高达 24%。

而为了获得其他特殊的性能，还相继出现了梯度涂层（如：JP4615279A，1979－11－12，东芝图格莱株式会社，涂层中氮元素呈梯度分布）、软硬涂层（如：JP15168281A，1981－9－2，三菱材料，具有软涂层，减小磨损，增加韧性）和纳米涂层（如：SE0202632A，2002－9－4，山高，PVD 涂敷 AlN 纳米涂层）。这 3 个技术分支的总的申请量并不高，仅占总专利申请量的 8%，但是它们都有自己的技术特色，并且处于技术发展初期，很有可能成为将来的技术主流，因此也需要加以关注。

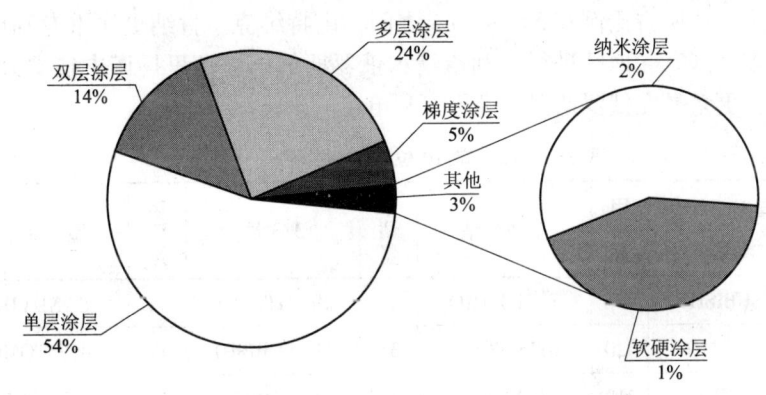

图 5－2－4　刀具涂层结构技术构成分布图

5.2.1.3　刀具涂层结构技术引领者分析

（1）前 10 位申请人各技术分支专利分析

由表 5－2－1 可知，仅从申请量上看，三菱材料、住友电工、日立工具在各技术分支都有较强的优势，在单层涂层、双层涂层和多层涂层的技术优势尤其明显，三菱材料在梯度涂层的优势明显。国立乌里扬诺夫技术大学在多层涂层和梯度涂层也具有较强的技术实力。山特维克在纳米技术涂层的专利申请暂时领先于其他重要申请人。而在软硬涂层和纳米涂层的大部分主要申请人还没有进行专利申请，说明这两个技术领域的技术成熟度有待提高。

表 5 - 2 - 1　前 10 位申请人各技术分支专利分布情况　　　　单位：项

序号	主要申请人	单层涂层	双层涂层	多层涂层	梯度涂层	软硬涂层	纳米涂层
1	MITSUBISHI	476	86	162	23	6	3
2	SUMITOMO	248	53	106	6	4	3
3	HITACHI	162	40	103	5	5	3
4	UNIV ULYAN TECH	1	29	90	38		
5	TOSHIBA	70	19	51	5	3	
6	KYOCERA CORP	89	14	24	4		1
7	NACHI	35	10	17	4		
8	SANDVIK	23	5	16	6		4
9	NGK SPARK PLUG CO LTD	30	10	11	2		
10	OSG	29	12	11			1

（2）3/5 局申请前 10 位申请人专利分析

由图 5 - 2 - 2 可知，仅从申请量上看，日系的三菱材料、住友电工、日立工具占有绝对优势，但是进一步从多边申请量、3/5 局申请量、重要专利拥有量看，会发现山特维克、肯纳的排名变化较大，若从其拥有的重要专利被引用的累计频次来看，肯纳（509 次）的排名还超过日立工具（294 次）。由此可以看出：日系申请人更注重国内专利申请，多边申请所占比例在 5% ~ 10% 之间；山特维克、肯纳更注重专利申请质量，同时注重在多个国家和地区进行专利申请；俄罗斯的国立乌里扬诺夫技术大学几乎没有多边申请，更多是在俄罗斯国内进行专利申请。

表 5 - 2 - 2　前 10 位申请人排名变化情况　　　　单位：项

排名	重要申请人	申请量	多边申请	申请量	3/5 局	申请量	重要专利	申请量
1	MITSUBISHI	756	SUMITOMO	48	SUMITOMO	42	SANDVIK	27
2	SUMITOMO	420	MITSUBISHI	31	MITSUBISHI	17	SUMITOMO	20
3	HITACHI	318	SANDVIK	25	SANDVIK	16	HITACHI	12
4	ULYAN	158	WIDIA	9	KENNAMETAL	5	KENNAMETAL	10
5	TOSHIBA	148	OSG	7	HITACHI	4	MITSUBISHI	10
6	KYOCERA	132	KOBE STEEL	6	UNION TOOL	3	SECO	8
7	NACHI	66	GE	5	BALZERS	3	ULYAN	8
8	SANDVIK	54	KENNAMETAL	5	OSG	3	KOBE STEEL	5
9	NGK SPARK PLUG	53	BALZERS	5	SECO	3	UNAXIS BALZERS	4
10	OSG	53	BOEHLERIT	5	VALENITE	2	OSG	2

　　注：① 多边申请：同一项专利申请的国家或地区大于 1。② 重要专利：以重要专利目录的数据为统计基础。

5.2.1.4　刀具涂层结构技术发展路线分析

（1）各技术分支的横向发展

单层涂层：刀具涂层结构中早期出现的为单层涂层，由于其经历了 40 多年的发展，涂层的材料和涂层基体的材料以及涂层刀具种类的得到不断扩展，例如在单层涂层所应用的材料方面，为了提高涂层的硬度（参见表 5-3-3），首先得到应用的是碳化钛，氮化钛（例如：DE2142601A，1970-11-25，山特维克，单层碳化物），然后出现了三氧化二铝涂层[1]（SE7706706A，1977-6-26，山特维克），接着金刚石、类金刚石、立方氮化硼涂层得到应用（US5391422A，1990-10-5，住友电工），最近超硬材料氮化碳（C_xN_y）涂层也得到应用[2]。

双层涂层：由于单层涂层结构单一导致性能也较为单一，为了获得更好的综合性能，出现了双层涂层（如 DE2253745A，1971-11-12，山特维克）。

多层涂层：为了获得更好的综合性能，出现因此在多层涂层的材料中，涂层元素多元化是一个很重要的趋势。因为涂层成分中的各种元素对于提高涂层的性能都有不同的作用，例如：铝元素具有提高高温硬度的作用，铬元素具有提高高温韧性、高温强度的作用，以共存含有铝元素和铬元素的具有提高高温耐氧化性的作用，硅元素具有提高耐热塑性变形的作用，所以可以通过在涂层材料成分中加入不同的元素和控制不同元素之间的比例来获得各种所需性能的刀具涂层。早期得到广泛应用的是 TiN，随后出现 TiCN、$Ti_{1-x}Al_xCN$（US38070299A，1998-2-4，OSG）、$Al_uCr_{1-u-v-w}Si_vTa_wCNBO$（EP2310549A1，2008-7-9，欧瑞康贸易股份有限公司）。

梯度涂层：梯度涂层（如：JP4615279A，1979-11-12，东芝图格莱株式会社，涂层中氮元素呈梯度分布）在提高涂层的粘接强度和获得每层的特殊性能方面作用显著，但是历年的申请量一直保持在较低水平，直到 2009 年梯度涂层的专利申请出现爆发式增长，相对于 2008 年其增幅达 700%，同时也是导致 2009 年专利申请量相对 2008 年增长 50% 的关键因素（参见图 5-2-6），主要是因为俄罗斯的国立乌里扬诺夫技术大学（共有 20 件）和日本的三菱材料（共有 8 件）在这个领域有较多的申请。

软硬涂层：为了提高刀具涂层的润滑性能和韧性，出现了软硬涂层（如：JP15168281A，1981-9-25，三菱材料，具有软涂层，其作用是减小磨损、增加韧性），即在涂层中增加软涂层材料 MoS_2（CN1927579A，2006-9-29，山东大学，自润滑复合软涂层，刀具表面为 MoS_2 软涂层，MoS_2 层与刀具基体之间具有 Ti、MoS_2/Zr/Ti 和 MoS_2/Zr 过渡层）。但是历年的申请量均未超过 10 件，是因为其应用范围有限，仍然有待开发（参见图 5-2-6）。

纳米涂层：纳米涂层（如：SE0202632A，2002-09-04，山高，PVD 涂敷 AlN 纳米涂层）的出现使涂层结构的性能更加稳定，已逐渐引起各个申请人的关注，专利申请

---

[1]　VUORMEN, et al. Characterization of alpha-Al_2O_3, K-Al_2O_3 and alpha-K Multioxide Coatings on Cemented Carbides [J]. Thin Solid films, 1990 (1)：536-546.

[2]　刘忠和，于启勋，林景. 新型氮化碳超硬涂层刀具的切削试验研究 [J]. 新技术新工艺：机械加工与自动化，2003 (1).

第1章

第2章

第3章

第4章

第5章

第6章

第7章

第8章

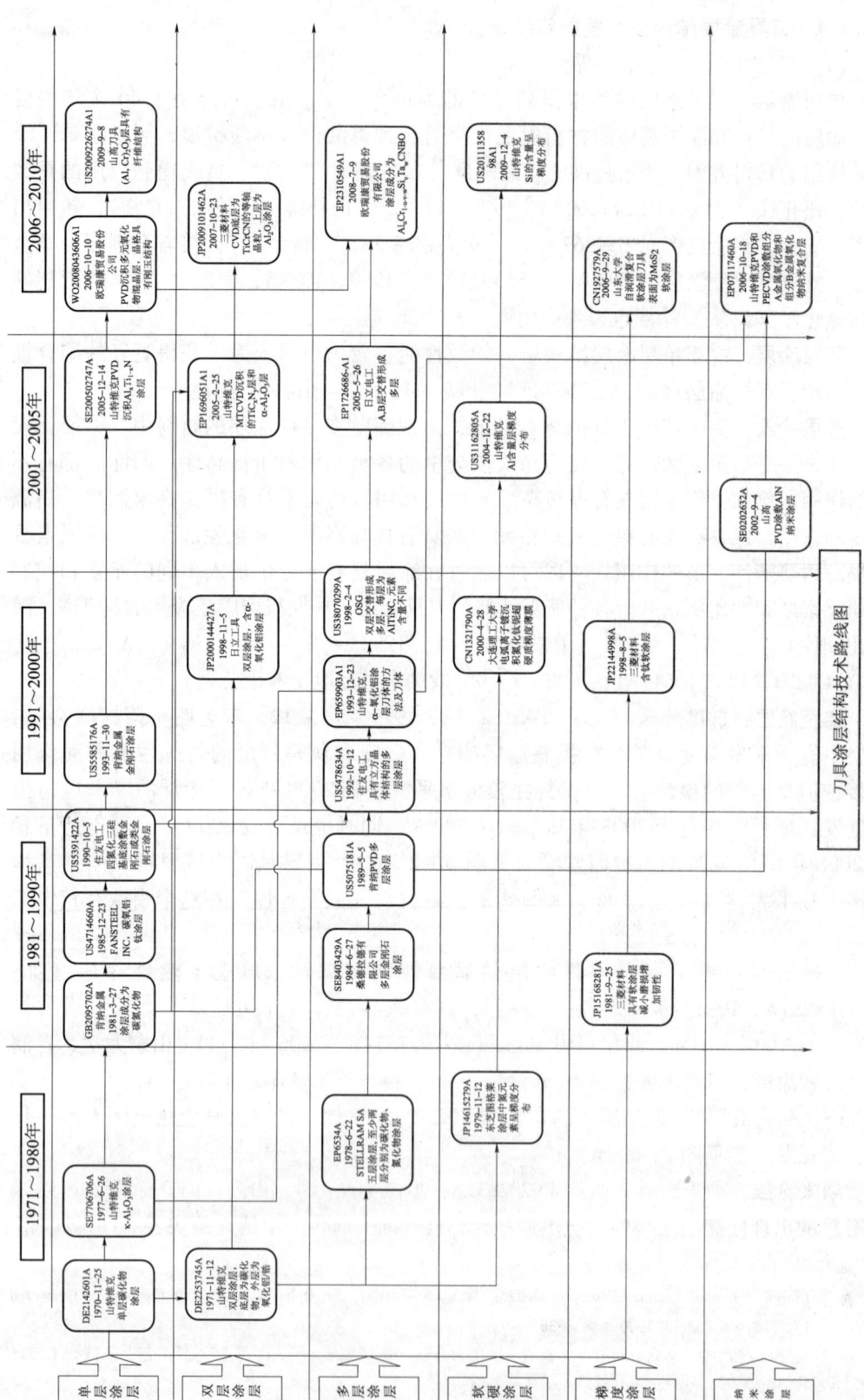

图 5-2-5　刀具涂层结构技术发展路线图

量也呈稳步上升趋势。为了获得较好的耐磨性能，获得更为稳定的涂层结构，在刀具涂层的微观物理结构层面上，最早出现的涂层的物理微观结构为粗晶粒，随后出现了细晶粒，然后出现了超细晶粒，之后发展到纳米晶粒（如：EP07117460A，2006 - 10 - 18，山特维克）。

（2）各技术分支的纵向发展

刀具涂层的各技术分支的分类仅仅是便于分析，实际上各技术分支之间的发展路线是交错纵横的。从时间上看，刀具涂层结构中早期出现的为单层涂层（如：DE2142601A，1970 - 11 - 25，山特维克），随后出现了双层涂层（如：DE2253745A，1971 - 11 - 12，山特维克）、多层涂层（如：EP006354A，1978 - 6 - 22，斯特拉姆）、梯度涂层（如：JP4615279A，1979 - 11 - 12，东芝图格莱株式会社，涂层中氮元素呈梯度分布）、软硬涂层（如：JP15168281A，1981 - 9 - 25，三菱材料）、纳米涂层（如：SE0202632A，2002 - 9 - 4，山高，PVD 涂敷 AlN 纳米涂层）。但是单层涂层是所有涂层结构的基础，每当有新的涂层材料或者新的工艺方法在单层涂层上得到应用，就会在其他涂层结构上得到应用。例如：在单层涂层结构上首先出现 $\kappa - Al_2O_3$ 涂层（如：SE7706706A，1977 - 6 - 26，山特维克），在此基础上多层涂层结构开发出了 $\alpha - Al_2O_3$ 涂层（如：EP659903A1，1993 - 12 - 23，山特维克），纳米涂层结构（如：EP07117460A，2006 - 10 - 18，山特维克）中的氧化物涂层则以多层涂层结构的 $\alpha - Al_2O_3$ 涂层为基础。

5.2.2 刀具涂层结构技术发展方向分析

5.2.2.1 刀具涂层结构专利技术发展态势分析

（1）各技术分支发展趋势分析

① 单层涂层、多层涂层、纳米涂层持续增长。

如图 5 - 2 - 6 所示，专利申请量持续增长的技术领域是：单层涂层、多层涂层、纳米涂层。单层涂层由于其结构简单，便于实验研究，那么任何一种新发现的材料都会首先在单层涂层上得到应用，并进行充分的研究。制造单层涂层的工艺相对简单，成本会比较低，同时又具有涂层刀具的优势性能，因此在半精加工和粗加工领域会取代传统刀具得到越来越广泛的应用；多层涂层涵盖了较多的涂层结构形式，随着刀具涂层技术的发展，各具特色的多层涂层必然会独立出来更多的技术分支；纳米涂层最高年申请量尚未超过 20 件，因此仍然具有很大的增长空间。

② 梯度涂层快速增长。

梯度涂层在 2009 年的专利申请量出现了快速增长，其中三菱材料和俄罗斯国立乌里扬诺夫科技大学都有了很大的申请量，说明它们在该技术领域已经开始了专利申请，值得其他申请人关注。

③ 双层涂层持续走低。

双层涂层的申请量从 2007 年开始持续走低，双层涂层相对于单层涂层和多层涂层的技术优势越来越小，如果在该领域没有新的创新点的出现，有可能会维持继续走低的态势。

④ 软硬涂层走向不明。

软硬涂层的历年专利申请量仍然在 10 件左右徘徊，甚至在有些年份的申请量为零，其专利申请量的走向还不明朗，难以判断。

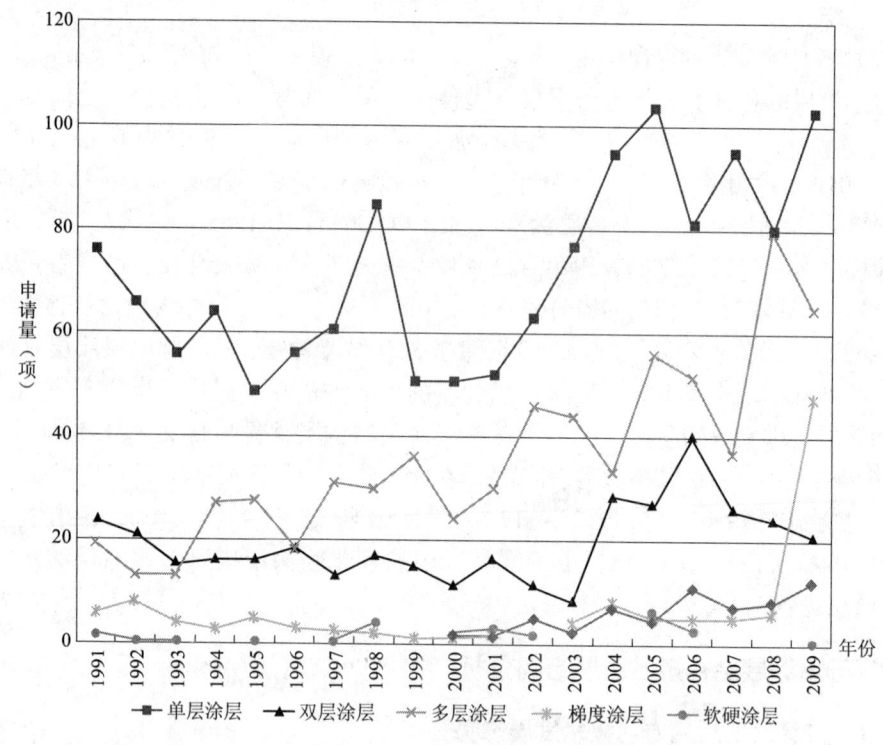

图 5 – 2 – 6　刀具涂层结构各技术分支专利申请趋势图

（2）技术发展需求分析

① 主要需求的性能。

如图 5 – 2 – 7 所示，对刀具涂层的性能需求最为旺盛的依次是：提高耐磨性能、提高耐热性能、提高硬度性能、提高韧性、提高粘接强度。其和历年的专利申请量密切相关，相应的申请量应当随着专利申请的变化而变化，2009 年专利申请量位于高峰（参见图 5 – 2 – 2），提高耐磨性能的专利申请量历年的申请量都很大一直处于持续增长阶段，而在 2009 年出现专利申请量下降，说明刀具涂层的耐磨性能已经到达技术平台期。据此判断，提高刀具涂层的耐热性能、硬度性能、韧性、粘接强度的专利申请量还会继续维持增长。

② 次要需求的性能。

关于提高刀具涂层的润滑性能的专利申请量不高，一直处于相对平稳的状态，这也和软硬涂层的历年专利申请量密切相关。

5.2.2.2　刀具涂层结构技术发展热点及空白点分析

如图 5 – 2 – 8 所示，可以发现一些技术空白点或者技术薄弱点，只有其中的一部分具有技术开发或者进行技术突破的价值。单层涂层中可以有提升空间的是硬度和粘接性能。双层涂层中可以有提升空间的是润滑性能和韧性。多层结构中可以提升的润

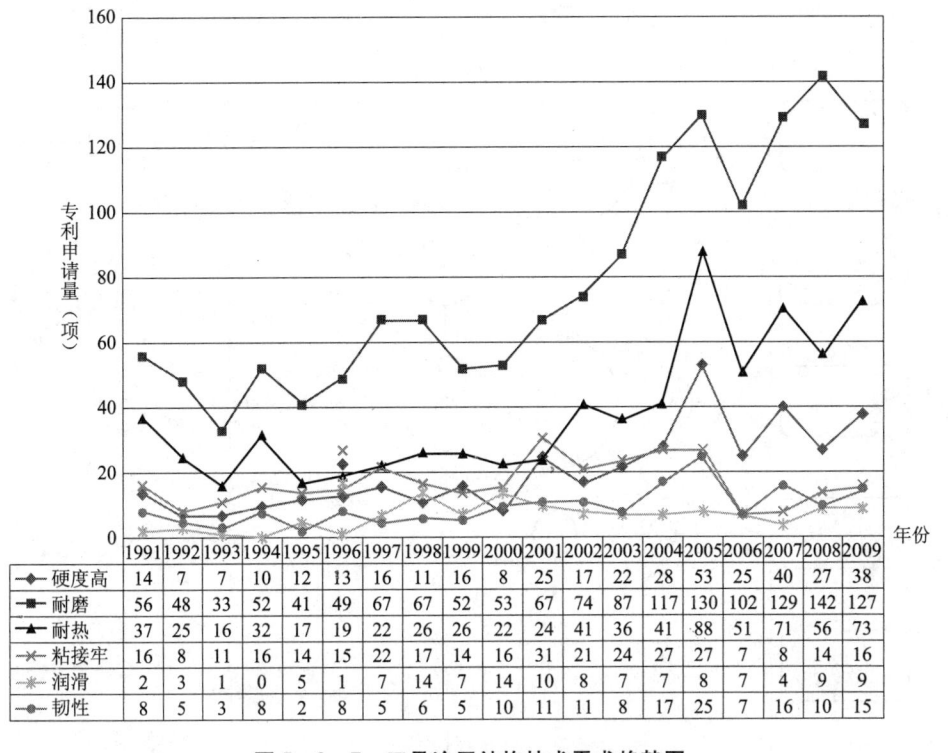

图5-2-7　刀具涂层结构技术需求趋势图

	1991	1992	1993	1994	1995	1996	1997	1998	1999	2000	2001	2002	2003	2004	2005	2006	2007	2008	2009
硬度高	14	7	7	10	12	13	16	11	16	8	25	17	22	28	53	25	40	27	38
耐磨	56	48	33	52	41	49	67	67	52	53	67	74	87	117	130	102	129	142	127
耐热	37	25	16	32	17	19	22	26	26	22	24	41	36	41	88	51	71	56	73
粘接牢	16	8	11	16	14	15	22	17	14	16	31	21	24	27	27	7	8	14	16
润滑	2	3	1	0	5	1	7	14	7	14	10	8	7	7	8	7	4	9	9
韧性	8	5	3	8	2	8	5	6	5	10	11	11	8	17	25	7	16	10	15

滑性能。梯度涂层可以有提升空间的是粘接性能。软硬涂层可以有提升空间的是润滑性能。纳米涂层可以有提升空间的是润滑性能和韧性。

5.2.2.3　刀具涂层结构技术发展方向延伸分析

（1）单层涂层

目前单层涂层结构的主要创新在于涂层晶相结构的创新、晶体取向的变化（如：JP2011167770A），或者是混合晶相（如：WO2010114448A1）。从单层涂层结构的发展历程来看，其应用的涂层材料的是一个不断拓展的过程。单层涂层材料从 TiC，到 Al_2O_3，再到金刚石[1]、类金刚石、立方氮化硼，再到超硬材料（如：氮化碳，CxNy），每一次新的材料的应用都是因为硬度的提高，而在最近的超硬材料研究中，石墨烯（Graphene）是目前理论研究的热点。根据已经研究的成果知道，石墨烯具有超高的硬度并同时具有良好的韧性[2]，随着研究的深入，石墨烯很有可能成为新的超硬材料的代表，并在刀具涂层领域得到广泛应用。

（2）双层涂层

① 应力涂层。

双层涂层出现以应力分布为特性的涂层，通过控制内外涂层的残余应力差，使涂层具有良好的韧性（如：US2011002749A1）。

---

[1] 陈明，孙方宏，马玉平. 金刚石涂层工具制备及其应用［M］. 北京：科学出版社，2010：59-112.

[2] K. S NOVOSELOV, A. K. GEIM. The rise of graphene ［J］. Nature Materials, 2007（3）：183 - 191.

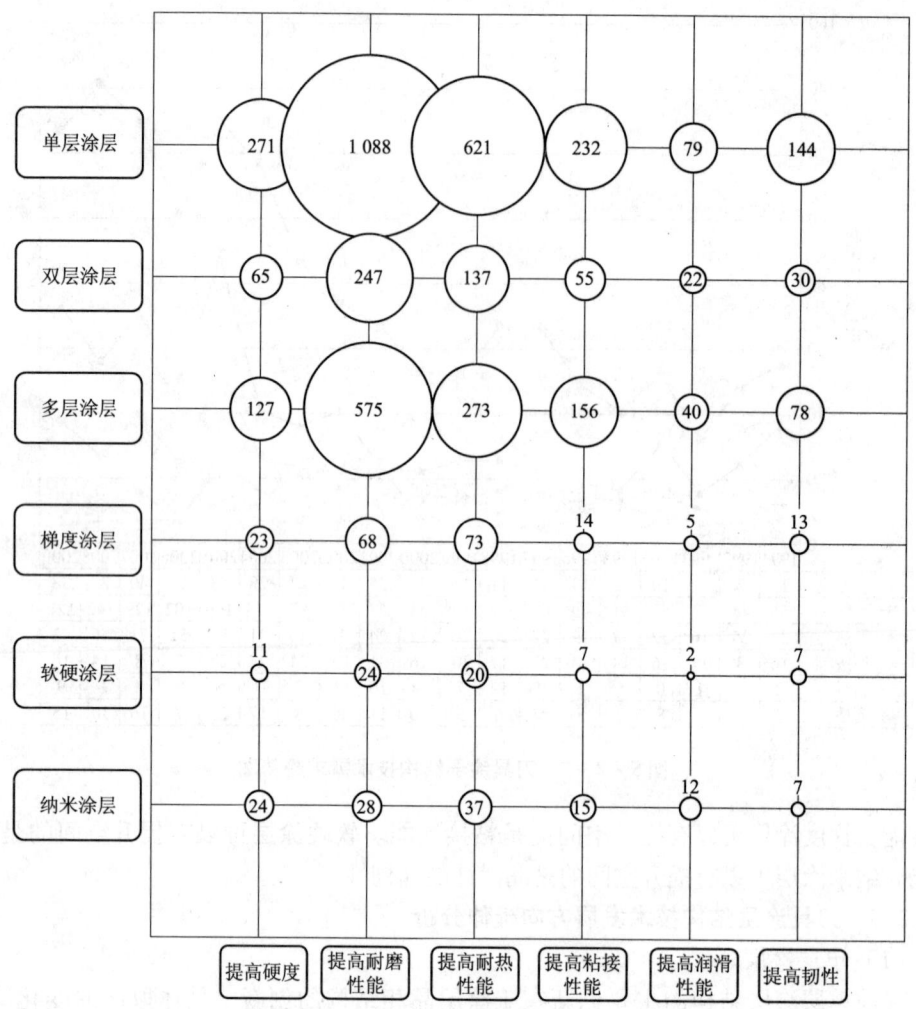

图 5 - 2 - 8　刀具涂层结构技术 - 功效图

② 晶粒结构

双层涂层的晶粒结构也呈现晶粒细化倾向，如柱状细化晶粒（如：JP2011167838A）。

（3）多层涂层

① 各层元素不同，元素构成多元化。

多层涂层所应用的涂层材料已经出现 $Al_uCr_{1-u-v-w}Si_vTa_wCNBO$（EP2310549A1，2008 - 7 - 9，欧瑞康贸易股份有限公司），元素组成已经多达 8 种，为了获得更好的性能，将会出现更多元的涂层材料。

② 晶粒结构变化。

一方面通过控制晶粒形状和大小来获得具有良好性能的涂层结构，如柱状晶粒（如：WO2011014110A，柱状晶粒），另一方面可以通过控制晶相结构，出现了混合晶相（如：US2011111193A，立方和六方混合晶相）。

（4）梯度涂层

梯度涂层是重点发展方向之一，具体为：

① 同一层多种元素的梯度分布。

为了使同一层具有综合的物理性能，已经出现通过控制铝元素或者硅元素在同一层形成梯度分布，那么随着同一层涂层多元化的发展，通过控制两种（如：JP2011121164A，TiN梯度分布）或者两种以上元素的同一层中形成梯度分布，也将成为研究热点。

② 不同层多种元素的梯度分布。

为了使不同层具有不同的性能，也可以通过在不同层控制多种元素的梯度分布，使每一层分别具有不同的性能。

（5）软硬涂层

软硬涂层主要是为了实现刀具涂层具有自润滑功能，目前的软涂层仍然以 MoS_2 为主（如：CN102161106A）。

（6）纳米涂层

纳米涂层将是未来重点发展方向之一，具体为：

① 纳米涂层的层数将会出现超多层。

纳米涂层的层数将会出现超多层，例如300层（如：US20110171444A1，伊斯卡，多层纳米涂层），层厚以纳米为计量单位，这是因为随着纳米技术在刀具涂层的应用，每一层的厚度可以纳米级来衡量检测。为了使刀具涂层获得尽可能多的性能，可以通过增加涂层的层数来实现。

② 纳米涂层的晶粒形态纳米化。

纳米涂层的晶粒形态纳米化，即：晶粒形态为纳米晶粒晶粒形态越细，越能获得物理化学性能稳定的涂层，从而提高涂层的耐磨性能。因此从粗晶粒到细晶粒再到超细晶粒，下一步是以纳米晶粒（如：US20100081539A1）为主要发展方向。

③ 纳米涂层的每一层的元素成分多元化。

纳米涂层的每一层的元素成分多元化，如：TiAlCrFeCN（如：RU2362835C1）。涂层成分多元化，有利于提高每一层的综合性能，在纳米层级上可以较为精准地控制每一种元素的比例，进而得到所需要的每一层所具有的各项特殊性能。

④ 纳米涂层的排列规律多样化。

纳米涂层的排列规律多样化：既有对称多层结构（如：EP0709483A），也有非周期性的叠层多层结构（如：US6103357），还有可能出现多层涂层结构中部分为对称多层结构、部分为非周期多层结构。

关于中国创新主体的专利申请建议：

中国的创新主体至今仍未能进入重要申请人行列，因此在申请战略上以跟随战略为主，应当密切关注主要申请人的专利申请动向。自2007年至今，其他申请人位于一个专利追随上升期，中国的创新主体应当抓住这个机遇，在纳米涂层、梯度涂层领域加大专利申请力度，以涂层结构创新、提高刀具涂层的粘接、润滑、韧性等功能和新材料的应用为突破口，提升自己的专利技术实力。同时应当在此基础上，加大技术储备

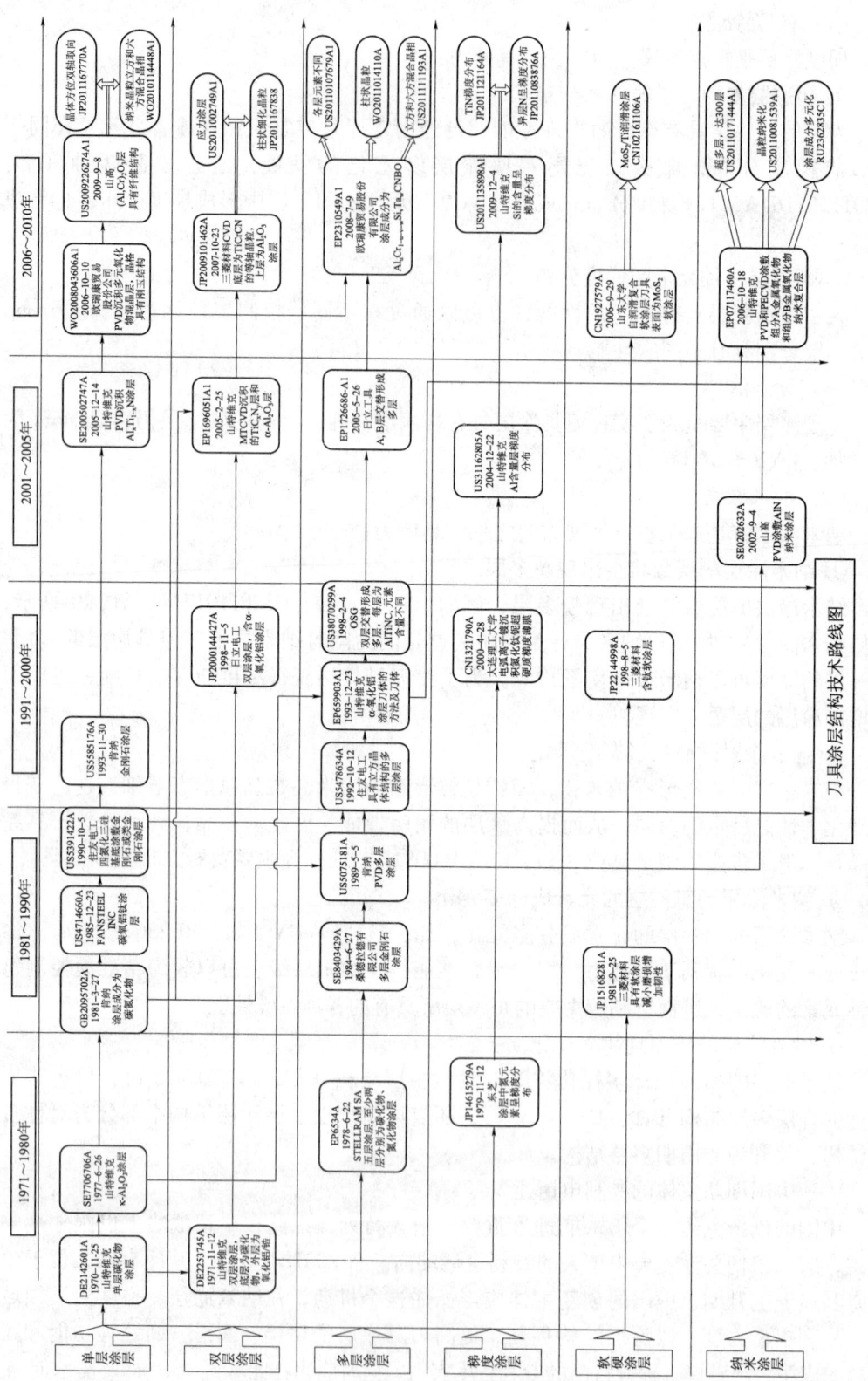

图 5-2-9 刀具涂层结构技术未来走向图

研发力度，争取在技术发展方向不太明朗的领域和主要申请人展开同步研发，例如：软硬涂层，从而获得先发优势。

5.2.3　刀具涂层结构技术重要专利筛选

5.2.3.1　刀具涂层结构重要专利的筛选过程

（1）重要专利的选取规则

根据重要专利的影响因素，同时征询了行业、企业相关专家的意见，制定以下重要专利的规则。

① 根据被引用频次选取。

专利文献的被引用频次具有以下特点：专利文献的被引用频次与公开时间的年限成正比，公开越早被引用的频次就越可能高；被引用频次相同的专利文献，公开时间越晚，重要性越高；同一时期的专利文献，被引用频次越高，重要性越高。基于上述特点，入选的重要专利的被引用频次满足以下条件：

1995 年以前的，根据专利被引频次的统计，被引用频次 40 次以上（参见表 5 - 2 - 3），1995～2005 年间的，被引用频次在 20 次以上；2005 年以后的，被引用次数在 5 次以上。

② 根据同族专利数量选取。

2005 年以后的专利，不仅要考虑被引用频次，还应当考虑同族数量，同族数量应当大于 2 件。

③ 涉及诉讼的专利。

只要是涉及诉讼的专利均入选重要专利。

④ 重要申请人的专利

2005 年以后的专利，具有相同的被引用频次的专利文献，如果其申请人属于主要申请人的，更值得关注（参见表 5 - 2 - 3）。

（2）重要专利应对策略

面对重要专利，国内申请人可以有以下应对策略：对于失效的专利，可以免费使用，作为重要的技术参考文献；对于有效未进入中国的专利，可以在中国境内免费使用；对于有效已进入中国的专利，应重点关注，判定是否存在侵权风险，无论是在研发还是市场方面都应当及早制定相应的应对策略；对于未决的专利，跟踪其审查结果，并制定相应的应对策略；对国外首次申请未满 12 个月，跟踪其审查过程。

5.2.3.2　代表性重要专利目录

按照上述的重要专利筛选过程，经检索得到 158 篇重要专利文献，从中选取代表性专利文献共计 28 篇，列于表 5 - 2 - 3 中。

第1章

第2章

第3章

第4章

第5章

第6章

第7章

第8章

表 5－2－3 刀具涂层结构部分重要专利目录

序号	申请号	最早优先权日	专利申请国家或地区	发明点	申请人	四级技术分支	被引用频次	是否进入中国	法律状态
1	DE2253745－A	1971－11－12	DE, JP, US, GB, CA, SU	里层为碳化物或氮化物涂层, 外层为氧化物涂层	山特维克	双层涂层	59	否	失效
2	SE7706706－A	1977－06－26	JP, FR, DE, SE, BR, GB, AT, US, CA, CH, IT	k－氧化铝涂层	山特维克	单层涂层	61	否	失效
3	DE3030149－A	1979－08－09	DE, JP, US	钛化物涂层	三菱材料	单层涂层	49	否	失效
4	GB2095702A	1981－03－27	DE, FR, BE, GB, NL,; NO, SE, FI, JP, PT, DK, ZA, ES, CA, IL, CH, US	碳氮化物涂层	肯纳	单层涂层	134	否	失效
5	US4396077－A	1981－09－21	US	碳化钨涂层	山特维克	单层涂层	84	否	失效
6	US4643620－A	1983－05－27	JP, EP, AU, ZA, ES, US, DE	单层涂层	住友电工	单层涂层	50	否	失效
7	EP162656－A	1984－05－14	JP, EP, AU, CN, US, KR, DE	多层涂层, 包括里层为钛化物涂层, 外层为氧化铝涂层	住友电工	多层涂层	53	是	失效
8	EP166708－A	1984－06－27	EP, SE, JP, ZA, CN, U, DE	金刚石涂层	山特维克	单层涂层	100	是	失效

续表

序号	申请号	最早优先权日	专利申请国家或地区	发明点	申请人	四级技术分支	被引用频次	是否进入中国	法律状态
9	EP170359 – A	1984 – 07 – 02	EP, AU, JP, ZA, US, IL, CA, KR	多层涂层, 每层涂层材料不同且每层涂层的性能也不同	能源设备转换公司	多层涂层	128	否	失效
10	JP61106494 – A	1984 – 10 – 29	JP	金刚石涂层	京瓷	单层涂层	41	否	失效
11	US4714660 – A	1985 – 12 – 23	US	CVD 涂层, 碳氧铝钛涂层	FANSTEEL INC (FANS-Non-standard)	多层涂层	53	否	失效
12	US4984940 – A	1989 – 03 – 17	WO, EP, AU, US, BR, JP, ES, CA, DE, KR	多层涂层, 其中里层为氧化铝涂层, 外层为氮化钛涂层	肯纳	多层涂层	69	否	失效
13	US5075181 – A	1989 – 05 – 05	EP, WO, US, JP, ES, CA, DE, KR	PVD 多层涂层	肯纳	多层涂层	40	否	失效
14	EP500253 – A	1990 – 10 – 05	EP, WO, JP, CA, US, EP, DE, KR	金刚石涂层	住友电工	多层涂层	83	否	失效
15	US5417475 – A	1992 – 08 – 19	US, ZA	金刚石或者立方氮化硼涂层	山特维克	多层涂层	52	否	未决
16	EP592986 – A	1992 – 10 – 12	EP, JP, US, DE, KR	具有立方晶体结构的多层涂层	住友电工	多层涂层	82	否	授权

第1章　第2章　第3章　第4章　第5章　第6章　第7章　第8章

续表

序号	申请号	最早优先权日	专利申请国家或地区	发明点	申请人	四级技术分支	被引用频次	是否进入中国	法律状态
17	EP603144 – A	1992 – 12 – 18	EP, SE, BR, JP, US, DE, CN, IL, RU, KR	多层涂层，其中具有单一 α – 氧化铝涂层	山特维克	多层涂层	67	是	授权
18	EP653499 – A	1993 – 05 – 31	EP, WO, JP, TW, US, KR, DE	氮化钛涂层和碳化氮化钛涂层	住友电工	双层涂层	33		授权
19	EP877855 – A	1993 – 11 – 03	WO, EP, ZA, AU, US, BR, JP, DE	耐磨金刚石涂层	山特维克	单层涂层	47		授权
20	JP11216601 – A	1998 – 02 – 04	WO, EP, JP, KR, US	多层涂层，由相同厚度的里层涂层和外层涂层交替形成	欧士机	多层涂层	77	否	授权
21	EP999293 – A	1998 – 11 – 05	EP, JP, US, DE	双层涂层，至少有一层为 α – 氧化铝涂层	日立工具	双层涂层	22	否	授权
22	WO200204156 – A	2000 – 07 – 12	WO, KR, US, EP, JP	多层涂层，涂层材料为碳化物、氮化物或氧化物涂层	住友电工	多层涂层	32	否	授权

续表

序号	申请号	最早优先权日	专利申请国家或地区	发明点	申请人	四级技术分支	被引用频次	是否进入中国	法律状态
23	JP200340610-A	2002-05-08	JP、SE、US、CN、KR、EP	具有特定织构系数的多层氧化铝涂层	山高 RUPPI S（个人）	多层涂层	22	是	授权
24	EP1726686-A1	2005-05-26	EP、US、JP、CN、KR、IN	底层和上层交替形成多层涂层	日立工具	多层涂层	10	是	授权
25	RU2293793-C1	2005-11-25	RU	多层涂层的制造方法	国立乌里扬诺夫技术大学	多层涂层	21	否	授权
26	EP179308-A2	2005-12-14	EP、US、SE、JP、CN、KR	PVD沉积	山特维克	单层涂层	5	是	授权
27	JP2009101462-A	2007-10-23	JP	CVD底层为TiCrCN的等轴晶粒结构，上层为氧化铝涂层	三菱材料	双层涂层	17	否	未决
28	RU2362835-C1	2008-05-23	RU	多层涂层工具的回收	国立乌里扬诺夫技术大学	多层涂层	18	否	授权

第1章
第2章
第3章
第4章
第5章
第6章
第7章
第8章

5.3 刀具热处理技术专利分析

5.3.1 刀具热处理技术发展历程分析

5.3.1.1 刀具热处理技术发展阶段分析

热处理工艺是在整个国民经济中凡涉及机械制造的任何领域中均被广泛应用的基础工艺之一，因此其发展较早。在古代，国内外就已经出现了热处理技术❶。在近代，从 1890 年英国首次出现不可燃气氛发生炉开始的近 100 年内，国外相继出现了渗氮、渗碳、感应加热、离子渗碳等一系列新技术❷，热处理工艺在 1990 年左右到达了一个高峰（参见图 5 - 3 - 1）。中国近代热处理产业起源于 20 世纪 50 年代初苏联援建的 156 项企业，但直到 80 年代才实现了和国际社会的沟通❸，开始进行了一定的研究（参见 CN85105683A、CN85100129A），中国热处理技术的大力发展起源于 20 世纪 90 年代（参见图 2 - 1 -2），技术远落后于国外。

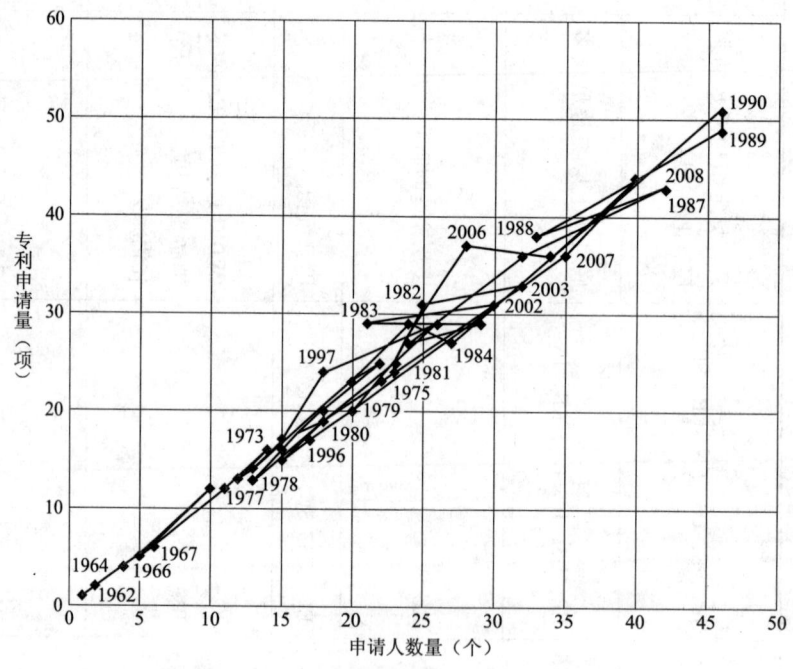

图 5 - 3 - 1 刀具热处理技术生命周期图

5.3.1.2 刀具热处理技术构成及发展路线分析

热处理技术从其发展上讲，主要经历了空气中热处理、在保护氛围中热处理（真

---

❶ 热处理技术发展和前景发展趋势 [EB/OL]. [2011 - 06 - 10] http：//wenku. baidu. com/view/44757d0302020740be1e9b5c. html.

❷ 隆平. 近代热处理技术的发展概述 [J]. 高校实验室工作研究, 2009 (3) .

❸ 樊东黎. 先进热处理技术的发展和展望 [J]. 金属热处理, 2004 (1) .

空、惰性气体、盐浴）和化学热处理这样的过程❶。

（1）空气中热处理

早期的空气热处理（如 SU331106A），其作为热处理工艺的最初阶段，具有工艺要求较低、成本相对较低等优点，在早期对于刀具性能指标要求不高的情况下，其发展较为迅猛（参见表5-3-3）。此外，从20世纪80年代开始，美国进行了大量关于冷处理❷工艺的研究（如 US5259200A），也使得空气热处理工艺有了进一步发展（参见图5-3-2、图5-3-3），但是由于空气热处理的整个工艺过程基本处于空气之中，金属表面因为氧气的存在会发生氧化、脱碳等现象，严重地影响了被加工工件的表面光洁度以及表面性能。

（2）保护氛围中热处理

为了克服氧气存在所带来的问题，热处理工艺逐步发展到了在保护氛围中进行，即真空热处理、惰性气体热处理、熔融盐热处理，用以隔绝氧气，但是这几种工艺由于其本身所具有的优缺点不同而导致技术发展略有不同。熔融盐热处理（俗称"盐浴"）（如 SU473749A1）由于工艺本身对于设备精度、尺寸等要求不高，因此可以加工较大型的工件，且由于熔融盐直接和工件表面接触，因而具有加热快、温度均匀、成本较低以及工件表面可以镀上盐膜以防止脱碳氧化等优点，但是其所用的盐大多具有毒害性，对环境造成一定的污染和危害，因此一直以来虽然均有应用，但是对于该工艺的研究不多（参见图5-3-2、图5-3-3）；真空热处理（如 EP422353A）加工出来的工件质量高，无氧化、脱碳等现象，表面光洁度高，但是其对设备的精度要求较高，因此难以加工大型工件，且与熔融盐热处理相比其效率较低，成本也相对较高，故对其的研究也不是很多（参见图5-3-3）；惰性气体热处理（如 US20050162797A）则与真空热处理有着类似之处，是选择与金属不易反应的惰性气体（一般为氩气）保护工件，防止工件发生氧化、脱碳等缺陷，但是由于其对于设备的精度要求也较高，成本投入也相对较大，因此对其的研究较熔融盐热处理以及真空热处理更少（参见图5-3-2、图5-3-3）。

（3）化学热处理

随着保护气氛热处理的进一步发展，人们发现对于工件而言，其失效和破坏大多发生在表面层，特别是在磨损、腐蚀、氧化等条件下工作的工件（例如刀具），其表面性能尤其重要，因此出现了化学热处理（如 SU1605572A1），其是利用固态扩散将其他元素渗入待加工工件表面，达到改变工件表层化学成分的目的，从而具有大幅提高工件的使用寿命、耐腐蚀、耐磨损的优点，因此对化学热处理的研究相对于其他热处理工艺来说较多（参见图5-3-2、图5-3-3）。

---

❶ 藤泽昭一，等. 热处理技术的现状与发展趋势［J］. 金属热处理，1980（2）.

❷ 冷处理，是指工件淬火冷却至室温后，继续在0℃以下的介质中冷却的热处理工艺，冷却至液氮温度（-196℃）的冷处理称为深冷处理（冷处理其他的工艺步骤均和空气热处理类似，只是最后冷却的温度有所不同，因此将此作为空气热处理的一个分支，归到空气热处理）.［EB/OL］.（2009-10-23）［2011-06-10］http：//baike. baidu. com/view/548021. htm.

5.3.1.3 刀具热处理技术的特点分析

通过第5.3.1.1节和第5.3.1.2节的分析可以得知，刀具热处理技术的专利申请总量并不大，且从1990年以来，专利申请量略有下滑，分析其原因，主要如下：

首先，参考热处理技术的定义：❶ 将金属工件放在一定的介质中加热到适宜的温度，并在此温度中保持一定时间后，又以不同速度在不同的介质中冷却，通过改变金属材料表面或内部的显微组织结构来控制其性能的一种工艺。从该定义中可以得知，热处理技术主要是一种工艺方法，且重点在于"一定的介质""适宜的温度"等参数。所以可以得出两点结论：① 涉及热处理技术的专利主要是方法专利，一方面其相对于产品专利的保护来说，在取证、侵权的判定上，难度都比较大，另一方面根据经热处理工艺处理过的产品反推其工艺比较困难，因此热处理技术的申请量相对于刀具其他关键技术的申请量比较少（参见表2-1-1）；② 刀具热处理工艺具有较强的针对性，依据被加工工件的材料以及最终用途的不同，在工艺参数上的选择也就相应要发生变化，很多企业都将其作为技术秘密或是作为热处理设备的配套方法进行保护。

其次，随着刀具领域技术的发展，一方面，人们发现单纯地依赖对工件整体的热处理或使其表面化学成分改变，对于刀具耐磨等性能的提高是有限的，因此从20世纪80年代开始，PVD、CVD等涂层技术开始得到广泛的发展，而从1990年开始，企业把更多的精力集中在对于刀具涂层的研发上，年申请量开始超过100篇（参见图5-2-1）。另一方面，刀具材料不断进步，高速钢所占刀具市场的份额开始逐渐下降，在20世纪80年代以前，高速钢处于领先地位，90年代以后，硬质合金的使用就已经超越了高速钢❷❸（参见表5-3-1、表5-3-2）。

表5-3-1 刀具材料份额表（%，按销售额统计）

年份	高速钢	硬质合金	超硬材料
1979年	66	32	2
1984年	67	33	0
2003年	40	55	5

表5-3-2 1989年和2003年各类刀具所占份额及材料构成比（%）

刀具材料	车刀	铣刀	钻头	螺纹刀	铰刀	齿轮刀	拉刀
高速钢（1989年/2003年）	17/1	60/33	96/51	100/95	60/26	98/81	100/86
硬质合金（1989年/2003年）	81/90	40/58	4/49	0/5	40/74	2/19	0/14
超硬材料（1989年/2003年）	2/10	0/9					

❶ 夏立芳. 金属热处理工艺学 [M]. 哈尔滨：哈尔滨工业大学出版社，2008.
❷ 戚正风，等. 国内外刀具材料发展现状 [J]. 金属热处理，2004 (1).
❸ 吴元昌. 世界切削刀具品种及刀具材料的变化 [J]. 世界制造技术与装备市场，2006 (2).

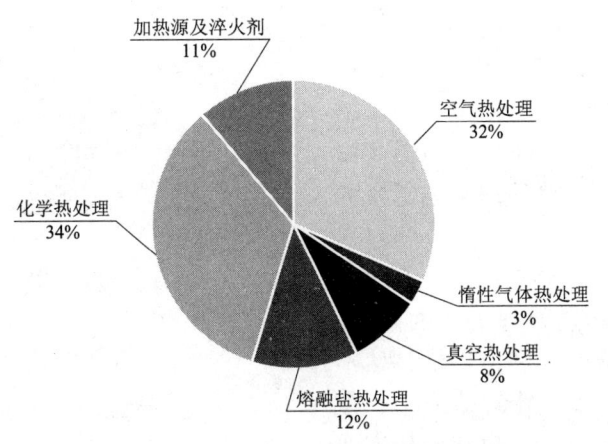

图5-3-2　刀具热处理技术构成分布图

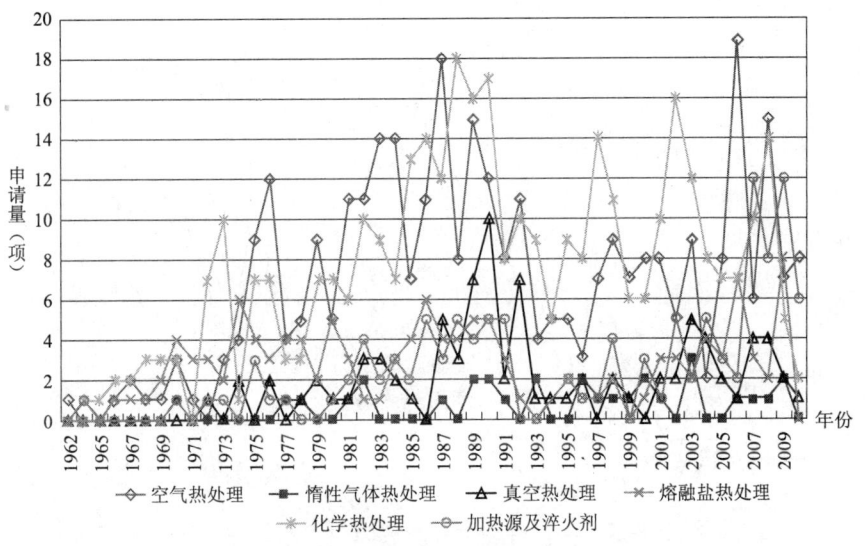

图5-3-3　刀具热处理各技术分支历年申请分布图

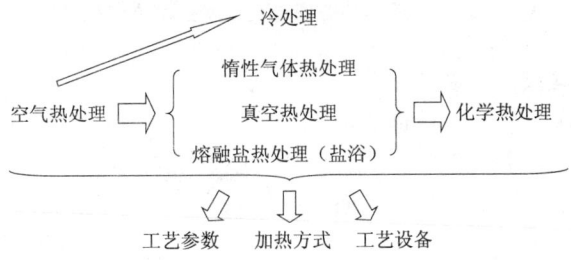

图5-3-4　刀具热处理技术发展路线示意图

5.3.2　刀具热处理技术发展方向分析

5.3.2.1　刀具热处理技术发展需求分析

（1）主要需求的性能

对刀具热处理工艺的性能需求最为旺盛的依次是：提高韧性、耐磨性，提高耐腐

129

蚀性（参见图 5 - 3 - 5、图 5 - 3 - 6）。其和历年的专利申请量也密切相关，提高韧性、耐磨性专利历年的申请量都较大，总体处于持续增长阶段，而提高耐腐蚀性则是随着化学热处理工艺的发展而相应发展的。

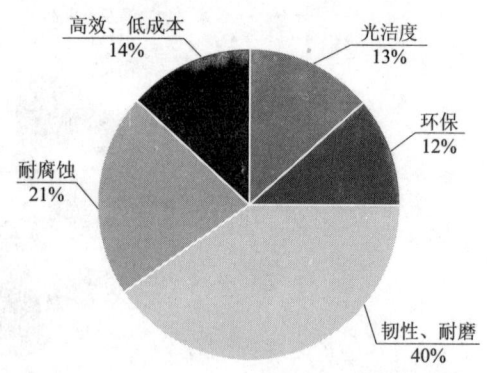

图 5 - 3 - 5　刀具热处理专利技术技术需求图

（2）次要需求的性能

关于提高刀具热处理工艺的高效、低成本、环保程度的专利申请量虽然不高（参见图 5 - 3 - 5、图 5 - 3 - 6），但是却是近年来的热点，这也和现代工业发展的要求是相一致的。

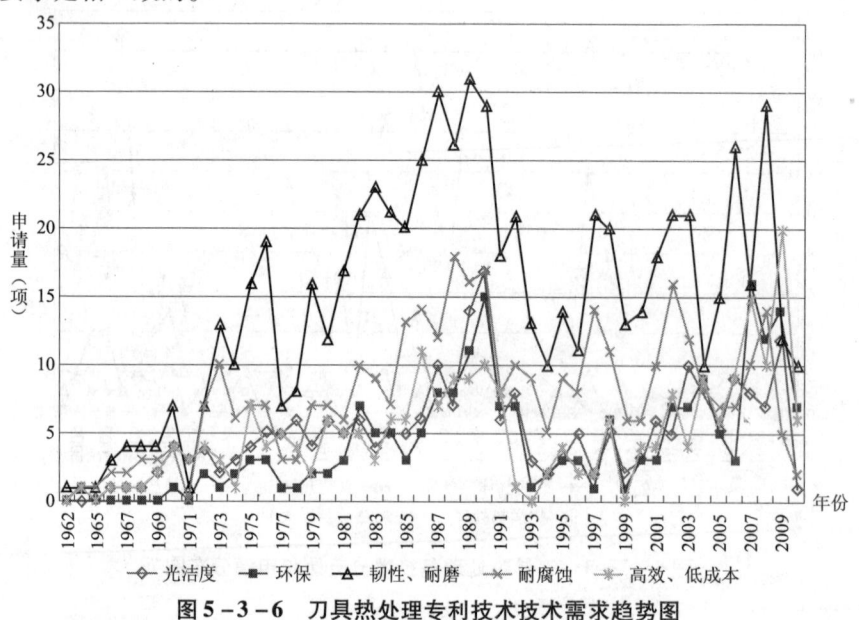

图 5 - 3 - 6　刀具热处理专利技术技术需求趋势图

5.3.2.2　刀具热处理技术发展热点分析

① 空气热处理作为整个刀具热处理工艺的基础工艺，其具有便于实验研究、工艺相对简单、成本较低等诸多优点，因此还会有比较大的研究前景。

② 化学热处理主要提高刀具的表面性能，满足了对于刀具表面性能的需求，因此也会有较大的研究前景。

③ 加热源及淬火剂，包括加热源、淬火剂等，随着现代工业的发展，对于生产中环保、节能的要求不断提高，因此也有较大的研究前景。

5.3.2.3　刀具热处理技术发展方向延伸分析

虽然目前对于刀具热处理技术的研究较 20 世纪 90 年代有所回落，但是热处理技术依然有其发展的必要性。首先，随着刀具技术的进一步发展，如针对新出现的刀具材料（如金属陶瓷等）或刀具结构（如复杂刀具、工具系统等），如何针对性地调整热处理工艺就值得研究；其次，随着现代工业的发展要求，如环保、低能耗、高效率等❶，如何进一步提高现有热处理的效率，提高环保程度就值得研究。因此，对今后热处理技术发展的趋势主要预测如下：

趋势一：针对刀具技术发展的跟进研究。

① 针对刀具行业出现新材料热处理工艺的研究，例如针对硬质合金、陶瓷等材料的热处理工艺，从而进一步提高新材料的性能（CN10046403A、US6141974A）。

② 新的热处理工艺的研究，如深冷工艺，可以进一步提高刀具的各项性能指标❷。

③ 复杂刀具热处理工艺的研究。❸

趋势二：针对现代工业发展的跟进研究。

① 针对设备的改进，进一步提高设备的生产效率、节能程度、环保标准（WO2011064732A1）。

② 加热源的研究，如激光，感应加热，进一步提高生产效率以及环保程度（WO2009125284A、JP2009039848A）。❹

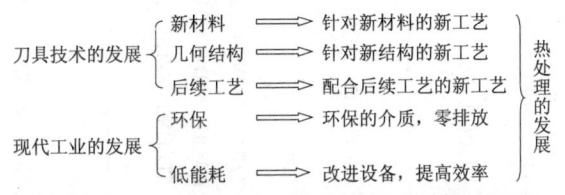

图 5 - 3 - 7　刀具热处理专利技术技术发展趋势预测图

5.3.3　刀具热处理技术重要专利筛选

5.3.3.1　刀具热处理重要专利筛选过程

首先根据专利被引频次的统计，通过对于刀具热处理技术专利文献的检索可以发现，涉及刀具热处理技术的文献被引用的频次整体上较低，因此在不考虑年份的情况下，选取引用频次大于 5 的专利文献。

此外，在 2000 年以后的专利文献被引用次数很少，这些近年的专利很难通过被引用频次来确定其重要性，因此 2000 年以后的专利，重点考虑其考虑同族专利数量，同族专利数量应当大于 2 件。

最后，在重点专利选取过程中还要注意近年来非专利文献的研究热点。

5.3.3.2　代表性重要专利目录

按照上述重要专利的筛选过程，经检索得到 12 篇重要专利并列于表 5 - 3 - 3 中。

---

❶　美国热处理学会研发委员 . 美国热处理发展路线图［R］. 美国热处理学会研发委员会于 2004 年 1～8 月陆续公布的"热处理学会的 2004 热处理路线图修订稿"，其主要的远景（2020 年）就是：减少能源消耗 80% 、缩短工艺周期 50% 、降低生产成本 75% 、实现热处理件零畸变、提高热处理炉寿命 10 倍、降低热处理炉价格 50% 、实现热处理生产零排放。

❷　参见：GILL, SIMRANPREET SINGH, et al. Cryoprocessing of cutting tool materials［J］. International Journal of Advanced Manufacturing Technology, 2010（48）：175 - 182.

❸　参见：杨友华，等 . 复杂刀具真空热处理工艺交叉混合推理机制的研究［J］. 热加工工艺，2010（10）：156 - 159.

❹　参见：OGAWA, KEIJI, et al. On-machine heat treat ment system using YAG laser：Laser hardening of micro-cultting edge［J］. key Engineering Materials, 2010（448）：208 - 212. 涅姆科夫瓦伦丁，等 . 先进的感应热处理技术和设计方法［J］. 热处理，2010（4）：16 - 21.

第 1 章

第 2 章

第 3 章

第 4 章

第 5 章

第 6 章

第 7 章

第 8 章

表5-3-3 刀具热处理重要专利目录

序号	申请号	优先权日	公开号	发明点	申请人	技术分支三级	引用频次	是否进入中国	法律状态
1	EP422353－A	1989－10－12	DE; EP; US; ES	真空热处理的炉	IPSEN IND INT GMBH	真空热处理	27	否	失效
2	EP108574－A	1982－11－08	EP; JP; BR; US; CA; DE; CH	刀具热处理的感应加热装置	ARMCO INC	加热源及淬火剂	18	否	失效
3	DE3405244－C	1984－02－15	EP; DE; JP; US; HU; SU; CS	多腔室的热处理炉	AICHELIN GMBH	空气热处理	13	否	失效
4	DE4121277－A1	1991－06－27	EP; DE; US; ES	真空热处理的安全监控装置	LEYBOLD DURFERRIT GMBH; ALD VACUUM TECHNOLOGIES AG	真空热处理	11	否	失效
5	EP497508－A2	1991－01－29	EP; US; DE	切割刀具的热处理工艺，其热处理温度高于其焊接温度	MINNESOTA MINING & MFG CO	空气热处理	7	否	失效
6	US6141974－A	1997－07－11	US; CA	刀具材料的冷处理工艺	WALDMANN	空气热处理	6	否	有效

续表

序号	申请号	优先权日	公开号	发明点	申请人	技术分支三级	引用频次	是否进入中国	法律状态
7	NL7802562 – A	1977 – 03 – 08	NL; FR	工具钢的冷处理工艺	BOC LTD	空气热热处理	5	否	失效
8	WO200210465 – A	2000 – 07 – 28	WO;EP;AU;US;BR; US;CN;JP;DE	刀具热处理的装置	SANDVIK	空气热热处理	2	否	有效
9	CN1908223 – A	2006 – 08 – 31	CN	高速钢化学热处理温度的控制工艺	WANG Y	化学热处理	1	是	有效
10	EP2090383 – A1	2008 – 02 – 15	EP; WC; JP; CA; MX; TW	工具钢的热处理工艺	DAYTON PROGRESS CORP	空气热热处理	0	否	在审
11	WO2009125284 – A1	2008 – 4 – 9	WO	工件表面的激光处理	BAGAYEV S N	加热源及淬火剂	0	否	在审
12	EP1803524 – A1	2005 – 12 – 28	EP; JP; US; CN; DE	激光淬火工具	YAMAZAKI MAZAK CORP	加热源及淬火剂	0	是	有效

第1章
第2章
第3章
第4章
第5章
第6章
第7章
第8章

5.4 硬质合金刀具材料技术专利分析

5.4.1 硬质合金刀具材料技术发展历程分析

5.4.1.1 硬质合金刀具材料技术发展阶段分析

（1）萌芽期

1920~1960年是硬质合金刀具的萌芽期。20世纪20年代中期到30年代初研制成功了钨钴类和钨钴钛类硬质合金[1]。硬质合金常温硬度达89~93HRA，能承受800℃~900℃以上的切削温度，切削速度为高速钢刀具的3~5倍，因而逐渐在切削刀具上得到应用。"二战"期间，由于大批量、高效率生产兵器的需要，硬质合金刀具在美、英、苏、德等国得到部分使用，且在"二战"后其使用范围逐步扩大。但是硬质合金较脆，韧性不足，可加工性远低于高速钢，所以开始时只能用于车刀和铣刀。在该阶段整体技术水平较低，因此在1960年之前申请量较低，年均不到10项（参见图5-4-1）。

（2）发展期

20世纪60~70年代涂层硬质合金刀片的出现促进了硬质合金刀具最重要的发展。与非涂层硬质合金刀片相比，涂层硬质合金刀具的切削速度提高了30%~40%甚至1~2倍，刀具耐用度提高了2~4倍。同期出现的机夹可转位刀片成本低、加工性好，所以很快就取代了焊接刀片的市场地位。这些变革都促进了对硬质合金基体的日益深入的研究，相应地，申请人数量和专利申请量稳步提高，不过在1976年之前申请分布较为均匀，并未出现明显的技术垄断。但是从1977年开始，尽管总体上申请人数量和申请总量仍均呈现逐步提高的态势，但一个明显的趋势是主要申请人的比例总体上较高，显示出一定的技术垄断性，具体表现在自1977年之后，主要申请人的年申请量在绝大部分年份均达到当年总申请量的50%以上，且主要申请人申请量的变化趋势和总申请量的变化趋势大致相同。而主要申请人具有技术优势和申请量优势的一个结果就是在申请量总体上较小时，少数几家企业专利申请数量的波动就会造成申请量总数据的较大起伏，例如在1980年，由于石油危机导致资本主义社会发生了"二战"以来最为严重的经济危机，所以主要申请人的申请量锐减，由此造成申请人数量保持基本稳定的情况下专利申请量的大幅降低；同样，在1991年，由于作为社会主义阵营领导者的前苏联国内发生了政治动荡，不仅对其本国经济带来巨大影响，还影响到东欧的社会主义国家，同样造成当年总申请量的锐减。

另外在新的技术出现前期，主要申请人会为了取得技术独占权而在短期内提高申请量，由于此时因研发实力较弱的企业还未能攻克技术难关，所以此时会出现申请量突然增大而申请人不会急剧增多的现象，例如在20世纪80年代初期，主要申请人初步掌握了PVD技术在刀具涂层方面的应用，由于涂层功能的实现需要硬质合金基体提供保障，所以相应地在1986年针对硬质合金基体的申请也出现了较为迅猛的增长。同样

---

[1] 于启勋，朱正芳. 刀具材料的历史、进展与展望 [J]. 机械工程学报，2003，39（12）：62-63.

地，20 世纪 80 年代末 PCVD 技术的出现促成了 1988 ~ 1990 年申请人与申请量的稳步增加，显示了较多的企业进行技术研发以力争在市场中占据一席之地，但是在随后的 10 年间，由于技术逐渐集中在几家主要企业手中，所以出现了申请量未出现大的变化而申请人数量显著减少的情形。到了 2001 年，由于几家主要申请人在 MT‑CVD 技术方面获得突破，并且日本、韩国逐渐摆脱 1998 年亚洲金融危机的影响，主要申请人的专利申请量恢复正常，因而在申请量上出现了较大幅度的增长。2002 年至今申请数量总体上呈现稳中有降的态势。从图 5‑4‑2 中可以看出，其原因是前 10 位申请人的申请量有较大的降幅，尤其是在 2006 年之后，前 10 位申请人的申请量均低于其他申请人的申请量（参见图 5‑4‑4）。

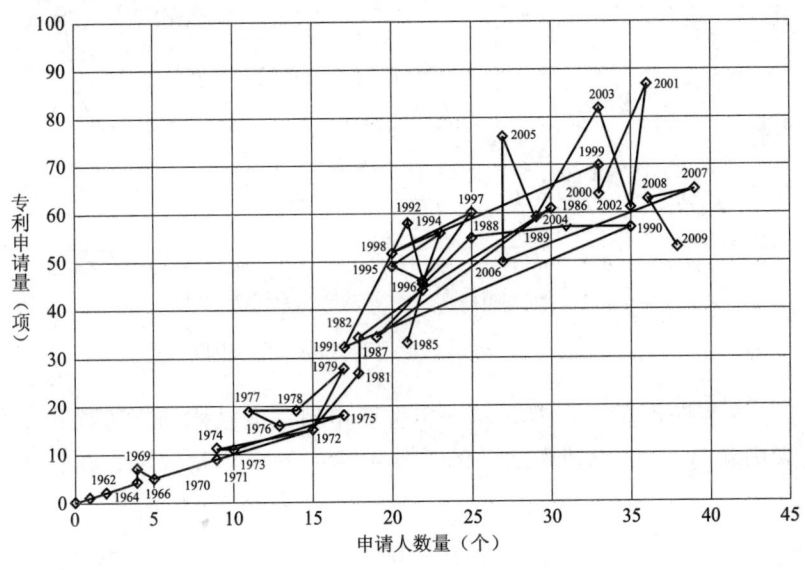

图 5‑4‑1 技术生命周期图

5.4.1.2 硬质合金刀具材料技术主导力量分析

由图 5‑4‑2 可以看出，主要申请人的技术领先优势较为明显。自 1977 年开始，主要申请人的年申请量就基本上保持在每年总申请量的 50% 以上，尤其是在 20 世纪 90 年代，申请量前 10 位申请人的年申请量在申请总量中的比例一度占到 70% 之上，显示了较高程度的技术垄断性（参见图 5‑4‑3）。由于申请量位于前 10 位申请人的专利申请量总体上持续增多，因而导致主要申请人每年申请量的变化趋势和每年总申请量的变化趋势大致相同。两者的变化趋势出现较大差异的时期是 21 世纪初期，在此期间专利申请总量总体上呈下降态势，但是前 10 位申请人的申请量在 2002 ~ 2005 年间却有较大涨幅，其原因是日本企业申请量的增长，如日立、东芝等，尤其是三菱材料，这表明日本企业在硬质合金刀具领域的集中发力。但 2006 年后由于并未出现技术上的突破，并且受次贷危机影响，前 10 位申请人尤其是日本主要企业的申请量大幅减少，而同期来自中国的专利申请量大幅增加。由于中国籍申请人不在申请总量前 10 位之列，所以此消彼长，造成前 10 位申请人的申请量低于其他申请人的申请量。

由图 5‑4‑3 可知，两者变化趋势几乎完全相同，而且在绝大部分时期具有很

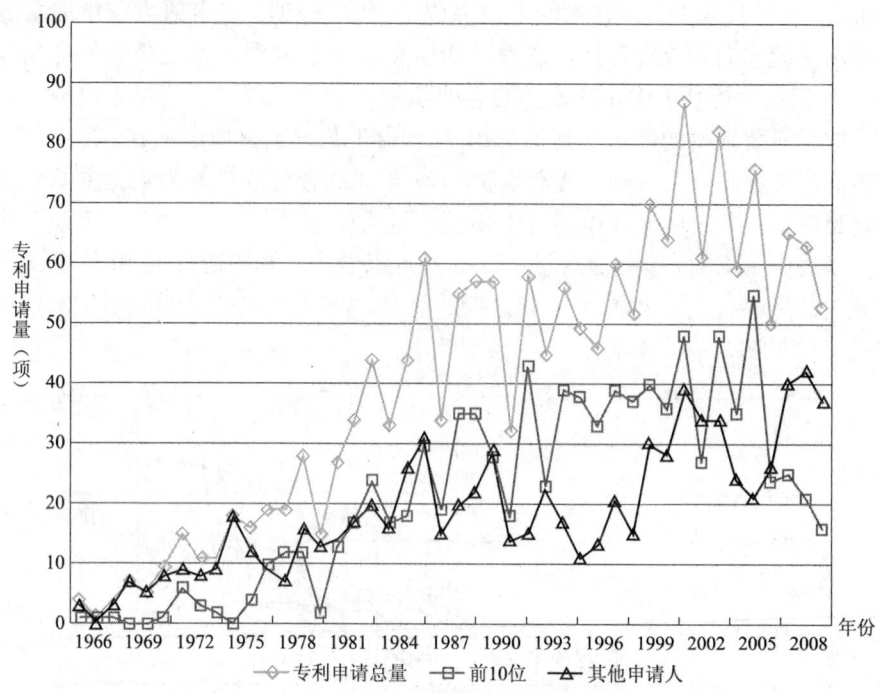

图 5 - 4 - 2　硬质合金刀具材料技术集中度

高的重合度，这表明硬质合金刀具领域中主要申请人在技术研发方面占据优势，前50 位申请人中除前 10 位申请人之外的其他申请人的申请量较低，在技术上以跟随为主。

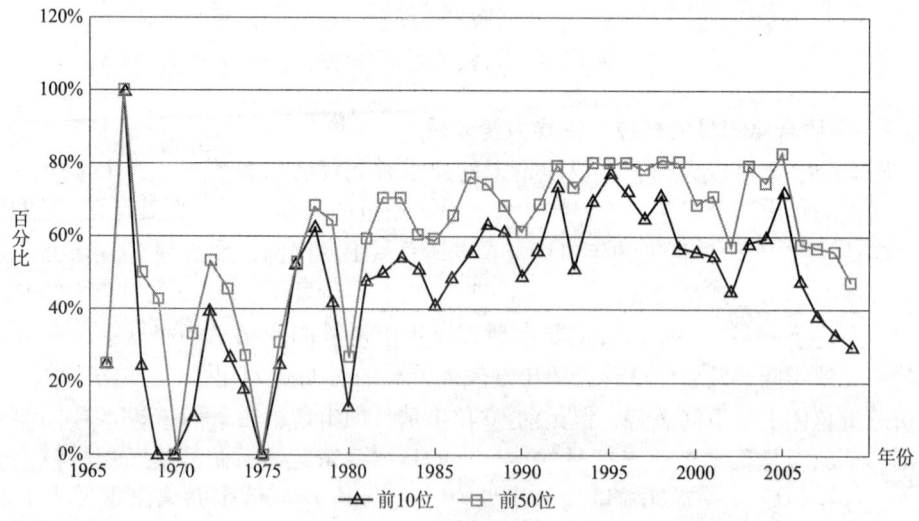

图 5 - 4 - 3　硬质合金主要申请人的申请量变化趋势

　　虽然前 10 位申请人存在一定的技术垄断优势，但是对于其他申请人而言，实现超越也并非完全没有可能。1995～2001 年期间，前 10 位申请人的申请量一直保持在较为稳定的水平，而其他申请人的申请量出现了大幅增长，从十几项快速增长至近40项；在2006年，申请量更是一举超越当年前10位申请人的申请量，并将领先优势保持至今（参见图5-4-4）。虽然非主要申请人的专利申请存在总体水平较低、技术缺乏连续性等问题，但是对于某些申请人而言，抓住因金融危机影响主要申请人申请量降低的良机，通过精心申请，完全能短时间内完成专利申请甚至实现弯道超车。

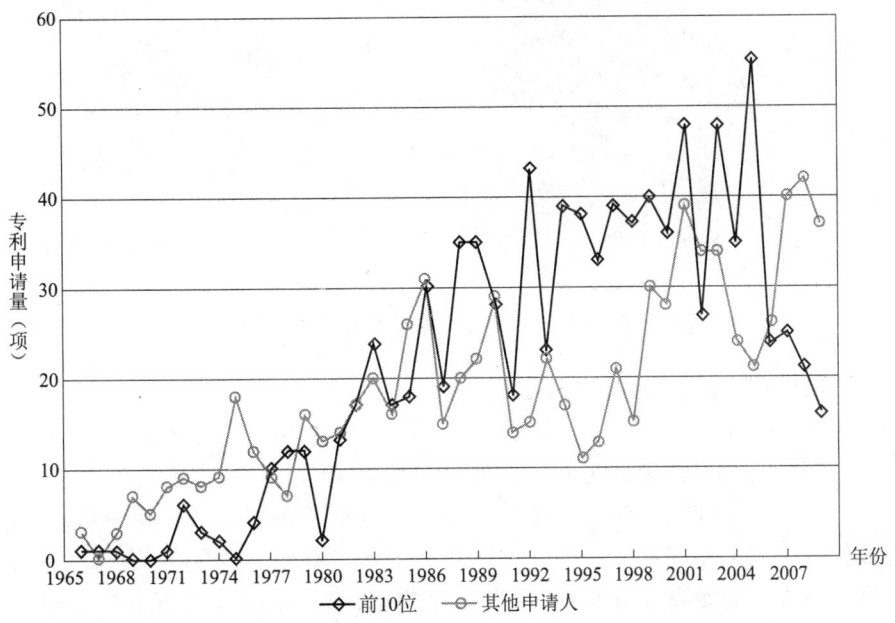

图5-4-4 硬质合金主要申请人以及其他申请人专利申请量变化

5.4.1.3 硬质合金刀具材料技术构成分析

硬质合金技术主要包括普通硬质合金、细晶粒和超细晶粒硬质合金、梯度硬质合金和金属陶瓷硬质合金。普通硬质合金是最早被人工合成的硬质合金，自20世纪20年代德国使用粉末冶金法制得硬质合金之后，一方面，由于其硬度、高温加工性能、加工速度远优于高速钢，因此在切削刀具领域得到了长足的发展。即便是近年来涌现出其他类型的硬质合金刀具，也仍然由于其广泛的应用性和作为涂层材料基体的重要性，因此对该类型硬质合金的研究持续不断；另一方面，硬质合金刀具首先广泛应用于欧、美、日等发达国家和地区，而后逐步扩展到中国、印度等发展中国家，其中中国的硬质合金刀具生产量后来居上，在2001年就跃居世界第一，并且出口量约占世界硬质合金刀具市场流通量的20%左右，但是其中绝大部分为低端产品，技术含量低，相应的专利申请也较多地集中在该类型的硬质合金刀具中。在上面两个方面的作用下，就全球专利申请而言，普通硬质合金刀具的申请量长期占据总申请量的一半以上。

如图5-4-5所示，细晶粒和超细晶粒硬质合金、梯度硬质合金和金属陶瓷是在普通硬质合金发展到一定阶段后为提供更好的性能以满足更加复杂的加工条件而研制的。其中细晶粒和超细晶粒硬质合金主要解决的问题是硬质合金的硬度和强度之间的矛盾，梯度硬质合金主要解决的问题是均匀成分硬质合金中耐磨性能和韧性之间的矛盾❶。

金属陶瓷硬质合金问世于 20 世纪 30 年代初，但是直到 20 世纪 60 年代末期得到系统研究之后，对其研究和生产的热潮才真正开始。

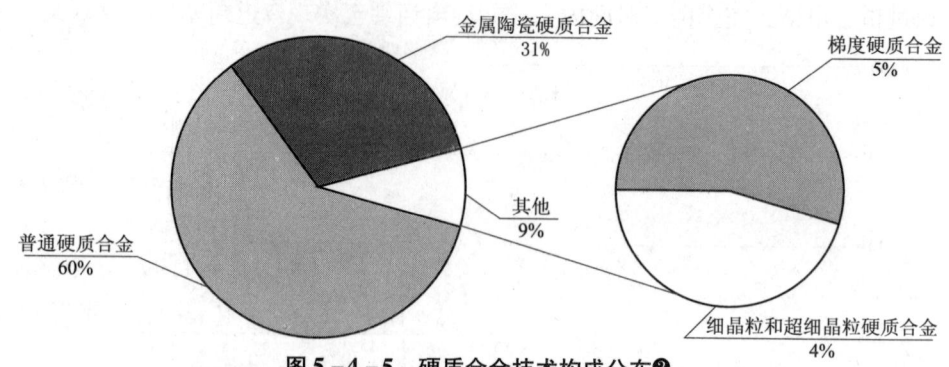

图 5 - 4 - 5　硬质合金技术构成分布❷

5.4.1.4　硬质合金刀具材料技术引领者分析

通过表 5 - 4 - 1 可以看出，从申请量上看，三菱材料、住友电工、日立电工、东芝钨业、山特维克和京瓷具有明显的优势，并且它们的共同点是在普通硬质合金和金属陶瓷方面的申请量较高。此外，三菱材料、住友电工在细晶粒和超细晶粒硬质合金具有明显优势，而山特维克则在梯度硬质合金方面具有明显的优势。除此之外的其他申请人则只是在普通硬质合金方面具有较多的申请，在其他方面并无突出之处。

从总的态势上说，无论是从专利申请量还是申请人数量上来说，日本都具有明显的优势，这表明了日本申请人对于专利保护的重视。不过从对比研究结果可以看出，实际上山特维克、肯纳金属的申请质量要更高一些，日本申请人虽然也有相当比例的重要专利申请，但是更多的是技术含量不是非常高的改进型专利申请。

表 5 - 4 - 1　前 10 位申请人各技术分支专利分布表　　　　　单位：项

序号	转换后的申请人	普通硬质合金	细晶粒和超细晶粒硬质合金	梯度硬质合金	金属陶瓷
1	三菱材料	147	16	8	208
2	住友电工	77	10	3	29
3	日立电工	84	5	2	23
4	东芝钨业	64	2	3	34
5	山特维克	52	5	23	14
6	京瓷	40	1	1	47

❶　肖逸锋，等. WC - Co 梯度硬质合金的制备及渗碳对其组织的影响［J］. 材料热处理学报，2008，29（1）：116 - 117.

❷　其他硬质合金如添加稀土元素的硬质合金的申请量很低，因此并未图示。

序号	转换后的申请人	普通硬质合金	细晶粒和超细晶粒硬质合金	梯度硬质合金	金属陶瓷
7	神户制钢	35	1	0	5
8	特殊陶业	13	0	0	12
9	肯纳	23	0	5	1
10	日立金属	10	2	2	10

5.4.1.5　硬质合金刀具材料技术发展路线分析

刀具硬质合金材料的发展脉络主要有下列 4 条主线：硬质合金基体材料组元多元化、硬质合金基体材料组织结构的多元化、硬质合金基体晶粒的细化以及硬质合金基体中成分的替代化。

（1）硬质合金基体材料组元多元化

硬质合金基体材料构成的多元化主要表现在硬质合金从最初全部由 WC – Co 相构成转化为添加 TiC、TaC 及多种元素的复杂合成物。

世界上第一种人工制成的粉末冶金硬质合金是通过向碳化钨粉末中加入 10% ~ 20% 的钴做黏结剂而生成的 WC – Co 类硬质合金（例如 GB278955A，1926 – 10 – 25，克虏伯，其中公开了由碳化钨与铁族元素如钴制成无石墨的烧结硬质合金制品的工艺及其产物）。时至今日，仍在使用相关专利中提及的工艺。该类硬质合金制造的刀具具有较好的韧性、耐磨性、导热性等，但是在使用该合金制成的刀具切削钢材时，刀刃会很快磨损甚至刃口崩裂，因而主要用于加工铸铁、有色金属和非金属。

为了提高硬度、抗粘结性、抗扩散能力并降低切削钢材时的摩擦系数，后来在上述硬质合金成分中加入一定量的 TiC 从而制得 WC – TiC – Co 类硬质合金（例如 GB365895A，1930 – 6 – 16，克虏伯，其中公开了由 Tic 和 TiN 的混合物及铁族元素烧结制成的硬质合金）。

随后，为了提高刀具的高温强度、韧性和红硬性[1]，在 WC – TiC – Co 类硬质合金中添加了 TaC（NbC）等稀有金属从而生成 WC – TiC – TaC – Co 类硬质合金，在这类硬质合金中，添加的 TaC、NbC 与原有的硬质相 WC、TiC 结合形成复杂固溶体结构，进一步强化了硬质相结构，同时抑制硬质相晶粒长大并增强组织均匀性。该类硬质合金材料特别适于加工各种高合金钢、耐热合金和各种合金铸铁（例如 GB802802A，1954 – 05 – 13，GEN ELECTRIC，其中公开了具有不同的 WC、TiC、TaC、Co（Ni）成分比的多个实施例）。

（2）硬质合金基体材料组织结构的多元化

硬质合金基体材料结构的多元化主要表现在基体材料由最初的均质化发展为可以提供更优异性能的非均质化，其中一个重要的方面是梯度结构的出现[2]。这是由于随着

---

[1]　于启勋，朱正芳．刀具材料的历史、进展与展望 [J]．机械工程学报，2003，39（12）：62 – 63.

[2]　史留勇，等．WC – Co 功能梯度硬质合金研究进展 [J]．粉末冶金技术，2010，28（4）：305 – 307.

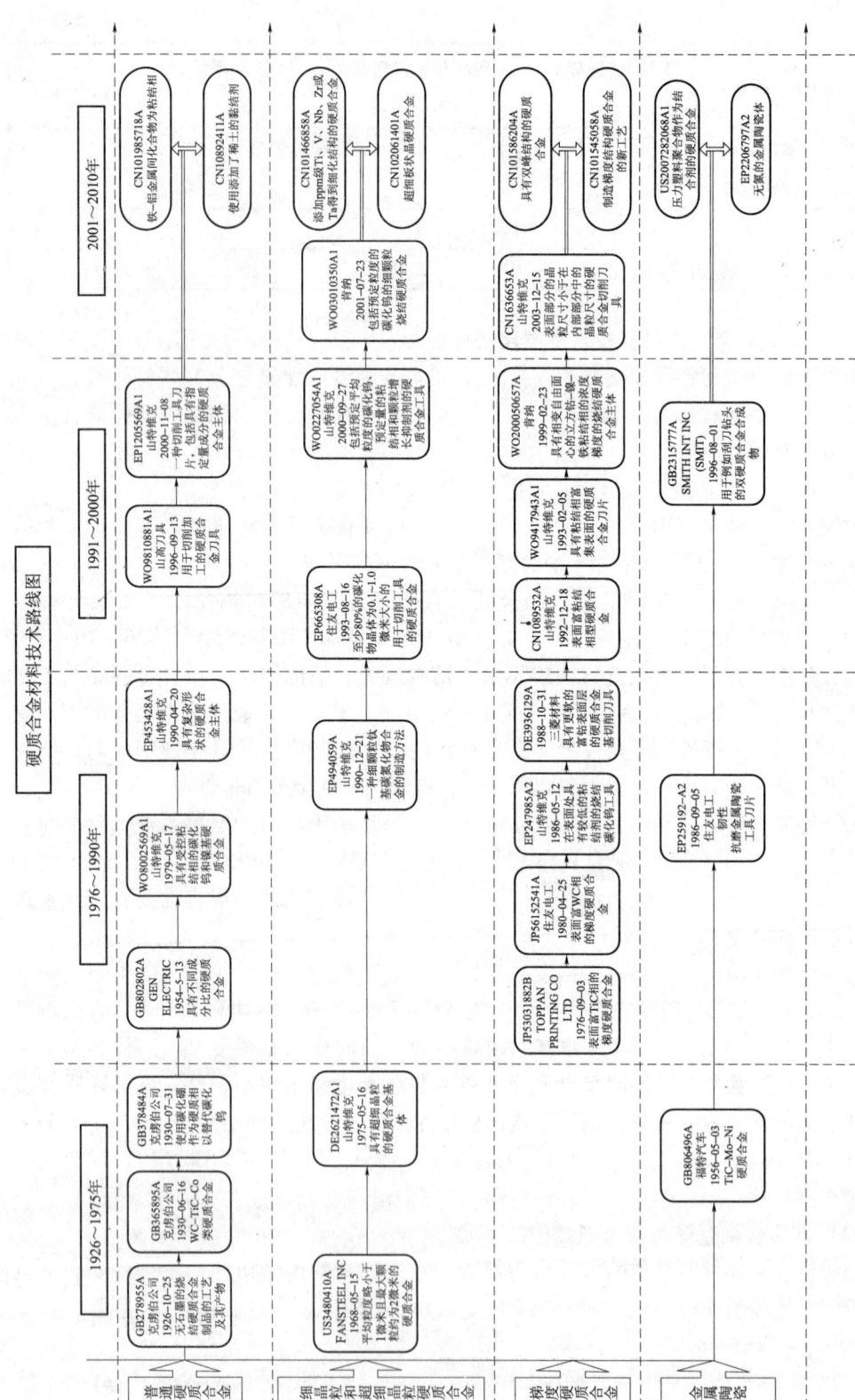

图 5-4-6　硬质合金材料技术发展路线

现代工业技术的不断发展，对硬质合金制品的要求不断提高，往往对不同的工作部位有不同的性能要求。例如为了提高硬质合金基体与表面涂层之间的粘附性能、提高贴面硬质合金的贴焊性能和抗冲击性能，会要求硬质合金表面具有良好的强韧性[1]。梯度结构硬质合金存在如下的发展方向：合金中硬质相的梯度分布、粘结相的梯度分布、晶粒度的梯度分布等。梯度硬质合金既可以直接作为硬质合金刀具，达到表层硬度高、耐磨性好而芯部强度大、冲击韧性好的效果，也可以作为涂层刀具的基体，有效阻止涂层中形成的裂纹向合金内部扩展、提高界面结合强度和降低界面应力集中，因此得到广泛的应用。

梯度硬质合金主要有表面富立方相型（例如：JP53031882B，1969 - 11 - 10，SUWA SEIKOSHA KK，其中表面富 TiC 相；JP56152541A，1980 - 04 - 25，住友株式会社，其中表面富 WC 相）；表面贫粘结相型（例如 US4843039A，1986 - 05 - 12，山特维克，以及 CN1229442A，1996 - 06 - 06，山特维克，其中硬质合金表面贫粘结相钴）；表面富粘结相型（例如 CN1089532A，1992 - 12 - 18，山特维克，以及 CN1079179A，1992 - 02 - 21，山特维克，其中硬质合金表面富粘结相钴）；晶粒梯度（CN1636653A，2004 - 12 - 15，山特维克，以及 CN1636654A，2003 - 12 - 15，山特维克）。

（3）硬质合金基体晶粒的细化

硬质合金基体晶粒的发展趋势是晶粒的不断细化，由粗晶粒向细晶粒、超细晶粒甚至纳米晶粒发展。

硬质合金在诞生之初，虽然研究人员已经意识到采用细研磨的钨金属粉末和纯碳粉末，但是受制于当时的加工条件，得到的产物仍是粗颗粒硬质合金，其硬度和强度之间存在矛盾：硬度高则强度偏低，强度高则硬度偏低。研究表明，减小硬质合金基体的晶粒可以解决这一矛盾，即当 WC 晶粒尺寸减小到亚微米以下时，硬质合金材料的硬度和耐磨性、强度和韧性均获得提高[2]，因此随着技术水平的进步，逐步研制出具有细晶粒的硬质合金基体以及具有超细晶粒的硬质合金基体（例如：US3480410A，1968 - 05 - 15，FANSTEEL INC；DE2621472A1，1975 - 05 - 16，山特维克）。

（4）硬质合金基体中成分的替代化

硬质合金基体中成分的替代化主要包括硬质相的替代和粘结相的替代。

硬质合金出现不久之后就开始了对替代钴黏结剂的研究，起初的原因主要是后续跟进厂家为打破专利限制而另辟蹊径，而后更多的考虑因素是作为战略资源的钴的稀缺。镍资源丰富，是一种相对钴来说价格便宜的金属。而且在高温氧化气氛下，WC - Ni 硬质合金中的镍粘结相会在其硬质合金表面生成保护性的 NiO 薄膜，从而提高抗氧化性，维持 WC 基硬质合金的强度和耐磨性。

20 世纪 30 年代就开始了替代钨硬质相的研究，起初的原因一方面是以德国克虏伯为代表的行业领先者在专利保护上的"跑马圈地"（例如：GB378484A，1930 - 07 - 31，克虏伯，其中公开了使用碳化硼作为硬质相以替代碳化钨），另一方面也是由于钨的蕴藏量极为有限，根据 20 世纪 80 年代初期的估计，全世界已探明的钨资源只够用

---

[1] 叶永权，等. 梯度结构硬质合金的最新研究进展 [J]. 稀有金属，2005，29（3）：357 - 361.

[2] 吴宋超，王玉香. 超细 WC - Co 硬质合金研究进展 [J]. 世界有色金属，2010（11）：51 - 53.

50 年，而钛的蕴藏量约为钨的 1 000 倍。于是就研究了以 TiC 代替 WC 作为硬质相，以镍、钼等作为黏结剂，制成 TiC 基硬质合金，其耐磨性优于 WC 基硬质合金，但其抗冲击性较差；在其基础上又研制和生产了 TiCN 基硬质合金。TiC 基硬质合金和 TiCN 基硬质合金通常又被称为金属陶瓷，例如：GB806496A，1956 – 05 – 03，福特汽车，该专利申请公开了 TiC – Mo – Ni 硬质合金；EP259192A2，1986 – 09 – 05，住友株式会社，该专利申请公开了一种韧性抗磨金属陶瓷工具刀片；GB2315777 – A，1996 – 08 – 01，SMITH INT INC（SMIT），该专利申请公开了一种用于例如刮刀钻头的双硬质合金合成物；US2007282068A1，2006 – 05 – 31，山特维克，该专利申请公开了使用压力塑料聚合物作为结合剂的硬质合金；EP2206797A2，2008 – 12 – 16，山特维克，该专利申请公开了一种无氮的金属陶瓷体。

需要说明的一点是，上述各技术发展路线并不是独立进行的，而是经常交织在一起，由此制得性能更加优异的硬质合金刀具，例如：CN1883854A，2004 – 06 – 24，山特维克，该专利申请公开了一种具有涂层的刀片，其中硬质合金基底中包含 Ti、Ta 和 Nb 的立方碳化物，且给出了其中各成分之间的比例，另外基体还具有富粘结相和贫立方碳化物的表面区域；CN1891842A，2005 – 06 – 27，山特维克，该专利申请公开了一种含有梯度区的细小晶粒烧结硬质合金，其中还包括作为添加相的钒，该专利将细晶粒、元素添加与梯度技术融合在一起，获得具有表面梯度区的细小晶粒硬质合金，且该表面区中基本没有立方碳化物相；CN101586204A，2009 – 11 – 25，鑫天超硬材料有限公司，该专利申请公开了一种碳化钨 – 碳化钛 – 碳化钽 – 碳化铌固溶体硬质合金，其技术方案将元素添加、超细晶粒、梯度结构技术、双峰结构技术结合在一起。

5.4.2　硬质合金刀具材料技术发展方向分析

5.4.2.1　硬质合金刀具材料技术发展需求分析

（1）各技术分支发展方向分析

硬质合金刀具材料主要划分为普通硬质合金、细晶粒和超细晶粒硬质合金、梯度硬质合金和金属陶瓷 4 类。由图 5 – 4 – 7 可知，从申请量上来看，普通硬质合金的申请领长期维持在较高水平上，但是在 2000 年申请量达到一个小高峰之后总体上呈下降趋势；金属陶瓷的申请量后劲十足，最近几年的申请量整体上呈现稳中有升的态势，而且自 2005 年后，其申请量后来居上，总量略高于普通硬质合金，表明其已经成为本领域的研究热点。梯度硬质合金与细晶粒和超细晶粒硬质合金的申请量较为平稳，一直维持在较低的申请量水平上，这两种类型的硬质合金由于性能优异而具有较强的发展潜力。

（2）技术发展的主要需求分析

可以从耐磨性、韧性、耐热性、寿命与效率这 4 个方面分析硬质合金刀具的功效。由图 5 – 4 – 8、表 5 – 4 – 2 可以看出，硬质合金刀具专利申请涉及最多的技术功效是提高耐磨性能，虽然相关专利申请的申请量存在波动，但是总体上维持较高的增长态势。而提高韧性、耐热性、寿命与效率方面的专利申请虽然先后出现过短暂的快速增长阶段，但是近 10 年来的相关专利申请量相对较低，表明对其关注度有减弱的迹象。

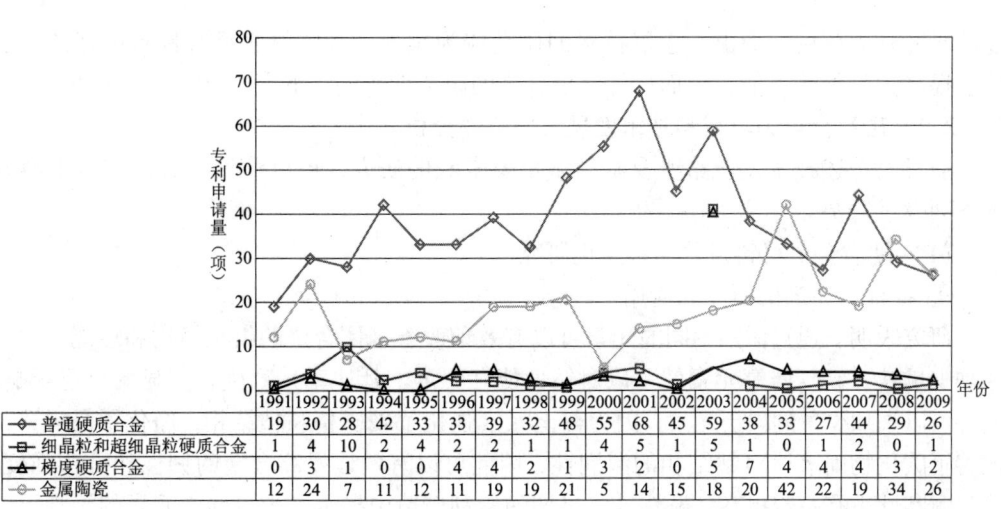

	1991	1992	1993	1994	1995	1996	1997	1998	1999	2000	2001	2002	2003	2004	2005	2006	2007	2008	2009
◇ 普通硬质合金	19	30	28	42	33	33	39	32	48	55	68	45	59	38	33	27	44	29	26
□ 细晶粒和超细晶粒硬质合金	1	4	10	2	4	2	2	1	1	4	5	1	0	1	2	0	1	0	1
△ 梯度硬质合金	0	3	1	0	0	4	4	2	1	3	2	0	5	7	4	4	4	3	2
○ 金属陶瓷	12	24	7	11	12	11	19	19	21	5	14	15	18	20	42	22	19	34	26

图5-4-7　硬质合金主要技术分支历年申请分布

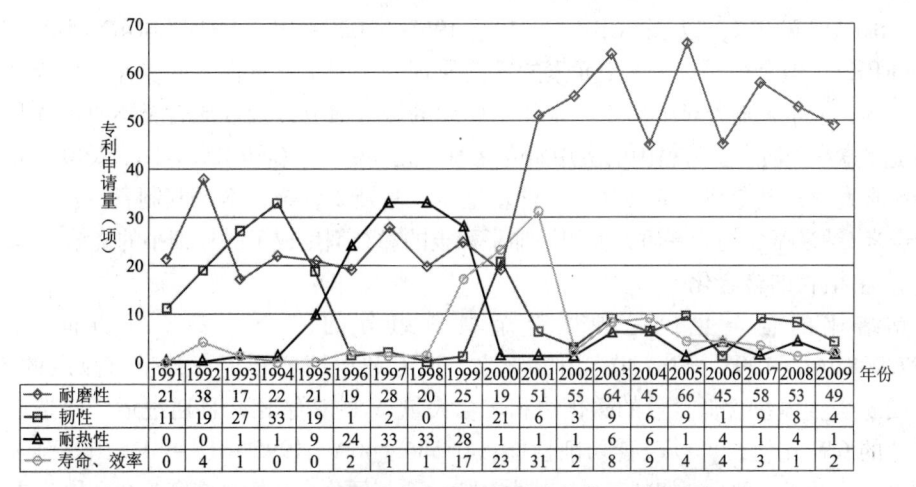

	1991	1992	1993	1994	1995	1996	1997	1998	1999	2000	2001	2002	2003	2004	2005	2006	2007	2008	2009
◇ 耐磨性	21	38	17	22	21	19	28	20	25	19	51	55	64	45	66	45	58	53	49
□ 韧性	11	19	27	33	11	1	2	0	1	21	6	3	9	6	9	1	9	8	4
△ 耐热性	0	0	1	1	9	24	33	33	28	1	1	6	1	6	4	4	1	4	1
○ 寿命、效率	0	4	1	0	0	2	1	1	17	23	31	2	8	9	4	4	3	1	2

图5-4-8　硬质合金各技术功效历年专利申请分布

表5-4-2　硬质合金刀具材料专利技术-功效矩阵表　　　　单位：项

材　　料	耐磨性能	强度	耐热性能	寿命、效率
普通硬质合金	500	139	112	98
细晶粒和超细晶粒硬质合金	25	20	11	4
梯度硬质合金	23	21	4	9
金属陶瓷硬质合金	222	24	34	21

从表5-4-2中可以看出4种硬质合金分别具有四种功效的数量，该表中数字越大代表申请量越集中，表明针对该技术分支的改进是解决相应的技术需求的主要技术手段。细晶粒和超细晶粒硬质合金由于本身实现了强度和耐磨性能的统一，相应地可以提高寿命和效率，因此在发明申请中并未强调突出这一点，所以尽管在表5-4-2中寿命、效率对于细晶粒和超细晶粒硬质合金而言是一个空白点，但是实际上并不应该是研究的方向。梯度硬质合金材料由于较多地用作涂层材料的基体，所以对于耐热性

能的研究较为落后，而由于涂层技术的研究较为领先，基体材料只有具有更好的性能才能提高刀具整体性能，因而梯度硬质合金的耐热性能应是下一步研究的一个重点。

5.4.2.2 硬质合金刀具材料技术发展方向延伸分析

通过对上述技术发展路线及本领域重要专利的研究，可以预见刀具硬质合金材料的下列发展趋势。

（1）硬质合金材料组分的多元化研究

① 各种添加剂的研究和应用

研究表明，通过添加不同的元素可以有效地改善基体合金的组织结构和性能，比如添加少量铁、铝、锆等元素就可以对钴性能（强度、延伸率）产生较明显的有益影响；此外可以添加少量的稀土元素，因为稀土元素强化了硬质相和粘结相，净化了晶界，并改善了碳化物固溶体对粘结相的湿润性，因此可以有效地提高合金的韧性和抗弯强度，并且耐磨性也有一定提高。虽然一些早期的专利申请中揭示了少量稀土元素的添加可以提高抗弯曲强度和抗氧化性（例如：DE1243399A，1964 - 10 - 05，IMMELBORN HARTMETALLWERK，以及 GB1077921A，1965 - 02 - 01，IMMELBORN HARTMET-ALLWERK），但是当时对于稀土元素的性能原理的了解不够透彻，所以并未形成持续的相关热点。近年来随着对于稀土元素作用原理的深入研究以及硬质合金本身的发展，针对稀土元素在硬质合金材料中的应用研究逐渐升温（例如：CN101892411A，2010 - 08 - 09，中国地质大学，该专利申请公开了一种新型 WC 基硬质合金材料及其制备方法，其中使用亚微米/纳米 WC 粉为基质并使用添加了稀土的黏结剂生成了晶粒细小的烧结体）。

② 粘结相的合金化

粘结相的合金化也是硬质合金材料组分的一个重要研究方向，例如：WO9720081A1，1995 - 11 - 30，山特维克，该专利申请公开了一种带有涂层的铣刀，其中硬质合金体包含低含量的碳化物和熔合大量 W 的粘结相，且通过适当地选取硬质合金体的 CW 比值，可以改善切削性能；US5863640A，1995 - 07 - 14，山特维克，该专利申请公开了一种涂层切削刀片，其中 WC - Co 基硬质合金体具有高钨合金化粘结剂相，该粘结相可以避免单纯采用钴作为粘结相时的氧化问题；CN101985718A，2010 - 12 - 10，株洲硬质合金集团有限公司，其中更是提出了一种以 Fe - Al 金属间化合物为粘结相的硬质合金及其制备方法，该硬质合金具有均匀的组织结构和优异的室温力学性能。另外，针对 Co - W - C 合金粘结相、Co - Ni - Cr - Mo - Al 超合金粘结相的研究也比较深入。

③ 其他研究方面

此外，对于硬质合金的各种添加材料、固溶体的制备技术、组织结构以及性能的研究也不断地深化，它们都是目前研究的重要方面。

（2）梯度材料组织结构的优化研究

由于涂层硬质合金的广泛使用，作为基体的硬质合金需要具有梯度化结构以具有较好的韧性以避免涂层被剥离；随着改变硬质合金微观结构分布特征的能力增强，材料性能的梯度变化从一维向多维化发展，所涉及的元素由单元素向多元素发展，相关研究不仅涉及组分含量的梯度变化还涉及结构的梯度变化。此外还提出了新的形成梯度硬质合金的方法，例如：CN101545058A，2009 - 05 - 07，合肥工业大学，其中公开了一种 WC -

Co 梯度硬质合金材料的制备方法，该方法采用轧膜成型工艺制备，且该梯度硬质合金材料既可以使钴含量呈连续梯度分布，又可以使 Co 含量相同而 WC 晶粒度呈连续梯度分布。

（3）其他新结构硬质合金的研究

从硬质合金材料结构的技术路线分析表明，硬质合金材料具有从均质向非均质的新结构演化的趋势，除梯度结构之外，还出现了双晶结构硬质合金和蜂窝结构硬质合金，其中双晶结构硬质合金可以在保持良好韧性的基础上具有高耐磨性（例如：CN101381834A，2008 - 10 - 21，株洲力洲硬质合金有限公司，其公开了一种双晶耐腐蚀的硬质合金材料及其制造方法）。另外，采用烧结合金（如 WC - Co 合金）球体代替难熔金属碳化钨作为硬质相的双粘结相硬质合金，由于可以在不降低硬度的情况下大幅度提高合金的断裂韧性而受到关注。

（4）超细硬质合金以及纳米硬质合金制备技术的研究

随着晶粒尺寸的不断减小，目前的趋势是发展纳米级别的超细硬质合金，例如：WO0032338A1，1998 - 11 - 30，PENN STATE RES FOUND，其中中公开了平均碳化物粒径小于 100 纳米的硬质合金，该硬质合金具有在范围 2000 ~ 2400 HV 内的平均硬度，并且具有至少 98% 的理论密度；WO03010350A1，2001 - 07 - 23，肯纳，该申请涉及包括预定粒度的碳化钨的细颗粒烧结硬质合金；CN102061401A，2010 - 12 - 10，中南大学，该申请涉及一种超细板状晶硬质合金。另外，还探讨了获得具有细化结构硬质合金的方法，例如：CN101466858A，2006 - 06 - 15，山特维克，其中采用的方法是添加 ppm 水平的钛、钒、铌、锆或钽或它们的混合物。此外，制备高性能硬质合金的关键因素是制备出符合特殊要求的原料粉剂，所以超细及纳米 WC 粉、钴粉、WC - Co 复合粉的制备成为关键，其中烧结法是最常使用的纳米材料的制备方法。另外，有研究认为采用水溶液法制备 WC - Co 复合粉是一种低成本生产优质超细（纳米）硬质合金复合粉的方法，同时还存在其他方法，如原位渗碳还原法、共沉淀法。

5.4.3 硬质合金刀具材料技术重要专利筛选

5.4.3.1 硬质合金刀具材料重要专利筛选过程

根据专利被引频次的统计，该领域共有 17 篇专利被引用 30 次以上，这些专利文献全部为国外主要刀具制造商拥有，申请年份也主要集中在 1975 ~ 1998 年之间，近 2/3 的专利已经失效，可以无偿加以利用。

2003 年以后的专利文献由于专利距今时间较短，所以被引用次数达 5 次以上的数量就很少，此时可考虑同族专利数量、是否重要专利人的重大革新、是否涉及专利诉讼或申诉等因素。

由于检索系统专利收录的原因，导致无法检索到早期重要专利，因此在非专利文献的基础上，针对重要的申请人补充了早期的专利申请。

另外，鉴于到国内企业关注国外尤其是欧洲专利局的专利申诉情况，检索并补充了专利申诉案例。

5.4.3.2 代表性重要专利目录

按照上述的重要专利筛选过程，经检索得到 86 篇重要专利文献，从中选取代表性专利文献共计 22 篇，列于表 5 - 4 - 3 中。

表 5 - 4 - 3 硬质合金刀具材料代表性专利目录

序号	申请号	最早优先权日	专利地域申请	发 明 点	申请人	重要技术分支	被引用频次	是否进入中国	中国法律状态
1	GB753627A	1926 - 10 - 25	GB	一种用于工具的硬质合金，包括没有石墨的碳化钨连同一种或多种其他金属，例如铁、镍或钴	克房伯	普通硬质合金		否	
2	GB1086831A	1930 - 06 - 16	GB	通过在 2 000℃下在管状碳炉的氮气中加热商业复合物可以获得纯净的氮化钛，并且通过在 2 000℃下在氢气流中加热钛酸和碳的混合物制备纯净的碳化钛	克房伯	普通硬质合金		否	
3	GB1313931A	1930 - 07 - 31	GB	一种用于工具的硬质合金，包括 75% 或更多的碳化硼及熔点超过 2 000℃的一种或多种碳化物，例如硅、钨、钼、钛、铌或锆的碳化物，以及低熔点的金属尤其是铁、镍钴或铬	克房伯	普通硬质合金		否	
4	GB1191455A	1954 - 05 - 13	GB	一种烧结的多碳化物组分，包括按重量 58% ~ 90% 的 WC 晶体，其尺寸为 25~250 微米，且其中大部分的尺寸为 25 ~ 150 微米，还包括按重量 5% ~ 32.5% 的 Ti、Ta、Zr、Nb 的碳化物，以及按重量 1.5% ~10% 的从 Co、Ni、Fe 或它们的混合物中选取的粘合剂	GEN ELECTRIC	普通硬质合金		否	

续表

序号	申请号	最早优先权日	专利地域申请	发　明　点	申请人	重要技术分支	被引用频次	是否进入中国	中国法律状态
5	GB941257A	1956 – 05 – 03	GB	尤其是用于切削工具的硬质合金，通过在无氧气和氮气的介质（例如苯、氢气、真空、惰性气体、石油醚）中研磨 TiC，与之混合很好地分开的 Mo 并且至少一种铁族金属，压实混合物并且在足够高以形成液相阶段的温度及无氮气和氧气的介质中下烧结该混合物	福特汽车	普通硬质合金	缺少数据	否	
6	US3480410DA	1968 – 05 – 15	US	一种具有高硬度强度比和至少 450 000 p.s.i. 横向断裂强度的烧结合金，包括：0.1% ~2.5% 的 CrC，9% ~20% 的 Co，平衡的 WC 以及小于 0.1% 的自由碳杂质，其中 CrC 具有低于 0.2 微米的粒度，且合金中的颗粒的平均粒度小于 1 微米并且合金中没有细孔	FANSTEEL INC	细晶和超细晶硬质合金	1	否	
7	JP1969089638A	1969 – 11 – 10	JP	一种金属陶瓷，通过使用金属粘合剂例如 Co、Ni、Fe 等烧结 TiC 与 Cr、Mo 和/或 Zr 的碳化物制备	精工爱普生	金属陶瓷	1	否	

第1章

第2章

第3章

第4章

第5章

第6章

第7章

第8章

续表

序号	申请号	最早优先权日	专利地域申请	发 明 点	申请人	重要技术分支	被引用频次	是否进入中国	中国法律状态
8	DE19762621472A	1975 – 05 – 16	DE; SE; JP; FR; GB; US; IT	一种耐磨硬质合金，包括 Fe、Co 和/或 Ni 的基体，其中嵌入丁 30 vol.% ～ 70 vol.% 由 Ti、Zr、Hf、V、Nb、Ta、Cr、Mo 和/或 W 和 C、N 和/或 B 成分的硬质颗粒，其中 0～20% 的 C、N 和/或 B 可以替换为氧。该合金包含 10% 的 Al、15% 的 Mn，4% 的 Si，1% 的 Cu 和正常的杂质	山特维克	细晶和超细晶硬质合金	53	否	
9	EP247985A2	1986 – 05 – 12	EP; SE; ZA; FI; JP; BR; SE; US; CA; DE	硬质合金主体，包括均匀尺寸的 WC（α 相）和 Co、Fe 或 Ni 粘合剂（β 相）这样相对于额定含量，表面处的粘合剂为 0.1～0.9 并且且在中心处优选为 1.4～2.5	山特维克	梯度硬质合金	42	否	
10	EP259192A2	1986 – 09 – 05	EP; JP; US; DE; KR	一种金属陶瓷，包括钛和一组或多组 IVA、VA 或 VIA 族金属的混合碳氮化物连同基本上由钴和/或镍组成的粘合剂相。碳氮化物中包含不含大于 1% 的钼，而粘合剂包含溶解的钛和/或钨	住友电工	金属陶瓷	26	否	

续表

序号	申请号	最早优先权日	专利地域申请	发　明　点	申请人	重要技术分支	被引用频次	是否进入中国	中国法律状态
11	DE3936129A	1988－10－31	DE; JP; US	一种用于切削工具的碳化钨基硬质合金刀刃部分，包括碳化钨基硬质合金基体，该基体包括（按重量）5%～60%的Ti、Ta、W的碳化物和/或碳化氮物的硬分散相，3%～10%的Co粘合剂相，平衡的碳化钨及杂质。该基体包括内部和表面软化层，且表面软化层具有贫Co相	三菱材料	梯度硬质合金	38	否	
12	EP494059A	1990－12－21	EP; US; JP; DE	一种合金，制造过程如下：熔融和金属合金元素以及粘合剂相以形成初步的合金；将粒度低于50微米且优选低于30微米的粉末压碎；将生成的粉末碳化氮以在粘合剂相中生成细小颗粒（0.1微米或更小）的硬颗粒；使用润滑剂及可选的其他金属粉末，IV、V和/或VI族的碳化物和/或碳化物研磨，压实并且烧结	山特维克	细晶和超细晶硬质合金	17	否	
13	EP65308A	1992－8－31	EP; WO; JP; US; DE; KR; TW	一种WC基硬质合金，包含4wt%～10wt%作为粘结相的Co，其中至少80%的WC晶体包括0.1～1.0微米尺寸的细颗粒（A）和3.0～10.0微米尺寸的细颗粒（B），且（A）/（B）的重量比为0.1～1.0	住友电工	普通硬质合金	27	否	

第1章　第2章　第3章　第4章　第5章　第6章　第7章　第8章

续表

序号	申请号	最早优先权日	专利地域申请	发 明 点	申请人	重要技术分支	被引用频次	是否进入中国	中国法律状态
14	EP603143A	1992 – 12 – 18	EP; SE; BR; JP; CN; US; IL; RU; DE; KR; CN	一种包含 WC 和立方相粘合剂相的硬质合金，具有粘合剂相强化表面区域，该区域具有无立方相的外部和包含立方相的内部和成层的粘合剂层	山特维克	梯度硬质合金	33	是	授权
15	WO9417943A	1993 – 2 – 5	WO; EP; SE; US; JP; IL; DE	一种刀片，包含 WC 和钴和/或镍基粘合剂相，具有富粘合剂相且无立方相的表面区域，该粘合剂相沿着平分刀刃的线愈大并且立方相沿着该刃刃的线愈存在	山特维克	梯度硬质合金	39	否	
16	GB2315777A	1996 – 8 – 1	GB; AU; SE; ZA; CA; US; SG;	一种复合金属陶瓷材料，包括：包括颗粒复合物的多个第一区域和粘结颗粒的第一延性相。第一延性相是 Co、Ni、Fe 及其合金以及它们与 C、B、Cr、Si 和 Mn 的合金。第二延性相将第一区域彼此分开并且由 Co、Ni、W、Mo、Ti、Ta、V、Nb，它们的合金和它们与 C、B、Cr 和 Mn 的合金构成	SMITH INT INC	金属陶瓷	53	否	
17	WO9810881A	1996 – 9 – 13	WO; EP; SE; CN; US; JP; KR; DE	工具包括钻主体和可拆卸的钻尖。钻尖由喷射成型的硬质合金制成并且具有两个上间隙表面、切削刃和支撑表面	山高	普通硬质合金	42	是	授权

续表

序号	申请号	最早优先权日	专利地域申请	发 明 点	申请人	重要技术分支	被引用频次	是否进入中国	中国法律状态
18	WO200050657A	1999-2-23	WO; EP; DE; AU; US; KR; JP; US	一种硬质合金主体，具有表面－中心的立方Co－Ni－Fe粘合剂的浓度梯度而没有应力导致的相位转换	肯纳等	梯度硬质合金	17		
19	WO03010350A	2001-7-23	WO; E1; EP; US; JP; DE	一种包含铬的细颗粒烧结硬质合金，包括基于0.1~1.3毫米的粒米的碳化钨的第一相；作为金属粘合剂的第二相；和附加相。粘合剂包括固溶体溶液中的钨、铬和钽	肯纳等	细晶和超细晶硬质合金	11	否	
20	EP1205569A1	2000-11-8	EP; US; SE; JP; IL	一种切削工具刀片。硬质合金主体和涂层。硬质合金主体包括碳化钨、钴及钼和铌的立方碳化物和具有C－W比为0.86~0.94的高钨的高钨粘合剂相	山特维克等	普通硬质合金	24	否	
21	US2005129951A1	2003-12-15	US; EP; JP; SE; CN; KR; IN; DE; ES; US	一种硬质合金工具，主体，包括主体，主体具有紧急结构成部分。表面部分及内部部分。表面部分的Wc粒度小于内部部分的Wc粒度。表面部分的粘合剂相含量也低于内部部分	山特维克	梯度硬质合金	7	是	在审
22	EP20090178318A	2008-12-16	EP; US; JP; KR; CN	一种金属陶瓷主体，包括作为粘合剂相的钴（5 vol.%~25 vol.%）、铬、碳化钛和钨。钛和碳化钨的原子比为2.5~10，并且铬和钴的原子比为0.025~0.14	山特维克	金属陶瓷	0	是	在审

第1章 第2章 第3章 第4章 第5章 第6章 第7章 第8章

第 6 章　重要专利筛选方式及案例分析

随着全球专利申请量的不断飙升，全球专利文献产出量亦呈飞速增长态势。但在每年的海量专利申请中，对技术进步发挥关键或重要作用的往往是为数不多的重要专利技术。有研究表明，专利的平均价值相当小，且价值分布具有很大的集中度，5% ~ 10% 的专利则占了专利总体价值的一半❶。因此，在专利文献分析中，如何有效判断专利技术价值，发现领域内重要专利文献，是进一步展开技术发展路线、精确预见技术发展方向的重要前提，也是借鉴和拓宽技术研发思路、开展技术追踪的必要手段。

6.1　重要专利的筛选

6.1.1　重要专利的定义

"重要专利"是个相对性概念。对于"重要专利"的精确定义，在专利分析领域至今尚未达成共识。课题组对研究过程中的心得体会以及收集到的行业和技术专家的意见进行归纳和总结后，认为重要专利是指：至少满足下列条件之一的专利技术：

① 在本领域某项技术上具有一定的开创性或取得重要突破；

② 能够产生实际或潜在经济价值，得到行业认可或关注；

③ 研发投入大、受重视程度高。

一个行业的重要专利范畴一定是囊括了该行业所涉及技术领域的核心专利❷或基础专利❸的。

此外，课题组认为重要专利应当具备如下特性：

① 制造本领域的已有（或未来）某种产品时通常（或将要）使用的技术所对应的专利；

② 通过设计一些规避手段绕开该专利具有一定难度。

6.1.2　重要专利的评价指标

筛选重要专利的工作，最好由相应技术领域的技术专家通过逐条阅读专利的名称、摘要乃至说明书和权利要求书全文来完成❹。但是，如果待筛选的专利文献太多，技术

---

❶　SCHANKERMAN M, PAKES A. Estimates of the value of patent rights in European countries during the post - 1950s period [J]. The Economic Journal, 1986 (1): 384.

❷　核心专利，是在某一领域具有首创性的并以此为核心被后续科技引用及产业化聚集必不可少的专利。定义来自于：肖沪卫，等. 专利地图方法与应用 [M]. 上海：上海交通大学出版社，2010.

❸　基础专利即保护基础技术的专利，所谓的基础技术就是一个技术思想最源头的部分。定义主要来源于：杨中楷，刘则渊，梁永霞. 试论基础专利——以汤斯和肖洛的激光专利为例 [J]. 科学学研究，2009 (5).

❹　梁军. 中国发明专利许可价值衡量指标研究 [J]. 电子知识产权，2011 (5).

专家的人工解读将是一项极其耗时、耗力的巨大工程。此外，这种方式可能会因主观因素带来极大的个人偏见。因此，通过重要专利的评价指标来筛选重要专利不仅能够提高工作效率，同时也可以避免因主观因素而产生的偏差。但对于重要专利文献目前尚未有明确的选取标准，更没有定量的指标及评价体系，其原因主要在于专利文献承载内容的特殊性与丰富性以及技术评价本身的复杂性与多元性（参见图6-1-1）为专利文献价值评价带来了诸多难点。

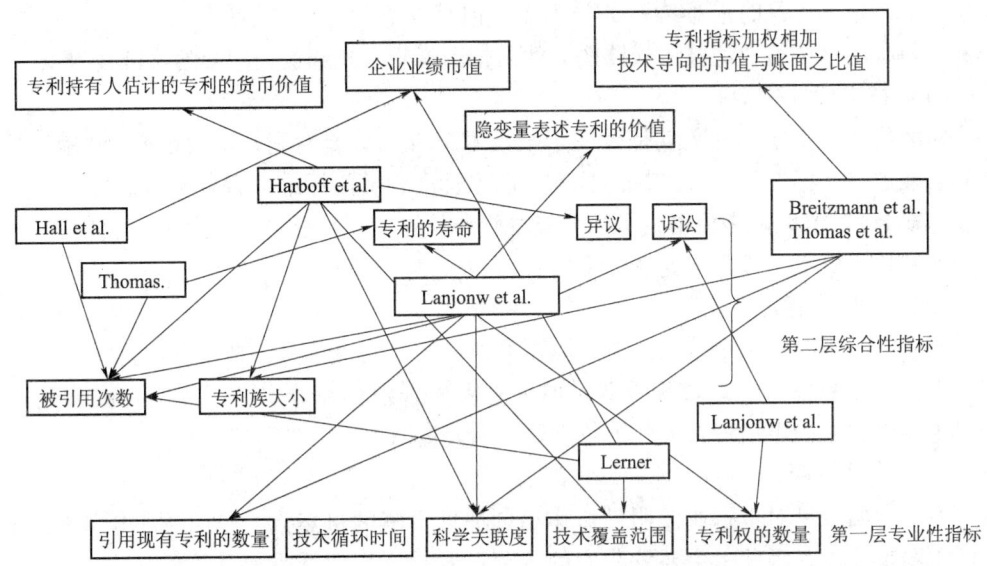

图6-1-1　国外研究机构得出的专利质量评价指标的层次关系 ❶

6.1.2.1　技术价值层面

（1）被引频次

一般而言，如果被引频次较高，则该项专利可能在产业链上所处位置较关键，为竞争对手所不能回避。因此，被引频次可以在一定程度上反映对象专利在某领域研发中的基础性、引导性作用。同时，通常情况下，专利文献公开时间越早，则被引证几率就越高。因此，在此引入同年龄专利文献的平均被引频次水平作为参照，旨在消除不同专利年龄带来的影响。此外，很多国家的专利没给出引用信息，或引用信息不可检索。就美国专利而言，其专利制度中规定专利公告时要充分披露该篇专利的重要相关引用专利和文献，因此对于美国专利数据库来说，可以提供较为完整的专利引证信息，而中国大陆的专利制度并没有此项规定。

（2）引用科技文献数量

CHI学派❷将专利引用科技文献的平均数量用来考察企业的技术与最新科技发展的

---

❶　李清海，刘洋，吴泗宗，等．专利价值评价指标概述及层次分析［J］．科学学研究，2007（2）．

❷　CHI Research, Inc. 成立于1968年，是世界知名的知识产权咨询公司，在行业内是绝对的国际领导者。CHI致力于科学技术创新指标的研究与分析，创立一系列专利分析的指标系统，被广泛应用，开创了专利引证指标的分析与研究的先河，并一直是该领域的领先者。该公司的网址是：http://www.chiresearch.com/．

关联程度。该数量大，说明企业的研发活动和技术创新紧跟最新科技的发展。但科学关联度与专利价值的相关性随行业不同而不同，在科技导向的领域，例如医药和化学领域，该指标与专利价值显著相关；在传统产业，该指标与专利价值的相关性不显著。这就说明，在评价专利的价值时，应根据行业而选用不同的指标。

（3）技术路线关键节点

技术发展路线中的关键节点所涉及的专利技术不仅是技术的突破点和重要改进点，也是在生产相关产品时很难绕开的技术点。但是在寻找这些节点时，需要行业专家花大量时间画出这个行业的技术线路图，然后按图索骥，找到这个图中的关键技术点。

（4）技术标准化指数

标准化指数是指专利文献是否属于某技术标准的必要专利，以及该专利文献所涉及的标准数量、标准类别（如国际标准、国家标准、部门标准、行业标准、地区标准、企业标准等）。但无论是根据技术标准查找所涉及的专利，还是从专利文献出发查找其是否涉及技术标准，都需要花费一定的时间。

（5）主要申请人

行业内的主要专利申请人一般来说在本领域技术实力最强，技术发展比较成体系，其所申请的专利技术自然较为重要。但首先需要辨别和筛选出该领域的主要申请人。如果主要申请人的申请量较大，则还需要投入大量精力进一步筛选。

（6）主要发明人

主要发明人是对本行业发明创造作出创造性贡献的自然人，是引领本领域技术进步的主要带头人。因此，主要发明人的专利技术是本行业最需要关注的技术。但主要发明人申请的专利有限，不能反映本领域重要技术的全貌。

6.1.2.2 经济价值层面

（1）技术许可情况

一件专利如果被许可给多家企业，则证明该专利是生产某类产品时必须使用的专利技术，其重要性不言而喻。部分地区的专利文献标注有专利许可信息，例如欧洲专利局的专利文献中就会将许可信息列举出来。但大多数地区的专利技术许可信息需要到相关部门进行查询。

（2）专利实施情况

毫无疑问，在一定时期内专利有效实施率越高，则专利对于技术发展、技术创新作出的贡献越大。但是，一般的发明专利的实施都还要经过一个开发过程，而一些专利就是为了"技术圈地"，因此，不被实施的专利技术并不一定就不重要。

6.1.2.3 受重视程度层面

（1）专利族大小

一项发明可以在多个国家和地区申请专利保护，获得专利授权的国家的数量定义为一项发明的专利族大小。由于到多个国家申请需要较高的费用，故专利族越大，需要的费用越多，故申请人在向他国申请时会根据专利技术和经济价值的大小来进行专利地域范围的申请，从这个角度看，专利族越大，其价值越高。对于此衡量指标的准确性仍存在诸多争论。有专家认为专利价值与专利族大小不一定是线性关系，因为许多有价值的专利只要在几个重要的国家和地区受到保护就足够了。有专家则认为专利的价值体现为是否申请国外专利，而不是申请多少国外专利；也有专家通过数据证明专利的价值不仅与专利申请国的数量有关，而且与这些国家的组成有关。❶

（2）政府支持

获得政府支持的专利技术其研发自然是有经费和人力资源保障的，专利技术相对更重要。例如，美国有些专利是有政府支持的，这种专利一般技术含量都较高。美国专利的政府支持信息可通过美国专利商标局网站的检索字段 GOVT（Government Interest）进行检索。

（3）专利维持期限

对专利权人而言，只有当专利权带来的预期收益大于专利年费时，专利权人才会继续缴纳专利年费。

（4）专利复审、无效、异议及诉讼

专利在复审、无效、异议及诉讼过程中需要花费大量的时间和费用。专利被复审、无效、异议及诉讼，说明该专利一定是得到申请人或行业的重视的，其中"抵御成功"的专利的稳定性更强、价值更高。

其他反映受重视程度的评价指标还有申请人及发明人数量、权利要求数量、是否申请加快审查等。

在利用表 6 - 1 - 2 中的指标进行重要专利的筛选时，要根据实际情况和各项指标的各项性能，有针对性地选择评价指标。例如，要查找围绕某一产品的重要专利时，除了要按照技术特征进行大范围检索，还要查找出哪些公司在生产这类产品，以这些公司为申请人入口进行检索。还可以对一些评价指标进行一定的改进来使用。例如，在使用被引频次作为评价指标时，为消除不同专利年龄带来的影响，引入同年龄专利文献的平均被引频次水平作为参照。此外，还应注意对这些评价指标的组合使用。例如，在查找刀具涂层技术的重要专利时，对于中早期的重要专利，以被引频次为主要评价指标，对于近期的重要专利，以主要发明人或引用科技文献的数量作为主要评价指标。

表 6 - 1 - 2　重要专利评价指标的特性分析

评价角度	具体评价指标	指标属性	精确性	查全性	可操作性	主要不足
技术角度	技术路线中的关键节点	定性	★★★★★	★★★★★	★	需要专业技术人员参与；费时费力
	标准化指数	定性	★★★★★	★★	★★	标准与专利之间的对应关系较难查全
	被引频次	定量	★★★★	★★★★	★★★★	不利于查找近期重要专利

❶ 张娴，方曙，肖国华，等. 专利文献价值评价模型构建及实证分析［J］. 科技进步与对策，2011（6）.

续表

评价角度	具体评价指标	指标属性	精确性	查全性	可操作性	主要不足
技术角度	引用科技文献的数量	定量	★★★	★★★	★★★	领域差异性较大
	主要申请人	定性	★★★	★★★★	★★★★	需要进一步筛选
	主要发明人	定性	★★★★	★★★	★★★★	需要进一步筛选和扩展
行业关注度与经济价值角度	专利实施情况	定量	★★★★★	★★	★★	信息较难查全
	专利许可情况	定量	★★★★★	★★	★★	信息较难查全，较为适合查找 EP 文献
	专利复审和无效	定量	★★★★	★	★★★	重要专利较难查全；需要判断是否抵御成功
	专利异议及诉讼	定量	★★★★★	★	★★★	重要专利较难查全；需要判断是否抵御成功
受重视程度角度	同族专利数量	定量	★★★	★★	★★★★★	准确性较差
	政府支持	定性	★★★★	★	★★★	信息较难查找、较为适合查找美国专利
	专利维持期限	定量	★★★	★★	★★★★	精确性稍差；不利于查找近期重要专利
	申请人及发明人数量	定量	★★★★	★★★	★★★★★	精确性稍差；不利于查找全面
	权利要求数量	定量	★★	★★	★★★★★	精确性差；查全性差
	是否加快	定性	★	★	★★★★	精确性差；查全性差

注："★"越多表示相关程度越高。

6.1.3 重要专利的主要追踪方法

课题组初步总结了依据重要专利的评价指标进行追踪和筛选重要专利的途径，参见表 6 - 1 - 3。

表 6 - 1 - 3　重要专利的追踪途径

追踪目标	关键技术分支的重要专利技术		
追踪方法	途　径	优　点	缺　点
	以技术主要来源国为主线	查全性较好	数据量大、查准性差
	以主要申请人为主线	查准性较好；查全性较好	需要准确定位主要申请人
	以主要发明人为主线	查准性好；查全性稍差	需要准确定位主要发明人

续表

追踪目标	关键技术分支的重要专利技术		
追踪方法	途　径	优　点	缺　点
	以重要产品为主线	查准性好	查全性差
	以被引频次为主线	查准性好	不适于筛选近期重要专利
	以非专利文献研究热点为主线	查准性一般	查全性差
工作重点	追踪筛选重要专利，为技术借鉴和技术引进做准备		

6.2　具体案例分析

6.2.1　针对特定刀具产品的重要专利查找与分析

由于可转位铣刀是一种市场化产品，用户需要成为企业产品研发的重要导向，而各公司对用户需求的应对结果也主要体现在其推出的新的主打产品中，因此可以利用各公司的最新产品来确定和查找相应的重要专利。

相对于引用频次确定等方法，上述利用各公司的最新产品来确定和查找相应的重点专利的方法十分适用于对各申请人的最新申请专利进行研究，具有非常强的时效性，且非常适用于企业采用跟随策略进行产品研究中使用。由于针对单一产品的研究其涵盖面不够广泛，仅适用于对某个特定产品的专利研究，并不具有系统性。

6.2.1.1　查找方法

（1）检索方法

首先，应根据企业自身研究需要、铣刀市场的最新产品销售情况和用户认可度选取待分析的产品。

其次，根据该产品确定待研究专利的申请人，检索该申请人的相关专利，获得与该产品最为接近的一些专利，即支撑专利。

最后，根据该支撑专利确定检索的分类号以及关键词，再次进行检索，同时对支撑专利进行追踪检索，从而获得更多的相关专利。

（2）检索结果处理

初步阅读检索结果，根据这些专利与待分析产品的相关程度，彼此相应关系，以及不同的申请人情况和专利申请情况确定重要专利。最后将检索到的重要专利分为以下几种：

支撑专利：为该公司为保护该产品而申请的主要专利技术。

早期专利：为与该产品相关的基础专利技术。

前期专利：为该公司所申请的关于该产品的相关技术。

同类专利：为其他公司申请的与该产品相似的专利技术。

6.2.1.2　案例分析

此处以伊斯卡的 HELIDO 螺旋刃铣削刀片为例进行分析，通过申请人检索以及追踪检索等手段分别获得了该公司支撑该产品的专利以及之前的相关专利，还包括其余主要申请人与该产品相似或者相关的专利。

（1）产品特征介绍

HELIDO – 双面螺旋刃刀片具有 4 个螺旋切削刃，用于 90°铣削。刀片切削刃长度 9mm、12mm、17mm。刀片加厚设计，更强固；楔形夹持，更加牢固。刀片还设计有修光刃以获得非常好的表面质量。强固结构，特别的排屑设计，大正前角与优秀的合金牌号之间的组合，使得本系列刀具表现出高的耐用性，低切削力，更长的刀具寿命。HELIDO – 双面螺旋刃铣刀可应用于高速加工钢，不锈钢，铸铁。刀具能进行 90°方肩铣、大步进插铣，并能实现槽铣及面铣加工。所有 HELIDO 铣刀都带内冷却孔。当与单面螺旋刃刀片相比较时，考虑到每个切削刃的成本，加厚、加强固的具有 4 个切削刃的双面螺旋刃刀片非常经济。

（2）专利检索

以申请人伊斯卡为入口获得该产品的支撑专利，从该支撑专利确定分类号 B23C 5/20 和关键词"螺旋刃"以及"双面"，并对支撑专利进行追踪检索，即检索该支撑专利的引证以及被引证文件和审查过程中所使用的对比文件，获得该产品的大量前期专利、早期专利以及同类专利，此外还对外观设计专利进行了初步检索，获得了相应的一些外观设计专利。

（3）重要专利筛选

对检索进行初步阅读发现，除了申请人自身在早期申请的可作为本专利基础的前期专利外，还有其他公司对于该技术的更为早期的申请，即早期申请，该申请独立权利要求保护范围很宽且已授权，可构成这一系列重要专利的基础。而其他的重要申请人如住友电工、京瓷和肯纳等公司也纷纷申请了与该产品相关的一些专利，构成同类专利，因此在围绕产品的重要专利筛选过程中重要申请人的专利也为一个重要考虑因素。

（4）重要专利初步分析

图 6 – 2 –1 展示了与伊斯卡 HELIDO – 双面螺旋刃铣刀相关的部分专利，这些专利是研究该产品的重要专利，国内企业在新产品研究方面很多采用跟随策略，因此系统的研究国外公司的新产品的相关专利，能够提供非常有效的借鉴。

根据对前期专利和支撑专利的分析可知，伊斯卡公司对于螺旋刃刀具的研发起步很早，在 2004 年左右就有有关螺旋刃刀具的专利申请，随后的申请是在这一基础上的逐步改进，包括刃型、断屑面等很多方面。虽然早期专利是沃尔特的申请，具有比较大的保护范围，但是伊斯卡的申请仅略晚于沃尔特的申请，且发明点上也有所不同，因此这些专利都能够获得授权，从而获得不同的保护范围。同时检索到的大量京瓷以及肯纳的类似申请也说明，各主要竞争企业在新技术的研发方面都具有非常强的敏锐度，且彼此间对于相近技术的竞争非常激烈。而一些外观设计专利的出现，尤其是这些外观设计专利来自于一些主要的申请人，说明在可转位铣刀技术领域，外观设计专利的保护也是非常重要的一个方面。从以上信息可知，在一个新技术的竞争阶段，各主要申请人会有一定的趋同性，不断进行细节技术的改进，例如波纹刃等刃型的改

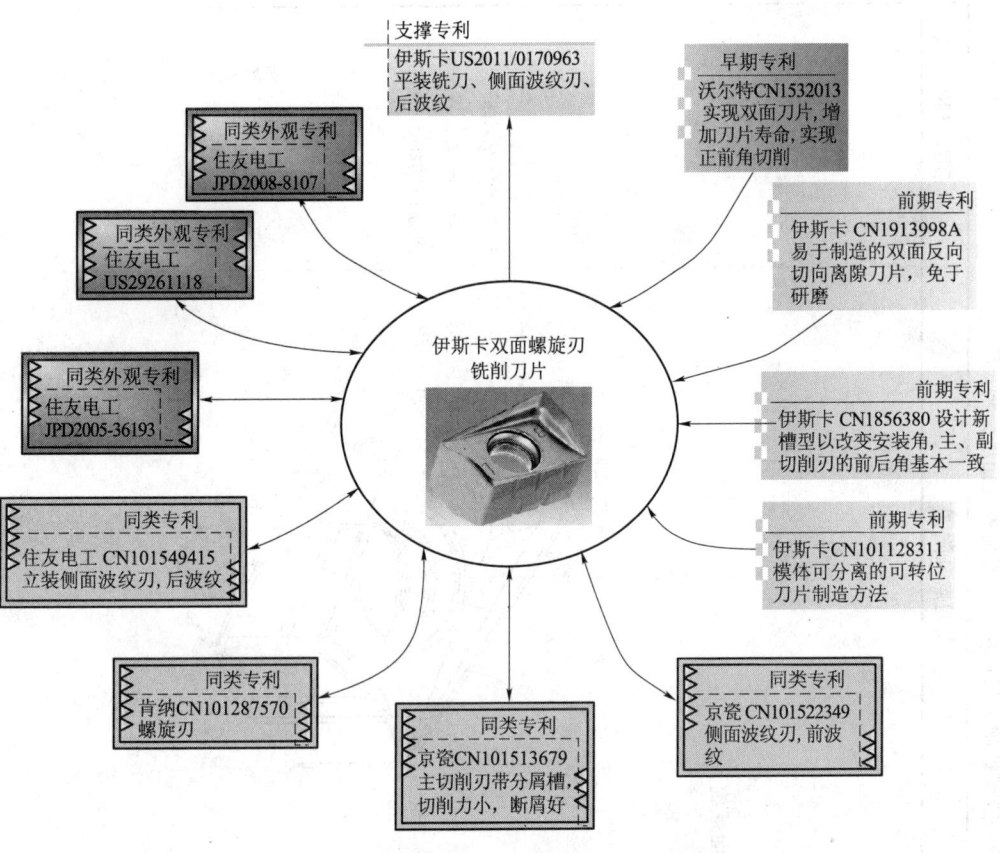

图 6 - 2 - 1　伊斯卡公司 HELIDO - 双面螺旋刃刀片相关专利分析图

变，因此学习他们的专利申请方式，在新技术的基础上进行进一步的改进能够帮助企业在竞争中迅速获得一定的专利保护，从而为自己在竞争中赢得资本。

首先，对于所有这些专利，企业都产品开发中都应注意，不仅需要学习再利用，更应该在产品开发中回避这些专利，以避免侵权风险。其次，企业也可以具体分析这些专利，以获得这一公司的产品专利申请思路，同时根据对同类专利的分析可以获得各主要申请人在该类型产品申请方面的思路。

6.2.2　针对特定申请人的重要专利查找与分析

在刀具涂层结构技术领域，重要申请人主导了该领域的技术进步。通过对重要申请人的重要专利进行分析，可以清晰地发现重要申请人以下信息：① 重要申请人针对某一项技术的研发策略；② 重要申请人针对某一项技术的研发重点；③ 重要申请人针对某一项技术的专利申请申请策略。这些都会给其他申请人带来有益的启示。

这里选取重要专利的主要考虑因素为某项专利申请的被引用频次，该方法适合中长期的重要专利的分析。其不足在于时效性较差，对于近 3 ~ 5 年的专利申请不适宜用该方法来甄别重要专利，因为被某项专利申请的被引用频次与其公开时间相关，公开的时间越晚，其被引用频次就越低。

表6-2-1 伊斯卡公司HELIDO-双面螺旋刃刀片相关专利列表及初步分析

专利类型	申请号	优先权日	发明点及附图	初步分析
支撑专利	US2011170963 A1, 20110714; WO2011086544 A1, 20110721	2010-01-13	双面螺旋刃结构 	与本产品结构最为接近的专利申请，具有双面螺旋刃结构

续表

专利类型	申请　号	优先权日	发明点及附图	初步分析
早期专利	DE20321057 U1，20051110； US6921233 B2，20050726； CN1532013 A，20040929； BR0400267 A，20041228； KR736065B B1，20070706； MX2004002566 A1，20041201； MX247668 B，20070731； IN238147 B，20100122； JP2004284010 A，20041014； KR20040084657 A，20041006； CN1532013B B，20100526； EP1462199 A1，20040929； US2004208713 A1，20041021； DE10312922 B4，20060216； IN200400108 I2，20060804； JP4395394 B2，20100106； DE10312922 A1，20041007； CA2461476 A1，20040922	2003 - 03 - 22	刀片的基体的绕两个轴线扭转，底面和顶面有相同形状且彼此旋转对称，它们分别朝倾斜经过底面或顶面的槽向下倾斜 	保护范围最宽的关于螺旋刀结构的专利申请，需特别注意

续表

专利类型	申请号	优先权日	发明点及附图	初步分析
前期专利	KR20070009525 A, 20070118； DE602004013174 D1, 20080529； US2005063792 A1, 20050324； WO2005028149 A1, 20050331； CN1856380 A, 20061101； KR100892552B B1, 20090409； RU2354511 C2, 20090510； JP4658938B2 B2, 20110323； JP2007506566T T, 20070322； ES2303093T T3, 20080801； CN100400210C C, 20080709； US7063489 B2, 20060620； EP1677934B1 B1, 20080416； EP1677934 A1, 20060712； BR200414586 A, 20061107； IL158098 A, 20080320	2003-09-24	切削镶块，其周向边缘的至少两个区段构成切削刃；周向侧表面包括在切削表面的主侧镶块的两个相对的主侧表面，每个端表面具有两个对角线相对的升高拐角和两个对角线相对的降低拐角 	具有螺旋刀结构的专利申请，但具体结构与本申请不同

续表

专利类型	申请号	优先权日	发明点及附图	初步分析
前期专利	WO2005075135 A1, 20050818; IN200602489P2 P2, 20070525; IN245724B B, 20110204; JP2007520360T T, 20070726; IL160223 A, 20081126; KR949660B B1, 20100329; US2005169716 A1, 20050804; NO20063877 A, 20060831; AU2005210234 A1, 20050818; KR20060127932 A, 20061213; US7241082 B2, 20070710; MX254051 B, 20080131; RU2358844 C2, 20090620; MX2006008754 A1, 20061001; BR200507275 A, 20070626; CN1913998 A, 20070214; AU2005210234B B2, 20091210; NZ548658 A, 20100226; EP1711296 A1, 20061018; ZA200606280 A, 20080326; CN100513031C C, 20090715; CA2554594 C, 20110222	2004-02-04	双面切削刀片，在每个主侧面中，与每个主切削刃相邻的是初级离隙面。从与主侧面垂直的平面截取切削刀片的截面，每个截面中与初级离隙面在主切削刃相切的线，以内锐角向切削刀片的中间平面倾斜 	具有螺旋刀结构的专利申请，但具体结构与本申请不同

续表

专利类型	申 请 号	优先权日	发明点及附图	初步分析
前期专利	AU2006209057 A1, 20060803; CA2611705 A1, 20060803; US2006165828 A1, 20060727; NO20074353 A, 20070827; EP1843892 A1, 20071017; CN100584591C C, 20100127; CN101128311 A, 20080220; JP2008528306T T, 20080731; MX2007008971 A, 20070901; WO2006080002 A1, 20060803; US7560068 B2, 20090714; KR1024785B B1, 20110324; BR200607242A2 A2, 20100323; IN200702111P2 P2, 20070907; IL166530 A, 20090615; ZA200705772 A, 20090729; KR20070100766 A, 20071011; MX276022 B, 20100519; RU2402407 C2, 20101027; CA2611705 C, 20110419	2005-01-27	制造切削刀片的方法，提供形成于闭合的上、下冲模中所形成的冲头通道中的冲头关闭模腔；通过容纳在下冲模中的冲头关闭模腔底部；用预定量的可烧结粉末填充模腔；使上冲头穿过上冲模的冲头通道；压制粉末，形成坯体，并使上冲模和上冲头移动而远离下冲模和下冲头，取出坯体	螺旋刀结构刀片的特殊制造方法

续表

专利类型	申请号	优先权日	发明点及附图	初步分析
同类专利	WO2008038805 A1, 20080403； CN101522349 A, 20090902； JPWO2008038805S X, 20100128； US20110027027 A1, 20110203	2006 – 09 – 29	切削插入件包括倾斜切削刃，槽部从侧面延伸至上表面并分割切削刃，槽部形成在包含平坦切削刃与倾斜切削刃的延长线交点的区域	螺旋刃结构刀具

续表

专利类型	申请号	优先权日	发明点及附图	初步分析
同类专利	WO2006035910 A1, 20060406; CN101513680 A, 20090826; JP2008055600 A, 20080313; KR20080097492 A, 20081105; JP4364173 B2, 20091111; JP4804127 B2, 20111102; EP1808248 A1, 20070718; US2010316452 A1, 20101216; CN101513680B B, 20110727; JP2006305716 A, 20061109; CN101031378 A, 20070905; JP2007083381 A, 20070405; KR100896002 B1, 20090507; CN101031378 B, 20100526; US7802946 B2, 20100928; JP2006289600 A, 20061026; US2008260476 A1, 20081023; KR1067414B B1, 20110927; KR20070069156 A, 20070702; CN101513679A, 20090826	2004-09-29	不重磨插入物的主切削刃形成在前倾面和后隙面的交叉棱线上，后隙面的多个槽部由主槽部和副槽部构成，副槽部在宽度、长度及深度之中至少一方面小于主槽部 	螺旋刃结构刀具

续表

专利类型	申请号	优先权日	发明点及附图	初步分析
同类专利	KR20080012352 A, 20080211; US7753625 B2, 20100713; WO2006138121 A8, 20090423; US2006280568 A1, 20061214; WO2006138121 A2, 20061228; CN101287570 A, 20081015; WO2006138121 A3, 20071213; DE112006001578 T5, 20080430; JP2008543579 T, 20081204	2005 - 06 - 13	带有多个切割刃刀的可转位螺旋切割刀片包括正面和至少两个相对于刀片的中心纵轴线相对的侧壁，每个侧壁包括螺旋切面，其中至少四个螺旋切割刀刃被限定在正面和至少两个相对的侧壁之间的交叉处 	螺旋刀结构刀具

第1章　第2章　第3章　第4章　第5章　第6章　第7章　第8章

续表

专利类型	申请号	优先权日	发明点及附图	初步分析
同类专利	JP2009241212 A，20091022； CN101549415 A，20091007； US2009245950 A1，20091001； EP2106870 A1，20091007； KR20090104668 A，20091006； US8029213 B2，20111004	2008 - 03 - 31	带凹口的可转位刀片，其切削刃由侧表面与上表面相交的位置处的脊线形成；多个凹口将切削刃分割成多个部分，每个凹口具有位于上表面中的端部，每个凹口有朝向端部逐渐增大的宽度 	螺旋刃结构刀具
同类外观专利	JPD2008 - 8107	2008 - 03 - 31		螺旋刃结构刀具

续表

专利类型	申请号	优先权日	发明点及附图	初步分析
同类外观专利	US29261118	2005 – 12 – 08		螺旋刃结构刀具
同类外观专利	JPD2005 –36193	2005 – 12 – 08		螺旋刃结构刀具

6.2.2.1 查找方法

① 以 DII 数据库为数据来源，首先以重要申请人"sandvik"为检索入口，加上主题关键词"cutting tools"和"coating"进行检索，得到检索结果共157项，对检索结果按被引用频次排序。对所检索的专利申请提取必要的数据，如：申请人、发明人、摘要、专利公开号、优先权日、公开授权日、被引用频次、全文文本等。

② 以被引用频次为主要考虑因素，同时参考同族数量共选出了 27 项重要专利。在这 27 项重要专利中选取了优先权日较早的 DE2253745A 作为分析基础。再以该项重要专利的公开号 DE2253745A 为检索入口，提取引用了该项重要专利的所有专利申请共 59 项。

③ 对引用了该项重要专利的 59 项专利申请进行数据处理，进行刀具涂层结构的四级技术分支的标引。

④ 以经过数据处理和标引后的 59 项专利申请为最终分析样本进行阅读，根据分析目标确定阅读重点。

6.2.2.2 案例分析

案例简介：申请人为山特维克，优先权日为 1971 年 11 月 12 日，专利申请号为 DE2253745A。该项专利申请的主要发明点是：用于刀具的双层涂层，底层为 C、N、B 和 Ti、Zr、Hf、V、Nb、Ta、Cr、Mo、W、Si 组合的化合物，外层为氧化铝或者氧化锆。

该项专利在公开后被其他专利申请引用了 59 次。通过对这 59 项专利申请进行研究发现：

① 一项重要专利对该技术领域的影响是持久的。这 59 项专利的申请时间从 1971 ~ 2002 年，跨度达 31 年之久。可以预计随着时间的推移，该项专利还会被其他的在后申请引用，被引用频次还会持续增加。

② 一项重要专利的出现将会带动本技术领域一系列专利申请的出现，而在该项专利的基础上早期迅速介入研究，也能开发出质量更高的专利申请。这 59 项专利申请中，有 5 项专利申请被引用次数在 59 次以上，11 项专利申请的被引用次数在 40 次以上，29 项专利申请的被引用次数在 20 次以上，45 项专利申请被引用次数在 10 次以上。从被引用频次看，至少有 70% 以上的专利申请质量是比较高的。

③ 联合申请分析。**为提高专利申请竞争力，申请人非常注重产业内的相关企业的合作，形成专利技术优势；采取了和发明人共享专利权收益的策略，很有借鉴价值；重要申请人之间都会持续跟踪彼此的专利申请，进而制定相应的专利申请策略。**

在上述这 59 项专利申请中，联合申请的专利申请高达 20 件，公司和公司的联合申请有：克虏伯和山特维克，三菱金属和三菱材料，日立金属和日立工具，其目的是为了产业联合或者技术优势互补。如：克虏伯为重要的刀具消费厂商，山特维克为主要的刀具制造商；日立金属偏重刀具原材料的生产，而日立工具则在刀具制造方面具有丰富的经验。

公司和个人的联合申请有 3 件，如：山特维克和 MIKUS M（个人），其目的是鼓励发明人，吸引人才。通过研究 MIKUS M 作为发明人的专利申请发现：在这 59 项专利申请中有 2 项 MIKUS M 作为发明人的专利申请，且其被引用次数都在 40 次以上，进一步发现 MIKUS M 是 17 项专利申请的发明人或发明人之一，这说明 MIKUS M 是本领域较为重要的技术专家。

在这 59 项专利申请中，涉及的重要申请人有：肯纳、日立金属、日立工具、东芝、瓦伦特、住友电工、东芝图格莱、山高、三菱金属、三菱材料、伊斯卡，这些申请人都是本领域的重要申请人，另外还有通用电气、克虏伯，他们都是机械制造领域的巨头，可见在这些**重要申请人之间都会密切关注彼此的研究动向，从而进行有利于自己的专利申请。**

④ **一项重要专利不仅能在本技术领域产生重要影响，而且也会在其他技术领域产生影响，同样，适当关注其他技术领域的重要专利，也能拓宽本技术领域的研究思路，发现本技术领域的新的研究方向。**在这 59 项专利申请，涉及的技术领域包括：单层涂层、双层涂层和多层涂层，同时还有 3 项涉及用于剃刀片的涂层，1 项涉及用于滑动部件表面的涂层，1 项涉及用于建筑、汽车内部装饰用的涂层。用于剃刀片的涂层是利用了涂层可以提高硬度的性能，而滑动部件表面的涂层则是利用了涂层耐磨、润滑、耐高温的性能，建筑、汽车内部装饰用的涂层则是利用透明陶瓷涂层的耐磨性能，同时也达到了美观的效果。

6.2.3　针对特定发明人的重要专利查找与分析

重要发明人是重要专利的实际创造者。通过对重要发明人的专利申请进行分析，可以清晰发现重要发明人所关注并擅长的技术领域，厘清重要发明人的研发历程，发现重要发明人在技术研发上的选择思路以及重要发明人的专利申请策略。这样不仅可以为行业内的其他研发人员提供有益的研发思路的参考和启发，也能为行业内的人才管理和流动提供有益的信息。

这里选取重要专利的主要考虑因素在重要申请人的发明人团队内寻找参与多项专利申请的重要发明人，该方法适用于专利技术集中度比较高的技术领域。该方法不适用于申请人很分散的技术领域，因其发明人也必然很分散，因此对重要发明人的分析价值有限。

6.2.3.1　查找方法

① 以 DII 数据库为数据来源，首先以重要申请人 "seco" 为检索入口，加上主题关键词 "cutting tools" 和 "coating" 进行检索，得到检索结果共 67 项，对检索结果按被引用频次排序。对所检索的专利申请提取必要的数据，如：申请人、发明人、摘要、专利公开号、优先权日、公开授权日、被引用频次、全文文本等。

② 对这 67 项专利申请的发明人进行统计，根据发明人出现的次数找出重要发明人，其中发明人 RUPPI S 参与的专利申请共有 27 项，因此选取 RUPPI S 作为重要发明人。

③ 对该重要发明人 RUPPI S 的所有专利申请进行数据处理，进行技术分支的标引。

④ 以经过数据处理和标引后的 27 项专利申请作为分析样本，进行初步阅读，并根据分析目标确定阅读重点。

第1章　第2章　第3章　第4章　第5章　第6章　第7章　第8章

6.2.3.2 案例分析

这里以重要申请人山高的专利申请中的重要发明人为例。以 RUPPI S 为发明人或者发明人之一的专利申请共有 27 项（参见表 6 – 2 – 2），其中 RUPPI S 为发明人之一的专利申请共有 14 项，RUPPI S 作为唯一发明人的专利申请有 13 项，说明 RUPPI S 在山高刀具公司的研发团队中具有举足轻重的地位。RUPPI S 作为申请人之一的共同申请共有 8 项，一方面说明该发明人对这 8 项专利申请具有十分重要的技术贡献，另一方面也说明该发明人得到公司的高度重视。

表 6 – 2 – 2　RUPPI S 部分专利申请表

序号	最早优先权日	申请号	专利申请国家或地区	发明点	发明人	申请人	被引用频次
1	2007 – 02 – 01	EP1953258-A1	EP, US, SE, JP, CN, KR, IN, DE	涂层刀具用于钢和铸铁的切削，至少有一层是 α – 氧化铝	RUPPI S	山高刀具；RUPPI S（个人）	4
2	2002 – 05 – 08	JP2003340610-A	JP, SE, US, CN, KR, EP	具有多层氧化铝涂层，其中氧化铝涂层的结构系数大于 1.8	RUPPI S	山高刀具；RUPPI S（个人）	23
3	1999 – 11 – 25	EP1103635-A2	EP, SE, JP, US, IL, DE	多层涂层，其数量为 7 ~ 41 层，该涂层刀具用于铣削低合金钢、中合金钢和不锈钢的切削	SULIN A；QVICK J；RUPPI S；OLOFSSON R	山特维克	15
4	1989 – 07 – 13	EP408535-A	EP, JP, US, DE	利用 CVD 技术制造具有耐磨中间层的多层刀具涂层	RUPPI S	山高	54

通过对这 27 项专利申请的分析，可以发现以 RUPPI S 为核心的研发团队的一些研发策略：

① 研发方向集中，这 27 项专利申请的共同点是：都和 Al_2O_3 涂层相关。

② 以应用为导向，对不同的被加工对象确定涂层刀具的性能，进而开始研发。如：用于铸铁、低碳合金钢、高碳合金钢、不锈钢等不同被加工对象的刀具涂层具有不同的性能优势。

③ 重视专利申请保护，充分利用优先权规则，使专利保护跟上研发进度。首先在本国提交申请形成优先权，然后迅速进入其他国家。

④ 重视全球专利申请，27 项专利申请中有 25 项都在多个国家和地区进行了专利申请，涵盖了欧、美、日、中、韩等主要刀具消费市场。

⑤ 专利申请本身质量较高，授权率较高。在这 27 项专利申请中被引用频次在 5 次以上的专利申请高达 20 项，由此可见，该发明人的专利申请在行业内受关注度高，在行业内的技术研发中占有一定的领先地位。

6.2.4　针对非专利文献研究热点的重要专利查找与分析

从图 6-2-2 来看，创新是一个从无形的思想到有形的商品并完成价值实现的过程。其主要分以下几个阶段：① 设想、理论、探索；② 技术概念；③ 工业发展（创新）；④ 应用（模仿、改进）。❶ 可以看出，非专利文献的研究主要集中在第①、②阶段，而专利文献的研究主要集中在③、④阶段。因此，非专利文献往往是专利文献研究的基础，并且在一定程度上可以预示出专利技术的发展方向。

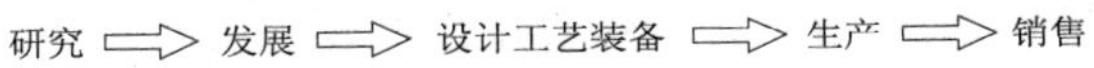

研究 ⟹ 发展 ⟹ 设计工艺装备 ⟹ 生产 ⟹ 销售

图 6-2-2　技术创新的链式模型

此外，众所周知，专利文献是专利制度的产物，是广泛而合格的技术情报源，具有其他文献不具有的特点，但是专利文献有其不可避免的缺点，即由于专利法的规定，专利文献中不会有科学理论的内容，且很多科学领域也不属于专利法保护的范畴。因此，专利文献也必须从非专利文献中汲取养料。科技报告论题的专深，会议资料内容的新颖，科技图书的系统全面，科技期刊的迅速灵活，学位论文的高质量等，这都是专利文献所欠缺的。❷ 因此，对于非专利文献的分析就尤为重要。

根据非专利文献的研究热点来确定重要专利相较于采用专利被引用频次来确定重要专利的优点如下：近年来的专利文献由于出现较晚，相对于早期的专利文献而言，其被引用频次会较小，仅根据被引用频次进行筛选容易造成专利文献的遗漏，而采用非专利文献的研究热点作为补充，可以挖掘近年来专利可能的申请方向。但是由于非专利文献检索过程较为复杂，如非专利文献数据库（中文的 CNKI，外文 Elsevier Science 以及 EI Village 等）检索入口较少，关键词之间的逻辑算符较少等，且需要阅读的文献量较大，因此在一定程度上给这种方法带来了较大的困难。

6.2.4.1　查找方法

① 根据选取的中文关键词在 CNKI 数据库中进行检索，根据选取的外文关键词在 ES 以及 EI 数据库中进行检索，选取近年来涉及相应技术的非专利文献。

② 根据非专利文献所涉及的技术点的出现频次以及非专利文献被引用的频次，选取相应技术的研究热点。

③ 根据选取的研究热点扩展出相应关键词进行补充检索，以及对相应非专利文献进行阅读，补充引证文献，从而获得更多的相关非专利文献。

---

❶ 王燕玲. 基于专利分析的行业技术创新研究［J］. 科学学研究，2009（26）.

❷ 周德明. 专利文献与非专利文献互补［J］. 技术与市场，1987（4）.

6.2.4.2 案例分析

此处以刀具热处理技术为例进行分析，通过利用"刀具""热处理"等关键词的相关中、英文的表达方式，分别在 CNKI、EI、ES 数据库进行检索，得到近 10 年以来的相关非专利文献，通过阅读可知，关于利用激光对刀具表面进行硬化或是处理的文献出现频率较高，如："激光热处理中光束参数表述问题研究"，"Integrated laser system for heat treatment with high power diode laser"，"Machinability of steels after heat treatment with CO_2 laser and its improvement"，"On-machine heat treatment system using YAG laser：Laser hardening of micro-cutting edge"等，因此，再利用"激光"的中英文表达作为关键词，继续在 CNKI、EI、ES 数据库进行补充检索，进一步得到关于激光在刀具热处理技术中应用的非专利文献，之后对这些文献进行阅读分析，通过其引证文件进一步补充关于激光方面的非专利文献（具体参见以上文献的引证部分），从而确定出将"激光在刀具热处理技术中的应用"作为非专利文献的研究热点。再根据这一热点，在近年来的专利文献中查找相应的文献，并且综合考虑引用频次以及专利的同族数量，选取相应的重要专利，从而确定出 WO2009125284A1、EP1803524A1 作为重要专利，这两篇专利均涉及激光在刀具热处理技术中的应用。通过分析这两篇专利可知，其优先权国家一为美国，另为日本，两者均为刀具领域重要的专利申请国，且两篇申请都具有大量的同族文件，进入了多个国家和地区，从而也进一步证明了激光在刀具热处理技术中的应用是今后的一个发展趋势。

6.2.4.3 非专利文献目录

表 6-2-3 是近 5 年来国内外涉及刀具热处理技术相应的非专利文献列表。

表 6-2-3　2007~2011 年刀具热处理技术部分非专利文献列表

年份	标　题	作　者	作者单位
2007	CVD 和 CVD 镀层工具钢的热处理	潘晓华；朱祖昌	艾福表面处理技术（上海）有限公司；上海工程技术大学
2007	真空渗氮热处理应用及技术进展	阎承沛	北京机电研究院
2007	Machinability of steels after heat treatment with CO_2 laser and its improvement	aka, Ryutaro	Hen/Transactions of the Japan Society of Mechanical Engineers
2007	Adhesion strength of diamond films on heat-treated WC-Co cutting tools	Chae, Ki-Woong	Hoseo University
2007	热处理技术进展	樊东黎	中国热处理行业协会
2008	高速钢工模具的热处理工艺研究	邢艳梅	南京理工大学
2008	高速钢工具硬度与热处理	赵步青	江苏镇江拓普工具公司
2008	C 曲线在热处理工艺中的应用	宋奇志	甘肃省冶金高级技术学院

续表

年份	标 题	作 者	作者单位
2008	Improving tool life using cryogenic cooling	Khan，Ahsan Ali	Faculty of Engineering
2009	W9MO3CO4V 材质的超薄刀具的热处理	黄玉琴；裴崇轩；潘磊	哈尔滨电机厂有限责任公司
2009	W7SiN 高性能高速钢热处理工艺与切削性能试验研究	宋学全；刘秀英；宇宏梅；任永彬；王汉光	
2009	刀具特性参数与真空热处理工艺的关系	杨友华；刘献礼；于继龙；刘秀英	哈尔滨理工大学机械动力工程学院；哈尔滨第一工具制造有限公司
2009	真空技术在工具热处理中的应用	祝新发	上海工具厂有限公司技术中心
2009	Machinability of C45 steel with deep cryogenic treated tungsten carbide cutting tool inserts	SreeramaReddy，T. V.	Department of Mechanical Engineering
2009	Effects of heat treatment on the machinability of Cr-Ni stainless steels with Si and Mn additives	Yaz，Mehmet	Department of Mechanical Program
2010	复杂刀具真空热处理工艺交叉混合推理机制的研究	杨友华；刘献礼；韩海英；于继龙	哈尔滨理工大学机械动力工程学院；哈尔滨第一工具制造有限公司
2010	先进的感应热处理技术和设计方法	涅姆科夫瓦伦丁；沈庆通	夫莱克斯卓尔公司
2010	基于有限元的立铣刀热处理工艺仿真方法研究	宋冬冬；祝新发；刘兆远	上海工具厂有限公司；机械工业高速精密工具工程技术研究中心
2010	On-machine heat treatment system using YAG laser：Laser hardening of micro-cutting edge	Ogawa，Keiji	University of Shiga Prefecture
2010	Cryoprocessing of cutting tool materials	Gill，Simranpreet Singh	Department of Mechanical Engineering
2010	YT15 硬质合金刀片深冷处理工艺实验研究	阎红娟；徐宏海；罗学科	北方工业大学机电工程学院
2010	深冷处理对 W9Mo3Cr4V、W6Mo5Cr4V2 和 W4Mo3Cr4VSi 三种高速钢钻头性能影响的比较	王洪艳	辽宁地质工程职业学院

续表

年份	标　题	作　者	作者单位
2011	工具钢的热处理工艺优化设计	王德山	南京铁道职业技术学院苏州校区
2011	热处理提高金属 TiC 陶瓷刀具抗断裂能力	叶威；宋小平	中国科学院金属研究所
2011	W18Cr4V 钢制造齿轮铣刀的热处理工艺	王德山	南京铁道职业技术学院苏州校区
2011	热处理对剃齿刀内孔变形分析	李金祥	哈尔滨第一工具制造有限公司

6.2.5　针对专利申诉案例的重要专利查找与分析

虽然国内刀具企业整体上技术水平低、产品技术含量不高，但还是有一批企业在激烈的市场竞争中崭露头角，占有一部分中端产品市场，并逐步进军高端产品市场。在此过程中，国外刀具企业通常会采用专利诉讼等手段进行打压，一个较为知名的案例是山特维克以涉嫌仿制侵权为由将株洲钻石告上法庭，虽然最后结果以山特维克撤诉而告终，但是由于整个诉讼过程长达数年，在此期间株洲钻石的几款产品被禁止上市，由此带来了巨大的经济损失，所以虽然赢得了官司但却失去了市场。另外，国内企业的出口产品中占绝大多数的是低附加值的产品，随着产业升级，势必会面临越来越多的专利诉讼，因此业内人士较为关心国外专利纠纷及其处理过程。有鉴于此，在欧洲专利申诉数据库中找到了一个专利申诉案例，翻译整理之后供国内刀具企业借鉴。

6.2.5.1　查找方法

（1）检索方法

可以通过欧洲专利局申诉委员会（以下简称"申诉委员会"）提供的数据库检索异议案件（网址为 http：//www. epo. org/law-practice/case-law-appeals/advanced-search. html）。

在该数据库中，主要有两种检索方式：

- Search the board of appeal decisions database；
- Advanced search in the board of appeal decisions database。

其中第一种为简单检索，在该模式中，仅有较少的检索入口，因此通常使用第二种即高级搜索模式。在该模式中可以选择 Full text search（全文检索）、Case number（案例号）、IPC、Application number（申请号）、Application title（申请标题）等多种检索入口。

此外，在高级检索中，还可以通过限定项目进一步缩小检索范围，从而得到更加准确的结果。限定项目主要包括 Decision types（决定类型）、Technical boards of appeal（技术申诉委员会）、Time（时间）、Language of proceedings（处理的语言）等。

（2）检索结果处理

通过在高级检索模式下选择合适的检索入口并结合限定项目，可以得到初步检索结果，初步浏览，去除其中内容明显不相关的结果以及并非企业间申诉而是针对欧洲专利局审查结果不满意的结果，即可得到较为准确的结果（参见表 6 - 2 - 4）。细致阅读各个判例，选出最感兴趣的案例重点研读、分析。

6.2.5.2　案例分析

案卷号为 T0052/04 - 3.2.02 的专利申诉涉及题为"用于硬质合金的复合碳化物粉末及其生产方法"的专利申请，其申请号为 97108226.8，公开号为 EP0808912A，专利权人为东京钨株式会社（Tokyo Tungsten Co., Ltd.），异议方为德国的 H. C. 施塔克有限公司（H. C. Starck GmbH）和奥地利的伯格堡恩得钨业股份有限公司（Wolfram Bergbau-und Hütten-GmbH Nfg. KG），其中后者于 2009 年被山特维克收购。

2000 年 8 月 30 日，专利权人东京钨株式会社的专利申请被授权，编号为 No.0808912。当前的被告（即异议方 1 和异议方 2）对该授权的专利提出异议，理由是其主题缺乏新颖性，并且不具备创造性。

欧洲专利局异议处（以下简称"异议处"）在 2003 年 11 月 13 日发布决定，认为独立权利要求 1、4 的主题缺乏新颖性，并且撤销了该专利。在该决定中，唯一引用的文件 D1 为 US3480410A。D1 明确地公开了权利要求 4 中除 3 ~ 100℃/分钟的加热速度之外的所有工艺步骤。然而，依据异议处的观点，涉及 D1 的粉末混合物的加热会自动地在落入所声称范围中的速度下执行，并且因此不能形成可专利的差异。D1 中的处理步骤和起始材料与该专利中所声称的相同，因此可以认为通过已知步骤获得的 WC 粉末具有与该专利中权利要求 1 相同的多晶结构。因此，异议处断定该专利中权利要求 4 中规定的步骤和权利要求 1 中提出的复合碳化物粉末相对于对比文件 D1 所公开的技术方案不具备新颖性。

专利权人（上诉人）于 2004 年 1 月 12 日对该决定提请上诉，并于 2004 年 3 月 15 日提交了陈述上诉理由的书面意见。

为了满足各方的要求，申诉委员会在 2006 年 3 月 31 日举行了口头听证。被告 1 和被告 2 分别于 2006 年 2 月 28 日和 2006 年 2 月 21 日来信通知申诉委员会届时他们将无法参见口头听证。依照《欧洲专利公约》第 71（2）条，口头听证在他们不在场的情况下举行。

在口头听证中，上诉人实质争辩如下：在要求保护的步骤中，细的碳化钨主晶粒是在形成 WC 颗粒之前通过将 Cr 扩散到粗的 W 颗粒中生成的。各扩散步骤极大地受到下列因素的影响：① 钨颗粒的平均粒径；② 当混合物加热到 1 200℃ 和 1 700℃ 之间的温度时的加热速度。从 1996 年 5 月 21 日的日本优先权文件 JP8 - 125537 的表 1 结尾处给出的比较性实例 1 - 4 可知，可以应用在所保护范围之外的加热速度。特别是尝试了 1℃/分钟（实例 3）或 150℃/分钟（实例 1）的加热速度，但是不能促进 Cr 扩散，并且因此并未生成满足本专利权利要求 1 所规定的不平均性的细颗粒复合碳化钨粉末。由于上述对比文件 D1 完全没有公开加热速度，所以本专利权利要求 4 的主题和权利要求 1 中定义的复合碳化物颗粒相对于该文件 D1 所公开的技术方案而言是新颖的。

第1章

第2章

第3章

第4章

第5章

第6章

第7章

第8章

表6－2－4 涉及申诉的部分重要专利

序号	申请号	最早优先权日	公开号/授权公开号	技术说明	发明人	申请人	起诉方	申诉结果	是否进入中国	中国法律状态
1	EP97108226A	1996－05－21	EP0808912B1; JP9309715A; US5928976A; E6970294 9D1; CN1121996C; JP2990655B2; CN1169970A; EP0808912A1; EP0808912B1; CN1121996C; DE69702949D1	A composite carbide powder comprising WC as a main component, where the WC powder comprises fineprimary crystal particles and satisfies the conditions: $Y > 0.61 - 0.33\log(X)$, where Y denotes a half-value width of （211） crystal planes in the WC （JCPDS-card 25 − 1047, d ＝ 0.9020） measured by a X-ray diffraction method and where X denotes a grain size measured by a FSS method.	ASADA N et al.	TOKYO TUNGSTEN CO LTD	H. C. Starck GmbH; Wolfram Bergbau- und Hütten- GmbH Nfg. KG	撤销异议处关于专利无新颖性的决定，该案移交第一审以进一步审查	是	授权
2	EP94907035A	1993－02－05	EP0682580A1; US5484468A; EP0682580B1; WO9417943A1; JP8506620T; JP3611853B2; SE9300376A; DE69410441D; IL108560A; EP0682580B2	Tungsten carbide insert having binder-enriched surface-has edge hardness enhanced by nucleation of sintered insert at initial high nitrogen @ pressure above m. pt. of binder to form cubic phase	AKESSON L et al.	SANDVIK AB	KENNA-METAL INC	撤销异议处维持专利的决定，在新文本的基础上维持专利权	否	无

续表

序号	申请号	最早优先权日	公开号/授权公开号	技术说明	发明人	申请人	起诉方	申诉结果	是否进入中国	中国法律状态
3	EP92903559A	1991-01-25	EP0568584B1; EP0568584A1; US6241799B1; AU1182592A; DE69215354D; JP2634949B2; ES2094341T3; JP6505053T; WO9213112A1; DE69215354D1	A sintered cemented carbide alloy in which submicron grains of tungsten carbide are used which optimally anchor to a single phase binder	GALLI ENRICO	SANDVIK AB	CERATIZIT S. A.	撤销异议处维持专利有效的决定，专利被撤销	否	无
4	EP95907184A	1994-01-21	SE9400187A; JP9508094T; EP0740644B1; WO9519940A1; US5449647A; EP0740644A1; DE69516266D1; SE507706C2; EP0740644A1	Cutting tool comprising low aspect ratio silicon carbide whiskers-in alumina-based matrix, is used for chip-forming machining of heat-resistant alloys.	BRANDT GUNNAR	SANDVIK AB	Kennametal Inc.	撤销异议处的决定，维持专利为授权的	否	无

注：中国法律状态一栏中的"无"表示由于相关专利未在中国国家知识产权局申请而不存在相关法律状态。

第1章　第2章　第3章　第4章　第5章　第6章　第7章　第8章

在答复上诉理由的书面意见中，被告使用了 D1，并且同意异议处在撤销专利权的决定中给出的理由。承认了 D1 完全没有公开加热速度。被告争辩说在所要求保护范围内的加热速度对于分次式炉或连续隧道式炉是"典型的"，低于 3℃/分钟的速度是不经济的，并且高于 100℃/分钟的速度很难实现。因此在反对的专利中所要保护的特定加热速度对于由 D1 中已知的工艺不构成技术差异。因此权利要求 4 的工艺和权利要求 1 的产品缺乏新颖性。

申诉委员会给出的决定理由如下：从 1996 年 5 月 21 日的日本优先权文件 JP8 - 125537 的表 1 中给出的比较性实例 1 - 4 可知，还已经执行了 150℃/分钟（实例 1）和 1℃/分钟（实例 3）的加热速度。与被告的看法相反，比较性实例 1 和实例 3 因此显示了实际上可以选取在所要求保护范围之外的加热速度。D1 中完全没有提及加热速度，并且没有给出加热速度应该进行控制的信息。遵从 D1 中给出的技术教导，本领域普通技术人员仅能够从该说明书获知加热速度并非关键参数而是可以自由选取的。因此，不能从 D1 直接和毫无疑义地推导出在实践 D1 的工艺时利用本专利中要求保护的加热速度的范围。在要求保护的范围内操作的理论可能性在法律上并不足以剥夺所要求保护范围的新颖性，特别是本领域普通技术人员完全没有使用该范围的技术动机。

被告重复地主张所要求保护的加热速率对于分次式炉或连续隧道式炉是"典型的"。但是在口头听证中，被告并未提供任何支持该论点的证据。

因此可以认为权利要求 4 中的工艺相对于 D1 的公开而言是新颖的。

另外，没有证据可以表明 D1 中的工艺所获得的复合碳化物粉末满足不等式 $Y > 0.61 - 0.33\log(X)$。因此申诉委员会看不到任何怀疑权利要求 1 的主体的新颖性的理由。

因为异议处基于 D1 的公开而使申请缺乏新颖性的决定被撤销，所以申诉委员会认为将该案例移交初审法院以在 EP0808912A 的授权的权利要求的基础上进一步起诉是合适的。

申诉委员会最后的决定为：撤销上诉所针对的决定。

6.2.5.3　专利申诉案例给中国企业的启示

从这个申诉案例中可以看出，国外竞争者如何通过专利申诉等方式维护自身权益。虽然日本东京钨株式会社的总申请量排名并不在前列，但是该公司是世界上最有创新精神的硬质合金生产厂家之一，在钨精炼、钨钼产品等方面具有很强的研发实力，它还是生产高熔点金属以及硬质合金中间制品的重要厂家。

对于该公司在欧洲的申请，占据主场之利的欧洲厂家自然不肯善罢甘休，所以 H. C. 施塔克有限公司和伯格堡恩得钨业股份有限公司便联合起来向异议处提出了异议。

虽然异议处撤销了该专利，但是最后申诉委员会否决了欧洲专利局于 2004 年 5 月在首次异议程序中对该专利的无效裁定。我们可以从该专利的申诉过程中发现很多值得借鉴之处：

① EP0808912B1 也具有中国同族 CN1169970A，并早在 2003 年 9 月 24 日就被中国

国家知识产权局授权为 CN1121996C，但是与欧洲同行主动出击相比，国内申请人完全处于被动的局面，即便是在有欧洲专利申诉的过程可供借鉴的情况下，也并未针对该授权专利提出无效，这一点一方面反映出国内硬质合金生产工艺落后，与技术先进的东京钨株式会社无法形成有效竞争，另一方面也表明国内申请人竞争意识淡薄。

② 研究欧洲专利局的申诉过程，可以发现申诉委员会对于工艺条件是否已由现有技术隐含公开的认定是比较严格的。针对同一份对比文件，异议处和申诉委员会得到了完全相反的结论。对比文件 US3480410A 与 EP0808912B1 之间的区别仅仅在于 3 ~ 100℃/分钟的加热速度，从这个角度上来看，1997 年提交申请的在后申请 EP0808912B1 可以视为对在先申请 US3480410A（1968 年申请）的技术改进，但是该技术改进只是从工艺参数上做了一个较为宽泛的限定而已，技术含量并不是很高——这也是日本申请人的一大特点，他们善于跟进先进技术，并进一步挖掘，同时加以改进，反映在专利上就是数量很大但是总体上以小改进为主。另外，申诉委员会证明工艺参数的非公知性也给了我们一定的启示，即完全可以针对国外申请人在欧洲专利局乃至中国国家知识产权局申请的保护范围较大的专利申请提出后续申请而得到保护，只要申请所涉及的工艺参数无法被证明并非关键参数而是可以自由选取的即可。这样通过围绕技术领先的申请人的专利申请形成多项申请而形成"你中有我、我中有你"的交叉态势，即可在专利技术竞争以及可能的专利诉讼中占据一定的优势地位，完全可通过交叉许可而避免专利诉讼。

6.3 刀具行业重要专利的追踪与利用

6.3.1 国内主要申请人的重要技术追踪对象

根据国内主要申请人的研发重心以及国外主要申请人的技术特长确定国内主要申请人的主要技术追踪对象。表 6-3-1 列出了国内前 20 名申请人需要根据自身专利申请情况展开针对性技术追踪的国外主要申请人。需要指出的是，表 6-3-1 中列出的技术追踪对象主要是从国外企业的专利申请申请情况出发，而不是完全依照市场中实际产品的生产状况，其目的更多的是考虑潜在的市场竞争及侵权风险。

表 6-3-1 国内申请人的主要技术追踪对象　　　单位：项

序号	国内主要申请人	研发重心（申请量）	技术追踪对象（主要申请人）
1	株洲钻石	铣刀（18+20）	伊斯卡（63）、山特维克（49）、肯纳（34）
		硬质合金（14）	山特维克（23）、山高（9）
		涂层（7）	山特维克（81）、山高（40）、肯纳（27）
2	山东大学	陶瓷（19）	山特维克（9）、肯纳（6）
		涂层（8）	山特维克（81）、山高（40）

续表

序号	国内主要申请人	研发重心 （申请量）	技术追踪对象 （主要申请人）
3	上海交通大学	涂层（18）	山特维克（81）、山高（40）、肯纳（27）
4	东方汽轮机	铣刀（6+4）	伊斯卡（63）、山特维克（49）、肯纳（34）
		硬质合金（4+1）	山特维克（23）、山高（9）
5	北京科技大学	高速钢（4）	住友电工（1）
		涂层（3）	山特维克（81）、山高（40）、肯纳（27）
		硬质合金（3）	山特维克（23）、山高（9）
6	四川大学	热处理（4）	山特维克（5）、肯纳（3）
7	清华大学	陶瓷（10）	山特维克（9）、肯纳（6）
8	鸿富锦精密工业	铣刀（3）	山特维克（81）、山高（40）、肯纳（27）
		其他刀具（3）	山特维克（13）、肯纳（10）
9	鸿海精密工业	铣刀（3）	山特维克（81）、山高（40）、肯纳（27）
		其他刀具（3）	山特维克（13）、肯纳（10）
10	上海工具厂	涂层（7）	山特维克（81）、山高（40）、肯纳（27）
11	哈尔滨工具厂	齿轮刀具（0+4）	肯纳（1）
12	哈量	铣刀（0+5）	伊斯卡（63）、山特维克（49）、肯纳（34）

注：表中括号中"+"后面的数字表示实用新型的申请数量。

6.3.2 刀具行业重要专利技术的利用方法

（1）在技术研发前，应当以借鉴、引进、吸收国外先进技术成果为主

《孙子兵法》云："强则攻、衡则守、弱则防、中则跟进。"任何领域的技术创新需要循序渐进，鉴于中国刀具企业的技术实力还比较薄弱，在这方面可以借鉴刀具行业的一些领跑企业的研发成果和研发经验。国内刀具企业应当以开放、务实的心态，大力借鉴和吸收国外各项技术成果，坚持借鉴与创新并重，引进技术和消化吸收并重。

（2）在技术研发中，应当在消化吸收国外先进刀具技术的基础上以再创新为主

在原始创新和集成创新能力不足的情况下，引进、消化、吸收、再创新无疑是一条比较好的创新途径。❶ 但不应当完全摒弃原始创新和集成创新，应当坚持原始创新、集成创新和引进消化吸收再创新相结合。

"他山之石，可以攻玉。"在消化吸收再创新方式上，我们可以多借鉴日本人的

---

❶ 王乃静．基于技术引进、消化吸收的企业自主创新路径探析［J］．中国软科学，2007（4）．

做法，❶ 特别是日本申请人在重要专利技术的基础上进行再创新后变成自主创新的做法。

再创新也需要大量的资金和人力资源投入，特别是人才培养和人才引进。在人才培养方面，应当培养精通现代刀具材料技术、涂层技术以及专用数字化设计与制造技术的刀具技术复合型人才和能快速吸收这些新知识的高端人才。在人才引进方面，可以重点关注重点技术分支主要发明人。

（3）在专利申请上，可先以外围和差异化战略为主

"外围专利战略"❷ 注重对引进技术的消化吸收，在消化吸收的基础上加以改进创新，从而形成了以专利技术为主体的"引进—消化吸收—创新—输出"的良性循环机制。运用"外围专利战略"最成功的是日本企业，❸ 在刀具涂层结构领域重要申请人三菱材料是运用此战略较为成功的范例。

"差异化战略"是指结合近期的技术发展需求，对各技术分支解决的技术问题进行功效矩阵分析，找出具备技术可行性的技术空白点。可先选择一点进行突破，走"小而精"或"小而专"的研发思路，与竞争对手进行差异化技术申请。当然，也可以通过海外并购直接购买相关技术。据悉，海外并购已经成为中国刀具行业产业调整的主要形式之一，❹ 特别是在国外处于经济危机的时期。❺

6.3.3 重要申请人三菱材料对重要专利的利用方法分析

重要申请人往往占据十分重要的市场地位，拥有大量的重要专利是其能够扩大市场优势的重要支撑之一。那么通过重要申请人对其他重要申请人的重要专利的利用方法的分析，一方面可以了解拥有该项重要专利的重要申请人是如何进行自己的专利申请，另一方面可以了解未拥有该项重要专利的重要申请人是使用了怎样的方法来对该项重要专利进行吸收、创新、突围。为其他申请人在面对重要申请人的重要专利申请

---

❶ 解读中长期科技发展规划60条配套政策之三：引进消化吸收再创新如何一路走好："日本在很多领域的技术引进和消化吸收再创新方面的投入之比达到了1:5到1:11，这使他们的自主创新能力迅速提升；相比之下，我国在引进和消化吸收再创新方面可以说严重脱节。参见：2004年引进技术和消化吸收投入之比仅仅为1:0.15 [N]. 中国高新技术产业导报，2006 – 05 – 29.

❷ 外围专利战略，即采用具有相同原理并环绕他人基本专利的许多不同的专利，加强自己与基本专利权人进行对抗的战略。或者在自己的基本专利受到冲击时，在基本专利周围编织专利网，采取层层围堵的办法加以对抗。

❸ 日本企业的专利战略及其启示："面对欧美在日申请的大量基础性关键技术专利的攻击，日本众多企业展开了"外围专利"攻势，也就是围绕欧美的基础性关键技术专利抢先申请各有特色的大量小专利，即"外围专利"，构筑严密的外围专利网，使欧美的基础性关键技术在日本企业的外围专利网中失灵，因为没有这些众多的外围专利，基础性专利就不能具体实施。参见：论发展中国家的知识产权保护 [EB/OL]. (2010 – 09 – 13) [2011 – 06 – 18] http://www.sosocg.com.

❹ 哈尔滨量具刃具集团有限公司于2005年并购了德国KELCH公司，主要产品为刀具预调仪和HSK刀柄。大连远东企业集团有限公司于2009年成功收购美国肯纳旗下具有百年历史、世界最大的高速钢钻头工厂——格林菲尔德/克利夫兰切削刀具工厂。参见：中国机床工具工业协会. 2010中国机床工具工业年鉴 [M]. 北京：机械工业出版社，2010：13.

❺ 追赶甚至是实现赶超的大好时机 [EB/OL]. (2009 – 3 – 20) [2011 – 06 – 03] http://wenku.baidu.com/view/1749f3.html.

时如何发挥自己的技术优势并在竞争中获得一席之地提供有益的参考。

6.3.3.1 查找方法

（1）以 DII 数据库为数据来源，首先以重要申请人"sandvik"为检索入口，加上主题关键词"cutting tools"和"coating"进行检索，得到检索结果共 157 项，对检索结果按被引用频次排序。对所检索的专利申请提取必要的数据提取，如：申请人、发明人、摘要、专利公开号、优先权日、公开授权日、被引用频次，全文文本等。

（2）以被引用频次为主要考虑因素，同时参考同族专利数量共选出了 27 项重要专利。在这 27 项重要专利中选取了 EP693574A 作为分析基础。再以该项重要专利的公开号 EP693574A 为检索入口，提取所有引用了该项重要专利的所有专利申请共 65 项。在这 65 项专利申请中，有 8 项是三菱材料引用了该项重要专利申请。

（3）提取三菱材料的这 8 项专利申请的相关数据，如：申请人、发明人、摘要、专利公开号、优先权日、公开授权日、被引用频次、全文文本等。对这 8 项专利申请进行数据处理，进行技术分支的标引。

（4）以经过数据处理和标引后的这 8 项申请作为分析样本，对分析样本进行阅读，根据分析目标确定阅读重点。

6.3.3.2 案例分析

案例简介：申请人为山特维克，最早优先权日为 1994 年 7 月 20 日，专利申请号为 EP693574A，公开日为 1996 年 1 月 24 日。

该项专利共被引用 65 次（参见图 6－3－1），其中被三菱材料引用了 8 次（参见图 6－3－2），通过研究三菱材料的这 8 项专利申请，可以发现一些三菱材料针对山特维克该项专利申请的利用过程。

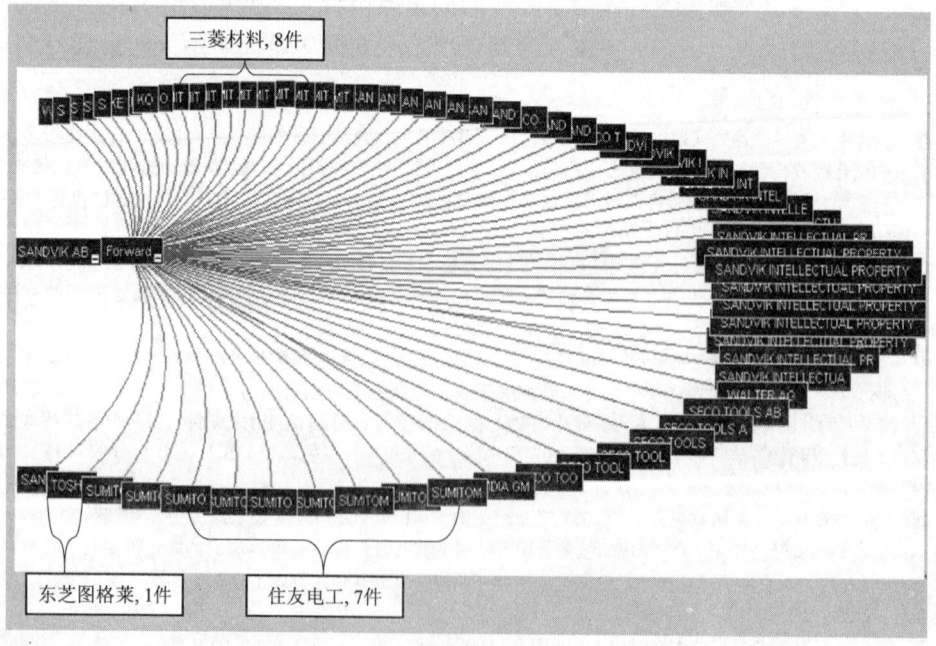

图 6－3－1　山特维克被其他申请人引用关系图

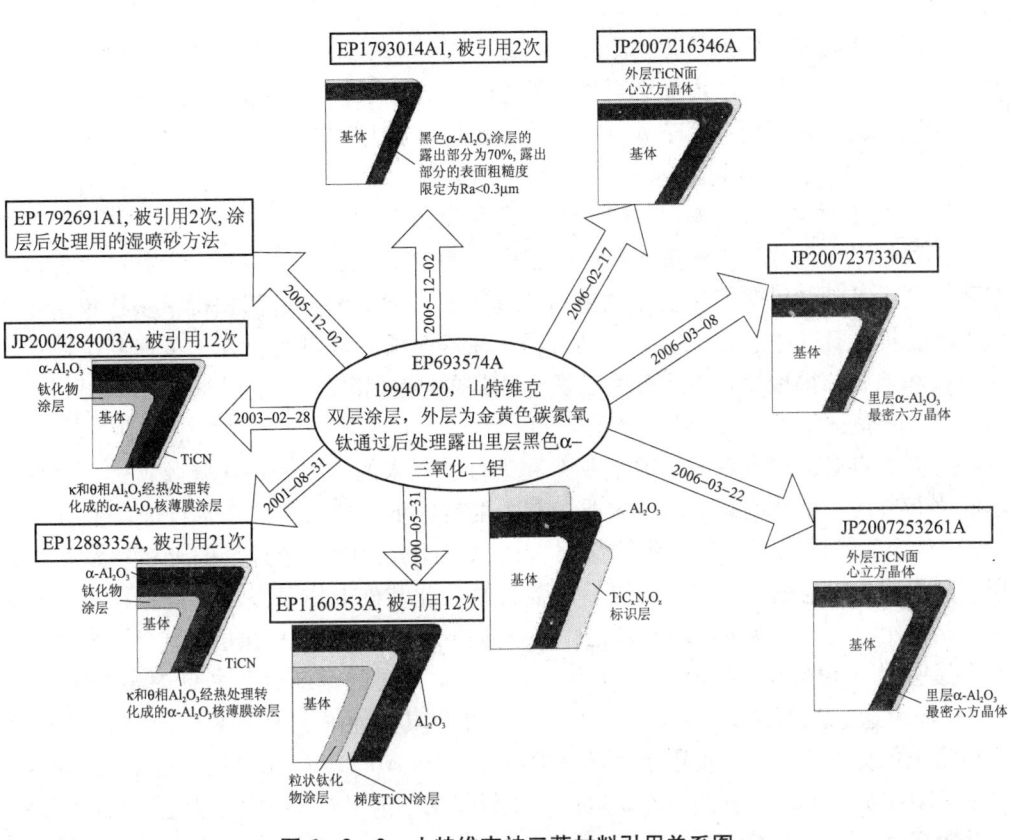

图6-3-2 山特维克被三菱材料引用关系图

（1）消化吸收期（1996～2000年）

在消化吸收期，三菱材料对该项重要专利进行了密切跟踪，慎重判断，持续研发。首先要慎重分析竞争对手的该项专利申请的价值，一旦判断该项专利申请具有一定的市场价值，就迅速跟进。在山特维克的专利申请于1996年公开后，三菱材料于2000年才提交与山特维克的该项申请密切相关的专利申请（EP1160353A），说明在这期间，三菱材料对山特维克的该项专利申请进行了慎重的专利价值评估，同时也在技术上作了消化吸收，进而为在此基础上的技术再创新做准备。至2006年三菱材料仍在提交和该项专利密切相关的专利申请（JP2007253261A），由此可见三菱材料针对该项重要专利的科研研发时间至少在6年以上。

（2）技术再创新期（2000年至今）

从2000年开始，三菱材料以山特维克的该项重要专利为基础开始了一系列的技术创新。从专利申请的角度看，可以发现三菱材料的技术创新主要集中在以下几个方面：

技术特征创新：对 Al_2O_3 涂层露出的部分的大小更具体地限定为70%，对 Al_2O_3 涂层露出部的表面粗糙度限定为 $Ra < 0.3\mu m$，$Ra < 0.2\mu m$（EP1793014A1）。

涂层微观物理结构创新：限定 $\alpha\text{-}Al_2O_3$ 涂层的晶体结构为六方最密晶（JP2007237330A）。

涂层结构创新：由原来的双层涂层结构扩展到三层乃至三层以上，将中间层设为梯度涂层（EP1160353A）。

涂层性能创新：增加钛化物涂层，以提高涂层与基体的粘接强度（EP1288335A）；增加 Al_2O_3 核薄膜层，以增加涂层和涂层之间的粘接强度（JP2004284003A）。

涂层相关工艺创新：用于 Al_2O_3 涂层后处理的湿法喷砂法（EP1792691A1）。

（3）三菱材料的专利申请分析

① 消化吸收再创新战略。

三菱材料在经过4年的消化吸收后，从2000年开始，三菱材料以山特维克的该项重要专利为基础共提交了8项专利申请，其中有5项专利申请都进行了多边申请，涵盖了欧、美、日、中、韩等主要刀具市场，在这5项专利申请中有4项专利申请在多个国家和地区获得授权。由此可见三菱材料实施的消化吸收再创新战略是比较成功的。

② 外围战略。

三菱材料对山特维克的该项重要专利进行了深入的研究和消化吸收，进而找到自己的创新方向。山特维克的该项重要专利主要有以下三项重要的技术特征：里层为 α-Al_2O_3 涂层，外层为金黄色钛化物涂层，在刀刃部分去除部分外层的金黄色钛化物涂层，从而露出里层的 α-Al_2O_3 涂层。三菱材料在此基础上作了以下改进，在涂层微观物理结构上，对里层为 α-Al_2O_3 涂层作进一步研究，将 α-Al_2O_3 涂层的晶体结构限定为六方最密晶（JP2007237330A），以提高 α-Al_2O_3 涂层的耐磨性能；针对部分露出 α-Al_2O_3 涂层这一技术特征，将该露出部分的大小更具体地限定为70%，同时对 α-Al_2O_3 涂层露出部分的表面粗糙度限定为 $Ra < 0.3\mu m$，$Ra < 0.2\mu m$（EP1793014A1）。为了提高 α-Al_2O_3 涂层露出部分的表面质量，三菱材料又申请了对 α-Al_2O_3 涂层进行后处理的湿法喷砂法（EP1792691A1）。

通过上述分析可以发现，三菱材料非常仔细地研究了山特维克的该项重要专利，并从该项重要专利的技术方案的每个技术特征出发，通过进一步的研发，提高相应的性能，在研发的过程中不局限于该项产品，还对制造该项产品的工艺进行新的创新。三菱材料通过这些创新形成针对山特维克的该项重要专利的外围申请，有效地提高了自己的专利技术竞争力，是实施"外围专利战略"较为成功的范例。

③ 差异化战略。

梯度涂层技术近年来快速增长（参见图5-2-7），三菱材料早在2000年前就捕捉到这一技术趋势，在山特维克的该项重要专利基础上，由原来的双层涂层结构扩展到三层乃至三层以上，并将中间层设为梯度涂层（EP1160353A），开发出梯度涂层结构的专利技术，实现了涂层结构的创新。

粘接强度是刀具涂层的主要性能需求之一（参见图5-2-8），三菱材料在山特维克的该项重要专利基础上，为了提高涂层的粘接性能作了以下创新：增加钛化物涂层，以提高涂层与基体的粘接强度（EP1288335A）；增加三氧化二铝核薄膜层，以增加涂层和涂层之间的粘接强度（JP2004284003A）。

通过上述分析可以发现，三菱材料不仅针对山特维克的该项重要专利作了外围专利申请，还在刀具涂层结构的技术需求和技术功效方面确定了自己的研发方向，在刀具涂层结构和刀具涂层性能上进行了技术创新，是实施"差异化战略"较为成功的范例。

第1章
第2章
第3章
第4章
第5章
第6章
第7章
第8章

第7章　专利技术研发合作分析

为了探索实现自主创新的合作机制，本章从专利技术研发合作的角度比较了国内申请人及三菱材料的合作申请模式，研究发现，由于缺少刀具企业与下游企业的研发合作环节，国内刀具企业"丧失"了自主创新的原动力。只有建立产业链上下游研发合作的良性循环，国内刀具产业链才能真正形成现代制造技术的共荣发展和自主创新机制。

7.1　专利技术研发合作分析的意义

由于技术问题的复杂性，专利申请逐步出现了多个申请主体、多个权利人共同申请专利的情形。共同申请专利的数量是企业间合作创新成果的直接体现。对于专利体系中这一独特现象的研究，有助于更清楚地认识专利体系的自身情况，了解产业间的合作群，寻找技术研发的合作伙伴以及探索实现自主创新的机制。发达国家的刀具企业从生产传统标准化刀具发展到制造现代高效刀具仅仅用了几年时间，几乎与全球制造业的产业升级同步；● 而国内刀具企业却没有抓住制造业升级的机遇，失去了现代制造技术发展的机会，被国外同行远远甩在了身后，其中的原因是多方面的。**专利技术研发合作代表了企业间较为深入、紧密的创新合作关系，从这个角度入手可以找出国内与国外刀具企业与相关配套行业合作关系上的差异性，挖掘出企业间深层次的合作研发机制，这或许能给国内刀具企业带来一些启示。**

7.2　国内申请人共同申请专利情况分析

7.2.1　共同申请的类型分析

在共同申请的类型方面，如表7-2-1所示国内申请人中公司与大学的合作最多，占共同申请总量的近一半，其中有较大比例的申请是以大学为第一申请人，一方面显示出大学在研发方面的技术实力，另一方面也显示出作为市场竞争主体的公司在合作方面主导权偏弱的现实。而国外申请人绝大多数情况下采用公司与公司合作的方式，也显示出它们较强的研发能力和技术合作能力。

● 沈壮行. 工具行业"十二五"发展规划建议草案（切削刀具部分）（一）[J]. 工具展望, 2011（2）：2-9.

表7-2-1　中国专利申请中共同申请情况　　　　　　单位：件

合作类型	公司+个人	公司+研究所	公司+大学	公司+公司	大学+大学	研究所+研究所	研究所+大学	跨国合作比例
国内申请人	2	8	31*	15	2	2	3	0%
国外申请人	2	6	0	38	1	0	0	23.4%

＊：其中13件是以大学为第一申请人

7.2.2　共同申请主要集中的领域

刀具领域的共同申请主要集中在刀具工艺方面，如图7-2-1、图7-2-2所示占到了共同申请总量的50%以上，说明刀具工艺的研发逐渐成为行业共同关注的焦点；而在刀具工艺领域涂层方面的申请较为活跃，其一个技术分支就占到了刀具工艺总申请量的61%，究其原因一方面是涂层技术正处于技术发展期，越来越多的申请人正在进入这个领域，另一方面涂层的技术含量比较高，是刀具领域公认的技术难点，这就需要强大的研发实力作为支撑，因此多个申请人联合起来研发攻关也就不足为奇了。

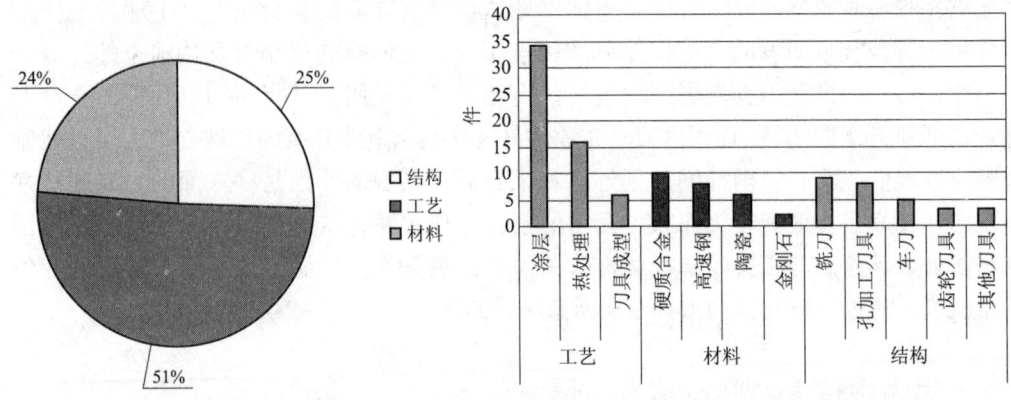

图7-2-1　中国专利申请中共同
申请的一级技术分支

图7-2-2　中国专利申请中共同
申请的二级技术分支

7.2.3　国内共同申请中的问题

从国内主要申请人共同申请情况来看，如图7-2-3所示，首先，国内刀具企业与刀具用户（如汽车、机床、航天等工业方面的企业）研发合作较少，这不仅不利于国内刀具企业研发、生产满足用户需求的刀具，也不利于国内刀具企业拓展市场。同时，也不利于形成完善的"产用结合"的刀具产品研发链条。其次，刀具企业与上游的刀具基体材料行业或企业的合作研发少。再次，国内主要刀具企业相互之间共同申请少，同行之间没有建立技术优势互补的研发合作方式，也不利于快速拓展自身的刀具技术。同时，研发上各自为战，则无法使得中国刀具行业在技术竞争力上形成共同发展的合力。最后，中国刀具企业与大学或者研究机构的合作申请少。

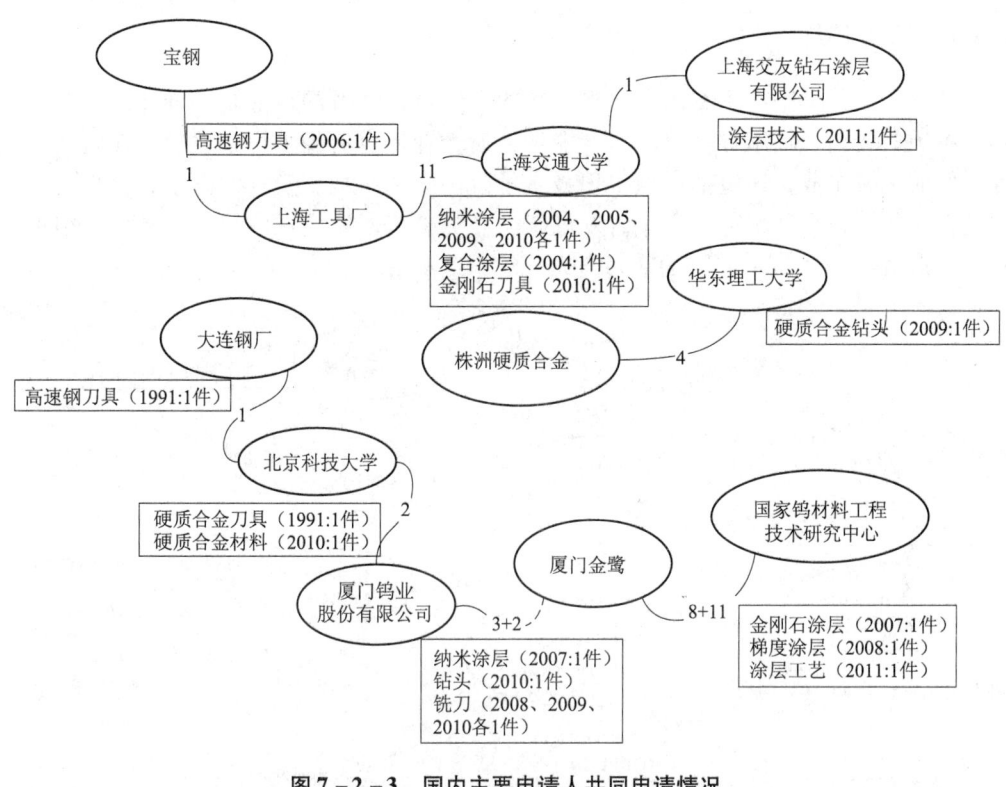

图 7 - 2 - 3　国内主要申请人共同申请情况

注：数字 1、4、2、11 等表示申请发明专利的件数，3 + 2、8 + 11 表示 3 件发明专利、
2 件实用新型专利，8 件发明专利、11 件实用新型专利。本书其他部分相同不再赘述。

7.3　国外典型企业共同申请的情况分析

　　美国的波音公司为发展 787 客机的制造技术，在英国谢菲尔德大学投资并建立了
全球性的先进制造技术研究中心（AMRC），并召集了整条产业链上的所有相关企业为
它针对性地提出解决方案。这些企业就包括原材料供应商、机床设备供应商及零部件
供应商等。❶ 这种合作研发机制，即解决了波音公司自身的技术难题，也为配套供应商
搭建了自主创新的平台。具体到刀具企业，是否也存在类似的合作研发关系呢？在上
述主要申请人中，课题组选取了三菱材料作为研究对象，以专利共同申请为切入点寻
找它的技术合作模式及合作特点。将三菱材料作为研究案例的原因是作为走本土化路
线的日本申请人，三菱材料具有很强的代表性。根据前面的分析，三菱材料采取了紧
紧追随山特维克、肯纳等行业巨头的发展战略，虽然在技术研发实力上与这些跨国公
司有一定差距，但其专利的数量已经实现了赶超。因此作为刀具行业后起之秀的代表，
三菱材料的合作研发机制对国内刀具企业而言，更具有借鉴意义。

　　❶ 沈壮行. 工具行业"十二五"发展规划建议草案（切削刀具部分）（一）[J]. 工具展望，2011（2）：
2 - 9.

7.3.1 合作对象

从图7-3-1中不难看出，三菱材料的合作对象涉及的行业是多样化的，有像丰田、本田、爱信、铃木等从事汽车产业的下游企业，也有像神户钢铁、特殊陶式提供原材料的上游企业，还包括类似丰田技术学院的研究机构，及住友电工、神户工具等制造刀具的同行企业。这种合作研发机制已经突破了传统的产学研合作模式，根据企业需求形成了"四位一体"的新兴模式。

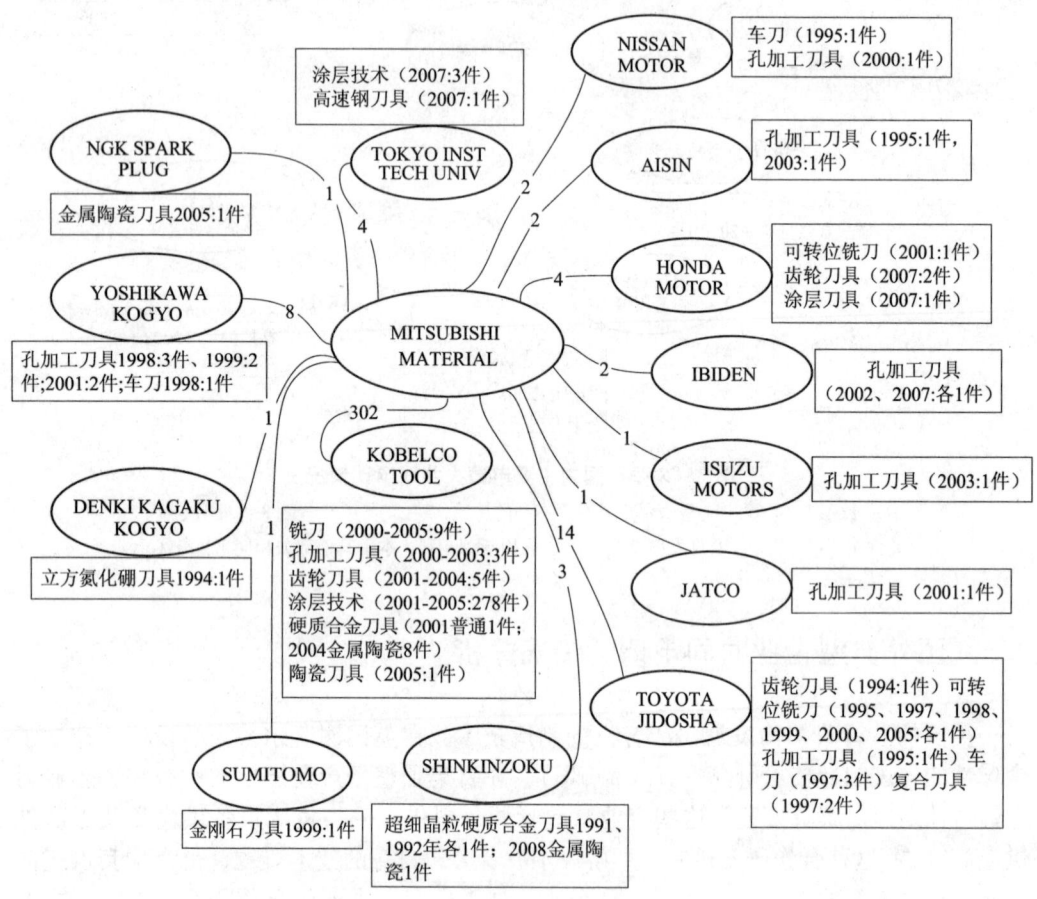

图7-3-1　三菱材料的合作申请伙伴

7.3.2 合作内容

因为合作对象的研发重点不同，专利技术合作的领域也会有所差异。三菱材料与下游企业（汽车、航天航空、电子产品行业）的研发合作就侧重于刀具的具体应用方面，与上游企业（原材料行业）的合作偏重于刀具的材料；而与学校、研究机构的合作，则侧重于前沿理论的探索，这种基础理论的突破会在不久的将来应用于实际，引领刀具行业的发展方向；至于同行企业，它们之间的合作偏向于刀具领域的通用型问题，这种取长补短式的合作模式更有利于吸取同行企业的技术特长，帮助企业研发人员更好地拓展思维及调整研发方向。

针对下游企业：三菱材料与汽车领域的相关企业合作研发了多种规格的孔加工刀具、整体硬质合金铣刀及多功能的复合刀具（如 JP2002144130A，2001 年与本田发动机厂共同申请的可转位刀片式铣刀；JP2002052410A，2000 年与日产发动机共同申请的深孔切削刀具；JP11033815A，1997 年与丰田电动车共同申请的复合刀具），从上述共同申请的领域中不难发现，三菱材料主要与这类企业合作研发切削特定对象的刀具技术。

针对上游企业：随着航天航空、能源工业的发展，涌现出大量高性能的新型材料，这些新型材料的切削加工已成为业界共同的难题，因此三菱材料与上游企业合作研发时就会倾向于金属陶瓷、立方氮化硼等超硬材料的突破（如 JP2007069309A，2005 年与 NGK-SPARk 共同申请的金属陶瓷刀具；JP8047801A，1994 年与 DENKI-KAGAKU 共同申请的立方氮化硼刀具）。

针对研究机构：这种合作关系早已被业界所熟知。研究机构的技术理论比较深厚而且比较前沿，容易把握整个行业的发展方向。因此三菱材料与东京研究所（TOKYO INST TECHNOLOGY NAT UNIV）的合作就集中于涂层工艺领域（如 2007 年共同申请的 3 件涂层技术专利：JP2008229759A、JP2009072837A、JP2009072838A）。这是因为近年来，为了提高涂层综合性能，业界普遍采用涂层材料复合、涂层层构复合及涂层方法复合的手段，来弥补单层涂层的缺陷，从而提高涂层整体性能。

针对同行企业：同行企业虽然是竞争对手，但同样存在合作的基础，❶ 那种同个行业中"黑白分别、非敌即友"的思维方式早已过时，根据各自的技术优势灵活地选择行业竞争对手结成合作伙伴已经成为常态（如 JP2001157902A，1999 年与住友电工共同申请的金刚石刀具技术；JP2010121192A，2008 年与 SHINKINZOKU 共同申请的金属陶瓷刀具技术）。

7.3.3　合作特色

三菱材料的产品主要应用于汽车制造、航空航天以及模具加工这三个工业领域，特别是在汽车行业，经过多年的探索，三菱材料已经成功地进驻哈飞、现代、通用、铃木、丰田、本田、爱信、中国重汽等许多国际知名汽车整车及零部件制造厂，赢得了厂商们的信任。据不完全统计，三菱材料在汽车行业刀具消费市场的占有率达到了 50%。

三菱材料能够根据汽车制造厂商的要求来制造高效率的刀具，同时能提供给汽车制造商种类齐全的非标刀具，此外也与汽车行业的相关企业共同研发切削特定加工对象的刀具技术。

针对汽车零部件中有大量尺寸不一的阶梯孔、复杂结构内表面和细小深油孔，加工精度要求高。三菱材料和丰田合作开发出了深孔加工刀具，如 JP11048025A、

---

❶　刘红光，吕义超.专利情报分析在特定竞争对手分析中的应用［J］.情报杂志，2010（7）：36-39.

第 1 章

第 2 章

第 3 章

第 4 章

第 5 章

第 6 章

第 7 章

第 8 章

JP2006247774A 中所提到的，并且根据这些专利技术，三菱材料推出了最新型的 Miracle 钻头，该钻头采用半径较大和较小的两部分沟槽设计，钻头一次推送即可完成到终点的切削，且钻孔深度可达钻头直径的 8 倍。除此之外，该钻头在微粒状超硬合金上镀有由 Al、Ti、N 组成的薄膜，不易与被切削工件发生焊着。

为了提高刀片换取的快速性和便捷性，三菱材料和丰田还开发出了刀片快速连接技术，如 JP9076112A、JP11104902A、JP10277807A、JP10277810A 中所提到的带有刀片更换装置的转动切削工具，对应此专利技术，三菱材料研发出了一整套针对不同刀具的快换系统，如图 7 - 3 - 2 所示，该系统是适合批量生产线不可缺少的高效率系统，能够缩短刀具更换时间，提高机床运转效率，减轻刀具重量，使更换刀具安全轻松。

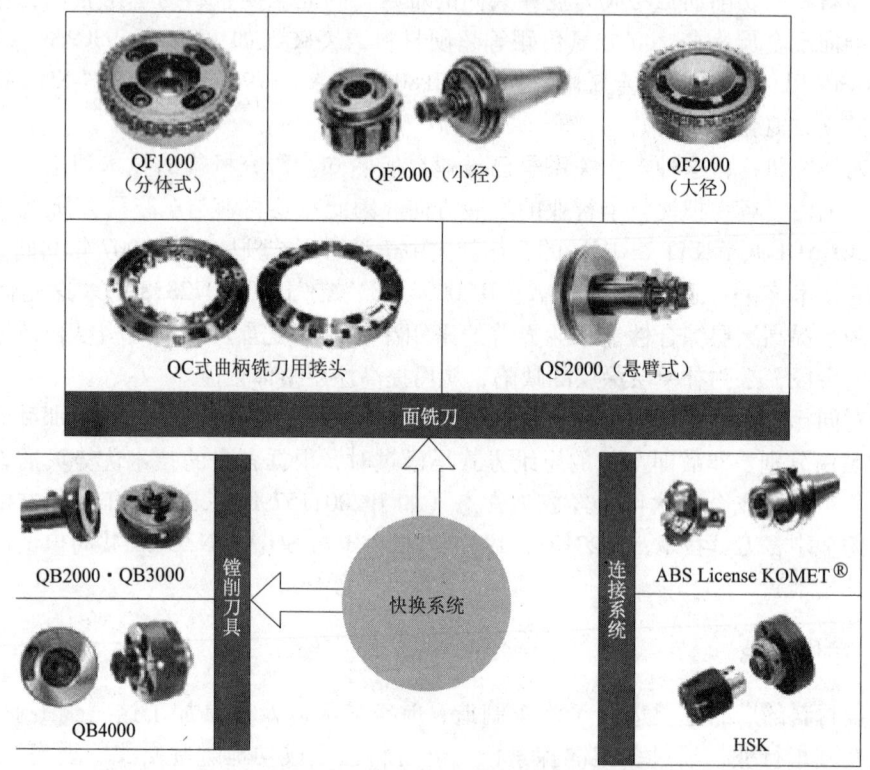

图 7 - 3 - 2　三菱材料开发的刀具快换系统

根据汽车行业轻量化的要求，出现了许多新型的难加工材料，针对这些技术难题，三菱材料推出的 ImpactmiRacle 减振立铣刀系列采用不等螺旋角，与以往产品相比能有效抑制高频震颤，在难切削材料及大悬伸量的加工条件下也可实现稳定加工，实现更高效率。

7.4　适合中国申请人的专利技术研发合作渠道

比较国内企业和三菱材料的专利技术研发合作伙伴，就会发现国内企业缺少了其中一个环节：刀具企业与下游企业的研发合作。正是这个环节的缺失直接导致了国内刀具产业链的发展中没有形成现代制造技术的合作发展和创新机制。大家都依靠从国外引进技术，各自为营，无法形成合作创新的联盟。制造业的经验告诉我们，只有产业链的最终用户（汽车、航天航空、电子产品、模具等行业的企业）具有自主创新的意愿，主动带领配套供应商共同发展，才能开创出新天地。因此毫不夸张地说，最终用户才是实现自主创新的"源头"，如果把自我创新的机制比喻为一辆跑车的话，那最终用户就扮演着发动机的角色。

7.4.1　针对下游

为了推动刀具产业链自主创新机制的建立，下游企业扮演着不可或缺的角色，韩国就是一个成功的例子，十几年前其刀具企业的研发实力与中国相当，但到目前，中国刀具企业的技术总体水平已与韩国存在着不小的差距，究其原因就是韩国刀具企业在下游企业的带动下，建立了产业链上下游合作发展的良性机制。

其实早在 1998 年，中国刀具企业已经在此方面进行了初步尝试，国家精密工具工程技术研究中心（以下简称"工程中心"）在数家国内刀具龙头企业的努力下在成都组建。工程中心成立不久，成都工具研究所就与一汽 – 大众公司合作，对其使用的汽车专用刀具完成了刀具测绘、图纸会签、刀具检测、上线试刀等工作，并协助开发了CBN 刀具、陶瓷刀具、齿轮刀具以及整体硬质合金刀具的试制。❶ 鉴于下游企业合作开发的重要性，中国刀具企业仍然需要主动寻找下游厂商结为合作伙伴，实现全方位的上门服务，加强与汽车、通用机械、航空航天、医疗器械、电子设备等企业的研发合作，提升刀具在高速、高效和专用化方面的性能，同时扩大中国刀具企业在下游企业的市场份额。

7.4.2　针对上游

针对产业链的上游，加强与钢铁、钨矿、陶瓷、金刚石、立方氮化硼等生产和研发的企业进行合作，提升刀具基体材料的性能。如前面所述，中国在刀具基体材料上具备资源优势。中国刀具企业可以和这些资源行业或企业展开密切合作，从刀具基体材料上加强研发合作。例如厦门金鹭和厦门钨业的合作方式。充分地将中国在钢材、硬质合金、金刚石等方面的资源优势转化成刀具技术优势是非常必要的，也是切实可行的。

除了继续加强重大科技专项中针对刀具的重点技术研究以及在出口退税方面的国家财政支持以外，还应当通过设置刀具技术风险投资机构或风险投资基金建立刀具技术创新的风险分散机制；考虑将专利技术的产业化应用作为大学老师的考核指标，完善收益分配机制，以促成形成"产学研用"的技术研发应用链条；通过引导国有大中型企业刀具国产化以及提高对国内刀具的政府采购比例形成产业链上下相互扶持的机

---

❶　王瑚，赵炳桢．努力推进轿车刀具国产化工作［J］．工具技术，1999（10）：34 – 39.

第1章　第2章　第3章　第4章　第5章　第6章　第7章　第8章

制，这一点可向韩国学习。❶

7.4.3 针对"产学研结合"

在产学研方面，在中国刀具行业的专利申请人中，如表 7 - 4 - 1 所示，大学和研究机构具备较强的研发能力。中国刀具企业可以根据这些大学和研究机构的专业特长有选择性地进行技术合作，加强基础研究和关键技术研究。

表 7 - 4 - 1　国内大学申请情况

国内大学	主要涉及的刀具技术分支	主要发明人
山东大学	陶瓷	艾兴；赵军；黄传真
	涂层	艾兴；邓建新；黄传真；宋文龙
上海交通大学	涂层	戴嘉维；李戈扬；孔明
	陶瓷	李戈扬；许辉；祝新发
北京科技大学	涂层	吕反修
	高速钢	董杰、李联生、朱荣
	硬质合金	黄继华、史留勇、吴冲浒
四川大学	硬质合金	郭智兴；熊计；杨梅
	涂层	熊计、郭智兴
清华大学	陶瓷	李建保；黄勇
	热处理	李建保、郭钢锋
	涂层	钟敏霖、刘文今

7.4.4 针对企业同行

如表 7 - 4 - 2 所示，刀具企业之间也可以进行"优劣互补、强强联合"技术合作。"优劣互补"既可以是针对同一刀具品种的不同技术（例如刀具基体材料制备技术、刀具设计制造技术、涂层技术等），也可以是针对同一加工对象的配套刀具中的不同刀具品种（例如生产发动机缸体的面铣刀、深孔钻头、内冷绞刀等）。"强强联合"既可以是针对具体刀具技术分支也可以是针对具体刀具品种（参见表 3 - 3 - 6）。

表 7 - 4 - 2　国内主要刀具企业专利申请情况

国内刀具企业	产业链位置	专利申请重点	优势产品
株洲硬质合金集团有限公司	中游	铣刀；硬质合金	金属切削工具、矿山及油田钻探采掘工具

---

❶ 沈壮行. 工具行业"十二五"发展规划建议草案（切削刀具部分）（一）[J]. 工具展望，2011（2）：2 - 9.

续表

国内刀具企业	产业链位置	专利申请重点	优势产品
东方电气集团东方汽轮机有限公司	下游	铣刀；硬质合金	火电、风电、核能、燃机、太阳能、工业透平、电站配套、风电叶片
鸿富锦精密公司	下游	铣刀，其他刀具	计算机、通讯、消费电子、家用电器、汽车零部件
鸿海精密公司	下游	铣刀；其他刀具	计算机、网络通讯、消费电子
上海工具厂有限公司	中游	涂层；陶瓷刀具	孔加工刀具

表 7-4-3 列出了国内申请人可能的技术合作方向，需要指出的是，这仅仅是从双方技术优势互补的角度出发提出的建议，而实际的合作形式中，除了国内企业、大学、研究单位之间的合作之外，还可以与国外公司进行合作，吸收先进技术。另外，根据中国刀具及与之密切相关的机床行业的实际，刀具生产企业可以与机床生产及使用企业建立合作关系，力求扩大刀具在机床的中高档应用所占比例。

表 7-4-3 国内前 10 位申请人的技术合作方向

	株洲钻石	山东大学	上海交通大学	东方汽轮	北京科技大学	四川大学	清华大学	鸿富锦精密	鸿海精密	上海工具厂
株洲钻石	—	陶瓷、涂层	涂层	涂层、硬质合金	高速钢	硬质合金、涂层	陶瓷、热处理	后处理	后处理	涂层、陶瓷
山东大学	铣刀、硬质合金	—	涂层	铣刀、硬质合金	高速钢	硬质合金	陶瓷	其他刀具、后处理	其他刀具	涂层
上海交通大学	铣刀、硬质合金、孔加工	陶瓷、硬质合金	—	硬质合金、铣刀	高速钢、硬质合金	硬质合金	陶瓷、热处理	其他刀具、后处理	其他刀具	涂层、陶瓷
东方汽轮机	铣刀、硬质合金、涂层	陶瓷、涂层	涂层、陶瓷	—	涂层、高速钢	涂层、硬质合金	陶瓷、涂层、热处理	其他刀具	其他刀具	涂层、陶瓷
北京科技大学	铣刀、硬质合金	陶瓷、涂层	涂层	铣刀	—	硬质合金	陶瓷	铣刀、其他刀具	铣刀、其他刀具	涂层
四川大学	铣刀、硬质合金	陶瓷	涂层	铣刀	高速钢	—	陶瓷	铣刀、其他刀具	铣刀、其他刀具	涂层

续表

	株洲钻石	山东大学	上海交通大学	东方汽轮	北京科技大学	四川大学	清华大学	鸿富锦精密	鸿海精密	上海工具厂
清华大学	铣刀、硬质合金	陶瓷	涂层	铣刀、硬质合金	高速钢、硬质合金	硬质合金	—	铣刀、其他刀具	铣刀、其他刀具	涂层
鸿富锦精密	铣刀、硬质合金	陶瓷、涂层	涂层	硬质合金、铣刀	硬质合金	硬质合金、涂层	陶瓷、热处理	—	铣刀、其他刀具	涂层、陶瓷
鸿海精密	铣刀、硬质合金	陶瓷、涂层	涂层	硬质合金、铣刀	硬质合金	硬质合金、涂层	陶瓷、热处理	铣刀、其他刀具	—	涂层、陶瓷
上海工具厂	铣刀、硬质合金	陶瓷	涂层	铣刀、硬质合金	高速钢、硬质合金	硬质合金	陶瓷、热处理	铣刀、其他刀具	铣刀、其他刀具	—

第8章 主要结论

8.1 针对全球申请态势

刀具新技术不断涌现。在刀具制备工艺上，涂层技术一直是刀具行业技术研发的重点。在刀具结构上，对铣刀和孔加工刀具技术的关注度非常高。螺纹刀具和齿轮刀具正在逐渐成为研发热点。在刀具材料上，硬质合金和陶瓷一直是申请人较为关注的刀具基体材料；CBN、PCD超硬材料专利技术申请逐渐加强。

中国在刀具重点技术和地域上申请较弱。在刀具重要技术分支上，中国也不具备任何优势，尤其是在铣刀、涂层技术等刀具重点技术以及金刚石、立方氮化硼等刀具超硬材料热点技术上申请较少。中国刀具行业对外专利申请少，而美国、欧洲地区（特别是德国）、日本市场的专利申请相对比较完善，进入这些国家和地区市场的专利风险较大。

国外技术具有很大借鉴空间。在刀具材料上日本是需要重点参考的技术对象，在铣刀和孔加工刀具方面日本的技术也具有较高的借鉴价值。德国的刀具成型技术和后处理工艺值得借鉴，其各种刀具产品也具有一定的技术参考价值。美国的刀具技术申请最为均衡，均具有一定的参考价值，对金刚石刀具的研发投入相对较多。韩国在各个领域均具有一定量的专利申请，可以适当关注。瑞典的情况可能需要结合其主要申请人的技术申请进行参考。

8.2 针对中国专利申请情况

中国申请人刀具专利申请量增长较快，但专利质量有待提高。在中国专利申请的数量上，国内申请人在高速钢、硬质合金、陶瓷等刀具基体材料方面占优，但在涂层、铣刀、孔加工刀具等关键技术上与国外申请人差距较大。在国外申请人中，瑞典在涂层、铣刀、硬质合金、车刀上申请量最大；日本在孔加工刀具、其他刀具、热处理技术方面的申请量最大，在陶瓷刀具上的申请量也很大，在立方氮化硼和金刚石上也有一定量申请；美国在陶瓷刀具上的申请量最大，在铣刀、涂层和孔加工上也有一定的申请量；德国在孔加工刀具和涂层上具有一定的申请量；以色列主要在铣刀上申请专利。

与全球相比，技术申请重点有所不同。不管是在全球还是在中国，涂层、铣刀、孔加工刀具、硬质合金都是专利申请的重点。但近年来，常规刀具之外的专用工具和非标刀具逐渐成为新的申请热点。热处理一直都是中国申请人申请的重点和热点。立方氮化硼和金刚石刀具材料申请增量缓慢。

　　国内具有技术竞争力的刀具企业少，技术合作不多，中国刀具行业在技术研发与市场存在脱离现象，超过三成的专利掌握在大学和研究机构手里。就国内十大申请人而言，缺少在各个技术分支都占据优势地位的申请人。国内刀具企业与产业链上游的汽车、机床、航天等刀具用户以及产业链下游的刀具基体材料行业和企业共同申请专利较少。国内企业和大学之间具备较大的合作空间，但实际共同申请的专利较少。

8.3　针对主要申请人

　　主要申请人的专利申请不同。山特维克、肯纳、山高、伊斯卡四位申请人已经完成了原始资本和技术积累的阶段，具体表现为在刀具的各个技术分支上研发实力突出而且比较均衡。它们不但关心在本国的专利申请，而且还重视在主要刀具消费市场的专利申请量；从申请量上来看，三菱材料、住友电工、京瓷三位日本申请人已经超过了上述四位申请人，特别是三菱材料牢牢占据了专利申请总量的霸主地位，但从专利申请的区域申请来看，日本申请人并没有选择"走出去"的国际化路线，它们更倾向于在本国申请专利。

　　主要申请人的技术特长有差异。山特维克在铣刀、涂层、孔加工刀具、硬质合金上实力不俗，肯纳在铣刀上申请较多，在涂层上也比较关注，伊斯卡则在铣刀上独树一帜。三菱材料在各重要技术上都以量取胜，住友电工则主要关注涂层及超硬材料，京瓷在各重要技术分支上都比较关注。

8.4　针对可转位铣刀技术

　　可转位刀片以及可转位刀片的夹固不论是过去还是现在都是可转位铣刀技术研究开发的重点。主要申请人在这两个技术分支方面仍然在加紧申请，因此应充分在这两个技术方面加大投入，抢占先机。

　　可转位铣刀技术领域的专利申请进入中国的仅为一小部分。尤其是日本申请人，如三菱材料，其申请总量很大，但大部分申请仅为日本申请，因此国内申请人应充分注意主要申请人的未进入中国的专利申请，采用跟随策略进行充分利用和开发。

　　可转位铣刀是一种消耗性产品，且受市场需求导向明显，因此可转位铣刀的经济性需求和满足用户需求十分重要。由于现有市场产品中，国外一些企业优势较为明显，国内企业也应充分重视可转位铣刀的市场新产品并结合这些公司的专利申请以获得更为有效的研究方法。

8.5　针对刀具涂层技术

　　刀具涂层结构目前正处于技术发展期。单层涂层、多层涂层、纳米涂层专利申请量持续增长，梯度涂层专利申请量快速增长，双层涂层专利申请量呈下降趋势，软硬涂层专利申请量走势尚不明朗。寻找性能优异的晶体结构在单层涂层、双层涂层、多层涂层都有所体现，晶粒尺寸纳米化在正逐渐得到关注。用于涂层的材料的发展在单层涂层表现尤为明显。涂层材料元素的多元化在多层涂层、纳米涂层表现明显。双层涂层的应力涂层结构是目前的热点之一。

刀具涂层结构领域的主要申请人的技术集中度持续提高，尤其是山特维克、山高、肯纳、住友电工、三菱材料、日立电工等前10位申请人占据了本领域50%以上的专利申请量，主要申请人的专利申请日趋严密，其他申请人追赶主要申请人技术的难度增加。

8.6 针对刀具热处理技术

刀具热处理专利技术集中不高、技术门槛较低。在刀具热处理领域，专利技术较为分散，且重要专利较少，大公司对其研发热情不高，企业大多注重针对自己企业的特定产品进行工艺研究，且研究主要集中在工艺参数的调整上。

刀具热处理最新的研发方向是跟随着刀具技术及现代工业的进步。刀具热处理技术最新的研究重点主要是跟随着刀具材料、刀具结构、刀具加工工艺的发展而发展的，同时跟随着现代工业的进步而发展的，对于热处理设备及工艺的高效、节能、环保等要求日益提高，其研发具有一定的滞后性。

非专利文献中包含着大量刀具热处理工艺的信息。国内外非专利文献中包含着大量对于刀具热处理工艺的信息，且不少文章也具有较大的引用量，可以作为专利文献的补充和扩展。

8.7 针对刀具硬质合金材料技术

硬质合金是当前切削领域中应用最广泛的切削刀具材料，为满足不断增长的加工要求，对于硬质合金的研究不断深入。其中普通硬质合金是长期的研究热点，金属陶瓷的发展势头强劲，梯度硬质合金与细晶粒和超细晶粒硬质合金的研究逐步深入并且由于性能优异而显示出较强的发展潜力。

从技术发展角度上看，硬质合金研究存在材料组分多元化、基体材料组织结构多元化、基体晶粒细化、基体成分替代化的特点，而且各技术路线之间的融合趋势比较明显。随着研究的逐步深入、细化，势必要求研发者掌握特定组分、结构的硬质合金的形成机理，由此形成了较高的技术门槛。

对于硬质合金领域的后来者而言，尽管主要申请人已经通过专利申请形成了强大的技术壁垒，但是仍然可以通过研究早期失效专利、利用非专利文献中硬质合金形成机理的前沿研究成果等方式进行技术积累，通过跟踪主要申请人的研发动向，有针对性地选取研发重点并进行专利申请。

对国内申请人而言，可以利用国内稀土资源丰富的优势，展开添加稀土组分改善硬质合金性能的研究；此外针对涂层在硬质合金刀具应用广泛的情况，有针对性地开展对硬质合金基体的研究，实现涂层相同情况下刀具整体性能的提升。

8.8　针对重要专利

重要专利需要满足以下条件中的一个：技术上具有一定的开创性或取得重要突破；能够产生实际或潜在经济价值，得到行业认可；研发投入大、受重视程度高。重要专利可以通过多种方式查找，例如以产品为核心、以主要申请人/发明人为核心等，但专利的重要性最终是要用户根据实际情况来评价的。

8.9　针对专利技术研发合作

从国内主要申请人共同申请情况来看，首先，国内刀具企业与刀具用户研发合作较少。不仅不利于国内刀具企业研发、生产满足用户需求的刀具，也不利于国内刀具企业拓展市场。同时，也不利于形成完善的"产用结合"的刀具产品研发链条。其次，刀具企业与上游的刀具基体材料行业或企业的合作研发少。最后，国内主要刀具企业相互之间共同申请少，同行之间没有建立技术优势互补的研发合作方式，也不利于快速拓展自身的刀具技术。

国外专利技术合作经验表明，产业链的最终用户（汽车、航天航空、电子产品、模具等行业的企业）才是实现刀具自主创新的"源头"，而中国具有很大的刀具用户市场。此外，中国一些大学具有一定研发实力，有三成专利掌握在大学手里，中国在高速钢、硬质合金、人造金刚石等刀具材料领域具有明显优势，中国刀具企业同行之间技术实力都不强，更需要优劣互补，报团取暖。因此，在中国刀具行业，专利研发合作应当其时，可以大展手脚。

报告二

煤矿机械
专利分析报告

一、项目指导

国家知识产权局：杨铁军　葛　树　韩秀成　徐　聪　毛金生

二、项目管理

国家知识产权局专利局：冯小兵　韩爱朋　李超凡　崔　磊　李银锁

三、课题组

承担部门：国家知识产权局专利局机械发明审查部

课题负责人：孟俊娥

课题组长：张旭波

课题组成员：李全晓　张冰华　赵玉霞　郭　凯

顾问：肖光庭

四、研究分工

文献检索：李全晓　张冰华　赵玉霞　郭　凯

数据清理：李全晓　张冰华　赵玉霞　郭　凯

数据标引：李全晓　张冰华　赵玉霞　郭　凯

图表制作：李全晓　张冰华　赵玉霞　郭　凯

报告执笔：张旭波　李全晓　张冰华　赵玉霞　郭　凯

报告统稿：张旭波

报告编辑：赵玉霞

报告审校：葛　树　武晓明　朱振宇　郭震宇　孙全亮　高丽敏
　　　　　　李超凡　崔　磊　陈　飚

五、报告撰稿

张旭波：主要执笔第9章、第10章

李全晓：主要执笔第1章、第5章，参与执笔第8章、第9章

张冰华：主要执笔第4章、第7章，参与执笔第8章、第9章

赵玉霞：主要执笔第2章2.2节、第6章、第8章，参与执笔第1章、
　　　　　第9章

郭　凯：主要执笔第2章2.1节、第3章，参与执笔第9章

六、指导专家

行业专家：

闫　毅　山西省知识产权局局长

李　琦　山西省知识产权局副局长

苏　鑫　中国煤炭机械工业协会秘书长

王存文　北京科技大学副教授

技术专家：

梁建军　葛　川　尹龙平　山西省知识产权信息中心研究员

贾承志　三一重型装备集团研究员

周兴旺　天地科技股份有限公司研究员

李保朝　郑州煤矿机械集团

刘　齐　郑州四维煤矿机电设备集团公司总工程师

专利分析专家：

高丽敏　国家知识产权局专利局机械发明审查部

李超凡　国家知识产权局专利局审查业务管理部

崔　磊　国家知识产权局专利局通信发明审查部

七、合作单位

山西省知识产权局、北京科技大学、三一重型装备集团、天地科技股份有限公司、郑州煤矿机械集团、郑州四维煤矿机电设备集团公司、山西太重煤机煤矿成套装备有限公司

分目录（二）

第 1 章 引 言

第2章

第3章

第4章

第5章

第6章

第7章

第8章

第9章

第10章

1.1 研究背景及目的

1.1.1 研究背景

煤炭是当今世界最重要的能源之一。国家统计局发布的《2010 年国民经济和社会发展统计公报》显示，中国 2010 年全国原煤产量达到 32.4 亿吨，同比增长 8.9%；煤炭出口量完成 1903 万吨；煤炭进口量完成 16 478 万吨。因而，在中国的一次能源结构中，煤炭占有绝对的主导地位，并且将继续在中国未来的能源结构中长期扮演重要角色，对国民经济的发展起着重要作用。

煤矿机械行业是直接为煤炭开采提供技术装备的产业。中国经济持续快速增长导致对煤炭的需求急剧扩张，推动了对煤矿机械的需求。而煤炭企业销售收入和净利润等财务指标的大幅改善也使其采购新装备的能力大大增强。同时，煤炭生产规模不断扩大、加工深度和开采难度大大增加也对煤矿机械行业提出了更高要求。中投顾问产业研究中心发布的《中国煤炭机械行业调研报告 2011》数据显示，中国煤机制造行业的总产量位居世界首位；2009 年，煤机行业 122 家完成总产量 258.3 万吨，比 2008 年增长 21.7%；实现工业产值 693.17 亿元，比 2008 年增长 19.54%。因此，采煤行业的蓬勃发展，促使为煤炭开采服务的煤矿机械行业也步入快速发展阶段。

煤矿机械行业属于传统产业，中国已经有几十年的研发、生产经验。但是近年来的大型综合机械化采煤工作面对煤矿机械提出了更高的技术需求，而重大装备行业仍然是中国工业的薄弱环节，也是国家需要重点扶持的产业。中国数量众多的企业、高校和研究机构已经对煤矿机械进行了大量的研发，并在各种煤矿机械领域围绕结构、材料、制备等技术申请了大量的专利，但至今尚无关于煤矿机械专利技术统计和分析的系统研究。

1.1.2 研究目的

本课题针对煤矿机械进行专利数据分析，汇总相关技术领域的专利申请情况，研究全球以及中国主要申请人的专利申请，对煤矿机械的各个技术分支的专利技术、热点技术和发展趋势进行归纳和总结，为行业的未来发展提供借鉴和参考。

1.2 煤矿机械产业现状

广义的煤矿机械，按照煤矿的开采顺序可分为勘探设备、综合采掘设备、提升设备、洗选设备、煤炭安全设备以及露天设备等。狭义的煤矿机械则指煤炭综合采掘设备，即掘进机、滚筒采煤机、刮板输送机、液压支架，俗称"三机一架"。本课题所研究的煤矿机械主要包括综合采掘设备，如采煤机械、液压支护设备、井下运输设备、掘进机械，以及安全设备，重点是综合采掘设备。

1.2.1　产业现状

1.2.1.1　各技术领域市场占有率

出于历史原因，中国煤机企业大多在某单一产品方面优势明显，而缺乏综合化、大规模的产品系列。目前各技术领域龙头企业正凭借各自优势向综合化发展，从而提高竞争力。

采煤机械行业的龙头企业是国际煤矿机械集团（以下简称"国际煤机"）和太重煤机煤矿装备成套有限公司（以下简称"太重煤机"），市场份额分别为24.7%和20.1%；上海创立矿山设备有限公司发展迅猛，三年内市场份额已提升到13%。国际煤机下属的鸡西煤机厂，曾设计及制造出中国第一台采煤机，目前仍然处于市场的领先地位。而太重煤机则在大功率电牵引煤机领域领先。

液压支护设备的供应商主要有郑州煤矿机械集团股份有限公司（以下简称"郑煤机"）、郑州四维机电设备制造公司（以下简称"郑州四维"）、中煤北京煤矿机械有限公司（以下简称"北京煤机"）等，前两位市场份额分别为23.4%和11.6%。郑煤机是中国专业生产液压支架的龙头企业，年产支架数量、重量均居世界第一，支架工作阻力和最大支护高度也列世界第一。

在掘进机械市场上，三一重型装备有限公司（以下简称三一重装）和国际煤机均是香港证交所主板上市公司，市场领先优势较为明显，其2009年市场份额分别为31%和21.6%。三一重装从2005年开始生产掘进机，得益于其母公司在工程机械领域的优势及强大的研发、制造及销售能力，5年就达到行业第一。国际煤机下属的佳木斯煤机，始建于1957年，是中国掘进机的诞生地，拥有成熟的制造工艺，行业内认可度较高。

井下运输设备、安全设备市场相对分散。如刮板输送机方面，山东矿机集团股份有限公司、中煤能源集团有限公司（以下简称"中煤能源"）及太重煤机占市场份额相对较大，❶但较液压支护设备和掘进机械领域的龙头企业，市场占有率偏低。

相关公司主要产品市场占有率如表1-2-1、表1-2-2和表1-2-3所示。

表1-2-1　采煤机市场占有率

名次	制造商名称	控股股东	市场占有率		
			2007年	2008年	2009年
1	鸡西煤矿机械有限责任公司	国际煤机	23%	27%	24%

❶ 袁朱. 国外能矿资源开发利用产业发展的机制和政策［EB/OL］.（2010-04-14）［2011-10-20］. http://news. xinhuanet. com/theory/2010-04/14/c_1234261. htm.

续表

名次	制造商名称	控股股东	市场占有率		
			2007 年	2008 年	2009 年
2	太原矿山机器集团公司	太重煤机	21%	17%	20%
3	西安煤矿机械有限责任公司	中煤能源	19%	14%	14%
4	上海创立矿山设备有限公司	中煤装备	13%	13%	16%

表 1 - 2 - 2　液压支架市场占有率

名次	制造商名称	控股股东	市场占有率		
			2007 年	2008 年	2009 年
1	郑煤机	郑煤机	17%	23%	23%
2	平顶山煤矿机械有限责任公司	河南煤管局	10%	11%	10%
3	郑州四维	年代国际	8%	9%	11%
4	北京煤机	中煤能源	10%	8%	7%

表 1 - 2 - 3　掘进机市场占有率

名次	制造商名称	控股股东	市场占有率		
			2007 年	2008 年	2009 年
1	三一重装	三一国际	33%	27%	33%
2	佳木斯煤矿机械有限责任公司	国际煤机	30%	27%	25%
3	煤科总院太原分院	天地科技	23%	16%	19%
4	石家庄煤矿机械有限责任公司	中煤能源	9%	9%	6%

1.2.1.2　中国主要煤矿机械企业基本情况

目前，煤机企业并购、重组及整合趋势加速。以下为中国煤机设备行业的主要企业集团。❶

（1）国际煤机

国际煤机主营业务为掘进机、采煤机、刮板输送机，是中国的地下长壁综采综掘系统（尤其是掘进机和采煤机）设计和制造的领先企业，并且也是第一家提供地下长壁综合采掘系统的厂家。该公司在全国 13 个大型煤炭基地均设有分销机构，这 13 个基地产煤量占全国产煤量的 52.5%。公司的终端客户包括全国所有前五十大煤炭生产商，如神华集团有限责任公司、中煤能源集团有限公司、黑龙江龙煤矿业控股集团有限责

---

❶ 中国煤炭机械工业协会. 煤炭机械行业研究报告［EB/OL］.［2010 - 11 - 01］（2008 - 10 - 28）. http：//wenku. baidu. com/view/c68f6117866fb84ae45c8dfe. html.

任公司、兖州煤业股份有限公司、大同煤矿集团等。公司拥有强劲的研发、设计及制造能力，着力为客户提供一体化的长壁采煤机械。公司全部产品均为自主研发，曾成功设计制造中国首台掘进机和采煤机。2007 年该公司推出的 EBZ300 型掘进机为当时中国功率最大的掘进机，2008 年推出的 EBZ260 型掘进机为掘进能力最高的掘进机，2009 年又推出的 EBZ350 型掘进机为迄今中国功率最大的掘进机。而 2008 年推出的 2 040kW 采煤机也成为当时中国功率最大的采煤机。

（2）三一重装

三一重装是由三一集团投资，专业从事煤炭机械设备研发、生产和销售的大型装备制造企业，主要产品包括：掘进机（综合实力全国排名第一；2008 年 160kW 及以下、200kW 及以上掘进机在中国市场拥有分别约 50.8% 和 54.4% 的市场份额；EBZ318H 全岩掘进机的性能在中国名列前茅）；联合采煤机组（含采煤机、运输机、液压支架）正在起步，已小批量生产。同时该公司高度重视试验检测体系的建设，其试验检测中心已达到中国专业的试验检测水平。三一重装是目前中国煤机行业最具发展潜力的企业之一。

（3）中国煤矿工程机械装备集团公司

中国煤矿工程机械装备集团公司（以下简称"中煤装备"）是 2004 年组建的隶属于中煤能源的全资国有企业。中煤装备下辖制造企业有张家口煤矿机械有限公司、北京煤机、峰峰金属支架厂和上海矿用电器厂；在西安煤矿机械有限公司、抚顺煤矿电机制造有限责任公司、石家庄煤矿机械有限公司三家企业，中煤装备占 50% 股份。公司产品覆盖"三机一架"，拥有煤矿井工开采设备的研发、设计、制造以及中国、国际贸易两大支柱产业，生产的重型刮板输送机、液压支架、单体液压支柱等产品的主要技术性能指标和质量均位于中国领先水平。有的产品，如刨煤机，还填补了中国空白。先后成功地组织了 8 套井下工作面成套综采机械化采煤设备出口俄罗斯、印度、土耳其等国家，另有一大批工作面支护设备和运输设备出口到美国、加拿大、孟加拉、越南、菲律宾、印尼、蒙古等国家。

（4）天地科技股份有限公司

天地科技股份有限公司（以下简称"天地科技"）隶属中国煤炭科工集团有限公司，是 2000 年 3 月由煤炭科学研究总院作为主发起人设立的股份有限公司。天地科技是中国第二大采煤机制造商和主要的刮板运输机制造商，其收购了宁夏西北奔牛实业集团有限公司（中国第二大刮板运输机制造业商），联合煤炭科学院太原分院（中国第二大的掘进机制造商），产品线丰富。

（5）太重煤机

太重煤机由太原重型机械集团有限公司牵头，通过整合太原矿山机器集团有限公司的国有产权，联合山西焦煤集团有限责任公司等七家煤炭生产经营企业，于 2005 年 12 月 24 日正式成立。太重煤机的主导产品为煤炭采掘设备，大功率电牵引采煤机市场占有率达到 75%。煤炭采掘设备主要包括采煤机、掘进机和为采煤机、掘进机配套的电气控制和液压控制设备。具备年生产采煤机 200 台、掘进机 100 台的单机生产能力和"三机一架"综采成套的试验、组装成套供应能力。在中国政府公布的 13 个大型煤炭基地中，太重煤机的产品已经进入其中的 11 个基地，市场分布率达到 84.6% 。

（6）郑煤机

郑煤机专业生产液压支架。郑煤机始建于 1958 年，是中国第一台液压支架的诞生地，前身为郑州煤矿机械厂。截至目前该集团已生产 100 000 多套液压支架，支架高度范围从 0.55 ~ 7 米且支架承重范围从 1 600 ~ 16 800 千牛，均居世界第一。郑煤机在液压支架领域的技术研发和攻关，大大提升了中国煤矿综采装备制造业的整体技术工艺水平，全面打破了德国采矿技术有限公司（以下简称"DBT 公司"）、美国久益环球国际采矿设备有限公司（以下简称"久益公司"）两家世界煤机巨头对中国高端液压支架市场的垄断。自 2000 年起，郑煤机的销售收入从 1.11 亿元扩大到 52 亿元，2009 年其液压支架市场占有率约 23%，排名行业第一。

1.2.1.3 国外主要煤矿机械企业基本情况

当今世界上，除中国液压支架市场外的全球高端煤机市场，基本上由两大煤机巨头——久益公司和 DBT 公司（被美国比塞洛斯国际公司收购，现在卡特彼勒公司已收购了比塞洛斯国际公司）控制。

（1）久益公司

久益公司总部位于美国宾夕法尼亚州，是全球领先的露天和地下采矿设备制造商，其下属子公司包括地下采矿设备制造商——久益采矿设备公司和露天采矿设备制造商——P&H 采矿设备公司。久益公司在 20 世纪 90 年代中期以前仅生产刮板输送机和井下煤炭运输车，90 年代中后期，先后收购了美国长壁公司（采煤机）、英国道特公司（液压支架），形成了其目前成套化的煤炭综采装备生产体系。2006 年 4 月 19 日，久益公司以 1.18 亿美元的价格，收购奥登伯格（Oldenburg）集团下属的 Stamler 品牌及所有业务（Stamler 产品主要包括采煤机、电瓶车、连续运输系统等），继续扩大其在煤机制造领域的生产规模。

（2）DBT 公司

为应对来自久益公司成套化的竞争，1995 年末由当时的三家德国公司，即哈尔巴赫·布朗机械制造有限公司、海尔曼·赫姆夏特机械制造股份有限公司及威斯特伐利亚·贝考瑞特工业技术公司合并组成了 DBT 公司。1997 年兼并了米勒克莱夫特矿山技术服务公司。2001 年 DBT 公司收购了美国采矿设备供货商朗艾道公司（采煤机、转载机），2003 年收购了艾姆科公司的戴什连续采煤机生产线，形成了能够提供成套化设备和服务的煤炭采掘装备生产体系，成为世界两大煤机巨头之一。

2007 年 DBT 公司以 7.01 亿美元价格被美国露天采矿装备制造商——比塞洛斯国际公司整体收购，成为比塞洛斯欧洲公司。❶ 2011 年 7 月 8 日，世界最大建筑及矿业设备制造商卡特彼勒公司宣布，美国商务部已正式批准其收购矿业设备制造商比塞洛斯国际公司，从而为完成此项交易铺平了道路。❷

---

❶ 论中国煤机行业发展趋势［EB/OL］. （2011 – 04 – 28）http://wenku. baidu. com/view167caa21db 7360b4c2e3f6444. html.

❷ 卡特彼勒收购比塞洛斯获中国监管批准［EB/OL］. ［2011 – 11 – 13］. http：//stock. eastmoney. com/news/ 1406, 20110708147406818. html.

久益公司和 DBT 公司的发展历程代表着世界煤机行业的发展规律和趋势，即以提供成套化煤炭综采装备和解决方案为现实基础，以资本和产权为桥梁的并购和联合，这种趋势依然在如火如荼地进行。

1.2.2 产业政策

1.2.2.1 中国相关产业政策

2009 年山西省掀起了煤矿资产整合的新潮，一批小矿井被关闭，符合条件的矿井通过改造建设逐渐复产。截至 2010 年 8 月，山西矿井个数已由 2 598 处减少到 1 053 处，年产 30 万吨以下的矿井全部淘汰，保留矿井全部实现机械化开采。其中，年产 90 万吨级以上的综采机械化矿井占到 2/3，平均单井规模提高到年产 100 万吨以上。

2010 年 7 月 7 日，温家宝总理就整改工作和安全生产工作召开国务院常务会议，会议强调了加强企业安全生产的重要性，要求"建设坚实的技术保障体系和高效的应急救援体系，在高危行业强制推行一批安全适用的技术装备和防护设施，积极推进重点行业企业重组和矿产资源开发整合，淘汰落后产能和落后技术、工艺、装备"。

2010 年 7 月 23 日，国务院印发《关于进一步加强企业安全生产工作的通知》，提出"先进适用技术装备强制推行制度"。对安全生产起到重要支撑和促进作用的安全生产技术装备，规定推广应用到位的时限要求，其中煤矿"六大系统"要在 3 年之内完成。逾期未安装的，要依法暂扣安全生产许可证和生产许可证。

2010 年 8 月 25 日，国务院常务会议研究部署推进煤矿企业兼并重组，积极探索有效方式，支持符合条件的国有和民营煤矿企业成为兼并重组主体，鼓励各种所有制煤矿企业和电力、冶金、化工等行业企业以产权为纽带、以股份制为主要形式参与兼并重组。

1.2.2.2 国外相关产业政策

（1）美国煤炭资源的评估、有偿使用、采矿许可证的颁发等政策

在煤炭资源租借之前，由联邦政府对探明的资源进行评估，确定资源价格。无论煤炭资源归属如何，都实施有偿使用。美国的煤炭建设项目审批相当严格，特别是在环境影响方面。承租者在取得煤炭资源租借权后，首先提出勘探申请，进行详细勘探，进行项目可行性研究和初步设计，并与用户签订长期合同，才能申请经营许可证，批准后方可设计和建设。美国联邦政府根据法规对煤炭企业进行环保监督管理，其中《露天开采控制与复田法》和《洁净空气法修正案》影响最大。联邦政府对煤炭工业的扶持突出表现在为研究和开发提供资金和为环保提供资助，主要是加强对洁净煤技术的扶持力度；通过建立废弃矿山土地复田基金帮助采后煤矿的复田，这一专项基金来自煤矿经营期间征收的复田税。

（2）南非煤炭资源开发的相关法律、有利的金融环境及基础设施条件

在南非，由隶属国家矿产与能源部的矿产与能源局代表国家行使管理职权，负责制定和落实国家能源政策和相关法规，协调政府部门与能源协会方面的事务。南非制定了一系列采矿法规。为吸引外资投资采矿业，政府制定了优惠政策，对于符合南非

采矿业政策的项目，给予最长为 6 年的免税期；放宽外资企业在南非采矿业中的合资股份，甚至独资经营。实施采矿税制是南非资源管理的重要措施之一，即征收所得税，扣除基本建设费用，采取资本减让，提取环境基金。为完善采矿税制，政府还考虑实施采矿基本建设投资偿还和勘探税额扣减等。国家对矿物资源实施登记，对矿物勘探权和开采权实施管理，允许矿物权买卖交易，但禁止转让矿物资源勘探许可证和开采许可证。建立了国家级资源数据库，要求持有资源勘探许可证的企业在资源勘探后提交有关数据。开发公司通过支付矿区租用费的方式补偿矿物权拥有者。根据南非的《环境保护法》，煤炭生产企业必须保证不对矿区周围的环境造成破坏。

（3）澳大利亚实行联邦政府和州政府两级调控、煤炭企业自主经营的体制模式

澳大利亚联邦政府设立初级产业能源部，下设煤炭与矿业司。初级产业能源部的职权主要代表政府在法律规定的范围内行使管理职权，侧重于宏观调控。重点是运用税率和银行存贷利率等经济手段来影响企业，同时协助企业对国外出口及监督企业环保等。澳大利亚的煤炭生产主要集中在新南威尔士州和昆士兰州，两个州均设置了矿产能源部。主要职责是负责煤炭开采计划的审查批准，提供生活服务，组织建设相关基础设施。具体而言，根据煤炭储量分布规划开采区域；负责办理勘探许可证、开发和开采许可证；进行有关数据的统计，为州政府和煤炭公司提供服务；对国内外煤炭信息进行收集、分析和评估传递，为煤炭公司提供咨询服务；管理煤矿雇员培训计划；负责保险医疗，为煤矿职员提供工伤救护及疾病医疗；为煤矿建设铁路、港口等基础设施。

（4）德国煤炭产业的多元化发展策略与安全控制手段

德国实施产业多元化，保证煤炭开采业的持续发展。如鲁尔集团利用关闭矿区的资源，成立了房地产公司；致力于电力、化工行业投资；鲁尔保险公司在鲁尔工业区占有很大市场份额；还在土地复垦、汽车行业、信息技术、专业培训等领域有较大的拓展空间。德国煤矿的安全控制手段体现于完备的法律法规体系，严格的组织机构，卓越的技术和精良的救灾队伍等几个方面。德国各州按照联邦基本法制定州级矿业法规。执法机构分为四层：州政府设立的企业经济能源与交通部、专职的矿山与能源管理处、各区设立的安全监察部、各种职业行会。

（5）英国煤炭工业的保护政策与私有化政策

英国的煤炭工业政策随着市场供需形势的变化不断调整。政府采取由能源部协调发电用煤的国内供应量和价格，煤炭公司与最大用户中央电力局签订供煤协议。为保证煤炭工业有条不紊地收缩，政府依据矿工工龄、服务年限、工资水平给予补助，成立专门机构为因关闭矿井裁减人员提供新的就业机会，提供专项低息贷款，组织培训，等等。由于财政补贴不堪重负，政府不得不进一步采取私有化的政策；而政府继续承担退休职工津贴和社会补贴，以及电煤价格补贴。同时特别关注环境问题，发展战略由煤炭开采转向煤炭的洁净利用和环境保护，并把技术输出作为最终目标之一。❶

---

❶ 黄夔，李晓光，等. 煤机设备行业研究报告［EB/OL］. (2010 – 11 – 22) ［2011 – 11 – 03］. http://wenku. baidu. com/view/780cbd69a98271fe910ef902. html.

第1章 第2章 第3章 第4章 第5章 第6章 第7章 第8章 第9章 第10章

1.3   煤矿机械技术状况

1.3.1   采煤机械

采煤机械主要包括滚筒采煤机、连续采煤机、刨煤机以及钻采机等其他形式的采煤机械；其中滚筒采煤机在机械化采煤工作面的应用最为广泛；连续采煤机是可用于采煤和掘进的双功能机械；而刨煤机主要应用在薄煤层，其应用范围受到限制；而钻采机等其他形式的采煤机械，应用非常少，有些已被淘汰。

20 世纪 90 年代以来，随着现代科技的飞速发展，采煤机械领域也涌现出一些新技术，例如集电力电子、微电子、信息管理及计算机智能技术一体化的大功率电牵引滚筒采煤机，并且自诊断检测、记忆截割和多参数远程监控等方面的技术日益成熟。如德国艾柯夫公司的 EDW 系列、SL 系列，美国久益公司的 LS 系列等。

经过近 10 年的联合、兼并和重组后，国外形成了在西方发达国家煤机市场中占据垄断地位的几家大型公司：久益公司、比塞洛斯公司（包括 DBT 公司）、艾柯夫公司等。❶

中国有多家采煤机设计、制造企业，业已形成自主研制开发、产业化生产制造能力。近年来，煤炭科学研究总院上海分院大力研制开发交流变频电牵引采煤机系列，现已成功开发了 MG344-PWD、MG200/450-BWD、MG200/500-WD、MG250/600-WD、MG300/700-WD、MG400/920-WD、MG450/1020-WD 等八大系列交流变频电牵引采煤机，在晋城、徐州、大同、淮南等矿区使用，取得较好使用效果。整合后的太重集团研发出适应不同地质条件的电牵引采煤机，如 MGTY400/900-3.3D、MGTY500/1200-3.3D、MGTY250/600-1.1D、MGTY400/930-3.3D。鸡西煤机、西安煤机等煤机制造企业也通过技术引进、合作研制等方式开发了多种适应不同煤层条件的采煤机。

1.3.2   液压支护设备

液压支护设备是用来实现采煤工作面、巷道等的临时支护，包括液压支架、液压支柱及其辅助支护设备。液压支柱多用于巷道支护，具有使用灵活携带方便等优点，但支护强度低，因而在大型机械化采煤工作面应用有限。液压支架能有效地支撑和控制工作面的顶板、隔离采空区、防止矸石进入回采工作面和推进刮板输送机，基本能够满足不同地质条件的煤矿需求。自 1972 年中国第一套液压支架在中煤北京煤矿机械有限责任公司（原北京煤机厂）诞生以来，不断发展出诸如薄煤层液压支架、放顶煤液压支架、大采高大倾角液压支架等多种形式的液压支架。

1.3 米以下的薄煤层和 1.7 米以下的较薄煤层的安全高效开采是制约煤炭工业可持续发展的重大技术难题。薄煤层长壁开采有两种配套模式，一是采用刨煤机配套的长壁工作面，另一种是采用滚筒式采煤机配套的长壁工作面，前者适用于 0.8 ~ 1.6 米煤

---

❶ 刘长海，等. 大功率电牵引采煤机的发展概况及趋势 [J]. 煤矿机械，2010，31 (8).

层，后者适用于 1.0 米以上煤层。德国广泛采用刨煤机自动化成套设备开采薄煤层，而美国则普遍采用大功率滚筒式采煤机开采薄煤层，其做法是割矸石提高采高到 1.3 米以上。2000 年中国相关科研单位率先与煤矿企业合作，研制出中国第一套配套刨煤机的 ZY6400/09/20D 电液控制液压支架，配套 DBT 公司刨煤机，在煤矿现场装备了中国第一个薄煤层自动化工作面，在 1.3 米采高条件下，达到日产 5 000 吨水平。随后大同、晋城和西山也先后装备了刨煤机自动化工作面。近年来，平顶山、华蓥山、邢台、开滦、枣庄、淄博、大同和兖州等矿区先后成功使用 ZY1800/05/14、ZY2200/06/17、ZY2600/10/22、ZY2800/10/23、ZY3200/09/20 和 ZY4000/10/23 等多种配套滚筒式采煤机的薄煤层液压支架。

放顶煤技术是中国煤炭科技对世界采煤技术发展的重大贡献，放顶煤支架是放顶煤核心技术之一。中国自 20 世纪 80 年代初率先开展放顶煤工艺和放顶煤支架的研究，研制出中国第一台放顶煤支架，经过 20 多年的不断研究和实践，使放顶煤发展成为一种安全高效的采煤方法。放顶煤技术发展经历了高位放顶煤、中位放顶煤到低位放顶煤的几个阶段，其是以放顶煤支架架型改革为标志。

当液压支架用于煤层倾角超过 25°以上时，被称为大倾角支架。中国对大倾角长壁综采和液压支架进行了长期研究，形成了大倾角支架防倒防滑、安全防护和端头锚固等新结构和新技术。近年来，先后完成多个 45°~50°大倾角支架及总体配套项目。

郑州四维研发的充填液压支架，根据井下具体的地质条件，设计适应的产品，以解决压煤、地表沉降、残留煤柱回收等问题。

1.3.3　井下运输设备

井下运输设备包括刮板输送机、皮带输送机和矿车。其中刮板输送机用来在工作面运煤，而皮带输送机或者矿车用来在巷道运煤。在综合机械化采煤工作面，通常是刮板输送机配合皮带输送机实现煤的转运，矿车由于运输量少、转运过程繁杂应用有限，正在逐步淡出。

刮板输送机在当前采煤工作面内的作用不仅是运送煤和物料，而且还是采煤机的运行轨道，因此其成为现代化采煤工艺中不可缺少的设备。重型刮板输送机装机功率已达 1400 千瓦，小时运量 2 500 吨，中部槽的过煤量达 800 万吨。由天地科技下属天地西北奔牛实业集团有限公司制造的 SGZ960/800S 型刮板输送机 1998 年在大同投入使用至今，累计过煤量已超过 600 万吨，至今仍在使用。中煤张家口煤矿机械有限公司 SZZl000/375 型转载机过煤量已超过 700 万吨，为大同煤矿集团公司四老沟矿研制的 SGZl000/2×700 型刮板输送机成套设备，其每小时运量为 2 500 吨，功率为 1 400 千瓦，与德国艾柯夫 SL500 型电牵引采煤机配套使用。中国还自主开发出多种大运量、长运距的带式输送机，采用多点驱动方式，在带强不增加的条件下，提高了输送能力和距离，带式输送机软启动的问题已初步得到解决。

1.3.4　掘进机械

掘进机械包括综掘机和各种钻、凿、装等形式的钻爆法掘进机，是房柱式采矿过程的组成部分，用于开掘巷道以使长壁式开采采煤系统放入其中。钻爆法主要利用凿岩机、全液压钻车结合爆破掘进。目前综掘机也被称为悬臂式掘进机，具有效率高、安全等优点，正在逐步取代使用钻爆法的掘进机。

综掘机用于开挖不同类型的岩石和煤层，通常分为软岩掘进机（截割功率范围100~200千瓦）和硬岩掘进机（截割功率范围200千瓦以上）。综掘机主要由工作机构、装运和转载机构、行走机构、支撑机构、控制系统等组成。随着行走机构向前推进，工作机构中的截割头不断破碎岩石，装运机构及时将碎岩运走，具有安全、高效和成巷质量好等优点。

中国对综掘机的研究始于20世纪60年代中期，通过对引进型掘进机的消化吸收和国产化积累了一些设计综掘机的初步经验，但以30~50千瓦的小功率掘进机为主，研制规模较小，成效甚微。综掘机在中国煤矿的逐步推广应用则是在1979年引进了100余台国外产品以后。当时的淮南煤机厂（现重组为凯盛重工）引进了奥地利奥钢联公司的AM50型掘进机，佳木斯煤机厂（现隶属于国际煤机）引进了日本三井三池制作所的S-100型掘进机，通过对国外先进技术的引进、消化、吸收，推动了中国综掘机械化的发展。当时引进的掘进机技术属于20世纪70年代的水平，设备功率小、机重轻、破岩能力低及可靠性差，仅适合在条件较好的煤巷中使用，加之国产机制造缺陷，在使用中暴露出许多问题。

2005年前，国产掘进机最大截割功率为200千瓦，截割岩石硬度仅为60~80兆帕，在遇到断层多、地质条件复杂的岩层时就无法作业，掘进效率低下。在这种情况下，中国半煤巷以综掘机掘进为主，但岩巷施工仍以钻爆法为主。中国进一步加强对引进机型的消化吸收工作，积极研发出适合中国地质条件和生产工艺的综合机械化掘进装备。2007年，三一重装和国际煤机等主要厂商先后推出250千瓦以上综掘机，2008年中国第一台300千瓦综掘机在国际煤机问世。综掘机在全岩掘进上有了很大的突破，大功率掘进机在岩巷中的应用比例开始提升。

目前，中国国产综掘机最大切割功率已达350千瓦，能切割岩石的最大单向抗压强度可达170兆帕。三一重装和国际煤机成为少数几家可生产315千瓦以上掘进机的厂家。随着技术的更新进步，综掘机的发展呈现以下趋势：

① 从半煤硬岩型向全岩方向发展，截割功率提升，其目的是为了提高掘进效率，特别是在无法采用炮掘的场合（上面是采空区，道路下、建筑下、水体下掘进）进行半煤硬岩和全岩硬岩的掘进。

② 向重型化发展，目前中国已经能够生产120吨的掘进机，其目的是增加主机的稳定性。

③ 除尘喷雾：内、外喷雾系统齐全，有效抑制粉尘，改善工人操作环境。

尽管"三机一架"通常配套使用，但从2003~2009年，中国掘进机、液压支架、采煤机及刮板输送机产量复合增长率分别为38.8%、32.1%、17.9%和3.4%，增速差异较大。掘进机产量增长最大的原因在于掘进过程中机械化率仅为30%，远低于采煤过程60%的机械化率水平，需求增长更快。因此从机械化率提升及采煤过程上看，掘进机以后仍有望实现较高增长。从盈利能力上比较，由于历史原因、技术含量高低及市场竞争格局，四种核心产品中，掘进机毛利率水平最高，达到46%，盈利能力最强。

1.3.5　安全设备

近年来，由于安全、救援设备的缺乏，导致煤矿安全事故频发。因而，国内外厂家越来越重视安全设备的研发。其中，瓦斯监测设备、安全钻机、瓦斯抽采设备、救援设备是安全设备最重要的组成部分。

瓦斯检测设备主要是有固定式和携带式，固定式固定设置在瓦斯敏感区域，当区域内瓦斯超过预定值时发出警报；携带式由矿工随身携带进入作业区域，同样在区域内瓦斯超过预定值时发出警报。

安全钻机用于煤矿探水和瓦斯、施工卸压孔等钻孔作业，是煤矿的一种传统作业设备。近年来，针对大孔径、超深度、高压力下施工的安全钻机需求提升，带动了该设备的技术研发和创新。瓦斯抽采设备包括钻机和抽采相关辅助设备，作为传统的作业设备，其技术的持续改进过程并不突出。

救援设备主要用于灾害发生后井下躲避及救援，是针对近年国内矿难频发而成为中国的研究热点。如中国研究机构研发成功多种监测灾害的预报预警设备、井下可视化设备、救援指挥设备、救生舱等。

1.4　项目分解

本课题所研究的煤矿机械包括采煤机械、掘进机械、液压支护设备、井下运输设备和安全设备。技术分解的原则是先按产品分解，再按结构分解。各技术领域技术分解如下表1-4所示。

表1-4　煤机机械技术分解表

一级分支	二级分支	三级分支
采煤机械	滚筒采煤机	工作机构
		牵引部
		电气装置
		辅助装置
		整体结构
	刨煤机	煤刨
		传动装置
		牵引装置
		辅助装置
		整体结构
	其他采煤机	

续表

一级分支	二级分支	三级分支
掘进机械	综掘机	工作机构
		装运与转载机构
		行走与支撑机构
		控制系统
		喷雾除尘系统
		整体结构
		机载支护和钻机
		其他
	其他掘进机	凿岩机
		钻装机
		其他
液压支护设备	液压支架	支护装置
		前移机构
		电液控制
		外部电液控制
		辅助装置
		整体结构
	液压支柱	
	顶梁	
井下运输设备	刮板输送机	溜槽
		刮板链
		机头及机尾
		辅助装置
		整体结构
	矿车	
	皮带输送机	
安全设备	安全钻机	
	瓦斯监测设备	
	瓦斯抽采设备	
	救援设备	

1.5　文献检索及数据处理

1.5.1　数据来源及数据范围

本课题对全球专利数据采用 EPODOC 和 WPI 数据库进行检索，中国专利数据采用国家知识产权局开发的全文数据库 CNTXT 和摘要数据库 CNPAT 进行检索。

由于专利文献申请与公开之间有 18 个月，因此选取数据范围：中国专利分析采用的是 1985～2010 年（部分技术分支数据应用到 2009 年）期间向中国国家知识产权局提交的涉及煤矿机械的相关专利申请；全球专利的数据范围为最早申请日（有优先权的为最早优先权日）在 1971～2009 年期间（部分技术分支适当延后）在全球范围内的相关专利申请。

1.5.2　数据检索

首先在技术分解的基础上，对煤矿机械的五个技术领域进行初步分析，找出五个领域的交叉技术，然后分别对每个领域进行检索，每个领域又进一步细分为多个技术分支，按照技术分支构造检索式。

根据各领域的特点，优先选取分类号，如液压支护设备的技术分支液压支架、支柱具有相对准确、完全的分类号；分类号不能完全表达技术领域时，则综合采用分类号、关键词。

表 1-5　检索所用主要分类号和关键词

采煤机械			液压支护设备			井下运输设备			掘进机械		安全设备			
滚筒	刨煤	其他	支架	支柱	顶梁	刮板	皮带	矿车	综掘	其他	钻机	监测	抽采	救援
		E21C25、27、29、31、35，H01B、H02G、B、K、M、P，G21B、D、K、M、S，G25B、G25D、G25F	E21D15，E21D23	E21D15	E21D17	B65G，E21F13	B65G，E21F13	B61D		E21C、E21D、E21B	E21B、E21F	E21F，G01N	E21F	E21F
采，煤，钻			液压	缩，架	无	刮板，链	胶带，链	无	煤，掘，钻，装，锚		钻，安	瓦斯，浓度	抽，采	安全，救援

1.5.3　数据处理

检索结果包括一定量的噪音。去噪时，针对中、外文数据量，采用了不同的策略。中文的去噪，采用人工筛选的策略，正确率比较高；外文的去噪，采用批量清理与人工清理相结合，正确率相对低一些。

外文数据清理时，根据各技术领域和技术分支的特点，采用的具体策略也不完全相同。通常为：先寻找完全不符合的大组、小组分类号，但同时考虑可能包含多个分类号的情形；然后再通过研究人员所掌握的本领域基础知识、浏览发现的易引起噪音的关键词进行区分。

1.5.4 查全率及查准率评估

中文、外文文献查准率和查全率的评估方式采用基本相同的策略。

（1）查全率评估

各个技术领域以及重要的技术分支分开评估，选取国内外较为重要的申请人为入口，单独建立一个检索式，找出相关申请，再与本检索过程相比较。各个技术领域的查全率并不相同，液压支护设备、掘进机械查全率相对较高，在95%以上，而其他技术领域查全率达到90%以后，就已经很难获得提高。

（2）查准率评估

查准率以一段时间为节点，在 VIEWER 中浏览，逐篇查看，选取方法包括按年份、按国别、按关键词等。液压支架、支柱、矿车等部分技术分支的查准率几乎是100%；滚筒采煤机、刮板输送机、综合掘进机的查准率较高，在95%上下。而安全设备中，以瓦斯监测设备的查准率较高，可达95%；而安全设备的其他技术分支的查准率相对偏低，在90%左右。

1.6 专利分析方法

主要研究成果及相关图表统计如表1-6所示。

表1-6 专利分析方法

专利分析方法	具体操作	作用体现	文中位置
全球煤矿机械申请态势	各技术领域随年份分布	发展趋势	图2-1-1
各技术分支申请态势	各技术分支申请量随年份分布	发展趋势	表2-1-1
技术集中度	排名靠前申请人申请量总和占总申请量的比例	是否出现技术垄断	图2-1-4 表2-1-3至表2-1-7
申请人类型	各种类型申请人申请量的比例	分析行业内申请的主体	图2-1-5 图2-1-6
地域分布	地域申请量统计	产业的地域分布	表2-1-9 图2-1-7 图2-1-8
主要申请人	申请人申请量统计	申请人的技术重点、技术发展路线	图2-1-11至图2-1-18

专利分析方法	具体操作	作用体现	文中位置
技术构成	技术分支统计	技术难点、热点	表3-1-1，表3-2-1 图4-1-4，图4-2-3 图5-1-2，图6-1-3 图6-2-2，图7-1-2
技术需求	解决技术问题统计	技术难点、热点	图3-1-3，表4-1-1 表4-2-1，表5-1-1 表5-2-1，表6-2-1
技术—功效	技术分支与技术 问题统计	技术空白点	图3-1-4，图4-1-5 图4-2-4，表5-1-3 图6-2-3
法律状态	统计有效、失效和再审	保护力度分析	图3-2-3，图3-2-9 表4-2-4，图6-2-4 表7-2-4
高校申请	统计高校申请	产学研结合基础	表5-2-9
被关注专利	同族数量、被引 频次综合分析	重点专利	表4-1-11，表5-1-12， 表5-2-2，表6-2-2， 表7-2-5
出口目标市场	申请量统计	进行专利申请	图8-1-1，图8-2-1 图8-3-1
专利无效和 侵权诉讼	无效、侵权统计	行业内无效、 侵权风险判断	表4-2-5
专利和安全 标志分析	统计产品专利和 安全标志	标志与专利的统一	图9-2-3，表9-5-1

1.7　相关术语说明和约定

1.7.1　专利术语

专利被引频次：是指专利文献被在后申请的其他专利文献引用的次数。

同族专利：同一项发明创造在多个国家申请专利而产生的一组内容相同或基本相同的专利文献出版物，称为一个专利族或同族专利。从技术角度来看，属于同一专利族的多件专利申请可视为同一项技术。在本课题中，针对技术和专利技术原创国分析时对同族专利进行了合并统计，针对专利在国家或地区的公开情况进行分析时各件专利进行了单独统计。

同族专利数量：一件专利同时在多个国家或地区的专利局申请专利的数量。

无效诉讼：由他人向中国国家知识产权局专利复审委员会就申请人的某件发明提交无效请求。

涉诉专利：各专利权人之间涉及诉讼的专利。

主要申请人的主要产品专利：申请量排名靠前的申请人针对主要产品申请的专利。

全球申请：申请人在全球范围内的各国专利局的专利申请。

中国申请：申请人向中国国家知识产权局递交的专利申请。

国外申请：外国申请人在中国国家知识产权局的专利申请。

平均被引次数：专利被他人引用总次数除以被引用专利件数。

平均自引次数：自己引用总次数除以被引用专利件数。

国别归属规定：国别根据专利申请人的国籍予以确定，其中前苏联、俄罗斯的数据分开统计，德国的数据包括联邦德国、民主德国，中国的数据不包含中国台湾地区公开的专利申请。

日期规定：依照最早优先权日确定每年的专利数量，无优先权日以申请日为准。

1.7.2　专业术语

煤矿机械：包采煤机械、液压支护设备、井下运输设备、掘进机械、安全设备。

"三机一架"：是综合机械化煤矿所采用的掘进机、滚筒采煤机、刮板输送机、液压支架的俗称，是本课题的研究重点。

安全标准数据来源：安标国家矿用产品安全标志中心网站。

1.7.3　主要申请人

同一申请人存在子公司、母公司及公司间的兼并、重组；另外，某些国外公司也会因为存在翻译不同而产生差别。由于该行业内生产"三机一架"主要呈现集团化的趋势，集团下的子公司生产某一设备，因而在第3~6章中，根据需要以子公司或者集团公司作为重要申请人进行研究。

表1-7　主要申请人名称

约定名称	对应公司名称	涉及技术领域
三一重装	三一重型装备有限公司	"三机一架"
中煤装备	张家口煤矿机械有限公司 北京煤矿机械有限公司 峰峰金属支架厂 上海矿用电器厂	"三机一架"
天地科技	天地科技股份有限公司天地上海采掘装备 常熟天地煤机装备有限公司 宁夏天地奔牛实业集团有限公司 北京天地玛珂电液控制系统有限公司 山西天地煤机装备有限公司	"三机一架"

约定名称	对应公司名称	涉及技术领域
国际煤机	佳木斯煤矿机械有限公司 鸡西煤矿机械有限公司 淮南长壁煤矿机械有限责任公司 青岛天讯电气有限公司	"三机一架"
郑煤机	郑州煤矿机械股份有限公司	液压支架
郑四维	郑州四维机电设备制造有限公司	液压支架
DBT 公司	比塞洛斯欧洲公司 DBT 有限公司 维斯特法利亚制铁有限公司 哈尔巴赫·布朗机械制造有限公司 海尔曼·赫姆夏特机械制造股份有限公司	刮板输送机 采煤机 液压支架
奥钢联集团公司	沃斯特－阿尔派因股份公司	掘进机 采煤机
山特维克	桑德威克采矿和建筑有限责任公司 山特维克矿山工程机械有限公司 山特维克知识产权股份有限公司	掘进机 采煤机

第2章 煤矿机械专利申请状况分析

本章从总体上对煤矿机械的整体态势、技术生命周期、技术集中度和申请人类型进行分析，并分别对采煤机械、掘进机械、井下运输设备、液压支护设备和安全设备等五方面进行分析。

2.1 全球专利申请状况分析

2.1.1 整体态势

从1971~2009年全球范围内公开涉及煤矿机械的专利申请共计18 462项，**❶** 其中涉及采煤机械、液压支护设备、井下运输设备、掘进机械、安全设备的专利申请分别为4 975项、6 336项、2 661项、2723 项和1 958 项。

由图2-1-1可知，全球煤矿机械专利申请总体而言是由盛转衰后的重新崛起：煤矿机械的年申请量从20世纪70年代初期开始呈现持续快速增长，到80年代初达到顶峰，之后出现波动，但整体上呈明显下降趋势，到90年代中期下降到最低点并保持在低位，从2005年起，煤矿机械各分支的申请量又开始呈明显上升趋势。

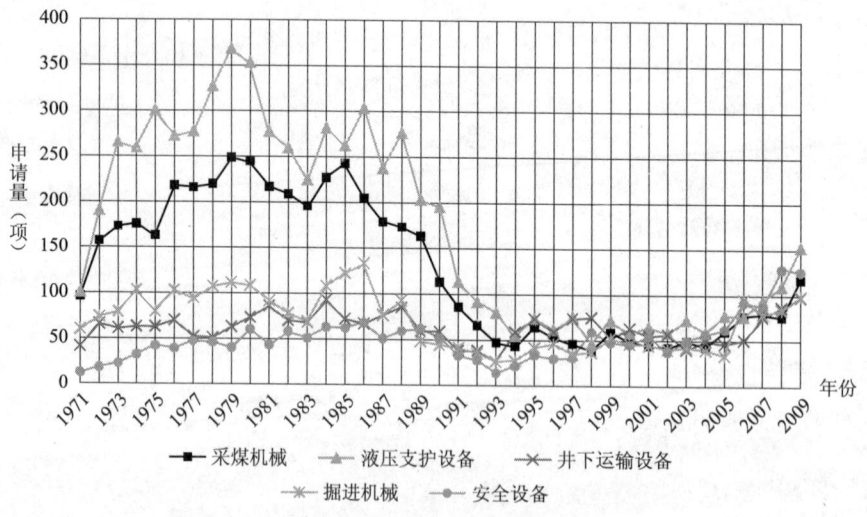

图2-1-1 全球煤矿机械专利申请整体态势分析

图2-1-1中的变化态势，究其原因在于：20世纪70~80年代，以前苏联、原联邦德国等为代表的重工业大国贡献了绝大部分的申请，这一时期也是相关国家采煤机

---

❶ 多件同族专利申请计为一项。

械化普及的时期；20 世纪 80 ~ 90 年代，随着前苏联、德国的申请量下降，总的申请量也随之减少；同时期内，主要发达采煤国家陆续完成采煤机械化，对煤矿机械的需求略有下降。20 世纪 90 年代初，前苏联解体，前苏联煤矿机械相关专利申请的许多主体随之消失，而作为前苏联的继承者之一的俄罗斯，受到各种条件的限制，其申请在整个 20 世纪 90 年代都维持在相对较低的水平。2000 年以后，以中国、俄罗斯等国为代表，专利申请大幅增加，同时也带动全球申请量的增加。

作为传统的产煤大国，随着"振兴基础工业"等一系列国家级措施的提出，中国开始重视煤矿机械设备的开发和研制，而国家知识产权战略的实施促使企业、高校、研究机构以及个人等都开始重视知识产权的保护。

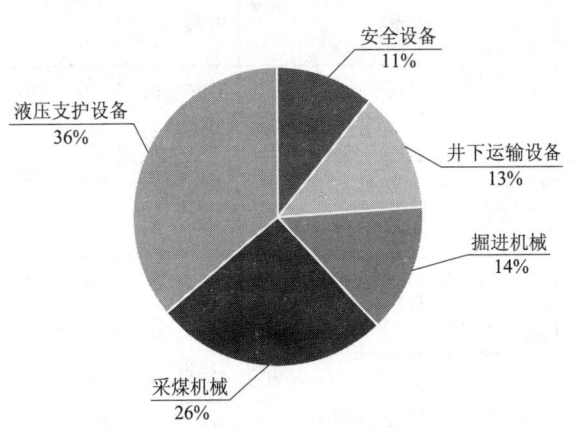

图 2 - 1 - 2　全球煤矿机械专利技术构成

煤矿机械专利技术构成反映了煤机企业的研发侧重点及力度。在煤矿机械的五个技术分支中，液压支护设备的专利申请量最大，这从一个侧面反映了各个煤机企业对液压支护设备投入的研发力度。液压支护设备使用量大，并且技术含量较高，因此一直是各大煤机企业大力投入研发的重点；采煤机械作为采煤使用的主要产品，其可靠性和效率直接关系到煤炭的产出，也是煤机企业的重点产品；掘进机械一般只在掘进巷道时使用，其使用与采煤机械相比自然减少，但掘进机械的使用大大提高了采煤效率；井下运输设备在井下采煤时也是非常重要的，其可靠性直接关系到煤炭生产，但因为其技术含量相对较低，因此各大煤机企业的投入相对较少；煤矿安全关乎人民的生命财产，是煤矿生产的重中之重，本课题仅选取了安全设备最相关的几个技术分支。

煤矿机械各技术分支的专利申请逐年分布情况具体参见表 2 - 1 - 1。

表 2 - 1 - 1　煤矿机械各技术分支逐年分布情况　　　　单位：项

技术分支 年份	采煤机械			液压支护设备			井下运输设备			掘进机械		安全设备			
	滚筒采煤机	刨煤机	其他采煤机	顶梁	液压支架	液压支柱	刮板输送机	矿车	皮带输送机	综掘机	其他掘进机	安全钻机	救援设备	瓦斯监测设备	瓦斯抽采设备
1971	34	32	30	9	62	30	28	2	11	50	10	0	5	2	5
1972	49	53	55	12	129	50	46	9	11	62	12	0	5	5	8
1973	54	56	63	15	170	81	41	6	14	59	20	1	6	6	9
1974	68	46	62	19	178	63	38	7	18	81	22	1	10	9	12
1975	60	37	66	17	212	72	45	5	13	56	24	3	17	7	15

第1章　第2章　第3章　第4章　第5章　第6章　第7章　第8章　第9章　第10章

续表

年份\技术分支	采煤机械			液压支护设备			井下运输设备			掘进机械		安全设备			
	滚筒采煤机	刨煤机	其他采煤机	顶梁	液压支架	液压支柱	刮板输送机	矿车	皮带输送机	综掘机	其他掘进机	安全钻机	救援设备	瓦斯监测设备	瓦斯抽采设备
1976	76	62	80	12	193	68	36	10	24	79	24	4	12	6	17
1977	82	43	91	19	184	75	27	6	19	70	24	9	15	11	12
1978	97	53	70	17	223	88	27	2	22	86	21	4	16	8	18
1979	97	63	89	25	267	77	37	9	17	85	26	4	12	11	13
1980	77	75	93	27	253	74	39	10	24	83	25	18	9	10	23
1981	93	53	71	12	205	61	50	7	29	71	21	7	16	10	10
1982	94	47	68	9	184	67	30	17	23	62	16	12	8	10	26
1983	87	39	70	18	162	45	32	11	25	52	17	10	14	10	17
1984	85	41	101	19	202	61	44	13	36	89	19	13	12	17	21
1985	113	46	84	17	200	46	29	5	30	91	31	13	10	18	21
1986	95	45	65	16	226	62	24	10	33	100	33	9	20	20	19
1987	65	39	75	8	176	54	30	16	30	60	17	7	7	14	23
1988	70	51	52	8	227	42	35	10	40	62	31	9	14	18	18
1989	58	57	48	4	162	38	21	2	26	36	12	15	8	22	16
1990	48	32	33	9	141	46	26	11	22	31	13	18	8	17	9
1991	30	29	27	4	78	32	14	7	17	22	19	3	10	14	5
1992	28	23	15	6	59	27	11	4	23	22	13	6	6	13	2
1993	22	7	18	1	49	30	11	2	13	12	14	3	2	6	2
1994	20	16	7	1	32	22	20	2	37	11	16	6	5	8	2
1995	29	20	15	3	43	28	16	3	54	24	18	17	9	5	2
1996	31	14	8	4	34	24	15	1	43	24	22	9	8	11	1
1997	19	18	9	5	35	36	18	2	54	20	14	14	6	8	2
1998	29	5	4	1	21	24	19	4	52	17	19	13	16	10	20
1999	42	12	5	2	38	32	12	3	37	24	28	14	18	10	5
2000	31	10	7	1	38	20	18	7	38	22	24	16	23	4	2
2001	32	8	4	2	39	24	24	4	27	23	21	16	12	18	8
2002	29	6	7	6	28	25	22	3	32	17	23	13	12	6	6
2003	42	3	4	5	46	22	17	0	23	23	19	22	9	12	7

续表

技术分支 / 年份	采煤机械			液压支护设备			井下运输设备			掘进机械		安全设备			
	滚筒采煤机	刨煤机	其他采煤机	顶梁	液压支架	液压支柱	刮板输送机	矿车	皮带输送机	综掘机	其他掘进机	安全钻机	救援设备	瓦斯监测设备	瓦斯抽采设备
2004	27	7	9	3	35	21	17	2	30	18	21	19	15	17	6
2005	45	9	6	5	43	30	14	4	28	16	17	15	12	26	9
2006	59	7	11	3	41	33	11	5	34	63	32	24	32	26	10
2007	57	10	12	6	53	35	26	1	49	44	35	35	25	15	13
2008	60	10	6	3	67	40	18	10	59	55	29	47	39	24	19
2009	80	14	23	7	84	62	25	8	65	59	40	13	43	33	37
总计	2 214	1 198	1 563	360	4 619	1 767	1 013	258	1 182	1 881	842	462	527	499	470

2.1.2　技术生命周期分析

由图 2-1-3 可知，煤矿机械的申请人数量随年份的变化趋势与申请量的趋势基本一致。而在 20 世纪 90 年代中后期，虽然煤矿机械的申请量下滑较为明显，但是申请人的数量相对下滑有限。在同一时期，国外主要煤矿机械企业之间的兼并、重组还没有大规模展开，因而在同一时期内申请人的数量没有较大的下滑。而在 2000 年之后，煤矿机械企业出现兼并、重组，大量申请人被兼并；但是，同一时期出现大量来自中国、俄罗斯等国的申请人；因而，该时期内申请人的数量依然持续增长。

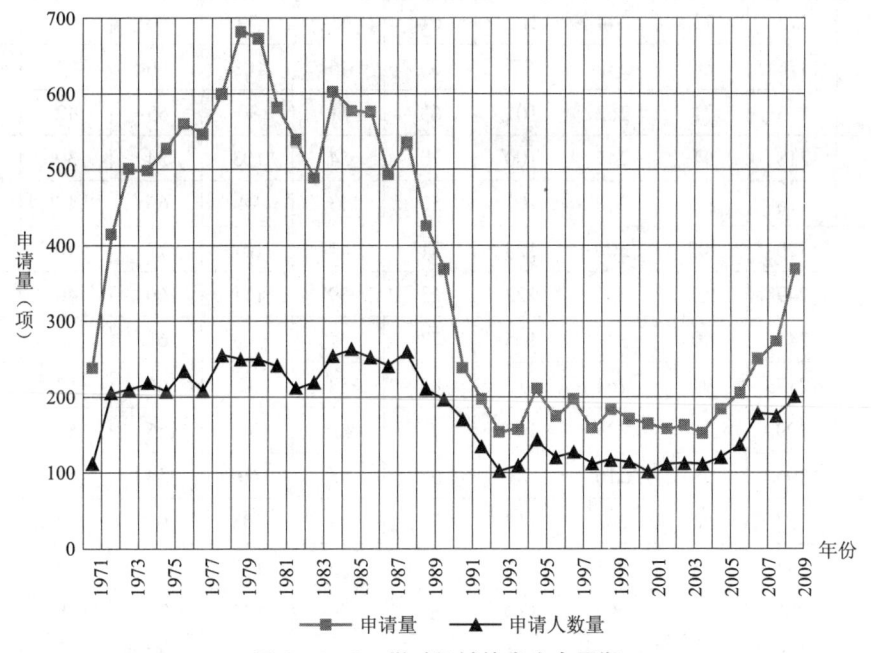

图 2-1-3　煤矿机械技术生命周期

煤矿机械的技术进步伴随着采煤技术的发展而进行，具体到某一机械如采煤机械、液压支护设备、井下运输设备、掘进机械等，也在不断地出现大量的专有技术而形成新的分支，而各项技术又随着现有技术的推动而不断地改进。以液压支护设备为例，早期液压支柱是主体，随着技术进步，液压支柱应用逐步减少、液压支架逐步产生并扩大应用。近些年来，液压支架进一步发展出大采高液压支架、放顶煤液压支架、大倾角液压支架、薄煤层液压支架等多个技术分支，而传统液压支架的应用正逐步减少。每一次的技术替代，都出现相关技术的专利申请的减少和增加，因而从图 2 - 1 - 3 来看，目前总体上没有出现明显的技术萌芽期、发展期、衰减期。

但是，安全设备在近些年来展现出新的活力，申请量和申请人数量上甚至超过了 20 世纪 80 年代的煤矿机械专利申请的高峰时期。这是由于矿井经过多年的开采，深度越来越大，开采安全问题日益突出，围绕解决安全问题的安全设备的研发正受到更多的关注。可以确定，安全设备在目前和将来相当长的一段时间内，将处于技术发展和成长期。

煤矿机械各技术分支的技术生命周期情况具体参见表 2 - 1 - 2。

表 2 - 1 - 2　煤矿机械各技术分支生命周期

技术分支／年份	采煤机械		液压支护设备		井下运输设备		掘进机械		安全设备	
	申请量（项）	申请人数量（个）	申请量（项）	申请人数量（个）	申请量（项）	申请人数量（个）	申请量（项）	申请人数量（个）	申请量（项）	申请人数量（个）
1971	96	46	94	51	41	29	60	40	12	10
1972	157	72	177	91	66	51	74	48	18	16
1973	173	73	244	107	61	41	79	50	22	16
1974	176	88	232	97	63	46	103	66	32	22
1975	163	71	262	101	63	41	80	55	42	27
1976	218	94	249	100	70	54	103	54	39	29
1977	216	92	240	101	52	43	94	65	47	42
1978	220	103	300	124	51	41	107	73	46	36
1979	249	103	335	122	63	39	111	66	40	31
1980	245	90	333	125	73	51	108	67	60	36
1981	217	93	261	112	86	58	92	66	43	32
1982	209	74	239	107	70	50	78	55	58	41
1983	196	95	216	96	68	43	69	54	51	41
1984	227	94	262	117	93	69	108	63	63	44
1985	243	106	253	115	72	53	122	74	62	46
1986	205	96	293	119	67	46	133	78	68	47
1987	179	76	229	115	76	58	77	47	51	32

续表

技术分支＼年份	采煤机械		液压支护设备		井下运输设备		掘进机械		安全设备	
	申请量（项）	申请人数量（个）	申请量（项）	申请人数量（个）	申请量（项）	申请人数量（个）	申请量（项）	申请人数量（个）	申请量（项）	申请人数量（个）
1988	173	90	266	112	85	61	93	72	59	49
1989	163	82	200	95	59	46	48	40	62	43
1990	113	69	188	91	59	43	44	32	52	41
1991	86	63	112	79	38	29	41	30	32	26
1992	66	45	88	61	38	27	35	31	27	26
1993	47	38	77	41	26	18	26	24	13	13
1994	43	36	54	41	59	38	27	27	21	19
1995	64	45	73	51	73	47	42	37	33	26
1996	53	46	60	47	59	32	46	39	29	27
1997	46	34	74	57	74	37	34	28	30	26
1998	38	30	45	42	75	44	36	30	59	38
1999	59	44	67	38	52	38	52	45	47	38
2000	48	35	58	43	63	36	46	38	45	42
2001	44	36	65	38	55	31	44	39	54	50
2002	42	38	59	41	57	35	40	35	37	34
2003	49	35	71	45	40	24	42	36	50	43
2004	43	36	58	39	50	34	39	30	57	50
2005	60	40	74	47	53	37	33	28	62	49
2006	77	46	76	51	87	63	95	46	92	80
2007	79	57	92	65	118	76	79	48	88	68
2008	76	53	109	56	146	96	84	54	129	87
2009	117	71	151	74	160	96	99	58	126	86
总计	4 975	2 535	6 336	3 054	2 661	1 801	2 723	1 868	1 958	1 509

2.1.3　技术集中度分析

由图 2-1-4 可知，在煤矿机械的全球专利申请中，排名前 10 位的申请人的申请量总和占总申请量的 17.8%，排名前 30 位的申请人所占比例接近 33%，排名前 50 位的申请人所占比例则接近 41%。在多边专利申请中，对应的比例则高于全球申请量中的情况。数据表明，在煤矿机械领域，苏、德、英、美等国一些主要申请人的申请量较大，在多边申请中则德、英、美等国占据较大的份额。但就整体而言，煤矿机械整体技术集中度并不高。

第1章

第2章

第3章

第4章

第5章

第6章

第7章

第8章

第9章

第10章

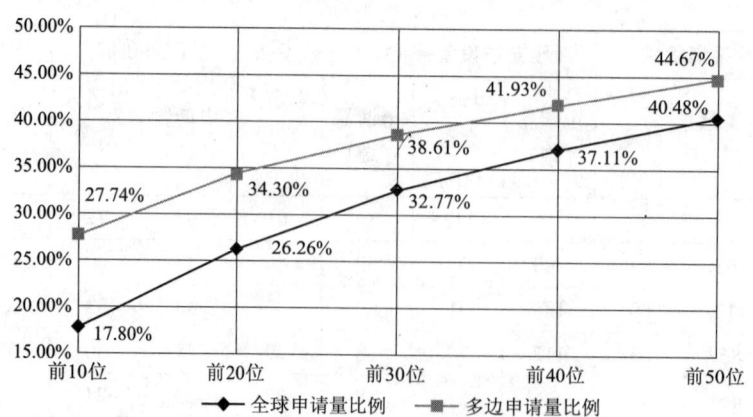

图 2 - 1 - 4　煤矿机械技术集中度分析

煤矿机械各技术分支的技术集中度情况具体参见表 2 - 1 - 3。

表 2 - 1 - 3　煤矿机械各技术分支的技术集中度情况

技术分支	申请人	全部申请		多边申请	
		数量（件）	份额	数量（件）	份额
采煤机械	前 10 位	1 741	33.24%	565	41.57%
	前 20 位	2 196	41.92%	688	50.63%
	前 30 位	2 511	47.94%	762	56.07%
	前 40 位	2 769	52.86%	818	60.19%
	前 50 位	2 947	56.26%	862	63.43%
	全部申请人	5 238	100%	1 359	100%
液压支护设备	前 10 位	1 765	26.6%	230	33.3%
	前 20 位	2 471	37.3%	302	43.8%
	前 30 位	2 915	44.0%	345	50.0%
	前 40 位	3 258	49.2%	375	54.3%
	前 50 位	3 517	53.1%	403	58.4%
	全部申请人	6 628	100%	690	100%
井下运输设备	前 10 位	677	28.39%	455	28.51%
	前 20 位	916	38.41%	602	37.72%
	前 30 位	1 085	45.49%	716	44.86%
	前 40 位	1 226	51.40%	804	50.38%
	前 50 位	1 336	56.02%	868	54.39%
	全部申请人	2 385	100.00%	1 596	100.00%

续表

技术分支	申请人	全部申请		多边申请	
		数量（件）	份额	数量（件）	份额
掘进机械	前 10 位	539	19.8%	281	36.8%
	前 20 位	799	29.3%	351	45.9%
	前 30 位	993	36.4%	397	52.0%
	前 40 位	1 119	41.1%	435	56.0%
	前 50 位	1 232	45.2%	477	62.4%
	全部申请人	2 723	100%	764	100%
安全设备	前 10 位	325	15.19%	51	14.13%
	前 20 位	493	23.05%	73	20.22%
	前 30 位	612	28.61%	93	25.76%
	前 40 位	706	33.01%	113	31.30%
	前 50 位	780	36.47%	130	36.01%
	全部申请人	2 139	100%	361	100%

由表 2-1-3 可知，在采煤机械、液压支护设备、井下运输设备领域，各段排名的申请人的申请量总和占总申请量的比例大致相同，如前 50 位的申请人的申请量比例都超过 50%；但在某些情况下存在差异，如采煤机械的前 10 位申请人的申请量比例高于其他技术领域。而掘进机械各段排名的申请人的申请量所占比例低于上述三个技术领域大约 8~10 个百分点。另外，在安全设备领域，各段排名的申请人的申请量总和占总申请的比例均明显比其他领域低很多，也即安全设备领域较其他技术领域的技术集中度更低。安全设备与其他煤矿机械相比，尺寸小、精密性高，生产企业多为中小型企业，市场中存在大量的申请主体，这是其技术集中度相对较低的原因。

2.1.4 申请人类型分析

在所分析的时段内，各类申请人的申请趋势各不相同，具体可参见图 2-1-5 所示。由图 2-5 可知，公司申请的发展趋势与图 2-1-1 所示的煤矿机械全球申请总体趋势基本吻合；个人申请也基本符合这一趋势，只是其申请量相对较少，波动幅度也较小；研究机构申请在 20 世纪 90 年代初前苏联解体后就减少到很少的数量并且未见反弹；由于中国申请的增加导致高校申请在 2006 年之后出现增长趋势；而合作申请一直在每年几十件的数量上波动，增减趋势并不明显。

煤矿机械的申请人始终是以公司为主，其申请量占总量的 67%，若加上合作申请中包含公司的申请，公司所占比例更高。这表明公司是煤矿机械领域的创新主体，是该领域的主导者。各类申请人的申请量比例具体参见图 2-1-6。

分析各类型申请人的申请量可知，其中，采煤机械领域的公司申请占总申请量的

第 1 章
第 2 章
第 3 章
第 4 章
第 5 章
第 6 章
第 7 章
第 8 章
第 9 章
第 10 章

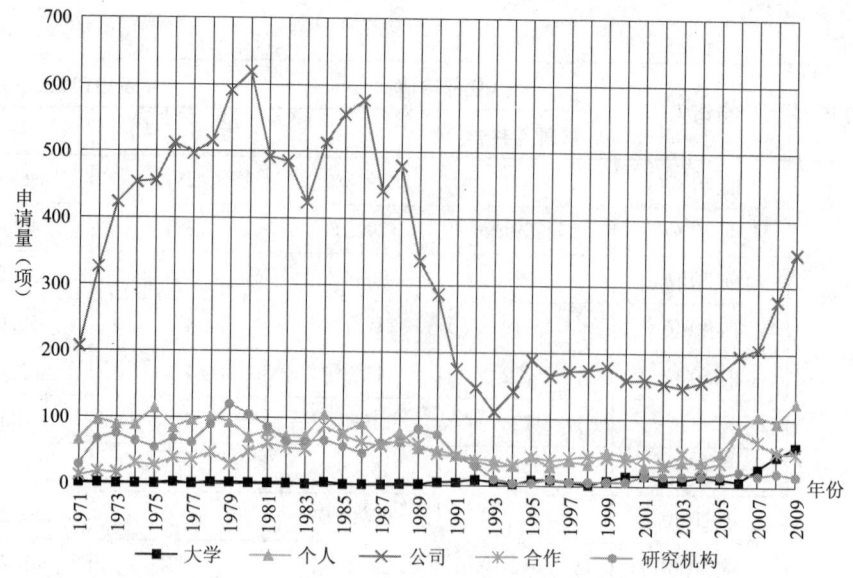

图 2-1-5　煤矿机械各类申请人专利申请历年分布

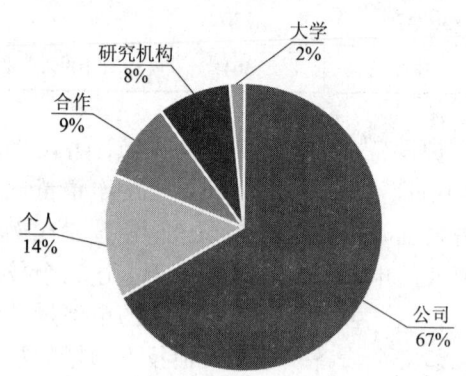

图 2-1-6　煤矿机械申请人类型比例

70%，而研究机构和高校合计占 10%，个人申请占 12%，合作申请❶占到了 8%，并且从 2006 开始采煤机械的总申请量出现逐步增长的时期内，各类申请人的申请量均同步呈现出增长趋势，其中增长最快的依然为公司。液压支护设备领域公司申请占总申请量的 72%，个人次之，研究机构占到了 10%，高校所占比例最低。井下运输设备领域的公司申请占总申请量的 69%，个人占 17%，合作申请占到了 4.4%；从 2006 开始井下运输设备总申请量出现大幅增长的时期内，公司和个人申请均同步呈现出增长趋势，但企业申请依然占据绝对优势。掘进机械领域公司申请占总申请量的 66%，个人和合作申请的比例分别为 13% 和 12%，研究机构和高校的申请量较少；合作申请中公司与公司合作的比例最高，达到 62%，其次是个人与个人合作申请占 24%，而其他类型的合作申请比例较低。除公司申请外，其他类型申请人的申请量每年基本处于 20 件以内，并有小幅波动；而公司申请的历年分布趋势则与掘进机械历年申请量发展趋势基本吻合，因此公司申请的影响是最大的。安全设备领域，公司同样是专利申请的主体，但公司申请占全部专利申请的比例低于其他煤机领域，而个人所占比例则相对增多，研究机构和高校对安全设备的研发大多是和企业进行合作，以期进行产业上的应用。

全球各类申请人专利申请整体态势参见表 2-1-4。

---

❶　合作申请中，包含公司的申请比例超过 60%，与申请类型的分布趋势基本一致。

表2-1-4　煤矿机械各类申请人全球专利申请整体态势表

单位：项

申请人类型 年份	高校					个人					公司					合作					研究机构				
	安全设备	采煤机械	井下运输设备	掘进机械	液压支护设备	安全设备	采煤机械	井下运输设备	掘进机械	液压支护设备	安全设备	采煤机械	井下运输设备	掘进机械	液压支护设备	安全设备	采煤机械	井下运输设备	掘进机械	液压支护设备	安全设备	采煤机械	井下运输设备	掘进机械	液压支护设备
1971	0	0	0	0	1	3	25	9	15	13	6	60	27	38	75	0	4	1	3	3	3	7	4	4	9
1972	0	0	0	1	0	3	36	11	12	34	7	98	41	52	128	1	4	1	2	9	7	19	13	7	20
1973	0	0	0	0	0	3	21	11	8	46	13	127	40	58	185	0	3	3	4	5	6	22	7	9	30
1974	0	0	0	0	0	6	20	13	15	34	16	125	45	73	194	2	7	2	8	11	8	24	3	7	21
1975	0	0	0	0	0	17	30	10	13	44	16	118	44	61	216	1	7	1	3	15	8	8	8	3	26
1976	1	0	0	1	0	9	21	14	9	31	20	165	48	71	208	2	13	3	7	13	7	19	5	15	21
1977	0	0	0	0	0	14	26	9	14	32	27	155	32	61	221	3	11	5	12	4	3	24	6	7	21
1978	1	1	0	0	2	10	24	10	13	45	26	151	33	71	233	1	14	5	6	20	8	30	3	17	30
1979	0	0	0	0	0	5	24	5	8	50	27	176	46	91	251	1	6	6	3	12	7	43	6	9	54
1980	1	0	1	0	0	1	12	9	5	42	44	185	55	84	251	3	13	4	9	18	11	35	5	10	43
1981	0	0	0	0	0	8	15	15	13	28	20	165	58	61	187	6	10	9	8	27	9	27	4	9	36
1982	0	0	0	0	0	5	14	8	12	33	38	163	54	52	178	8	13	4	9	20	7	19	4	5	28
1983	0	0	0	0	0	6	17	11	15	33	29	144	50	45	155	4	19	3	10	15	12	16	4	9	22
1984	1	1	0	1	0	10	27	14	9	39	32	162	51	74	194	9	24	19	15	20	11	13	8	4	29
1985	0	0	0	0	0	5	24	9	17	30	41	182	50	98	185	6	23	8	11	25	10	14	5	4	23
1986	0	0	0	0	0	7	19	15	4	33	49	166	41	100	221	4	16	10	12	21	8	4	1	4	29
1987	0	0	0	0	0	2	17	7	7	30	27	131	57	56	170	7	12	6	12	21	15	19	6	5	17
1988	0	0	0	0	0	6	16	18	6	32	37	139	47	68	188	5	11	10	6	33	11	7	10	12	23
1989	0	1	0	0	0	9	10	7	6	23	27	113	39	27	131	1	14	9	7	29	25	25	4	8	21
1990	0	2	0	0	2	5	10	16	6	15	22	80	32	26	127	4	10	6	7	19	21	11	5	5	33

续表

年份	高校 安全设备	高校 采煤机械	高校 井下运输设备	高校 掘进机械	高校 液压支护设备	个人 安全设备	个人 采煤机械	个人 井下运输设备	个人 掘进机械	个人 液压支护设备	公司 安全设备	公司 采煤机械	公司 井下运输设备	公司 掘进机械	公司 液压支护设备	合作 安全设备	合作 采煤机械	合作 井下运输设备	合作 掘进机械	合作 液压支护设备	研究机构 安全设备	研究机构 采煤机械	研究机构 井下运输设备	研究机构 掘进机械	研究机构 液压支护设备
1991	1	0	2	1	0	4	14	7	4	16	15	47	22	28	63	5	13	2	4	20	7	12	5	4	15
1992	0	0	1	2	5	5	11	5	4	14	14	40	22	20	51	1	9	6	5	15	7	6	4	4	7
1993	0	1	0	2	2	5	12	6	6	9	5	22	15	14	55	0	8	5	3	13	3	4	0	1	1
1994	0	0	0	2	1	3	9	7	2	8	14	26	42	18	41	4	7	10	5	4	0	1	0	1	1
1995	1	3	0	1	2	3	13	10	7	11	20	42	57	23	47	7	6	5	11	13	2	0	0	0	1
1996	1	3	0	4	1	4	9	2	9	4	13	31	54	22	45	8	8	2	11	9	3	2	1	0	3
1997	1	0	0	1	3	7	6	4	5	15	14	34	59	18	47	6	5	11	9	10	2	1	0	0	1
1998	0	0	0	0	1	6	7	4	7	8	44	23	60	20	26	8	7	11	9	8	1	1	0	0	3
1999	2	1	1	0	3	6	11	8	8	17	29	37	34	37	42	10	8	9	6	8	0	2	1	0	2
2000	3	3	1	3	4	12	6	6	11	10	20	32	49	25	33	10	7	7	6	8	0	0	0	1	4
2001	5	2	0	5	3	6	5	2	4	12	30	29	45	22	33	11	8	7	13	6	2	0	1	0	11
2002	0	2	1	2	1	5	4	3	7	12	21	27	49	22	34	9	7	2	5	8	2	0	2	4	4
2003	2	2	2	1	3	10	9	6	4	7	28	28	28	22	41	8	9	4	12	15	2	1	1	3	7
2004	4	1	2	4	3	9	7	3	6	11	30	31	37	24	34	9	4	5	3	6	5	0	2	2	5
2005	3	2	2	1	3	12	11	6	6	14	35	36	36	17	46	10	7	1	5	11	2	4	1	4	4
2006	3	1	0	0	2	28	8	13	10	26	39	37	32	44	44	14	27	2	37	3	8	4	3	4	2
2007	9	3	2	4	7	27	18	26	14	20	36	43	40	43	43	9	14	7	14	22	7	1	1	4	2
2008	19	6	2	7	10	27	11	19	16	22	57	50	62	49	60	13	7	3	10	17	13	2	2	2	1
2009	17	10	1	10	20	30	18	29	11	37	65	77	65	54	88	11	10	1	21	4	3	2	2	3	4
总计	75	45	17	53	81	343	597	387	347	940	10533	4971	6981	7894	571	221	405	215	343	540	266	431	136	191	614

2.1.5 各主要国家/地区申请人专利申请分布

由表 2 - 1 - 5 可知，煤矿机械申请总量排名依次为前苏联、德国、中国、美国、英国、日本和俄罗斯。考虑到本课题研究的重点是煤矿机械的成套化产品"三机一架"，而日本仅在井下运输设备中的皮带运输机分支、安全设备分支申请较多，因此尽管日本排在总量的第 6 位，也没有选择其作为研究对象；而考虑到俄罗斯与前苏联的继承关系，以及其煤矿产量在全球的地位，仍然将俄罗斯作为研究对象。

表 2 - 1 - 5 煤矿机械各主要国家/地区申请人排名表

技术分支 / 国别	采煤机械（项）	排名	掘进机械（项）	排名	井下运输设备（项）	排名	液压支护设备（项）	排名	安全设备（项）	排名	总量	总排名
前苏联	2 205	1	902	1	633	2	2 868	1	571	1	7 179	1
德国	1 276	2	581	2	690	1	1 498	2	248	3	4 293	2
中国	247	5	232	4	179	5	492	3	447	2	1 597	3
美国	471	3	376	3	237	4	268	5	227	4	1 579	4
英国	392	4	140	5	112	6	407	4	45	8	1 096	5
日本	68	7	135	6	291	3	87	10	209	5	790	6
俄罗斯	136	6	126	7	58	9	226	6	114	6	660	7

（1）按照各主要国家进行研究

如图 2 - 1 - 7、图 2 - 1 - 8 所示，前苏联是世界主要能源生产国之一。前苏联申请人在液压支护设备领域的申请量最大，其次是采煤机械领域，而这两个领域是煤矿机械最基础的领域，反映出前苏联重视基础研究的国情特色。另外，各个领域的申请量

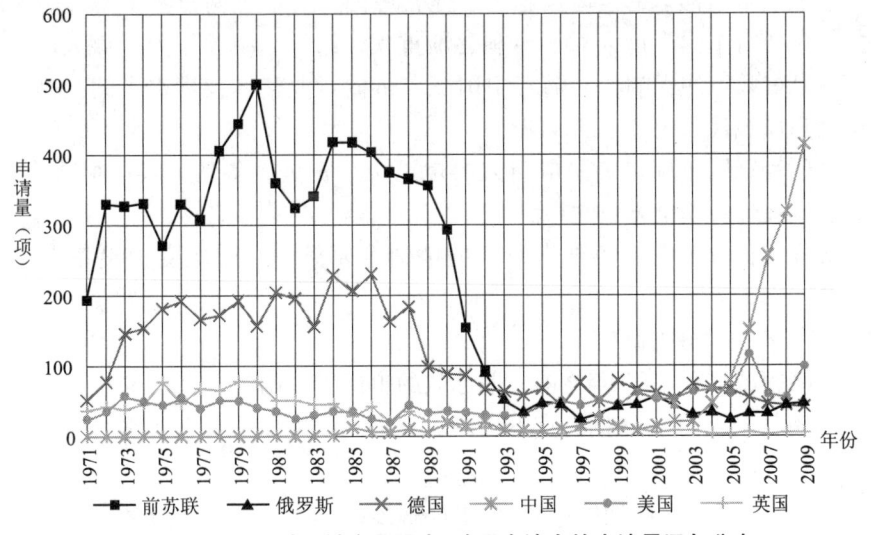

图 2 - 1 - 7 煤矿机械主要国家/地区申请人的申请量逐年分布

趋势基本相似，均在 20 世纪 80 年代达到最高峰，而同一时期，如 1983 年能源产量和消费量分别占世界的 23% 和 19%。1992 年后，俄罗斯在各领域的申请量均有一定程度的增长。

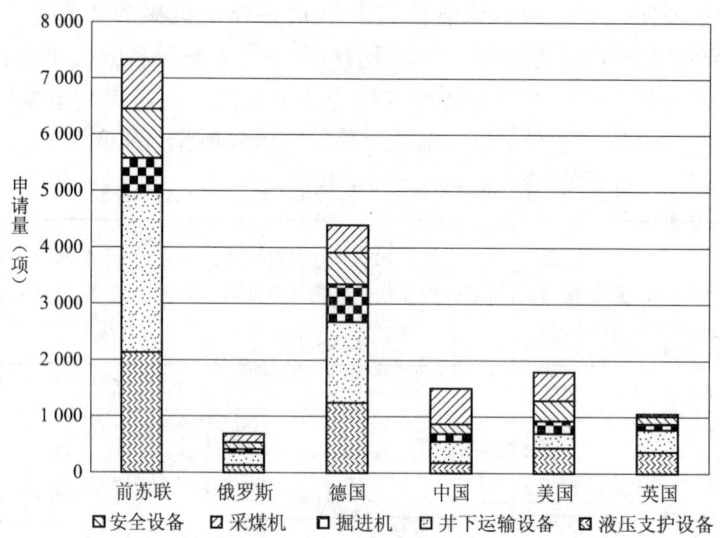

图 2-1-8　煤矿机械主要国家/地区申请人各技术分支分布

在 1971～1980 年，德国申请人在各个领域的申请量一直保持高位，但自 1990 年各个领域的申请量均呈明显下降趋势，特别是掘进机械领域，这也在一定程度上反映出德国产业政策的调整。但是，自 20 世纪 70～90 年代，来自德国的申请在全球总量中的份额在逐步增加并且一直占据较高的份额；直至 2000 年以后，德国在全球总量中份额的增长才有所减缓。

从 2000 年开始，❶ 特别是从 2005 年开始，除了 2008 年有略微下降外，中国申请人在各个领域的申请都呈迅速增长态势。究其原因，有以下两点：第一，国家知识产权战略的实施使得中国申请人对于专利逐渐重视；第二，中国作为产煤大国，受到国家煤炭产业利好政策的影响，并随着中国煤矿机械行业整体技术水平的提高，部分领域已经能够适应现代煤炭开采的需求。

与前苏联和德国不同，美国申请人的申请中，安全设备和采煤机械排在前两位，这表明，美国在煤炭安全方面的意识很高。

与前苏联和德国相似，英国申请人的申请主要集中在液压支护设备和采煤机械领域。

（2）按照各技术分支研究

采煤机械领域：在 1992 年之前，前苏联的申请所占比例一直在 50% 以上；美国的申请在 1971～1994 年所占比例一直不大，从 1995 年开始，所占比例整体提高；中国的

---

❶　中国申请人在 2000 年以前的申请在各个技术领域都很少，甚至部分年份申请量为零，因此只考虑 2000 年以后的专利申请情况。

申请从1985年开始所占比例一直较少，从2006年开始逐年提高，到2009年已经占据50%以上，成为最大的申请国，这表明，受到政策刺激和市场的带动作用，中国申请人对采煤机械领域表现出较大的兴趣，并加大了研发和专利申请的投入。

液压支护设备领域：前苏联在1971~1978年间申请量逐年快速增长，然后一直保持在较高水平，直到1991年前苏联解体。同时期的技术对于今天中国的煤机企业还是有启示的，可作为现有技术使用。前苏联解体之后申请量一直较低，俄罗斯1993年进行煤炭工业私有化改革，1996~2001年与世界银行合作，重组煤炭工业，处于转型期，效益较差；而且专利制度也发生了变化，不再像以前专利权归国家并对申请专利给予奖励。德国的申请比前苏联少，但是仍然占据较高的份额。美国、英国的申请相对苏、德较少，但是紧随其后。中国虽然申请量总量所占比例不高，但近几年发展迅速，份额正在逐步提高。

井下运输设备领域：在1992年之前，前苏联和德国的申请最多，且两者一直占据主导地位，自1971~1991年，前苏联和德国呈此消彼长的态势；1993年之后是日本和德国的申请最多，2005年之后中国的申请后来居上。1993~2004年日本的申请量多，主要集中于皮带输送机申请量的增加。而井下运输设备的重要分支——刮板输送机，在1992年之前，前苏联和德国的申请最多，且两者一直占据主导地位；1993年以后德国在大部分的年代里申请量远远领先其他国家，2006年之后中国的申请开始增多。对于刮板输送机的多边申请则呈现出德国一支独秀的局面。20世纪70~90年代整体结构方面的申请最为典型，如DE2938408A、DE3324108A、DE3309999A；而进入21世纪辅助装置申请份额最高，如WO2007110088A1、EP1388504A1、EP1362806A1。

掘进机械领域：数据统计结果表明，在1991年以前，前苏联申请占据绝对优势，大约达到年申请量的一半，虽然1991年之后再无前苏联申请，但在统计区间1971~2009年的39年间，前苏联的申请量仍然接近总量的1/3。俄罗斯相比前苏联时期的煤炭工业下降幅度较大，其申请量未能进入主要国家行列。德国申请人的申请量仅次于前苏联。20世纪90年代之前，德国申请人的申请量持续稳定，90年代之后受世界范围内煤炭工业的影响有所下降，近几年更是受德国大力发展新能源产业的政策影响，数量明显减少。同时美国申请人的申请量由于常年相对稳定，因此近几年所占比例超过德国。英国作为一个欧洲国家，其申请量所占比例虽然明显低于德国，但整体趋势上与德国类似，20世纪90年代之后申请很少，这应该也是与其产业政策相关。中国的申请量排名第4位，但主要集中在2005年之后，这是前面所述的中国煤炭工业、煤矿机械行业、专利制度共同发展的必然结果，在此不再赘述。

安全设备领域：在1991年以前，前苏联的申请人在该领域历年的申请量所占比例均超过了50%，前苏联解体后，日本申请人申请量所占比例较大，2006年以来，中国申请人申请量所占比例超过了50%。

有关各主要国家/地区申请人各技术领域的申请逐年分布情况参见表2-1-6。

2.1.6 各主要专利申请地历年专利申请分布

从全球各主要申请地来看，前苏联、德国、美国、英国、中国和俄罗斯在煤矿机械

表 2-1-6　煤矿机械各主要国家/地区各技术分支逐年申请量

单位：项

年份	前苏联					俄罗斯					德国					中国					美国					英国				
	采煤机械	掘进机械	井下运输设备	液压支护设备	安全装备	采煤机械	掘进机械	井下运输设备	液压支护设备	安全装备	采煤机械	掘进机械	井下运输设备	液压支护设备	安全装备	采煤机械	掘进机械	井下运输设备	液压支护设备	安全装备	采煤机械	掘进机械	井下运输设备	液压支护设备	安全装备	采煤机械	掘进机械	井下运输设备	液压支护设备	安全装备
1971	63	45	30	45	11	0	0	0	0	0	7	5	2	31	6	0	0	0	0	0	5	3	4	3	9	20	4	4	8	1
1972	106	40	56	111	17	0	0	0	0	0	26	14	6	26	5	0	0	0	0	0	7	8	1	12	7	12	10	3	15	2
1973	97	38	45	132	14	0	0	0	0	0	52	13	6	66	10	0	0	0	0	0	10	15	6	12	15	9	7	1	20	1
1974	100	51	32	132	16	0	0	0	0	0	35	23	19	56	20	0	0	0	0	0	18	11	5	5	10	16	9	3	18	0
1975	66	24	27	130	24	0	0	0	0	0	46	24	25	69	17	0	0	0	0	0	15	14	1	3	11	27	7	6	35	2
1976	95	54	38	122	21	0	0	0	0	0	73	23	14	69	13	0	0	0	0	0	18	7	5	13	11	21	4	5	16	1
1977	97	42	24	111	33	0	0	0	0	0	67	17	10	59	13	0	0	0	0	0	11	6	5	5	12	24	13	7	23	1
1978	116	62	15	164	48	0	0	0	0	0	47	24	20	68	13	0	0	0	0	0	21	7	5	6	12	29	7	2	27	0
1979	134	53	26	195	36	0	0	0	0	0	47	25	25	75	20	0	0	0	0	0	24	12	1	9	4	28	14	9	26	1
1980	159	54	33	192	61	0	0	0	0	0	43	20	17	60	16	0	0	0	0	0	12	11	0	8	9	23	9	12	32	1
1981	106	44	26	146	37	0	0	0	0	0	71	28	35	58	12	0	0	0	0	0	11	5	3	10	6	20	4	7	19	1
1982	96	32	23	120	53	0	0	0	0	0	64	23	30	66	12	0	0	0	0	0	8	5	2	5	5	22	5	8	13	3
1983	117	36	19	128	41	0	0	0	0	0	41	18	28	46	22	0	0	0	0	0	10	5	6	0	9	17	3	6	15	4
1984	125	44	37	147	65	0	0	0	0	0	64	42	38	60	24	0	0	0	0	0	9	6	2	6	12	13	4	4	24	1
1985	134	58	22	151	52	0	0	0	0	0	74	38	24	52	18	0	0	0	3	7	8	5	4	6	12	11	4	6	6	1
1986	97	61	13	172	61	0	0	0	0	0	64	40	29	70	27	0	1	1	3	1	9	5	1	1	9	14	7	4	16	1
1987	104	33	35	138	64	0	0	0	0	0	59	25	20	45	14	2	0	1	3	0	3	3	3	2	9	5	2	3	11	0
1988	82	43	28	159	53	0	0	0	0	0	52	28	26	56	22	0	1	0	6	3	9	6	13	5	10	14	4	1	15	1
1989	106	23	29	129	69	0	0	0	0	0	33	12	12	27	14	1	1	0	1	3	11	4	2	4	12	5	1	2	12	1
1990	65	22	28	123	55	0	0	0	0	0	25	5	19	27	12	2	2	2	8	5	8	8	1	5	13	9	2	3	7	0

续表

年份	前苏联					俄罗斯					德国					中国					美国					英国				
	采煤机械	掘进机械	井下运输设备	液压支护设备	安全装备	采煤机械	掘进机械	井下运输设备	液压支护设备	安全装备	采煤机械	掘进机械	井下运输设备	液压支护设备	安全装备	采煤机械	掘进机械	井下运输设备	液压支护设备	安全装备	采煤机械	掘进机械	井下运输设备	液压支护设备	安全装备	采煤机械	掘进机械	井下运输设备	液压支护设备	安全装备
1991	42	15	21	51	24	0	0	0	0	0	20	17	7	29	13	0	0	0	10	5	9	2	4	10	8	3	2	0	3	0
1992	29	9	8	28	18	1	0	1	1	4	14	6	19	22	5	0	4	1	10	5	10	9	2	6	3	2	1	0	7	2
1993	0	0	0	0	0	12	7	7	25	1	18	5	9	25	6	0	0	0	4	4	4	4	6	9	5	4	0	0	3	1
1994	0	0	0	0	0	8	3	3	15	6	14	4	14	15	11	0	1	1	6	0	10	6	3	2	10	2	1	2	0	1
1995	0	0	0	0	0	13	5	3	16	12	17	9	19	16	6	0	1	2	3	2	17	8	8	6	5	1	0	0	2	1
1996	0	0	0	0	0	13	7	5	13	10	8	5	10	12	7	3	3	0	1	4	10	12	9	7	11	2	0	0	0	0
1997	0	0	0	0	0	8	4	3	5	4	9	9	24	22	11	2	1	0	8	4	8	6	5	12	12	2	0	0	6	2
1998	0	0	0	0	0	5	9	4	9	5	9	4	14	9	13	1	0	2	5	16	12	5	16	4	14	3	1	0	3	1
1999	0	0	0	0	0	12	6	3	16	6	20	14	12	23	10	1	0	0	5	7	11	10	6	7	10	4	1	1	3	0
2000	0	0	0	0	0	8	10	3	20	5	8	5	21	15	16	2	0	0	2	3	15	13	13	10	11	4	4	0	1	0
2001	0	0	0	0	0	7	13	4	22	12	10	5	22	13	11	1	2	3	3	10	11	6	5	8	23	0	0	3	0	2
2002	0	0	0	0	0	8	10	5	13	9	11	6	9	13	11	1	0	3	6	9	8	5	12	11	17	3	0	0	3	1
2003	0	0	0	0	0	4	5	2	14	6	12	6	20	26	10	4	9	14	5	9	17	10	7	10	19	2	1	0	1	3
2004	0	0	0	0	0	2	6	2	11	15	16	6	14	22	10	6	3	6	9	20	8	6	14	3	36	0	0	1	1	0
2005	0	0	0	0	0	5	7	1	13	6	19	6	18	20	5	5	17	6	21	36	15	7	2	18	18	1	1	0	0	2
2006	0	0	0	0	0	5	7	4	6	12	10	4	11	19	10	24	40	23	35	69	26	41	13	2	34	2	2	0	0	3
2007	0	0	0	0	0	5	6	5	6	12	12	3	7	20	4	37	35	32	52	104	7	13	11	4	24	0	1	0	0	0
2008	0	0	0	0	0	8	11	0	0	17	10	4	8	13	8	31	45	43	62	158	4	18	4	1	27	2	1	1	0	1
2009	0	0	0	0	0	10	8	3	15	12	14	0	7	15	5	61	45	43	106	160	17	27	18	4	33	2	1	2	0	0
总体	2 136	883	615	2 826	873	134	124	58	221	154	1 241	567	670	1 435	482	184	165	138	377	644	446	354	228	254	517	377	137	106	392	43

总量排名位列前 7 位。因此选择上述国家作为研究对象。

如图 2-1-9 所示，在前苏联的申请主要为其本国申请，其他国家在前苏联申请专利较少。而在主要专利申请地中排名第 2 位的德国与前苏联有着相似的情况。但是，近年来德国通过大力发展新能源产业的方式，逐步关闭煤矿，使得德国的能源结构实现了巨大的转变，新能源产业已经获得了良好的发展。并且德国已将国内煤矿的关闭最后期限设定为 2018 年，❶ 届时，德国将彻底脱离煤炭生产。同时，在欧洲的能源结构中，煤炭的使用量也正在不断下降，目前欧洲电力中仅有 18% 是由燃煤提供的，这与其他地区相比已经是一个相当低的数值。这势必影响德国甚至欧洲的煤机产业。因此从 20 世纪 90 年代开始，以德国作为申请地的申请量已经减少，近几年数量更少。然而德国仍然是一个装备制造业大国，技术实力雄厚，其煤矿机械产业不可能在短期内随着煤炭开采的结束而迅速终止。

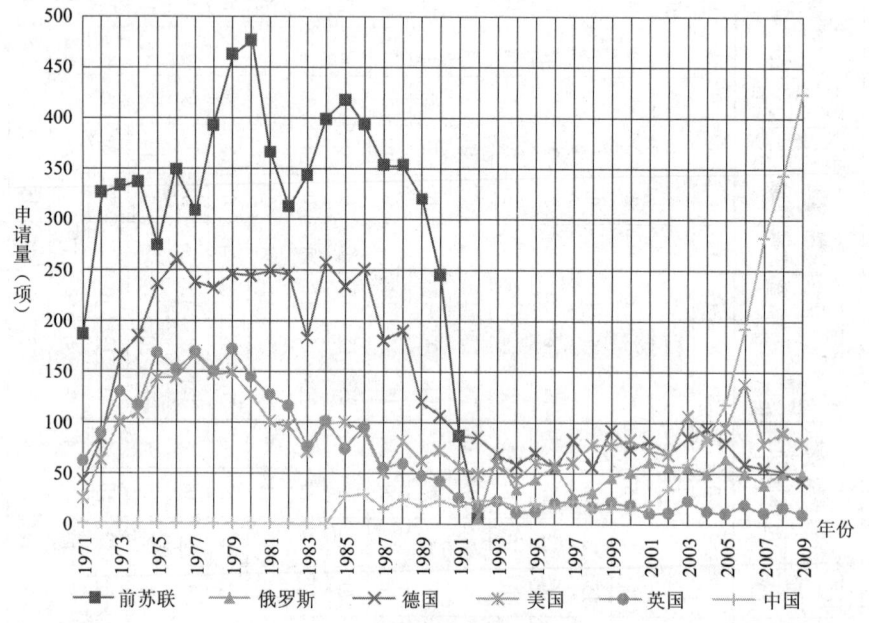

图 2-1-9　煤矿机械主要国家逐年分布

美国、南非是国外申请人申请量所占比例最大的两个国家，说明各国均看好这两个市场，但南非本国的申请量较少。德国因为本国申请人的申请量已经很大，所以别国申请人在德国的专利申请所占比例较小。

按拥有本国以外的申请数量，美国最多，英国次之，然后依次是德国、澳大利亚、南非，前苏联最少；如果按国外申请人的申请数量所占比例来说，澳大利亚的专利申请中国外申请人的申请数量所占比例最高，然后依次是南非、美国，苏联所占比例最少。

---

❶ 欧洲能源结构调整　煤炭行业前景黯淡 ［EB/OL］. ［2011-11-10］. http：//www. htsc. com. cn/htnews/news. jsp？docId = 14938554.

报告二　煤矿机械专利分析报告

各主要申请地各技术分支的申请量情况可参见图2-1-10，而各主要申请地各技术分支逐年分布情况请参见表2-1-7。

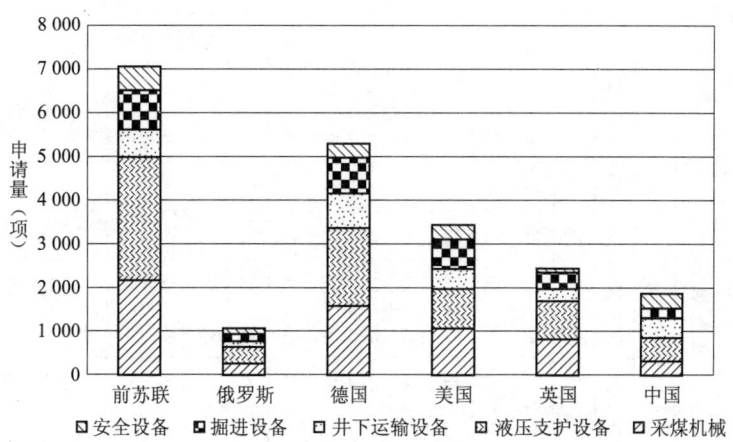

图2-1-10　煤矿机械主要申请地各技术分支分布

2.1.7　主要申请人整体分析

煤矿机械行业主要申请人之间的合并、重组始终在进行，目前已经形成两大综采设备巨头——久益公司和DBT公司（参见第1章第1.2.1.3节）。

以下主要针对久益公司和DBT公司进行分析，技术重点是"三机一架"。

2.1.7.1　久益公司

久益公司作为全球两大煤机企业之一，其经历了多次的兼并重组，能检索到的专利中支护设备所占比例最大，大部分来自于英国道特公司的申请，采煤机和掘进机相对较少。参见图2-1-11。

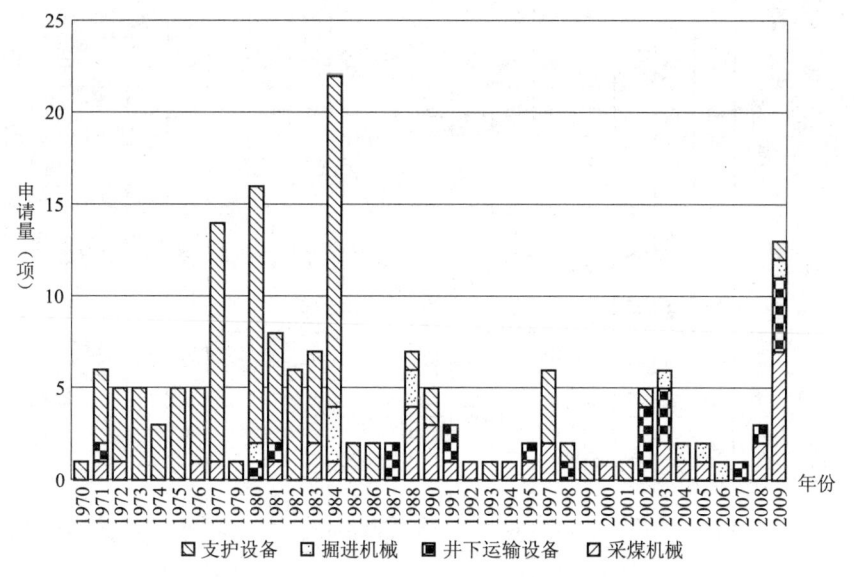

图2-1-11　久益公司各一级分支历年申请分布

表 2－1－7　煤矿机械各主要申请地各技术分支逐年申请分布

单位：件

年份	前苏联 采煤机械	前苏联 液压支护设备	前苏联 井下运输设备	前苏联 掘进机械设备	前苏联 安全设备	俄罗斯 采煤机械	俄罗斯 液压支护设备	俄罗斯 井下运输设备	俄罗斯 掘进机械设备	俄罗斯 安全设备	德国 采煤机械	德国 液压支护设备	德国 井下运输设备	德国 掘进机械设备	德国 安全设备	美国 采煤机械	美国 液压支护设备	美国 井下运输设备	美国 掘进机械设备	美国 安全设备	英国 采煤机械	英国 液压支护设备	英国 井下运输设备	英国 掘进机械设备	英国 安全设备	中国 采煤机械	中国 液压支护设备	中国 井下运输设备	中国 掘进机械设备	中国 安全设备
1971	63	46	30	45	3	0	0	0	0	0	8	23	3	6	3	6	8	4	3	4	22	26	4	10	0	0	0	0	0	0
1972	108	114	59	42	4	0	0	0	0	0	28	36	6	11	3	17	22	5	17	2	25	30	7	24	3	0	0	0	0	0
1973	99	138	45	40	12	0	0	0	0	0	57	72	7	28	2	25	40	6	26	3	41	54	5	28	2	0	0	0	0	0
1974	105	136	33	53	10	0	0	0	0	0	49	75	21	33	7	36	30	14	23	6	36	43	10	26	2	0	0	0	0	0
1975	72	139	27	24	13	0	0	0	0	0	69	96	30	33	9	52	46	12	25	8	58	64	20	23	3	0	0	0	0	0
1976	104	127	41	57	21	0	0	0	0	0	94	91	22	39	14	55	48	11	23	7	58	48	18	22	7	0	0	0	0	0
1977	105	115	26	44	19	0	0	0	0	0	92	81	16	39	10	59	56	11	27	13	60	61	13	29	6	0	0	0	0	0
1978	120	170	22	63	18	0	0	0	0	0	66	96	22	35	13	57	44	17	21	8	58	57	12	18	5	0	0	0	0	0
1979	143	204	34	56	26	0	0	0	0	0	72	99	27	40	8	55	47	15	27	5	59	60	22	27	4	0	0	0	0	0
1980	167	194	37	57	22	0	0	0	0	0	67	100	23	43	11	37	42	6	25	17	39	64	18	21	3	0	0	0	0	0
1981	112	147	26	49	33	0	0	0	0	0	85	73	44	32	15	35	37	12	13	4	44	47	18	13	5	0	0	0	0	0
1982	105	121	23	37	27	0	0	0	0	0	89	85	35	32	5	47	31	8	8	2	46	44	17	8	1	0	0	0	0	0
1983	119	131	19	39	36	0	0	0	0	0	58	56	30	24	15	28	14	5	14	10	29	23	12	9	3	0	0	0	0	0
1984	132	150	43	45	29	0	0	0	0	0	80	74	40	53	11	24	29	12	25	9	32	35	14	15	5	0	0	0	0	0
1985	140	153	28	57	40	0	0	0	0	0	80	65	33	47	9	32	24	9	23	8	24	19	11	15	5	4	13	3	4	3
1986	103	177	16	63	35	0	0	0	0	0	73	82	34	53	9	30	25	7	21	6	30	31	11	20	3	10	10	3	6	0
1987	107	139	35	35	38	0	3	0	2	0	61	48	24	30	17	15	20	7	8	0	16	19	11	7	2	4	5	2	3	0
1988	82	161	28	42	41	2	2	0	0	0	58	67	28	33	5	21	20	17	16	7	21	28	0	9	1	2	14	1	5	2
1989	109	130	25	20	37	0	0	6	0	0	36	43	15	17	9	23	15	6	13	5	19	15	3	9	1	4	7	1	4	1
1990	59	100	25	18	43	12	27	4	4	0	32	36	23	7	9	19	18	12	17	6	18	12	6	3	3	4	11	3	2	2

续表

年份	前苏联					俄罗斯					德国					美国					英国					中国				
申请地	采煤机械设备	液压支护设备	井下运输设备	掘进机械设备	安全设备	采煤机械设备	液压支护设备	井下运输设备	掘进机械设备	安全设备	采煤机械设备	液压支护设备	井下运输设备	掘进机械设备	安全设备	采煤机械设备	液压支护设备	井下运输设备	掘进机械设备	安全设备	采煤机械设备	液压支护设备	井下运输设备	掘进机械设备	安全设备	采煤机械设备	液压支护设备	井下运输设备	掘进机械设备	安全设备
1991	16	23	5	9	34	27	32	16	8	2	23	30	8	20	6	18	23	6	7	3	12	5	1	6	1	1	13	1	1	1
1992	0	2	0	0	3	30	29	9	10	11	18	24	20	10	13	17	14	6	9	3	3	10	1	2	0	0	15	2	4	2
1993	0	0	0	0	0	13	26	9	7	14	19	27	10	7	5	11	25	11	9	2	7	9	4	0	2	3	13	2	1	4
1994	0	0	0	0	0	9	16	9	5	1	18	16	13	9	2	18	7	10	6	3	4	4	1	1	1	5	6	3	2	1
1995	0	0	0	0	0	17	16	3	6	2	16	17	20	11	6	20	12	14	14	1	4	5	2	0	1	0	12	4	2	0
1996	0	0	0	0	0	16	19	5	9	8	15	14	12	12	2	16	11	11	16	4	6	8	3	2	2	4	3	3	5	1
1997	0	0	0	0	0	9	6	3	4	6	15	27	24	15	2	15	17	12	10	6	5	11	2	2	2	4	11	3	2	3
1998	0	0	0	0	0	5	9	6	9	2	14	11	18	7	6	17	8	19	7	27	6	2	4	2	2	1	5	5	1	2
1999	0	0	0	0	0	12	17	4	7	6	27	24	13	19	9	27	15	9	17	10	6	9	4	1	1	3	7	2	3	1
2000	0	0	0	0	0	10	22	4	10	5	14	17	23	10	10	20	14	21	20	8	5	8	4	0	3	4	5	2	0	3
2001	0	0	0	0	0	8	32	6	13	3	18	18	24	8	14	19	13	12	10	19	1	4	4	1	1	4	5	4	1	5
2002	0	0	0	0	0	11	16	8	11	11	16	14	15	9	14	18	17	15	8	10	3	4	1	1	2	5	10	8	4	7
2003	0	0	0	0	0	12	23	7	5	9	16	29	20	13	11	29	30	13	13	21	3	10	6	2	2	15	20	12	1	11
2004	0	0	0	0	0	14	16	6	6	5	20	25	23	13	13	25	14	22	15	8	3	2	3	2	1	20	19	14	16	14
2005	0	0	0	0	0	21	15	8	8	12	28	20	22	7	3	33	29	12	13	8	5	2	2	1	0	26	30	32	7	23
2006	0	0	0	0	0	10	17	6	7	4	12	20	14	7	6	37	8	16	56	21	1	2	1	6	4	37	45	48	27	36
2007	0	0	0	0	0	6	10	7	6	10	16	22	8	6	3	19	16	16	18	12	5	0	2	2	4	46	63	77	44	52
2008	0	0	0	0	0	11	14	3	11	11	15	14	8	12	3	22	14	16	26	12	4	0	4	2	5	48	73	102	43	78
2009	0	0	0	0	0	10	15	3	8	14	13	14	8	3	3	18	4	3	26	12	4	0	3	0	2	70	115	110	47	82
总计	2 170	2 817	627	895	544	265	382	126	166	136	1 587	1 781	786	829	315	1 072	903	465	675	320	823	879	281	371	97	326	530	447	235	334

第1章　第2章　第3章　第4章　第5章　第6章　第7章　第8章　第9章　第10章

如图2-1-12、表2-1-8所示，久益公司在20世纪70~80年代的申请主要集中在液压支护设备方面，特别是液压支架技术分支。近年来，其申请逐渐向采煤机械和井下运输设备倾斜，特别是滚筒采煤机和刮板输送机技术分支。

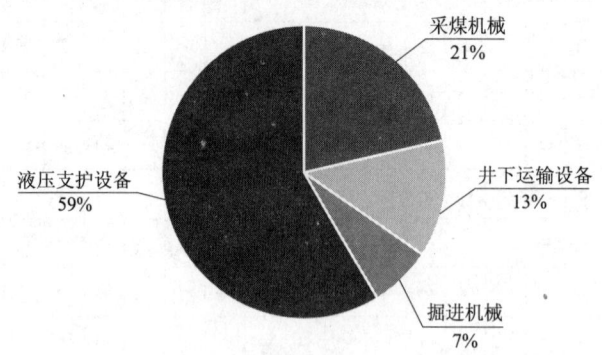

图2-1-12　各一级技术分支申请量比例

表2-1-8　各二级技术分支历年申请分布　　　单位：项

技术分支 年代	采煤机械			井下运输设备		掘进机械		液压支护设备		
	滚筒 采煤机	刨煤机	其他 采煤机	刮板 输送机	皮带 输送机	其他 掘进机	综掘机	顶梁	液压 支架	液压 支柱
1971~1980	0	2	2	2	0	2	0	5	34	14
1981~1990	8	0	3	0	2	4	3	5	24	12
1991~2000	6	0	1	3	1	0	0	0	5	2
2001~2009	13	0	0	10	3	2	3	0	3	0

从图2-1-13中可以看出，随着时间的推移，久益公司的专利申请也在发生着变

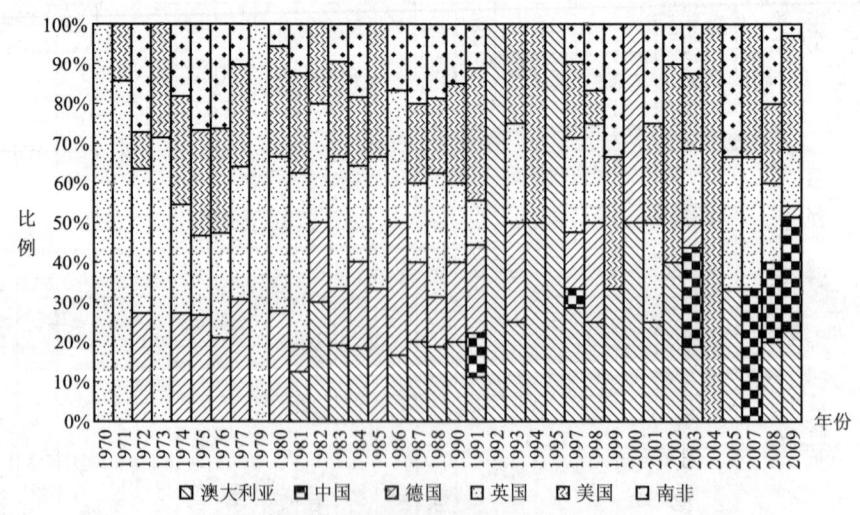

图2-1-13　各主要申请地历年申请分布

化，从20世纪80年代至今始终坚持对澳大利亚进行专利申请，南非市场则更早；而在本土——美国也始终是保持相当比例；最近几年在德国专利申请减少。尤其是最近几年在中国的专利申请增加明显，值得关注。

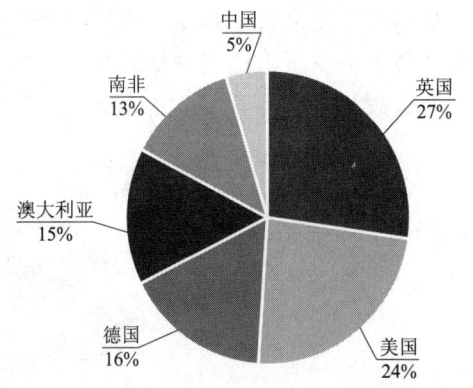

图 2-1-14　各主要申请地申请量比例

如图2-1-14所示，久益公司的主要申请地都是产煤量占据前列的国家/地区，也就是煤矿机械需求量大的国家/地区，这表明该公司的申请以产品出口为导向，有针对性地进行申请。

2.1.7.2　DBT公司

DBT公司自成立以来，就一直是煤机行业的领跑者，然后陆续被比塞洛斯公司、卡特彼勒公司收购。其专利申请量一直在行业中占绝对优势，并且其产品发展均衡，成套化较好。DBT公司在各技术分支的专利申请如图2-1-15、表2-1-9所示。

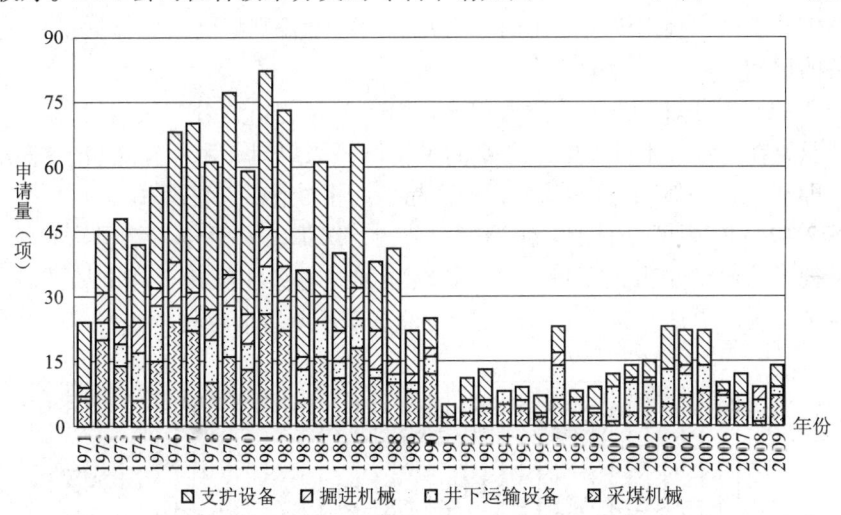

图 2-1-15　DBT公司各一级技术分支历年申请分布

表 2-1-9　各二级技术分支历年申请分布　　　　单位：项

技术分支 年代	采煤机械			井下运输设备			掘进机械		液压支护设备		
	滚筒采煤机	刨煤机	其他采煤机	刮板输送机	矿车	皮带输送机	其他掘进机	综掘机	顶梁	液压支架	液压支柱
1971～1980	63	45	38	66	1	2	5	56	17	204	52
1981～1990	73	20	47	53	0	1	7	49	1	196	36
1991～2000	21	3	10	30	0	1	2	1	0	33	5
2001～2009	32	3	9	42	0	2	2	4	1	42	3

从历年申请来看，其发展趋势和全球的煤矿机械的总体发展趋势大致相同，并且其各个技术分支所占比例与总的煤矿机械中各个技术分支所占比例也大致相同，可以说，几大煤机企业的发展也能够反映整个煤矿机械的发展。

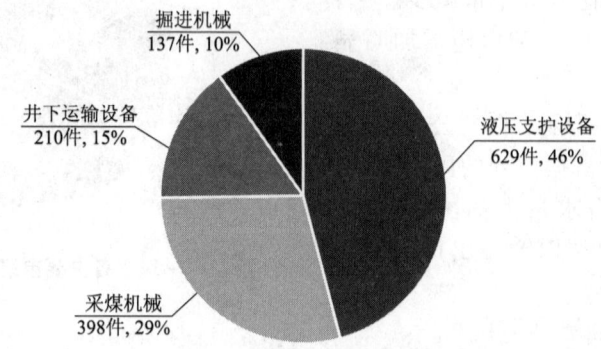

图 2 – 1 – 16　各一级技术分支申请量比例

从图 2 – 1 – 16 中可以看出，其专利申请具有一定规模，其中掘进机械所占比例略低于总体煤矿机械中掘进机械的比例，而井下运输设备则略高于总体煤矿机械中井下运输设备的比例。

由表 2 – 1 – 9 可知，与久益公司相比，DBT 公司的申请分布较均匀，各个技术分支都有涉及，在二级技术分支中，主要侧重于滚筒采煤机、刮板输送机、综掘机和液压支架，即"三机一架"，这与该公司的产品格局相对应。

从图 2 – 1 – 17 中可以看出，作为德国公司，DBT 公司每年在德国均有较多申请，在总量上德国的申请量占据了近一半。该公司同时注意在保持全球市场的领先地位，例如也持续在美国申请，甚至也考虑到前苏联和俄罗斯申请专利。

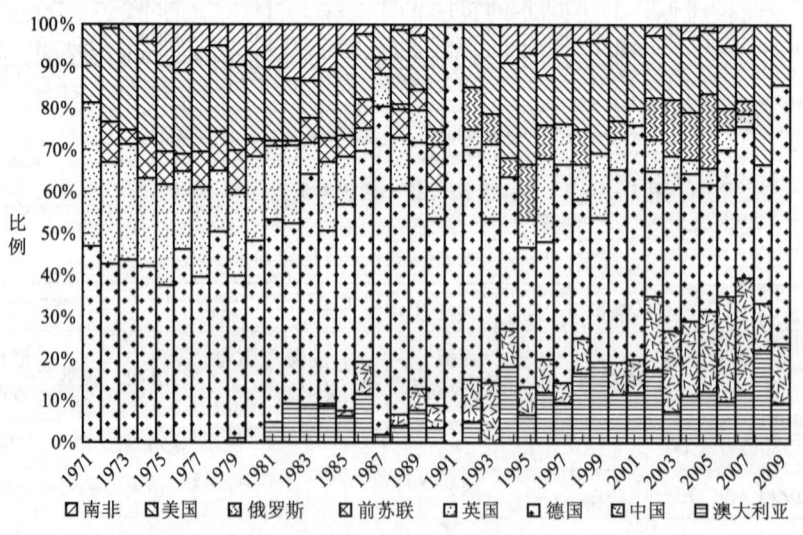

图 2 – 1 – 17　各主要申请地历年申请分布和比例

从 1981 年开始，DBT 公司在澳大利亚进行专利申请，这和久益公司是一样的，说明两大煤机巨头同时瞄准了该市场。需要关注的是：DBT 公司在中国的专利申请要早于久益公司，在中国专利制度建立初期，DBT 公司就陆续在中国申请专利，特别是从 2003 年开始，申请量加大，这与中国整个煤矿机械的申请量发展状况也是相吻合的。

如图 2 - 1 - 18 所示，与久益公司一样，DBT 公司的申请地主要是产煤量占据前列的国家/地区，但近年来该公司的申请重点主要放在中国、南非和澳大利亚等国家。

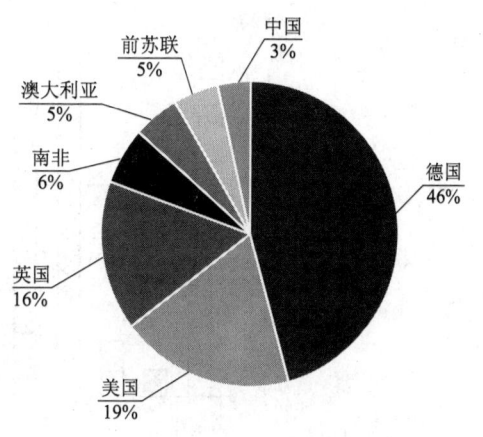

图 2 - 1 - 18　各主要申请地申请量比例

2.2 中国专利申请状况分析

从早期引进 43 套综采技术装备至今，中国煤炭工业应用综合机械化采煤技术已有 30 多年历史，这 30 年也正是中国煤炭装备制造业和专利制度快速发展的 30 年。

本节主要对煤矿机械领域中国专利申请的状况进行分析，包括专利类型、申请趋势、申请国别、申请人类型、申请的法律状态、中国的主要省市、主要申请人等。

中国专利申请的数据涉及 1985 ~ 2010 年由中国国家知识产权局公开或公布的中国专利申请共计 6 813 件，其中发明专利申请 1 779 件，实用新型专利申请 5 034 件。

2.2.1 中国专利申请的专利类型分析

在中国专利申请中，狭义煤矿机械所包含的"三机一架"的申请量占有相当大的比例，这是由于中国煤炭业的总固定资产投资中有 70% 左右是用于设备投资，而掘进机、采煤机、刮板输送机与液压支架占了设备投资的 50%（其中掘进机为 7%，采煤机为 7%，刮板输送机为 5%，液压支架为 31%）。[●] 煤矿机械的各技术分支中实用新型的比例都非常大，大体是发明的 2 ~ 3 倍，在支柱、矿车等领域甚至达到 4 倍之多，仅在刨煤机领域发明略多于实用新型。这主要是由于中国申请人的申请较多，而中国申请人的申请又以实用新型为主。以 PCT 申请的形式进入中国的主要是发明申请，其在采煤机械、掘进机械、液压支架、刮板输送机、皮带输送机领域稍多，但与实用新型和普通发明的申请量相比仍然微乎其微。由于实用新型申请不经过实质审查，通常认为其技术含量较低、专利权不够稳定。鉴于此，本节主要分析中国发明专利申请的状况，包含实用新型申请的分析将作相应说明。图 2 - 2 - 1 显示煤矿机械领域中国专利申请各技术分支的专利类型分布情况。

● 煤炭机械行业分析报告［EB/OL］.（2011 - 02 - 08）［2011 - 11 - 02］. http：//wenku. baidu. com/view/f6cd66bdc77da 26925c5b009. html.

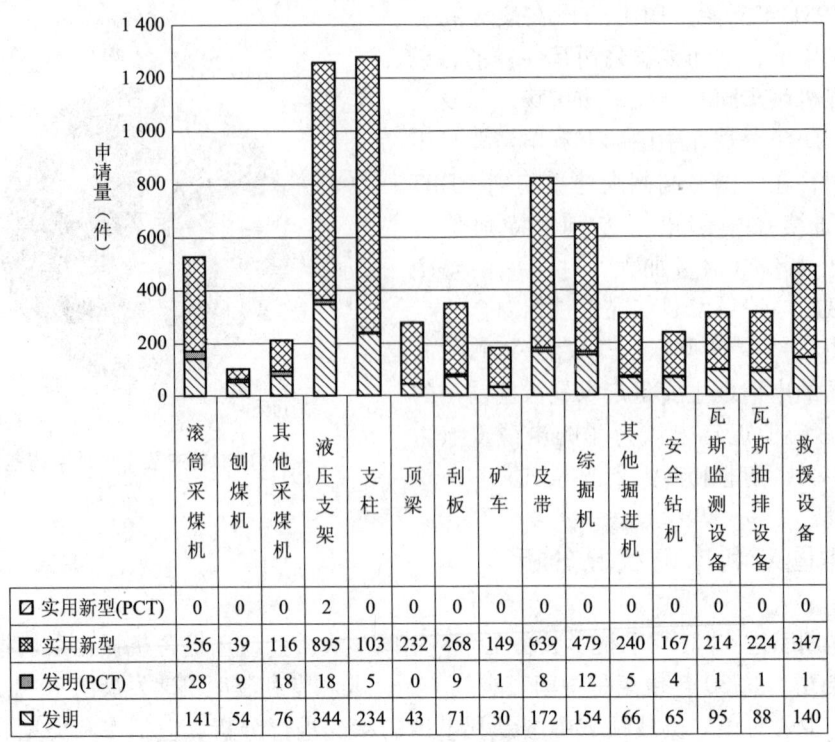

图2-2-1　中国专利申请各技术分支的专利类型分布情况

	滚筒采煤机	刨煤机	其他采煤机	液压支架	支柱	顶梁	刮板	矿车	皮带	综掘机	其他掘进机	安全钻机	瓦斯监测设备	瓦斯抽排设备	救援设备
☑ 实用新型(PCT)	0	0	0	2	0	0	0	0	0	0	0	0	0	0	0
⊠ 实用新型	356	39	116	895	103	232	268	149	639	479	240	167	214	224	347
■ 发明(PCT)	28	9	18	18	5	0	9	1	8	12	5	4	1	1	1
☐ 发明	141	54	76	344	234	43	71	30	172	154	66	65	95	88	140

2.2.2　中国发明专利申请的趋势分析

2000年以来，中国煤炭需求的急剧增长带动煤炭开采业空前繁荣，直接为煤炭开采和加工利用提供服务的煤炭装备业和服务业也步入历史上最快的发展阶段，煤炭生产规模、煤炭产量、加工深度和开采难度等指标大幅增长对煤炭装备业和服务业提出了迫切需求，煤炭企业财务状况大幅改善大大增强了其购买新装备的能力。国务院的《关于加快振兴装备制造业的若干意见》指出，要"发展大型煤炭井下综合采掘、提升和洗选设备，实现大型综合采掘、提升和洗选设备国产化"。"十一五"期间，我国大型煤矿采掘设备机械化程度要达到95%以上，中型煤矿要达到80%以上。全国大型煤炭集团对中小型煤矿的兼并重组，也使大型采掘设备需求量更大。

煤矿机械的专利年申请量是与中国煤炭开采业的发展和煤炭、煤矿机械相关政策的实施相适应的。煤机企业通过学习吸收国外的先进技术和自主创新，使煤矿机械的产量和质量都不断提高，努力开拓更大的市场份额，并且随着"国家知识产权战略"的实施，中国申请人日益重视自身知识产权的保护。2003年之前年申请量只能维持在一二十件，2003~2005年有所增加，但仍未突破百件，2006年开始年申请量迅速增加，2010年则已超过400件。

尽管综采设备通常配套使用，但从2003~2009年的数据来看，掘进机、液压支架、采煤机和刮板输送机产量复合增长率分别为38.8%、32.1%、17.9%和3.4%，增速差异较大。这主要是由于目前掘进过程中机械化率远低于采煤过程 60% 的机械化水平，需求增长更快。因此，煤矿机械这四个一级技术分支的年申请量变化也略有差异。参见图 2 - 2 - 2。

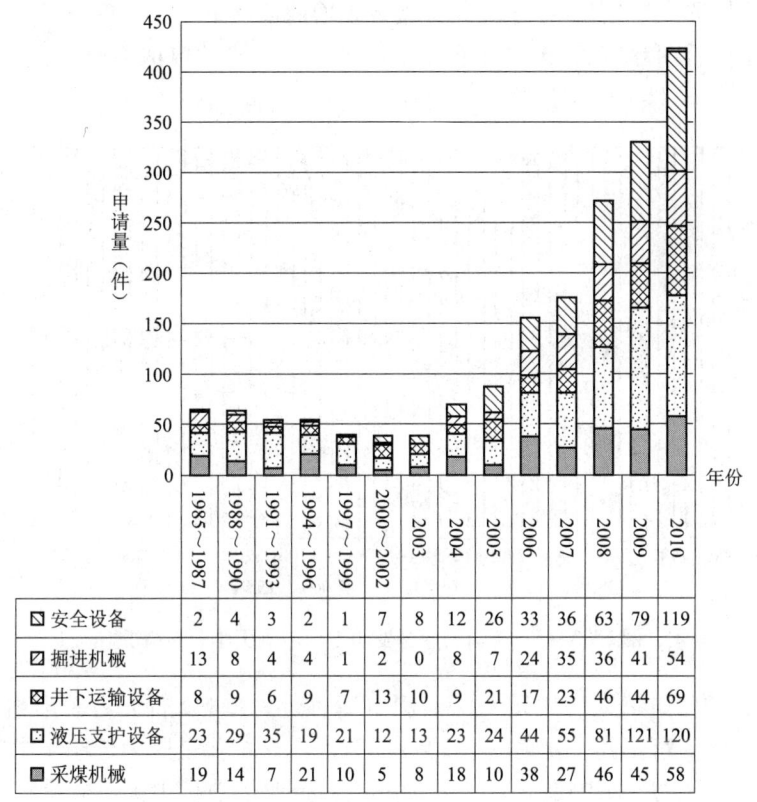

	1985~1987	1988~1990	1991~1993	1994~1996	1997~1999	2000~2002	2003	2004	2005	2006	2007	2008	2009	2010
□ 安全设备	2	4	3	2	1	7	8	12	26	33	36	63	79	119
☑ 掘进机械	13	8	4	1	2	0	8	7	24	35	36	41	54	
⊠ 井下运输设备	8	9	6	9	7	13	10	9	21	17	23	46	44	69
▦ 液压支护设备	23	29	35	19	21	12	13	23	24	44	55	81	121	120
▪ 采煤机械	19	14	7	21	10	5	8	18	10	38	27	46	45	58

图 2 - 2 - 2　煤矿机械中国发明专利申请历年分布

由图 2 - 2 - 2 可知，2002 年前，采煤机械的申请量呈现低位波动的发展态势，自 2003 年起，虽然在 2005 年和 2007 年出现了小幅下降，但申请量总体上呈现增长趋势，2006 ~ 2009 年仅 4 年的申请量就已经超过此前 12 年的申请总量。

从 1985 年起，液压支护设备的申请量持续增长，1991 年达到一个峰值后，申请量开始下降，2000 年达到最低点，然后再次开始增长至今。

2004 年之前，掘进机械的申请量长期稳定在每年较少的数量，但自 2006 年起，由于中国几家主要掘进机生产企业和科研机构开始进行发明专利申请或加大发明专利申请量，年申请量开始突然增加，尤其是其中的综掘机的申请量明显大幅迅速增长。

井下运输设备和安全设备的申请趋势与上述三个分支的情况基本类似。

2.2.3　中国发明专利申请的国别分析

在煤矿机械领域，1985 ~ 2010 年期间中国发明专利申请总数为 1779 件（以实际申请日为准），图 2 - 2 - 3 给出了在此期间各国在中国申请的历年分布情况。从整体来看，大多数申请人是中国申请人。但在 2006 年前，历年的申请量均不大，而中国申请人仅占据一半，从 2006 年开始，中国申请量猛增，比例迅速提高。德国申请人的专利申请总量排第 2 位，每年都有几件到二十几件的申请，但因近几年中国申请量的增加，德国申请所占比例明显萎缩。来自美国的申请量排第 3 位，但年申请量不多，在 20 世纪 90 年代还占据一定比例，但近几年在数量未增的情况下，比例迅速下降。奥地利在 20 世纪 80 年代后期和 2000 年之后有少量申请，而瑞典的申请主要集中在 2000 年之后，但其所占的比例都非常小。

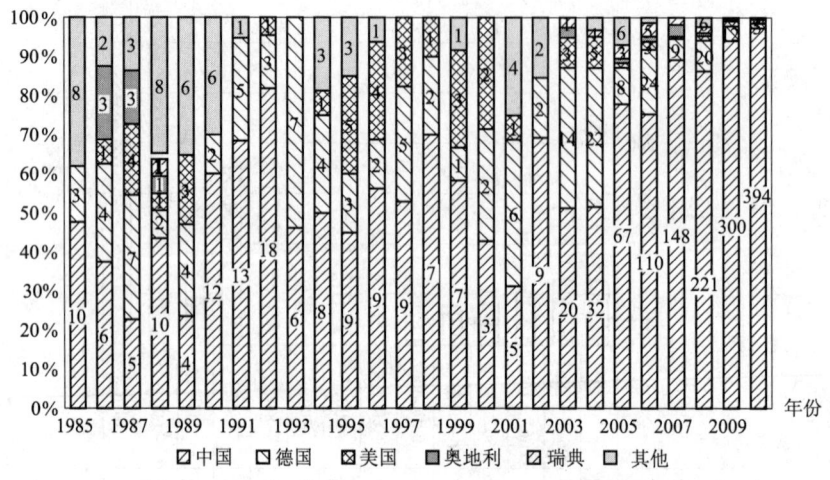

图 2 - 2 - 3　各国的中国发明专利申请历年分布情况

据统计，中国申请人的中国发明专利申请总量为 1 442 件，占总申请量的 81%，并且从图 2 - 2 - 3 可见其主要集中于 2004 年以后。这主要是因为近些年中国采煤业已经培育出一大批采煤机械制造企业，其中一些大企业带动了中国煤矿重型机械行业的崛起。抢先实施技术的专利披露，把大量专有技术转化为专利技术，这是中国煤矿重型机械骨干制造企业实现全球性崛起的战略安排之一。❶

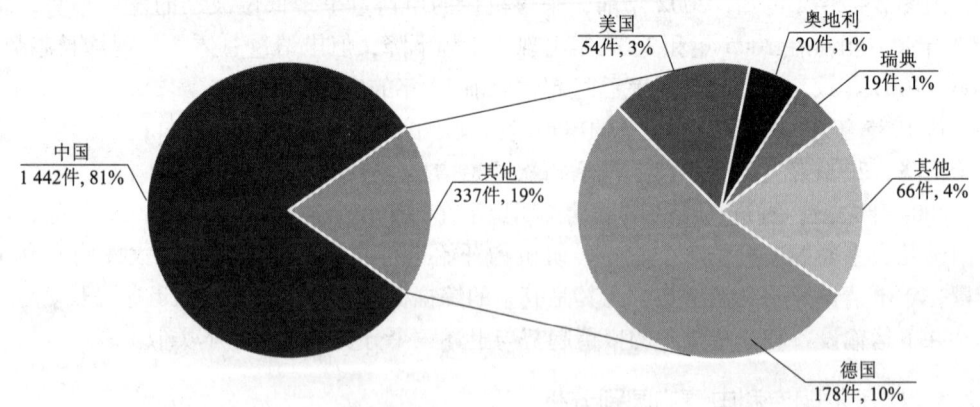

图 2 - 2 - 4　各主要国家/地区申请人中国发明专利申请比例分布

❶　煤炭机械行业分析报告［EB/OL］（2011 - 02 - 08）［2011 - 11 - 02］. http：//wenku. baidu. com/view/f6cd66bdc77da26925c5b009. html.

　　国外申请人在中国发明专利申请总量为337件，其中以德国、美国、奥地利、瑞典等国的申请人为主，其专利申请技术分布如图2-2-5所示。

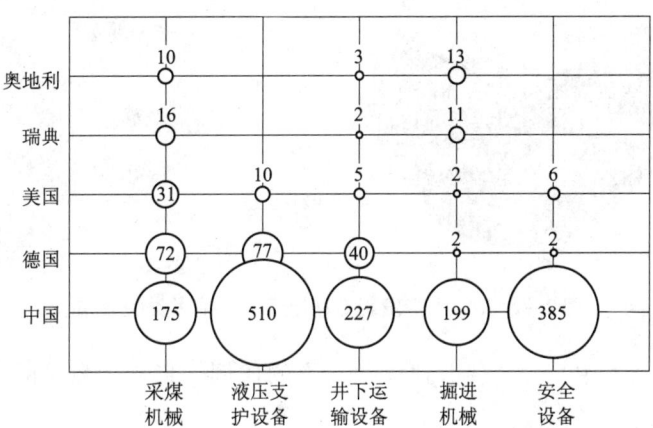

图2-2-5　中国发明专利申请主要国家技术分布

　　由图2-2-5可知，中国在煤矿机械五个一级技术分支的申请量都比较大，尤其在安全设备领域主要是中国申请，外国申请人在中国少有申请。德国申请人的在中国申请以采煤机械、液压支护设备、井下运输设备为主，对掘进机械和安全设备未给予太多关注。美国申请人的中国申请集中在采煤机械领域，液压支护设备领域也有涉及。而瑞典和奥地利的中国申请是以采煤机械和掘进机械为主，有少量的井下运输设备，但并未关注液压支护设备和安全设备。

　　就市场状况而言，中国煤机进口产品市场份额仅为3%～5%，比例相对较小。在中国产品中，液压支架技术实力较强，在支护高度和工作阻力等指标上已经位于世界前列，正逐步走向国际市场；掘进机发展也很快，已经生产出大功率的全岩和半岩掘进机，市场认可度较高。目前，中国进口煤机设备主要是采煤机，国产采煤机的可靠性、使用寿命及安全监测等方面与国外的采煤机还有较大差距，需要加大技术投入，未来仍有较大进口替代空间。

2.2.4　中国发明专利申请的申请人类型分析

　　在煤矿机械领域中，公司是申请的主体，申请量达55%；个人的申请量也比较大，原因主要是中国的个人申请较多，其占个人申请总量的94%。而中国个人申请量最大的分支是安全设备，源于该分支设备相对小型化，技术含量相对较低，个人能够承担其研发成本。

　　合作申请所占的比例相对较低，而其中个人-个人合作申请又占了一半，可见以公司、高校、科研机构为主体的合作申请很少，产学研结合的技术创新之路还需要进一步拓宽。图2-2-6显示了中国发明专利申请的申请人类型分布。

　　在中国进行申请的国外申请人以公司为主，其他类型申请人数量非常少，这主要是由于国外采煤设备制造业的崛起离不开专利制度强有力的保护，专利也是国外企业维权的主要工具，因此企业对专利申请非常重视，并且它们注重在本国以外的专利申

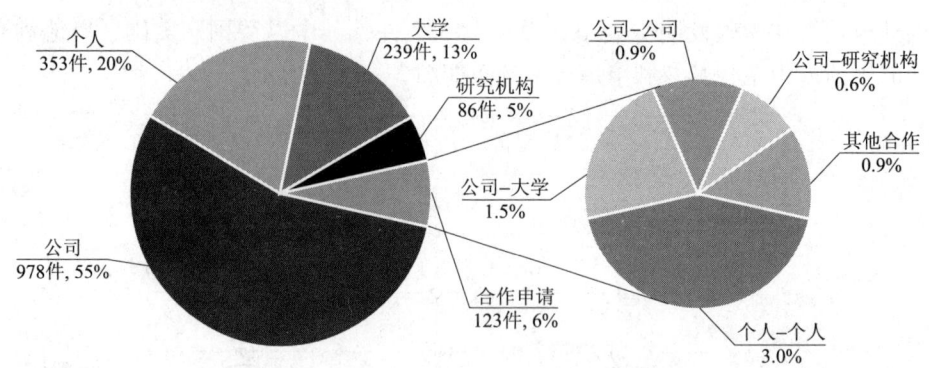

图 2－2－6　中国发明专利申请的申请人类型分布

请。而在中国申请人中，公司仅占到大约一半的比例，有相当数量的个人申请，这类申请往往技术含量不高。

　　另外，中国的高校申请量也不低。但据国家知识产权局发布的《高等学校知识产权保护的现状及对策研究》❶调查报告显示，高校专利实施量仅占授权量的 22.8%，换言之，77.2% 的高校专利没有产业化。因此高校在进行专利技术创新的时候，应注意与政府、企业、科研院所、中介机构和投融资机构结合，在政策法规支持下，与其他机构进行联合专利创新。

　　中国的研究机构多数已进行企业化改制，并且很多具有下属的生产经营公司，其原有的科研水平与企业化的管理体制相结合，应该催生出更多的技术创新产品，然而目前的研究机构申请量远不能体现出其优势。表 2－2－1 显示了中国发明专利申请中各国家/地区的申请人类型分布情况。

表 2－2－1　中国发明专利申请中各国家/地区的申请人类型分布　　单位：件

申请人类型 ＼ 国别	中国	德国	美国	奥地利	瑞典	其他
公司	677	168	50	20	19	44
个人	333	9	3	0	0	8
高校	234	0	1	0	0	4
研究机构	80	0	0	0	0	6
合作申请	118	0	0	0	0	5
总计	1 442	177	54	20	19	67

　　图 2－2－7 显示中国各类型申请人的技术构成分布，各类申请人在五个技术分支上的分布比例相当，与各分支的总申请量比例相适应。高校和个人的申请集中于液压支护设备和安全设备，因为在这两个领域有些技术含量相对较低的小型部件更易实现发明创造。

❶　赵敏祥，等. 高等学校知识产权保护的现状及对策研究 [J]. 研究与发展管理，2005（6）.

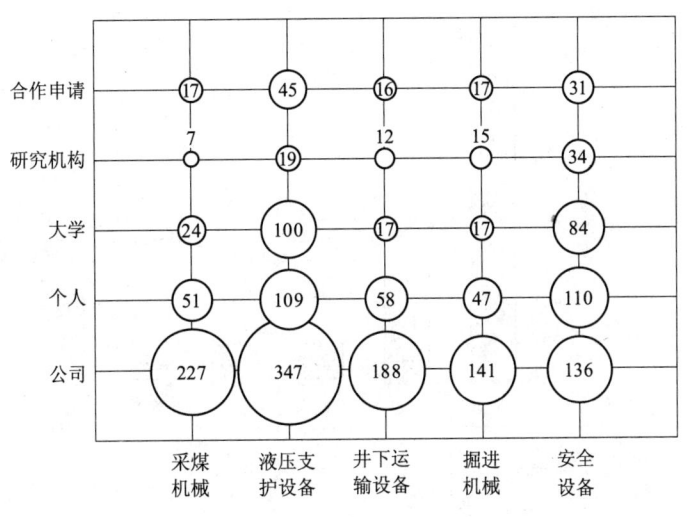

图 2 - 2 - 7　中国申请人的技术构成分布

2.2.5　中国发明专利申请的法律状态分析

图 2 - 2 - 8 显示了中国发明专利申请法律状态分布比例。由于近几年的申请量很大，所以有近一半的申请处于未决状态。在已结案的申请中，视撤和驳回的比例达到了 40% ，可见申请的技术含量和创新水平还有很大的提升空间。在已授权申请中，失效的比例为 1/5。

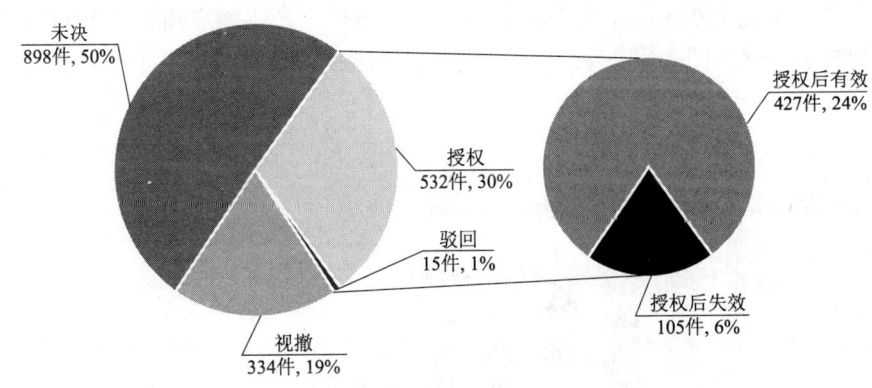

图 2 - 2 - 8　中国发明专利申请法律状态分布

图 2 - 2 - 9 显示了国外申请人中国专利申请的法律状态分布情况。从该图中可以看出，未决申请在每个主要国家都有一定比例，说明近几年其在中国均有一定量的申请。德国申请人在专利申请总量和授权专利总量两方面均显著领先于其他国家，并且其授权后有效的比例很高。而美国申请人在视撤、授权后无效和授权后有效方面的专利数量比较平均。奥地利、瑞典和英国申请人在中国有效专利目前仅有几件，多数处于未决或失效状态。

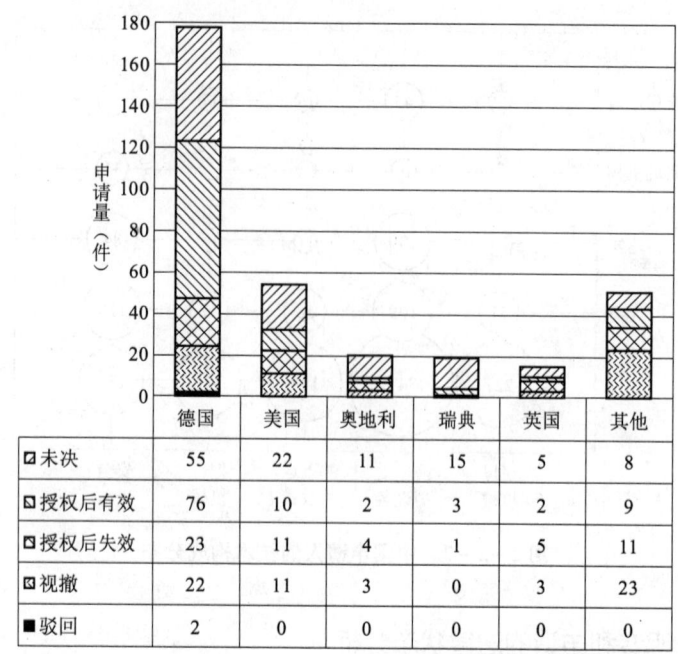

图 2-2-9　国外申请人的中国专利申请的法律状态分布

	德国	美国	奥地利	瑞典	英国	其他
▨ 未决	55	22	11	15	5	8
▥ 授权后有效	76	10	2	3	2	9
▨ 授权后失效	23	11	4	1	5	11
▤ 视撤	22	11	3	0	3	23
■ 驳回	2	0	0	0	0	0

2.2.6　中国主要省市的申请量排名

　　一个地区专利申请量及其授权量在一定意义上反映该地区的科技发展水平和经济竞争力，也是衡量该地区可持续发展能力的重要指标。各主要省市按煤矿机械专利申请总量的排名情况如图 2-2-10 所示。但按各一级技术分支的专利申请量排名情况各有不同。

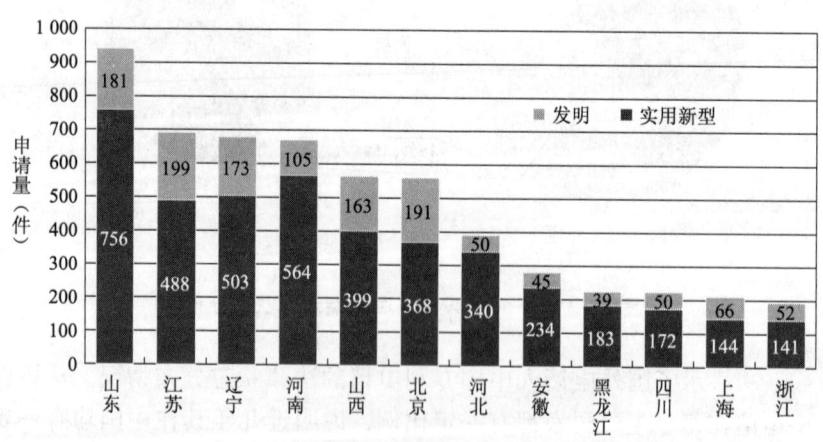

图 2-2-10　主要省市的煤矿机械专利申请总量排名

　　在采煤机械的中国主要省市排名中，辽宁省排在的第 1 位，其主要是申请量排在中国申请人第 1 位的三一重装的申请，共有 27 件；居第 2 位的山东，没有申请量特别集中的申请人；作为产煤大省的山西，列第 3 位。

在液压支护设备的中国主要省市排名中，北京、辽宁的发明专利所占比例相对较高，山东、河南虽然申请总量较大，但实用新型所占比例较高。

刮板输送机发明、实用新型申请，以宁夏、河北、山东、辽宁、河南等省份申请量最多，这与这些省份是传统的煤炭机械生产和使用大省的事实相符合，基本上每个省份都有一家申请量较多的龙头企业。但是这些省份的发明申请相对来说偏少。从逐年申请量分布上来看，排名靠前的几个省份，申请的延续性较好，个别省份在个别年份虽然出现申请量为零的情况，但总的说来都是一直在持续申请，且最近几年的申请也没有像总申请那样突飞猛进的增长，也进一步印证了这些省份在刮板输送机上具有传统的、持续的优势。

在掘进机械领域，按申请总量和发明申请量排名的前 10 位的省市变化不大，其中辽宁因三一重装和沈阳矿山机械（集团）有限责任公司两大企业的申请而稳居榜首，山东和山西都属于煤炭开采大省，申请量也进入前 3 位。

在安全设备领域申请量排前 10 位的省市中，北京、山西的发明专利所占比例相对较高，江苏的总申请量最大。

总体上，煤矿机械的专利申请主要集中在东北辽宁、华北地区，其他地区很少。

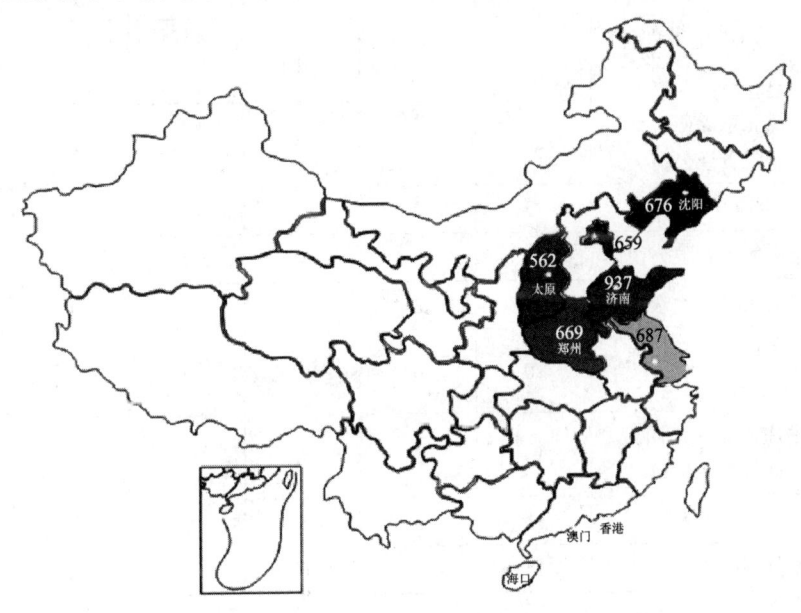

图 2 - 2 - 11　中国煤矿机械专利申请量前 6 位的地区分布图

2.2.7　中国发明专利申请的主要申请人排名

在中国发明专利申请主要申请人排名中，居前 15 位的有三家国外企业，全球著名的采煤设备制造商 DBT 公司列发明申请总量的第 1 位。列第 4 位的山特维克是一家在多个专业领域都拥有先进产品，并居全球领先地位的跨国工业集团，矿山工程机械是它的一大业务领域。并且这两家公司均已进入中国市场，成为中国煤机企业的有力竞争对手。

　　由于历史原因，中国的煤机厂商大部分仅在部分产品上具有竞争优势。在掘进机、采煤机和刮板输送机市场上集中了 20～30 家厂商。拥有充足资金、优秀的资本运作能力、卓越的研发能力和与大型煤矿企业良好关系的公司居于领先地位。国外厂商逐渐退出中国市场，但在高端市场上仍具备一定的地位。主要申请人的主要技术领域可以参见表 2-2-2。

表 2-2-2　中国发明专利申请主要申请人排名　　　　单位：件

排名	申　请　人	煤矿机械总量	采煤机械	支护设备	井下运输设备	掘进机械	安全设备
1	DBT 公司	85	40	24	20	0	1
2	中国矿业大学	82	9	41	6	6	20
3	三一重装	76	24	11	10	28	5
4	山特维克集团	30	18	0	3	20	1
5	郑煤机	29	0	29	0	0	0
6	天地科技	27	6	18	0	3	0
7	沈阳矿山机械（集团）有限责任公司	26	2	0	14	10	0
8	中煤北京煤矿机械有限责任公司	24	0	24	0	0	0
9	北京矿务局	23	0	23	0	0	0
10	兖矿集团有限公司	22	5	14	2	1	0
11	山东科技大学	21	2	15	1	1	2
12	煤炭科学研究总院太原研究院	20	0	10	2	8	0
13	枣庄矿业（集团）有限责任公司	16	2	11	3	0	0
14	河南理工大学	16	0	4	1	11	0
15	钴碳化钨硬质合金公司	15	15	0	0	0	0

　　目前中国市场上初步形成了产品链相对完整或具备拳头产品、有望成为煤机行业的领导企业的六大煤机集团：中煤能源、国际煤机、三一重装、天地科技、太重集团、郑煤机。除太重集团外，其余五大煤机企业及部分区域和细分市场龙头企业已登陆资本市场。在发明专利申请和拥有量方面，三一重装、天地科技、郑煤机明显走在了前列，为其可持续发展奠定了良好的基础。

　　在中国的申请人中，中国矿业大学超越三一重型、郑煤机、天地科技等中国著名煤机制造企业而跃居第 1 位，作为高校申请人，其专利的技术水平、研发方向、产业化程度都应当引起关注。

第3章 采煤机械专利申请技术分析

本章从总体上对采煤机械的技术构成、技术需求、技术–功效、主要申请人和被关注专利等几个方面分别对全球采煤机械进行分析；还涉及对采煤机械的技术构成、申请状况、主要国家、主要省市和法律状态等进行分析。

3.1 采煤机械全球专利申请技术分析

3.1.1 技术构成分析

在1971～2009年期间，有关采煤机械的申请中，来自前苏联和德国申请人的申请占大多数。虽然前苏联在申请量上占据了绝对优势，但从全球来看，美国和欧洲其他国家在该领域起步同样很早，并形成一批业界知名的企业。重要专利多数为美国专利权人/申请人所拥有，欧洲也掌握了一些重要专利，尤其是德国。近年来，来自中国申请人的申请量迅速上升，且在全球范围内所占的比例也日益增大。

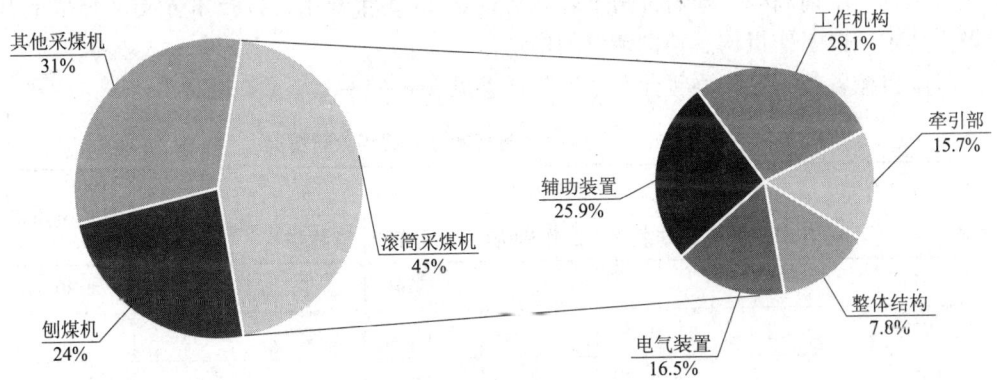

图3-1-1 采煤机械技术构成分布情况

由图3-1-2可知，1971～2009年期间提出的涉及采煤机械的专利申请中，从各技术分支来看，滚筒采煤机比重最大，达到45%，受到申请人的最大关注，这也与采煤机械大型化、集成化的要求相一致。在滚筒采煤机的各技术分支中，工作机构占据了28.1%的比例，辅助装置为25.9%，位于前两位。随着煤炭开采复杂程度、开采难度的增加，工作机构中的截割头、截齿的耐磨性和可靠性研究成为近年来研究的热点。而随着开采人性化、环境友好化要求的提高，以喷雾除尘为代表的辅助装置研究也逐渐升温。刨煤机则适合于薄煤层的煤炭开采，近年来所占的市场份额曾一度降低，但随着综合采煤率、低损耗率的要求的提出，刨煤机的申请量再次增加，占据了24%的比例，同样受到申请人的较大关注；其他类型的采煤机总体上占到31%的比例。

第1章
第2章
第3章
第4章
第5章
第6章
第7章
第8章
第9章
第10章

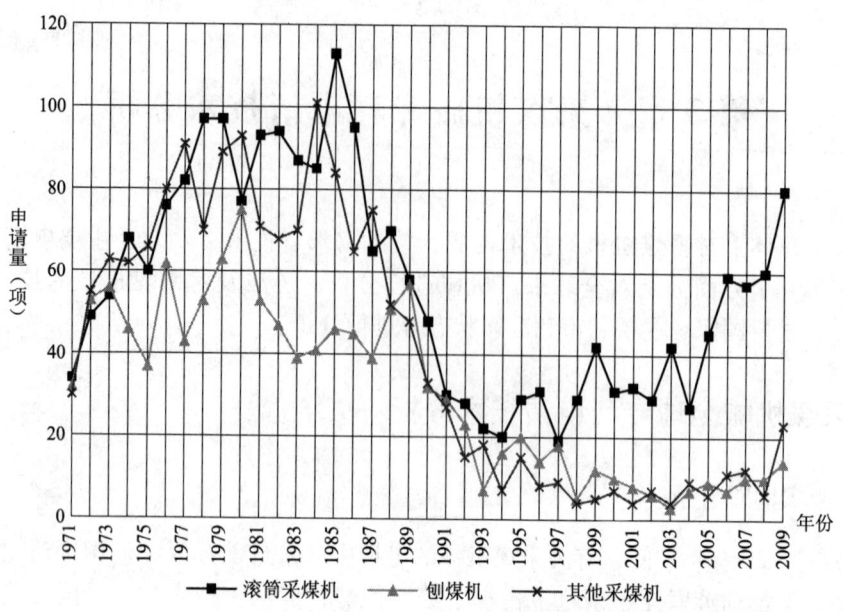

图 3-1-2 采煤机械各技术分支历年专利申请分布

滚筒采煤机是采煤机械最重要的一个技术分支，在1977～1987年间，其各技术分支先后达到了申请高峰，随后都呈下降趋势，从2005年开始，各技术分支又都呈上升趋势，其中又以工作机构、辅助装置的申请量最大。

采煤机械各技术分支逐年分布情况具体参见表3-1-1。

表 3-1-1 采煤机械各技术分支逐年分布情况　　　　　单位：项

技术分支 年份	滚筒采煤机					刨煤机	其他采煤机
	电气装置	辅助装置	工作机构	牵引部	整体结构		
1971	2	8	18	5	1	32	30
1972	2	9	20	11	7	53	55
1973	4	20	14	11	5	56	63
1974	11	23	20	9	5	46	62
1975	6	17	16	11	10	37	66
1976	7	19	29	13	8	62	80
1977	4	23	34	15	6	43	91
1978	11	35	31	12	8	53	70
1979	7	33	31	23	3	63	89
1980	7	36	11	12	11	75	93
1981	16	31	21	13	12	53	71
1982	13	37	22	19	3	47	68

续表

技术分支 年份	滚筒采煤机					刨煤机	其他采煤机
	电气装置	辅助装置	工作机构	牵引部	整体结构		
1983	9	33	26	10	9	39	70
1984	12	35	18	8	12	41	101
1985	17	41	38	9	8	46	84
1986	12	46	23	6	8	45	65
1987	9	23	18	4	11	39	75
1988	9	25	22	8	6	51	52
1989	7	24	16	8	3	57	48
1990	2	20	13	9	4	32	33
1991	2	12	8	3	5	29	27
1992	5	8	8	1	6	23	15
1993	1	3	12	3	3	7	18
1994	2	5	5	3	5	16	7
1995	3	4	10	4	8	20	15
1996	5	8	10	1	7	14	8
1997	3	4	7	2	3	18	9
1998	2	8	13	4	2	5	4
1999	5	11	15	6	5	12	5
2000	5	6	11	2	7	10	7
2001	2	10	10	5	5	8	4
2002	5	4	16	1	3	6	7
2003	6	10	16	6	4	3	4
2004	4	5	13	1	4	7	9
2005	10	8	17	7	3	9	6
2006	16	8	33	2	0	7	11
2007	10	13	27	5	2	10	12
2008	9	15	27	7	2	10	6
2009	6	24	36	11	3	14	23
总体	268	704	735	290	217	1 198	1 563

3.1.2 技术需求分析

　　图 3 - 1 - 3 反映了 1971 ~ 2009 年期间涉及滚筒采煤机的专利申请中，各技术 - 功效的年份分布情况，反映了该领域的技术需求发展趋势。从该图中可以看出，专利申请中涉及最多的三个技术 - 功效依次为可靠性、耐磨性和舒适性，这表明业界对这三个方面的技术需求最为迫切。尤其是矿井下采煤机的可靠性，直接影响安全和效率。由于滚筒采煤机自身的技术特点，滚筒截割头的性能改进一直是研究的重点和热点。

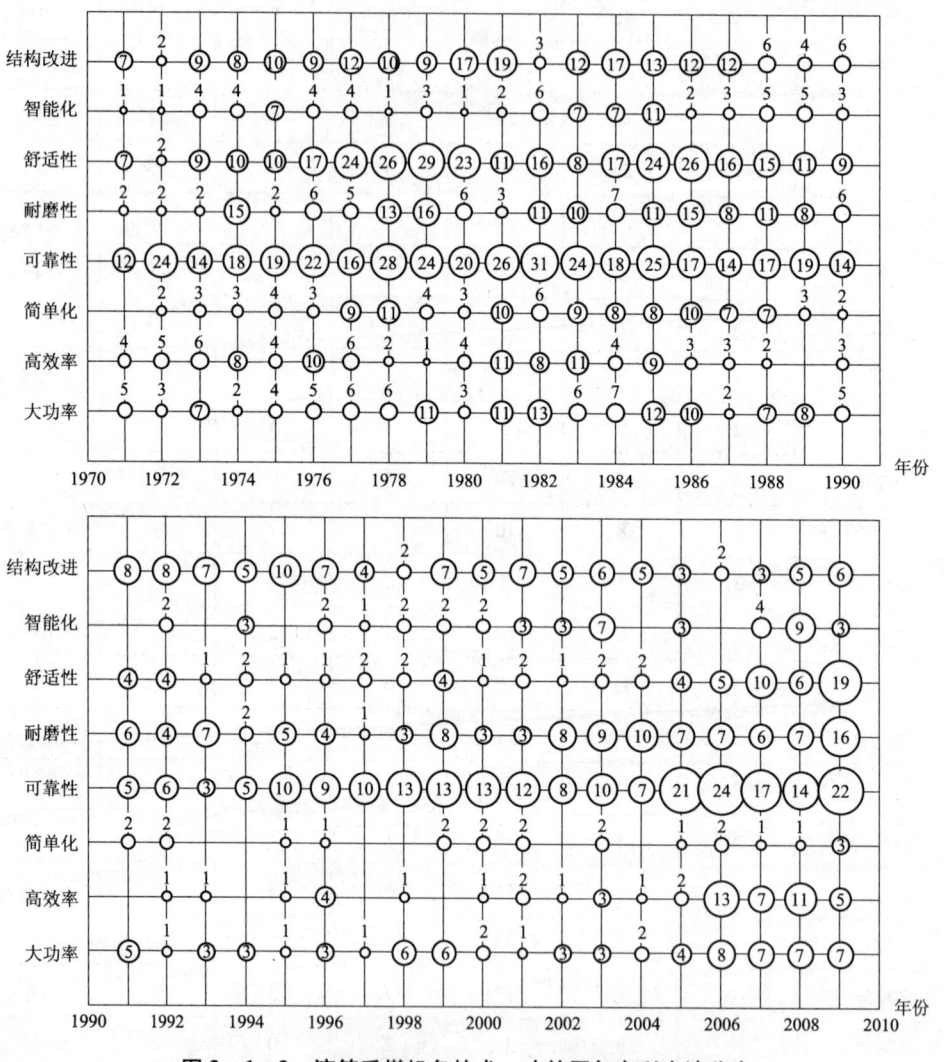

图 3 - 1 - 3　滚筒采煤机各技术 - 功效历年专利申请分布

3.1.3 技术 - 功效矩阵分析

　　由图 3 - 1 - 4 可知，辅助装置中的舒适性、工作机构的可靠性及耐磨性、牵引部的可靠性及大功率、结构的改进均是研发和专利申请的热点。

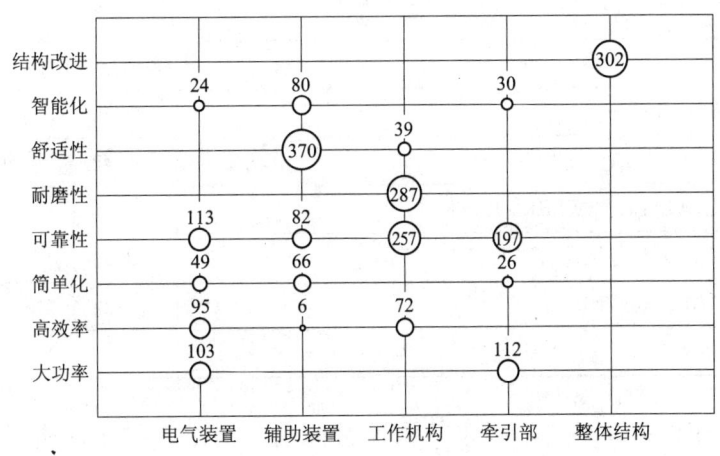

图 3 - 1 - 4　滚筒采煤机的专利技术 - 功效矩阵图

3.1.4　重要申请人分析

采煤机械领域前 20 位的申请人的排名情况如表 3 - 1 - 2 所示。

表 3 - 1 - 2　采煤机械申请人申请量排名

排名	申 请 人	申请量（项）	国 籍
1	维斯特法利亚制铁联合有限公司（GEW EISENHUETTE WESTFALIA）	308	德国（DE）
2	煤炭工业（专利）有限公司（COAL IND（PATENTS））	248	英国（GB）
3	斯科钦斯基矿业学院（SKOCHINSKII MINING INST）	236	前苏联（SU）
4	艾柯夫山体构造技术有限公司（EICKHOFF BERGBAUTECHNIK GMBH）	228	德国（DE）
5	顿涅茨克多种技术研究院（DON POLY）	210	前苏联（SU）
6	莎士比亚有限责任公司（SHAKESPEARE CO LLC）	194	美国（US）
7	AVTOSTEKLO WKS	95	前苏联（SU）
8	VOROSH COAL INST	95	前苏联（SU）
9	矿业联合股份有限公司（BERGWERKSVERBAND GMBH）	65	德国（DE）
10	鲁阿科勒股份公司（RUHRKOHLE AG）	62	德国（DE）
11	DBT 公司	60	德国（DE）
12	UNIV TOMSK POLY	53	俄罗斯（RU）
13	沃斯特阿尔派因钢铁有限责任公司（VOESTALPINE KERMS GMBH）	52	奥地利（AT）
14	COAL RES DES INST	46	俄罗斯（RU）

第1章　第2章　第3章　第4章　第5章　第6章　第7章　第8章　第9章　第10章

续表

排名	申请人	申请量（项）	国籍
15	DONADONI C	43	意大利（IT）
16	GIPRONIKEL INST STOCK CO	42	俄罗斯（RU）
17	VEB HALBLEITERWERK FRANK	40	德国（DE）
18	克勒克纳彭塔普拉斯有限及两合公司	38	德国（DE）
18	ROMANIA MIN IND	38	罗马尼亚
19	久益公司	37	美国（US）

此外，对于价值高的专利，申请人通常倾向于向更多的市场进行申请，因此表 3 - 1 - 3 中还列出了采煤机械领域向两个以上国家和地区提出专利申请的前 10 位申请人的排名情况。

表 3 - 1 - 3　采煤机械申请人的多边专利申请量排名

排名	申请人	申请量（项）	国籍
1	维斯特法利亚制铁联合有限公司（GEW EISENHUETTE WESTFALIA）	184	德国（DE）
2	艾柯夫山体构造技术有限公司（EICKHOFF BERGBAUTECHNIK GMBH）	100	德国（DE）
3	煤炭工业（专利）有限公司（COAL IND（PATENTS））	82	英国（GB）
4	沃斯特阿尔派因钢铁有限责任公司（VOESTALPINE KERMS GMBH）	49	奥地利（AT）
5	DBT 公司	34	德国（DE）
6	VEB HALBLEITERWERK FRANK	27	德国（DE）
7	山特维克知识产权股份有限公司	24	瑞典（SD）
7	久益公司	24	美国（US）
8	钴碳化钨硬质合金公司（KENNAMTEAL INC）	21	美国（US）
9	德莱赛稳公司（DRESSER WAYNE AB）	18	瑞典（SD）
9	矿业联合股份有限公司（BERGWERKSVERBAND GMBH）	18	德国（DE）

在表 3 - 1 - 2 和表 3 - 1 - 3 中均位于首位的维斯特法利亚制铁联合有限公司已被 DBT 公司合并，而上述两家公司之后又被专业从事企业并购的美国比塞洛斯公司并购，而比塞洛斯公司整体上又被美国的卡特比勒公司并购。

从表 3 - 1 - 2 可知，德国、前苏联申请人在总申请量排名的前 20 位的申请人中占据了多数。

从表 3 - 1 - 3 中可以看出，在对多边专利申请量进行排名后，德国的维斯特法利亚制铁联合有限公司仍然位于首位，而在表 3 - 1 - 1 中位于第 4 位的艾柯夫山体构造技术有限公司位于次席。

通过对表 3 - 1 - 2 和表 3 - 1 - 3 的比较，可以看出前苏联申请人虽然大量出现在总申请量排名的前 20 位，但其多边专利申请量均未进入前 10 名，这与其国家体制等各种原因相关。与总申请量相比，德国申请人的多边申请量排名更多、更靠前，这与其重视国际市场有重要关系。

结合表 3 - 1 - 2 和表 3 - 1 - 3 的排名，以及业内的知名度，选择以下申请人进行重点分析：① 卡特比勒公司，包含表 3 - 1 - 2 和表 3 - 1 - 3 的维斯特法利亚制铁联合有限公司和 DBT 公司，申请量排名中均位居第 1 位并且其申请量远高于其他申请人，该企业在采煤机械的技术实力和专利实力均不容忽略；② 总申请量位于第 3 位、多边申请量位于第 2 位的艾柯夫山体构造技术有限公司；③ 总申请量位于第 2 位、多边申请量位于第 3 位的煤炭工业（专利）有限公司。

3.1.5.1　卡特比勒公司

从图 3 - 1 - 5 中可以看出，该公司在该领域的技术分布比较全面，其专利申请涉及所有技术分支，而重点集中在牵引部、工作机构和辅助装置上，尤其是对牵引部最为关注；此外，整体结构也有所涉及，在电气装置上涉及较少；另外，该公司从 2006 年以后就无新的申请。

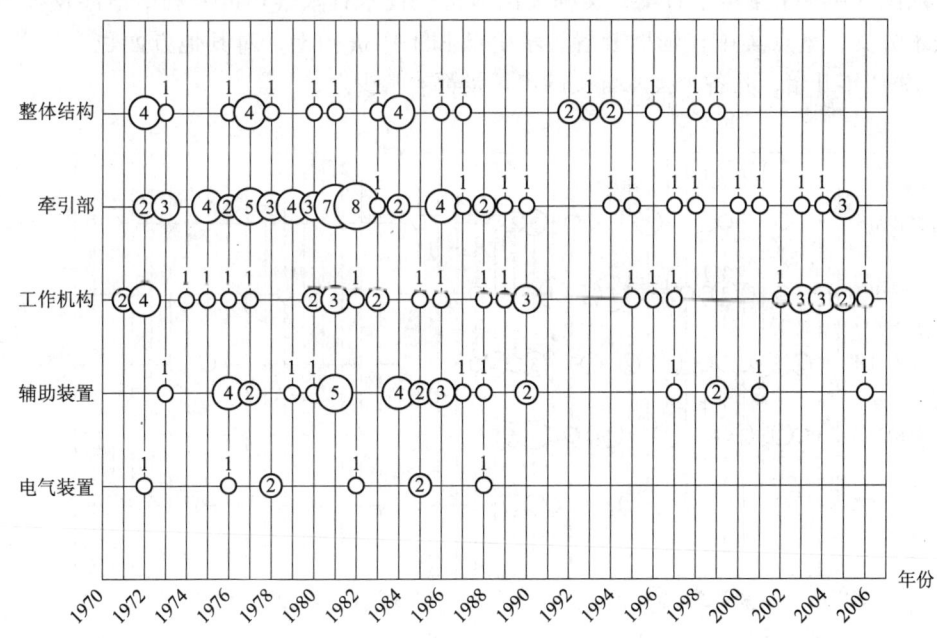

图 3 - 1 - 5　卡特比勒公司在滚筒采煤机各技术分支的专利申请分布

由图 3 - 1 - 6 可知，卡特比勒公司在解决技术问题方面最关注的可靠性、舒适性以及大功率，在其他方面也有所涉及。

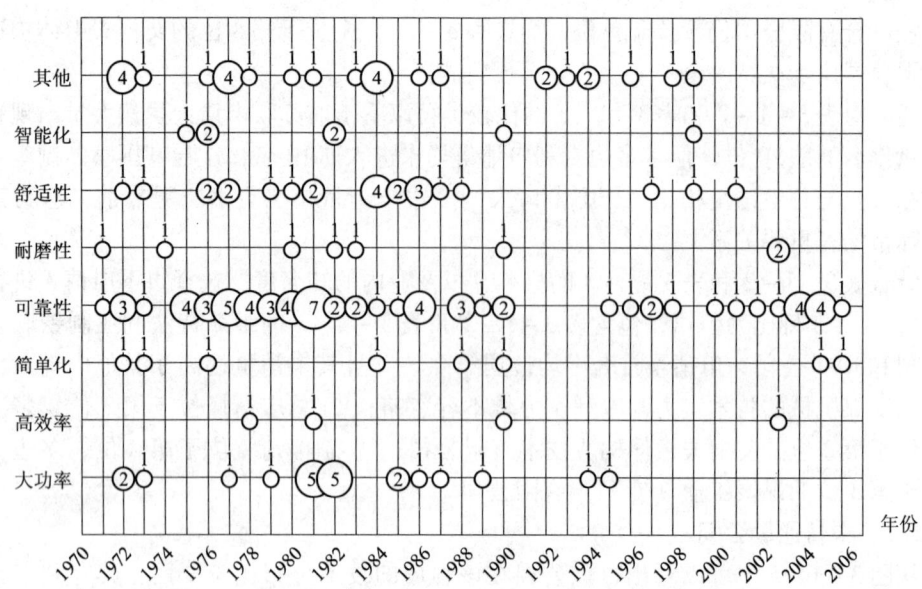

图 3 - 1 - 6 卡特比勒公司在各技术需求的专利申请分布

3.1.5.2 艾柯夫山体构造技术有限公司

从图 3 - 1 - 7 中可以看出，艾柯夫山体构造技术有限公司的专利申请涉及了所有的技术分支，重点集中在辅助装置、牵引部和工作机构上，对其他方面也有所关注。但从 1990 年开始，其各个技术分支的申请量都非常少。

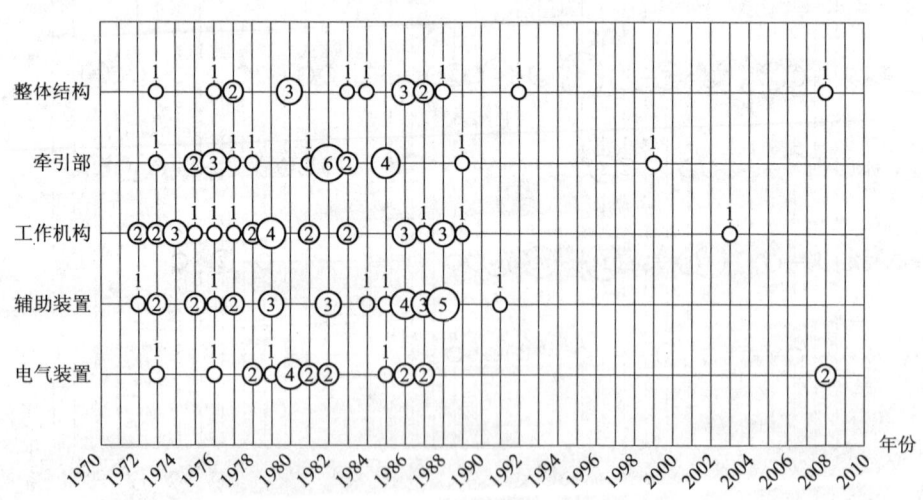

图 3 - 1 - 7 艾柯夫山体构造技术有限公司在滚筒采煤机各技术分支的专利申请分布

从图 3 - 1 - 8 中可以看出，该公司在解决技术问题方面最关注的是可靠性和舒适性方面，其他领域也有涉及。

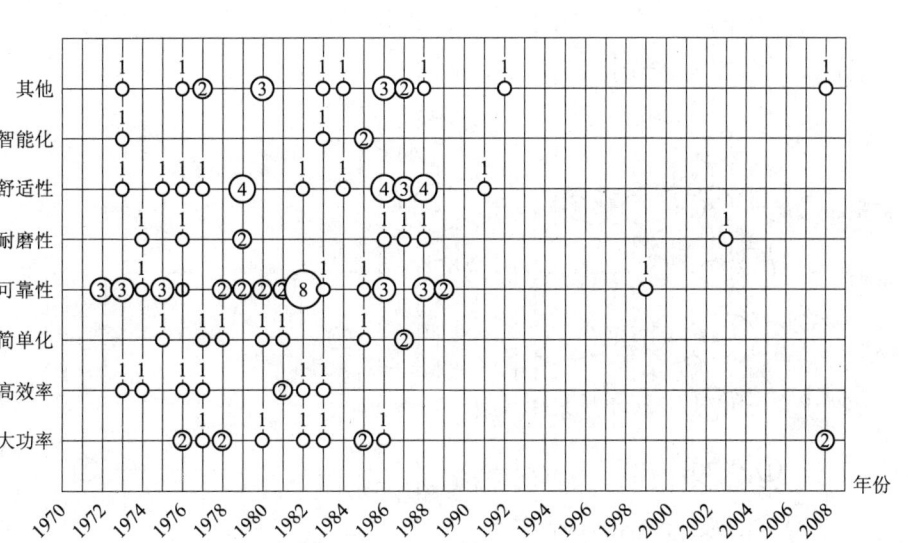

图 3-1-8 艾柯夫山体构造技术有限公司在各技术需求的专利申请分布

3.1.5.3 煤炭工业（专利）有限公司

从图 3-1-9 中可以看出，煤炭工业（专利）有限公司的专利申请涉及了所有的技术分支，重点集中在辅助装置、牵引部上，对其他方面也有所关注。但从 1990 年开始，其各个技术分支的申请量都非常少。

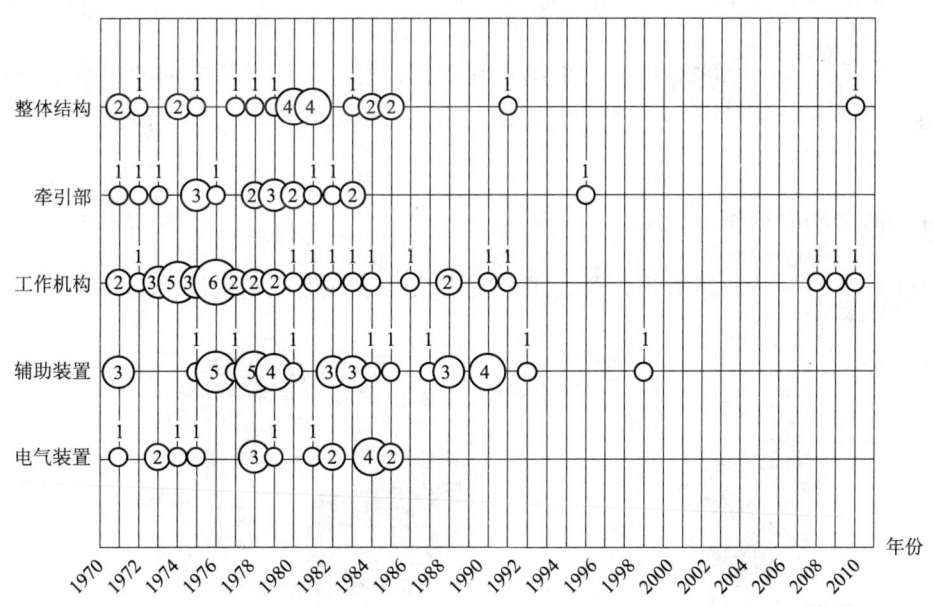

图 3-1-9 煤炭工业（专利）有限公司在滚筒采煤机各技术分支的专利申请分布

从图 3-1-10 中可以看出，该公司在解决技术问题方面最关注的是可靠性和舒适性方面，其他领域也有涉及。

第1章
第2章
第3章
第4章
第5章
第6章
第7章
第8章
第9章
第10章

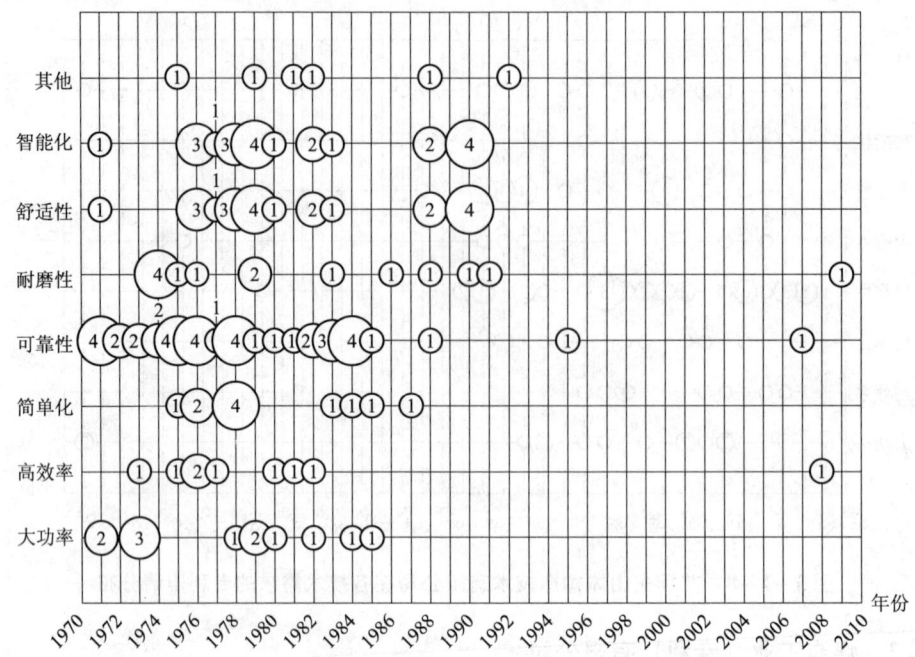

图 3 - 1 - 10　煤炭工业（专利）有限公司在各技术需求的专利申请分布

3.2　采煤机械中国专利申请技术分析

在本节中，将针对采煤机械的中国专利申请进行分析。发明专利的申请量和授权率最能代表申请人的研发能力和研究成果，因此，以下无特殊说明，涉及的专利均只是指代发明专利。

3.2.1　技术构成分析

从图 3 - 2 - 1 中可以看出，各技术分支在该技术领域专利申请中的权重与全球专

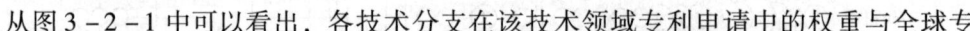

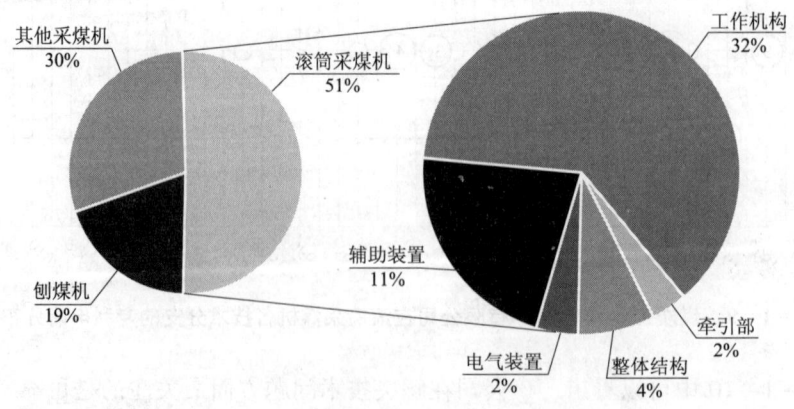

图 3 - 2 - 1　各技术分支中国专利申请量比例

利申请中的情况较为类似，其中，采煤机械占据最大比例，有 51%，而工作机构、辅助装置分居申请量排名的前两位，虽然工作机构占据着绝对领先的位置，但是辅助装置、电气装置、整体结构和牵引部的比例与全球专利申请相比，有明显的下降。

滚筒采煤机作为采煤机械最重要的一个分支，其各技术分支的中国专利申请量都呈现出增长的趋势。其中，电气装置、牵引部和整体结构这三个技术分支的申请量较低，增长数量较为有限；而工作机构在 2004 ~ 2009 年之间呈现快速增长，反映了该技术分支在滚筒采煤机产业中的重要地位；除 2006 年外，辅助装置在 2003 ~ 2009 呈稳定申请状态。

考虑到工作机构和辅助装置这两个分支的重要地位，对这两个分支的中国专利申请进行了进一步研究，发现中国申请人在这两个最重要的技术分支中的申请总量均高于国外申请人的申请总量。

3.2.2　中国专利申请人的申请状况分析

图 3 - 2 - 2 反映了在采煤机械领域中国专利申请的国内外申请人的排名情况以及各申请人的授权量情况。从该图中可以看出，来自 DBT 公司的申请在数量和授权率方面均居于领先地位，如此高的专利申请量和授权量，显示了 DBT 公司在该领域的研发能力相当强。三一重装的申请量位于申请人排名的第 2 位，有 27 件，但其已授权专利只有 1 件。这主要是因为：第一，该公司在业界逐渐成为龙头企业，且对知识产权的重视程度越来越明显；第二，该公司的申请主要集中在 2008 年以后，多数申请还处在审查状态。

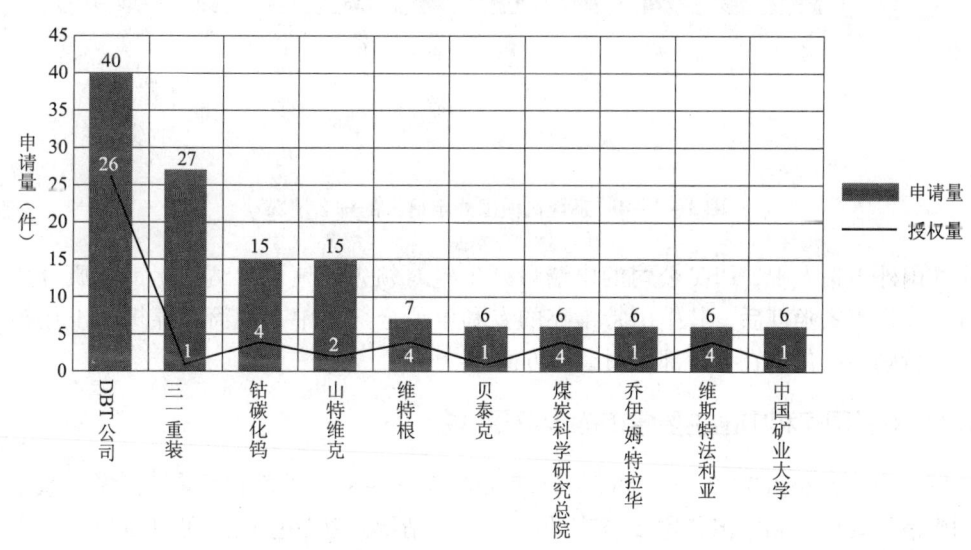

图 3 - 2 - 2　采煤机械的申请人排名及其授权率情况

图 3 - 2 - 3 和图 3 - 2 - 4 分别显示了采煤机械领域中国和国外主要申请人的申请状况。可以看出，在前 10 位的中国申请人中，企业占六家，因此申请的主体是企业。其

中申请量排名最高的是三一重装，占据着绝对领先的位置。

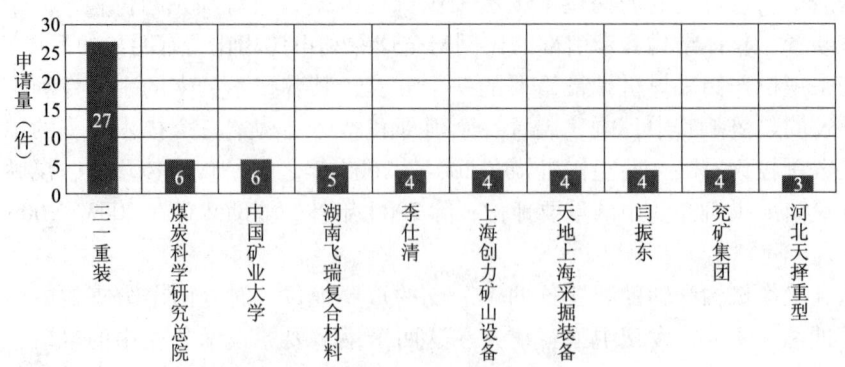

图3-2-3　采煤机械中国申请人的排名情况

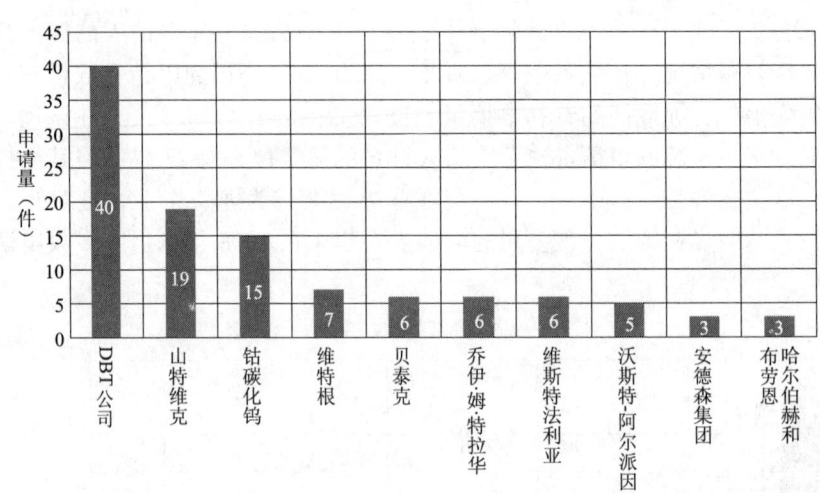

图3-2-4　采煤机械国外申请人的排名情况

在国外申请人中，DBT公司的申请量处于绝对领先的地位，钴碳化钨硬质合金公司和山特维克紧随其后，其中山特维克的专利申请全部集中在滚筒采煤机的工作机构方面，特别主要集中在截齿部的耐磨性方面。

3.2.3　主要国家和中国主要省市的申请量排名

图3-2-5和图3-2-6、图3-2-7和图3-2-8分别显示了采煤机械领域中国专利申请主要国家和中国各主要省市的排名比例情况。从这些图中可以看出，在主要国家中，中国处于绝对领先地位，其次是德国，而德国的申请主要来自于几个大公司，例如DBT公司；而在中国主要省市排名中，辽宁省排在的第1位，其主要是申请量排在中国申请人第1位的三一重装的申请，共有27件，排在第2位的是山东。虽然没有申请量特别集中的申请人，但作为产煤大省，山西排在第3位。

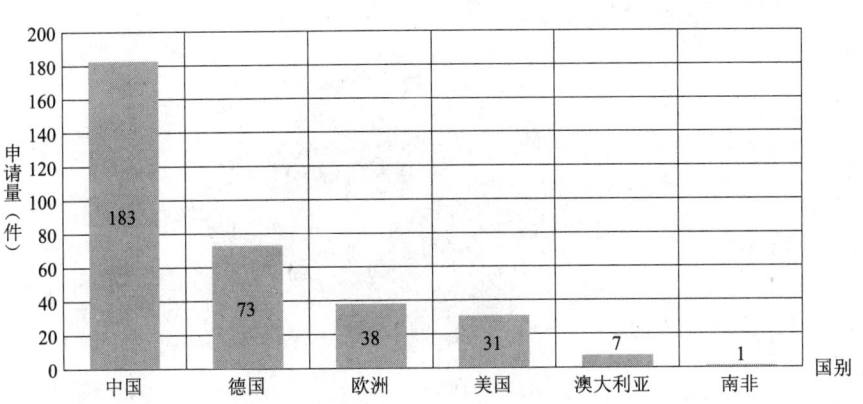

图 3 − 2 − 5　采煤机械中国申请主要国家排名情况

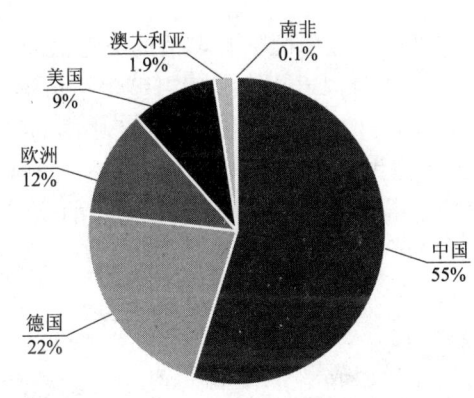

图 3 − 2 − 6　采煤机械中国申请主要国家比例情况

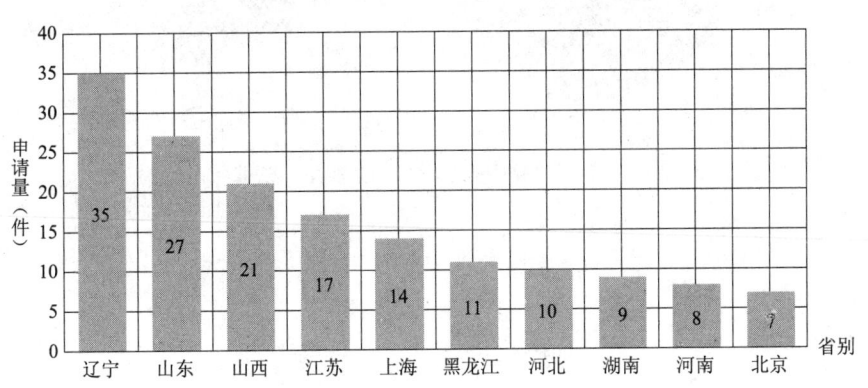

图 3 − 2 − 7　采煤机械中国主要省市排名情况

第1章

第2章

第3章

第4章

第5章

第6章

第7章

第8章

第9章

第10章

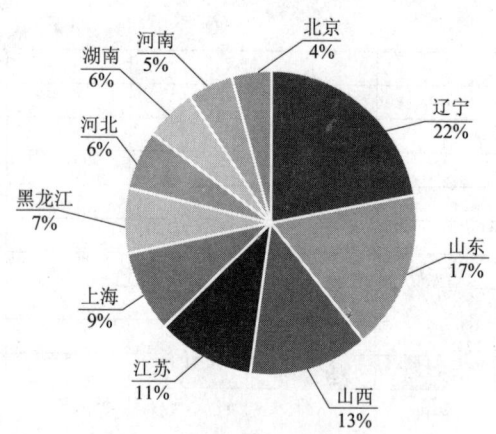

图 3 - 2 - 8　采煤机械中国主要省市比例情况

3.2.4　中国专利申请法律状态分析

图 3 - 2 - 9 显示了采煤机械领域中国专利申请的类型法律状态比例，该比例统计包括了实用新型专利。从该图中可以看出，实用新型申请占据了多数，而在总计 334 件的发明申请中，有 49% 的申请还处在未决状态。由于中国的发明专利审查周期为 2 ~ 3 年，也就表明，近半数的申请集中在近几年。另外，驳回的申请只占 0.9%，这就表明该领域的申请具有较高的质量。此外，授权和授权终止的比例各占据 23% 和 11.1%，授权率不高。

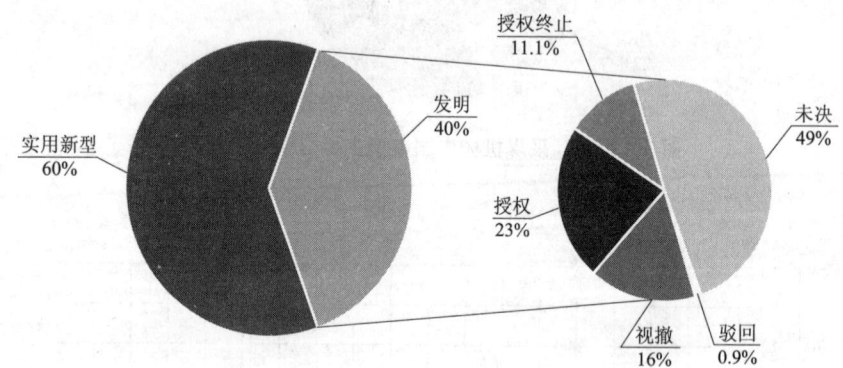

图 3 - 2 - 9　采煤机械中国专利申请的类型和法律状态比例

第4章　液压支护设备专利申请技术分析

液压支护设备是煤矿机械成套化设备的重要组成部分。中国的液压支护设备从靠国外进口逐步发展成自主研发，并且逐步向国外出口，其发展速度很快。本章通过对液压支护设备的专利技术分析，希望给中国的液压支护设备生产企业的未来发展提供借鉴。

4.1　液压支护设备全球专利申请技术分析

本节从技术构成、技术需求、技术 – 功效以及重要申请人等角度对液压支护设备的全球专利进行分析，梳理出液压支护设备的技术发展路线，对现在技术发展的热点、难点进行分析，并对以后技术的发展趋势进行展望。

4.1.1　技术构成分析

液压支护设备包括液压支架、液压支柱和顶梁，液压支架一般用于综采工作面，液压支柱一般与顶梁配合使用，用于一般机械化采煤工作面，或综采工作面端头或掘进头做临时支护。随着煤矿机械自动化程度越来越高，液压支架的使用量也越来越大。对液压支架的研究主要集中在整体结构、支护装置、控制、辅助装置和前移机构，对整体结构进行创新可以满足不同煤矿的需要，支护装置作为支撑的重要部件也是研究的热点，控制对于提高整个液压支架的可靠性、自动化是至关重要的，一些辅助的装置，例如喷雾、防倒防滑装置、互帮装置等的作用也不容小觑，对前移机构的改进可以使前移更方便可靠。

图 4 – 1 – 1 反映了液压支护设备技术构成；图 4 – 1 – 2 反映了 1965 ~ 2009 年期间

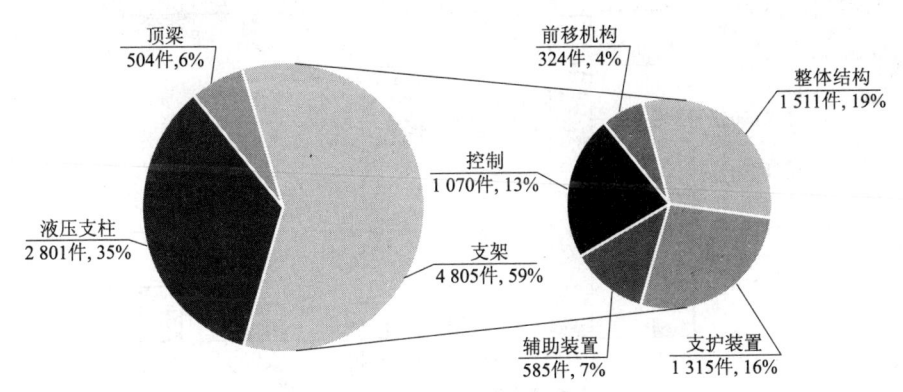

图 4 – 1 – 1　液压支护设备技术构成分布

第1章
第2章
第3章
第4章
第5章
第6章
第7章
第8章
第9章
第10章

涉及液压支护设备各技术分支的逐年申请量。其变化趋势和煤矿机械总的变化趋势相吻合，从该图中可以看出，煤矿机械的设备都是同时发展的；液压支架涉及的技术较多，包括机械、电液控制、通信等，其发展受到全球技术发展的影响。液压支架的逐年变化趋势和整个液压支护设备类似，而液压支柱和顶梁申请量一直以来相对稳定，因为其使用量较小，所以受总体趋势影响变化不明显。

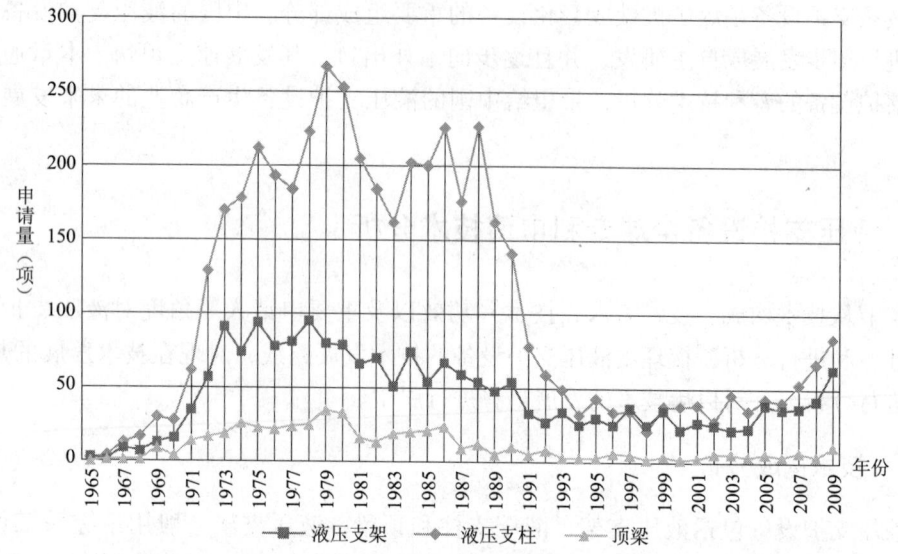

图 4-1-2　液压支护设备技术分支逐年申请量

由图4-1-3可知，前苏联的申请中，液压支架申请量最大，可见在20世纪80年代，前苏联煤矿已经开始进行机械综合化开采了；而前苏联解体后，俄罗斯的申请主要集中在液压支架，因此可以看出，进行综采后，俄罗斯煤机企业把研发重点主要放在液压支架上。而中国的开采模式还比较落后，还有很多开采方式落后的小煤矿，没

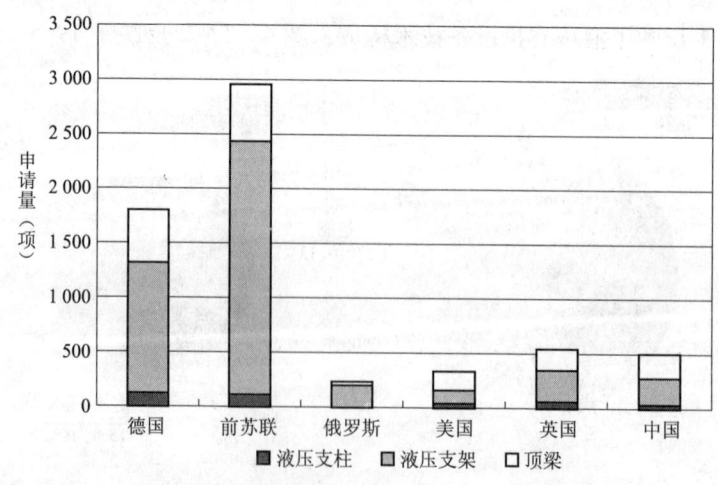

图 4-1-3　液压支护设备各技术分支国别分布

有完全实现综合化开采，这从中国的液压支柱申请量的比重相对其他国家偏多也可以看出。

液压支架是液压支护设备各技术分支中技术含量最高、使用最多的技术分支，下面对其进行深一步的分析。

图 4-1-4 进一步反映了液压支架各技术分支的申请量随年份的变化情况。各技术分支的发展趋势大致和液压支架的趋势相同，整体结构的发展趋势略有不同，其原因在于对液压支架的整体结构的探索起步较早并始终在研究，随着时间的推移，技术比较成熟，创新较少；而随着电液控制的发展，推动了液压支架控制的进步；其他技术分支的发展趋势也大致相同。

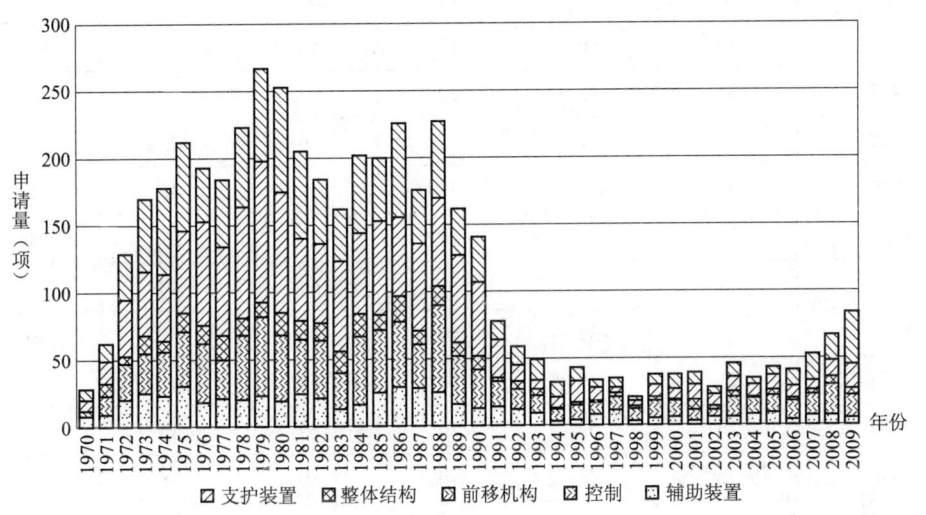

图 4-1-4　液压支架各技术分支历年专利申请分布

4.1.2　技术需求分析

由于液压支护设备的各技术分支的技术需求并不完全相同，将其看做一个整体分析会影响分析结果，而液压支架作为综采的主要设备，不仅需求量大，技术上也更有代表性，因此，本节和第 4.1.3 节分析均仅针对液压支架。

表 4-1-1 显示了液压支架中各技术需求随年份分布情况，反映了该领域的技术需求发展趋势。支护设备的可靠性一直是研究的热点，作为关乎煤矿安全的重要设备，其可靠性的重要性是不言而喻的；而其大型化和自动化的研究也是始终在进行，尤其是在最近几年，随着自动化程度的提高，煤矿内设备的自动化是最近研发的热点；在进入 20 世纪 90 年代后，国外的主要采煤国技术已相对成熟，此时的研究重点转向了提高效率；而进入 21 世纪后，随着中国煤矿的发展，自动化和可靠性成为中国对液压支护设备的主要研究重点，这两方面的专利申请也随之增多。

表 4 - 1 - 1　液压支架各技术 - 功效历年专利申请分布　　　　单位：项

技术需求 年份	大型化	高强度	高效率	可靠性	自动化	其他
1970	2	7	7	8	3	1
1971	0	4	8	27	22	1
1972	4	7	17	58	40	3
1973	22	14	28	66	39	1
1974	29	21	48	42	36	2
1975	26	41	45	67	32	1
1976	40	46	17	54	35	1
1977	37	46	20	53	26	2
1978	31	81	32	46	33	0
1979	40	97	38	49	41	2
1980	29	106	18	47	52	1
1981	17	43	41	64	40	0
1982	39	39	29	46	31	0
1983	21	46	10	54	31	0
1984	26	52	10	69	45	0
1985	36	38	15	80	28	3
1986	26	56	16	83	42	3
1987	34	32	17	53	38	2
1988	47	21	34	66	58	1
1989	37	32	18	45	30	0
1990	28	26	15	44	28	0
1991	13	13	9	26	15	2
1992	9	5	12	21	12	0
1993	2	7	13	24	3	0
1994	3	4	10	12	3	0
1995	5	3	11	20	4	0
1996	5	1	15	9	3	1
1997	5	3	14	9	4	0
1998	2	3	9	4	3	0
1999	7	2	12	8	9	0

续表

年份 \ 技术需求	大型化	高强度	高效率	可靠性	自动化	其他
2000	6	1	12	13	6	0
2001	8	3	3	12	13	0
2002	2	3	8	8	7	0
2003	5	2	7	18	14	0
2004	8	3	11	10	0	
2005	4	6	5	13	14	1
2006	5	5	5	9	14	3
2007	8	4	10	17	13	1
2008	18	4	10	12	23	0
2009	16	19	12	20	17	0

4.1.3　技术 – 功效矩阵分析

图 4 – 1 – 5 是液压支架专利技术 – 功效矩阵图。辅助装置包括喷雾、放倒防滑装置、互帮装置以及其他装置，这些装置通常是为了提高效率和提高可靠性，与分析结果相吻合；控制的目的主要是为了实现自动化，而针对大型化或者高强度的液压支架有时需要专门设计控制系统，以保证其可靠性；前移机构的设计需要考虑自动化和可靠性；整体结构的架型改进可以适应大型化、高强度的应用，也可以提高可靠性，但值得注意的是，整体结构的调整可以提高效率，例如放顶煤支架，这在中国的专利申请中比较常见；支护装置的可靠性是其需要考虑的重点，因此要保证它的高强度。

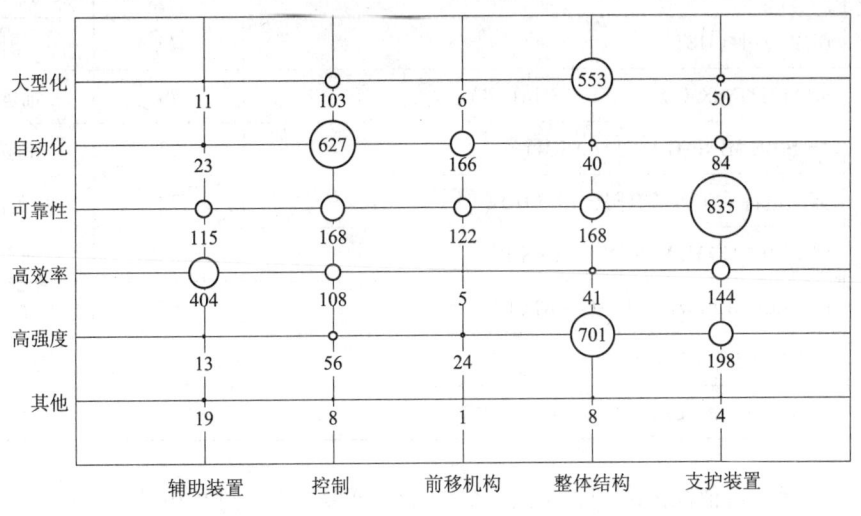

图 4 – 1 – 5　液压支架专利技术 – 功效矩阵图

因此，图4-1-5中的几个比较大的圆点则很容易解释清楚，而从另外一些较小的圆点处则可以看出一些潜在的发展机会，可以从这些角度去解决相应的问题。总之，可靠性、高强度、自动化、大型化是目前的发展重点。

4.1.4 重要申请人分析

液压支护设备前20位的申请人的排名情况如表4-1-2所示。

表4-1-2 液压支护设备申请人申请量排名

排名	申 请 人	申请量（项）	国 籍
1	维斯特法利亚制铁联合有限公司（GEWW）	350	德国
2	斯科钦斯基矿业研究所（SKMI）	313	前苏联
3	COAL EQUIP RES INST（COAL-R）	159	前苏联
4	COAL RES DES INST（COAM）	155	前苏联
5	博克莫伊森哈特·海因茨曼有限公司（BOCH）	148	德国
6	DONETS COAL RES INS（DONE）	126	前苏联
7	MOSC REG COAL RES DES INST STOCK CO（MOCO）	124	前苏联
8	海尔曼·赫姆夏特机械制造有限公司（HEMS）	128	德国
9	MOSC REGION COAL RES DES INST STOCK CO（MORE-R）	116	前苏联
10	DON COAL RES INST（DONC-R）	107	前苏联
11	GULLICK DOBSON LTD（DOBS）	97	前苏联
12	GIPROUGLEMASH COAL（GIPR-R）	89	前苏联
13	DBT公司（DBT）	79	德国
14	SHAKHTINSK COAL RES（SHAK-R）	73	前苏联
15	AS SIBE MINING INST（ASIM）	73	俄罗斯
16	英国道特采矿装备有限公司（DOWT）	72	英国
17	KUZNIUI COAL RES IN（KUZN-R）	65	前苏联
18	KLOECKNER WERKE AG（KLOC）	65	德国
19	TULA POLY（TUPO）	58	前苏联
20	BERGWERKSVERBAND GMBH（BERG）	54	德国

此外，通常价值高的专利，申请人倾向于向更多的市场进行申请，因此表4-1-3中还列出了液压支护设备向两局以上提出专利申请的前10位申请人的排名情况。

表4-1-3 液压支护设备申请人的多边专利申请量排名

排名	申请人	申请量（项）	国籍
1	维斯特法利亚制铁联合有限公司（GEWW）	83	德国
2	DBT公司（DBT）	53	德国
3	沃斯特-阿尔派因采矿技术有限公司（VEOS）	27	奥地利
4	理查德福斯古鲁宾劳斯包股份有限公司（VOSS）	15	德国
5	玛珂系统分析和开发公司（MARC-N）	15	德国
6	矿山开发中心研究所（BANY-N）	14	匈牙利
7	简恩马股份有限公司（JENN-N）	11	美国
8	法国煤矿研究所（CHAR）	11	法国
9	煤炭产品有限公司（COAL）	10	英国
10	海尔曼·赫姆夏特机械制造有限公司（HEMS）	9	德国

从表4-1-2和表4-1-3中可以看出，前苏联的专利申请一般仅限于自己国家，虽然1991年前苏联就解体了，但之前申请的专利数量很大，导致前苏联的很多企业按申请量排名都排在前面，除了当时前苏联科技实力较强外，这也和前苏联的专利制度有关系。前苏联的专利都归国家所有，给予发明者一定的奖励，这就大大激发了企业申请专利的热情，因此，其专利申请一直维持较高的数量。而德国作为工业强国，其在液压支护设备领域一直领先，申请量也名列前茅，以维斯特法利亚制铁联合有限公司为首的几个德国生产液压支护设备的企业不仅申请量较大，而且注意在世界范围内进行专利申请，在有需要、有市场潜力的国家申请专利。

单纯从申请量很难看出哪个公司具有绝对优势，但进一步研究现在煤矿机械的主要企业，就能梳理出这些企业的发展脉络，从而能够看出，煤矿机械的企业，包括液压支护设备的企业，集中度还是很高的。

由于前苏联的很多专利申请未在其他国家申请，而且很多企业在前苏联解体后就没有再申请专利了，因此，本节选取的主要申请人不仅考虑专利申请量，主要看最近几年企业在液压支护设备上的实力，即现在国际上有两大煤机巨头——久益公司和DBT公司。

在下面的主要申请人分析中，DBT公司包括海尔曼·赫姆夏特机械制造股份有限公司、维斯特法利亚制铁联合有限公司；久益公司包括英国道特公司。

4.1.4.1 DBT公司

DBT公司在发展前期液压支架和液压支柱申请量都较大，液压支柱比液压支架少一些，而随着技术的发展和综采的使用，对液压支柱的研究减少，研发重点转向了液压支架。DBT公司申请量在1978～1982年之间较高，当时主要是海尔曼·赫姆夏特机械制造股份有限公司以及维斯特法利亚制铁联合有限公司两个公司实力较强，而当时也正处在液压支护设备的技术发展期，随着技术的成熟，合并后的DBT公司申请专利数量减少，之后一直比较稳定。

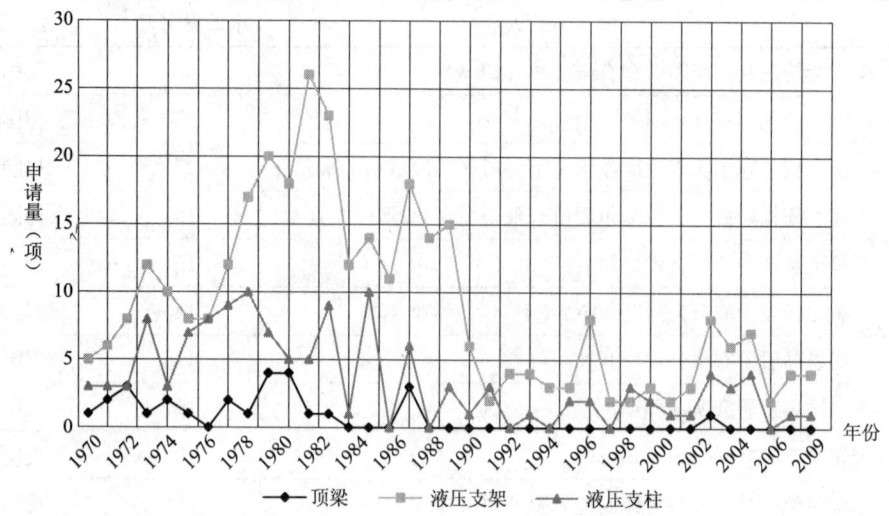

图 4-1-6　DBT 公司在液压支护设备各技术分支的专利申请分布

图 4-1-7 显示了 DBT 公司在液压支架各技术分支专利申请逐年分布情况。从 1978 年开始，DBT 公司把液压支架的控制就作为研究重点，即使在液压支架技术比较成熟后，对液压支架控制的改进也从未停止，因为液压支架强度达到要求后，其控制对于提高采煤效率非常重要；而对于液压支架架型的改进在液压支架的发展期是很多企业的研究重点，都努力研发最适合支护的液压支架架型，当架型比较成熟后，对于前移机构的研究也就较少，对于支护装置的研究也只是集中在立柱上。

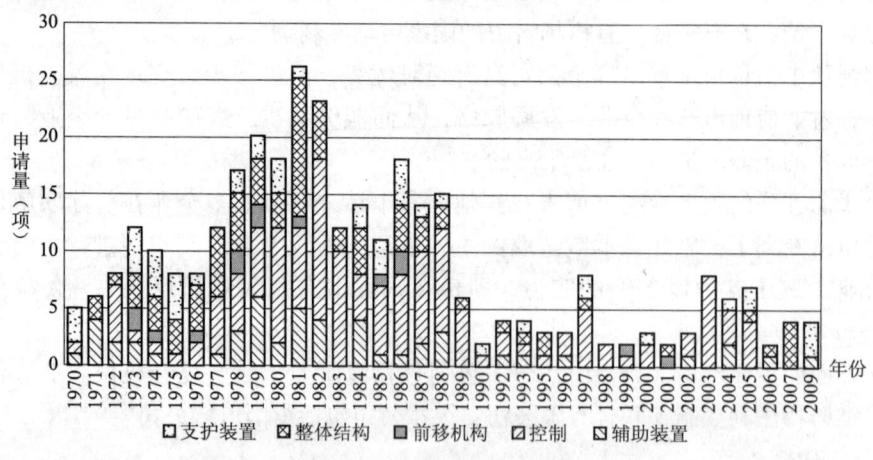

图 4-1-7　DBT 公司在液压支架各技术分支的专利申请逐年分布情况

表 4-1-5 反映了 DBT 公司在液压支护设备各技术需求的专利申请分布情况。技术发展期时，DBT 公司对于各技术需求的重视程度比较均衡。近几年，DBT 公司对于自动化、可靠性和高效率比较重视，对于大型化和高强度相对没有那么重视，大型化和高强度已经不再是 DBT 公司的研发重点，其针对的也不再是厚煤层的开采。

表4－1－5　DBT公司在液压支护设备各技术需求的专利申请分布情况 单位：项

年代＼技术需求	大型化	高强度	高效率	可靠性	自动化
1971～1973	0	3	7	6	9
1974～1976	2	10	7	5	2
1977～1979	21	8	12	3	5
1980～1982	15	9	21	8	14
1983～1985	4	5	5	14	9
1986～1988	1	9	11	16	10
1989～1992	0	0	5	6	1
1993～1996	2	2	3	3	0
1997～1999	1	1	6	3	1
2000～2002	0	0	0	3	5
2003～2005	3	1	0	3	13
2006～2009	2	1	2	3	3

　　图4－1－8反映了支护设备DBT公司在德国、美国、英国、澳大利亚等主要市场以及在中国的专利申请分布情况。DBT公司的专利申请以德国国内为主，在本土外的专利申请力度弱于本国。其中，在本土外，DBT公司最为重视的是美国和英国，而对澳大利亚关注程度弱于美国和英国，对于南非和比利时则更弱，特别是最近几年，几乎不在这两个国家进行专利申请；而对于中国市场，从中国建立专利制度以来一直比

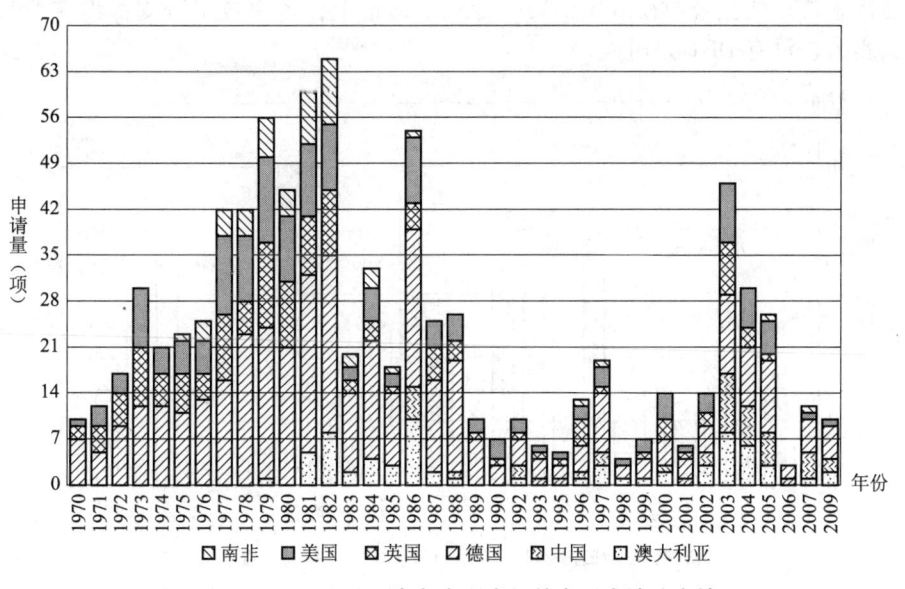

图4－1－8　DBT公司在各主要市场的专利申请分布情况

较重视，特别是最近几年，在中国专利申请较多，主要是为了便于出口产品到中国。

4.1.4.2 久益公司

图4-1-9展示了久益公司在液压支护设备各技术分支的历年专利申请分布情况，可以看出，和DBT公司一样，在技术发展期，对液压支架和液压支柱都进行研究，技术发展后，主要采用综采，对液压支柱的研究也减少。

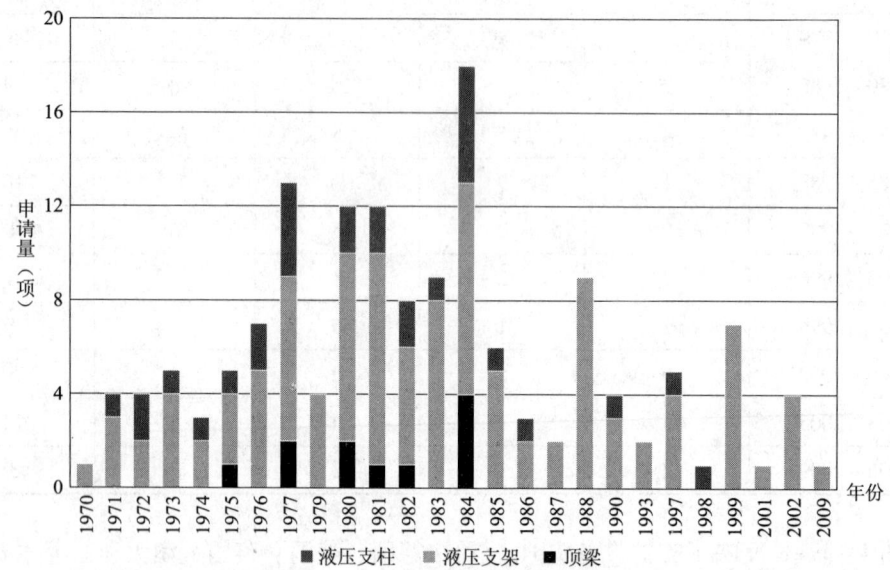

图4-1-9　久益公司在液压支护设备各技术分支的历年专利申请分布情况

图4-1-10显示了久益公司在液压支架各技术分支的历年专利申请分布情况。从该图中可以看出，久益公司在控制和支护装置上研究较多，其他三个技术分支研究较少，总体来说，久益公司在液压支架的专利申请量上，各个技术分支都没有DBT公司多，其实力也没有DBT公司强。

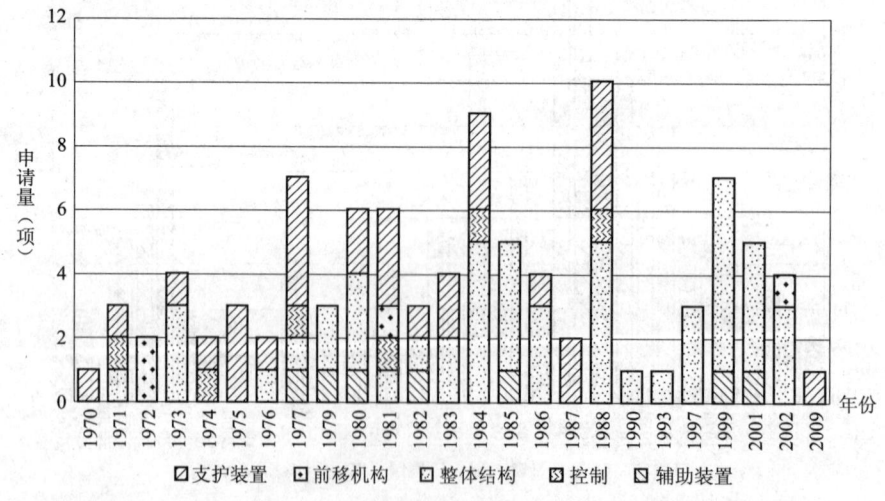

图4-1-10　久益公司在液压支架各技术分支的历年专利申请分布情况

表4-1-6反映了久益公司在各技术需求的专利申请分布情况。可以看出，在技术发展期，久益公司对于各个技术需求都比较重视，技术成熟后，申请量减少，可见其在液压支护设备上投入研发力度也减少。

表4-1-6　久益公司在各技术需求的专利申请分布情况　　　　单位：项

年代＼技术需求	大型化	高强度	高效率	可靠性	自动化
1971~1975	2	2	1	5	4
1976~1980	2	4	3	6	5
1981~1985	8	7	0	3	6
1986~1990	2	0	0	5	2
1991~1995	0	0	0	1	0
1996~2000	0	0	1	1	2
2001~2005	2	0	1	0	0
2006~2009	0	0	0	1	0

图4-1-11反映了久益公司在德国、美国、英国、澳大利亚等主要市场以及在中国的专利申请分布状况情况。久益公司在英国申请较多，在本土外的专利申请力度弱于本土。其中，久益公司最为重视的是美国和德国，而对澳大利亚和南非的关注程度弱于美国和英国；对于中国市场专利申请也很少，只是近几年有一些零星申请，可以看出其在中国市场较小。

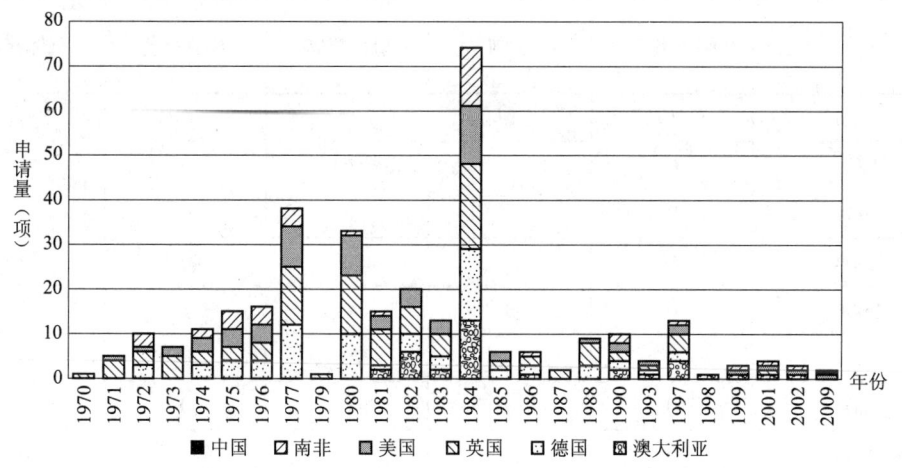

图4-1-11　久益公司在各主要市场的专利申请分布情况

另外，久益公司在1979年专利申请量较少，而在1984年专利申请较多，分析这些申请，发现1984年申请的专利大部分都分布在除中国外的五个主要国家。

4.1.4.3 玛珂系统分析和开发公司（以下简称"玛珂公司"）

从表4-1-7中可以看出，玛珂公司在液压支护设备领域的专利申请主要集中在最近几年，也主要集中在液压支架和液压支柱上。

表4-1-7 玛珂公司在各技术分支的专利申请分布情况　　　　单位：项

年份 ＼ 技术分支	液压支架	液压支柱	顶 梁
1980	1	0	0
1992	1	0	0
1999	1	0	0
2004	2	0	0
2005	0	1	0
2006	4	3	0
2007	1	2	0
2008	3	3	0
2009	4	1	0

表4-1-8显示了玛珂公司在液压支架各技术分支上历年专利申请的分布情况。因为玛珂公司主要是从事电液控制的，因此，其申请主要集中在对液压支架的电液控制上。

表4-1-8 玛珂公司在液压支架各技术分支的专利申请分布情况　　　　单位：项

年份 ＼ 技术分支	辅助装置	控制	前移机构	支护装置	整体结构
1980	1	0	0	0	0
1992	0	1	0	0	0
1999	0	1	0	0	0
2004	0	2	0	0	0
2006	0	3	0	1	0
2007	0	1	0	0	0
2008	0	3	0	0	0
2009	0	2	1	1	0

表4-1-9反映了玛珂公司在各技术需求的专利申请分布情况。虽然玛珂公司主要是从事电液控制的，但其从控制的多角度入手，保证控制的自动化、可靠性、高效率，以及针对大型液压支架的控制，设计高强度的液压支架的电液控制等。

图 4 - 1 - 9　玛珂公司在各技术需求的专利申请分布情况　　　　单位：项

技术需求 / 年份	大型化	高强度	高效率	可靠性	自动化
1980	0	0	1	0	0
1992	0	0	1	0	0
1999	0	0	1	0	0
2004	0	0	0	1	1
2006	1	0	1	0	2
2007	0	1	0	0	0
2008	0	0	0	0	3
2009	1	0	0	2	1

　　表 4 - 1 - 10 反映了玛珂公司在德国、中国、俄罗斯等主要市场以及在中国的专利申请分布情况。玛珂公司在德国本土的专利申请最多，但其在中国专利申请量与德国本土的相差不大，可以看出玛珂公司非常重视中国市场，在俄罗斯的申请少于在中国的，在美国和英国的申请较少，因为其在美国和英国占领不了太大市场，可以看出其定位是技术相对落后国家的市场。

表 4 - 1 - 10　玛珂公司在各主要市场的专利申请分布情况　　　　单位：项

国家 / 年份	中国	德国	英国	俄罗斯	美国
1980	0	1	0	0	1
1992	0	1	0	0	0
1999	0	1	0	0	0
2004	1	2	0	0	0
2005	1	1	1	0	0
2006	6	7	1	6	0
2007	3	3	0	2	0
2008	6	6	0	6	1
2009	5	5	0	0	0

4.1.5　被关注专利分析

4.1.5.1　液压支架被关注专利

　　以下列出了 2000 年以前值得关注的专利。

　　由 THYSSEN 公司于 1972 年 11 月 20 日申请的专利 DE2946765A，其公开了液压支架使用的可释放的止回阀，该止回阀在控制腔和输出腔之间具有流体连接。

由 KRIN 公司于 1973 年 11 月 24 日申请的专利 BE822505A，其公开了液压支架用的导向头，包括一个安装在空心部分内部的轮子上的杆。

由 UYCA 公司于 1976 年 10 月 28 日申请的专利 DE2649049A，其公开了利用超声波测量相对运动的采矿部件的距离的系统。

由 DOBS 公司于 1977 年 8 月 12 日申请的专利 DE2736365A，其公开了远距离操作液压支架的技术，通过使用用电缆连接的电子控制设备来监控、操纵推进油缸来移动液压支架。

由博克莫伊森哈特·海因茨曼有限公司于 1978 年 11 月 4 日申请的专利 DE2847906A，其公开了液压支护系统，该系统包括伸缩式油缸和包括加强筋和注入快硬化物质。

由维斯特法利亚制铁联合有限公司于 1979 年 4 月 12 日申请的专利 DE2914981A，其公开了矿用液压支架的压力限压阀，优选具有六个流体出口和密封圈的弹性支撑。

由维斯特法利亚制铁联合有限公司于 1979 年 2 月 9 日申请的专利 DE2904867A，其公开了多芯液压插销接头，具有能够相对正确定位的大直径的空心销轴和插座开口。

由博克莫伊森哈特·海因茨曼有限公司于 1980 年 4 月 30 日申请的专利 DE3016601A 中，其公开了可移动的矿用液压支架，包括在一个细柱护套内的变硬的流体填充物。

由维斯特法利亚制铁联合有限公司于 1980 年 4 月 2 日申请的专利 DE3012883A，其公开了电液系统的远程单元，该单元具有适应于所需功能的电磁阀的部件。

由简恩马股份有限公司（JENN-N）于 1985 年 3 月 13 日申请的专利 US4601616A，其公开了煤矿的液压支护系统，具有固定于顶板两侧的板，通过横向加强部件连接。

由 FLEX 公司于 1985 年 12 月 16 日申请的专利 US4666344A，其公开了岩石地层的支撑桁架连接部件，具有承重板，通过具有开口的法兰盘连接横向拉杆。

由 GEBH 公司于 1987 年 8 月 26 日申请的专利 DE3732894A，其公开了矿用支撑系统，具有内部填充硬化材料的端部封口的弹性软管，构成外部加强。

由维斯特法利亚制铁联合有限公司于 1987 年 5 月 9 日申请的专利 DE3715591A，其公开了对电磁阀开关状态的监控方法，包括开关控制，决定的电磁线圈电感和测流计以及计算器。

由 STOL 公司于 1989 年 8 月 29 日申请的专利 GB2222472A，其公开了特别针对煤矿的多点无线控制和监控系统，利用电源线电磁耦合到数据传送器，并且通过电偶短极子触角接收信号。

由 HAIL 公司于 1989 年 7 月 1 日申请的专利 EP0349942A，其公开了钢的矿用液压支架，底部具有带有底座和凸缘的外部液压缸，外部液压缸与上部的内部液压缸相连，该液压支架成本低，容易使用和修理，相对于自身强度来说，重量较轻，且不容易因为泥渣损坏。

由 SEEG 公司于 1990 年 4 月 5 日申请的专利 US5015125A，其公开了可缩的液压支架，具有可相对伸缩的金属柱体，长度方向开槽来分别选择接收槽内楔形插入物。

由理查德福斯古鲁宾劳斯包股份有限公司（VOSS）于 1990 年 5 月 10 日申请的专

利 WO9014500A，其公开了液压安全阀，用于液压支架的层式阀和控制活塞，该阀规格小，且密封好。

由 DYCK 公司于 1992 年 6 月 6 日申请的专利 CA2070567A，其公开了可缩液压支护系统，包括具有穿入孔的锥形心轴，与承压部件端部相配合。

由 CANY 公司于 1993 年 3 月 23 日申请的专利 US5308196A，其公开了矿用可缩支架，包括具有填充物的外壳，后部是可缩的，具有更强的承载能力。

由 DBTA 公司于 1997 年 9 月 8 日申请的专利 GB2316973A，其公开了对于矿用液压支架所承受载荷的监测系统，通过电子控制，从传感器传递信号引起液压油缸和/或角油缸来适应液压支架所受力，该系统可以用来可靠地避免液压支架的过载以及避免过度浪费，同时可以有效地减轻液压支架的重量，该专利使得液压支架的自动化程度更高，值得关注。

4.1.5.2 被关注专利的主要信息

表 4 - 1 - 11 被关注专利的主要信息

序号	公开号	专利权人/申请人	申请日/ 最早优先权日	同族专利	在中国 法律状态	被引 频次
1	DE2946765-A	（THYS） THYSSEN IND AG	1972 - 11 - 20	CS8007851-A； ZA8007171-A； US4361075-A； AU8064333-A； HU24933-T； RO81369-A	未进入 中国	17
2	BE822505-A	（KRIN-I） KRINGS J	1974 - 10 - 24	NL7415314-A； DE2358621-A； SE7414592-A； AT7408982-A； FR2249227-A； DK7406079-A； FI7403364-A； US3950952-A； BR7409832-A； ZA7504786-A； AR203702-A； GB1464910-A； IL46083-A； CH587388-A； IT1025930-B； SU614755-A； NL162445-B； HU17522-T； CS7407978-A	未进入 中国	20

序号	公开号	专利权人／申请人	申请日／ 最早优先权日	同族专利	在中国 法律状态	被引 频次
3	DE2649049-A	（UYCA-N） UNIV COLL CARDIFF	1975 - 12 - 20	FR2335827-A； ZA7607534-A； GB1525720-A； GB1573117-A	未进入 中国	15
4	DE2736365-A	（DOBS） DOBSON PARK IND LTD	1976 - 08 - 20	FR2362269-A； ZA7704858-A； US4146271-A； GB1576317-A	未进入 中国	16
5	DE2847906-A	（BOCH） BOCHUMER EISENHUETTE HEINTZMANN	1978 - 11 - 03	US4185940-A	未进入 中国	18
6	DE2914981-A	（GEWW）GEW EISENHUETTE WESTFALIA	1979 - 04 - 12	GB2046407-A； FR2454035-A； ZA8001618-A； US4313463-A； CA1136953-A	未进入 中国	16
7	DE2904867-A	（GEWW）GEW EISENHUETTE WESTFALIA	1979 - 02 - 09	DE2904867-A； GB2041475-A； FR2448678-A； US4319772-A； CS8000579-A	未进入 中国	15
8	DE3016601-A	（BOCH） BOCHUMER EISENHUETTE HEINTZMANN	1979 - 08 - 27	US4255071-A	未进入 中国	21
9	DE3012883-A	（GEWW）GEW EISENHUETTE WESTFALIA	1980 - 04 - 02	GB2074293-A； ZA8102179-A； US4378027-A	未进入 中国	16
10	US4601616-A	（JENN-N） JENNMAR CORP	1985 - 03 - 13	GB2172318-A； DE3608332-A； FR2578906-A； AU8652202-A； BR8601015-A； ZA8601787-A； CA1242896-A	未进入 中国	22

续表

序号	公开号	专利权人/申请人	申请日/ 最早优先权日	同族专利	在中国 法律状态	被引 频次
11	US4666344-A	（FLEX-N） FLEX PROD INC； （OPTI-N） OPTICAL COATINGS LA	1987 – 02 – 27	GB2184148-A； DE3641662-A； AU8666541-A； ZA8609038-A； CN8607975-A； CA1287225-C； AU9176113-A	已失效	15
12	DE3732894-A1	（GEBH-N） GEBHARDT & KOENIG； （PREU） GEBHARDT & KOENIG GESTEINS & TIEFBAU	1987 – 09 – 30	DE3732894-A； ZA8800784-A； US4983077-A； AU9189774-A； CA1306874-C	未进入 中国	26
13	DE3715591-A	（GEWW）GEW EISENHUETTE WESTFALIA	1987 – 05 – 09	GB2205198-A； US4870364-A	未进入 中国	15
14	GB2222472-A	（STOL-N） STOLAR INC	1988 – 09 – 02	AU8939929-A； ZA8906713-A； US4968978-A； CN1042214-A； AU9178353-A； US5087099-A； US5121971-A； CA1304785-C； US5181934-A； CA1319954-C； US5268683-A	已失效	112

第1章　第2章　第3章　第4章　第5章　第6章　第7章　第8章　第9章　第10章

续表

序号	公开号	专利权人/申请人	申请日/ 最早优先权日	同族专利	在中国 法律状态	被引 频次
15	EP0349942-A	（HAIL-I） HAILIGER M K；（HEIL-I） HEILIGER M； （HEIL-I） HEILIGER M C	1988－07－04	WO9000217-A； AU8938424-A； NO9001014-A； HU52840-T； JP3500314-W； US5051039-A； DE58902744-G； HU207143-B； ES2036303-T3； SU1838622-A3； ZA8907226-A； CN1050753-A； CN1071994-A； CN1032774-C	已失效	15
16	US5015125-A	（SEEG-I） SEEGMILLER B L	1990－04－05	AU9055969-A； CA2017314-A	未进入 中国	22
17	WO9014500-A	（VOSS-N） VOSS GRUBENAUSBAU GMBH R	1989－09－01	DE3922894-A； AU9055556-A； DE3929094-A； EP425621-A； CS9002561-A； HU57381-T； US5180443-A； AU633915-B； US5215116-A； HU208563-B； RU2018755-C1； CZ280815-B6	未进入 中国	17
18	CA2070567-A	（DYCK） DYCKERHOFF & WIDMANN AG	1992－04－10	US5400994-A	未进入 中国	16

续表

序号	公开号	专利权人/申请人	申请日/最早优先权日	同族专利	在中国法律状态	被引频次
19	US5308196-A	（CANY-N）CANYON FUEL CO LLC；（COAS-N）COASTAL CORP	1993 – 03 – 23	WO9421890-A；AU9465178-A；ZA9401967-A；GB2291903-A；GB2291903-B；AU683462-B；CA2152802-C；US5308196-B1；US5308196-C2；AU9664332-A；AU674489-B	未进入中国	15
20	GB2316973-A	（DBTA-N）DBT AUTOMATION GMBH；（DBTD-N）DBT DEUT BERGBAU-TECH GMBH	1996 – 09 – 07	DE19636389-A1；AU9736775-A；ZA9708017-A；US6056481-A；AU725018-B；GB2316973-B；DE19636389-B4	未进入中国	17

4.2 液压支护设备中国专利申请技术分析

在本节中，将特别针对液压支护设备的中国专利申请进行分析。这主要是出自两方面的考虑：首先，中国申请人相对更为重视中国专利申请的情况；其次，液压支护设备作为井下开采必不可少、关乎安全的设备受到煤矿机械企业的重视。此外，在液压支护设备的各个技术分支中，液压支架作为现在成套开采的主要设备，在市场上占有很大比重，因此，本节将对液压支架进行深入的分析。中国专利申请包括发明、实用新型和外观设计，实用新型虽然数量较大，但发明能更好地反映技术信息，因此，本节的分析中，将重点对发明专利进行分析，除图 4－2－1 中涉及实用新型和外观设计外，本节未作说明的都仅指发明专利。

4.2.1 技术构成分析

图 4－2－1 显示了在液压支护设备领域中国专利申请中各技术分支所占的比例，从该图中可以看出，液压支柱所占比重比其他技术发达国家偏高，其原因在于中国尚

第1章
第2章
第3章
第4章
第5章
第6章
第7章
第8章
第9章
第10章

有一些煤矿未实现综采，还需要使用大量的液压支柱；而在液压支架中，整体结构所占比例偏大，从该图中还可以看出，中国的液压支架的发展还处在架型改进的阶段，而对核心部件的改进较少，即使对控制的改进也只是进行控制方法的改进，而核心的控制部件还需要进口。

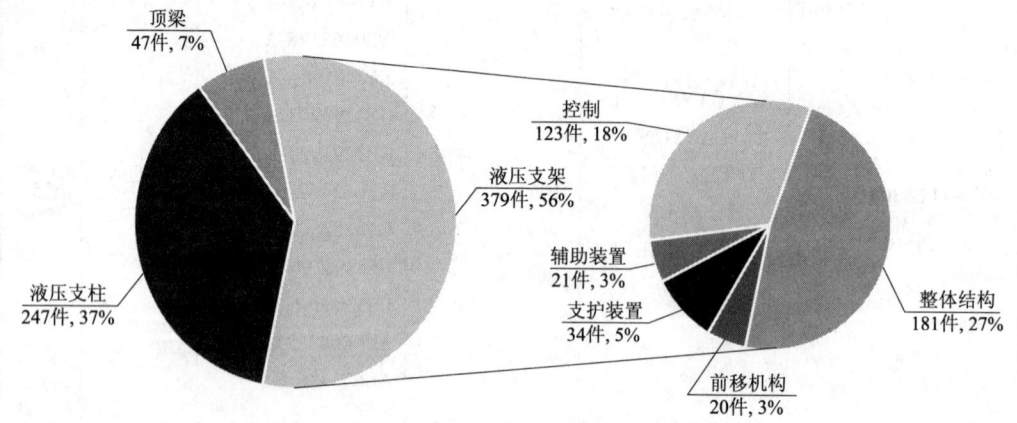

图 4 – 2 – 1　各技术分支中国专利申请量比例

　　图 4 – 2 – 2 显示了液压支护设备领域各技术分支的申请发展状况，从该图中可以看出，各技术分支的中国专利申请量从 2004 年开始快速增长，其中，除顶梁外，液压支架和液压支柱的逐年增长速度都很快。

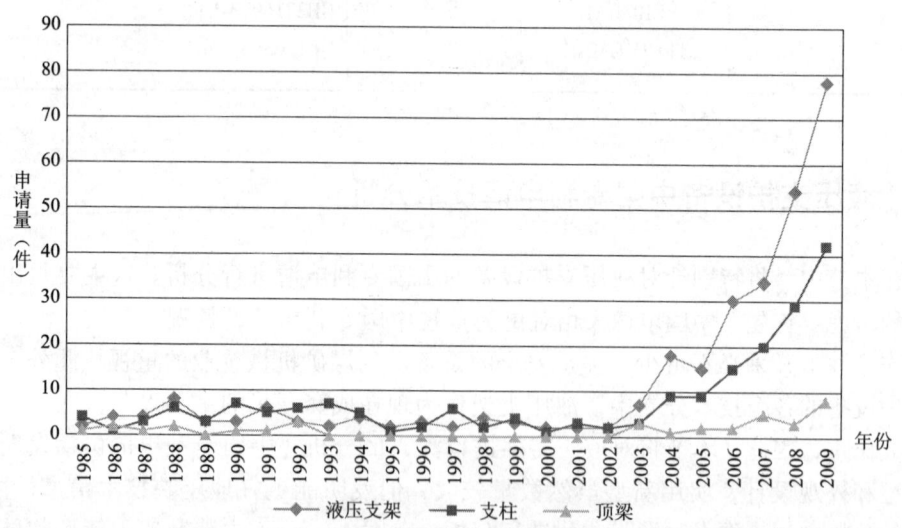

图 4 – 2 – 2　各技术分支的中国发明专利申请历年走势

　　考虑到液压支架的重要地位，下面对液压支架的中国专利申请进行了进一步研究。

　　从图 4 – 2 – 3 中可以看出，一直以来，液压支架的中国申请都集中在整体结构和控制的改进上，特别是整体结构，中国企业对于架型的改进较多。

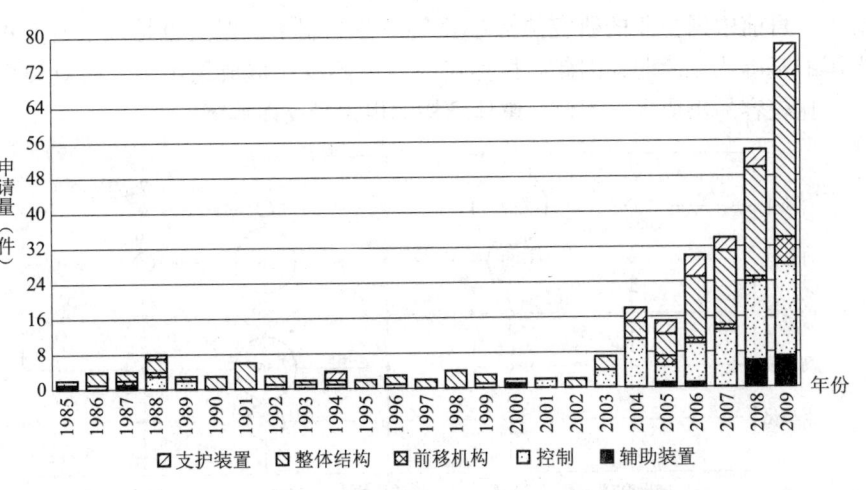

图4－2－3　液压支架的各技术分支的逐年申请量

4.2.2　技术需求分析

从图4－2－1中可以看出，长期以来，液压支架的自动化、可靠性都是申请人最关注的，而随着液压支架的发展以及中国煤炭产量的增长，企业对高强度和大型化的液压支架的需求量逐渐增多，为了保证煤炭产量，这两种需求相对其他国家来说更突出。可靠性作为液压支架首先应该满足的需求，在中国也得到了很大的重视，液压支架的自动化是全球共同的需求。

表4－2－1　液压支架的技术需求逐年列表　　单位：件

年份 ＼ 技术需求	大型化	高强度	高效率	可靠性	自动化
1985～1989	4	1	2	7	7
1990～1994	3	3	1	6	5
1995～1999	0	5	3	4	2
2000～2004	2	5	2	12	10
2005	1	3	1	5	5
2006	4	7	3	13	3
2007	2	3	7	14	8
2008	7	13	3	14	17
2009	7	18	8	25	20

4.2.3　技术－功效分析

从图4－2－4中可以看出，在中国申请中，对整体结构的改进主要是为了满足可靠性、高强度、大型化的需求，而对控制的系统的改进主要是为了满足自动化和可靠性的要求。目前中国企业的研究热点主要集中在控制上，但这也是一个研究难点，特别是中国的基础比较薄弱，因此，虽然研究投入不少，但成果不多，而对架型改进比较灵活，比较容易出成果，因此，整体结构的申请量反而偏多。

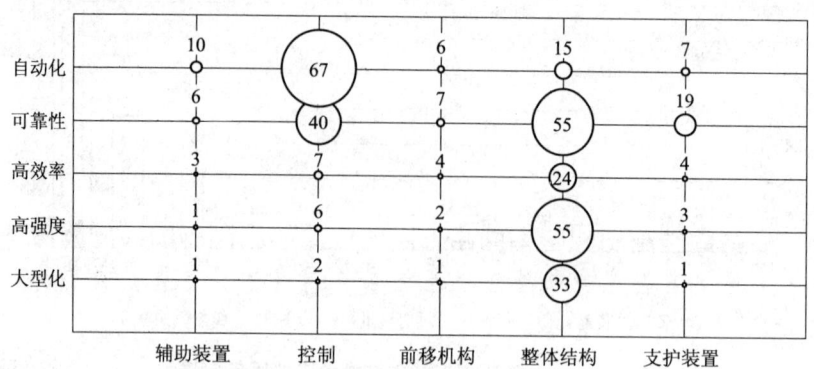

图4-2-4　液压支架的技术-功效矩阵

4.2.4　国外申请人的申请状况分析

在液压支护领域，国外申请人在中国专利申请并不多，而且比较集中。国外申请人在中国申请按年份分布比较平均，因此，很多国外申请人的专利已经失效，而这些专利的有些技术还是可以利用的。针对主要技术分支——液压支架，列出了国外申请人在中国申请的发明专利中失效的专利，参见表4-2-2。

表4-2-2　液压支护设备中国专利国外申请人失效专利列表

申请号	发明名称	申请日	申请人	国别
85109637	控制采煤机运行的方法及系统	1985-12-14	波尔玛克矿山机械化开发公司科玛克矿山机械厂	波兰
86100645	掩护支架平硐掘进机	1986-01-27	株式会社伊萨基开发工机	日本
86101783	液压推进支架	1986-03-19	赫曼·黑姆舍特机械制造有限公司	德国
86104688	一种井下液压控制装置	1986-07-08	维斯特法利亚制铁联合公司	德国
87100376	井下支架控制装置	1987-01-21	维斯特法利亚制铁联合有限公司	德国
87104493	在倾斜和半倾斜支承中使用的巷道支架	1987-05-30	维斯特法利亚制铁联合有限公司	德国
87106278	用掩护式液压支架导向的回采装置	1987-09-12	DBT公司	德国
87106195	用于安装掩护支架顶梁调节千斤顶的结构	1987-09-08	维斯特法利亚制铁联合有限公司	德国

申请号	发明名称	申请日	申请人	国别
88108376	液压支架组（或机械化支架组）	1988 - 12 - 07	卡拉干达工学院	前苏联
88108384	机械化支架设备	1988 - 12 - 08	卡拉干达综合技术大学	前苏联
88100477	带乾式弹簧腔的限压阀	1988 - 02 - 01	理查德福斯古鲁宾劳斯包股份有限公司	德国
88102149	双扭线采矿支架	1988 - 03 - 19	波尔玛克矿山机械化协会菲泽斯矿山机械动力工厂	波兰
88102784	用于封闭循环的限压阀	1988 - 05 - 07	理查德福斯矿井工程股份有限公司	德国
89100183	横跨长壁工作面的坑道掩护支架	1989 - 01 - 13	波尔玛克矿山机械化开发公司科玛克矿山机械化研究中心	波兰
89101869	用于液压支架系统的液控单向阀	1989 - 02 - 16	DBT 公司	德国
89106372	回采工作面电液控制法	1989 - 08 - 12	DBT 公司	德国
90103126	可移式回采工作面支护设备	1990 - 06 - 22	瓦尔利弗斯勘探与采矿有限公司	津巴布韦
93114491	用液压移动式支架的控制装置	1993 - 12 - 016	DBT 公司	德国
95120390	用干地下挖掘的顶部支架	1995 - 11 - 22	朗 - 艾尔多克斯公司	美国
96109269	液压掩护式支架	1996 - 08 - 01	DBT 公司	德国
98105773	用于开采厚煤层的放顶煤的掩护支架	1998 - 03 - 24	萨尔州工业与矿山技术股份有限公司	德国
99110110	具有影响冒落边缘的放顶煤口的掩护支架	1999 - 06 - 30	萨尔技术股份有限公司	德国
03110559	电子液压控制设备	2003 - 04 - 10	DBT 公司	德国
200480035311	用于工作面支架的液压回路	2004 - 11 - 18	迪芬巴赫控制系统股份有限公司	德国
200410030260	工作面支架控制装置	2004 - 03 - 23	DBT 公司	德国
200680008258	用于煤矿开采的回采控制装置	2006 - 03 - 17	迪芬巴赫控制系统股份有限公司	德国

第1章　第2章　第3章　第4章　第5章　第6章　第7章　第8章　第9章　第10章

4.2.5 主要申请人分析

按申请人的发明数量排名，液压支护设备的前20名申请人如表4-2-3所示，其中的天地科技包括了天地玛珂电液控制系统有限公司，北京天地玛珂电液控制系统有限公司（以下简称"天玛公司"）是由国有控股上市公司天地科技与德国玛珂公司合资成立的以液压支架电液控制系统的研究开发、生产、销售和相关技术服务为主业的专业化公司，于2001年7月注册成立。

表4-2-3 液压支护设备中国专利主要申请人申请情况　　　　　单位：件

排名	申请人	国别	发明	实用新型	外观设计	合计
1	中国矿业大学	中国	47	80	0	127
2	DBT公司	德国	35	6	0	41
3	郑煤机	中国	33	47	4	84
4	北京煤机	中国	26	33	0	59
5	北京矿务局	中国	23	47	0	70
6	天地科技（包含天玛公司）	中国	20	27	1	48
7	三一重装	中国	18	53	2	73
8	兖矿集团有限公司	中国	16	32	0	48
9	山东科技大学	中国	13	9	0	22
10	玛珂公司	德国	13	0	0	13
11	枣庄矿业（集团）有限责任公司	中国	12	12	0	24
12	煤炭科学研究总院太原分院	中国	9	17	0	26
13	迪芬巴赫控制系统股份有限公司	德国	9	0	0	9
14	郑州四维	中国	5	58	0	63
15	山东矿业学院	中国	3	31	0	34
16	中国航天科技集团公司烽火机械厂	中国	2	19	0	21
17	浙江丰隆液压元件有限公司	中国	2	16	0	18
18	煤炭科学研究总院北京开采研究所	中国	1	21	0	22
19	义马煤业集团股份有限公司	中国	1	16	0	17
20	山东新煤机械有限公司	中国	0	34	0	34

郑州四维原来隶属于国际煤机，但现在已独立上市，在市场上占有一席之地，特别是与中国矿业大学联合研发的充填式液压支架在中国得到越来越多的应用。

北京矿务局是国有大型煤炭企业，有自己的煤矿和工厂。北京矿务局的申请中包括个人申请李泽宇，因为李泽宇是北京矿务局液压支架总厂高级工程师。

从表4-2-3中可以看出，中国的申请人实用新型较多，发明专利较少，尤其是郑州四维，发明相对实用新型量最低。而郑煤机、北京煤机和天地科技相对来说，发明较多。这几家在液压支护设备领域的市场占有率也很高。三一重装虽然产品较全，但液压支护设备领域较弱。

中国矿业大学在液压支护设备领域，发明和实用新型专利量都最多，山东科技大学在液压支护设备领域有所研究，中国企业可以与这些高校寻求合作。

表4-2-4反映出在液压支护设备已经授权的申请中，DBT公司的授权专利最多，然后是中国矿业大学和天地科技。而其他公司，特别是中国的公司，由于近两年申请量较大，所以大部分发明专利还处在未决的状态。但中国发明人专利授权后，保持有效的比例较高。

表4-2-4 液压支护设备发明授权及有效统计

申 请 人	申请量（件）	未决量（件）	授权量（件）	有效量（件）	有效量比例
中国矿业大学	47	23	17	16	94.1%
DBT公司	35	7	24	17	70.8%
郑煤机	33	15	9	9	100%
北京煤机	26	19	6	6	100%
北京矿务局	23	7	8	6	75%
天地科技（包含天玛公司）	20	10	10	10	100%
三一重装	18	15	3	3	100%
兖矿集团有限公司	16	5	9	9	100%
山东科技大学	13	9	4	4	100%
玛珂公司	13	9	4	4	100%
枣庄矿业（集团）有限责任公司	12	6	3	3	100%
煤炭科学研究总院太原分院	9	5	2	1	50%
迪芬巴赫控制系统股份有限公司	9	2	5	5	100%
郑州四维	5	5	0	0	0.0%

4.2.6 郑煤机的技术发展路线

为了分析中国的液压支护设备的技术发展路线，下面以郑煤机为例分析液压支架的技术发展路线，由于中国煤矿真正开始综采是在近几年，因此，从2004年开始分析郑煤机液压支架的技术发展。

如图4-2-5所示，郑煤机每年都有新技术、每年都有不同的研发点，但各年份的研发又存在不同的侧重点。

发展综采液压支架以来，从普通的液压支架开始，2005年自主研发了液压支架的

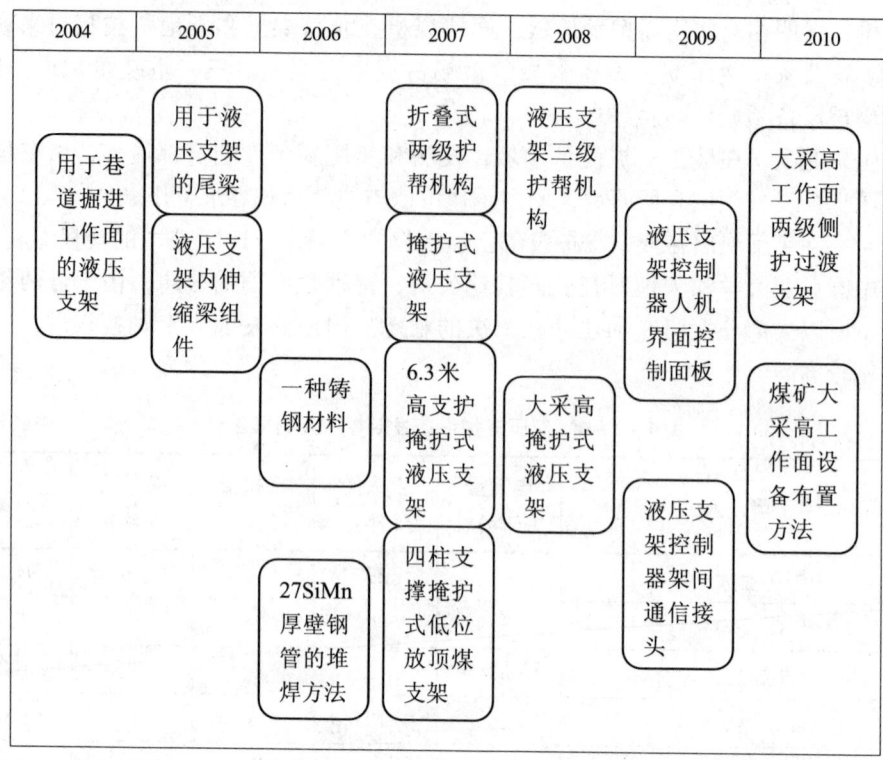

图4-2-5　郑煤机的技术发展路线

尾梁、伸缩梁；2006年对液压支架的材料进行了改进；2007年进行了液压支架的架型改进，并形成多个成果；2008年对大采高支架以及三级护帮支架加大研发力度；2009年对液压支架的电液控制进行了自主研发，进一步加速了电液控制的国产化；2010年进一步对大采高液压支架进行研究，并且初步尝试煤矿机械的成套化。郑煤机作为液压支架的龙头企业，除了对液压支架不断进行改善外，还致力于液压支架的成套化，这也是以后煤矿机械企业的发展趋势。

4.2.7　被关注专利

液压支护设备领域专利较多，而有些申请受到相关企业的关注，进入了复审和无效程序，这些专利一般都是得到广泛应用的专利。液压支护设备复审无效案例见表4-2-5。

表4-2-5　液压支护设备复审无效案例

申请号	名　称	类型	是否出决定
03111921	低位放顶煤液压支架	无效	是
201020118673.4	一种液压支架	无效	否
200820230679.3	带新型连杆的填充支护液压支架	无效	否
02100089.1	带拖梁的组合支架	无效	是

续表

申请号	名 称	类型	是否出决定
85202365	滑移顶梁液压支架	无效	是
200420093523.7	液压支架伸缩杆稳定机构	无效	是
02204903.7	拖梁同步移动的组合支架	无效	是
03277705.1	组合顶梁液压支架托梁的悬挂推移装置	无效	是
200810000399.8	一种轻型液压支架	复审	否
200710122522.9	支顶支掩低位放顶煤液压支架	复审	否
200410059232	液压掩护支架	复审	是

第5章 井下运输设备专利申请技术分析

5.1 井下运输设备全球专利申请技术分析

5.1.1 技术构成分析

井下运输设备包括刮板输送机、皮带输送机以及矿车。刮板输送机用于采煤工作面的煤炭运输，主要包括机头及机尾、溜槽、刮板链以及辅助装置，是综合机械化采煤工作面不可替代的运输设备。皮带运输机、矿车用于巷道中，运输工作面刮板输送机及转载机转运过来的煤炭。皮带输送机具有运输量大、机械化程度高、可连续运输等优点，在大型矿井应用较为广泛。矿车运输量相对较小，在大型矿井已逐步淘汰，在小矿井仍然具有比较广泛的应用。

5.1.1.1 井下运输设备及刮板输送机技术构成

图 5-1-1 示出 1971~2009 年间井下运输设备专利申请中各技术分支的总体分布情况。其中，刮板输送机和皮带输送机申请份额最大，都达到 44% 以上，受到申请人的最大关注；矿车份额为 11%。这与实际的机械化采煤工作面主要运输设备采用刮板输送机和皮带输送机运输以及刮板和皮带的构造复杂、技术含量高等事实相符合。

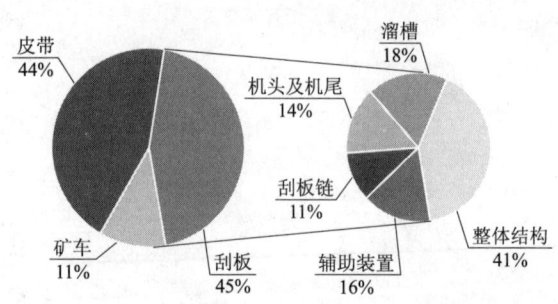

图 5-1-1 井下运输设备技术构成

在刮板输送机的各技术分支的申请中，整体结构申请份额最大，达到 41%，受到申请人的最大关注；其次为溜槽和辅助装置，其申请量所占总量的份额分别为 18%、16%；机头及机尾、刮板链的份额最少，分别为 14%、11%，但相对溜槽和辅助装置，并没有较大的差别，可以说这四个技术分支受申请人关注的程度差不多。从技术构成上，刮板输送机包括机头及机尾、溜槽、刮板链及辅助装置。而这里的整体结构一般包含两种以上的结构，也即刮板输送机的申请，其技术改进往往涉及多个结构。另外，溜槽为运煤的最主要的工作构件，其结构、材料、性能都对刮板输送机的整体工作能力影响非常大，因而是研究的重点，其申请量也在各组成构件中最多。

图 5-1-2 示出井下运输设备各技术分支申请量逐年分布情况。皮带输送机在 2005 年之后的申请量增长非常快，其主要贡献来自于中国申请；皮带输送机进入门槛相对较低，在煤矿行业以外也有类似的输送机，因而随着煤矿机械市场的兴起，特别

是中国煤矿机械市场的兴起，大量企业进入这一行业，同时带动了申请量的增加。刮板输送机技术含量高、进入门槛相对较高，申请量在 1978 年前后有一次高峰，之后技术趋于成熟呈缓慢下降，近几年由于国外主要公司经过激烈的市场竞争之后，已经形成主要的几家制造企业，且其技术也已相对成熟，因而总的申请量也未有很大的增长；在中国，虽然生产厂家众多技术集中度相对低，且最近几年的申请也在增长，但就发明而言，增长数量有限，难以带动全球刮板输送机总体申请的快速增长。矿车的申请量一直较少，且在 1990 年之后基本上一直呈下降趋势，属于正在逐步淘汰的技术。

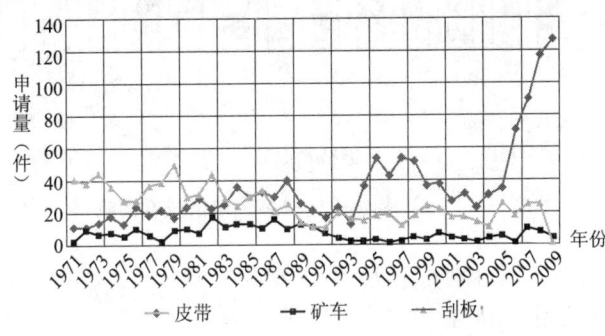

图 5 - 1 - 2　井下运输设备各技术分支申请量逐年分布情况

此外，刮板输送机是中国企业的薄弱环节，尤其是溜槽、链的材料、加工工艺、关键零部件，以及加工设备、电机、减速箱、软启动装置都与国外有较大的差距；刮板输送机是目前制约综采工作面开采能力提高的重要环节，因而将其作为本章的一个重点来分析。

5.1.1.2　刮板输送机技术构成

1971 ~ 2009 年间，刮板输送机的普通申请和多边申请技术构成如图 5 - 1 - 3、图 5 - 1 - 4 所示。

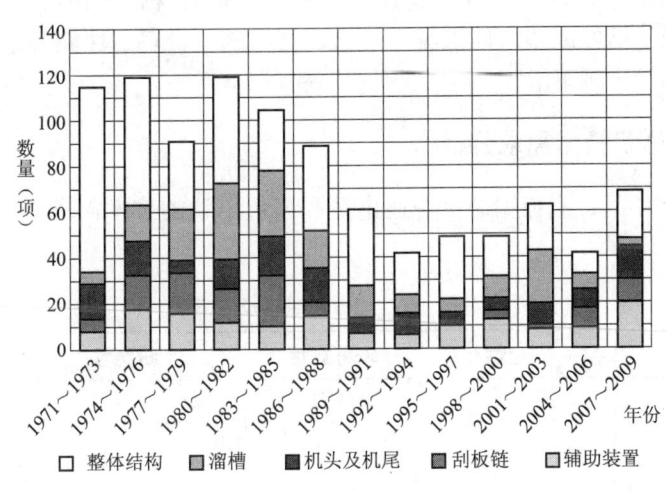

图 5 - 1 - 3　刮板输送机技术构成

在 1971 ~ 1985 年，整体结构和溜槽申请量相对较大，之后随着刮板输送机的申请

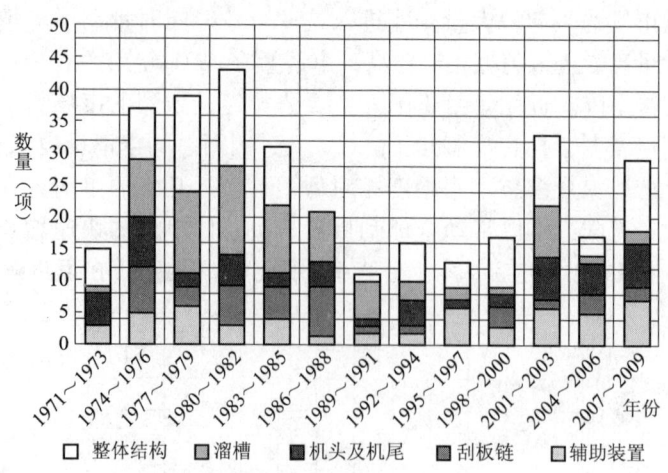

图 5 - 1 - 4　刮板输送机多边申请技术构成

量波动出现同样的波动，而分别在 1976 年、2000 年前后，辅助装置出现了较大的增长趋势。刮板输送机的多边申请在 1980 年前后出现高峰，申请量占比重最大的技术分支仍然是整体结构和溜槽。2000 年后，辅助装置、溜槽、整体结构均出现增长，而刮板链则出现下滑。

　　刮板输送机是在 20 世纪 60 年代伴随着煤矿机械化开采发展起来，因而其早期的申请集中在整体结构以及其最重要运煤机构溜槽，之后随着刮板输送机的应用，例如控制、链张紧等辅助装置的申请开始增多，这些新的辅助装置也进一步补充和完善了刮板输送机的整体性能。随后，随着刮板输送机技术的逐渐成熟，刮板输送机的申请逐渐稳定；2000 年后，受煤矿安全的需求，以可靠、监测等为目的的辅助装置的申请开始增加。多边申请的明显增长出现在总申请明显增长后约 10 年，这时该技术已经凸显出较大的应用前景，且技术也进一步提高，因而开始实现技术输出。到了 2000 年以后，刮板链的技术已经成熟，且在现有技术下其结构、材料、性能等方面的提高空间有限，因而申请量出现下滑。

5.1.2　刮板输送机技术需求分析

　　1971 ~ 2009 年间，刮板输送机普通申请和多边申请的技术需求如表 5 - 1 - 1、表 5 - 1 - 2 所示。

表 5 - 1 - 1　刮板输送机技术需求　　　　　　　　　　单位：项

年　　份	安全性	可靠性	耐磨性	提高效率
1971 ~ 1973	46	32	3	34
1974 ~ 1976	27	39	6	47
1977 ~ 1979	35	23	14	19
1980 ~ 1982	24	35	23	37
1983 ~ 1985	19	57	9	20

续表

年　份	安全性	可靠性	耐磨性	提高效率
1986～1988	16	46	9	18
1989～1991	9	29	4	19
1992～1994	4	26	2	10
1995～1997	2	42	0	5
1998～2000	0	47	1	1
2001～2003	3	53	4	3
2004～2006	3	37	2	0
2007～2009	3	63	0	3

表 5 - 1 - 2　刮板输送机多边申请技术需求　　　　单位：项

年　份	安全性	可靠性	耐磨性	提高效率
1971～1973	1	5	1	8
1974～1976	8	15	6	8
1977～1979	15	13	8	3
1980～1982	8	11	13	11
1983～1985	5	16	5	5
1986～1988	2	14	3	5
1989～1991	3	5	2	1
1992～1994	0	13	1	2
1997～1997	1	11	0	1
1998～2000	0	17	0	0
2001～2003	1	29	1	2
2004～2006	2	14	1	0
2007～2009	0	29	0	0

　　在刮板输送机的专利申请和多边专利申请中，涉及最多的技术需求为可靠性。而安全性在 1980 年前后申请量最多，之后申请量很少。在早期，刮板输送机遇到的问题主要在于人身安全方面，因此其最重要的需求是安全性；在刮板输送机技术逐渐成熟后，已不存在人身安全方面的问题，而在于产品本身的安全性以及减少生产事故、提高开机率、增加设备使用寿命等等需求，这些都归为可靠性问题，而不归为安全性或者提高效率方面。耐磨性在 1980 前后需求最大，随着刮板输送机技术的成熟，尤其是溜槽结构、材料上技术的成熟，耐磨性已经达到了一定的高度，在现有技术的情况下，难有较大程度的改进，因而表现为耐磨性需求的申请下降。

第1章　第2章　第3章　第4章　第5章　第6章　第7章　第8章　第9章　第10章

5.1.3 刮板输送机技术 – 功效矩阵分析

刮板输送机普通申请和多边申请的技术 – 功效如表 5 – 1 – 3、表 5 – 1 – 4 所示。

表 5 – 1 – 3　刮板输送机技术 – 功效　　　　　　单位：项

构成＼需求	安全性	可靠性	耐磨性	提高效率
辅助装置	48	117	1	1
刮板链	30	66	20	1
机头及机尾	4	113	1	35
溜槽	42	94	57	2
整体结构	78	168	0	186

表 5 – 1 – 4　刮板输送机多边申请技术 – 功效　　　　　　单位：项

构成＼需求	安全性	可靠性	耐磨性	提高效率
辅助装置	7	49	0	0
刮板链	9	10	15	0
机头及机尾	2	48	1	13
溜槽	3	47	26	1
整体结构	25	49	0	34

可靠性主要通过整体结构和辅助装置来实现；提高安全性和提高效率，主要通过整体结构来实现；提高耐磨性则主要通过溜槽来实现。辅助装置在可靠性和安全性上应用多，而辅助装置用来提高效率的申请少，属于薄弱环节。

5.1.4 井下运输设备主要申请人分析

井下运输设备前 10 位的申请人如表 5 – 1 –5 所示。

表 5 – 1 – 5　井下运输设备前 10 位申请人排名情况

公 司 名 称	申请量（项）	国　别	份　额
维斯特法利亚制铁联合有限公司	129	德国	4.5%
石川岛播磨	102	日本	3.6%
DBT 公司	69	德国	2.4%
煤炭产品有限公司	43	英国	1.5%
顿涅茨综合技术研究所	36	苏联	1.3%

公司名称	申请量（项）	国　别	份　额
美创有限公司	26	韩国	0.9%
克勒克纳普拉斯特	24	德国	0.8%
ADAMS HYDRAULICS LTD	23	英国	0.8%
久益公司	20	美国	0.7%
三一重装	8	中国	0.3%

表5－1－5中维斯特法利亚制铁联合有限公司和DBT公司的申请以两个申请人计算，而维斯特法利亚制铁联合有限公司与其他公司合并成DBT公司之后，再没有出现以该公司名义的申请，申请统一以DBT公司的名义。2007年DBT公司加入比塞洛斯公司，成为比塞洛斯欧洲公司。

井下运输设备领域申请量前10位的申请人来自德国、日本、前苏联、英国和美国，除日本外这些国家也是较早的煤矿机械生产、制造的大国和强国。申请量最大的德国维斯特法利亚制铁联合有限公司，申请量占总申请量的4.5%；而排名第6位以后的申请人，申请量占总申请量的比例已不足1%。井下运输设备这一领域，本身就包含了三种运输设备，而各种设备间的技术关联并不是很大，又出于技术、市场等诸方面因素，各个公司的侧重点也各有不同，因而呈现百花齐放的局面。

如表5－1－6所示，刮板输送机领域申请量前10位的申请人来自德国、前苏联、英国和美国。申请量最大为德国的维斯特法利亚制铁联合有限公司，申请量123件，占总申请量的11.6%，较井下运输设备提高了7.1个百分点。值得注意的是，该公司129件井下运输设备的申请中，有123件属于刮板输送机，可见该公司是最为关注的技术领域即为刮板输送机领域；而德国的DBT公司同样具有相当数量的申请，其申请数量占总申请量的比例，较井下运输设备排名第2位的申请人仍然有很大的提高。但是，从排名第3位的申请人开始，刮板输送机较井下运输设备虽然高，但与其他申请人差距并不大，但刮板输送机的前10位申请人申请量所占比例均高于对应的井下运输设备前10位申请人。在技术含量相对高的刮板输送机领域，经过更为激烈的市场竞争以后，特别是前两位的申请人，其申请量都远高于其他申请人，已经形成了较大的技术优势。

表5－1－6　刮板输送机前10位申请人排名情况

公司名称	申请量（项）	国　别	份　额
维斯特法利亚制铁联合有限公司	123	德国	11.6%
DBT公司	66	德国	6.2%
煤炭产品有限公司	33	英国	3.1%
克勒克纳彭塔普拉斯特	21	德国	2.0%
HALBACH	17	德国	1.6%

续表

公司名称	申请量（项）	国　别	份　额
斯高勤斯基矿山工程研究所	16	苏联	1.5%
顿涅茨综合技术研究所	14	苏联	1.3%
久益公司	14	美国	1.3%
ADAM	13	英国	1.2%
MINE	13	苏联	1.2%

　　如表5-1-7所示，刮板输送机领域申请量前10位的申请人来自德国、美国、英国和法国。前苏联虽然在刮板输送机领域申请量很大，但是多边申请却非常少，这与苏联在煤矿机械领域相对能够自给自足有关，而且与其他主要采煤国家没较多交流，因而其多边申请相当少，但绝不代表其在刮板输送机领域的技术实力不强。申请量最大的德国维斯特法利亚制铁联合有限公司，申请量占总申请量的23.4%，其一半以上的刮板输送机申请为多边申请；德国的DBT公司同样具有相当数量的申请，其申请数量占总申请量的比例9.8%。排名第3位的申请人开始，多边申请较总申请的技术集中度更高。在刮板输送机领域的跨国申请中，仍然是前两位的申请人已经形成较大的技术优势。

表5-1-7　刮板输送机多边申请前10位申请人排名情况　　　单位：项

公司名称	申请量	国　别	占比例
维斯特法利亚制铁联合有限公司	67	德国	23.4%
DBT公司	28	德国	9.8%
HALBACH	15	德国	5.2%
久益公司	12	美国	4.2%
克勒克纳彭塔普拉斯特	11	德国	3.8%
BUCKEYE CELLULOSE CORP	10	美国	3.5%
BECK HUGO MASCHINENBAU	6	德国	2.1%
MARTIN ROBERT	5	法国	1.7%
布罗泽	4	德国	1.4%
DOBS GULLICK DOBSON LTD	4	英国	1.4%

5.1.5　主要申请人技术规划策略及专利申请地分析

　　实际上，下面分析的维斯特法利亚制铁联合有限公司和DBT（包括比赛洛斯公司）公司的申请，属于同一公司的不同年份的申请。

5.1.5.1 维斯特法利亚制铁联合有限公司

如表 5-1-8 所示，维斯特法利亚制铁联合有限公司早期申请机头及机尾最多，接下来扩展到溜槽和刮板链，随后整体结构和溜槽申请量最多。可见，维斯特法利亚制铁联合有限公司先是构造最基础的结构如机头及机尾，随着刮板输送机运量的增加，溜槽和刮板链不能适应，因而技术改进转移到溜槽和刮板链；之后，进行整机结构的改进以提高刮板输送机性能。

表 5-1-8　维斯特法利亚制铁联合有限公司刮板输送机技术构成　单位：项

年　　份	辅助装置	刮板链	机头及机尾	溜槽	整体结构
1970~1974	3	3	10	2	2
1975~1979	4	11	3	13	11
1980~1984	2	5	4	14	14
1985~1990	1	1	5	5	3

如表 5-1-9 所示，维斯特法利亚制铁联合有限公司早期申请对于可靠性需求最多，对提高效率、安全性和耐磨性均有需求。后来的申请主要针对可靠性。可见，在积累一定经验后，对于设备的可靠性引出的问题如提高使用寿命、减少故障率等要求更为迫切。

表 5-1-9　维斯特法利亚刮板输送机技术需求　单位：项

年　　份	安全性	可靠性	耐磨性	提高效率
1970~1974	5	11	0	4
1975~1979	21	9	6	6
1980~1984	2	21	8	7
1985~1990	1	7	3	4

值得一提的是，维斯特法利亚制铁联合有限公司在井下运输设备领域进入中国数量比较少，特别是在刮板输送机领域，只有两件申请进入中国，且均为年代久远，成为现有技术。

5.1.5.2　DBT 公司

如表 5-1-10 所示，DBT 公司早期申请较少，大约在 1997 年开始增加，这时的申请在溜槽和辅助装置，之后是溜槽、机头及机尾、整体结构，而刮板链和辅助装置的申请相对少。DBT 公司进入刮板输送机领域时，刮板链技术已经趋于成熟，该公司对维斯特法利亚制铁联合有限公司完成合并，已经获得其在刮板链上的专利和技术，因而研究重点不在于刮板链。而对于辅助装置，无论是早期的维斯特法利亚制铁联合有限公司还是 DBT 公司，都没有进行大量的申请。

表5-1-10 DBT公司刮板输送机技术需求　　　　　　　　单位：项

年　　份	辅助装置	刮板链	机头及机尾	溜槽	整体结构
1986~1990	0	0	3	2	0
1991~1995	1	0	3	1	4
1996~2000	1	0	5	4	7
2001~2005	1	1	6	14	6
2006~2009	0	0	1	0	2

如表5-1-11所示，DBT公司的申请，特别是1997年以后的申请主要集中在可靠性需求上。这一时期，刮板输送机技术已经趋于成熟，在积累一定经验后，对于设备的可靠性引出的问题如提高使用寿命、减少故障率等要求成为重点。

表5-1-11 DBT公司刮板输送机技术需求　　　　　　　　单位：项

年　　份	安全性	可靠性	耐磨性	提高效率
1986~1990	0	5	1	0
1991~1995	0	5	0	4
1996~2000	1	18	1	1
2001~2005	2	22	4	0
2006~2009	0	3	0	0

DBT公司在刮板输送机领域，进入中国的申请比较多，其产品尤其是高端产品在中国市场占有重要地位。其进入中国的专利申请，将在第9章中进行分析。

5.1.6　被关注专利分析

表5-1-12中的专利涉及井下运输设备的多个方面，其中多数年代较早未进入中国，早已成为现有技术，可供中国企业借鉴。

表5-1-12 井下运输设备部分被关注专利

序号	公开号	被引频次	优先权	申请人	优先权日	在中国法律状态
1	BE807020A；DE2256917A；FR2207071A；CA980816A；GB1455026A；US3992060A；DE2256917B；CS7307887A；SU605556A	6	DE19722256917	（GEWW）GEWEISENHUET TEWESTFALIA	1972-11-20	未进入

续表

序号	公开号	被引频次	优先权	申请人	优先权日	在中国法律状态
2	BE836720A；DE2460099A；FR2294949A；US4049112A；GB1511289A；DE2460099B	8	DE19742460099	（GEWW）GEWEISENHUET TEWESTFALIA	1974－12－19	未进入
3	BE844893A；DE2635051A；FR2320246A；FR2341038A；US4134489A；GB1561151A	6	FR19760004209	（SABE－N）SABESJ&CIE	1976－02－16	未进入
4	BE836320A；DE2457790A；FR2293572A；US4037876A；CS7508278A；GB1518837A；SU631083A；DE2457790C	15	DE19762606699	（GEWW）GEWEISENHUET TEWESTFALIA	1976－02－19	未进入
5	DE2607350A；ZA7701084A；US4108495A；GB1571022A；SU880257A；DE2607350C	9	DE19762607350	（GEWW）GEWEISENHUET TEWESTFALIA	1976－02－24	未进入
6	DE2705140B；FR2379696A；US4147459A；CS7800294A；GB1593941A；HU20412A	4	DE19772705140	（THYS）THYSSENINDAG	1977－02－08	未进入
7	BE866070A；DE2717448A；DE2717449A；FR2387872A；DE2759414A；DE2717448B；DE2759414B；DE2717449B；GB1602015A；GB1602016A；US4312443A；US4383603A；SU1017164A；FR2539718A；FR2539719A	9	DE19772717448	（BECK－N）BECKER－PRUNTEGMBH；（SCHN－N）SCHNEIDERST AHLHAMMER BOMMERN	1977－04－20	未进入
8	BE872081A；DE2751458A；GB2008173A；FR2409377A；US4205882A；CS7806935A；HU20528A；SU797602A；GB2008173B；DE2751458C	10	DE19772751458	（GEWW）GEWEISENH UETTEWEST FALIA	1977－11－18	未进入
9	DE2807883A；GB2014936A；FR2418178A；US4265359A；GB2014936B；CS7900938A；SU913932A；DE2807883C	11	DE19782807883	（GEWW）GEWEISENHUET TEWESTFALIA	1978－02－24	未进入

第1章
第2章
第3章
第4章
第5章
第6章
第7章
第8章
第9章
第10章

续表

序号	公开号	被引频次	优先权	申请人	优先权日	在中国法律状态
10	DE2817968A；GB2019978A；FR2424452A；ZA7901968A；US4253344A；CA1100784A；HU20299A；DE2817968C；GB2019978B；CS7901728A；SU1003745A	9	DE19782817968	（GEWW）GEWEISENHUET TEWESTFALIA	1978－04－24	未进入
11	DE2836132A；GB2028750A；ZA7904225A；US4282968A；GB2028750B；CS7905631A；SU971084A；DE2858375A；DE2836132C；DE2858375C	14	DE19782836132	（GEWW）GEWEISENHUET TEWESTFALIA	1978－08－18	未进入
12	DE2926798A；GB2053124A；FR2460265A；ZA8003934A；US4332317A；DE2926798C；GB2053124B	5	DE19792926798	（KLOC）KLOCKNER-WERKE	1979－07－03	未进入
13	BE885278A；DE2938408A；GB2058882A；FR2472661A；ZA8005530A；DE2953955A；DE2938408C；US4372619A；GB2058882B；CA1146182A；DE2953955C19831020DW198343；RO84710A19840930DW198508；SU1170977A19850730DW198608	16	DE19792938408	（HALB－N）HALBACH&BRAUN	1979－09－22	未进入
14	DE3004892A；GB2069961A；FR2475507A；DE3004892C；GB2069961B；SU1068021A；US4588072A	5	DE19803004892	（HALB－N）HALBACH&BRAUN	1980－02－09	未进入
15	DE3234868A；0GB2127372A；FR2533199A；AU1833283A；ZA8306385A	4	DE19823234868	（GEWW）GEWEISENHUET TEWESTFALIA	1982－09－21	未进入

续表

序号	公开号	被引频次	优先权	申请人	优先权日	在中国法律状态
16	BE898718A；GB2133763A；DE3301685A；FR2539717A；AU2355784A；ZA8400370A；ES8407445A；CS8400422A；GB2133763B；US4600097A；DE3301685C；SU1369669A	6	DE19833301685	（GEWW）GEWEISENHUET TEWESTFALIA；（HASP-N）HAMMERW HASPEGEBR KETTL	1983-01-20	未进入
17	GB2136755A；DE3309999A；FR2542805A；DE3309999C；GB2136755B；US4586753A；SU1218923A	5	DE19833309999	（HALB-N）HALBACH&BR AUNINDANL AGEN	1983-03-19	未进入
18	BE900073A；DE3324108A；GB2142893A；FR2548637A；AU3025284A；ZA8405112A；GB2142893B；CA1218027A；US4658952A；SU1277886A；DE3348328A；DE3324108C；DE3348328C	11	DE19833335057	（GEWW）GEWEISENHUET TEWESTFALIA	1983-09-28	未进入
19	BE900467A；DE3335057A；FR2552406A；GB2147260A；AU3334084A；ZA8407538A；GB2147260B；US4667811A；CA1221936A；SU1342407A；DE3335057C	12	DE19833335057	（GEWW）GEWEISENHUET TEWESTFALIA	1983-09-28	未进入
20	DE3405986A；GB2154532A；AU3860885A；ZA8501005A；US4624362A；GB2154532B；DE3405986C	7	DE19843405986	（GEWW）GEWEISENHUET TEWESTFALIA；（WEST-N）WESTFAL IABECORIT INDUSTRIETECH	1984-02-20	未进入
21	GB2163398A；DE3431351A；FR2569391A1；AU4506385A；DE3431351C；US4643296A；GB2163398B；SU1338781A	13	DE19843431351	（HALB-N）HALBACH& BRAUNIND ANLAGEN	1984-08-25	未进入

续表

序号	公开号	被引频次	优先权	申请人	优先权日	在中国法律状态
22	GB2186856A；DE3606160A；ZA8701415A；DE3606160C；US4815586A；GB2186856B；CA1277277C；CA1285802C	6	DE19863606160	（BERG）BER GWERKSVER BANDGMBH；（JULI－N）JUL IUSMASCHGMBH	1986－02－26	未进入
23	GB2185955A；DE3702944A；AU6810487A；ZA8700592A；FR2598525A；US4765456A；GB2185955B；DE3702944C；CA1275632C	13	GB19870001607	（FLET－N）FLET CHERSUTCLIF FEWILDLTD	1987－01－26	未进入
24	DE4025858A；CS9102505A2；CN1059182A；US5184873A；SU1833464A3；CZ281063B6；DE4025858C2；CN1027092C	6	DE19904025858	（GEWW）GEW EISENHUET TEWESTFALIA；	1990－08－16	失效
25	US5131724；EP0525926；CA2060376A；CN1069003A；CA2060376C；EP0525926B1；DE69204775E	10	US19910737672	（AMLO－N）AMERICAN LONGWALL FACECONV EYORSINC	1991－07－30	未授权
26	GB2273307A；DE4340251A1；AU5230593A；ZA9309202A；US5402879A；CN1089330A；AU663423B；GB2273307B；DE4340251C2；RU2094349C1；CN1035893C	8	DE19934340251	（DORS－N）DORSTENER MASCHFABAG	1993－11－29	失效
27	WO9633113A1；ZA9602943A；AU4991096A；US5628392A；AU696202B；CA2216373C	8	US19950422802	（RICH－N）RICHWOOD INDINC	1995－04－17	未进入
28	GB2320234A；DE19701579A1；AU4537697A；GB2320234B；US6062374A；AU725212B；CN1184760A；CN1077076C；DE19701579B4	10	DE19971001579	（DBTD－N）DBTDEUTBER GBAU-TECH GMBH	1997－01－17	有效

续表

序号	公开号	被引频次	优先权	申请人	优先权日	在中国法律状态
29	AU7939901A；DE10050699C1；US2002074215A1；CN1348913A；US6607074B2；AU776949BB2；CN1185149C	5	DE20001050699	（DBTD – N）DBTDEUTBERGBAU-TECH GMBH	2000 – 10 – 13	有效

5.2 井下运输设备中国专利申请技术分析

在本节中，针对井下运输设备及其技术分支刮板输送机的中国专利申请进行分析。对于数据的统计，涉及地域分析及申请人排名分析，则包含了所有申请，即包含发明和实用新型。

5.2.1 技术构成分析

与国外技术构成不同的是，中国的井下运输设备中皮带的申请量最大，达到64%，刮板输送机相对少。刮板输送机领域各技术分支所占的比例，刮板链和溜槽申请量排名在前两位，而目前中国影响刮板输送机运输能力和使用寿命的薄弱环节，也正是刮板链和溜槽，刮板链和溜槽对材料的性能要求较高，如强度高、耐磨性高等，中国的基础材料加工行业较为落后，而进口国外产品受到各种各样的限制，制约着中国刮板输送机性能的提高，今后的突破的重点，也正是在这方面。

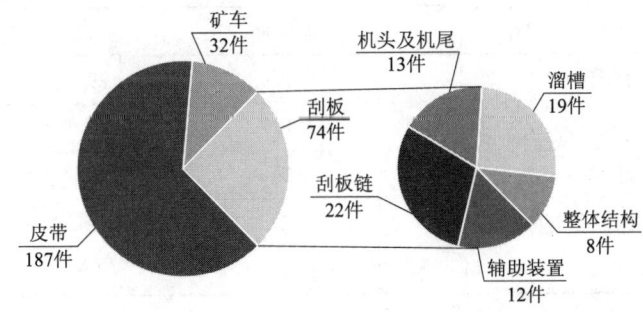

图 5 – 2 – 1 井下运输设备技术构成

5.2.2 刮板输送机技术需求分析

由表 5 – 2 – 1 可知，接近一半的申请的技术需求集中在可靠性上。在实际使用过程中，国外公司的产品较中国产品具有低故障率、使用寿命长等优势，也即中国产品在可靠性上较国外差。而在中国的申请，不管是中国还是国外申请人，都在可靠性上作出较大的努力。

表5-2-1　刮板输送机发明专利申请技术需求　　　　单位：件

技术需求	安全性	可靠性	耐磨性	提高效率
申请量	6	48	8	12
比例	8.1%	64.9%	10.8%	16.2%

5.2.3　申请人排名及其专利授权、有效统计

井下运输设备及其技术分支刮板输入机申请人排名及专利授权、有效量如表5-2-2至表5-2-6所示。

表5-2-2　井下运输设备发明专利排名情况　　　　单位：件

申　请　人	申请量	授权	有效
DBT公司	32	32	24
徐州中部矿山设备有限公司	14	1	1
沈阳矿山机械有限公司	14	2	2
三一重装	10	1	1
上海高罗输送装备有限公司	9	1	1
天地科技	9	2	2
杜志刚	5	0	0
煤炭科学研究总院上海分院	5	0	0

表5-2-3　刮板输送机发明专利申请人前5位申请量排名情况　　　　单位：件

申　请　人	申请量	授权	有效
DBT有限公司	29	29	21
三一重装	8	0	0
天地奔牛	7	2	2
湖南金马矿山设备有限公司	2	0	0
石家庄中煤装备制造有限公司	2	1	1

表5-2-4　刮板输送机所有专利申请人前8位申请量排名情况　　　　单位：件

申　请　人	申请量	比例	发明	发明比例
天地奔牛	38	10.9%	6	15.8%
DBT公司	34	9.7%	30	88.2%
三一重装	30	8.6%	8	26.7%
中煤张家口煤矿机械有限责任公司	27	7.7%	1	3.7%

续表

申　请　人	申请量	比例	发明	发明比例
石家庄中煤装备制造有限公司	12	3.4%	2	16.7%
西北煤矿机械一厂	8	2.3%	0	0.0%
林州重机集团股份有限公司	7	2.0%	0	0.0%
淮南奔牛机械有限责任公司	5	1.4%	0	0.0%

　　井下运输设备中，德国 DBT 公司申请量最大，授权比例最高，而且按年份分布较为均匀。其他排名靠前的申请人均为中国申请人，虽然有一定数量的申请，但绝大部分是近几年的申请，还在实质审查中。

　　刮板输送机发明专利申请人中，德国 DBT 公司无论从申请量、授权量还是有效量上来看，都强于其他申请人。若以发明和实用新型合起来统计，则宁夏天地奔牛、DBT公司、三一重装、中煤张家口煤矿机械有限责任公司申请量最大，所占总申请的比例最高，远超过其他的申请人。三家中国公司的发明专利数量却远少于德国 DBT 公司。德国制造业基础力量雄厚，涉及刮板机的材料、制造，以及驱动装置等方面，均优于中国，因而其制造的刮板输送机整体性能强于中国。

　　表 5 - 2 - 5 示出中国主要申请人三一重装、天地奔牛、中煤张家口煤矿机械有限责任公司的发明申请，其数量较少，尤其是中煤张家口煤矿机械有限责任公司，统计到的发明仅有一件。

表 5 - 2 - 5　刮板输送机主要申请人发明专利统计

公司	申请号	发明名称	公司	申请号	发明名称
三一重装	200710012436	用于煤矿工作面输送设备的支撑刮板	天地奔牛	201010252494	链条自动张紧程度控制装置
三一重装	200810010119	一种煤矿输送机械用的联接结构	天地奔牛	200910014819	薄煤层综采刮板输送机
三一重装	200810013451	放顶煤刮板输送机后部中部槽拉移座	天地奔牛	200810099469	重型矿用链轮的制造方法
三一重装	200910224775	井下输送机械	天地奔牛	200810099470	连接销类锻件的制造方法
三一重装	200910260004	一种机架及包括该机架的刮板输送机	天地奔牛	200810100687	一种新型加工 E 型螺栓的方法
三一重装	201010108160	一种阻链器及包括该阻链器的煤炭输送机械	天地奔牛	200810131081	超级扁平紧凑型链条立环的制造方法
三一重装	201010227515	一种刮板输送机及其拉移机构	中煤张家口	200510012985	紧凑型运输链条
三一重装	201010608258	刮板输送机及其中部槽			

表 5 - 2 - 6　刮板输送机发明授权及有效统计　　　　　单位：件

申 请 人	授权量	有效量	有效量比例
DBT 公司	22	21	80.7%
哈尔伯赫和布劳恩	1	1	3.8%
克洛纳－比克里特	1	0	0.0%
天地奔牛	2	2	7.7%
凝固煤公司	1	0	0.0%
柔性连接部件公司	1	1	3.8%
石家庄中煤装备制造有限公司	1	1	3.8%
亚斯琴别－兹德鲁伊·博雷尼亚硬煤矿	1	0	0.0%
张景辉	1	0	0.0%

在刮板输送机已经授权的申请中，德国 DBT 公司一家公司拥有占所有授权申请中 80.7% 的授权专利，优势非常明显。而其他公司，无论中国还是国外，尽管申请量相对多，但目前并没有拥有一定数量的发明授权专利。但是，考虑到目前中国申请人的在审发明专利还有一定的数量，相信这一在授权专利上的尴尬形势在今后几年会有改观。

5.2.4　井下运输设备高校申请分析

表 5 - 2 - 7 示出了井下运输设备中国发明专利申请人类型统计情况，其中完全由高校为申请人的申请占 6.1%；而合作申请占 7.8%，在合作申请中，合作类型统计如表 5 - 2 - 8 所示，以高校为第一申请人的申请，归结为高校申请。

表 5 - 2 - 7　井下运输设备中国发明专利申请人类型统计　　　　　单位：件

申请人类型	高校	个人	公司	合作申请	研究机构
申请量	18	61	185	23	6
份额	6.1%	20.8%	63.1%	7.8%	2.0%

表 5 - 2 - 8　井下运输设备在中国发明专利合作申请统计　　　　　单位：件

第一申请人类型	高校	个人	公司	研究机构
申请量	6	5	8	1

井下运输设备中国专利申请以公司申请为主，占 63.1%，其次是个人，占 20.8%。公司申请以整机、重要构成等为主，而个人以整机外围专利申请为主。另外，还有 7.8% 的合作申请和 6.1% 的高校申请。

合作申请包括高校、个人、公司和研究机构四种类型的任意组合，由于样本数量不是很大和出于研究的方便，以第一申请人的类型进行统计。最多的依然是公司。

如表 5 - 2 - 9 所示，井下运输设备领域的高校申请多数情况下偏重于设备的外围，如预警、制动、保护等，而非整机的结构，与公司申请的交叉不是很明显，但是，这些申请涉及的技术正是提高整机性能所需要的技术。如中国矿业大学关于皮带输送机的断裂预报、断带保护等，能够提高皮带输送机的可靠性和稳定性，成为企业的皮带输送机整机方面研究的补充。

表 5 - 2 - 9　井下运输设备在中国发明专利涉及高校申请统计

发明名称	公开号	申请日	发明人	类型	授权状态
矿用强力运输带横向断裂予报装置	1051150	1989 - 10 - 27	中国矿业大学	高校	授权后失效
大功率自冷式电动滚筒	1145872	1995 - 9 - 21	中国矿业大学	高校	授权后失效
一种露天矿山胶带运输系统启动的方法	1600657	2004 - 10 - 10	北京科技大学	高校	视撤
带式输送机用液体粘性可控制动器	1847685	2005 - 4 - 13	清华大学	高校	有效
可集中控制的楔块式带式输送机断带保护装置	101148222	2006 - 9 - 19	中国矿业大学	高校	有效
一种钢丝绳牵引波状挡边带式输送机	101100234	2007 - 7 - 17	东北大学	高校	视撤
一种链带给料机	101214882	2008 - 1 - 10	中国矿业大学	高校	实审
一种直驱式刮板输送装置	101875432A	2009 - 4 - 28	河南理工大学	高校	实审
一种吊料斗断料自动报警装置	101639965	2009 - 8 - 20	华南理工大学	高校	实审
一种带式输送机纵向撕裂保护装置	101708792A	2009 - 11 - 28	太原理工大学	高校	实审
一种 TPU 输送带用自清洁涂层的制备方法	101747521A	2010 - 1 - 14	同济大学	高校	实审
一种输送带用低卤膨胀阻燃树脂糊料及其制备方法	101974185A	2010 - 10 - 19	北京化工大学	高校	实审
一种带式输送机托辊故障监测系统	101975083A	2010 - 10 - 20	浙江大学	高校	实审
一种带式输送机张紧装置	102001513A	2010 - 12 - 1	太原理工大学	高校	实审
一种矿热炉炉料输送带防偏检测电路及检测方法	102152952A	2011 - 3 - 7	长春工业大学	高校	实审

续表

发明名称	公开号	申请日	发明人	类型	授权状态
超混杂复合材料矿车斗	1112885	1994 – 9 – 24	山东建筑材料学院、淄博矿务局	高校 – 公司	视撤
基于液压系统的矿车刹车系统	102092403A	2010 – 12 – 14	绍兴文理学院、王文奎、络永标	高校 – 个人	实审
一种输送带覆盖层用低烟无卤阻燃橡胶材料及其制备方法	101585934	2008 – 5 – 23	北京化工大学、无锡宝通带业	高校 – 公司	有效
一种伸缩带式输送机的变频式自动张紧装置	101618796	2009 – 7 – 21	太原理工、太原矿机	高校 – 公司	有效
带式输送机张紧绞车传动装置	101941580A	2010 – 8 – 9	中国矿业大学、徐州五洋科技	高校 – 公司	实审
一种带式输送机盘式制动器	101934919A	2010 – 8 – 9	中国矿业大学、徐州五洋科技	高校 – 公司	实审
输送带断带预警方法及系统	101602439	2009 – 7 – 1	北京工业职业技术学院、北京煤炭矿业机电设备公司	高校 – 公司	实审

5.2.5 井下运输设备专利侵权纠纷案例

对井下运输设备领域的研究发现，该领域内专利侵权纠纷还比较少，尤其是行业内的大公司间，基本上维持互不侵犯的关系。但是，已经出现个人和中小企业之间的侵权纠纷，即蔡瑜告徐州中部矿山设备有限公司、义马煤业集团股份有限公司和内蒙古伊泰煤炭股份有限公司侵犯专利权纠纷一案。

案情介绍

原告：蔡瑜

被告：徐州中部矿山设备有限公司、义马煤业集团股份有限公司、内蒙古伊泰煤炭股份有限公司

受理法院：江苏省南京市中级人民法院

涉案专利：专利号"ZL200610086367.5"，发明名称"带式输送机断带液压保护设备"

皮带输送机断带液压保护设备为江苏中部矿山设备有限公司的重要产品，在安标

国家矿用产品的安全标志中心的网站上查询，该公司目前有限的安标共有 7 个，均为皮带输送机断带保护装置。该案的进一步处理，将对该公司的经营产生重要的影响。同时，也为该领域内相关公司提醒，涉及公司核心利益的产品必须要拥有有相应的自主知识产权。

　　随着市场竞争的进一步加剧，未来或许会有更多知识产权的纠纷出现。

第1章

第2章

第3章

第4章

第5章

第6章

第7章

第8章

第9章

第10章

第6章 掘进机械专利申请技术分析

6.1 掘进机械全球专利申请技术分析

本章主要对掘进机械全球专利申请进行技术分析，数据来源是 1971～2009 年全球公开的与掘进机械相关的专利申请 2723 项❶，其中与综掘机相关的申请 1881 项，涉及其他掘进机的申请 842 项。

6.1.1 技术构成分析

1971～2009 年间，掘进机械的一个重要技术分支——综掘机的申请量呈现出增长—下降—保持低位—再次增长的发展趋势。

在 20 世纪 70 年代，申请量波动增长并达到一个较高的水平，虽然在 1980 年之后出现下滑，但于 1983 年触底反弹并在三年内迅速达到申请量的最高峰，之后申请量逐步减少。这一时期恰好是第一次石油危机之后煤炭重新受到重视的时期，并且以微电子技术为先导的世界新技术革命的成果迅速渗透到煤矿机械领域，使得自动化程度要求较高的综掘机技术迅速发展。前苏联、德国这两个工业大国的综掘机申请量很大程度上影响着这一时期的整体申请态势，前苏联的申请量占到了 50% 左右，德国的申请量也超过 20%。

进入 20 世纪 90 年代后，受前苏联解体和煤炭使用量下降的影响，综掘机申请量迅速下滑并一直维持在较少的数量。2005 年后由于中国等发展中国家煤炭需求量增大，中国煤矿机械迅速发展，导致其申请量显著增加，目前已接近于历史最高水平。

综掘机的申请量发展趋势直接影响了掘进机械的历年申请分布，其呈现出与综掘机类似的发展趋势。而其他掘进机由于使用相对较少，技术发展一直比较平稳，其申请量常年稳定在一个较低的水平，仅在近几年由于中国申请的增加而稍有增长趋势，但对掘进机械整体申请量发展趋势无明显影响。参见图 6 - 1 - 1。

目前占市场主导地位的掘进机是用于部分断面掘进的纵轴式和横轴式综掘机，其历年申请总量超过掘进机械申请量的 2/3，而以锯、盘、链、钻头、钎杆等形式的截割工具实现巷道掘进的其他掘进机，包括凿岩机、钻装机等，申请量相对较少。

综掘机工作机构的性能直接影响着综掘机的掘进效率，进而影响煤矿综合开采的效率，因此对综掘机的研究主要集中于工作机构上，包括截割头、悬臂、减速器、传动装置等，参见图 6 - 1 - 2。尤其在前苏联的申请中，有 60% 涉及工作机构的创新和改

---

❶ 多件同族专利计为一项。

320

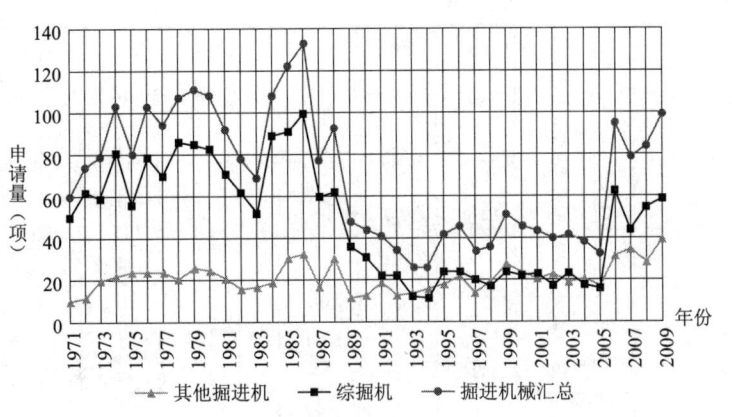

图6-1-1 掘进机械技术分支历年专利申请分布

进，这些目前已超过保护期处于失效状态的专利申请可以为逐渐发展的中国掘进机技术提供借鉴。而对于截割头尤其是截齿的技术创新也是这一领域的热点和难点，从材料、加工工艺、结构等方面不断改进截齿的耐磨性、减少磨损。中国企业在截割头技术上仍依靠进口的情况下，可以重点关注一下山特维克的专利申请。此外，喷雾除尘系统、装运与转载系统、电液控制系统、掘锚护钻一体机等也是综掘机的重要研究内容，中国企业在一体机领域已经掌握了一定的技术并拥有不少专利申请。

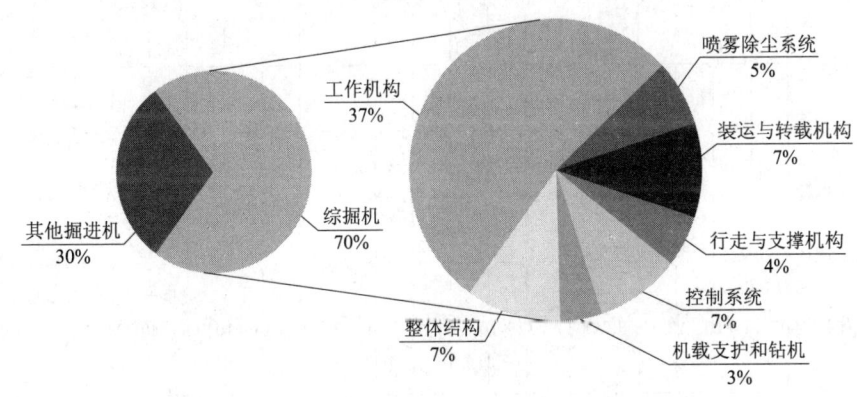

图6-1-2 掘进机械技术构成分布

如图6-1-2所示，工作机构是综掘机的主要技术分支，在各年均保持一定的申请量，其发展趋势和综掘机的趋势相同，申请量以20世纪七八十年代为多，进入90年代后有所减少，近几年因中国申请的增加而数量有所回升。而其他技术分支在将近40年间的申请量分布趋势各有不同，且因各分支有限的申请量分布在40年的时间跨度内，各自的分布趋势并无明显特点，而共性是各分支在20世纪七八十年代的申请量明显高于90年代以后的申请量，近几年的增长趋势并不明显。参见图6-1-3，其分两部分显示了掘进机械中的综掘机的各技术分支在1971~2009年期间历年专利申请的分布情况。

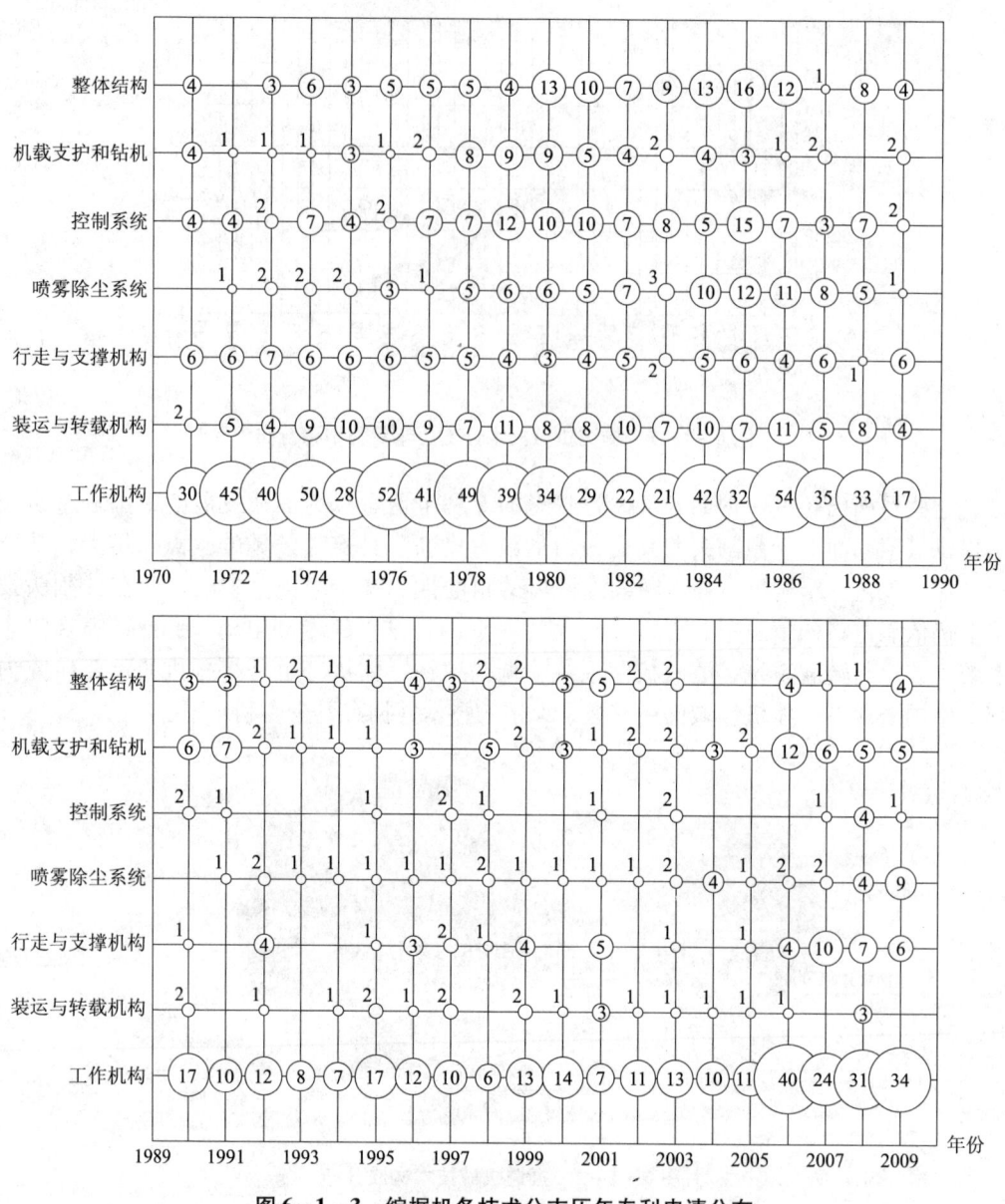

图 6-1-3　综掘机各技术分支历年专利申请分布

6.1.2　主要申请人排名

按申请量统计，掘进机械全球前 20 位的申请人的排名情况如表 6-1-1 所示。

表 6-1-1　掘进机械申请人申请量排名情况

排名	申 请 人	申请量（项）	国籍	合作申请（项）
1	维斯特法利亚制铁联合有限公司（GEWW）	112	德国	15
2	奥钢联集团公司（VEOS）	92	奥地利	11

排名	申 请 人	申请量（项）	国籍	合作申请（项）
3	COAL EQUIP RES INST（COAL - R）	64	前苏联	7
4	科佩伊斯克机械工程公司（KOPE）	58	前苏联 俄罗斯	19
5	山特维克（SANV）	47	瑞典	5
6	顿涅茨矿山机械公司（DONE - R）	42	前苏联	7
7	SKOCHINSKII 矿业研究院（SKMI）	41	前苏联	3
8	CROCKETT R B（CROC）	41	美国	41
9	艾柯夫机械制造有限公司（EICK）	38	德国	2
10	TULA POLY 公司（TUPO）	37	前苏联	2
11	肯纳金属公司（KENN）	35	美国	0
12	三一重装（SANY）	33	中国	0
13	煤炭工业（专利）有限公司（COAL）	32	英国	1
14	鲁尔煤业股份公司（RUHL）	31	德国	7
15	阿特拉斯·科普柯公司（ATLP）	26	瑞典	4
16	COAL RES DES INST（COAM）	24	前苏联	2
17	MINE ORE RES INST（MINE）	23	前苏联	0
18	ORE MINING RES（OREM）	23	前苏联	1
19	保拉特有限公司（PAUR）	23	德国	1
20	MINING RES INST（MINI）	21	前苏联	0

此外，通常价值高的专利，申请人倾向于向更多的市场进行申请，因此表 6 - 1 - 2 中还列出了在掘进机械领域向两个以上国家或地区提出专利申请的前 10 位申请人的排名情况。

表 6 - 1 - 2　掘进机械申请人的多边专利申请量排名情况

排名	申 请 人	申请量（项）	国籍	合作申请（项）
1	奥钢联集团公司（VEOS）	85	奥地利	10
2	维斯特法利亚制铁联合有限公司（GEWW）	58	德国	13
3	山特维克（SANV）	38	瑞典	5
4	肯纳金属有限公司（KENN）	30	美国	0
5	阿特拉斯·科普柯公司（ATLP）	19	瑞典	3
6	煤炭工业（专利）有限公司（COAL）	17	前苏联	0
7	艾柯夫机械制造有限公司（EICK）	14	德国	1
8	保拉特有限公司（PAUR）	12	德国	1
9	德比尔斯公司（DBEE）	10	南非	1
10	DOBSON PARK（DOBS）	10	英国	1

从表6－1－1和表6－1－2中可以看出，在总申请量前20位的申请人中，前苏联申请人占据了9席（前10名中有5位前苏联申请人），德国申请人为4位，美国和瑞典各两位，奥地利、英国和中国各一位。前苏联虽然早已于1991年解体，但由于其丰富的煤炭资源和先进的机械装备制造业水平，加之当时的专利国有和奖励制度，使得其多个煤矿企业和研究机构在解体前20年的申请量就已经相当可观。而德国作为传统工业强国，其几个著名的煤矿机械企业的申请量也很大，其中维斯特法利亚制铁联合有限公司更是排名第一。与前苏联企业相比，德国企业更注意在世界范围内进行专利申请。美国的CROCKETT R B是个人申请人，且其全部申请均为与其他个人的合作申请。

此处值得一提的是奥地利的奥钢联集团公司、瑞典的山特维克（SANV）、美国的肯纳金属公司，它们各自的多边申请量与申请总量差别不大，体现了大范围专利申请的战略思想。

中国的三一重装的申请量排名第12位，这家成立于2004年的民营企业迅猛发展，在短短几年时间内通过消化吸收国外先进技术和不断进行自主创新，在掘进机械设备生产方面已经取得了长足的发展。但是其申请地还仅限于中国，建议其对在国外的重要市场目标国的专利申请保持一定的关注和重视，配合其整个海外市场的拓展和战略推进。

6.1.3　主要申请人的技术规划策略及专利申请地分析

由于前苏联的很多专利申请未在其他国家申请，而且很多企业在前苏联解体后就没有再继续申请专利，因此，本节分析的主要申请人不仅考虑专利申请量，还根据地域分布结合企业在掘进机械领域的实力，选取了国内外的几家企业。

6.1.3.1　维斯特法利亚制铁联合有限公司

表6－1－3　维斯特法利亚制铁联合有限公司在
各技术分支的专利申请分布情况　　　　　　　单位：项

年份	工作机构	机载支护和钻机	控制系统	喷雾除尘系统	行走与支撑机构	整体结构	装运与转载机构	其他掘进机	总计
1971～1975	6	0	1	1	4	1	9	0	22
1976～1980	8	7	3	0	1	9	7	2	37
1981～1985	9	6	3	6	3	1	4	1	33
1986～1990	5	2	0	3	3	0	4	2	20
总计	28	15	7	10	11	11	25	5	112

表6－1－3显示了维斯特法利亚制铁联合有限公司在综掘机各技术分支和其他掘进机领域历年专利申请的分布情况。该公司是一家老牌的综掘机制造企业，其保持着长期相对稳定的申请量，申请重点在于掘进机结构的改进，如工作机构，而控制系统方面的申请相对较少。该公司生产的掘进机的特点为组合式装配，大大缩短了现场安

装时间。由于前文所述的公司合并，该公司在 1990 年之后再无后续申请。

表 6-1-4　维斯特法利亚制铁联合有限公司在
各主要市场的专利申请分布情况　　　单位：件

年份	德国	法国	美国	英国	奥地利	瑞士	比利时	前苏联	南非	意大利	西班牙	澳大利亚	加拿大	捷克	中国	荷兰	总计
1971	2	0	1	1	0	0	0	0	1	0	0	0	0	0	0	0	5
1972	6	3	4	4	2	1	2	1	0	0	0	0	1	1	0	0	25
1973	2	1	1	1	0	0	0	0	0	0	0	0	0	0	0	0	5
1974	7	3	3	2	1	1	1	0	0	0	0	0	0	0	0	0	18
1975	4	2	1	1	1	1	0	0	0	0	0	0	0	0	0	0	13
1976	10	3	3	3	1	1	0	0	1	0	0	0	0	0	0	0	22
1977	6	4	1	2	3	3	2	1	1	0	0	0	0	0	0	1	24
1978	6	1	1	1	0	0	1	0	0	0	0	0	0	0	0	0	11
1979	7	2	4	2	2	2	0	0	0	0	0	0	0	0	0	0	19
1980	7	1	1	1	0	0	1	0	0	0	0	0	0	0	0	0	11
1981	8	3		1	0	0	2	0	1	0	0	1	1	0	0	0	18
1982	7	2	1	1	0	0	0	0	0	0	0	1	0	0	0	0	15
1983	3	0	0	0	0	0	1	2	0	0	0	2	1	0	0	0	9
1984	6	2	1	2	1	0	0	0	0	1	0	0	0	0	0	0	13
1985	6	4	3	1	2	1	0	0	0	3	0	0	0	0	0	0	20
1986	7	2	6	0	1	3	0	1	1	0	0	2	0	1	0	0	24
1987	9	0	0	0	2	0	0	0	0	0	0	0	0	0	0	0	11
1988	3	1	0	1	0	0	0	0	0	0	0	0	0	0	0	0	6
1989	1	1	1	1	0	0	0	0	0	0	0	0	1	1	0	1	7
1990	1	0	0	0	1	0	0	0	0	0	0	0	0	0	0	0	2
总计	108	36	32	27	22	13	9	6	5	5	4	4	3	2	1	1	278

表 6-1-4 显示了德国的维斯特法利亚制铁联合有限公司在世界主要市场的专利
申请分布状况。该公司在德国以外的其他国家和地区的申请力度总体强于德国，但在
所有国家中，德国仍属于其专利申请量最多的国家。在德国本土以外的专利申请中，
该公司较为重视的是法国、美国、英国、奥地利等地。其中德国、美国和英国都属于
煤炭资源储量丰富的国家，煤机行业技术发展也处于前列，并且专利制度起步较早，
因此成为其重点申请国家；法国是欧洲的煤炭消费大国，煤矿开采业也曾一度发达，
因此该公司曾将法国作为一个重要的专利申请地；奥地利的煤机行业技术雄厚，有著

名的奥钢联集团公司，出于市场竞争的考虑，在奥地利的专利申请成为必然。另外，在 1990 年之前，中国的煤炭开采和煤机行业以及专利制度的发展都没有达到很高的水平，因此该公司并未将中国作为专利主要申请地。

6.1.3.2 奥钢联集团公司

奥钢联集团公司是奥地利最大的国家垄断资本集团，也是世界大型钢铁企业之一，巷道掘进机是该公司生产的重要煤矿机械。该公司生产的掘进机的主要特点是所有机型都为横轴式截割头，输送机卸料端高度可调，行走履带两侧分别驱动。该公司在掘锚一体机领域具备先进技术。表 6 - 1 - 5 为该公司在掘进机各技术分支的专利申请状况。

表 6 - 1 - 5　奥钢联集团公司在各技术分支的专利申请分布情况　　单位：项

年份	工作机构	机载支护和钻机	控制系统	喷雾除尘系统	行走与支撑机构	整体结构	装运与转载机构	其他掘进机	总计
1971 ~ 1974	4	0	0	0	0	0	0	0	4
1975 ~ 1979	2	0	0	1	1	1	4	5	14
1980 ~ 1984	5	1	3	4	1	0	8	1	23
1985 ~ 1989	11	0	4	2	1	3	6	1	28
1990 ~ 1994	1	0	0	0	0	1	0	1	3
1995 ~ 1999	4	1	1	2	0	0	0	0	8
2000 ~ 2004	1	3	1	1	0	0	0	1	7
2005 ~ 2007	0	0	1	1	0	1	1	1	5
总计	28	5	10	11	3	6	19	10	92

1990 年，奥钢联集团公司根据澳大利亚煤矿的经验和需要，研究开发出 ABM20 掘锚机组，主副机架能够相对滑动，解决了掘锚平行作业问题；该机安装 4 台顶板锚杆钻机和 2 台帮锚杆钻机及临时支护装置。1992 年改型为 ABM30 掘锚机组，将截割和装运机构能力加大，减少锚杆钻机台数。2005 年，该公司又研制出 MB670 型掘锚机，更加提高了巷道掘进速度；该掘锚机具有大功率截割滚筒，装有高压水/气喷雾系统，实现了无线遥控，截割滚筒后配有液压支架，配有 4 台顶板锚杆钻机和 2 台帮锚杆钻机；该机型对应的专利申请为 US2005156460A，此外还在澳大利亚、南非、奥地利进行了申请。

表 6 - 1 - 6 显示了奥地利的奥钢联集团公司在世界主要市场的专利申请分布状况。该公司在 10 个以上的国家和地区保持有 20 件以上的申请。除奥地利本国之外，该公司在德国、美国、南非的申请量较多，且基本常年都有申请。在英国和法国的申请在 20 世纪 90 年代之前也相对稳定，但 90 年代之后这两个国家已不再是其申请地，法国的煤炭工业的萎缩或许是重要原因。1958 年是法国煤炭工业的顶峰，煤炭产量曾一度达到 6 000 万吨，1990 年煤炭产量降至 1 225 万吨，到 2001 年更是下降为 230 万吨。此后法

国陆续关闭煤矿，2002 年法国仅存的 3 座煤矿年产煤量仅有 160 万吨；2003 年，又关闭了另外两座煤矿。2004 年 4 月 23 日位于东部洛林地区的 La Houve 煤矿被关闭，标志着法国长达 280 余年的采煤业彻底结束。❶

表 6－1－6　奥钢联集团公司在各主要市场的专利申请分布情况　　　单位：件

年份	奥地利	德国	美国	南非	英国	法国	澳大利亚	捷克	加拿大	前苏联	欧洲专利局	其他七国	总计
1972	0	0	1	1	1	0	0	1	1	1	0	2	8
1973	0	3	3	3	3	0	0	3	3	2	0	4	24
1975	1	1	0	1	1	0	0	0	0	0	0	1	6
1976	7	7	7	6	7	7	0	4	6	3	0	6	60
1977	2	2	2	1	2	2	0	2	1	1	0	1	16
1978	1	1	1	0	1	0	0	1	1	0	0	1	8
1979	2	2	1	2	1	1	0	2	2	2	1	4	20
1980	5	5	3	3	1	0	0	5	3	4	3	6	38
1981	5	4	1	1	1	1	1	1	1	2	2	1	21
1982	5	6	3	4	0	1	0	3	1	2	2	4	36
1983	2	2	1	0	1	1	0	0	1	0	1	0	9
1984	5	4	3	1	2	1	1	0	0	0	2	0	19
1985	9	5	5	6	3	3	6	0	1	0	5	3	46
1986	8	5	5	3	6	1	4	1	0	2	0	4	39
1987	4	3	1	2	2	1	1	0	0	0	1	3	18
1988	1	0	1	1	0	0	0	0	0	0	0	0	3
1989	3	2	1	2	1	1	1	1	0	0	0	0	12
1993	2	1	1	1	0	0	0	0	0	0	0	0	6
1994	1	0	0	0	0	0	0	0	0	0	0	0	2
1995	3	1	2	0	0	0	1	0	0	0	1	0	8
1996	2	3	0	1	0	0	0	0	0	0	1	0	7
1997	1	1	0	0	0	0	0	0	0	0	0	0	2
1998	1	1	0	1	0	0	0	0	0	0	1	0	5
2001	2	2	1	2	0	0	2	0	0	0	2	0	11

---

❶ 2004 年世界煤炭工业发展概况 ［EB/OL］. ［2012－01－01］ http://www.fdi.gov.cn/pub/FDI/zgjj/hyzk/zzy/mtgy/t20060707_53691.htm.

续表

年份	奥地利	德国	美国	南非	英国	法国	澳大利亚	捷克	加拿大	前苏联	欧洲专利局	其他七国	总计
2002	0	0	1	0	0	0	1	0	0	0	0	0	2
2003	3	1	1	1	0	0	1	0	0	0	0	0	7
2004	0	1	1	1	0	0	1	0	0	0	0	0	4
2005	2	1	1	1	0	0	1	0	0	0	0	0	6
2006	1	0	0	1	0	0	0	0	0	0	0	0	2
2007	2	1	2	1	0	0	1	0	0	0	0	2	10
总计	80	64	49	47	33	21	29	23	22	20	25	44	457

在排名稍靠后的澳大利亚、捷克、加拿大、前苏联、欧洲专利局中，该公司的申请量基本相当，其中在澳大利亚从20世纪80年代开始常年保持少量申请，而在其他四个国家和地区的申请则基本发生在20世纪90年代之前。除上述国家和地区外，该公司还在近10个国家拥有一定的申请量，但也都发生在20世纪90年代之前。其专利申请的思想和战略值得中国公司学习和借鉴。

6.1.3.3 山特维克

山特维克是一家在多个专业领域都拥有先进产品，并居全球领先地位的跨国工业集团，矿山工程机械是山特维克集团的一大业务领域。该公司在综掘机领域的技术主要集中在工作机构，其刀具的技术实力很强，因此其重要技术涉及综掘机的截割头和截齿。另外，该公司在其他掘进机领域也有相当数量的申请，其重要技术仍然集中在截割工具技术上。表6-1-7显示了山特维克在掘进机械领域各技术分支的专利申请分布状况。

表6-1-7 山特维克在各技术分支的专利申请分布情况 单位：项

年代	工作机构	整体结构	机载支护和钻机	控制系统	喷雾除尘系统	装运与转载机构	其他掘进机	总计
1978	0	0	0	0	0	0	1	1
1980	2	0	0	0	0	0	0	2
1983	0	0	0	0	0	0	1	1
1985	1	0	0	0	0	0	1	2
1992	2	0	0	0	0	0	0	2
1994	1	0	0	0	0	0	0	1
1997	1	0	0	0	0	0	0	1
1999	1	0	0	0	0	0	0	1

续表

年代	工作机构	整体结构	机载支护和钻机	控制系统	喷雾除尘系统	装运与转载机构	其他掘进机	总计
2000	0	0	0	0	0	0	1	1
2002	0	0	0	0	0	0	1	1
2004	1	0	0	0	1	0	0	2
2006	2	0	0	0	0	1	3	6
2007	1	0	0	1	0	0	3	5
2008	5	0	1	0	0	0	5	11
2009	3	4	0	0	0	0	3	10
总计	20	4	1	1	1	1	19	47

　　近几年，山特维克也有一些涉及综掘机整体结构的专利申请，主要是在奥地利进行申请，并通过 PCT 形式申请。这些申请包括 WO2011022744A2、WO2011029111A2、WO2011038436A2、WO2011006181A2。另外，山特维克在美国和奥地利最新申请了一项掘锚一体机的专利技术，公开号为 US2011221259A1。实际上山特维克的掘锚机早已投入使用，其采用伸缩式截割滚筒，4 台顶锚杆机和 2 台帮锚杆机可实现全方位的锚杆支护，掏槽深度达到 1 米，能实现无线遥控。

　　表 6 - 1 - 8 显示了山特维克在世界主要市场的专利申请分布情况。该公司从 20 世纪 70 年代末 80 年代初开始在掘进机械领域进行申请，并于近几年更加活跃。澳大利亚是该公司的主要申请地，美国、德国、加拿大和南非这几个主要煤炭开采国也是其重要的专利申请地。从 2004 年开始，该公司开始关注中国市场，使中国成为其排名第 6 位的专利申请地。另外，该公司常年在欧专局拥有一定量的申请，主要关注于欧洲市场。该公司还将专利部署到其他十几个国家，范围覆盖较广。

表 6 - 1 - 8　山特维克在各主要市场的专利申请分布情况　　　单位：件

年份	澳大利亚	美国	德国	加拿大	南非	中国	欧洲专利局	奥地利	英国	其他十国	总计
1978	0	1	1	0	0	0	0	0	1	1	4
1980	0	2	2	2	2	0	1	0	0	7	16
1983	1	1	1	1	1	0	1	0	0	2	8
1985	1	1	1	1	2	0	0	0	1	2	9
1992	1	1	1	1	2	0	0	0	1	0	7
1994	1		1	1	1	0	0	0	0	1	5
1997	1	1	1	0	1	0	1	0	0	2	7
1999	1	1	0	0	0	0	1	0	0	2	6

年份	澳大利亚	美国	德国	加拿大	南非	中国	欧洲专利局	奥地利	英国	其他十国	总计
2000	1	1	1	1	1	0	1	0	0	1	7
2002	1	0	0	0	1	0	0	0	0	1	3
2004	2	2	2	1	2	2	1	0	1	3	16
2006	4	4	1	2	4	4	3	1	1	5	29
2007	2	3	3	2	1	5	0	2	1	1	20
2008	9	5	6	5	2	7	1	1	1	3	40
2009	6	4	3	4	0	2	2	3	0	0	24
总计	31	27	24	21	21	20	13	7	7	30	201

6.1.3.4 三一重装

三一重装掘进机各技术分支专利申请如表6-1-9、表6-1-10所示。

表6-1-9 三一重装在各技术分支的发明专利申请分布 单位：件

年份	整体结构	工作机构	控制系统	装运与转载机构	行走与支撑机构	喷雾除尘系统	机载支护和钻机	其他掘进机	总计
2006	6	0	1	0	0	1	0	0	8
2007	3	1	1	1	0	0	0	0	6
2008	1	0	0	0	2	0	0	0	3
2009	0	0	1	0	1	0	0	1	3
2010	1	4	1	1	0	0	0	1	8
总计	11	5	4	2	3	1	1	1	28

表6-1-10 三一重装在各技术分支的发明和实用新型专利申请分布 单位：件

年份	整体结构	工作机构	控制系统	装运与转载机构	行走与支撑机构	喷雾除尘系统	机载支护和钻机	其他部件	其他掘进机	总计
2004	0	0	0	0	0	2	0	0	0	2
2005	1	0	1	0	0	0	0	0	0	2
2006	13	3	4	0	0	3	1	2	0	26
2007	6	3	5	4	6	2	1	0	0	27
2008	3	0	2	1	5	3	1	1	1	17
2009	1	4	3	2	1	0	0	0	2	13
2010	2	13	7	13	0	0	0	6	6	47
总计	26	23	22	20	12	10	3	9	9	134

　　三一重装是申请量排在前 20 位的唯一一家中国公司，其由三一集团投资，专业从事煤炭掘、采、运成套设备研发、制造及销售的装备制造企业，主要产品包括：掘进机、煤矿开采成套设备（包括挖煤机、传输机、液压支架和中央控制系统）、煤矿开采输送车辆等。在 2009 年，三一重装的掘进机成为中国第一品牌，并大步迈入国际市场，在俄罗斯、哈萨克斯坦、印度、东南亚、南非等市场实现销售。

　　三一重装的发明专利主要集中在掘锚护钻一体机方面，同时对其他技术分支也都有涉及。主要成果有：研制成功可完全替代进口产品、性价比较高的硬岩掘进机；率先研制切割功率超过 130 千瓦、机身宽度只有 1.8 米的窄机身掘进机和世界第一台大坡度掘进机等。然而其发明申请占总量的比例不高，大部分为实用新型，这一方面与中国企业的申请习惯有关，另一方面也说明了其专利申请的技术含量还有待进一步提高。另外，三一重装仅在中国进行了专利申请，在目前国际市场已经逐步打开的形势下，应加强在相应销售地区和主要煤矿机械生产国家和地区的专利申请，这需要其不断加强自主研发水平，提高技术创新能力，增强国际竞争力。

6.2　掘进机械中国专利申请技术分析

　　本节主要根据 1985～2010 年由中国国家知识产权局公开或公布的 956 件中国专利申请对掘进机械的技术构成、技术需求、技术–功效、法律状态、主要申请人、中国申请人的重要专利和中国无效案例等进行分析，其中包括发明专利申请 237 件，实用新型 719 件。

6.2.1　技术构成分析

　　据统计，综掘机的申请量是其他掘进机的两倍，而综掘机申请主要集中在工作机构，其次是控制系统，此外喷雾除尘系统、装运与转载机构、整体结构三方面申请量较为相近，行走与支撑机构、机载支护和钻机、其他部件则平分秋色。工作机构中的截割头及截齿是综掘机的重要部件，也是技术研发的重点；为了实现工作区域无人操作的远程控制，综掘机的智能化是近年研究的热点；喷雾除尘系统的适用性和密封件的设计也是中国申请人研究的重要内容；多功能的掘锚护钻一体机在中国企业多有研发和生产。图 6 - 2 - 1 显示了掘进机械领域中国专利申请中各技术分支所占的比例。

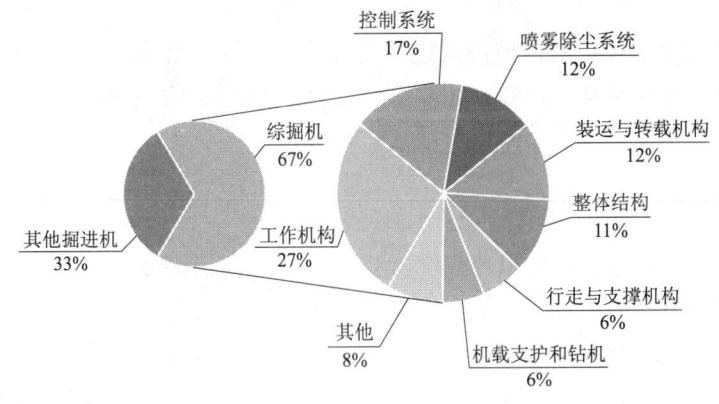

图 6 - 2 - 1　掘进机械各技术分支中国专利申请量比例

图6-2-2显示了综掘机各技术分支的申请发展状况，因其申请量在近些年才呈现较大增长趋势，因此该图仅截取了2000～2010年的11年时间。

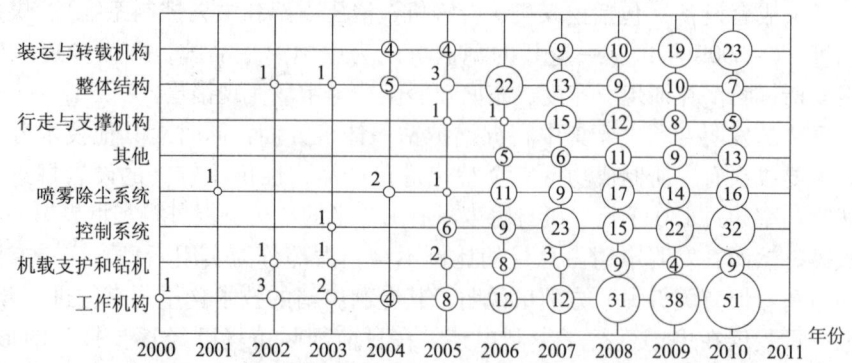

图6-2-2　综掘机各技术分支的中国专利申请历年走势

中国申请人在掘进机领域的最早专利申请是由中国矿业大学（原中国矿业学院）在1986年申请的实用新型专利CN86206244U，具体为一种自控水力截齿，涉及喷雾除尘系统。在2002年之前，掘进机领域的申请主要涉及工作机构中的截割头和其他机载配件。其中在1993年由大同矿务局中央机厂提交了实用新型专利CN2160933Y，涉及带有可编程控制器的矿用掘进机电控箱，这是中国申请人第一件有关掘进机控制系统的专利。但上述两件专利在授权后都仅维持了两年左右的专利权就因费用终止了。

有关掘进机整体工作性能改进的专利是2002年由三位个人申请人共同提交的实用新型专利CN2561931Y，涉及一种大坡度掘进机，可以在倾角大于15°的巷道中工作。第一件涉及掘锚机的申请是2004年由三位个人申请人共同提交的发明专利申请CN1707066A，但最终没有获得授权。而第一件获得授权的掘锚机专利是由三一重装在2005年提交的实用新型专利CN2856416Y，该专利权已于2011年2月因费用终止了。

2005年开始，掘进机的申请量开始逐年明显增加。2006年，整体结构的申请是最多的，其中多为三一重装有关掘、锚、护或钻等一体机的申请，此后几年有关掘进机整体结构的申请减少。行走与支撑机构的申请量在2007年猛增到15件之后也开始逐年下滑。

但是申请人对工作机构、控制系统、喷雾除尘系统、装运与转载机构的技术开始逐渐加以重视，申请量基本逐年递增，并且工作机构所占的比重最大。机载支护和钻机这个分支的申请量近几年处于量少且波动的状态。

6.2.2　技术需求分析

如表6-2-1所示，长期以来，综掘机的可靠性和提高效率都是申请人最为关注的，要实现这两方面的功效，可以对综掘机的整机和关键部件进行改进。而近几年随着中国综掘机技术的发展，企业对其他方面的功效均有需求，自动化或智能化、多功能化、稳定性、安全性等是近几年才开始关注的技术功效。改善磨损包括提高耐磨性和减少磨损两方面的效果，主要涉及工作机构中的截割头或截齿，提高耐磨性可以通过材料、加工工艺和结构的改进来实现，而减少磨损主要是从结构入手。改善结构这一技术功效主要包括使结构简化、紧凑或者是更加便于安装、拆卸、更换、维护等。

表 6 - 2 - 1　综掘机的技术需求发展　　　　　　　　　单位：件

功效 年份	安全性	多功能化	改善结构	改善磨损	可靠性	适用性	提高效率	稳定性	延长寿命	智能化自动化
1986～1990	0	0	2	0	6	0	3	0	1	0
1991～1995	0	0	0	2	1	2	5	0	3	0
1996～2000	1	0	0	1	2	1	2	0	0	0
2001	0	0	0	0	0	0	1	0	0	0
2002	0	0	1	0	1	0	2	1	0	0
2003	0	0	2	0	1	0	1	0	0	0
2004	0	1	1	1	1	1	10	0	0	0
2005	1	1	3	1	4	3	8	1	1	3
2006	4	16	4	3	15	2	21	0	4	2
2007	4	5	8	1	26	3	26	6	5	7
2008	9	7	4	11	24	3	37	8	11	6
2009	2	7	10	12	24	5	40	5	12	6
2010	17	4	8	7	54	7	41	1	9	8

6.2.3　技术 - 功效分析

如图 6 - 2 - 3 所示，在综掘机的各技术分支中，工作机构、控制系统、喷雾除尘系统、装运与转载机构等的发明和改进都涉及可靠性和效率的提高。此外，由于截割

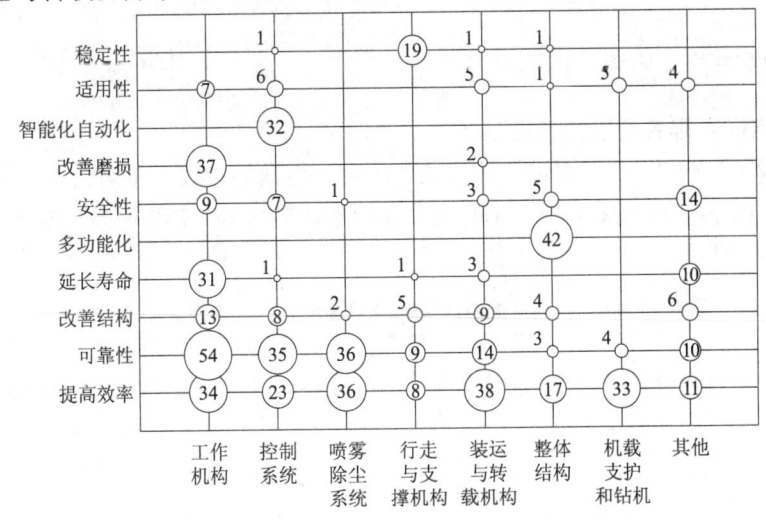

图 6 - 2 - 3　综掘机的技术 - 功效矩阵

头和截齿属于工作机构的一部分，因此改善磨损和延长寿命也是其重要的功效。而为了实现掘进的自动化和智能化，主要是在控制系统方面进行改进。行走与支撑机构的功效重点在于保证综掘机行走平稳和实现工作过程中的稳定支撑。对整体结构的改进除了满足高效率的需求外，更重要的是实现综掘机的多功能化，在掘进的同时能进行锚、护、钻等功能。机载支护和钻机主要是为了提高工作效率。综掘机的一些零部件的发明和改进主要涉及安全性、提高效率、可靠性、延长寿命等功效。

6.2.4 中国发明专利申请的法律状态分析

图6-2-4显示了掘进机械中国发明专利申请法律状态分布比例。由于近几年的申请量很大，所以有近一半的申请处于未决状态。驳回的申请总计两件，均为中国申请人的申请，一件是1986年的高校申请，另一件是2004年的个人申请。在已结案的申请中，视撤和驳回的比例达到了40%多，其中视撤48件，包括6件国外申请；可见申请的技术含量和创新水平还有很大的提升空间。在已授权申请中，失效的比例为1/5，共计7件，全部为2000年之前的国外申请，其中2件是因有效期届满而失效，其余5件是因费用终止而失效。

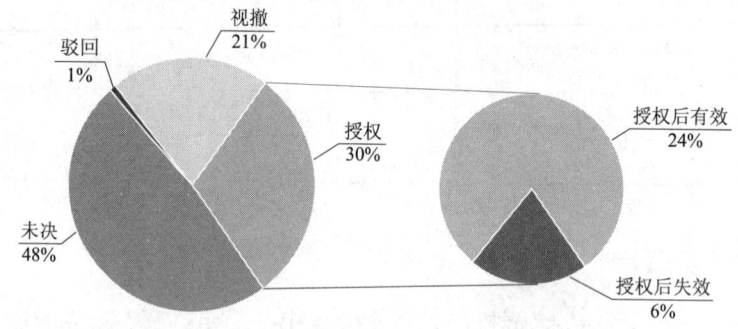

图6-2-4 掘进机械发明专利申请法律状态

6.2.5 主要申请人分析

6.2.5.1 申请人排名及授权情况

表6-2-2分别反映了掘进机械领域中国专利申请的申请人排名情况。按申请总量排名，很多中国申请人排在前列，但是仅按发明申请量排名，有些申请人就明显落后，甚至进入不了前10位，可见这类企业的申请以实用新型为主，自主研发创新能力有待提高。

表6-2-2 掘进机械中国专利申请国内外主要申请人排名情况　　单位：件

排名	按申请总量	申请量	按发明专利申请量	申请量	2004~2010年申请量
1	三一重装	134	三一重装	28	28
2	平顶山市利安大机电设备有限公司	35	山特维克	20	20

续表

排名	按申请总量	申请量	按发明专利申请量	申请量	2004～2010年申请量
3	佳木斯煤矿机械有限公司	24	沈阳矿山机械（集团）有限责任公司	10	10
4	煤炭科学研究总院太原研究院	23	煤炭科学研究总院太原研究院	8	8
5	山特维克	20	山东卡特重工有限公司	6	6
6	石家庄煤矿机械有限责任公司	18	中国矿业大学	6	6
7	沈阳矿山机械（集团）有限责任公司	17	奥钢联集团公司	5	0
8	牛之平	16	安德森集团有限公司	4	0
9	山东卡特重工有限公司	12	石家庄煤矿机械有限责任公司	4	4
10	上海创力矿山设备有限公司	12	牛之平	4	4
11	沈阳北方交通重工有限公司	11	闫振东	4	4

　　按发明申请量排名前11位申请人中，中国申请人有8位，并且它们的发明申请全部集中在2004年以后；国外申请人中的山特维克的申请也是集中在2004年之后，而奥钢联集团公司和安德森集团的申请主要发生在20世纪80年代到90年代初。中国申请人中的牛之平和闫振东分别是山东金天牛矿山机械有限公司的总经理、山西晋城无烟煤矿业集团有限责任公司的副总经理。

　　中国掘进机市场上，三一重装和国际煤机市场领先优势较为明显，在2009年市场份额分别为31%和21.6%，两家公司都是香港主板上市公司。三一重装从2005年开始生产掘进机，5年时间内发展到行业第一，得益于其母公司在工程机械领域的优势及强大的研发、制造及销售能力，并且该公司非常注重技术专利化的保护，无论专利申请总量还是发明专利申请量都稳居第一。国际煤机下属的佳木斯煤机，始建于1957年，是中国掘进机的诞生地，拥有成熟的制造工艺，行业内认可度较高，其专利申请总量排名前三，但发明专利申请量有待提高。

　　图6-2-5反映了掘进机械领域中国发明专利申请的申请人排名情况以及各申请人的授权情况。申请量在10件以上的企业仅有三家，其中两家中国企业，其授权率普遍偏低的原因在于申请主要集中在最近几年，许多申请还处于未决状态。其他申请人的发明申请量都在10件以下，尤其中国申请人需要加大在掘进机械领域的技术研发投入。

6.2.5.2　中国重点申请人的技术侧重点分析

　　中国一些大型企业已经就大量自主创新技术申请了专利。从近几年的发展看，三一重装的专利挖掘密度居同行业第1位；它的一些专利覆盖了相关领域的核心技术，具有巨大的市场应用前景。其他一些中国骨干企业近几年也明显加大了申请力度。

第1章

第2章

第3章

第4章

第5章

第6章

第7章

第8章

第9章

第10章

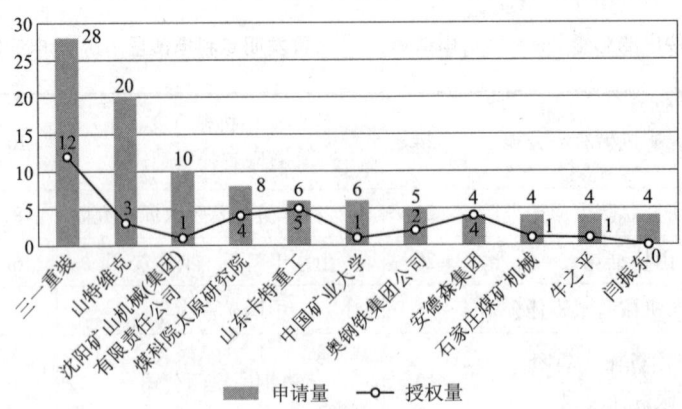

图6－2－5 掘进机械发明专利申请的主要申请人排名及其授权情况

（1）三一重装

三一重装主要从事煤矿用的掘进机及其配套设备的研发，至今已成功将多项新技术引入煤机行业，包括全硬岩切割技术、减振防松技术、关键材料质量控制技术、泥页岩切割及防运输系统卡料技术、大坡度下行掘进技术、特窄巷道硬岩掘进技术、电气系统核心技术等。主要成果有：研制成功可完全替代进口产品、性价比较高的硬岩掘进机；率先研制切割功率超过130千瓦、机身宽度只有1.8米的窄机身掘进机和世界第一台大坡度掘进机等。

（2）国际煤机

2009年，国际煤机（佳木斯煤矿机械有限公司和鸡西煤矿机械有限公司）在掘进机市场份额领先，达到25%。佳木斯煤矿机械有限公司在掘进机领域的专利部署密度较大，在以下领域公开专利文献数十篇：掘进机截割轨迹及断面成形控制系统、掘进机助推装置、掘进机内喷雾给水装置、掘进机油温油位监控装置、掘进机隔爆壳体门闭锁装置、掘进机油箱内置式管翅冷却器、掘进机和锚杆钻机液压装置、掘进机截割头螺旋滚筒等。

（3）中煤装备

中煤装备的煤机业务包括掘进机、液压支架、采煤机、刮板输送机、装载机和采矿电机等。中煤装备在煤机市场份额领先，且有能力生产整套的地下煤矿开采设备。其下属公司石家庄煤矿机械有限公司在如下领域公开专利文献数十篇：掘进机恒功率截割的远程控制装置、可旋转作业的掘进机机载锚杆钻机装置、掘进机机载锚杆钻机装置、锚索锚杆钻机、大扭矩气动齿轮马达、高压齿轮油泵等。

6.2.6 国内外申请人的被关注中国专利

中国申请人已授权专利共计58件，授权后有效的为50件，结合其申请人、所属技术分支、技术热点和难点、关键技术以及专利成果转化和市场应用情况，确定被关注专利如表6－2－2所示。

表 6 - 2 - 2　中国申请人的被关注中国专利

发明名称	申请号	申请人	发明内容	授权公告日
大坡度掘进机	200610135089.8	三一重装	工作在坡度较大的巷道内，爬坡能力为 -25°~ +18°。顶、后及两侧支撑增加机体稳定性；行走部采用防滑履带板、后支撑的支撑腿防滑处理；后支撑上限位装置防止机体走偏时第一运输部驱动装置撞在巷道上；第一运输部的中双链刮板加高加密保证物料的运输效果	2010 年 5 月 12 日
全自动掘进机	200610134080.5	三一重装	由航天导航定位仪与上位机通讯，将掘进机特征提取值和导航计算值传送到上位机进行数据特征融合，实时检测掘进机绝对位置坐标	2010 年 9 月 8 日
掘锚钻复合机	200610046860.4	三一重装	掘进机、锚杆机、钻探机三机一体化的复合机，利用掘进机截割部护板作为钻探机工作平台，以截割头作为钻探机主支撑，利用截割部的升降、摆动及自身功能，完成巷道深孔的钻探工作；同时，再利用掘进机回转台侧壁安装可折叠锚杆机装置	2009 年 11 月 11 日
硬岩掘进机	200710012409.5	三一重装	可截割高硬度半岩和全岩巷道，装配小直径大惯量截割头，采用高强度镐齿配合可靠高效的液压系统，在机器后部装配有水平侧向支撑，并配备有强力除尘系统及内外喷雾灭尘系统，行走部采用全封闭结构，加大了行走驱动力，提高截割的推进力	2009 年 9 月 9 日
掘进机用截割头结构	200710158926.3	三一重装	截割头与掘进机的盘根座通过螺栓在盘根座后端部连接，盘根座后端部安装有可拆卸耐磨板。可以解决现有掘进机截割头在截割过程中磨损严重的问题（特别是截割半煤岩和全岩）	2009 年 9 月 9 日
掘进机截割进给量自动控制方法	200710010006.7	三一重装	可实现截割头进给时根据截割负载变化而自动改变截割头进给量，解决传统掘进机无法自动控制截割臂进给速度，只能手动控制方向和速度等问题	2010 年 5 月 19 日

续表

发明名称	申请号	申请人	发明内容	授权公告日
掘进机机身位姿参数测量系统及其方法	200910091050.4	中国矿业大学	线激光发射器发出扇形激光束，在掘进机机身上形成线形光斑。激光标靶上感应激光束并产生电流信号，其经过激光标靶内部电路和可编程计算机控制器处理计算，确定激光束在激光标靶上的位置，而激光标靶在掘进机上的安装位置已知，从而得到掘进机的偏向角和偏向位移。两个倾角传感器测量掘进机的俯仰角和滚动角，从而完成掘进机机身位姿参数测量	2011年2月2日
一种可内喷雾的掘进机	200910005046.1	山东卡特重工有限公司	内喷雾装置的喷嘴设置在截割装置上，包括内管、外套和固定环，内管中设有由多个扇形活瓣排列成的闸板，每个扇形活瓣的圆弧端与内管的内壁铰接，固定环固定在内管内并位于闸板的内侧，外套可滑动的套在内管上，外套的前端盖上有孔，外套和内管间连接有弹簧，当弹簧处于自由状态时，外套前端盖和固定环将多个扇形活瓣挤压成一个平整的圆形闸板，喷头只有在喷雾时才打开，十分有效地避免了堵塞	2011年4月13日
一种掘进机截割轨迹及断面成形控制系统	200710159101.3	佳木斯煤矿机械有限公司	一种在煤岩或半煤岩地质状况下的掘进机，其闭环控制系统根据已设定断面形状参数，控制截割头行进轨迹，记录显示行进轨迹，并且通过对截割头行进轨迹所在截割断面的位置来适时的控制相关油缸电磁阀通断。同时还解决了掘进过程中铲板与截割头互相干涉而刮撞的问题	2010年7月21日

在 1985 ~ 2010 年国外申请人的 38 件发明专利申请中，目前已授权的有 12 件，其中有效的只有 5 件，在授权后失效的专利中只有 1 件是因期限届满而失效。综合分析授权专利的情况，列出国外申请人的重要中国专利如表 6 - 2 - 3 所示。

表 6-2-3　国外申请人的重要中国专利

发明名称	申请号	申请人	发明内容	授权公告日
具有用于在刀头上喷射水流的喷嘴的切削刀具	200510099276.0	山特维克	刀架体安装在载体上并且具有形成在其中的第一孔和水流通路。套筒安装在第一孔中并接收刀头。套筒具有柄部和设置在其前端的扩大的凸缘。柄部设置在第一孔内。凸缘具有抵靠刀架体外表面的面向后方的台肩。第二孔贯穿柄部和凸缘延伸并且适于接收刀头。喷嘴设置在凸缘内并且利用环形凹槽连接至水流通路，以便获得水流，该喷嘴向前朝向刀头喷射水流	2010年12月22日
旋转截齿	200580007138.3	山特维克	用于采矿和挖掘目的的截齿和使用截齿采矿的方法。截齿包括细长柄、切削刀片和复合套筒，切削刀片固定至柄的一端以从该端伸出并且其材料硬于柄的材料，复合套筒由多个环形套筒部形成，环形套筒部围绕邻接切削刀片的柄连接并且彼此紧密邻接。套筒部的材料硬于柄的材料并且在切削操作过程中比柄的材料具有更低的生成易燃火花的倾向	2011年8月17日
刀夹部件和通过过盈配合保持在其中的套筒	200610004145.4	山特维克	一种中空套筒，安装在夹具部件的孔中以便接收旋转切削钻头。该套筒包括一前凸缘和从前凸缘向后延伸并且限定有一纵向轴线的柄部。该柄部包括具有径向阶梯形结构的外周，其中柄部的外表面包括多个轴向相邻的表面部分，这些表面部分的横截面沿着远离该凸缘的方向逐渐变小。每个表面部分具有纵向间隔开的前端和后端，其中位于每个表面部分的前端和后端之间的那部分比前端和后端更远离轴线。每个表面部分具有形成在其中的大体上纵向延伸的沟槽	2011年2月9日
掘进机或采掘机的采掘头或采掘辊的传动装置	88103728	奥钢联集团公司	采掘头可转动地支承在悬臂两侧，而传动轴可转动地支承在悬臂内部。两根输出轴同轴地支承在悬臂的自由端。在输出轴的互相面对的内端各装有齿轮，在悬臂内部与公共的中间齿轮相啮合。输出轴内端支承在相对悬臂静止的公共轴承座上。输出轴有轴向中心孔，输出轴不可转动地与采掘头联接。轴承座沿输出轴轴线延伸，并装有伸过中心孔的轴向管状伸出件。供应加压冷却液的导管与轴承座连通。该传动装置结构更简单，能可靠地将冷却剂在高压下供应给喷嘴	1991年1月2日（2009年2月11日期限届满）

6.2.7 掘进机械专利无效案例

在中国"十二五"规划中，知识产权保护已上升为国家发展战略。随着煤矿机械行业的不断发展和技术创新，企业开始越来越重视专利技术对企业竞争和发展的影响，尤其在一些市场份额较大的企业之间利用专利无效和诉讼制度来进行竞争的案例也越来越多。在中国掘进机领域近几年出现了以下几个主要专利无效案例，都涉及掘进机领域的重点申请人三一重装。图6-2-6示出了专利无效的情况，其中箭头所指为专利权人，另一方为无效宣告请求人，标注框中则显示了专利所对应的实际产品型号和煤安认证证书编号。从该图中可以看出，专利的无效宣告请求实质针对的是投入市场的产品，是企业之间市场竞争的结果。

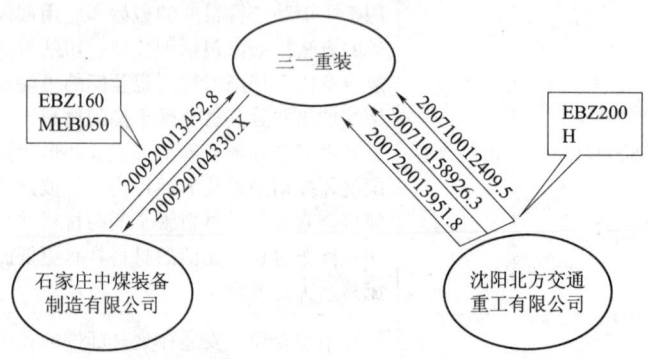

图6-2-6 掘进机械领域专利无效示意图

关于上述专利无效的具体情况如下：

（1）一种掘进机截割部（专利号200920013452.8）

专利权人：三一重装

无效宣告请求人：石家庄中煤装备制造有限公司

无效宣告的证据：① 请求人的生产用图及编号为03375140的河北增值税普通发票；② 公开号为CN201363143Y，发明名称为"一种带管路托链的掘进机截割伸缩臂"的中国实用新型专利申请；③ 公开号为CN101021150A，发明名称为"掘进机的掘进头"的中国发明专利申请。

无效宣告的理由和范围：权利要求1、2分别相对于证据1、2不具有新颖性，权利要求1、2相对于证据1、3不具有创造性。

审查决定：维持专利权有效（已生效）。

（2）硬岩掘进机（专利号200710012409.5）

专利权人：三一重装

无效宣告请求人：沈阳北方交通重工有限公司

无效宣告的证据：① 佳木斯煤矿机械有限责任公司介绍，EBZ200介绍；② 2007李雅庄矿三一EBZ200H介绍，现场会议议程；③ 三一重装EBZ200部分销售明细；④ 三一重装掘进机产品介绍；⑤ 煤炭矿用安全使用证。

无效宣告的理由和范围：权利要求 1～10 所要求保护的产品在申请日前已经处于公开销售的状态，不具有新颖性。

审查决定：在审中。

（3）掘进机用截割头结构（专利号 200710158926.3）

专利权人：三一重装

无效宣告请求人：沈阳北方交通重工有限公司

无效宣告的证据：①佳木斯煤矿机械有限责任公司介绍，EBZ200 介绍；② 2007 李雅庄矿三一重装 EBZ200H 介绍，现场会议议程；③三一重装 EBZ200 部分销售明细；④三一重装掘进机产品介绍；⑤煤炭矿用安全使用证。

无效宣告的理由和范围：权利要求 1～4 所要求保护的产品在申请日前已经处于公开销售的状态，不具有新颖性。

审查决定：在审中。

（4）掘进机水平侧支撑稳定装置（专利号 200720013951.8）

专利权人：三一重装

无效宣告请求人：沈阳北方交通重工有限公司

无效宣告的证据：①佳木斯煤矿机械有限责任公司介绍，EBZ200 介绍；② 2007 李雅庄矿三一重装 EBZ200H 介绍，现场会议议程；③三一重装 EBZ200 部分销售明细；④三一重装掘进机产品介绍；⑤煤炭矿用安全使用证。

无效宣告的理由和范围：权利要求 1-5 所要求保护的产品在申请日前已经处于公开销售的状态，不具有新颖性。

审查决定：在审中。

（5）一种变速掘进机（专利号 200920104330.X）

专利权人：石家庄中煤装备制造有限公司

无效宣告请求人：三一重装

无效宣告的证据：①公告号为 CN101289936A 的中国专利文献；②煤炭工业出版社出版的《现代采掘机械》的第 42、43、44 页；③公告号为 CN2769514Y 的中国专利文献；④公告号为 CN2318071Y 的中国专利文献；⑤煤炭工业出版社出版的《减速器和变速器》（机械设计手册单行本）的第 18～274 页和第 18～275 页。

无效宣告的理由和范围：权利要求 1～5 相对于证据 1 与证据 2、3、4、5 或惯用手段的结合不具备创造性；说明书公开不充分；权利要求 3、6 得不到说明书的支持。

审查决定：宣布专利权全部无效（已生效）。

当专利已成为企业竞争不可缺少的一种手段时，如何才能避免专利被宣告无效？企业在申请专利时，要对该行业领域内已公开的专利申请进行周密的检索、比对，排除冲突或重复的可能。除了加强法律意识和保护意识之外，真正掌握核心技术是一个企业长远发展的基石，因为只有进一步提升专利的研发、申请、授权质量和数量，特别是提升发明专利的质量和数量，才是真正意义上的自主创新，才能真正实现从中国制造到中国"智造"的质变与突破。

第1章

第2章

第3章

第4章

第5章

第6章

第7章

第8章

第9章

第10章

　　中国煤机产品具有完全自主知识产权的核心技术不多，很容易遭受无效、侵权指控，出口受到制约。因此，我们要想开拓国际市场，一方面需要加大自主知识产权项目的开发力度，重视科研力度，同时也应随时进行专利检索和市场调查，关注同行业生产制造商的知识产权和专利情况。

第7章　安全设备专利申请技术分析

7.1　安全设备全球专利分析

7.1.1　技术构成分析

图7-1-1反映了安全设备各技术分支的总体分布情况，在这四种关于煤矿安全的设备中，申请量相差不大。瓦斯作为煤矿安全的大敌，其不仅对人体有害，达到一定浓度后还会发生爆炸。但它也是一种可利用的能源，一直以来人们都很重视对瓦斯的处理，从瓦斯监测到瓦斯抽采，研发出许多新的设备。安全钻机可以用来探水、探瓦斯和进行瓦斯钻采，是煤矿安全设备的重要组成部分。煤矿内的救生舱可以暂时给矿工提供一个安全的临时场所，通过能够定位矿工的救援系统再对矿工进行施救。此外，有些煤矿还可以设置一些救生管道等救援设备。

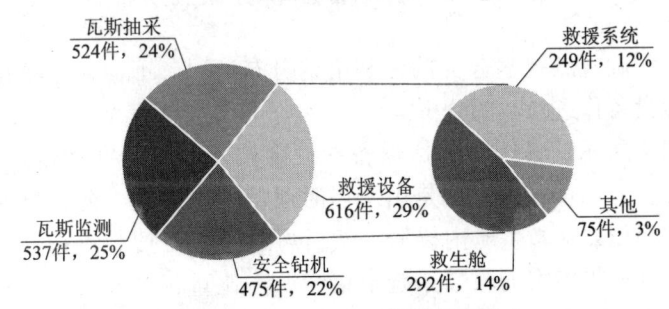

图7-1-1　安全设备技术构成

从图7-1-2中可以看出各种安全设备的发展历程，安全设备的四个技术分支发

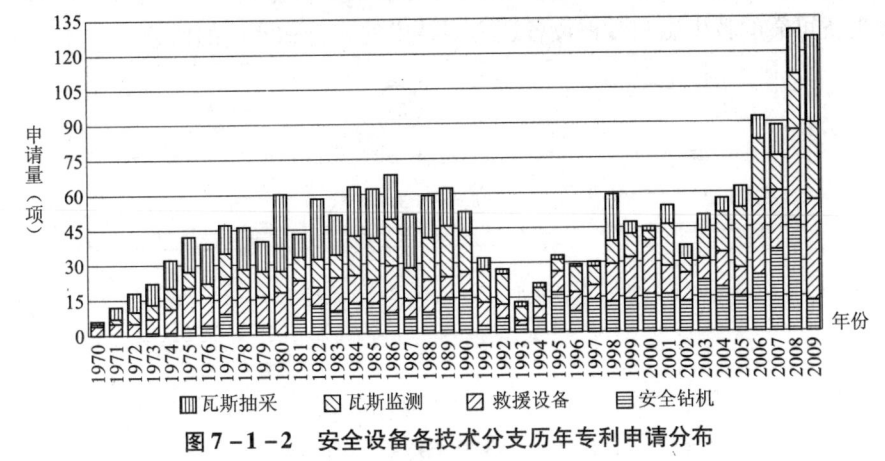

图7-1-2　安全设备各技术分支历年专利申请分布

展比较均衡，相对于其他煤矿机械，安全设备受苏联解体影响较小，除 1991～1995 年申请量有所减少外，其他时段申请量比较平均。

由图 7-1-3 可知，在安全设备的四个技术分支中，德国的救援设备比例最大，日本的瓦斯监测比例较大，而前苏联的四个分支申请比较平均，德国的安全钻机较少，美国则是瓦斯监测较少。

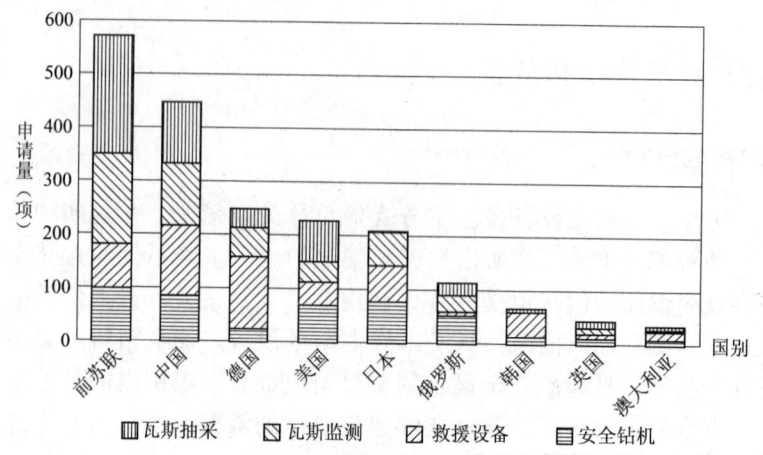

图 7-1-3 安全设备各技术分支国别分布

为了进一步明确重点技术分支的专利申请分布情况，下面对申请量较大、受关注程度较高的救援设备作进一步的分析。

如图 7-1-4 所示，各国对救援设备的三个技术分支研究侧重点不同：前苏联、捷克对救生舱的研究比重最大，这是由于当时通信还不发达，能够自动搜救的救援系统还比较少，主要依靠在救生舱内躲避，然后再通过人工搜救进行救援；而美国、日本、德国、澳大利亚等国家的救援系统申请量所占比重相对较大，这些国家技术相对来说比较成熟，拥有较完善的救援系统，救生舱再配备救援系统，可大大减少矿难伤亡人数；中国目前煤矿内的救援设备还不完善，随着国家对于煤矿安全的重视以及一些法规的完善，最近对救生舱和救援系统的研制较多，专利申请也较多，但要所有煤矿内都配备可靠的救生舱和救援设备还需要技术的完善和严格的监管。

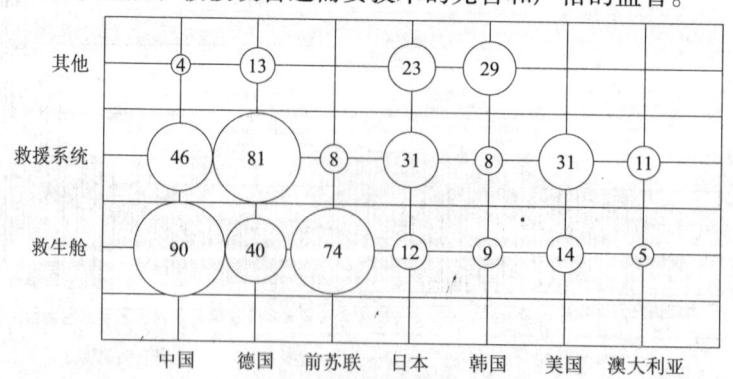

图 7-1-4 救援设备的各技术分支国别分布情况

因为安全设备的技术需求和功效大多是围绕安全的，而且安全设备的几个技术分支之间差别较大，因此不对其进行技术需求和功效分析。

7.1.2 重要申请人分析

表7-1-1中列出了安全设备申请量排名前10位的主要申请人。

表7-1-1 安全设备申请量排名

排名	申请人	国籍	申请量（项）
1	斯科钦斯基矿业研究所（SKMI）	前苏联	51
2	MINE RESCUE INST（MINE-R）	前苏联	38
3	MINE SAFETY RES INST（MINK）	前苏联	35
4	MOSC MINING INST（MOMG）	前苏联	33
5	CDX 天然气有限公司（CDXG-N）	美国	32
6	DON MINE CONS DES（DONE-R）	前苏联	32
7	MAKEEVKA MINE SAFET（MAKE-R）	前苏联	31
8	BERGWERKSVERBAND GMBH（BERG）	德国	22
9	AS UKR GEOTECH MECH INST CONS BUR（AUGD）	前苏联	19
10	AN USSR MINERAL DEPOSITS DEVEL INST（ASMI-R）	前苏联	19

由表7-1-1可知，在安全设备领域专利申请方面，前苏联仍占据巨大优势，在申请量排名的前10位中共有8家前苏联企业。但是，前苏联的专利申请仅限于本国，如果按照向两局以上提出专利申请的申请人排名，则没有特别突出的申请人，除了排在第1位的CDX天然气有限公司有18项申请，相对较多外，排名第2位的申请人也只有5项申请。因此，安全设备领域申请人比较分散，其原因在于从事安全设备研究的企业多，而专门从事这项研究且实力强的企业较少。

由于安全设备的技术集中度并不高，因此，仅选取两个申请量相对较多、且向两个以上国家申请专利较多的申请人进行分析。

7.1.2.1 CDX 天然气有限公司

由图7-1-5可以看出，CDX天然气有限公司的专利申请从1998年开始持续至今。其申请主要集中在瓦斯抽采，申请量在1998年最多，之后申请量一直较少，特别是2004~2007年之间未检索到瓦斯抽采方面相关的专利。

表7-1-2显示了CDX天然气有限公司在全球各主要市场的专利申请

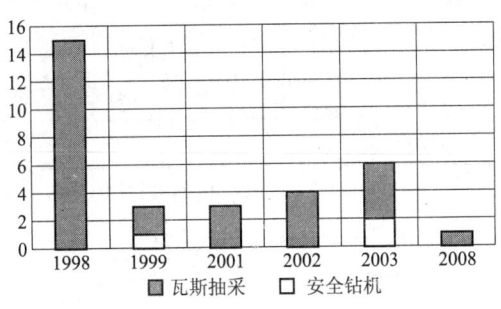

图7-1-5 CDX 天然气有限公司在各技术分支的专利申请分布

分布情况。从该表中可以看出，CDX 天然气有限公司的专利申请地以美国为主，除本国外，在澳大利亚、中国、德国、南非和俄罗斯也有程度不同的申请。

表 7 - 1 - 2　　CDX 天然气有限公司在各主要市场的专利申请分布情况　单位：件

申请日	澳大利亚	中国	德国	美国	南非	俄罗斯
1998	1	1	1	15	0	0
1999	0	0	0	1	0	1
2001	2	2	0	3	1	2
2002	4	2	2	3	2	0
2003	4	2	1	6	1	0
2008	0	0	0	1	0	0

7.1.2.2　BERGWERKSVERBAND GMBH（以下简称"BERG"）

表 7 - 1 - 3 显示了 BERG 在安全设备各技术分支上的专利申请分布情况。1990 年以后就没有再申请。从该表中可以看出，BERG 专利申请主要集中在救援设备和瓦斯抽采设备，而在瓦斯监测设备和安全钻机领域只有少量申请。但同时也可以看出，BERG 作为一个综合性的企业，其涉足煤矿机械的各个领域。安全设备作为该企业的一部分，其研究也只是满足其成套化设备的需求。

表 7 - 1 - 3　　BERG 在各技术分支的专利申请分布情况　　　　单位：件

申请日	安全钻机	救援设备	瓦斯监测	瓦斯抽采
1971 ~ 1974	0	3	0	0
1975 ~ 1978	1	2	0	3
1979 ~ 1982	0	5	0	1
1983 ~ 1986	0	2	1	0
1987 ~ 1990	0	3	0	0

表 7 - 1 - 4 显示了 BERG 在全球各主要市场的专利申请分布情况。由该表可以看出，BERG 的专利申请主要集中在德国本土，在美国、英国和比利时也有少量的申请。可见在安全设备领域，BERG 对于国外市场关注较少。

表 7 - 1 - 4　　BERG 在各主要市场的专利申请分布情况　　　单位：件

申请日	比利时	德国	英国	美国
1971 ~ 1974	0	3	0	0
1975 ~ 1978	1	2	0	3
1979 ~ 1982	0	5	0	1
1983 ~ 1986	0	2	1	0
1987 ~ 1990	0	3	0	0

7.2　安全设备中国专利申请技术分析

2000 年 1 月 11 日，国家煤矿安全监察局组建以来，围绕着加强煤矿安全基础工作，作出了一系列的努力。《安全生产法》《煤矿安全监察条例》《煤矿安全规程》和《煤矿安全生产基本条件规定》等法律法规和规章的颁布实施，为提高办矿标准，严格安全条件，深入开展煤矿质量标准化工作，提供了法律依据；关闭整顿小煤矿和煤矿安全专项整治的深入进行，有效地遏制了非法开采、违法违规生产现象，为煤矿企业开展质量标准化工作创造了有利的外部环境；瓦斯治理十二字方针的提出和贯彻实施，明确了现阶段煤矿企业质量标准化工作的重点；煤矿安全监察执法力度的不断加大，促使各类煤矿改进安全管理，加强基础工作。与此同时，中国煤炭工业协会也围绕着煤矿质量标准化工作，在调查研究、指导推动、协调服务以及修订完善安全质量标准、总结推广典型经验等方面，也做了大量的富有成效的工作。关于安全设备的专利申请也快速增长。

在本节中，将特别针对安全设备的中国专利申请进行分析，这主要是出自两方面的考虑：首先，中国申请人相对更加重视中国专利申请的情况；其次，安全设备作为煤矿开采的重中之重，国家和企业都非常重视。此外，在安全设备的各技术分支中，救援设备作为现在中国研究的热点，在市场上占有很大比重，因此，本节将对救援设备进行深入的分析。中国专利申请包括发明、实用新型和外观设计，实用新型数量较大，但发明能更好地反映技术信息，因此，本节的分析中，将重点对发明专利进行分析。

7.2.1　技术构成分析

图 7 - 2 - 1 显示了在安全设备领域中国专利申请中各技术分支所占的比例，从该图中可以看出，各技术分支中国专利申请中的权重与外国专利申请中的情况较为类似，中国的救援设备近几年申请量较大，但救援系统所占比例相对全球比例偏小。

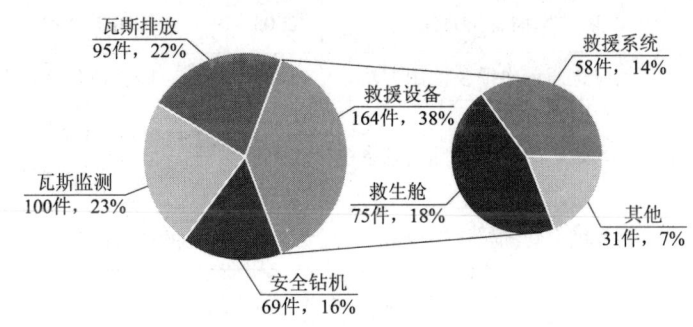

图 7 - 2 - 1　安全设备各技术分支中国专利申请量比例

考虑到救援设备的重要地位，下面针对救援设备的中国专利申请作进一步研究。

表7-2-1显示了救援设备各技术分支的申请发展状况，最近几年，救援设备的各技术分支申请量都有快速增长，一方面，国家对煤矿安全比较重视，另一方面，中国的科学技术的发展，特别是自动化程度的提高，也推动了救援设备的发展。

表7-2-1　救援设备各技术分支的中国专利申请历年走势　　单位：件

申请日	救生舱	救援系统	其他
1985～1989	0	2	1
1990～1999	0	0	0
2000～2004	2	2	2
2005	1	4	0
2006	2	5	1
2007	5	8	2
2008	14	5	3
2009	9	10	8

7.2.2　国外申请人的申请状况分析

在安全设备领域，国外申请人在中国申请专利并不多，而且很多国外申请人的专利已经失效，而这些专利的有些技术仍然具有借鉴意义。针对安全设备领域，表7-2-2列出了国外申请人在中国申请的发明专利中失效的专利。

表7-2-2　安全设备中国专利国外申请人失效专利列表

申请号	发明名称	申请日	申请人	国省
200310110890	矿井生命支持系统	2003	DBT公司	德国
88107810	矿用应急通信电缆及使用方法	1988	斯托拉尔公司	美国
201110042895	基于GIS的矿山安全管理信息系统	2011	杰拉尔德·约翰·内斯；杰弗里·艾伦·惠特克	澳大利亚
90101601	钻岩机中装卸钻杆的设备	1990	欧伊坦佩尔拉公司	芬兰

7.2.3　主要申请人排名

表7-2-3显示了安全设备领域的申请人排名情况。其中的个人申请人杜志刚为阳泉市新鑫科技研究所有限责任公司董事长。

表7-2-3 安全设备的申请人排名情况

排名	申请人	发明（件）	实用新型（件）	合计
1	中国矿业大学	20	13	33
2	杜志刚	14	1	15
3	河南理工大学	13	9	22
4	煤炭科学研究总院重庆分院	11	10	21
5	淮南矿业（集团）有限责任公司	10	36	46
6	煤炭科学研究总院西安分院	7	11	18
7	天津市天矿电器设备有限公司	6	9	15
8	黑龙江龙煤卓异救援装备科技有限公司	5	7	12
9	三一重装	5	5	10
10	山东省科学院激光研究所	5	1	6
11	重庆科技学院	4	11	15
12	山东理工大学	4	5	9
13	郑州市光力科技发展有限公司	4	4	8
14	重庆大学	4	1	5
15	辽宁工程技术大学	2	13	15

由表7-2-3可以看出，与其他煤矿机械不同，在安全设备领域，申请人中高校、研究机构较多，企业相对较少，可见，中国的主要煤矿机械企业在安全设备领域涉足较少，除三一重装外，排名前15位的申请人中未见主要煤机企业。企业可以与这些高校、研究机构合作，实现高校、研究机构技术成果产业化。

7.2.4 中国发明专利申请授权和有效统计

从表7-2-4可知，在安全设备已经授权的申请中，申请人比较分散，中国矿业大学的有效专利最多，也只有5项。而其他公司，特别是中国公司，由于近两年申请量较大，所以大部分发明专利还处在未决的状态。但中国发明人专利授权后，保持有效的比例较高。

表7-2-4 安全设备发明授权及有效统计　　单位：件

申请人	申请量	未决量	授权量	有效量	有效量比例
中国矿业大学	20	14	6	5	83.3%
杜志刚	14	10	0	0	0
河南理工大学	13	9	4	4	100%
煤炭科学研究总院重庆分院	11	10	1	1	100%

续表

申 请 人	申请量	未决量	授权量	有效量	有效量比例
淮南矿业（集团）有限责任公司	10	7	3	3	100%
煤炭科学研究总院西安分院	7	5	1	1	100%
天津市天矿电器设备有限公司	6	6	0	0	0
黑龙江龙煤卓异救援装备科技有限公司	5	5	0	0	0
三一重装	5	5	0	0	0
山东省科学院激光研究所	5	2	3	3	100%
重庆科技学院	4	0	4	4	100%
山东理工大学	4	4	0	0	0
郑州市光力科技发展有限公司	4	3	1	1	100%
重庆大学	4	1	3	3	100%
辽宁工程技术大学	2	1	0	0	0

7.2.5 被关注专利

安全设备的几个技术分支之间联系较小，而且国内外技术发展不同，中国煤矿具有自己的特点和相关法规；而目前中国的研究热点在于救援设备中的救生舱。因此，本节针对中国的救生舱进行被关注专利分析。检索到救生舱的发明专利如表7-2-5所示。

表7-2-5　救生舱的有效和未决发明专利列表

申请号	发明名称	申请年份	申请人	法律状态
200510045795	防冲击屋的构筑方法	2005	上海鹏燕矿业安全设备制造有限公司	授权（有效）
200810011931	隔绝式避难室包装箱	2008	林立荣	授权（有效）
200810011932	隔绝式避难仓	2008	金木根	授权（有效）
201010155880	煤矿井下可移动式救生舱舱内生存环境控制系统	2010	王雅君	未决
201010154588	矿用破障救援设备	2010	中煤第三建设（集团）有限责任公司三十工程处	未决
201110009688	多功能旋转救生器	2011	中国航天科技集团公司第五研究院第五一〇研究所	未决

续表

申请号	发明名称	申请年份	申请人	法律状态
200910166302	球形内支撑式矿工救生舱结构	2009	河南城建学院	未决
201110058096	矿用无限量供给式救生舱	2011	河南理工大学	未决
201110134827	矿井应急救生舱	2011	王新展	未决
200910262689	矿用抗灾救生舱	2009	王新展	未决
201010550221	矿用救生舱温度调节装置	2010	黑龙江龙煤卓异救援装备科技有限公司	未决
201010550217	矿用救生舱生命管	2010	华中科技大学	未决
200710114363	积木式矿用安全室	2007	荆州思创科技开发有限公司	未决
201110070370	一种矿山用隔爆型快速移动泵站	2011	武汉电信器件有限公司	未决
200710148650	分体连通式应急救生舱	2007	中铁第四勘察设计院集团有限公司	未决
200810180099	井下应急救援指挥车的使用方法	2008	湖南师范大学	未决
200810180331	移动避难车	2008	周泉清；周柏林	未决
200810180336	井下应急救援指挥车	2008	李景海	未决
200810181074	移动避难车使用方法	2008	长春长龙塑料制品有限公司	未决
201110038757	电动应急救援车	2011	东南大学；南京久鼎制冷空调设备有限公司	未决
201010289284	投放式矿用自救器	2010	范梦恒	未决
201010240687	一种逃生设备	2010	蔡建；殷克	未决
201010135286	用于煤矿或隧道中的安全逃生器	2010	李飞；肖洋	未决
201010525759	一种用于矿用可移动式救生舱的空气净化与温度调节系统	2010	中国瑞林工程技术有限公司	未决
200910306711	矿井灾害的预警及防护装置	2009	江西省煤炭工业科学研究所；南昌通宝科技有限公司	未决
200910308503	矿井灾害临时避难装置	2009	丹东东方测控技术有限公司	未决
200810008065	煤矿及矿井（道）逃生系统	2008	辽宁卓异科技有限公司	未决
200810034080	井下排险救生舱	2008	辽宁卓异科技有限公司	未决

续表

申请号	发明名称	申请年份	申请人	法律状态
200810011928	隔绝式避难系统用主动式送风装置	2008	三一重装	未决
200810011930	隔绝式避难系统	2008	三一重装	未决
200910089163	一种矿用救生舱应急制冷系统及实施方法	2009	煤炭科学研究总院沈阳研究院	未决
201010202307	一种密封型易拆解有源保障的救生舱	2010	刘福先	未决
201010527994	矿用智能行走逃生舱	2010	潘波	未决
201010528036	一种智能行走逃生舱的舱壳体	2010	杨子祥	未决
201010530963	井下避难所之供氧装置	2010	煤炭工业济南设计研究院有限公司	未决
201010531040	用于井下避难所的气体洗涤系统及洗涤方法	2010	青岛磐石生命科技股份有限公司	未决
201010531054	井下避难所之降温除湿系统	2010	青岛市兰青环保工程有限公司	未决
201010556357	井下避难所之压风系统	2010	山东天野塑化有限公司	未决
201010556549	矿用可移动式救生舱	2010	兖州煤业股份有限公司	未决
201110099206	坦克式井下避难硐室	2011	杜志刚	未决
201110086942	矿用可移动式救生舱舱体密封结构	2011	杜志刚	未决
201110020325	避难硐室的空气净化装置	2011	杜志刚	未决
201110020338	矿用避难硐室的降温除湿装置	2011	杜志刚	未决
201110020347	矿用可移动式救生舱的降温除湿装置	2011	孙利民	未决
201010565171	全防型煤矿用移动救生舱	2010	山西潞安环保能源开发股份有限公司；北京科技大学	未决
201010104515	矿用应急避难装置	2010	西安科技大学	未决
200810010796	一种矿用避难舱	2008	西安新竹防灾救生设备有限公司	未决

续表

申请号	发明名称	申请年份	申请人	法律状态
201110033056	一种矿难用升降救生舱	2011	黄志燕；李玲	未决
201110040845	一种矿难救生系统及方法	2011	黄志燕；李玲	未决
201110041043	一种避难硐室结构	2011	上海市基础工程公司	未决
201010556953	一种避难舱无电力驱动降温除湿装置	2010	上海中为智能机器人有限公司	未决
201010556954	一种可移动分体式避难舱	2010	上海市隧道工程轨道交通设计研究院	未决
201010559751	一种救生舱用气体稀释净化装置	2010	上海市隧道工程轨道交通设计研究院	未决
201010559763	一种救生舱用供电装置	2010	邹海	未决
201010616385	一种可移动分体式避难舱压风系统供氧装置	2010	谢萌	未决
201010617583	一种可移动分体式避难舱紧急逃生门	2010	煤炭科学研究总院重庆研究院	未决
201010276758	一种矿用救生舱的密封门	2010	徐克林	未决
200910021408	一种井下便携式避难装置	2009	天津市天矿电器设备有限公司	未决
201010624466	一种深井救援装置	2010	天津市天矿电器设备有限公司	未决
201110080599	一种用于矿用可移动式救生舱的空气冷却系统	2011	天津市天矿电器设备有限公司	未决
200910089206	一种用于煤矿的可移动式应急救生舱的通讯一体化装置	2009	天津市天矿电器设备有限公司	未决
201010260416	煤矿井下救生舱座便器	2010	张信耀	未决
201110032276	一种具有双重保障功能的煤矿井下避难硐室	2011	宁波华缘复合新材料有限公司	未决
200980102926	自含式避难硐室	2009	华夏防爆电气有限公司	未决

　　现在已经有一些公司开始对救生舱进行研发和生产，其中有些申请人是个人，但有些个人是企业的法人代表或负责人，例如其中的杜志刚。国家现在虽然还未对救生舱强制要求，但 2010 年 10 月 19 日，国家安全生产监管总局局长骆琳在一次会议上提

第1章

第2章

第3章

第4章

第5章

第6章

第7章

第8章

第9章

第10章

出，要加快强制推行井下救生舱、避险硐室等先进装备，并限期完成。事实上，在 2010 年 7 月 19 日，国务院已发文强制要求各地完善和修建避难所等安全设施。当日下发的《国务院关于进一步加强企业安全生产工作的通知》要求，煤矿、非煤矿山要安装井下人员定位系统、紧急避险系统、压风自救系统等技术装备，并于 3 年之内完成❶。因此，个别企业已经走在前面，对救生舱进行了研发、生产，并通过了煤矿安全认证。

---

❶ 安监总局：强制建立井下避难所并限期完成［EB/OL］. （2010 − 10 − 22）（2011 − 10 − 20）http：//epaper. xxcb. cn/xxcba/html/2010 − 10/22/content_2356229. htm.

第1章

第2章

第3章

第4章

第5章

第6章

第7章

第8章

第9章

第10章

第8章 出口目标市场专利分析

当今世界煤炭生产国中，中国排名第一，其煤炭产量占到了全球的将近50%，但其他市场也不容忽略，中国企业可以发挥自己的技术优势，开拓国外煤矿机械市场。

如表8-1-1所示，2010年，全球共有10个国家煤炭产量超亿吨，十国的产量合计为65.22亿吨，占全球产量的89.7%。除中国外，其余国家分别为：美国9.85亿吨，同比增长2.1%；印度5.70亿吨，同比增长2.5%；澳大利亚4.24亿吨，同比增长2.9%；俄罗斯3.17亿吨，同比增长4.7%；印度尼西亚3.06亿吨，同比增长19.4%；南非2.54亿吨，同比增长1.3%；德国1.82亿吨，同比下降1.5%；波兰1.33亿吨，同比下降1.6%；哈萨克斯坦1.11亿吨，同比减少9.2%。从排名情况看，与2009年相比没有变化。[1]

表8-1-1 2010年世界煤炭产量排名情况[2]　　　　单位：百万吨

排名	地区	2005	2006	2007	2008	2009	2010	比2009增长	占世界比重
1	中国	2349.5	2528.6	2691.6	2802.0	2973.0	3240.0	9.0%	48.3%
2	美国	1026.5	1054.8	1040.2	1063.0	975.2	984.6	2.1%	14.8%
3	印度	428.4	449.2	478.4	515.9	556.0	569.2	2.5%	5.8%
4	澳大利亚	375.4	382.2	392.7	399.2	413.2	423.9	2.9%	6.3%
5	俄罗斯	298.3	309.9	313.5	328.6	301.3	316.9	4.7%	4.0%
6	印度尼西亚	152.7	193.8	216.9	240.2	256.2	305.9	19.4%	5.0%
7	南非	244.4	244.8	247.7	252.6	250.6	253.8	1.3%	3.8%
8	德国	202.8	197.1	201.9	192.4	183.7	182.3	-1.5%	1.2%
9	波兰	159.5	156.1	145.9	144.0	135.2	133.2	-1.6%	1.5%
10	哈萨克斯坦	86.6	96.2	97.8	111.1	100.9	110.8	9.2%	1.5%

结合世界煤炭主要生产国的产量情况和煤矿机械领域的专利申请地排名情况，并综合考虑各国的煤炭开采和使用政策的变化，将澳大利亚、南非、加拿大、印度作为

---

[1] 数据显示中国煤炭产销量占全球比重近一半 [EB/OL]. (2011-06-22) [2011-10-20] http://news. cntv. cn/20110622/110601. shtml.

[2] BP世界能源统计报告2011. [EB/OL]. [2011-10-20] http://www. bp. com/liveassets/bp_internet/china/bpchina_chinese/STAGING/local_assets/downloads_pdts/BP energy2011. pdf.

中国煤矿机械的出口目标市场和专利申请目标地进行研究。

8.1 澳大利亚专利申请分析

澳大利亚煤炭资源丰富，已探明储量 762 亿吨，占全世界 9.2%，位居世界第四，产量位居世界第三，出口居全球第一。2009～2010 财年生产原煤总量 5.4 亿吨，同比增长 7.3%。其煤炭消费已趋于平稳，产业结构相对成熟。澳大利亚约 75% 的发电来自于煤炭，煤炭在能源消费结构中占比为 40% 左右。煤炭资源的开采优势使得相关的煤矿机械具有较大的需求，主要的煤机制造企业均重视在澳大利亚的专利申请，30 年来在掘进机械、采煤机械、液压支护设备、井下运输设备领域都有专利申请，其具体申请趋势可参见图 8 - 1 - 2。可见，澳大利亚的煤矿机械专利申请趋势与同时期全球专利申请趋势基本一致。

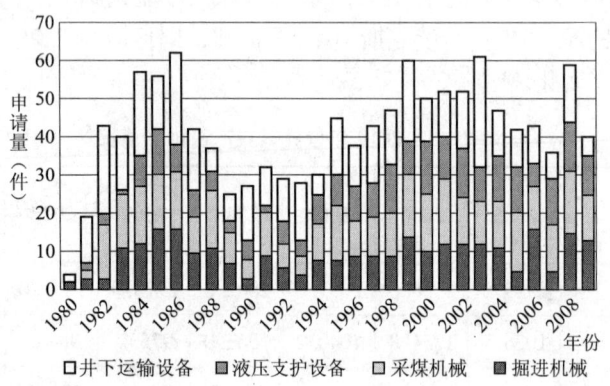

图 8 - 1 - 2　煤矿机械领域澳大利亚专利申请历年分布情况

8.1.1 采煤机械澳大利亚专利申请分析

从 1980～2009 年间澳大利亚作为申请地的申请量是其作为申请人国家的申请量的 7 倍，达到 335 件，并且申请量处于基本稳定的状态，特别是滚筒采煤机近年来发展势头良好，参见图 8 - 1 - 3。

由图 8 - 1 - 4 可知，在采煤机械领域，美国是在澳大利亚申请专利最多的国家，其次是德国，这两个国家的申请都超过了澳大利亚本国的申请，这两个国家都拥有大型的煤机制造企业，技术实力雄厚。另外，英国在澳大利亚的申请与澳大利亚的持平，占有相当的份额。而中国申请人的申请较少，不足 1%。

如图 8 - 1 - 5 所示，在澳大利亚的专利中，滚筒采煤机占据了 76%，而其他的采煤机份额较少。在滚筒采煤机中，工作机构和辅助装置占据的比例较大，这也是技术先进的国家所擅长的，而其他方面所占比例最少。

8.1.2 液压支护设备澳大利亚专利申请分析

由于澳大利亚是煤炭产量大国，但在该国家的专利申请量并不大，因此在澳大利

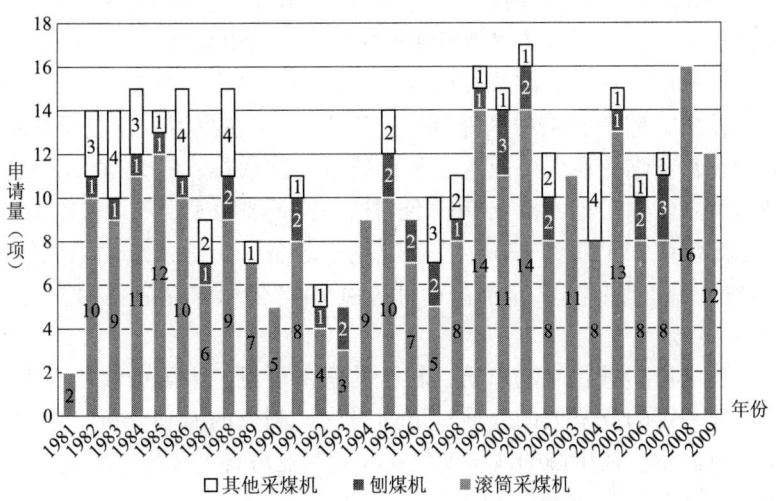

图 8 - 1 - 3 采煤机械澳大利亚专利申请分布

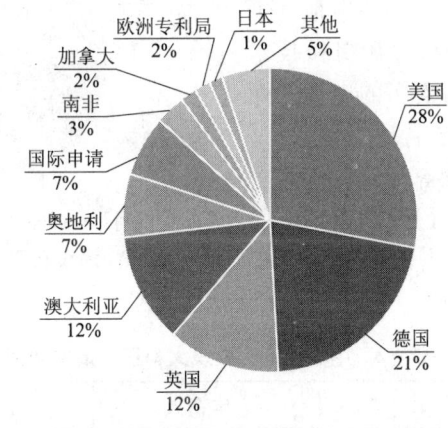

图 8 - 1 - 4 采煤机械澳大利亚专利申请的国别分布

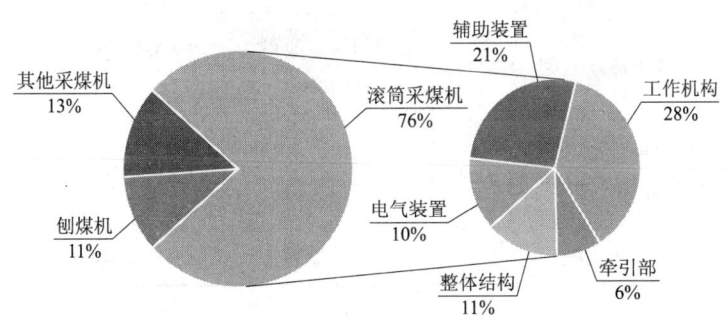

图 8 - 1 - 5 采煤机械澳大利亚专利申请分布情况

第1章
第2章
第3章
第4章
第5章
第6章
第7章
第8章
第9章
第10章

357

亚进行专利申请或出口的可行性较大，例如山东兖矿集团向德国 DBT 公司签约转让使用一项采煤专利技术，这是中国煤炭行业首次向国外输出采煤技术。

这一采煤技术即"两柱式综采放顶煤液压支架"技术，是兖矿集团综采放顶煤生产工艺的核心技术，拥有多项中国专利，并于 2004 年在澳大利亚获得两项发明专利，是中国煤炭行业目前唯一在国外获得专利的技术。这项技术有效解决了目前世界厚煤层开采的技术难题。兖矿集团授予 DBT 公司这一技术非独家、不可转让的技术使用权，仅限许可为指定煤矿加工制作 126 组支架，用于装备一个综采放顶煤工作面。双方约定，在所生产的支架上标注双方企业标识，由 DBT 公司向兖矿集团支付技术转让使用费。❶

通过该成功出口、进行专利申请、转让的案例可见，中国的液压支架在国际竞争中还是可以具有一定的竞争力的。通过下面对澳大利亚的专利分析，希望能够给中国煤矿机械企业以启示，使中国的液压支架在澳大利亚占有更大的市场。

如图 8-1-6 所示，在澳大利亚申请专利的国家中，德国最多，占到了 31%，德国的液压支护设备企业多，实力强，在各个主要煤炭产国都进行了专利申请，美国、英国、南非这三个拥有煤矿机械技术的国家也在澳大利亚有相当多的申请，而澳大利亚本地申请人的申请只占到了 10%。说明在液压支护设备领域，各大企业都在积极在澳大利亚进行专利申请，而中国在这方面还太少，只有表 8-1-2 中的 8 项专利申请。

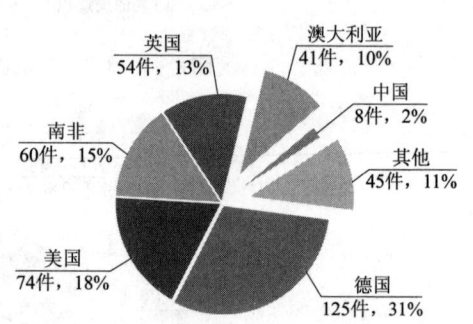

图 8-1-6　液压支护设备
澳大利亚专利国别分布

表 8-1-2　中国申请人在澳大利亚申请专利列表

序号	发明名称	申请日	申请人	同族专利
1	悬浮式液压支柱	2005	中国矿业大学	CN1752413A；WO2007051366A1；AU2005338009A1；US2009257831A1
2	综放工作面端头液压支架	2005	兖州煤业股份有限公司	ZA200507482；CN1786419A；AU2005227376A1
3	电液控制放顶煤方法及其液压支架	2004	兖州煤业股份有限公司	CN1786420A；AU2005242116A1
4	低位放顶煤液压支架	2003	兖矿集团	CN1526914A；AU2003271396A1

---

❶ "兖矿把采煤技术卖到德国 昨日与德国 DBT 公司签约转让专利技术，开创我国煤炭行业之先河［EB/OL］(2005-05-02) http://www.qingdaonews.com/content/2005-05/02/content_4644855.htm.

序号	发明名称	申请日	申请人	同族专利
5	自动控制的放顶煤支架	2001	兖矿集团	AU2314701A；CN2420422Y
6	提高煤矿综放工作面开采效益的工艺方法	2001	兖矿集团；兖州煤业股份有限公司	AU2314801A；CN1310285A
7	一种低位放顶煤液压支架	2000	兖矿集团	AU2767300A；CN1296116A
8	液压支柱的伸缩式支腿	1986	BLOOMFIELD R T	GB2172528A；AU5509286A；ZA8602195A

注：此表中数据是在澳大利亚公开并享有中国优先权的申请。

从表8-1-3中可以看出，主要申请都集中在兖矿集团和兖州煤业股份有限公司，其中，兖州煤业股份有限公司是兖矿集团控股的境内外上市公司，因为其要把液压支架销售到澳大利亚，才在澳大利亚进行了专利申请。剩下的一项是中国矿业大学，一项是个人申请。建议中国的液压支护设备企业在向海外出口前就进行专利申请，由此在出口时能够更具有优势：一方面获得技术上的认可，另一方面能够有效规避侵权风险。

由图8-1-7可知，在澳大利亚的专利中，液压支架占到一半，液压支柱的申请量也较大，占到了40%。在液压支架中，涉及控制的申请所占比例最大，这也是技术先进的国家所擅长的，而整体结构所占比例最少，中国煤机企业申请人最擅长的也正是架型的改进，因此可以考虑在澳大利亚液压支架中的架型领域进行申请。

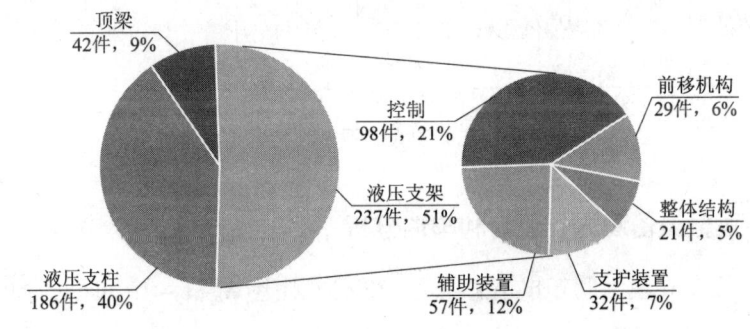

图8-1-7 液压支护设备澳大利亚专利各技术分支分布

由图8-1-8可知，在澳大利亚的液压支架专利中，从1990~2009年，专利申请主要集中在控制和辅助装置上，支护装置最少，前移机构和整体结构较少。

由图8-1-9可知，在澳大利亚的液压支架专利中，从1990~2009年，专利申请技术需求主要集中在自动化和可靠性上，高强度最少，大型化和高效率较少，这也和液压支架分支中，控制最多相吻合，而可靠性一直以来都是液压支架的主要技术需求，对液压支架效率的要求一般不高；高强度和大型化大部分通过对其整体结构的架型改进实现，这也印证了在澳大利亚液压支架的专利申请中关于整体结构的架型改进较少，中国煤机企业若要开拓澳大利亚液压支架市场可以从此入手。

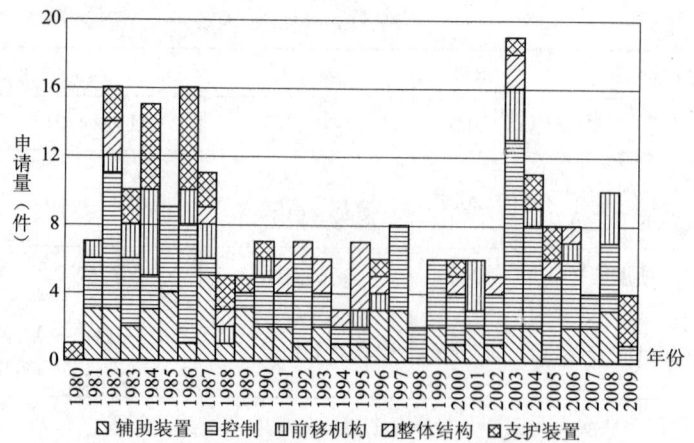

图8-1-8　液压支架澳大利亚专利各技术分支逐年分布

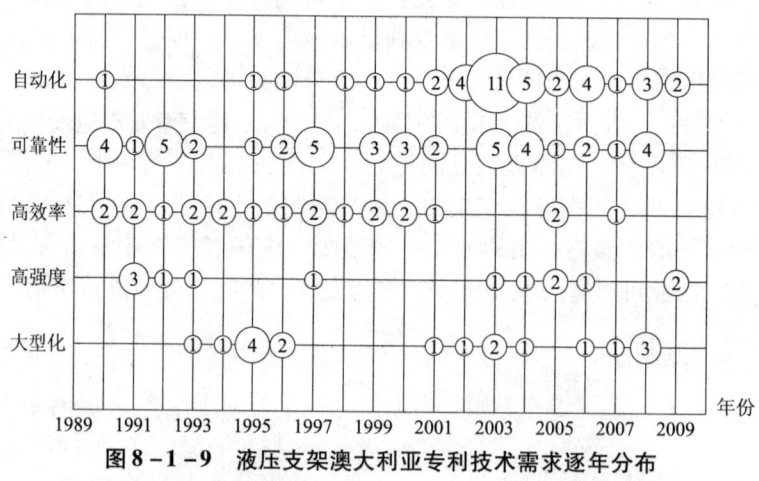

图8-1-9　液压支架澳大利亚专利技术需求逐年分布

8.1.3　井下运输设备澳大利亚专利申请分析

井下运输设备在澳大利亚申请总共有233件。由图8-1-10可知，澳大利亚的申

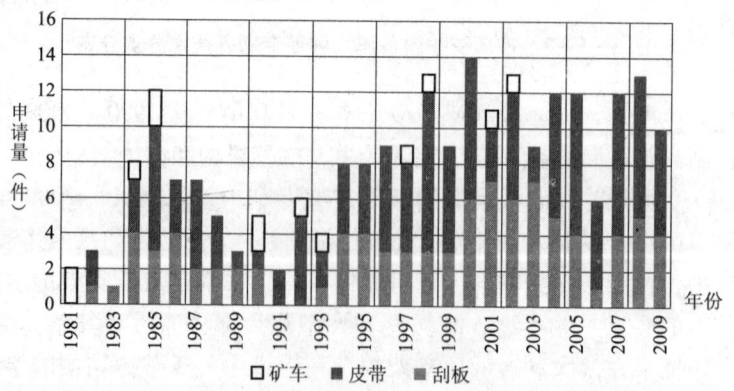

图8-1-10　井下运输设备澳大利亚专利申请历年分布

请发展趋势与全球申请量的发展趋势具有较为明显的差别；向澳大利亚的申请开始于1981年，20世纪80年代随全球申请量的增长几乎是同步增长，但是自1994年至今，申请量相对平稳，并维持在一个较高水平，甚至超过20世纪80年代的水平。这种趋势，与澳大利亚的煤炭的产量趋势基本上一致。

由图8-1-11可知，澳大利亚申请中，以德国和美国申请人的申请最多，德国的DBT公司和美国的久益公司的申请量最大，远远多于其他的申请人，而且申请多为年份较近的申请，很多已经获得授权并且专利权维持在有效。另外，澳大利亚本国申请占21%的比例，但是申请人较为分散，缺少有较多申请量的龙头企业。除此以外的其他国家或者公司，都未形成足够的申请量。因此，在新兴的煤炭出产地澳大利亚，德国DBT公司、美国久益公司具有较强的优势，这也与两家公司在全球的地位相符合。

井下运输设备在澳大利亚申请类型分布与全球申请量的发展趋势基本一致，皮带输送机的申请量稍多于刮板输送机申请量，二者都远超矿车的申请量。对于刮板输送机的技术分支，与中国申请不同的是，整体结构方面所占比例少，而对于溜槽、刮板、链等核心部件的申请较多。

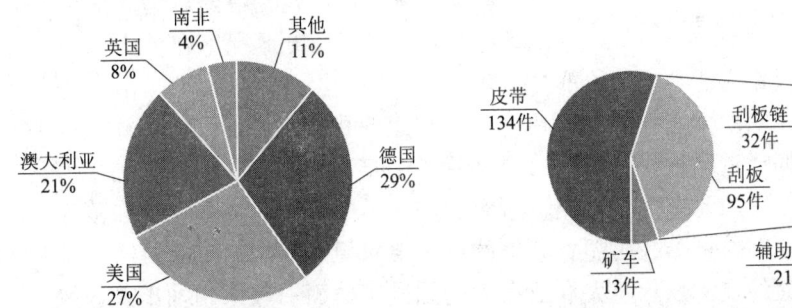

图8-1-11　井下运输设备澳大利亚专利申请的国别分布

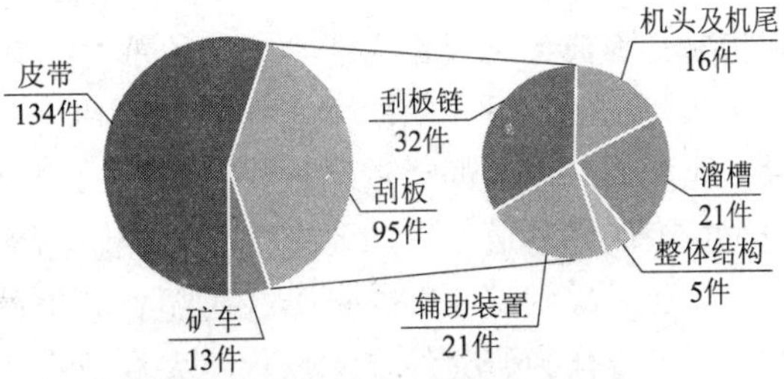

图8-1-12　井下运输设备澳大利亚专利申请的技术分支分布

8.1.4　掘进机械澳大利亚专利申请分析

在掘进机械领域，1980～2009年间澳大利亚作为申请地的申请量是其作为申请人国家的申请量的4倍，达到284件，并且申请量处于长年基本稳定的状态，参见图8-1-13。

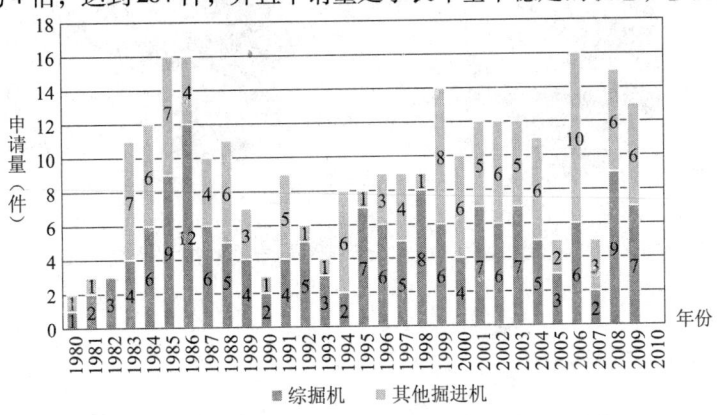

图8-1-13　掘进机械澳大利亚专利申请历年分布

澳大利亚近年来采用的采煤新技术主要有：边帮采煤系统、急倾斜采煤系统、连续采煤机、连续运输机以及索斗铲万能挖掘和排放系统等，因此在掘进机械领域并未呈现出申请量增长趋势。中国的掘进机械生产企业目前在中国大量申请专利，可以考虑借此机会在澳大利亚进行适量的专利申请，以拓展海外市场。

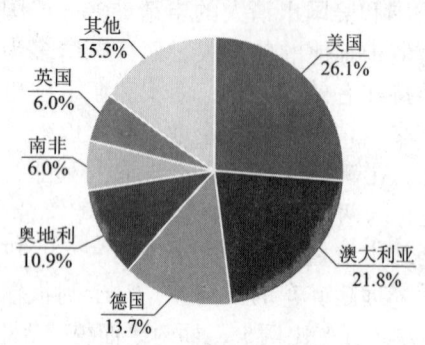

图 8 - 1 - 14　掘进机械澳大利亚专利申请的国别分布

由图 8 - 1 - 14 可知，在掘进机械领域，美国是在澳大利亚申请专利最多的国家，甚至超出了澳大利亚本国的申请量，其次是德国和奥地利，这三个国家都拥有大型的煤机制造企业，技术实力雄厚。另外，南非和英国在澳大利亚也有一定数量的申请。

中国神华集团、中煤能源、兖矿集团、皖北煤电等均在澳大利亚拥有不同规模的煤炭资源和采矿权。因而，中国煤矿机械产品在澳洲市场前景广阔。中国申请人应当注重研究美国、德国、奥地利等在澳大利亚的专利状况，将澳大利亚作为专利申请的重要国家。

澳大利亚地下开采的传统方法是采用房柱式和短壁式开采。但目前房柱式开采产量占地下矿总产量的比重已下降到 10% 以下，而综采产量快速增长。澳大利亚煤炭法规对井工矿井巷道掘进的要求非常严格，所有掘进巷道的尺寸、支护参数和顶板离层监测都必须得到矿业部的批准，对超宽巷道的掘进要求更加严格，因此机载支护和机载监测可以作为研究的技术点。澳大利亚煤矿的掘进工作面一般采用抽出式通风，因此降低工作面粉尘的技术也是值得研究的。掘锚一体化快速成巷技术在澳大利亚广泛应用，掘锚护一体机也是在澳大利亚专利申请的重点。图 8 - 1 - 15 显示了掘进机械澳大利亚专利申请的各技术分支所占比例，结合澳大利亚的煤炭法规和煤矿特点，可以更有利于明确在澳大利亚的专利申请和出口技术重点。

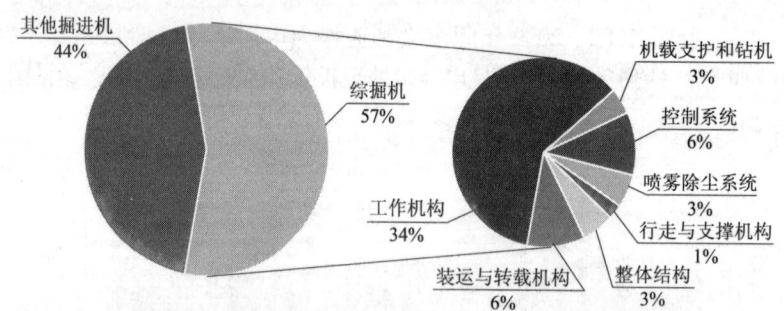

图 8 - 1 - 15　掘进机械澳大利亚专利申请的技术分支分布

8.2　南非专利申请分析

作为煤炭生产国，南非排名世界第 7 位，但作为煤炭出口国，它仅次于澳大利亚，世界排名第 2 位。20 世纪 80 年代后，南非的煤炭工业迅速发展。南非鼓励采矿业投资，为吸引外资制定了一系列优惠政策。因此，南非也是一个很大的煤矿机械使用国，是世界主要煤矿机械制造商的一个重要市场。

由图 8-2-1 可知，在南非的煤矿机械专利申请主要集中于 20 世纪七八十年代，进入 90 年代后申请量减少且维持在每年 20 件左右的水平。近些年，掘进机械、采煤机械、井下运输设备、液压支架的申请量差别不大。

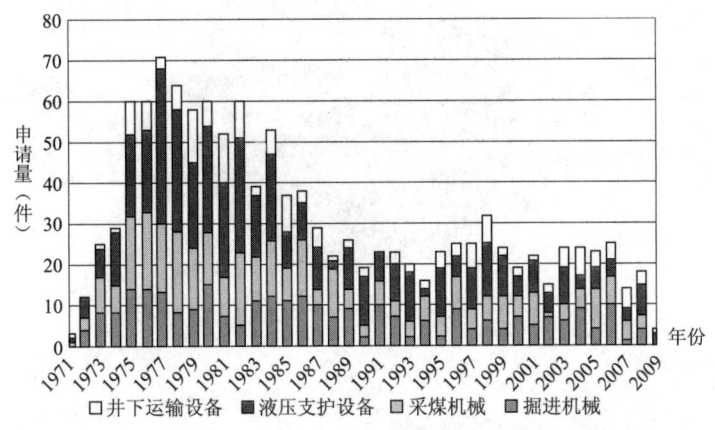

图 8-2-1 煤矿机械领域澳大利亚专利申请历年分布

8.2.1 采煤机械南非专利申请分析

在采煤机械领域，从 1971~2009 年间南非作为申请地的申请量是其作为申请人国家的申请量的 16 倍，申请量发展趋势可参见图 8-2-2。

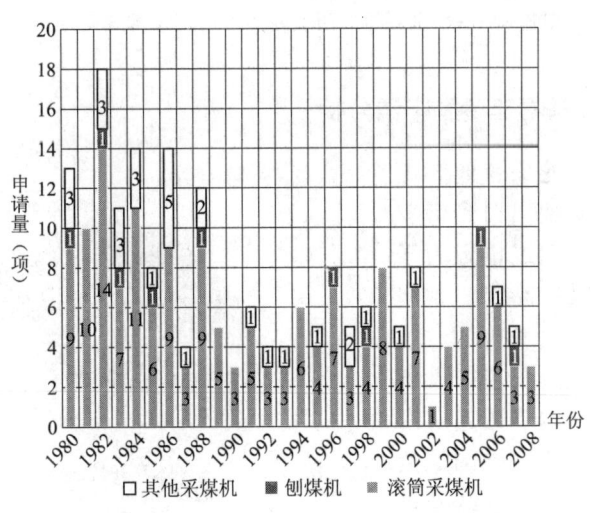

图 8-2-2 采煤机械南非专利申请历年分布

美国、德国两国在南非的专利申请量分列第 1、2 位，英国和奥地利紧随其后，参见图8-2-3。另外，图8-2-4显示了采煤机械领域南非专利申请的技术分布，滚筒采煤机是份额最大的采煤机械可供中国申请人在南非实施专利申请和产品出口参考。

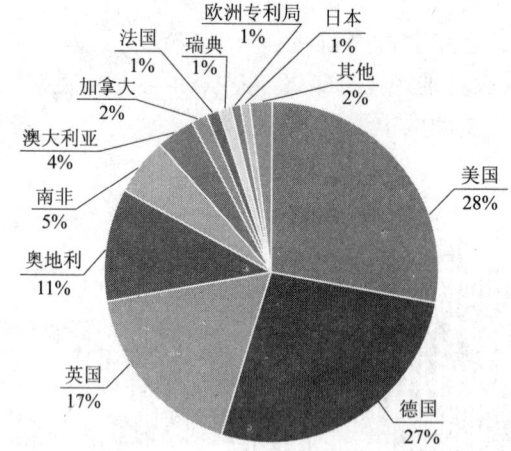

图8-2-3　采煤机械南非专利申请的国别分布

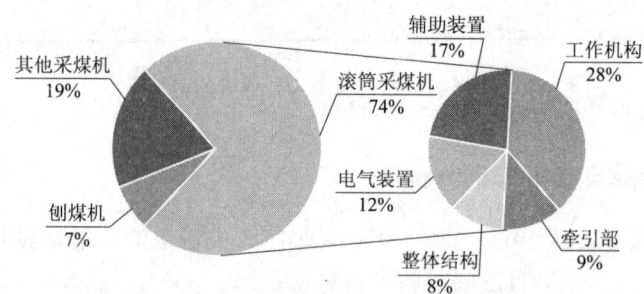

图8-2-4　采煤机械南非专利申请的技术分支分布

8.2.2　液压支护设备南非专利申请分析

液压支护设备的龙头企业郑煤机已将自己的液压支架出口到俄罗斯、土耳其等，郑州四维也致力于液压支架的出口，其产品出口到澳大利亚、俄罗斯、墨西哥等国。可见，在全球范围内，液压支护设备的潜在市场还很大，本节通过对南非的专利分析，希望能给中国的液压支护设备企业以启示，继续开拓海外市场。

由图8-2-5可知，在南非市场上，南非的本国的申请只占

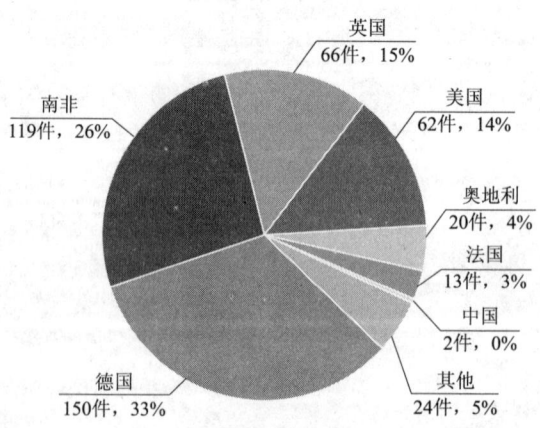

图8-2-5　液压支护设备南非专利国别分布

到了 26% ，所占比例最大的是德国的申请，其中 DBT 公司的申请占了很大比例，英国、美国在南非也有一定市场，其他国家则在南非专利申请较少，中国申请人在南非也只有两项专利申请，如表 8 - 2 - 1 所示。

表 8 - 2 - 1　中国申请人在南非申请专利列表

序号	发明名称	申请年份	申请人	同族专利
1	综放工作面端头液压支架	2005	兖州煤业股份有限公司	ZA200507482A；CN1786419A；AU2005227376A1
2	液压支柱的伸缩式支腿	1986	BLOOMFIELD R T	GB2172528A；AU5509286A；ZA8602195A

注：此表中数据是在澳大利亚公开并享有中国优先权的申请。

中国申请人在南非进行专利申请非常少，公司中只有兖州煤业股份有限公司有一篇专利，可见兖州煤业股份有限公司比较重视专利的国外申请，而中国的液压支护设备产量前几名的厂家在专利的国外申请方面还有很长的路要走，中国的液压支架要想真正走向世界，知识产权的保护是不可忽视有力武器。

由图 8 - 2 - 6 可知，在南非的液压支护市场上，主要的专利申请集中在液压支柱和液压支架上，而液压支柱的专利申请数量大于液压支架。

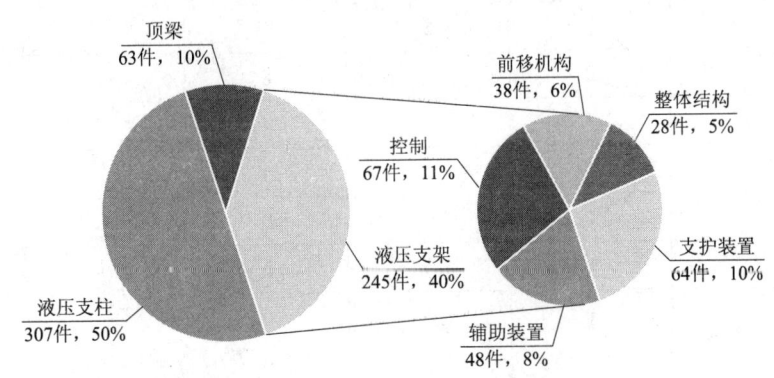

图 8 - 2 - 6　液压支护设备南非专利各技术分支分布

由图 8 - 2 - 7 可知，在 1973 ～ 1984 年，在南非的液压支架申请量最大，但也都在 20 件以下，之后至今，每年专利申请量都在个位数，可见，最近液压支架的申请人在南非的专利申请并不多，中国的液压支架生产厂家可以抓住机会，积极在南非市场申请。

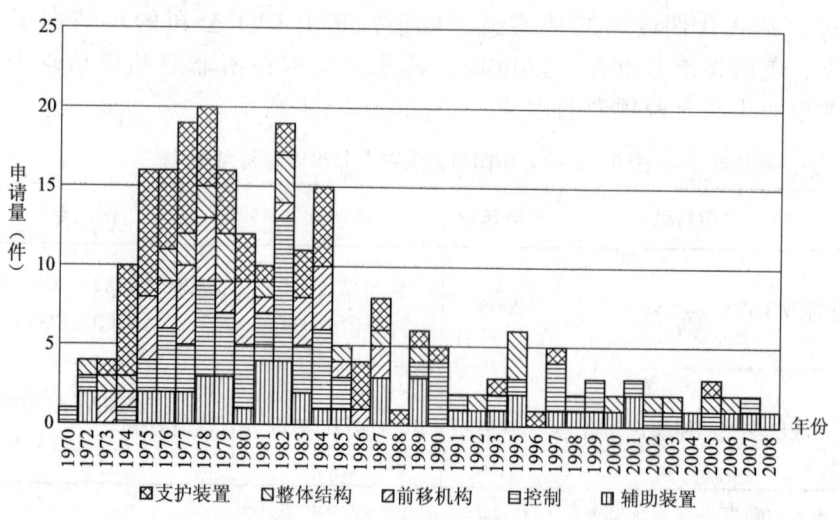

图 8－2－7　液压支架南非专利各技术分支逐年分布

表 8－2－2　液压支架南非专利技术需求逐年分布　　　　　　　单位：件

技术分支 年份	大型化	高强度	高效率	可靠性	自动化
1970～1975	2	1	13	10	9
1976～1980	21	3	15	29	15
1981～1985	9	8	14	21	8
1986～1990	2	0	8	11	3
1991～1995	3	2	4	3	1
1996～2000	1	1	4	4	3
2001	1	0	0	1	1
2002	1	0	0	0	1
2003	1	0	0	0	1
2004	0	1	0	0	0
2005	0	0	2	0	1
2006	1	0	0	1	0
2007	0	0	0	1	1
2008	0	0	0	1	0

　　在 1976～1982 年间，液压支架在南非的申请的技术需求主要集中在可靠性和大型化；而最近几年，自动化的需求加大。中国液压支架生产企业的电液控制技术虽然在国际上并不领先，但由于成本较低，因此在竞争中还是具有一定优势。

8.2.3　井下运输设备南非专利申请分析

由图 8 - 2 - 8 可知，井下运输设备在南非的申请总共有 160 件，其发展趋势与全球申请量的发展趋势基本一致；只是最近几年，申请量基本保持稳定，与全球的发展趋势出现偏差。

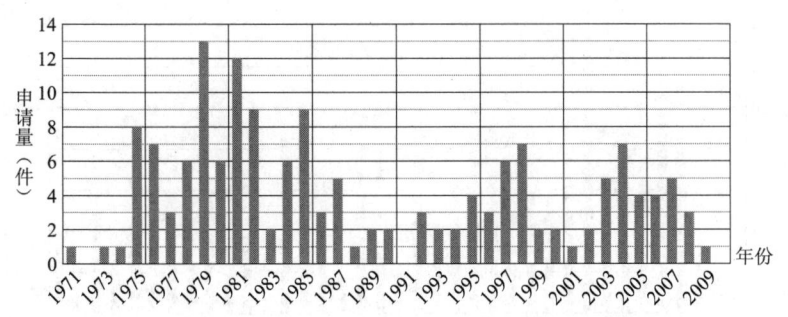

图 8 - 2 - 8　井下运输设备南非专利申请历年分布

由图 8 - 2 - 9 可知，在南非的申请中，以德国和美国申请人的申请最多，尤其是德国的维斯特法利亚制铁联合有限公司有 26 件申请，远远超过其他的申请人。另外，德国的 DBT 公司、美国久益公司、英国的煤炭公司、奥地利的奥钢联集团公司都具有一定数量的申请。而来自南非本国的申请，仅占 7% 的比例。

由图 8 - 2 - 10 可知，井下运输设备在南非申请类型分布与全球申请量的发展趋势基本一致，都是皮带输送机和刮板输送机申请量旗鼓相当，刮板输送机数量稍多，矿车的申请量较少。对于刮板输送机的技术分支，与中国申请不同的是，整体结构方面所占比例少，而对于溜槽、刮板、链等核心部件的申请较多。

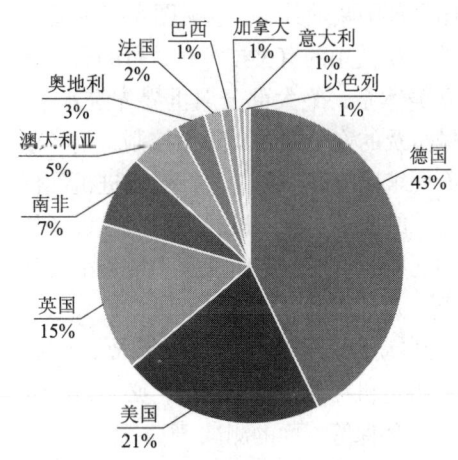

图 8 - 2 - 9　井下运输设备南非专利申请的国别分布

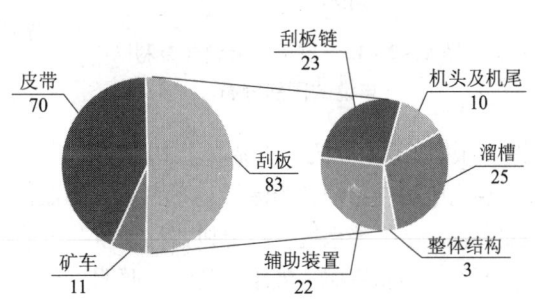

图 8 - 2 - 10　井下运输设备南非专利申请的技术分支分布

究其原因，中国企业在核心部件方面，从材料、工艺到加工设备，均与国际先进水平具有较大差距，因而在整体结构方面的改进多、而核心部件的改进少。

第1章　第2章　第3章　第4章　第5章　第6章　第7章　第8章　第9章　第10章

8.2.4 掘进机械南非专利申请分析

在掘进机械领域，从 1971~2009 年间澳大利亚作为申请地的申请量是其作为申请人国家的申请量的 7 倍，申请量趋势可参见图 8-2-11。

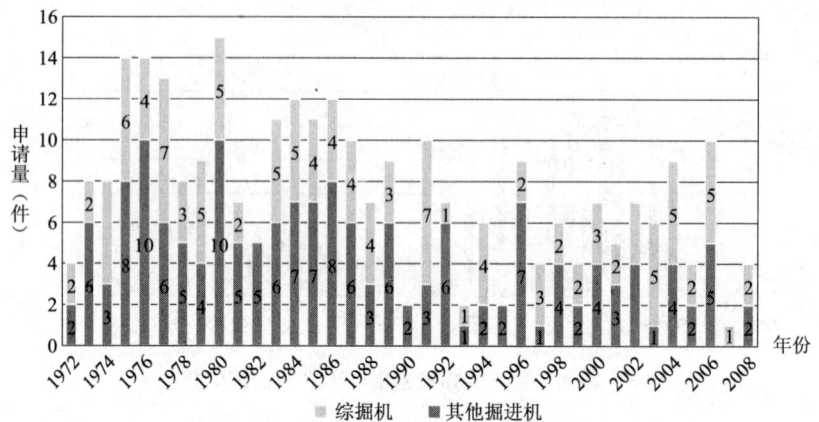

图 8-2-11 掘进机械南非专利申请历年分布

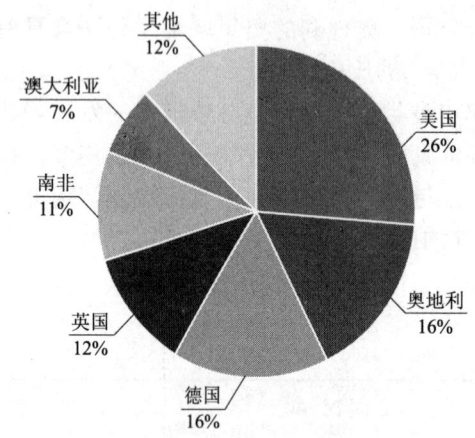

图 8-2-12 掘进机械南非专利
申请的国别分布

南非煤矿以房柱式开采为主，长壁式开采为辅。采掘设备以前主要使用美国久益公司的连续采煤机和奥地利奥钢联集团公司的掘锚机等，部分设备是遥控型。同时也有部分小煤矿采用钻爆法采煤。因此美国、奥地利两国在南非的专利申请量相对较大，分列第 1、2 位，德国和英国紧随其后。参见图 8-2-12。

南非煤矿使用的有关技术和执行的有关标准参照欧美体系，绝大部分属世界先进水平。采掘机械涉及的安全评估、除尘控制、生产效率等方面要求比较高。在南非，对掘进机的使用也有特殊的要求，比如机载瓦斯监控设备要求高，如瓦斯断电仪的工作范围一般为浓度达到 0.6 报警、0.8 停机，明显高于中国的 1.2~1.4 报警。并且还有一些强制要求，比如必须设有水流量控制系统，当流量达不到规定的数值时就会自动停机，确保内外喷雾灭尘效果；必须设有行走报警系统，只要机器移动就会自动报警。掘进机在井下使用之前，必须进行安全性评价，涉及机械、液压、防爆、照明、灭尘、噪音、环保等方面的测试。❶

鉴于南非从法律规定和技术指标上对煤机产品的安全性进行强制要求，中国的掘进机制造企业在进军南非市场时要注意提高产品的安全性能，专利申请可以将喷雾除尘系

---

❶ 朱昊. 南非煤矿安全管理对我国煤矿的启示 [J]. 煤矿机电，2008（3）.

统、机载防爆抑爆系统、安全监控报警系统等作为技术重点。另外，掘锚机在南非应用普遍，而中国企业的掘锚护钻一体机已有一定量的中国专利申请，可以结合自身技术实力考虑将此作为在南非的申请重点。结合图 8-2-13 也可以看出，以上几个技术点的申请量比例并不大，企业可在了解南非常用的掘进机产品的情况下，进行适当的专利申请。

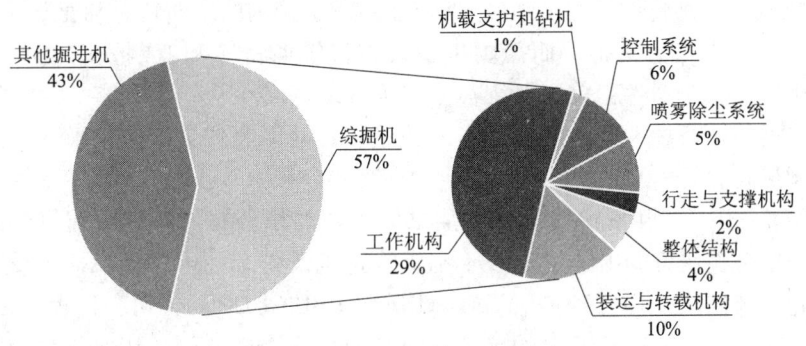

图 8-2-13 掘进机械南非专利申请的技术分支分布

8.3 加拿大专利申请分析

在 20 世纪的前 50 年，加拿大能源的一半依靠煤炭，到 20 世纪 60 年代，石油取代了煤炭，煤炭消费下降到 20%。20 世纪 70 年代开始由于油价升高，冶金业对煤的需求旺盛，日本钢铁工业投资并协助加拿大开发新煤矿，促使煤炭开采业再次发展。但 20 世纪 80~90 年代，由于世界煤炭市场价格的不断下降以及经营和劳动安全等原因，加拿大煤炭工业逐步萎缩。1990 年开始对出口煤矿兼并和合理化生产，2003 年达到高潮。目前，加拿大的煤炭产量在世界排名中并不靠前，但煤炭工业在其矿业经济中占有重要地位。同澳大利亚一样，加拿大曾因缺少煤机设备而影响煤炭产量。

根据煤矿机械各技术分支的加拿大专利申请状况，本节仅对井下运输设备和掘进机械领域的加拿大专利情况进行分析。

8.3.1 井下运输设备加拿大专利申请分析

参见图 8-3-1，井下运输设备在加拿大申请总共有 127 件，时间前后跨度 40 年，

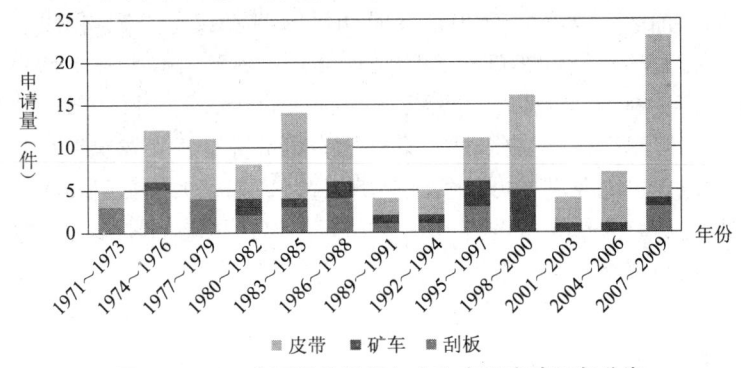

图 8-3-1 井下运输设备加拿大专利申请历年分布

因而将 1971 年开始的每三年的申请合并。其发展趋势与全球申请量的发展趋势有所差别，20 世纪 80 年代的申请高峰在加拿大并没有明显地显示出来，而 2000 年后的全球申请量的快速增长，加拿大于 2007 年后才开始同步显现。

参见图 8 - 3 - 2，加拿大申请中，美国申请人递交的申请最多，接近半数；德国占了 20% 的比例；而来自加拿大本地的申请仅占 7%。德国的维斯特法利亚制铁联合有限公司的申请量最大，为 7 件，而德国申请人中仅维斯特法利亚制铁联合有限公司及 DBT 公司申请量大于两件；美国以久益公司为代表的多个公司，均有 2~4 件的申请，虽然每个公司的申请量不大，但申请人的数量多，因而表现为美国申请人在总申请量中所占比例最高。

参见图 8 - 3 - 3，井下运输设备在加拿大申请类型分布与全球申请量的趋势不一致，表现为皮带输送机的申请量远多于刮板输送机及矿车的申请量。这主要由于以美国固特异轮胎和橡胶公司（GOODYEAR TIRE&RUBBER CO）公司为代表的多家公司，向加拿大提交了皮带输送机相关的申请。而在刮板输送机方面，依然是德国的维斯特法利亚制铁联合有限公司及 DBT 公司占据优势。

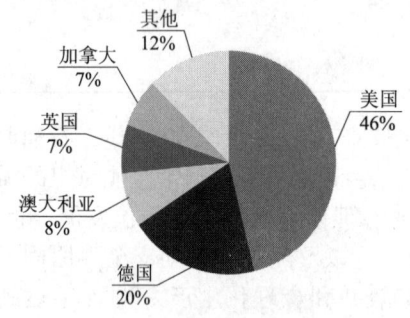

图 8 - 3 - 2　井下运输设备南非
专利申请的国别分布

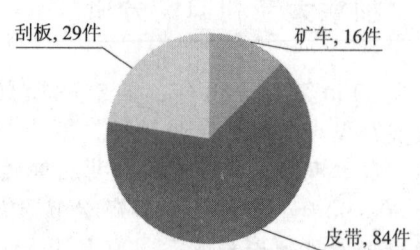

图 8 - 3 - 3　井下运输设备南非
专利申请的技术分支分布

8.3.2　掘进机械加拿大专利申请分析

在掘进机械领域，1971~2009 年间加拿大作为申请地的申请量是其作为申请人国家的申请量的 10 倍，申请量发展趋势可参见图 8 - 3 - 4，其与加拿大煤炭工业的发展状况是相吻合的。加拿大政府虽于 2003 年认可了《京都议定书》，但没有制定出具体的控制温室气体排放的政策和措施，其环保政策，尤其是气候变化的政策，都不支持利用煤炭。2011 年，加拿大公布一份燃煤发电排放的新法规，旨在鼓励业界在建立新电厂时关注碳捕集与封存技术（CCS）。该法规的发布将对燃煤发电产生极大影响，促使转向天然气发电、水电及其他可再生能源。❶ 因此，加拿大的掘进机械需求近几年并没有明显的增长趋势。对加拿大的专利申请和产品出口策略需要参考其今后一段时间的相关政策进行适当调整。

---

❶ 加拿大：燃煤发电排放的新法规草案公布［EB/OL］．（2011 - 09 - 23）［2011 - 12 - 01］http：//www.coal. com. cn/Gratis/2011 - 9 - 23/ArticleDisplay_282161. shtml.

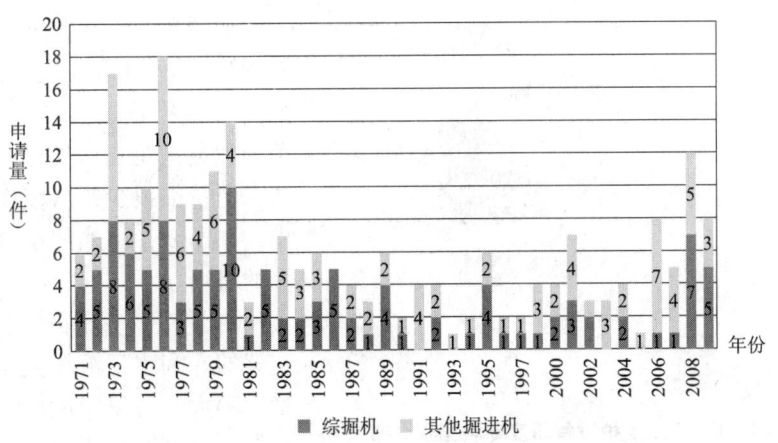

图 8 - 3 - 4　掘进机械加拿大专利申请历年分布

在掘进机械领域，美国、德国、奥地利是在加拿大专利申请量排名前 3 位的国家，其中美国更是占到总申请量的 39%。参见图 8 - 3 - 5。这主要得益于这三个国家拥有大型的煤矿机械制造企业。另外，加拿大专利申请的技术分支分布比例可参见图 8 - 3 - 6。其综掘机和其他掘进机的申请量相当，综掘机的工作机构、装运与转载机构已是申请的技术重点，但在行走与支撑机构、机载支护和钻机技术上申请很少，中国申请人可以对此予以关注。

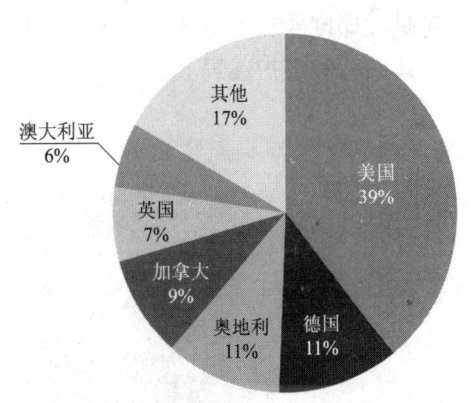

图 8 - 3 - 5　掘进机械加拿大专利申请的国别分布

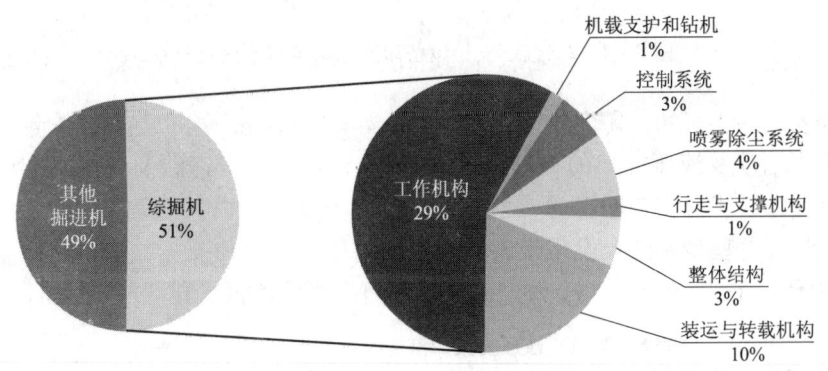

图 8 - 3 - 6　掘进机械加拿大专利申请的技术分支分布

8.4　印度专利申请分析

本节仅对液压支护设备领域的印度专利申请进行分析。

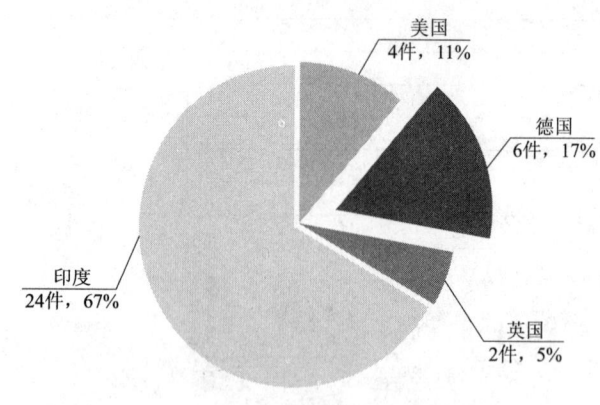

图 8 - 4 - 1　液压支护设备印度专利国别分布

如图 8 - 4 - 1 所示，在印度的专利以本国申请为主，除本土外，德国所占比重最大，占到了 17%，美国和英国也在印度进行了专利申请，但量都很少，从该图中可以看出，在印度，国外的申请人还有很多的机会。

由图 8 - 4 - 2 可知，印度液压支架的专利申请液压支架所占申请量并不大，可见印度的采煤工艺还比较落后，综采所占比重不大，而在液压支架中，整体结构所占比重最大，将近 30%，控制所占比重很小，前移机构最小，可见在印度专利申请中，自动化程度较高的液压支架较少，对液压支架的改进主要在整体结构和支护装置上。

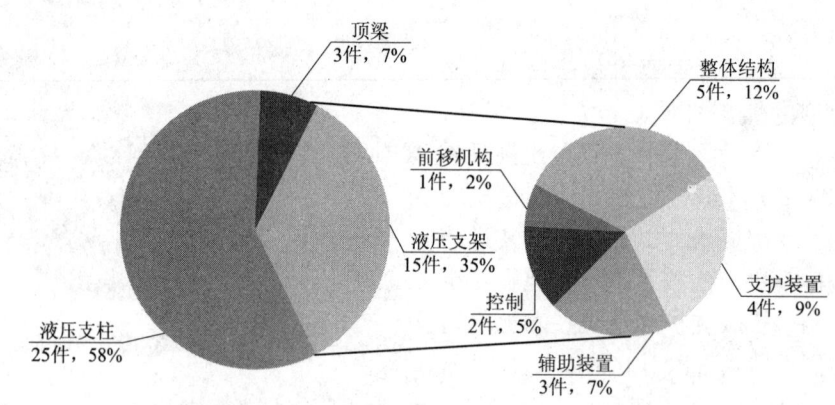

图 8 - 4 - 2　液压支护设备印度专利各技术分支分布

由表 8 - 3 - 1 可知，印度液压支架的液压支架专利申请中，只有 2001 年、2003 年各有一项申请涉及液压支架的控制，只在 2008 年有一项申请涉及液压支架的前移机构，可见这些技术分支在印度的专利申请中还基本处于空白。因为印度总的专利量很少，仔细研究这些专利还会发现很多技术空白，中国的液压支架技术虽然不是最先进的，但由于具有一定的竞争力，尽早在印度进行专利申请将有利于未来的出口。

表 8 - 3 - 1　液压支架印度专利各技术分支逐年分布　　　　单位：件

技术分支 年份	辅助装置	控制	前移机构	整体结构	支护装置
1993	1	0	0	0	0
2000	0	0	0	1	1
2001	0	1	0	0	0

续表

年份 \ 技术分支	辅助装置	控制	前移机构	整体结构	支护装置
2002	1	0	0	0	0
2003	0	1	0	0	0
2004	0	0	0	1	0
2005	0	0	0	1	1
2006	0	0	0	2	0
2007	1	0	0	0	0
2008	0	0	1	0	0
2009	0	0	0	0	2

由 8-3-2 可知，印度液压支架的液压支架专利申请还主要分布在高强度、大型化，而对于液压支架的自动化申请还较少，可靠性更少，而提高液压支架的可靠性又是非常重要的，因此，中国液压支架企业可以研究一下印度现有的专利技术，尽快在印度进行专利申请。

表 8-3-2　液压支架印度专利技术需求逐年分布　　　单位：件

年份 \ 技术分支	大型化	高强度	高效率	可靠性	自动化
2000	1	1	0	0	0
2001	0	0	0	0	1
2002	0	0	1	0	0
2003	0	0	0	0	1
2004	1	0	0	0	0
2005	0	1	1	0	0
2006	1	1	0	0	0
2007	0	0	0	1	0
2008	0	0	0	0	1
2009	0	2	0	0	0

总之，从各个市场的专利分析来看，国外公司均向这些市场持续地进行专利申请，

中国企业申请少。然而，国外公司并没有形成完整的专利申请。而中国的煤矿机械在性价比上具有一定的优势，在专利申请和海外市场拓展上仍然存在一定的机会。

中国企业出口时，一方面要注意知识产权风险，另一方面还要注意出口目标国的法规和政策风险。

第9章 煤矿机械安全标志认证与专利分析

第1章

第2章

第3章

第4章

第5章

第6章

第7章

第8章

第9章

第10章

煤矿机械安全标志认证（以下简称"煤安认证"）是煤矿机械产品进入市场前的强制措施，企业销售的产品必须经过认证后才能进入市场。由此，企业煤安认证的数量能够从一个方面反映企业的市场情况，而专利数量特别是发明专利数量则从另一个角度反映了企业的技术研发水平。

煤安认证与专利权之间存在以下相似之处：① 行政确权性，均是由行政机关审查并予以认定的权利；② 时效性，均是在一定条件或时间段内生效；③ 审查标准的规范性，两者都具有统一、规范的审查标准。

煤安认证与专利权是密切相关的。当一项专利技术要真正能够转化为效益，首先必须能够应用于具体的产品，从而赢得用户和市场。在煤矿机械领域，煤安认证即是产品进入市场的准入条件。因此，专利技术的产业化就完全依赖于煤安认证的取得。

然而，在煤矿机械领域的实际情况是：技术已经应用于具体的产品，并获得了煤安认证，但却没有申请专利，则有可能遭遇三种不同情况的困境：第一，显然，如果其竞争对手抢先申请了专利，那么该项技术所形成的产品，即使获得了煤安认证，但仍然有可能因侵犯他人的专利权而丧失相应的市场；第二，由于申请煤安认证必须承诺该产品并不存在知识产权纠纷，则如果存在专利纠纷，则申请时有可能无法获得煤安认证，或已经获得的煤安认证因专利纠纷而被暂停或取消；第三，产品虽然具有煤安认证，但竞争对手有可能采取仿制的手段，而无偿使用该项技术，而无法获得保护。

因此，如果仅申请专利而没有煤安认证，则专利技术无法实现产业化，产品也不能够获得市场的准入。反之，如果仅重视煤安认证，而轻视专利，则未来有可能遭遇知识产权纠纷。理想的状态是：企业既重视专利也重视煤安认证，其所拥有的专利和煤安认证相当。

而如果专利与煤安认证所涉及的技术是对应的，则该项技术可能是核心技术。

9.1 采煤机械煤安认证

9.1.1 整体状态分析

由图 9 - 1 - 1 可知，在采煤机械的煤安认证中，目前仍然有效的占到 84.81%，已经过期的占到了 12.41%，暂停的占 2.77%。

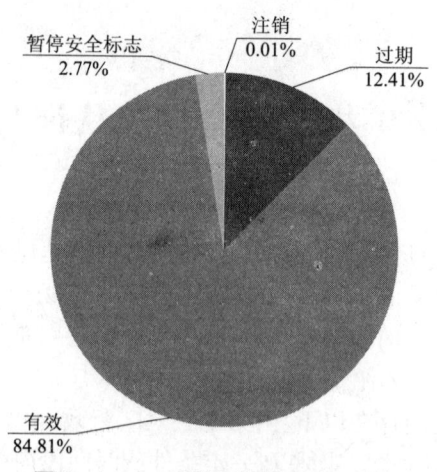

图 9 - 1 - 1　采煤机械煤安认证状态

9.1.2　采煤机械煤安认证企业拥有量排名

表 9 - 1 - 1　企业采煤机械煤安认证及专利拥有量统计

排名	单位名称	拥有量（个）	发明（件）	实用新型（件）
1	鸡西煤矿机械有限公司	120	0	5
2	天地上海采掘装备科技有限公司	102	4	7
3	山西海德拉太矿国际采矿刀具设备有限公司	82	3	0
4	天地科技股份有限公司上海分公司	78	1	7
5	肯纳金属（徐州）有限公司	69	0	0
6	大同菲利普斯采矿机械制造有限公司	68	0	0
7	辽源煤矿机械制造有限责任公司	62	0	3
8	上海创力集团股份有限公司常熟分公司	59	0	0
9	无锡市煤科矿山机械厂	56	0	0
10	西安煤矿机械有限公司	56	1	12
11	泰安市良达机械制造有限责任公司	50	0	0
12	上海创力集团股份有限公司	45	4	4
13	无锡盛达机械制造有限公司	42	1	0
14	山西凯恩莫森采掘设备有限公司	40	0	0
15	铁法威跃矿山配件制造有限公司	40	0	0
16	河北天择重型机械有限公司	34	3	3
17	淮南菲利普斯采矿机械制造有限公司	32	0	0
18	江苏中机矿山设备有限公司	28	1	1
19	唐山开滦丽程机械设备制造有限公司	24	0	1
20	大同市高强标准件厂	22	0	0

由表 9 - 1 - 1 可知，就总体而言，在采煤机械方面，企业拥有煤安认证数量与其拥有专利数量并不相适应。拥有较多煤安认证的企业，其专利整体上不多，特别是业界公认的中国采煤机械的龙头企业——鸡西煤矿机械有限公司，其只有 5 件实用新型专利而没有发明专利，按照发明专利数量排名，排在首位的是天地上海采掘装备科技有限公司和上海创力集团股份有限公司，但也各仅有 4 件。这表明，在采煤机械领域，中国企业对知识产权的保护还不够重视，应当引起关注。

9.1.3　采煤机械煤安认证重点企业分析

（1）鸡西煤矿机械有限公司

由表 9 - 1 - 2 可知，煤安认证所涉及的技术分支来看，鸡西煤矿机械有限公司的煤安认证主要集中于电牵引的滚筒采煤机，特别是交流电牵引采煤机，这也是各大煤矿目前常用的类型；其次在电控箱特别是安全型电控箱方面也有多项认证，这表明目前煤矿安全的重要程度。

表 9 - 1 - 2　鸡西煤矿机械有限公司煤安认证产品构成　　单位：个

编号	产　品　名　称	数量	过期	有效
1	交流电牵引采煤机	47	13	34
2	采煤机用隔爆兼本质安全型电控箱	33	8	25
3	采煤机螺旋滚筒	16	10	6
4	滚筒采煤机	13	7	6
5	采煤机用隔爆型电控箱	7	2	5
6	滚筒式采煤机	2	0	2
7	采煤机用隔爆兼本质安全型变频调速电控箱	1	0	1
8	电磁调速电牵引采煤机	1	0	1

（2）天地上海采掘装备科技有限公司

由表 9 - 1 - 3 可知，天地上海采掘装备科技有限公司的煤安认证主要集中在采煤机滚筒上，且目前有效的占绝大多数；其次是安全型的控制箱。

表 9 - 1 - 3　天地上海采掘装备科技有限公司煤安认证产品构成　　单位：个

编号	产　品　名　称	数量	过期	有效
1	采煤机螺旋滚筒	68	6	62
2	采煤机用隔爆兼本质安全型电控箱	19	8	11
3	采煤机用隔爆兼本质安全型组合控制箱	6	0	6
4	采煤机用隔爆型调速控制箱	3	1	2
5	采煤机用隔爆兼本质安全型调速控制箱	2	2	0
6	交流电牵引采煤机用隔爆兼本质安全型控制箱	2	1	1
7	采煤机用隔爆兼本质安全型高压控制箱	1	0	1
8	交流电牵引用隔爆兼本质安全型采煤机控制箱	1	0	1

（3）山西海德拉太矿国际采矿刀具设备有限公司

由表9－1－4可知，作为专业从事采煤机截割齿研发的企业，山西海德拉太矿国际采矿刀具设备有限公司的煤安认证全部来自采煤机螺旋滚筒，且目前全部有效。

表9－1－4　山西海德拉太矿国际采矿刀具
设备有限公司煤安认证产品构成　　　　单位：个

编号	产 品 名 称	数量	过期	有效
1	采煤机螺旋滚筒	82	0	82

（4）天地科技股份有限公司上海分公司

由表9－1－5可知，天地科技股份有限公司上海分公司的煤安认证主要集中在电牵引采煤机方面，目前有效的煤安认证比较多。

表9－1－5　天地科技股份有限公司上海分公司煤安认证产品构成　　单位：个

编号	产品名称	数量	过期	有效
1	交流电牵引采煤机	74	19	55
2	液压牵引采煤机	3	3	0
3	交流电牵引采煤机用隔爆兼本质安全型控制箱	1	1	0

由此，煤安认证所涉及的技术分支往往是企业技术研发的重点所在，如果研发时能够深入发掘，有可能形成新的专利。

9.2 液压支护设备煤安认证

由于液压支架作为液压支护设备是目前使用量最大的产品，集中度也更高，本节以液压支架的煤安认证作为研究样本，对取得煤安认证的液压支架以及其部件进行分析，并将其与相关专利分析结果进行比较，可获得液压支架的市场及技术的相关信息，从而对中国企业进行技术改进和创新形成启示。

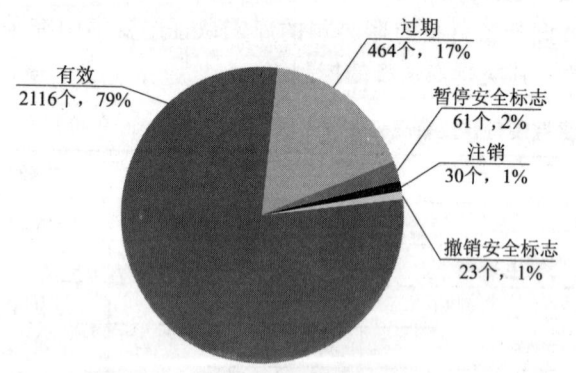

图9－2－1　液压支架煤安认证状态

9.2.1 整体状态分析

由图9－2－1可知，液压支架的煤安认证中有效的占到79%，注销和撤销的较少，都约为1%，过期的占到了17%，暂停的占到了2%。

9.2.2　液压支架煤安认证分支构成

由图 9-2-2 可知，而无论哪种类型的液压支架，其结构都大致包括的以下技术分支：整体结构、支护装置、控制、辅助装置和前移机构。

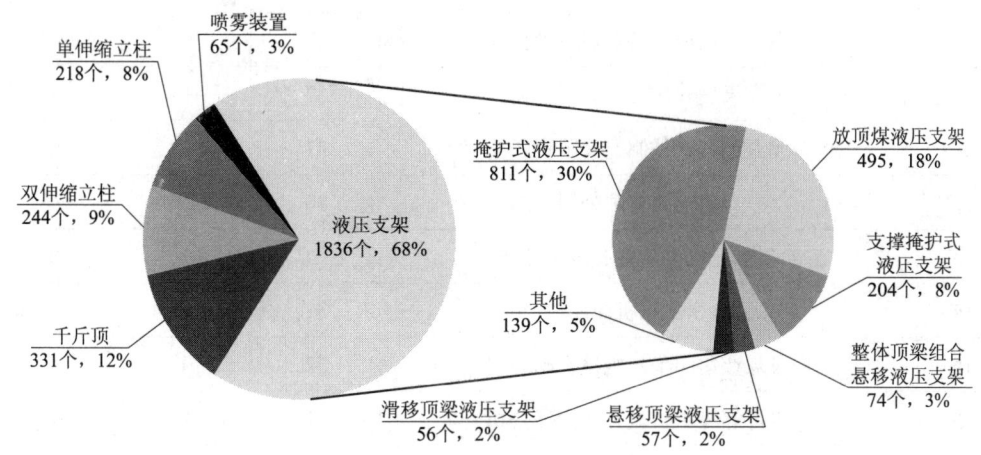

图 9-2-2　液压支架煤安认证分支构成

由此，在液压支架领域，比较煤安认证与专利申请所涉及的技术分支，两者的契合度较高。

9.2.3　液压支架煤安认证企业分析

本节从液压支架领域主要企业的煤安认证数量出发，结合这些主要企业的专利申请量，分析其煤安认证产品的产品结构，以及其对自有的液压支架产品的知识产权保护力度以及市场应用情况，希望给企业以启示，能够更好地研发成果投放市场，并且得到应有的知识产权保护。

表 9-2-1　企业液压支护设备煤安认证拥有量排名

排名	单位名称	拥有量（个）	发明（件）	实用新型（件）
1	郑煤机	312	31	55
2	郑州四维	143	5	56
3	平顶山煤矿机械有限责任公司	141	0	10
4	北京煤机	109	25	31
5	林州重机集团股份有限公司	94	0	9
6	山西平阳重工机械有限责任公司	92	0	8
7	山东矿机集团股份有限公司	78	0	4

续表

排名	单位名称	拥有量（个）	发明（件）	实用新型（件）
8	重庆大江信达车辆股份有限公司	68	0	6
9	山东新煤机械装备股份有限公司	67	0	12
10	山东天晟煤矿装备有限公司	57	1	4
11	包头北方工程机械制造有限责任公司	41	0	0
12	兖矿集团有限公司	40	13	27
13	安徽省矿业机电装备有限责任公司	34	0	0
14	徐州华东机械厂	32	0	0
15	阳泉煤业集团华越机械有限公司	32	0	0
16	中煤邯郸煤矿机械有限责任公司	31	1	1
17	山东塔高矿业机械装备制造有限公司	30	0	0
18	香河蓝畅机械有限公司	29	0	0
19	河北天择重型机械有限公司	28	1	3
20	巨隆液压设备（集团）有限公司	27	0	4

通过表9-2-1可以看出，各个液压支架主要企业的专利申请情况和取得煤安认证数量并不相适应。

郑煤机、郑州四维和北京煤机这三个公司专利申请量较大，而且取得的煤安认证也较多，两者相适应，可见其综合实力：不仅在市场占有率大，而且注重知识产权保护。但郑州四维机电设备制造有限公司的专利申请多是实用新型，应注重提升专利的保护层次，多注意发明专利的申请，更好地保护自己的知识产权。

而平顶山煤矿机械有限责任公司、林州重机集团股份有限公司，作为取得认证数量前5位的企业，均没有申请发明专利，实用新型专利也不多，还仅停留在个位数。应当引起注意的是，若要保持持续发展，企业应该注重对知识产权的保护。

而兖矿集团有限公司比较注重知识产权的保护，在国内外都申请了多项专利，从而得以把液压支架出口到澳大利亚，但其在中国市场占有份额还不太大，因此可以考虑关注一下中国市场。

由表9-2-2可知，从郑煤机煤安认证产品构成上来看，郑煤机的产品较全面，在各个方面的煤安认证都较多，特别是在电液控制方面，是中国少有的几家能够自己生产液压支架电液控制的公司之一，其综合实力在中国液压支架企业中是毋庸置疑的。

表 9 - 2 - 2 郑煤机煤安认证产品构成　　　单位：个

编号	产 品 名 称	数量	过期	有效
1	掩护式液压支架	150	29	121
2	放顶煤液压支架	86	12	74
3	支撑掩护式液压支架	47	10	37
4	液压支架双伸缩立柱	10	0	10
5	液压支架千斤顶	7	2	5
6	液压支架单伸缩立柱	6	1	5
7	掩护式大倾角液压支架	2	0	2
8	垛式液压支架	2	0	2
9	支撑掩护式铺网液压支架	1	0	1
10	支撑掩护式大倾角液压支架	1	0	1
11	液压支架用自动喷雾控制阀	1	0	1

由表 9 - 2 - 3 可知，郑州四维的煤安认证量主要集中在掩护式液压支架，其次是放顶煤液压支架。但目前，其特色产品——充填式液压支架的煤安认证数量却不是很大，说明郑州四维的充填式液压支架还需进一步扩展市场空间。

表 9 - 2 - 3 郑州四维煤安认证产品构成　　　单位：个

编号	产 品 名 称	数量	过期	有效
1	掩护式液压支架	70	7	63
2	放顶煤液压支架	44	4	40
3	液压支架双伸缩立柱	7	0	7
4	支撑掩护式液压支架	6	1	5
5	液压支架千斤顶	5	0	5
6	充填式液压支架	5	0	5
7	液压支架单伸缩立柱	4	0	4
8	掩护式铺网液压支架	1	0	1
9	掩护式大倾角液压支架	1	0	1

平顶山市煤矿机械责任有限公司始建于 1968 年，是原煤炭工业部、中国煤矿机械装备集团公司液压支架、乳化液泵定点生产厂家，同时也是中国煤矿机械 500 强企业，作为老牌的液压支架生产厂家，其煤安认证量与其市场地位相一致。参见表 9 - 2 - 4。

表9-2-4　平顶山煤矿机械有限责任公司煤安认证产品构成　　单位：个

编号	产 品 名 称	数量	过期	有效
1	掩护式液压支架	73	18	55
2	放顶煤液压支架	40	7	33
3	支撑掩护式液压支架	11	0	11
4	液压支架双伸缩立柱	5	0	5
5	液压支架千斤顶	4	0	4
6	大倾角掩护式液压支架	3	2	1
7	液压支架单伸缩立柱	3	2	1
8	巷道液压支架	1	0	1
9	支撑掩护式铺网液压支架	1	0	1

北京煤机，在液压支架市场上，销量排在前列。其煤安认证参见表9-2-5。

表9-2-5　北京煤机煤安认证产品构成　　单位：个

编号	产 品 名 称	数量	过期	有效
1	掩护式液压支架	48	11	37
2	放顶煤液压支架	34	7	27
3	支撑掩护式液压支架	17	4	13
4	液压支架单伸缩立柱	3	0	3
5	液压支架千斤顶	2	0	2
6	液压支架双伸缩立柱	2	1	1
7	掩护式过渡液压支架	1	0	1
8	喷水阀	1	0	1
9	支撑掩护式铺网液压支架	1	0	1

9.2.4　液压支架专利成果转化

企业申请的专利技术最终要转化为产品为企业创造效益。对于煤矿机械企业来说，其生产的煤矿机械必须获得煤安认证才可能投入使用，则煤安认证就成为表征市场情况的一项重要指标。而专利技术最终要通过成果转化才能以产品的形式而进入市场。由此，专利技术与煤安认证的关系即能够反映出专利技术成果转化的程度。

如果企业的技术水平较高，并且成果转化程度也较高，则其发明专利数量与煤安认证数量有可能大体相当，并且两者之间也将存在一定的对应关系。这是一种比较理想的状态。

　　本节通过对郑州四维的专利与煤安认证的对应关系，分析郑州四维液压支架的专利成果转化。❶

　　从图9-2-3可以看出，郑州四维的专利技术与煤安认证之间存在多种对应关系：①一项专利直接对应于一项煤安认证；②一项专利对应于多项煤安认证；③多项专利对应于一项煤安认证；④多项专利对应于多项煤安认证。

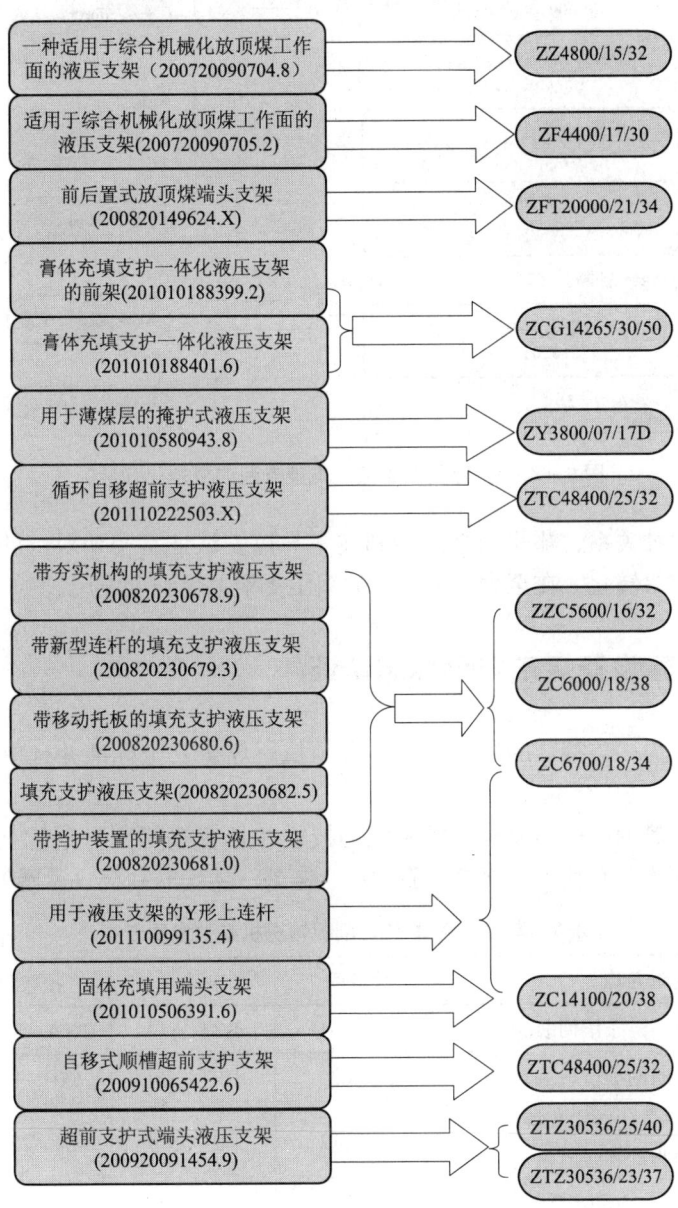

图9-2-3　郑州四维液压支架专利成果转化

---

❶　数据来源：郑州四维，该企业同意公开。

第1章
第2章
第3章
第4章
第5章
第6章
第7章
第8章
第9章
第10章

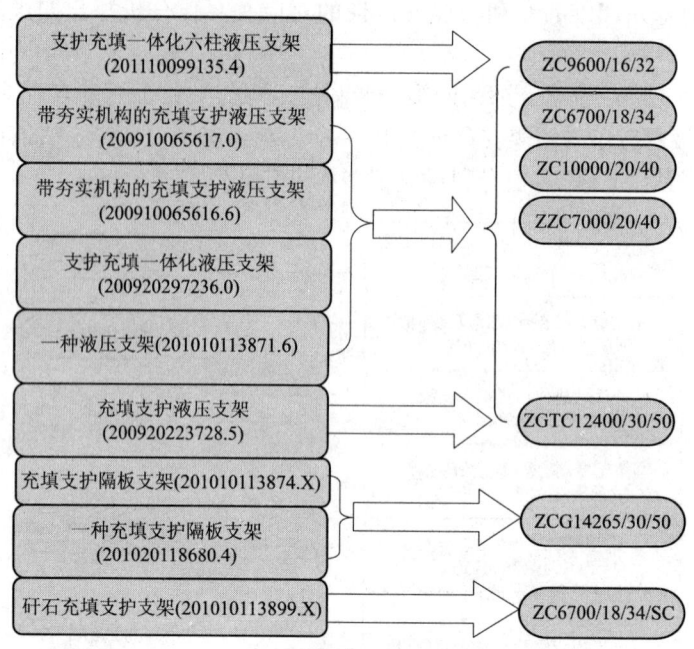

图 9 - 2 - 3   郑州四维液压支架专利成果转化（续）

但无论是何种关系，郑州四维的专利技术与煤安认证是密切对应的。基本全部的专利都进行了成果转化，在至少一个型号的液压支架上得到了应用。

9.3   井下运输设备煤矿安全标志认证

煤矿机械作为一类特殊的机械产品，必须执行煤矿安全标准并且申请矿用产品安全标志。

表 9 - 3 - 1 揭示了在刮板输送机领域的授权并且有效的发明专利中，DBT 公司具有毋庸置疑的优势，专利涉及滚筒、驱动站、链条、链轮、刮板、溜槽等多个方面。

表 9 - 3 - 1   DBT 公司刮板输送机有效发明专利

发明名称	公开号	申请人	授权日	是否 PCT
刮板输送机的链条滚筒装置	1174161	DBT 公司	2004 - 5 - 19	否
刮板输送机的刮板链条装置	1190635	DBT 公司	2004 - 8 - 4	否
用于采矿作业的链式刮板输送机的驱动和张紧站	1348912	DBT 公司	2004 - 12 - 22	否
用于采矿作业的链式刮板输送机的驱动站	1348913	DBT 公司	2005 - 1 - 19	否
链板式运输机的溜槽节	1322665	DBT 公司	2005 - 2 - 23	否
溜槽节	1458047	DBT 公司	2007 - 6 - 6	否

发明名称	公开号	申请人	授权日	是否 PCT
溜槽节	1458048	DBT 公司	2007 - 6 - 6	否
地下开采用的链轮	1648495	DBT 公司	2008 - 10 - 15	否
溜槽节	1458049	DBT 公司	2009 - 6 - 17	否
用于链传动装置的链轮的驱动装置	1590810	DBT 公司	2009 - 8 - 12	否
矿山机械上的链条导引结构	1644876	DBT 公司	2009 - 12 - 2	否
溜槽节	1473744	DBT 公司	2010 - 5 - 26	否
链式刮板输送机的刮板	1517282	DBT 公司	2010 - 5 - 26	否
翼形钩连接装置	1550429	DBT 公司	2010 - 6 - 2	否
用于链式输送机的节连链	101223092	DBT 公司	2010 - 7 - 7	是
用于翼形钩连接装置的翼形钩保险装置和所用的翼形钩窝	1550428	DBT 公司	2010 - 12 - 1	否
链传动或转向装置以及在其中使用的链条和链轮	1915773	DBT 公司	2011 - 1 - 19	否
用于链式刮板输送机的节连链的刮板及其刮板锁紧元件	101223091	DBT 公司	2011 - 7 - 27	是
用于有装料台的回采工作面输送机的溜槽节	1625642	DBT 公司	2008 - 4 - 2	是
控制矿中工作机械的链传动装置的方法和链抓传送机	1386687	DBT 公司	2005 - 5 - 4	否

表 9 - 3 - 2　DBT 公司刮板输送机有效安全认证

型号	执行标准	安全认证	核心配套	核心配套是否涉及授权专利
0PF6/114200	MT/T105 - 93，GB3836.1 - 4 - 2000	J2007084	配套用英国莫利 GXW69 型电机、DBT0PMC - D/CA 型 CST 软启动、KP - 45 + P - 45 型减速器、德国 Thiele 公司 48 × 144/160 型圆环链	否
PF6/114200	MT/T105 - 93，GB3836.1 - 4 - 2000	J2007099	配套用英国莫利 GXW69 型电机、DBT0PMC - D/CA 型 CST 软启动、KP - 45 + P - 45 型减速器、德国 Thiele 公司 48 × 144/160 型圆环链	否
PF6/114200	MT/T105 - 2006，GB3836.1 - 4 - 2000	J2008220	无数据	无数据

续表

型号	执行标准	安全认证	核心配套	核心配套是否涉及授权专利
PF6/114200	MT/T464, 100, 101, 103, 104, 105, 106, 14, GB 3836	J2006072	配用英国莫利电机有限公司 GXW69 型电动机 1 台	否
PF6/114200	MT/T105 - 9, GB 3836—2000	J2006065	配用英国莫利电机有限公司 GXW69 型电动机 2 台	否
PF6/114200	MT/T105 - 93, GB 3836. 1 - 4 - 2000	J2007087	配套用英国莫利 GXW69 型电机、DBPMC - D/CA 型 CST 软启动、KP - 45 + P - 45 型减速器、德国 Thiele 公司 48 × 144/160 型圆环链	否
0PF4/11320	MT/T105 - 93, GB 3836. 1 - 4 - 2000	J2002030	无数据	无数据

DBT 公司在中国拥有的刮板输送机煤安认证数量较中国三一重装、天地奔牛、中煤张家口煤机要少很多。且对于刮板输送机的电机及圆环链，DBT 公司是采购其他公司的产品；而实际的产品中，涉及 DBT 公司的配套部件为软启动及减速器，这应当是 DBT 公司最为领先的技术，是为核心技术。

DBT 公司授权的专利技术与其煤安认证申请材料揭示的核心技术是不同的。专利技术涉及的滚筒、驱动站、链条、链轮、刮板、溜槽等等，属于较为传统的结构，相对软启动及减速器，制造过程相对简单。而该公司实际的核心技术并未申请专利，无论是中国专利还是全球专利。

但总体而言，DBT 公司拥有相当数量的专利技术与其煤安认证，其对专利技术与其煤安认证均十分重视。从煤安认证的分析可见，DBT 公司的一些外购配套设备也值得中国企业借鉴。

9.4 掘进机械煤安认证

9.4.1 掘进机械煤安认证分支构成

由表 9 - 4 - 1 可知，掘进机及配套设备中获得煤安认证的产品总计 349 件，目前有效的有 300 件。获得煤安认证的掘进机配套设备主要包括电控箱、操作箱、显示器、激光指向仪等，它们主要应具备隔爆性能。而获得煤安认证的掘进机或钻装机一般是要求其配套用隔爆型三相异步电动机、矿用隔爆型掘进机操作箱、矿用隔爆型压扣控制按钮、矿用隔爆型电铃、矿用隔爆型防震照明灯、煤矿用阻燃电缆、矿用圆环链用开口式连接环、矿用高强度圆环链、液压支架胶管总成或低浓度甲烷传感器等应有煤安认证，其中具体配套件因机器型号不同会有所变化。

表 9 - 4 - 1　掘进机械煤安认证分支及数量　　　　位：个

产品名称	有效	过期	暂停	注销	总计
悬臂式掘进机	189	14	3	1	207
掘进机用隔爆兼本质安全型电控箱	43	15	1	0	59
掘进机用隔爆型操作箱	34	7	0	0	41
矿用隔爆型激光指向仪	16	5	0	0	21
掘进机用隔爆型电控箱	10	3	0	0	13
掘进机用隔爆兼本质安全型操作箱	3	0	0	0	3
隔爆型显示器	2	0	0	0	2
掘进机用隔爆兼本质安全型电气操作箱	2	0	0	0	2
煤矿用岩巷钻装机	1	0	0	0	1
总计	300	44	4	1	349

9.4.2　掘进机械煤安认证企业排名

由表 9 - 4 - 2 可知，企业的煤安认证拥有量和专利申请量并不是完全成正比的，但在一些企业的专利申请量与煤安认证量基本持平甚至专利申请量更多。在煤安认证拥有量排名前 15 位的企业中，三一重装的专利申请量远高于煤安认证量。佳木斯煤矿机械有限公司、石家庄煤矿机械有限责任公司、天地科技、石家庄中煤装备制造股份有限公司、沈阳北方交通重工有限公司、北方重工集团有限公司、上海创力矿山设备有限公司、凯盛重工有限公司也是注重知识产权保护的企业。

表 9 - 4 - 2　掘进机械煤安认证企业排名

排名	单位名称	煤安认证量（个）	发明量（件）	实用新型量（件）
1	佳木斯煤矿机械有限公司	38	1	23
2	天地科技	30	3	6
3	三一重装	27	28	106
4	石家庄煤矿机械有限责任公司	27	4	14
5	凯盛重工有限公司	12	0	9
6	石家庄中煤装备制造股份有限公司	12	1	3
7	沈阳北方交通重工有限公司	11	1	10

续表

排名	单位名称	煤安认证量（个）	发明量（件）	实用新型量（件）
8	上海磊华矿用机电有限公司	10	0	0
9	北方重工集团有限公司	9	10	7
10	江苏巨鹰机械有限公司	9	0	0
11	鞍山强力重工有限公司	8	0	0
12	辽源亚星综合电控设备制造有限公司	8	0	1
13	济宁现代科技有限公司	7	0	0
14	南京晨光集团有限公司	7	0	1
15	上海创力矿山设备有限公司	7	2	10
	总计	215	50	190

因此，在掘进机领域，许多企业能够注意专利技术与煤安认证并举。

9.4.3　掘进机械煤安认证企业分析

由表9-4-3可知，煤安认证拥有量排名前4位的企业的煤安认证产品均以悬臂式掘进机为主，因为它们都是生产掘进机整机的企业，并且在掘进机领域具有相当的实力和市场占有率。此外，这四家企业在掘进机用隔爆兼本质安全型电控箱产品上也都拥有煤安认证。在这四家企业中，天地科技单独拥有隔爆型显示器的煤安认证，而三一重装单独拥有煤矿用岩巷钻装机的煤安认证。

表9-4-3　主要企业煤安认证产品构成　　　　单位：个

产品名称	佳木斯煤矿机械有限公司	天地科技	三一重装	石家庄煤矿机械有限责任公司
隔爆型显示器	0	2	0	0
掘进机用隔爆兼本质安全型电控箱	8	9	7	4
掘进机用隔爆兼本质安全型电气操作箱	0	1	0	0
掘进机用隔爆型操作箱	5	3	0	4
矿用隔爆兼本质安全型掘进机操作箱	0	0	0	2
矿用隔爆型激光指向仪	0	0	0	0
矿用隔爆型掘进机电控箱	0	2	1	1
煤矿用岩巷钻装机	0	0	1	0
悬臂式掘进机	25	13	18	16
总计	38	30	27	27

从表 9 - 4 - 3 中也同样能够获知企业产品研发的重点。

9.4.4　掘进机械专利成果转化

以下将以三一重装为例，通过对三一重装的专利申请和煤安认证进行对比，分析其专利成果转化情况，从而对掘进机械领域中国重要申请人的专利成果转化形成基本的认识。

表 9 - 4 - 4　三一重装专利成果转化一览表●

组号	序号	名　称	专利号	专利类型	产品型号	煤安认证证书编号
1	1	一种采矿设备及其行走装置	201010220827.5	发明	EBZ260H	MEB080028
	2	一种掘进机及其浮动密封装置	201010249231.8	发明		
	3	一种采矿设备及其行走装置	201020251555.0	实用新型		
	4	一种掘进机及其浮动密封装置	201020285842.3	实用新型		
2	5	可折叠式掘进机用脚踏板	201020102403.4	实用新型	EBZ160	MEB050001
	6				EBZ200	MEB050006
3	7	钻装机	200910011413.9	发明	CMZY2 - 100 - 18	MEB090020
	8	钻装机	200920013455.1	实用新型		
4	9	一种掘进机内喷雾密封装置	200720185208.0	实用新型	EBZ120	MEB080017
5	10	窄机身掘进机	200710010040.4	发明	EBZ132CZ	MEB080015
	11	防侧滑后支承	200720012232.4	实用新型		
	12	一种星轮驱动装置	200720014591.3	实用新型		
	13	一种防截割臂碰撞铲板装置	200720015872.0	实用新型		
	14	掘进机行走部	200720185206.1	实用新型		
	15	应用于掘进机中的半闭式液压系统	200720015873.5	实用新型		
	16	一种回转机构及掘进机	201110288972.1	发明		

● 数据来源：三一重装知识产权部，该企业同意公开。

续表

组号	序号	名　　称	专利号	专利类型	产品型号	煤安认证证书编号
6	17	一种掘进机截割部	200720185207.6	实用新型	EBZ100	MEB050005
7	18	一种掘进机行走部	200720014860.6	实用新型	EBZ132	MEB050004
8	19	巷道掘进机	200730285323.0	外观设计	EBZ200	MEB050006
9	20	掘进机用隔爆兼本质安全型电控箱	200920203648.3	实用新型		
10	21	硬岩掘进机	200720013414.3	实用新型	EBZ200H	MEB060010
	22	掘进机水平侧支撑稳定装置	200720013951.8	实用新型		
	23	多矿车式第二运输机	200720014107.7	实用新型		
	24	一种煤矿采掘机械用的本体与行走部的联接结构	200720015944.1	实用新型		
	25	掘进机用截割头结构	200720016961.7	实用新型		
	26	多矿车式第二运输机	200710158927.8	发明		
	27	一种控制掘进机截割头动作的液压装置	200720185330.8	实用新型		
	28	恒有水润滑外置式内喷雾水系统	200820011687.9	实用新型		
	29	平衡溢流组件	200820011688.3	实用新型		
	30	硬岩掘进机	200710012409.5	发明		
	31	掘进机用截割头结构	200710158926.3	发明		
11	32	一种掘进机铲板及掘进机	201120154313.4	实用新型	EBZ260A EBZ260H EBZ260D	MEB110034 MEB080028 MEB110035
12	33	一种掘进机截割部	200920013452.8	实用新型	EBZ160	MEB050001

表9-4-4完整地展示了掘进机领域三一重型装专利及煤安认证对应关系。由该表可知，无论是发明专利还是实用新型，三一重型装的专利与煤安认证均存在着相应的对应关系。由此可知，三一重型装的专利技术均能够应用于具体的产品型号，并取得了相应的煤安认证，其专利技术成果的转化程度较高。

目前，掘进机领域还出现了针对掘进机具体的产品和煤安认证提起了专利的无效请求，参见第6.2.7节及图6-2-6，这类纠纷可能将愈演愈烈。

9.5　安全设备煤安认证

近年来，矿用可移动式救生舱是研究的热点，相关煤安认证情况参见表9－5。

表9－5　现有矿用可移动式救生舱煤安认证列表

煤安认证编号	生产单位名称	产品名称	产品型号	煤安认证状态
MLE110021	楠江集团有限公司	矿用可移动式救生舱	KJYF－96/10	有效
MLE100001	陕西重生矿业科技有限公司	矿用可移动式救生舱	JFY－96/8	有效
MLE110011	辽宁卓异装备制造有限公司	矿用可移动式救生舱	KJYF－96/8	有效
MLE110020	辽宁卓异装备制造有限公司	矿用可移动式救生舱	KJYF－96/8	有效
MLE110008	中煤机械集团有限公司	矿用可移动式救生舱	KJYF96/8	有效
MLE110019	中煤机械集团有限公司	矿用可移动式救生舱	KJYF96/8	有效
MLE110015	黑龙江龙煤卓异救援装备科技有限公司	矿用可移动式救生舱	KJYF－96/10	有效
MLE110007	煤炭科学研究总院沈阳研究院	矿用可移动式救生舱	KJYF－10/96	有效
MLE110010	煤炭科学研究总院沈阳研究院	矿用可移动式救生舱	KJYF－10/96	有效
MLE100009	重生矿业科技有限公司	矿用可移动式救生舱	JFY－96/8	有效

以上分析了各领域煤安认证的现状，以及专利与煤安认证的相互关系。事实上，在未来的市场竞争中，专利技术也有可能对煤安认证的标准产生一定影响。

《矿用产品安全标志申请细则》第6条规定："申请人申请产品安全时应作出以下承诺：……（二）不侵犯他人知识产权，承担因侵权引发的相关责任；……"第7条规定："申请产品属下列情况之一的，不予受理：……（二）被最终裁定或判决属侵犯他人知识产权的产品；被诉侵犯他人知识产权，已被法院、仲裁机构或者其他行政机关立案的产品……"《矿用产品安全标志监督管理细则》第15条规定："……（二）持证人或者其产品有下列情形之一的，撤销相关产品安全标志并予以公告：……（五）涉嫌侵犯知识产权，并由知识产权的行政管理部门作出最终处理决定（经诉讼程序的，以法院生效法律文书为准）或者人民法院作出生效法律文书，认定侵权行为成立的；……"可见，在安全标志申请时，对产品的是否涉及专利侵权是有要求的。

但是，在要求提交的申请材料方面，并未涉及知识产权方面的评估；且经查询安标国家矿用产品安全标志中心网站发布的被暂停煤安认证的产品信息，2005～2011年未出现因为涉及专利侵权而被暂停的刮板输送机煤安认证的案例。

第10章 结 论

10.1 发展动向

（1）采煤机械

作为采煤最基础的煤矿机械，1944年就出现了采煤机械的申请，经过了20世纪70~80年代的发展高峰，到20世纪90年代出现萎缩的势态，近几年随着中国等新兴国家的兴起，采煤机械又有了新的发展，申请量呈上升趋势。

从主要申请国家/地区来看，前苏联的申请量占全球申请量的一半以上，一直稳居首位，但前苏联解体后，作为其延续的俄罗斯申请量并不太大，只能排到第5、6位；全球申请量其次是德国，前苏联解体前，其每年的申请量排名长期占据第二的位置，前苏联解体后，其每年的申请量排名逐渐被中国等新兴国家超越；美国在采煤机械的申请量一直较均衡；中国的申请量主要集中在近几年，从2007年开始，其已经占据了年全球申请量的一半以上。

（2）液压支护设备

液压支护设备发展较早，曾经历过一轮的发展，但随着科学技术的不断发展，液压支护设备的发展则相对比较缓慢。

前苏联解体前申请量大，其申请量占全球申请量的一半以上，除了其技术比较先进外，这也和前苏联当时的专利制度有关；而前苏联液压支护设备方面的专利申请量也始终处于领先地位，直到1991年解体。俄罗斯的申请量虽比前苏联大大萎缩，但与同期其他国家相比，也还算较多。

德国在液压支护设备方面的申请量也同样较大，在液压支护设备方面形成了大型企业，但在前苏联解体前一直落后前苏联，而领先于其他国家，在前苏联解体后，申请量也名列前茅。美国在液压支护设备申请量一直较均衡。

液压支护设备作为煤矿机械的重要组成，技术集中度较高。

（3）井下运输设备

从全球来看，井下运输设备在20世纪90年代进入技术衰减期，近年来又呈现出增长的态势。1971~1986年的，井下运输设备的年专利申请量与申请人数量总体上均呈现增长趋势，表明这一时期井下运输设备处于技术发展的上升期；而后开始慢慢减少，表明这一时期井下运输设备处于技术发展的成熟期；2005年之后，受到中国增长的影响，开始表现出增长的态势。在三种井下运输设备中，刮板输送机的专利申请趋势较为平缓，没有出现大起大落的剧变。但是近年来，随着两类输送机尤其是皮带输送机的快速发展，刮板输送机的申请量在总申请量中所占比重开始下降。

（4）掘进机械

从 20 世纪 70 年代开始，世界范围内煤炭工业重新受到重视，带动了煤矿机械行业的迅速崛起，作为煤炭开采中的重要机械化设备的掘进机械也随之发展，到 80 年代逐渐进入技术成熟期。

期间以前苏联为首的煤炭开采和装备制造业大国技术发展迅速而成熟，它们的专利申请量占据了显著的优势。进入 20 世纪 90 年代后，随着苏联的解体，新成立的俄罗斯的经济和技术实力明显下滑，加之各国开始对天然气等可再生能源的利用加以重视，煤矿机械行业发展进入技术衰退期，掘进机械的专利申请量随之减少并维持在一个较低的水平。2000 年以来，以中国为代表的一些发展中国家煤炭需求急剧增长，带动煤炭开采业空前繁荣，直接为煤炭开采和加工利用提供服务的煤炭装备业也步入历史上最快的发展阶段，这一时期中国的掘进机械专利申请量突飞猛进，使全球申请总量接近并达到历史最高水平，并有继续上涨的趋势。

（5）安全设备

安全设备领域，除了前苏联解体前申请量较大外，中国最近几年申请量迅速增长，导致申请总量排名第 2 位，其他国家申请量比较平均，德国、美国、日本较多，但相差不大。相比其他领域，其技术集中度以及申请人的集中度均不高，但本课题所研究的四个分支发展较均衡。

10.2　结　论

① 从全球来看，整个煤矿机械行业起步较早，20 世纪 70 年代左右开始专利申请，之后，专利申请量迅速增长，到 80 年代初增长到最高峰，之后增减反复，但整体上呈下降趋势，到 90 年代中期下降到最低点并保持低位，从 2005 年开始，煤矿机械各分支的申请量都呈明显上升趋势。但总体而言，近年来国外企业在煤矿机械领域向中国申请的数量并不太大；中国企业无论是研发，还是专利申请的热情均大大超过国外企业。然而中国申请人的申请实用新型多、发明少，技术含量还有待提高。虽然已经有部分企业开始向他国申请，但总体上还没有能够在专利申请上做到放眼世界。

中国企业可借目前市场和技术发展的良好势头，加大研发和专利申请力度，先覆盖中国市场，然后向外扩展。

② 从整个煤矿机械行业的发展历程来看，前苏联在解体前曾经申请了大量专利，在解体后大都没有继续维持而成为现有技术。并且由于各国发明专利的保护期限几乎都在 20 年以内，因而到 2010 年为止，1990 年前申请的专利均成为现有技术，同时还有一些 1990 年后申请的专利因没有继续交费等原因而成为现有技术。因此，中国企业在未来的研发中，可充分利用已经失效的专利技术，而无须付出任何费用，也不用考虑侵权问题。尤其是前苏联的失效的专利技术，虽然存在语言上的研究障碍，但仍然值得进一步关注。

③ 从煤矿机械整体来看，国外公司的专利申请目前尚未完全覆盖所有领域。但是，对于某些技术分支和关键技术的专利，则主要掌握在国外公司手中。中国企业对于一

些关键部件，如液压泵、操作阀、控制器、截齿、减速器、液压马达等主要还依赖进口。中国企业要想突破发展瓶颈，应当集中力量解决一些技术难点，可通过自主研发、合作开发、购买专利技术等手段，不断提高产品的整体技术水平。

④ 从整个煤矿机械行业的发展历程来看，国际煤机巨头具有收购兼并、整体扩张的趋势，以形成完整的产业链。例如，DBT 公司、久益公司通过收购兼并整合成了大的煤矿机械集团。而虽然有些中国企业已经升级为集团，形成了煤机成套化能力，但大多数企业的产品系列呈专业化、单一化状态，并且产品系列在某些企业间彼此重叠，因而成为竞争状态。因此，各企业在开拓市场的同时，应当加强相互协作，取长补短，实现互利共赢。

⑤ 在整个煤矿机械行业中，一方面，中国高校及科研机构虽然取得了相当多的技术成果，但与企业联合申请专利的数量并不多。企业仍然在专利申请人类型中占有绝对优势。例如，对于煤矿机械结构方面的申请，中国高校除了液压支架之外，其他的申请都较少。高校的申请多集中在具体部件方面，以提高整机安全、可靠、控制等，这些也正是企业申请中忽视的环节。因而，拥有这些专利的高校，可以与企业进行合作，取长补短。

另一方面，高校及科研机构虽然在新材料、新工艺方面具有一定的优势，但如果没有获得企业的支持与合作，高校及科研机构的研发有可能脱离煤矿开采的生产需求而仅仅停留在理论上，并且难以产业化。企业的研发恰恰缺乏理论的指导和新材料、新工艺的保障。因此，虽然有些企业与高校及科研机构已经有了一定的合作。但在未来的研发中，产学研的强强联合还需要进一步加强。

⑥ 随着中国煤炭需求的进一步增大，海外新兴能源市场也日益受到各国的重视。尤其是澳大利亚、南非、印度等国，虽然其本国申请量并不大，但 DBT 公司等国际煤机巨头纷纷将重点技术在这些国家申请专利。海外市场的市场容量大，市场前景较好，而中国产品的性价比相对较高，具有一定优势。因此，有上述海外煤矿机械出口业务的企业应当注意相关知识产权的风险，在开拓海外市场的同时，注重在相关领域、相关国家和地区申请专利。

⑦ 在煤矿安全领域，中国煤矿管理水平低，安全事故频发，因此存在研发的现实需求。国外的煤矿相对事故率低，除了监管到位外，与煤矿安全相关的技术水平高也是一个重要的原因。特别是在安全隐患的监测、预防方面以及事故救援方面技术较先进。近几年来，中国对煤矿安全设备方面很重视，但安全事故不断，除了要加大监管外，应加大安全设备的研发力度，研究国外的煤矿管理方法和先进技术，在研发的同时重视煤矿安全的专利申请，使中国的煤矿早日实现安全生产。

⑧ 煤安认证和专利申请量均是反映企业市场占有和技术水平的重要指标。理想状态下，对于某个企业煤安认证数量和专利申请量在整个煤矿机械行业中的排名应当大体是一致的。然而，也发现某些企业煤安认证数量与专利申请量在整个煤矿机械行业中的排名相差很大。专利申请量相对较少的企业在市场开拓的同时可能需要注意相关知识产权的风险和自身知识产权的保护；专利申请量相对较多的企业应该注意及时将研发成果转化成相应产品，开拓市场。

⑨ 目前在整个煤矿机械行业中虽然还没有出现具有较大影响的侵权诉讼案例，也未见因为侵权诉讼而取消煤安认证的案例。但随着中国主要煤矿机械企业对知识产权保护意识的不断增强，行业内的专利无效和侵权诉讼近年来已经开始出现。未来的发展历程中，煤矿机械行业中知识产权的竞争将会愈演愈烈。因而，大企业仍然需要在相关领域进一步申请专利，小企业也要重视形成保护自己的知识产权，并且要及时地培养和引进专利方面的人才。

第1章
第2章
第3章
第4章
第5章
第6章
第7章
第8章
第9章
第10章

报告三

燃煤锅炉燃烧设备
专利分析报告

一、项目指导

国家知识产权局： 杨铁军　葛　树　韩秀成　徐　聪　毛金生

二、项目管理

国家知识产权局专利局： 冯小兵　韩爱朋　李超凡　崔　磊　李银锁

三、课题组

承担部门： 国家知识产权局专利局材料工程发明审查部

课题负责人： 祁建伟

课题组长： 孙征文

课题组成员： 郭云枝　张旭东　邱俊杰　吴玉莹　李　倩

四、研究分工

文献检索： 张旭东　邱俊杰　李　倩

数据清理： 郭云枝　张旭东　邱俊杰　吴玉莹　李　倩

数据标引： 郭云枝　张旭东　邱俊杰　吴玉莹　李　倩

图表制作： 邱俊杰　吴玉莹　李　倩

报告执笔： 郭云枝　张旭东　邱俊杰　吴玉莹　李　倩

报告统稿： 祁建伟　孙征文　郭云枝　邱俊杰

报告审校： 龚亚麟　朱振宇　李超凡　李银锁　董　刚

　　　　　　朱晓东　陈　辰

五、报告撰稿

郭云枝： 主要执笔第 2 章、第 3 章第 3.1.4 节和第 3.2.3 节、第 6 章，
　　　　参与执笔第 8 章

邱俊杰： 主要执笔第 1 章、第 7 章、第 3 章第 1 节、第 8 章，参与执笔
　　　　第 2 章

张旭东： 主要执笔第 2 章第 2.2.7 节、第 5 章

吴玉莹： 主要执笔第 5 章，参与执笔第 1 章

李　倩： 主要执笔第 3 章第 2 节、第 4 章

六、指导专家

行业专家：

王善武　中国电器工业协会工业锅炉分会秘书长

技术专家：

姚燕强　上海锅炉厂有限公司知识产权主管

高　鸣　中国科学院工程热物理研究所高级工程师

禚玉群　清华大学研究员

窦文宇　中国特种设备检测研究院副主任

赵钦新　西安交通大学教授

牛玉广　华北电力大学教授

陈海平　华北电力大学教授

徐立军　北京航空航天大学教授

专利分析专家：

李超凡　国家知识产权局专利局审查业务管理部

董　刚　国家知识产权局专利局材料工程发明审查部

李银锁　国家知识产权局专利局材料工程发明审查部

陈冠钦　国家知识产权局专利局材料工程发明审查部

七、合作单位

中国电器工业协会工业锅炉分会、清华大学、西安交通大学、华北电力大学、北京航空航天大学、中国科学院工程热物理研究所、中国特种设备检测研究院、上海锅炉厂有限公司、无锡华光锅炉股份有限公司

分目录（三）

第 1 章 引　　言

第2章

第3章

第4章

第5章

第6章

第7章

第8章

1.1　立题背景、研究目的及主要研究内容

1.1.1　立题背景

　　燃煤锅炉燃烧设备已经经过了数百年的发展，但是随着经济发展的日益快速、环境问题的日益突出以及能源需求的日益紧张，对于燃烧设备的发展仍将提出更高的要求。鉴于中国目前的能源结构现状，仍主要发展以煤作为主要燃料的燃烧设备。国内外数量众多的企业、高校和研究机构已经对燃煤锅炉燃烧设备进行了大量的研究开发，并在全球各国申请了大量的专利。但是与此同时，目前国内还没有关于燃煤锅炉燃烧设备的专利技术的统计和分析研究，且国内行业人员对于专利信息的价值、分析和利用方法还缺乏了解。

1.1.2　研究目的

　　本课题最主要的研究目的是普及分析方法，为行业示范如何在专利信息宝库中挖掘对行业发展有价值的信息。具体到本行业，专利分析的目的主要有以下三点：

　　① 研究分析燃煤锅炉燃烧设备的专利态势。通过对三类燃煤锅炉燃烧设备进行专利数据分析，了解相关技术领域专利申请的趋势和分布情况，掌握全球主要申请人以及国内主要申请人的专利申请情况，并对燃煤锅炉燃烧设备的专利技术主题、热点技术和发展趋势进行分析和总结，为行业发展提供参考。

　　② 结合中国行业现状，分析本行业专利与技术关系以及专利区域分布的特点。对本领域重点关注申请人的专利策略进行挖掘和展示；对主要申请人的专利保护策略和区域分布状况进行深入分析。

　　③ 研究分析规律，推广分析方法，提高企业对于专利信息的分析利用能力。

1.1.3　主要内容

　　燃煤锅炉燃烧设备历史悠久、种类繁多。由于燃料的不同，不同的燃煤锅炉燃烧设备具有不同的结构特点。本课题在第 2 章中对于该领域的总体专利态势进行分析，分别从全球及中国的角度，分析专利的年份分布、地区分布、技术分布以及申请人分布情况；第 3 章中对燃煤锅炉燃烧设备的两个重要技术分支——煤粉炉和流化床锅炉进行深入分析；第 4 章对流化床锅炉的布风系统进行了分析解读，包括技术构成、技术需求、功效以及重点专利等情况；第 5 章中对燃煤锅炉燃烧设备行业的主要申请人的历年申请情况、在中国申请情况、市场布局与技术布局等进行分析；第 6 章对技术

引进中专利策略作了分析；第7章以印度为例，分析了重要申请人在新兴市场的专利申请分布情况。最后，第8章给出了燃煤锅炉燃烧设备行业专利分析的主要结论。

1.2 行业概述

燃烧设备是指为使燃料着火燃烧并将其化学能转化为热能释放出来的设备。自人类使用燃料以来就产生了各种燃烧设备，但是最重要的燃烧设备之一就是在锅炉中应用的燃烧设备。自从19世纪以来，锅炉被广泛应用于工厂动力、电站发电、建筑采暖、人民生活等各个方面。

根据燃料种类的不同，锅炉可分为燃煤锅炉、燃油锅炉和燃气锅炉。中国是一个缺油、少气、富煤的国家，煤炭在中国能源生产、消费结构中的比例分别为76%和69%。中国煤炭的84%用于直接燃烧，其中35%用于燃煤工业锅炉。根据锅炉的应用对象可以分为电站锅炉、工业锅炉、生活锅炉，其中，电站锅炉为电站发电提供动力，工业锅炉为工业生产提供工艺蒸汽，生活锅炉用于民用采暖或提供生活热水。通常，把生活锅炉也纳入工业锅炉的范畴。

截至2009年底，中国在用锅炉总量为59.52万台，其中工业锅炉58.48万台，电站蒸汽锅炉为1.04万台，占总量的1.75%。在用锅炉334.59万兆瓦，其中生产生活蒸汽锅炉99.86万兆瓦，热水锅炉44.55万兆瓦，有机热载体锅炉22.10万兆瓦，电站蒸汽锅炉为168.09万兆瓦，达到了总量的50.24%。工业锅炉的数量多，单机容量小。而电站锅炉数量少，单机容量大。❶

1.2.1 工业锅炉行业概况

到2008年6月，中国持有各级工业锅炉制造许可证的企业共1121家，主要生产层燃锅炉，占燃煤锅炉的95%。中国工业锅炉主要分布在华北、东北和华东，上述三个区域的工业锅炉拥有量占到了75%。

由于中国能源结构的特殊性，中国的工业锅炉以燃煤为主。其中，燃煤锅炉所占比例约为81%，燃油锅炉和燃气锅炉所占比例约为15%，其他的为燃生物质燃料的锅炉和电热锅炉。

截至2009年底，中国共有工业及生活锅炉约59.52万台，年耗原煤5.0亿吨，每年约燃用全国原煤产量的1/3，劣质煤、褐煤、贫煤等燃料主要适用于循环流化床锅炉。工业锅炉每年总耗能和污染排放均居于全国工业行业第2位，仅次于电站锅炉。❷其中工业锅炉平均热效率仅有60%～65%，❸与设计效率相差10%～15%。而发达国家工业锅炉的使用效率一般高于80%。工业、商用和生活锅炉排放已经是中国城市的主要大气污染源。

---

❶ 根据来源于国家质量技术检验检疫与总局特种设备局的资料整理而得。

❷ 王善武，赵钦新. 大容量层燃热水锅炉技术发展探讨［J］. 工业锅炉. 2008（1）.

❸ 范旭. 燃烧工业锅炉节能减排技术的分析［J］. 工程技术. 2009（23）.

近10年来，中国工业锅炉的年产量基本上维持在20万蒸吨左右的水平。中国已成为世界上生产和使用工业锅炉最多的国家。2007年度对70家工业锅炉企业进行了统计，[❶] 该70家企业生产的工业锅炉中，燃用烟煤的蒸汽锅炉、热水锅炉共9 392台，计63 167蒸吨，分别占总产量台数的61.5%，容量的62.2%；燃用无烟煤的蒸汽锅炉和热水锅炉共785台，计3 823.4蒸吨，分别占总产量台数的5.1%，蒸吨数的3.8%；燃用劣质煤、褐煤、贫煤的锅炉共122台，计2 481蒸吨，分别占总产量台数的0.8%，蒸吨数的2.4%。

链条炉是中国工业锅炉燃烧设备的主要类型，约占中国工业锅炉产量台数的60%，固定炉排炉约占30%，其他约占10%。

由于小容量的燃煤锅炉在节能和环保性能方面达不到要求，已逐步让位于燃气锅炉、电加热锅炉和大容量燃煤锅炉。

1.2.2　电站锅炉行业概况

到2010年，中国电站锅炉产量5.99亿千瓦，是2001年1 173万千瓦的51倍。中国发电设备年产量已占世界总产量50%左右，对全球发电设备净增量的贡献率在50%以上，已经成为世界上最大的电站锅炉制造国。

到2007年底[❷]，30万千瓦、60万千瓦及以上等级机组已分别占总装机容量的50.2%和21.5%。据统计，2008年前三季度，共完成电站锅炉7 078.3万千瓦，30万、60万千瓦及以上等级锅炉分别占24.6%和51.7%，超临界、超超临界机组已经被提升为火电主力机型。截至2008年9月底，已累计制造完成60万、百万千瓦超临界、超超临界锅炉186台，其中，60万千瓦等级超临界锅炉150台，60万千瓦等级超超临界锅炉15台，百万千瓦超超临界锅炉21台。截至2009年底，全国已投运百万千瓦超超临界机组21台，是世界上拥有百万千瓦超超临界机组最多的国家。

早期大型电站锅炉以技术引进为主，随后，在消化引进技术的基础上，开发了超临界、超超临界和大型循环流化床锅炉。目前，中国已成为世界上大型循环流化床锅炉应用最多的国家。目前中国在电站锅炉燃烧设备方面拥有大型超（超）临界循环流化床循环流化床（300MW、600MW）技术、适合低挥发份煤种的600MW等级W火焰炉技术；在传统室燃炉方面还发展了新建电站的O_2/CO_2富氧燃烧技术及相应碳捕获与封存（CCS）技术。

随着行业规模与实力的发展，参与国际竞争的需要也急速攀升。据中国机电产品进出口商会统计，2007年新签订30万千瓦燃煤电站合同31台套，60万千瓦燃煤电站15台套，累计新签合同装机达2 000万千瓦，合同总额达150亿美元。2007年行业完成出口交货总值30亿美元。2008年前三季度行业完成出口交货总值40亿美元，同比增长168%。自主研发的60万千瓦超临界锅炉，已实现向印度、俄罗斯、土耳其等国家的出口。

---

❶　赵钦新，周屈兰. 工业锅炉节能减排现状、存在问题及对策［J］. 2010（1）.

❷　2010年电站锅炉协会行业报告，由上海锅炉厂有限公司提供

2008 年上半年，境外电力投资项目为 87 个，协调金额达 229 亿美元，其中，上亿美元项目 44 个，金额约 206 亿美元。2009 年上半年新签约合同总额达 92 亿美元，印度居第一，为 73.8 亿美元，巴基斯坦居第二，为 11.2 亿美元，越南、马来西亚、土耳其紧随其后。2009 年新签约的电力装备出口合同将超过 2008 年，大容量燃煤电站锅炉已成为"走出去"的火车头。从国际电力市场形势来看，近几年的发展速度明显加快。印度、印尼、越南、马来西亚等东南亚国家电力需求成倍增加，但自身电力设备生产能力不足，主要依赖进口；非洲电力市场的日益广阔和南美电力市场的复苏也为中国电力设备出口带来了机遇。当前国际市场虽然出现卖方市场，但占有国际市场的有利时机仅在 3～5 年间。但随之而来的面临的知识产权的风险也是这些出口企业所面临的巨大困难。

1.2.3　国内外主要锅炉厂家概述

国际上主要锅炉厂家有阿尔斯通公司（ALSTOM）、福斯特惠勒公司（FOSTER WHEELER）、美国巴布考克和威尔考克斯公司（BABCOCK & WILCOX，以下简称"美国巴威公司"）、日立巴布考克株式会社（BABCOCK - HITACHI）、石川岛播磨重工株式会社（ISHIKAWAJIMA HARIMA）、三菱重工株式会社（MITSUBISHI）。这些企业主要侧重于电站锅炉燃烧设备的生产和研发。在中国燃煤锅炉燃烧设备领域影响较大的是阿尔斯通公司、三菱重工株式会社和福斯特惠勒公司。

阿尔斯通公司：1928 年阿尔斯通公司在法国成立。阿尔斯通公司提供各种工业、电气设备以及电力的供应输配，是为全球基础设施和工业市场提供部件、系统和服务的主要供应商之一。在能源方面，阿尔斯通公司提供了占世界装机总容量 15% 的设备，共 460 000 兆瓦，居世界第 2 位。阿尔斯通公司是全球发电领域的领先公司。阿尔斯通公司提供的发电设备现已占全球总装机容量的 25%。

三菱重工株式会社：其创立于 1884 年，是拥有制造 700 种以上产品实力的日本最大型重工业厂家。业务覆盖机械、船舶、航空航天、原子能、电力、交通等领域。与中国的交往可追溯到 1972 年。中国哈尔滨锅炉厂的超超临界锅炉技术就来自于三菱重工株式会社。

福斯特惠勒公司：其前身是成立于 1891 年的惠勒冷凝器与工程公司和福斯特于 1884 年创办的水工供应公司，两家公司于 1927 年合并为福斯特惠勒公司，是全世界最大的燃烧设备供应商之一。福斯特惠勒公司主要提供建设电站服务，主要产品为电站锅炉燃烧设备，该公司是电站锅炉业内的行业巨头。

中国锅炉行业的主要厂家有东方锅炉厂、哈尔滨锅炉厂、上海锅炉厂、无锡华光锅炉股份有限公司、武汉锅炉厂、北京巴布科克·威尔科克斯有限公司（合资公司）。其中武汉锅炉厂于 2009 年被法国的阿尔斯通公司收购。

从电站锅炉燃烧设备方面来看，由于受到资质限制，所以国内在超临界、超超临界、大型循环流化床等电站锅炉高端市场，行业集中度高达 85% 以上，主要集中在上海锅炉厂、哈尔滨锅炉厂和东方锅炉厂。

1.3　技术发展历史和现状

作为锅炉的核心设备，锅炉燃烧设备经历了从层燃炉到室燃炉再到沸腾炉的发展历程。

19世纪早期，随着蒸汽机的出现，产生了最早的蒸汽锅炉，将燃料置于炉排（或炉箅）形成均匀的、有一定厚度的燃料层进行燃烧，加煤和除渣均用手工操作。这种以炉排为结构特点，将固体燃料放在炉排上，进行火床燃烧的炉膛称为层燃炉，又称火床炉。

早年层燃炉得到了广泛的运用，采用固定炉排，多燃用优质煤和木柴，加煤和除渣均用手工操作。随着工业需求的增加，直水管锅炉出现后开始采用机械化炉排，其中链条炉排得到了广泛的应用。链条炉排能适应大多数煤种，但不能烧强粘结烟煤。19世纪40年代出现了抛煤机。抛煤机可以配在固定火床上，也可以配在链条炉排上而成为抛煤机链条炉排。随着技术的发展，又出现了一些新的形式的炉排，包括往复炉排、振动炉排、滚动炉排等，但是这些炉排从燃料燃烧方式而言，其均为燃料在炉排上采用层状燃烧方式，因此统称为层燃炉。

目前中国中小型工业锅炉仍以层燃炉为主，其主要存在：对煤种的适应性差，当煤种变化时导致锅炉运行效率下降，污染物排放增加；低负荷运行导致热损失大；设备技术水平不高，导致燃烧效率低下；以及控制技术落后等缺点。针对上述缺点，对于层燃炉的改进主要在于：改进锅炉结构、燃烧方式以及运行管理。针对层燃炉对煤质要求高，需要筛分燃料的特点，改进给煤装置，采用分层给煤的方式使燃料分层布置在炉排上，改进炉拱技术，促进充分燃烧；合理设置炉排下部送风方式和配置，采用分段送风、增加二次风以及推迟送风等方式提高燃烧效率、减小热损失。

另外，随着工业和城市的发展以及节能环保要求的提高，集中供热和采暖成为趋势。目前国家支持采用30万千瓦及以上集中供热机组的热电联产，逐步淘汰固定炉排燃煤锅炉（双层固定炉排锅炉除外）。[1] 30万千瓦级煤粉锅炉热效率明显高于层燃链条炉，且污染物可以集中治理，工业级循环流化床锅炉平均热效率也能够稳定在80%～84%，随着生活、生产需求的不断增长，大容量煤粉炉和循环流化床炉将逐步取代中小容量的层燃炉。

当发电机组功率超过6兆瓦时，以上这些层燃炉的炉排尺寸太大，结构复杂，不易布置，所以20世纪20年代开始使用室燃炉。所谓室燃炉是指燃料在燃烧空间呈悬浮状燃烧的锅炉。室燃炉按照其燃烧的燃料可以分为燃气炉、燃液体燃料炉和燃固体燃料炉。从燃烧特性上看燃液体燃料炉与燃固体燃料炉相似。

燃固体燃料炉其燃料主要为煤粉以及煤粉与水混合而成的水煤浆，因此又称为煤粉炉。煤粉炉结构上包括燃烧室、燃烧器、送风系统、控制系统和燃烧原料制备供应系统。

---

[1]　中华人民共和国国家发展和改革委员会第9号令《产业结构调整指导目录（2011年本）》［EB/OL］（2011-05-20）［访问日期不详］http：//www.sdpc.gov.cn/zcfb/zcfbl/2011ling/W020110520354241732397.pdf

影响煤粉炉燃烧效率的因素包括燃烧室形状、燃烧室组合、燃烧器的种类和布置。燃烧器根据一、二次风是否旋转分为旋流燃烧器和平流燃烧器二大类。

燃烧室形状主要由燃煤条件、运行经济性、运行可靠性决定。从换热器的布置形状可以将现有的炉型分成主要的 π 型布置、塔形布置、T 型布置。π 型布置是用炉膛组成上升烟道、用对流烟道组成下行烟道、中间以水平烟道相连的锅炉；塔形布置是下部为炉膛，上部为对流烟道的塔形结构锅炉；T 形布置是下部为炉膛，上部为对隔成两个串联对流烟道的箱形结构锅炉。其中阿尔斯通公司多主张使用塔形布置，其在使用高灰分煤时有效减轻受热面磨损。而三菱重工株式会社以及美国燃烧工程公司（COMBUSTION ENG INC）多采用 π 型布置，它们认为在燃烧器对冲布置时适于采用 π 型布置的炉型；而前苏联和俄罗斯则多主张 T 型布置。

燃烧室的组合则包括多个燃烧室平行排列和燃烧室串接布置，不同的布置取决于燃烧所要达到的功率。

早年制造的煤粉炉采用了 U 形火焰。燃烧器喷出的煤粉气流在炉膛中先下降，再转弯上升。后来又出现了前墙布置的旋流式燃烧器，火焰在炉膛中形成 L 形火炬。随着锅炉容量增大，旋流式燃烧器的数目也开始增加，可以布置在两侧墙，也可以布置在前后墙。1930 年左右出现了布置在炉膛四角且大多成切圆燃烧方式的直流燃烧器。20 世纪 40～60 年代，为了强化燃烧和减少飞灰，一度采用液态排渣煤粉炉和旋风炉，但由于采用这种燃烧方式生成的氮氧化物太多，从 20 世纪 70 年代起已较少采用。

目前中国电站锅炉仍以煤粉炉为主，但其仍然存在对煤种适应需人工检测控制的情况[1]，因此煤种变化时导致锅炉运行效率下降，污染物排放增加；设备技术自动化水平有待提高；以及控制技术有待提高等缺点。针对上述缺点，对于室燃炉的改进主要在于：发展煤种自动检测设备，平衡磨煤损失和燃烧效率，提高燃烧设备对于煤种美化的适应能力；发展低氮氧化合物燃烧器和低污染燃烧方法，减少燃烧污染物；发展整体煤气化循环技术[2]，提高煤利用率；基于经验数据、模拟实验、流体计算和计算机模拟技术发展自动化的专家库控制系统，提高运行管理能力；发展燃烧原料制备运送技术，提高燃料利用率；发展劣质煤煤粉燃烧技术，拓展可利用煤种。

第二次世界大战后，石油价格较低，许多国家开始广泛采用燃油锅炉。燃油锅炉的自动化程度容易提高。20 世纪 70 年代石油提价后，许多国家又重新转向利用煤炭资源。这时电站锅炉的容量也越来越大，要求燃烧设备不仅能燃烧完全，着火稳定，运行可靠，低负荷性能好，还必须减少排烟中的污染物质并且适于使用更为广泛的煤种。流化床锅炉因此产生。1921 年由德国的 F. 温克勒尔提出了固体物料流态化技术，首先用在化学和冶金工业中。20 世纪 50 年代开始，它被移植到锅炉的燃烧领域，并获得了发展。早期的流化床锅炉都是鼓泡床，又由于流化床锅炉的燃料不是优质燃料，所以炉料颗粒在炉膛中并未完全燃烧，造成的热损失较大。为此产生了带飞灰回燃的鼓泡床锅炉和灰燃尽床鼓泡床锅炉。之后德国人首先研制了循环流化床锅炉。中国流化床

[1] 周一工. 燃煤电站锅炉发展趋势 [J]. 电站系统工程，1996 (6).
[2] 隋建才，徐明厚. 我国煤燃烧研究发展现状与趋势 [J]. 热能动力工程，2008, 2 (23).

技术起步较晚，自 20 世纪 70 年代初期才开始研究和开发流化床燃烧技术，中国于 1994 年从美国引进了大型循环流化床锅炉的设计、制造、调试和控制技术❶，可以生产容量级为蒸发量 420t/h 的循环流化床锅炉。

相对于层燃炉和室燃炉，流化床锅炉属于一种新型燃烧设备。流化床锅炉的燃烧方式是介于固定火床与悬浮燃烧之间的一种新型燃烧方式，是指燃料在燃烧室内被自下而上送入的空气流托起，并上下翻滚进行燃烧的锅炉。炉内充满沸腾的炉料，具有很大的蓄热量。加入的新燃料与炉料强烈扰动混合，立刻就被引燃。因此能够燃烧各种难燃的燃料，例如低热值的煤、水煤浆、煤矸石等。流化床锅炉从结构上分主要包括：炉膛、布风系统、回料系统、排渣系统、给料系统。布风装置是实现流态化燃烧的关键装置，按其主要的结构部件有布风板、风帽和风室。

各国发展的流化床锅炉各有不同。英国的流化床锅炉主要燃用高热值烟煤，目的在于缩小锅炉体积。美国的流化床锅炉燃用高硫分高热值烟煤，目的在于减少排烟中 SO_X 和 NO_X 等污染物质。中国、原捷克斯洛伐克和波兰等国着重研究燃用劣质燃料的流化床锅炉。增压流化床锅炉的燃烧室内压力大于大气压力。一些国家正在试验将增压流化床锅炉用于燃气轮机联合循环，这种系统可以提高发电的循环效率。

1.4　燃煤锅炉燃烧设备的技术分解

1.4.1　常见分类方法

常见的技术分解方法有：产品的种类、技术构成、应用领域。

燃煤锅炉燃烧设备行业的分类方法大致有以下几种：① 产品规模，主要按燃煤锅炉燃烧设备产品的蒸发能力来分类，例如：小型锅炉、中型锅炉和大型锅炉；② 专利分类体系：主要为 IPC 分类体系，其特点是：按燃烧设备的结构部件为主，结合工艺流程的具体内容；③ 行业标准，行业标准主要以技术构成分类，即根据煤的燃烧方式来区分，即层燃炉、煤粉炉和流化床炉❷；④ 产品用途，主要按照应用领域来区分，主要有：生活锅炉燃烧设备、工业锅炉燃烧设备和电站锅炉燃烧设备。

1.4.2　燃煤锅炉燃烧设备的技术分解表

在技术分解前，课题组先行进行了以下工作：首先，收集非专利文献资料，了解行业背景、行业发展状况和技术发展现状。其次，咨询中国工业锅炉协会、中国电站锅炉协会、清华大学、西安交通大学、上海锅炉厂股份有限公司等多家合作单位的专家；最后，初步检索专利文献，对研究的专利文献检索难易程度、专利文献数据量做初步的评估。

经过上述工作的努力，课题组对如何确定研究的边界设定了以下原则：第一，符合国家能源结构、能源政策和国家及全球环保政策；第二，涉及的专利文献量适中，

❶　梁永泽. 循环流化床锅炉的应用及发展趋势［J］. 中国电力教育，2008（3）.

❷　为了区别于其他应用领域的燃烧设备，在以下的文献中将使用流化床锅炉来进行区分。

中文专利文献量不超过 5 000 件，外文文献量不超过 50 000 项；第三，涉及的燃煤锅炉燃烧设备必须具有一定的技术高度，并具有未来的发展方向；第四，明显区别于其他燃烧设备，例如冶金行业中使用的燃烧设备。

课题组经过征求行业、高校、企业专家的意见并经内部讨论，以"符合行业标准，便于专利数据检索"为原则，按照各种炉型及其结构，对燃煤锅炉燃烧设备进行了技术分解，详见表 1-4-1。

表 1-4-1　燃煤锅炉燃烧设备技术分解表

一级分类	二级分类	三级分类
层燃炉（1）	往复炉排炉（11）	
	链条炉排炉（12）	
	振动炉排炉（13）	
	固定炉排炉（14）	
	滚动炉排（15）	
	通用技术（16）	
	抛煤机（17）	
煤粉炉❶（2）	煤粉燃烧器（21）	涡流燃烧器（211）
		平流燃烧器（212）
	燃烧室（22）	
	送风（23）	
	控制（24）	
	其他（25）	
流化床锅炉（3）	布风系统（31）	风帽（311）
		风板（312）
		风室（313）
	给料系统（32）	
	回料系统（33）	
	炉膛（34）	
	排渣系统（35）	
	控制（36）	
	送风（37）	
	其他（38）	

---

❶　煤粉炉是指使用煤作为主要燃料的室燃炉，由于为了使得煤在室燃炉中燃烧，通常将煤加工成煤粉，因此行业上通常使用煤粉炉来指代燃煤室燃炉。

1.5 数据检索及处理

1.5.1 数据来源

本课题采用的专利文献数据主要来自国家知识产权局专利检索与服务系统（以下简称"S 系统"）和 EPOQUE 系统。

（1）专利文献来源

CPRSABS（China Patent Abstract Database，中国专利文摘数据库），数据涵盖自 1985 年至今所有中国专利文摘数据。

CNTXT（China Patent Full-Text DATABASE，中国专利全文文本代码化数据库），数据涵盖 1985 年至今的中国专利全文文本代码化数据，此外也可针对全文数据的信息进行检索。

DWPI（Derwent World Patents Index，德温特世界专利索引数据库），包括八国两组织在内的 47 个国家和组织从 1948 年至今的专利数据，德温特专利数据还将其收入的专利按照一定的规则整理出具有德温特数据特色的同族数据。数据具有准确、有序的特性。

VEN（Virtual or logical Database，外文数据库），由 SIPOABS、DWPI 组成的虚拟数据库，涵盖 1827 年至今两个主要国外数据产品的全部数据，虚拟库检索结果可关联出各单库文献内容，在保证查全查准的同时兼顾文献阅读的便捷性。

EPODOC（EPO DOCumentation，欧洲专利局专利文献数据库），由欧洲专利对多个国家和组织收集整理的专利数据，其对收入的专利按照一定规则进行 IPC 分类的重新编写，具有分类号准确合理的特点。

（2）非专利文献来源

CJFD（China Journal Full-Text DATABASE，中国期刊全文数据库），收录了 1979 年至今的中国期刊全文数据，数据范围包括理工、农业、医药卫生、电子技术等几类，其数据内容主要包括中国期刊的篇名、作者、机构、摘要、出版日期、正文等信息。

（3）法律状态查询

中文法律状态数据来自 CPRS 数据库。

（4）引用频次查询

引文数据来自 DII（Derwent Innovations Index）数据库。

（5）引进技术来源

引进技术数据来自行业协会和合作单位提供的数据清单。

1.5.2 数据检索

1.5.2.1 总体检索策略

课题组对涉及三项关键技术的专利文献的作了初步分析，认为检索目标的文献具有以下特征：① 三个一级技术分支相互之间的分界相对独立清晰，除了每个一级技术分支下的控制二级技术分支外分类号无交叉或是重叠关系；② 部分关键技术具有专门的 IPC 分类号，其他则没有对应的 IPC 分类号，检索会有一定的难度，但是相应分类号的信息准确；③ 根据初步检索的情况判断，煤粉炉数据量大，功效与技术分支对应性差。

根据上述分析，课题组制定了以下检索策略和分工：① 在一级分类上采取分总模式，各技术分支独立检索然后再合并；② 在二、三级分类上，各技术分支灵活采取总分模式或分总模式，各技术分支根据检索总文献量再进行细分。

1.5.2.2　各技术分支检索策略

（1）数据库的使用

中文可供检索的数据库主要有 CPRS、S 系统的 CPRSABS，CNABS，CNTXT，TWABS。每个数据库都有自己的特点和优势。CPRS 的著录项目比较适合专利分析软件加工整理，CNABS 的数据经过系统深加工处理从而使检索结果准确全面，CNTXT 因为包含了说明书和权利要求的检索项目，检索覆盖的文献量较大。为了保证检索结果的"全"和"准"，所使用的数据库应该满足以下要求：① 数据要尽可能全；② 噪音应当在可控范围内。作为先行的煤粉炉燃烧室技术分支在此方面作了适当探索，采用相同的检索式在不同数据库中检索，通过初步分析比较发现：① CPRSABS 的检索文献量与 CNABS 接近，但明显小于 CNTXT；② CNABS 的检索文献量介于两者之间，命中文献的噪音大于 CPRSABS，但缺乏部分实用新型文献，同时带入的文献多为噪音；③ 虽然 CNTXT 的文献量最大，但通过概览后发现噪音也很大，因为语句之间单独文字的连接被判定为关键词，同时部分关键词可能只在说明书中被提及但并不作为发明点的文献被大量纳入检索结果中。综合上述分析，课题组将 CPRSABS 数据库作为主要的中文数据库，各技术分支根据本领域的技术特点适当采用其他数据库进行补全。

同样，外文数据库选择 EPODOC 数据库，然后转入 DWPI 数据库，提取相关数据，各技术分支根据本领域的技术特点适当采用其他数据库进行补全。

（2）检索方法

由于涉及的技术领域某些分支具有明确的分类号，而且涉及的相关分类号较多但比较集中于几个大类，关键词准确性差且遗漏文献的可能性较大，鉴于以上情况，采取的检索思路是：先用分类号集合限定出每个一级技术分支总的范围，再用关键词进行限定得到相对准确的范围，然后将获得的各个技术分支进行集合。

分类号的选取，首先在《国际专利分类表》中找出所有涉及燃烧设备的分类号，再根据《国际专利分类表》和确定的边界去掉不必要的分类号，形成初步检索式中的分类号集合，适当使用通配符，避免漏掉相近分类号的误分类文献。得到检索结果后，通过对检索结果的分类号统计分析，发现存在一些之前没有注意的分类号文献，或者是分类中易于混淆为其他分类号的但是和本技术领域很相关的文献，然后根据这些分析调整检索式中的分类号，或者增加或者减少检索分类号，再次进行检索，对结果进行分析。通过这样一个不断反馈的过程完善检索式中的分类号。

关键词的选取，首先列出尽可能的表达方式，并交由小组讨论，同时也要征询行业企业专家的意见，了解一些通俗的常用的表达方式，从而形成关键词的合集。而在检索关键词的取舍上，主要遵循以下原则：① 核心关键词必须保留，例如"煤"就是

第1章

第2章

第3章

第4章

第5章

第6章

第7章

第8章

燃煤锅炉燃烧设备领域常用的核心关键词，在行业期刊，硕博论文中经常出现，其含义相对明确不易混淆，因此可作为核心关键词；② 其他关键词要慎重取舍，要对每一个加入或拿出检索式的关键词要对其可能带来的噪音文献量进行评估；③ 使用关键词时尽量少用带来歧义较多的关键词，且少用"＋""???"的表达方式，尽量采用准确的表达方式，例如：grat＋等；④ 关键词之间尽量使用准确的逻辑运算符，如"nW""nD""S"等。

1.5.3　数据处理

1.5.3.1　数据去噪

任何一个检索式都不可避免会带来噪音，专利文献的检索过程主要是利用分类号和关键词，因此检索结果中噪音也主要形成于以下两个方面：① 分类号带来的噪音，主要包括：分类不准导致的噪音；专利文献本身内容丰富导致其具有多个副分类号，而这多个副分类号中必然会有一些并不是专利文献本身的发明点，这样就会形成噪音文献；② 关键词带来的噪音，主要包括：关键词本身使用范围很广带来的噪音，如"炉排"可以是指层燃炉的结构，也可以是语句中的"锅炉排放……"，当是后面一种情况就会带来噪音；利用关键词表述但是和技术主题并不相关，如"一种零件的干燥方法"，其中会提到"利用流化床来干燥……"，这样虽然出现了检索的关键词，但是确实和检索的技术主题关系不大，形成另一类型的噪音。

基于对噪音来源的分析，课题组确定了以下去噪策略：① 利用分类号去噪，对检索结果的分类号进行统计分析，将噪音分类号分为两类：a. 大部不相关分类号，例如B部分类号，几乎和本领域不相关，可以明确去除；b. 同部不同类的不相关分类号，例如F部的关于空调送风、干燥的分类号，可以明确去除；② 利用关键词去噪，例如在煤粉领域，可利用"煤气灶"去除在家用燃烧设备的相关文献的噪音；③ 利用特殊字符去除噪音，例如要去除燃烧器在有关冶金领域的相关文献的噪音，可利用冶金领域的相关文献一般会出现百分比的"％"，此外还有"、""/"等符号可以加以利用；④ 利用否定词词去噪，如"不""非""无"等；⑤ 在后续的标引过程中还会发现噪音文献，可以通过标引的过程同时去噪。

去除噪音的步骤可归纳为以下几步：

① 确定去除的噪音分类号或者关键词或者特殊字符，在检索结果中进行噪音去除；

② 浏览去除的文献，评估去噪的效果，如果去除的文献中含有较多的和技术主题相关的文献，对相关文献进行统计分析，对去噪检索式进行调整；

③ 利用调整后的去噪检索式继续去噪，重复步骤②，直至达到满意的去噪效果。

需要注意的是，在调整的过程中，调整的分类号或者关键词不宜过多，否则无法准确判断每个分类号或者关键词的去噪效果。对于效果较好的去噪检索式中的误伤文献，需要将这些误伤文献合并到最终检索去噪的结果中。

1.5.3.2　申请人名称整理

同一位申请人的名称通常会发生以下变化：① 译名的变化，当本国专利进入其他国家或者地区申请时，同一申请人会因为翻译的不同而导致具有不同的名称；② 公司并购或者母子公司，由于市场竞争的因素，很多申请人之间会发生并购或者拆分，这样也会导致同一申请人的名称变化。因此为了数据分析的准确，需要对申请人名称进行整理。

1.5.3.3 数据查全率、查准率验证

通过对各技术分支的数据查全率、查准率验证以判断是否要终止检索过程。首先要保证数据查全率，使检索过程可靠。在数据去噪结束时进行各技术分支的数据合理性验证，主要是保证数据查准率。

查全率的评估方法是：① 选择一名重要申请人，一般为该技术领域申请量排名在前 10 位的申请人或者行业内普遍认可的重要申请人且其申请领域较为集中在所要分析的行业领域，以该申请人为入口检索其全部专利申请，通过人工确认其在本技术领域的申请文献量形成母样本并根据申请目的国分为分支母样本。对于选择的该申请人，需要注意：a. 该申请人是否有多个名称；b. 该申请人是否兼并收购或者被兼并收购；c. 该申请人是否有子公司或者分公司；② 在检索结果数据库中以申请人为入口检索其申请文献量形成子样本；③ 以申请目的国为标准，将获得的子样本分区域形成多个分支子样本；④ 分别以子样本/母样本×100% ＝查全率和以分支子样本/分支母样本 ×100% ＝分支查全率（研究目的市场时评估该市场的查全率），综合判断查全率。

查准率的评估方法是：① 在结果数据库中随机选取一定数量的专利文献作为母样本；② 对母样本中的每篇专利文献进行阅读确定其与技术主题的相关性，和技术主题高度相关的专利文献形成子样本；③ 子样本/母样本×100% ＝查准率。

1.5.4 数据标引

由于各技术分支针对二级技术分支进行检索，需要对各个二级技术分支进行三级乃至四级技术分支进行标引，标引的内容包括技术构成标引和技术功效标引等。

1.5.4.1 标引方法

以数字编码指代具体的技术分支，每个技术分支的编码如表 1 – 4 – 1 中的括号内的数字所示。

1.5.4.2 标引问题的解决方案

（1）具有多个技术方案的专利文献的处理

一篇专利文献往往公开了多个技术方案，这些技术方案往往会涉及不同的二级技术分支，分支可以分为以下几种情况：如果在这几个涉及的技术分支中都公开了完整的技术方案，那么该篇文献就归到各个技术分支。如果技术方案有侧重，则以重要的技术方案进行标引。

（2）噪音文献的标引

当一篇文献涵盖了所有的关键词，但是通过阅读发现和技术主题不相关，那么这篇文献就可以标引为噪音文献，同时将噪音文献从数据集中去除，并根据其共同特性提取噪音标记如特性分类号和关键词。

（3）技术功效的标引

一个技术方案通常具有多种技术功效，对每一种技术功效也进行了代码化处理，

以便于标引和统计。

1.5.4.3 标引的作用

① 技术分支标引有利于理清技术方案，并方便统计各个技术分支的各项数据，为后续的专利分析打下坚实的基础。

② 技术功效标引有利于技术需求分析，并帮助找到相应的技术热点和技术空白点，为制定相应的研发和专利申请策略提供重要的参考。

1.5.5 数据集合说明

中国专利分析采用的是 1985～2010 年期间向中国国家知识产权局提交的涉及燃煤锅炉燃烧设备的相关专利申请;❶ 其他章节的数据范围为截至 2010 年在全球范围内的相关专利申请。最终获得的数据集合为中文文献发明总量为 1 680 件，实用新型总量为 3 593 件；全球文献发明总量为 8 547 项（合 26 522 件）。❷

1.6 研究方法说明

1.6.1 总体态势研究方法

1.6.1.1 发展趋势

发展趋势研究是通过了解整个行业的发展历史和现状，从而对行业在近期可预见的未来的发展状况进行初步判断分析。在本报告中关于发展趋势分析主要使用了将经过处理后的数据通过定性分析后生成折线图、柱形图和柱状堆积图的方式来表达并对其进行分析描述的方法来实现的。例如：图 2-1-1（折线图）、图 4-2-2（柱状堆积图）和图 3-2-3（柱状图）。

1.6.1.2 份额比重

份额比重的研究是通过了解整个行业各个技术分支占整个行业技术的份额比重、主要申请人占所有申请人的比重、各个申请人重要市场占整个市场的比重以及申请人在各个分支申请占其整体申请的比重，从而对申请人在行业内的地位、行业从业人员对于各个技术分支的重视程度和投入程度、行业从业人员对于不同市场的重视程度以及行业从业人员对于技术未来发展的预期进行初步判断分析。在本报告中主要通过使用饼图、百分比分析表、折线图、百分比堆积图、柱状堆积图、百分比堆积和趋势线复合图以及柱状堆积和饼图复合图的方式来表达并对其进行分析描述的方法来实现。例如：图 2-1-2（饼图）、图 2-2-7（折线图）、百分比分析表（表 2-1-2）、图 4-3-2（百分比堆积图）、图 2-2-4（柱状堆积和饼图复合图）、图 3-2-4（百分

---

❶ 中国专利以申请日为准，因此中国专利的申请量数据与其他章节全球专利申请数据中的中国专利申请量有所偏差。

❷ 全球专利申请来自 WPI 数据库的数据，WPI 数据库中将一个同族专利专利申请族作为一条记录，包括在不同国家或地区公开的多件同组专利申请，一条记录代表了一项专利技术，因此全球专利申请的数量单位使用"项"；而中国专利申请来自 CPRSABS 数据库的数据，在该数据库中将每一项专利申请作为一条记录，每一条记录代表一件专利申请，因此，中国专利申请的数量单位使用"件"。

比堆积和趋势线复合图）、图4-2-4（柱状堆积图）。

1.6.1.3 排名

排名研究是指通过研究行业内各个技术分支内申请人、申请原始国、国内各区域申请量和申请目的地国等的排名状况，从而对行业内申请人、国内各区域和各个国家技术创新能力的强弱进行初步判断分析，并对申请人对于全球市场中的各个目的市场的重视状况进行初步判读分析。本报告主要通过使用排名表（例如表2-1-1）来表达并对其进行分析描述的方法来实现。

1.6.2 具体技术、市场和申请人研究方法

1.6.2.1 具体技术

具体技术研究是指通过研究具体技术的构成及其与功效需求的连接关系，从而对技术对于解决问题功效的贡献程度进行判断分析。本报告主要通过文字解释、表格说明（例如表6-2-1）和功效矩阵图（例如图4-4-1）来表达并对其进行分析描述的方法来实现。

1.6.2.2 具体申请人

具体申请人研究是指通过研究具体申请人在各个技术分支的申请数量，从而对申请人的技术特长进行判断分析。本报告主要通过文字解释、表格说明（例如表2-2-3）和柱状图（例如图2-2-8）来表达并对其进行分析描述的方法来实现。

1.6.2.3 具体市场

具体市场研究是指通过研究申请人在具体市场的申请数量及其与全球申请的对比，从而对申请人对于具体市场的重视状况、具体市场的各技术分支的现有能力和需求状况进行判断分析。本报告主要通过文字解释、表格说明（例如表7-2-1和表7-3-1）、饼图（例如图7-2-1）和柱状图（例如图7-3-1）来表达并对其进行分析描述的方法来实现。

1.6.2.4 技术引进的专利分析

技术引进的专利分析是指通过研究引进技术中的专利对与我国产业技术升级以及行业主体技术水平提高的影响和作用，来分析判断其对我国行业主体未来的技术创新和市场竞争的作用和潜在风险，并试图总结引进过程的经验和不足。本报告主要通过文字解释、技术列表（例如表6-1-2）来表达并对其进行分析描述的方法来实现。

1.6.3 代表性专利的研究方法

1.6.3.1 代表性专利的选取原则

专利被引频次：是指专利文献被在后申请的其他专利文献引用的次数，通常被引频次尤其是他人引用频次越多，表明该专利在行业内受到的关注程度越高，其专利价值相应越大；

同族专利数量：是指一件专利同时在多个国家或地区的专利局申请专利的数量，由于专利申请以及专利权维持有效需要交纳相应的费用，因此专利申请人一般不会盲

目地申请专利，通常只有价值较高的专利才会在多个国家或地区进行专利申请；

涉诉专利：是指涉及诉讼的专利，一般来说涉及诉讼的专利都具有重要的商业价值。

技术发展路线关键节点：是指在该领域具有一定开创性的专利申请，此类申请一般主要为研究结构或者主要申请人。

主要产品专利：为了保持相应产品的技术竞争力在每推出一项新产品时往往已经申请了专利，那么这些专利就有可能是将来会涉及诉讼的专利，应当引起足够的重视。

重要技术首次申请：是指其中包含了业界内公认的一些重要技术并且是被首次提出的专利申请，这些专利申请应当具备以下特征之一：① 涉及新的技术领域或者扩展了原有的技术领域，对于同一申请人来说，他的某件专利申请相对之前的专利申请出现新的主分类号或副分类号；② 权利要求保护范围合适并获得授权；③ 主要申请人或主要发明人的最新专利申请。

1.6.3.2　代表性专利的分析价值

① 有利于把握该技术领域的技术发展历程，并对未来的技术发展方向进行分析。

② 有利于发现重要申请人的研发重点和专利策略，对于其他申请人可据此制定相应的专利应对策略。

1.6.3.3　代表性专利的筛选流程

代表性专利的筛选主要利用合作单位采用人工筛选的方式进行。具体方法如下：

① 通过检索和标引获得燃煤锅炉燃烧设备领域的全部有效中国专利文献，共计571篇；

② 将上述文献（包括著录项目、文摘以及有关的参考信息）导出到数据表格中；

③ 将数据发送给合作单位，由合作单位的技术专家依照技术贡献筛选出一定数量的代表性专利，同时对选出的代表性专利给出技术评分；

④ 汇集多个合作单位的筛选结果，将评分求和并排序；

⑤ 根据筛选结果的推荐数量、评分总和，由课题组成员进行最终确认。

需要特别说明的是，代表性专利与以下因素无关：第一，权利要求保护范围大小；第二，权利的稳定性。

1.6.4　研究方法汇总

表1－6　专利分析方法示例表

专利分析方法	具体操作	目　　的	文中所示部分
专利技术发展路线分析	通过相关专利文献确定专利技术出现的节点	分析专利技术的发展轨迹及趋势	表3－1－4
申请人各技术分支的申请量比较	统计申请人在各技术分支上的申请量	确定申请人的优势领域，比较申请人间的专利布局	图2－2－8、表2－2－3

专利分析方法	具体操作	目　　的	文中所示部分
技术引进的专利分析	研究对与我国产业技术升级以及相应专利数量的影响	分析判断其对我国行业主体未来的技术创新和市场竞争的作用和潜在风险，总结经验和不足	第6章文字和表6-1-2
新兴市场专利布局研究	研究申请人在具体市场具体技术分支的申请数量及其与全球申请的对比	为国内企业提供新兴市场的专利布局信息，帮助国内企业规避专利纠纷的风险	表7-2-1、图7-2-1、第7章文字
国内申请人分析	统计国内申请的技术领域	分析国内申请人的特长	图2-2-10
各技术分支按年代趋势变化	列出各技术分支上在相关年代的申请量	找出关键技术点及研发趋势	图2-1-3
技术-功效分析	统计各功效上的个技术分支申请量	确定技术与功效的联系	图4-4-1
代表性专利分析	统计与该专利相关的早期、前期、同类等专利，并请合作单位人工筛选	为相关申请人研发新产品提供借鉴	表3-1-7
重要申请人分析	首先，数量排名前10位；其次，其技术是行业流派代表之一；最后，对中国该领域的技术具有较大影响。	寻找出全球领先企业，以跟踪技术研究、了解专利布局和规避专利纠纷风险	表5-1-1等

1.7　约定

1.7.1　术语约定

此处对本报告上下文中出现的以下术语或现象，一并给出解释。

1.7.1.1　专利分析术语

专利被引频次：是指专利文献被在后申请的其他专利文献引用的次数。

同族专利：同一项发明创造在多个国家申请专利而产生的一组内容相同或基本相同的专利文献出版物，称为一个专利族或同族专利。从技术角度来看，属于同一专利族的多件专利申请可视为同一项技术。在本报告中，针对技术和专利技术原创国分析时对同族专利进行了合并统计，针对专利在国家或地区的公开情况进行分析时各件专利进行了单独统计。

同族专利数量：一件专利同时在多个国家或地区的专利局申请专利的数量。

全球申请：申请人在全球范围内的专利局的专利申请。

中国申请：申请人在中国国家知识产权局的专利申请。

国内申请：中国申请人在中国国家知识产权局的专利申请。

国外申请：外国申请人在中国国家知识产权局的专利申请。

国别归属规定：国别根据专利申请人的国籍予以确定，其中俄罗斯的数据包含前苏联，德国的数据包括东德、西德，中国的数据不包含中国台湾地区。

日期规定：依照最早优先权日确定每年的专利数量。

1.7.1.2　相关技术分支技术术语

锅炉：指利用燃料燃烧释放的热能或其他热能加热水或其他工质，以生产规定参数和品质的蒸汽、热水或其他工质的设备。按照其应用可分为电站锅炉、工业锅炉和生活锅炉。本课题不涉及焚烧炉（F23G 5）、热风干燥炉（F26）、工业炉窑（F27）、化工反应炉、冶金炉等。

锅炉燃烧设备：指锅炉中燃料进行燃烧的部分，即通常所说的炉。本课题仅研究锅炉燃烧设备以及相关的燃烧过程，不涉及锅炉的其他部件，例如锅炉内的水循环；过热器、省煤器等热交换部分；烟道以及尾气处理；燃料的制备和输送；点火等。

层燃炉：其中燃料置于炉排（或炉箅）形成均匀的、有一定厚度的燃料层进行燃烧。其以炉排为结构特点。

室燃炉：指燃料在燃烧空间呈悬浮状燃烧的锅炉。其核心部件是燃烧器。

燃烧室：包括燃烧室的形状、组合以及燃烧器在燃烧室的布置（对冲、切圆和W型）。

送风：包括风口的结构、位置布置。

控制：包括燃料的控制、风量的控制、安全控制以及其他控制。

流化床锅炉：指燃料介于固定火床与悬浮燃烧之间燃烧的锅炉使用的燃烧设备。其仅涉及采用流态化燃烧的锅炉，不包括化工反应器、工业炉窑、干燥炉、焚烧炉、气化炉。

流化床锅炉布风系统：指用于向流化床锅炉送入一次风（流化风）的送入结构，例如F23C 10/20，不涉及二次风。

流化床锅炉给料系统：指燃料供给和辅料供给的部件系统，例如F23C 10/22，以燃烧多种燃料为特点的循环流化床锅炉（CFBB）可以归为此类。

流化床锅炉回料系统：指将未燃尽的燃料和床料从烟气中返回锅炉的部件系统。不包括纯粹涉及分离器的结构。

流化床锅炉炉膛：指构成流化床锅炉燃烧空间的结构。包括异型炉膛、分层结构、多个炉膛的组合等。

流化床锅炉排渣系统：指将流化床内燃烧剩余物排出流化床锅炉的部件系统。包括冷渣器等。

流化床锅炉控制：用于控制流化床锅炉燃烧的装置系统。包括送风的控制、料位的控制、温度的控制。

流化床锅炉添加剂：指涉及燃烧过程中添加的物质及其成分。

第1章

第2章

第3章

第4章

第5章

第6章

第7章

第8章

其他说明：对于组合型的燃烧设备，例如既包括炉排、又设有燃烧器的层燃和室燃组合炉，则给出多个分类。

本课题不涉及余热锅炉。

1.7.2 主要申请人约定

对于主要申请人名称约定详见下表1-7-1。

表1-7-1 主要申请人名称约定表

约定名称	对应申请人名称及注释
阿尔斯通公司	阿尔斯通
	阿尔斯托姆（alsthom）
	燃烧工程公司（combustion engineering，2000年收购）
	阿尔斯通能源公司
	阿尔斯托姆科技公司（ALSTOM TECHNOLOGY LTD,）
	阿尔斯通电力公司
福斯特惠勒公司	福斯特惠勒公司（Foster wheeler）
	福斯特惠勒能源集团公司（FOSTER WHEELER ENERGY CORP）
	福斯特能源公司（FOSTER WHEELER ENERGIA OY）
	奥斯龙公司（ALSTHROM（芬兰），20世纪90年代收购）
三菱重工株式会社	三菱重工业有限公司（MITSUBISHI HEAVY IND CO LTD）
	三菱重工株式会社（MITSUBISHI JUKOGYO KK）
日立巴克考克株式会社	日立公司（HITACHI LTD）
	日立株式会社制作所
	日立巴布考克株式会社（日立20世纪末收购了巴布考克欧洲分公司后成立）
	日立电力欧洲公司（HITACHI POWER EURO GMBH）
	日立能源公司（HITACHI ENERGY LTD）
美国巴威公司	巴布考克和威尔考克斯公司
	巴布考克和威尔科克斯公司
	巴布考克威尔公司
	德国巴布考克和威尔考克斯能源公司（DEUT BABCOCK ENERGIE & UMWELTT）
	巴布考克和威尔考克斯电力生产集团（BABCOCK&WILCOX POWER GENERATION GROUP）
	巴布考克和威尔考克斯电力公司（BABCOCK&WILCOX POWER LTD）

第2章　燃煤锅炉燃烧设备总体专利分析

本章分别从全球和中国数据出发，得到燃煤锅炉燃烧设备行业总体的申请量趋势、区域分布情况以及申请人情况等。并对本课题重点研究的煤粉炉以及流化床锅炉各自的发展态势和在行业中所占比重作出简要分析。

2.1　全球专利分析

2.1.1　申请量趋势

燃煤锅炉燃烧设备的历史可以追溯到 19 世纪早期，随着蒸汽机的出现，产生了最早的蒸汽锅炉，早期的燃煤锅炉燃烧设备为层燃炉，随后又发展出室燃炉和流化床锅炉。在各国专利制度形成后，各国为了保护自己的技术，开始逐渐申请专利。为了分析燃煤锅炉燃烧设备的发展趋势，针对检索到的专利文献按年份进行了统计分析，分析发现从 20 世纪初开始就已经有零星的专利申请。纵观近百年的专利文献，燃煤锅炉燃烧设备的发展可以划分成五个阶段：① 萌芽期；② 发展储备期；③ 发展高峰期；④ 平稳期；⑤ 二次发展期。下面结合图 2 - 1 - 1 对这五个阶段进行详细说明。

图 2 - 1 - 1　燃煤锅炉燃烧设备申请量和申请人数量变化趋势

① 萌芽期：该阶段从 20 世纪初到 20 世纪中叶，特点是专利申请量较少，大部分是英国专利，这与英国作为工业革命的发源地、并且最早建立了近代专利制度有相当大的关系。值得注意的是，在这一阶段出现了室燃炉，能查找到的关于煤粉室燃炉的最早的专利是 GB191012721 A，申请日为 1910 年 5 月 25 日，申请人是 BARNHURST

第1章

第2章

第3章

第4章

第5章

第6章

第7章

第8章

HENRY ROHRMAN 和 BARNHURST HENRY GREGORY。

② 发展储备期：该阶段从 20 世纪中叶到 60 年代末。随着第二次世界大战的结束，各国纷纷将重心转移到工业建设中，锅炉作为工业中最重要的设备之一，得到大量的使用。然而这一阶段石油价格较低，各国广泛采用燃油锅炉，因此燃煤锅炉燃烧设备的专利申请量并不突出。值得注意的是，在 20 世纪 60 年代，流化床技术被应用到锅炉燃烧领域，出现了流化床锅炉。这方面代表性的申请人有德国的 METALLGESELLSCHAFT AG 下属的鲁奇（LURGI）公司，代表性的专利申请有 DE19681758244，申请日为 1968 年 4 月 27 日。

③ 发展高峰期：该阶段从 1970 年开始一直持续到 20 世纪 80 年代中期，期间相关申请量以及申请人数量均大幅增加，并在 1982 年左右达到顶峰。究其原因，可能与国际能源结构有关。20 世纪 70 年代末 80 年代初的第一次石油危机使得油价高涨，导致更多申请人投入燃煤锅炉燃烧设备技术研究领域以提高煤炭能源利用率，从而产生了一个发展高峰期。

④ 平稳期：此后行业进入平稳期，申请量以及申请人数量小幅变动，略有减少，在 1995 年左右申请量曾出现一个小的高峰期，而后申请量又有下降。这是由于 20 世纪 90 年代到 21 世纪初期油价相对便宜，因此相应的申请人研究热情有所减少，其中由于油价波动而曾经导致该领域申请中间活跃，但整体处于低迷状态。

⑤ 二次发展期：该阶段自 2002 年开始。期间申请人数量总体上维持稳定，而申请量则不断增长，尤其是自 2006 年起申请量急剧放大。这是由于 2002 年后特别是 2005 年后油价再次上涨，促使燃煤锅炉燃烧设备的研究再次活跃，而 2009 年的申请量增加与 2008 年年底的全球环境保护大会对于温室气体排放提高要求有着密切关系。这一阶段的主要申请人代表有阿尔斯通公司、福斯通惠勒公司、日立巴布考克株式会社。

综合上面的分析可以看出，目前燃煤锅炉燃烧设备技术仍然受到关注，由于行业的传统性和对于资金要求的门槛较高，以及全球环保要求的提高和能源需求的旺盛使得整个行业再次发展。

2.1.2 主要技术分支

根据燃烧方式的不同，燃煤锅炉燃烧设备可以分成三个一级技术分支：层燃炉、煤粉炉与流化床锅炉。其中，煤粉炉的比重最大，占到了总申请量的 58%，其次是流化床锅炉，层燃炉最少（参见图 2-1-2）。并且基于图 2-1-3 可以看出，层燃炉的发明申请量呈减少的趋势，自 1997 年以后，其发明专利的申请量均小于 50 项，且从整体上呈现持续下滑的态势，这主要是由于层燃炉的体积庞大、热效率低，有被其他两种炉型逐渐取代的趋势，因此随后的研究中将不再研究层燃炉这一技术分支。

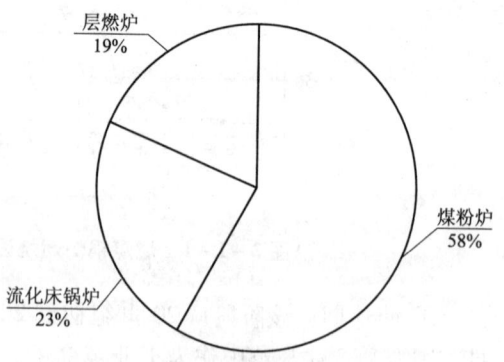

图 2-1-2 燃煤锅炉燃烧设备
一级分支份额图

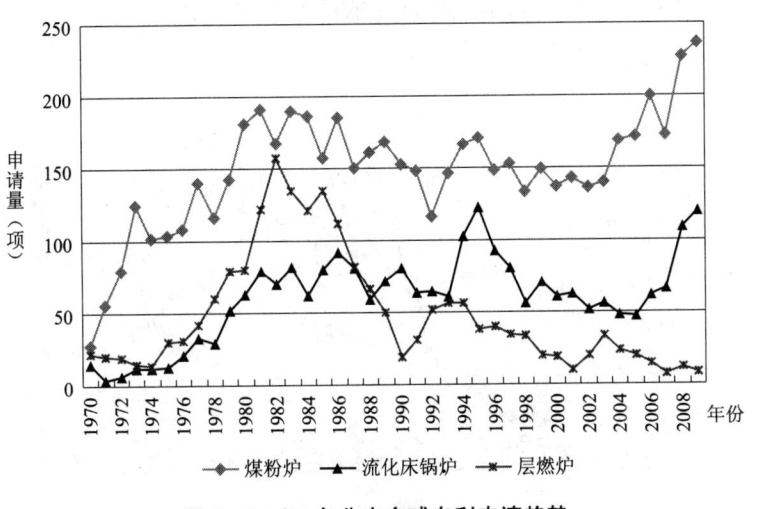

图2-1-3　各分支全球专利申请趋势

　　煤粉炉和流化床锅炉分支变化趋势与燃煤锅炉燃烧设备行业总体趋势大体上一致。具体而言，煤粉炉申请量自1980年前后进入一个高峰期，此后申请量在1993年进入一个低潮期，而后平稳发展，但2006年后增长迅速，而申请人数量前期与申请量趋势雷同，但在2000年出现跳跃性增长，但自2006年后申请人数量呈下降趋势，该技术分支整体处于二次发展期，但是行业集中度可能在提高。参见图2-1-4。

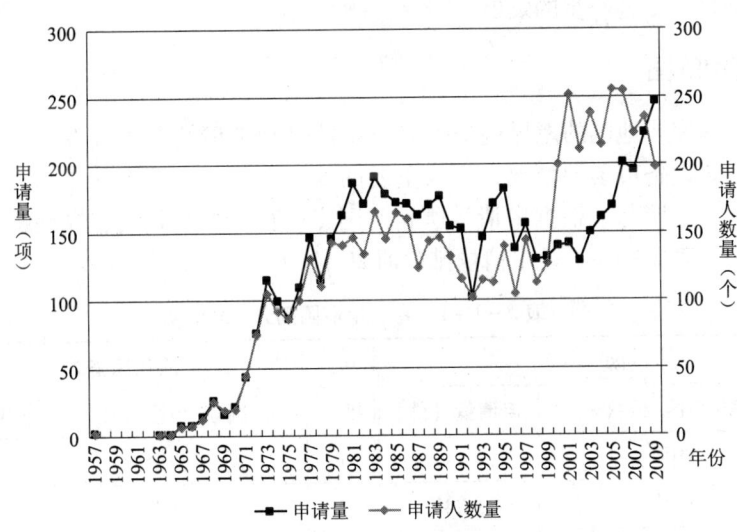

图2-1-4　煤粉炉分支申请量数量和申请人数量趋势

　　由图2-1-5可知，流化床锅炉自1976年开始申请人和申请量均平稳增长，至1986年达到第一次小高峰后有所下降，但自1993~1995年间申请量又有一次高速增长，至1995年申请量达到第一次高峰后开始下降，自1998年开始，申请人数量有了小幅的增长，但自2001年开始又呈现波动下降的趋势，自2005年开始，申请人数量和申

425

请量开始了第二次增长高峰，目前整个行业依然处于发展期。

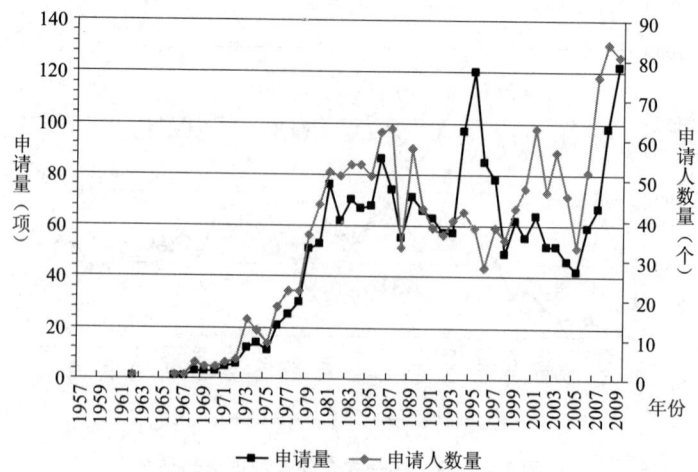

图 2 - 1 - 5　流化床锅炉分支申请量数量和申请人数量趋势

从总体来看，煤粉炉的申请量大于流化床锅炉，但从趋势上来看，流化床锅炉的比例有所提高。在 20 世纪 90 年代后期流化床锅炉比例一度达到这两分支总量的 40%，同时在 2006 年后流化床锅炉比例有再次提高的趋势。目前煤粉炉的申请量大概是流化床锅炉申请量的 2 倍左右。结合流化床锅炉的技术特点以及中国能源结构的特点来看，其未来在中国将有更进一步的发展。

2.1.3　申请目的国

根据一个国家或地区的燃煤锅炉燃烧设备的专利申请情况可以看出该国家或地区的燃煤锅炉燃烧设备市场的情况，较为重要的地区会受到申请人的较高关注，专利申请量也会较大。本课题组根据申请号所属的国家/地区/组织寻找燃煤锅炉燃烧设备领域申请目的国。表 2 - 1 - 1 是申请量排名前 20 位的数据。

表 2 - 1 - 1　专利申请国别分布表

煤粉炉			流化床锅炉		
排名	国家/地区/组织❶	申请量（件）	排名	国家/地区/组织	申请量（件）
1	美国	4 142	1	美国	1 012
2	德国	1 842	2	日本	769
3	日本	1 382	3	德国	573
4	欧洲专利局	1 377	4	欧洲专利局	538
5	PCT	1 209	5	中国	487
6	俄罗斯（含前苏联）	1 206	6	PCT	398

❶ 申请号所属的国家/地区/组织。

续表

煤粉炉			流化床锅炉		
排名	国家/地区/组织	申请量（件）	排名	国家/地区/组织	申请量（件）
7	中国	816	7	加拿大	210
8	加拿大	621	8	英国	197
9	澳大利亚	477	9	俄罗斯（含前苏联）	197
10	韩国	440	10	芬兰	156
11	英国	272	11	韩国	155
12	法国	254	12	澳大利亚	143
13	印度	181	13	瑞典	107
14	巴西	145	14	法国	96
15	捷克	143	15	捷克	89
16	墨西哥	130	16	印度	72
17	中国台湾	125	17	南非	58
18	南非	113	18	西班牙	41
19	瑞典	89	19	墨西哥	34

基于表2-1-1可以看出，在煤粉炉和流化床锅炉领域，美国、日本、德国是排名前3位的申请目的国，也就是说，这三个国家是燃煤锅炉燃烧设备领域专利申请的热点地区，这有多方面的原因：① 上述三个国家的经济发达，燃煤锅炉的市场也比较可观；② 上述国家的专利制度相对比较完善；③ 企业出于技术和市场竞争的考虑，重视在上述国家的专利申请。

在煤粉炉和流化床锅炉领域，以中国作为目的国的申请量分别排在第7位和第5位，说明中国也是申请人专利申请的重要区域。

2.1.4 多边申请分析

随着经济一体化的进程，申请人对于在世界各个重点市场维护自己专利权益的意识逐渐加强。但是，向多个国家或政府间的专利机构提出专利申请以获得专利权的保护，会随之产生相关的可观的费用，因此，申请人往往会选择较为重要的专利在全球多个国家和地区进行专利申请。

本课题所述的多边申请，其定义为：同时在北美地区（在美国或加拿大之一公开）、欧洲地区（在欧洲专利局、德国、英国、法国之一公开）以及亚洲地区（在日本、中国、或者韩国之一公开）公开的专利。通过统计专利原创国（同一族专利的优先权所属的国家）所拥有的多边申请的数量，以分析各个国家在该领域的实力。由于多边申请剔除了大量的只在本国申请的泡沫数据，所以一个国家或公司的多边申请量往往能代表其真实实力。

第1章

第2章

第3章

第4章

第5章

第6章

第7章

第8章

表 2-1-2　多边申请数据表格

国家/地区/组织❶	炉型	煤粉炉（项）	流化床锅炉（项）	总量（项）❷
美国	公开	286	132	408
美国	构成❸	39.1%	45.8%	40.8%
日本	公开	135	18	152
日本	构成	18.5%	6.3%	15.2%
德国	公开	103	26	127
德国	构成	14.1%	9.0%	12.7%
法国	公开	50	32	81
法国	构成	6.8%	11.1%	8.1%
英国	公开	29	8	37
英国	构成	4.0%	2.8%	3.7%
欧洲专利局	公开	24	2	26
欧洲专利局	构成	3.3%	0.7%	2.6%
瑞典	公开	18	20	35
瑞典	构成	2.5%	6.9%	3.5%
PCT	公开	16	5	21
PCT	构成	2.2%	1.7%	2.1%
韩国	公开	9	0	9
韩国	构成	1.2%	0.0%	0.9%
芬兰	公开	9	38	46
芬兰	构成	1.2%	13.2%	4.6%
瑞士	公开	9	1	10
瑞士	构成	1.2%	0.4%	1.0%
意大利	公开	6	1	7
意大利	构成	0.8%	0.4%	0.7%
澳大利亚	公开	6	0	6
澳大利亚	构成	0.8%	0.0%	0.6%

❶　最早的优先权所属的国家/地区/组织。

❷　由于一项专利文献有可能被分到多个分支，因此总量不等于各分支的简单加和。

❸　该国的多边申请量占全球多边申请总量的比重。

续表

国家/地区/组织	炉型	煤粉炉（项）	流化床锅炉（项）	总量（项）
中国	公开	4	1	5
	构成	0.6%	0.4%	0.5%
中国台湾	公开	4	0	4
	构成	0.6%	0.0%	0.4%
丹麦	公开	3	3	6
	构成	0.4%	1.0%	0.6%
荷兰	公开	3	0	3
	构成	0.4%	0.0%	0.3%
加拿大	公开	3	0	3
	构成	0.4%	0.0%	0.3%
其他	公开	14	1	14
	构成	1.9%	0.1%	1.9%
合计	公开	731	288	100%

从表 2 - 1 - 2 中可以看出，在燃煤锅炉燃烧设备领域，美国是当之无愧的巨头，其多边申请量占全球总量的四成，并且无论是在煤粉炉分支还是流化床锅炉分支，都体现出强劲的实力，这两个分支分别占总量的 39.1% 和 45.8%。

日本、德国、法国属于第二梯队，这三个国家的多边申请量占比分别为 15.2%、12.7%、8.1%。其中，日本在煤粉炉分支的多边申请量排在第 2 位，这与日本的日立巴布考克株式会社在煤粉炉领域的强劲实力不无关系。法国在流化床锅炉分支的多边申请量排在第 3 位，这与法国的阿尔斯通公司在流化床锅炉领域的强劲实力有关。

另外，值得注意的是芬兰，其在流化床锅炉分支的多边申请量占比为 13.2%，排在该分支的第 2 位。芬兰的奥斯龙公司（Ahlstrom Pyropower）在流化床锅炉领域实力强劲，该公司于 1979 年开发了世界上第一台商业化循环流化床锅炉。奥斯龙公司于 1995 年被美国的福斯特惠勒公司兼并，福斯特惠勒公司此后的流化床锅炉的专利很多是在芬兰首次提出申请的。

中国在燃煤锅炉燃烧设备领域的多边申请仅有 5 项，对比第 2.1.3 节的专利申请的国别分布的数据，可以分析出，中国以本国申请和专利输入为主，这一方面体现了中国在该领域的技术差距，另一方面也体现了国内申请人较为忽视在全球多个国家和地区进行专利申请。在这 5 项多边申请中，煤粉炉分支 4 项，流化床锅炉分支 1 项。

与中国情况类似，加拿大专利申请的国别排在第 8 位，但是其作为专利原创国的多边申请量仅有 3 项，说明加拿大也是以本国申请和专利输入为主。

煤粉炉的多边申请量是流化床锅炉的 2.5 倍之多，与煤粉炉的历史久远以及应用

第1章

第2章

第3章

第4章

第5章

第6章

第7章

第8章

广泛有关。

结合表 2 - 1 - 2 的多边申请排名情况，绘制全球和主要专利原创国（美国、德国、法国、日本）在煤粉炉领域的多边申请年份走势图，参见图 2 - 1 - 6。

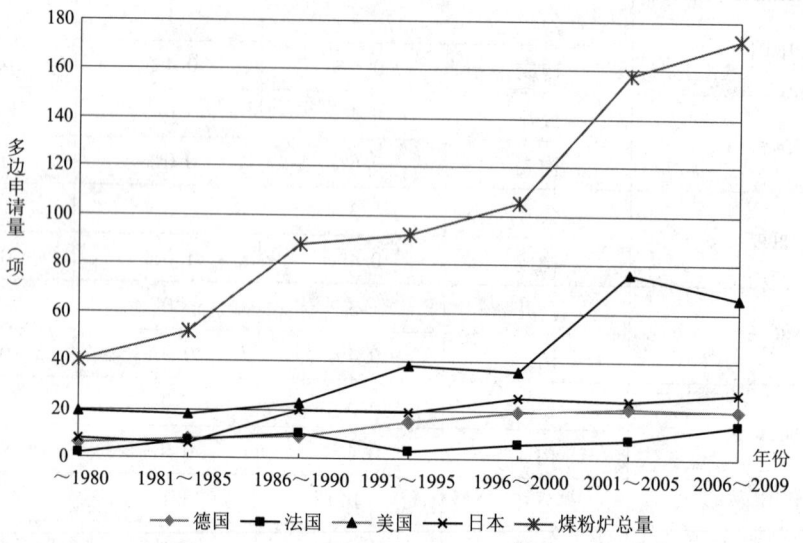

图 2 - 1 - 6　煤粉炉多边申请年份段走势图

结合图 2 - 1 - 6，综合分析可以得到如下结论，在煤粉炉领域：

① 煤粉炉多边申请总量维持了很好的增长势头，尤其在 1981 ~ 1985 年间和 1996 ~ 2000 年间大幅增长。

② 美国的多边申请量比重高、增长快，煤粉炉多边申请量全球走势主要受该领域美国多边申请量的影响。

③ 日本、德国和法国的走势均较为平缓，但是总体也呈增长趋势。

④ 该领域多边申请占申请总量的 11% 强，说明煤粉炉领域申请人在多个国家或地区维护专利权的意识较强。

结合表 2 - 1 - 2 的多边申请排名情况，绘制全球和主要专利原创国（美国、德国、法国、芬兰）在流化床锅炉领域的多边申请年份走势图，参见图 2 - 1 - 7。

结合图 2 - 1 - 7，综合分析可以得到如下结论，在流化床锅炉领域：

① 流化床锅炉多边申请总量在 20 世纪 80 ~ 90 年代十分可观，这一阶段是流化床锅炉的高速发展期，此后全球多边申请量下降，2000 年后基本趋于稳定。

② 流化床锅炉全球多边申请的趋势主要受到美国申请量的影响。在 20 世纪 80 ~ 90 年代，当时美国的几家大公司，例如福斯特惠勒公司和燃烧工程公司在全球进行了广泛的流化床锅炉基础专利申请。

③ 芬兰、法国和德国的多边申请走势均较为平缓，但是总体也呈增长趋势。

④ 该领域多边申请占申请总量的 12% 强，说明流化床锅炉领域申请人在多个国家或地区维护专利权的意识较强。

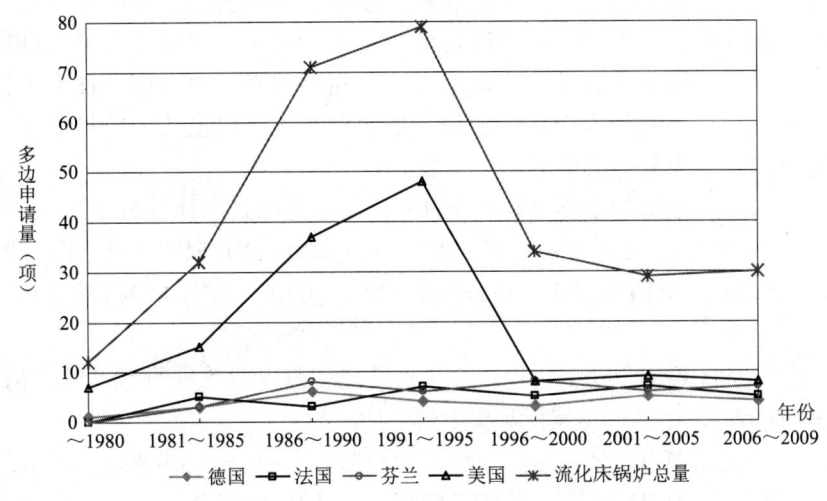

图 2 - 1 - 7　流化床锅炉多边申请年份段走势图

2.1.5　申请人分析

据统计，法国的阿尔斯通公司在燃煤锅炉燃烧设备领域申请量排名第一；前 10 位申请人中，美国、日本各有 3 家公司，具体排名参见表 2 - 1 - 3。

表 2 - 1 - 3　全球燃煤锅炉燃烧设备专利申请人申请量及排名

排名	申请人名称	国别	申请量（项）
1	阿尔斯通公司（ALSTOM）❶	法国	426
2	日立巴布考克株式会社（BABCOCK - HITACHI）❷	日本	381
3	福斯特惠勒公司（FOSTER WHEELER）❸	美国	277
4	石川岛播磨重工株式会社（ISHIKAWAJIMA HARIMA）	日本	239
5	三菱重工株式会社（MITSUBISHI）	日本	237
6	美国巴威公司（BABCOCK & WILCOX）	美国	164
7	MOSC 电力研究所（MOSC POWER INST）	俄罗斯	132
8	瑞典通用电器斯泰尔公司（ASEA STAL AB）	瑞典	113
9	乌拉尔公司（URALS）	俄罗斯	63
10	通用电气公司（GENERAL ELECTRIC CO）	美国	45

进一步采用多边申请量对申请人进行分析，得到多边申请量排名靠前的主要申请

---

❶　阿尔斯通公司的申请量包括原美国燃烧工程公司的申请。

❷　日立巴布考克株式会社的申请量包括日立公司以及巴布考克（欧洲）公司的申请。

❸　福斯特惠勒公司的申请量包括奥斯龙公司（芬兰）的申请。

人有阿尔斯通公司、日立巴布考克株式会社、福斯特惠勒公司、通用电气公司、三菱重工株式会社等。综合表 2－1－4 可以看出，表 2－1－3 所列出的前 10 位申请人中，大部分是在全球多个国家进行专利申请的跨国公司，重视多边申请。日本的石川岛播磨重工株式会社、俄罗斯的 MOSC 电力研究所、乌拉尔公司虽然申请量不少，分别排在第 4、7、9 位，然而其多边申请量并不多。

煤粉炉领域多边申请的主要申请人为日立巴布考克株式会社（日本）、通用电气公司（美国）、阿尔斯通公司（法国）、BOSCH GMBH ROBERT（德国）、PRAXAIR TECHNOLOGY INC（美国）、UT BATTELLE LLC（美国）、AIR LIQUIDE DEUT GMBH（法国）。

煤粉炉领域前 3 位的公司多边申请量占该领域多边申请总量的 12.9%，前 10 位的公司占比达 34.6%，可见该领域行业集中度一般。

流化床锅炉领域多边申请的主要申请人为福斯特惠勒公司（美国）、阿尔斯通（法国）、ABB PATENT GMBH（瑞典）、METALLGESELLSCHAFT AG（德国）。其中福斯特惠勒公司的多边申请占比高达 46.9%，福斯特惠勒公司在兼并了芬兰奥斯龙公司后，已经成为世界上最大的循环流化床锅炉生产厂家之一。

流化床锅炉领域前 3 位的福斯特惠勒公司、阿尔斯通公司、ABB PATENT GMBH 的多边申请量占该领域多边申请总量的 67.4%，前 10 位的公司占比达 85.8%，可见该领域行业集中度非常高。

表 2－1－4　全球燃煤锅炉燃烧设备专利申请人多边申请量及排名

煤粉炉		数量（项）	构成	流化床锅炉		数量（项）	构成
全球	日立巴布考克株式会社	58	7.3%	全球	福斯特惠勒公司	135	46.9%
	通用电器公司	30	4.1%		阿尔斯通公司	37	12.8%
	阿尔斯通公司	28	3.8%		ABB PATENT GMBH	22	7.6%
	BOSCH GMBH ROBERT	26	3.6%		DEUTSCHE BABCOCK AN	9	3.1%
	PRAXAIR TECHNOLOGY INC	24	3.3%		METALLGESELLSCHAFT AG	9	3.1%
	HITACHI LTD	23	3.2%		BEAL DE	8	2.8%
	ABB PATENT GMBH	22	3.0%		MORITA T	8	2.8%
	UT BATTELLE LLC	22	3.0%		CHARTIER G N	7	2.4%
	AIR LIQUIDE DEUT GMBH	20	2.7%		EBARA CORP	6	2.1%
	SIEMENS AG	18	2.5%		METSO PAPER INC	6	2.1%
	合计	271	37.1%		合计	247	85.8%

2.2　中国专利分析

2.2.1　总体态势

1985～2010 年期间燃煤锅炉燃烧设备领域中国专利文献共计 5 273 件，对表 2-2-1 进行综合分析，发现该领域存在如下特点：

① 专利类型以实用新型居多。据统计，实用新型 3 593 件，占总量的 68%，而发明仅有 1 680 件，只占总量的 32%。

② 从申请量上来看，国内申请占有绝对优势。据统计，国内申请 4 596 件，国外申请 677 件。然而值得注意的是，国内申请中有相当比例其类型为实用新型，而国外申请绝大部分都是发明。若以发明而论，该领域国内发明申请量占发明总量的六成，相比国外只是略占上风。

③ 从发明的授权和有效数量来看，国内申请相对于国外申请略占优势。授权发明专利 820 件，其中，国内申请 459 件，约占 56%；有效发明专利中，国内申请 219 件，约占 61%。

表 2-2-1　燃煤锅炉燃烧设备一级技术分支专利数据　　　单位：件

		公开			授权			有效		
		国内申请	国外申请	小计	国内申请	国外申请	小计	国内申请	国外申请	小计
层燃炉	总量	2 385	22	2 407	2 229	15	2 244	455	5	460
	发明	219	21	240	67	14	81	43	4	47
	实用新型	2 166	1	2 167	2 162	1	2 163	412	1	413
煤粉炉	总量	1 403	490	1 893	1 153	239	1 392	663	169	832
	发明	423	431	854	206	207	413	161	145	306
	实用新型	919	8	927	919	8	927	481	5	486
流化床炉	总量	1 037	228	1 265	853	144	997	505	72	577
	发明	371	228	599	187	144	331	143	72	215
	实用新型	666	0	666	666	0	666	362	0	362
总计	总量	4 596	677	5 273	4 041	368	4 409	1 544	225	1 769
	发明	1 010	670	1 680	459	361	820	347	219	566
	实用新型	3 586	7	3 593	3 582	7	3 589	1 197	6	1 203

2.2.2　申请和授权趋势

对燃煤锅炉燃烧设备领域中国专利申请的年份分布情况（参见图 2-2-1）进行分析，发现中国在该领域呈现出与全球不一样的趋势走向。根据中国燃煤锅炉燃烧设备领域的国内专利申请情况，可以划分成三个阶段：① 起步期；② 调整期；③ 高速发展期。下面对这三个阶段进行详细说明。

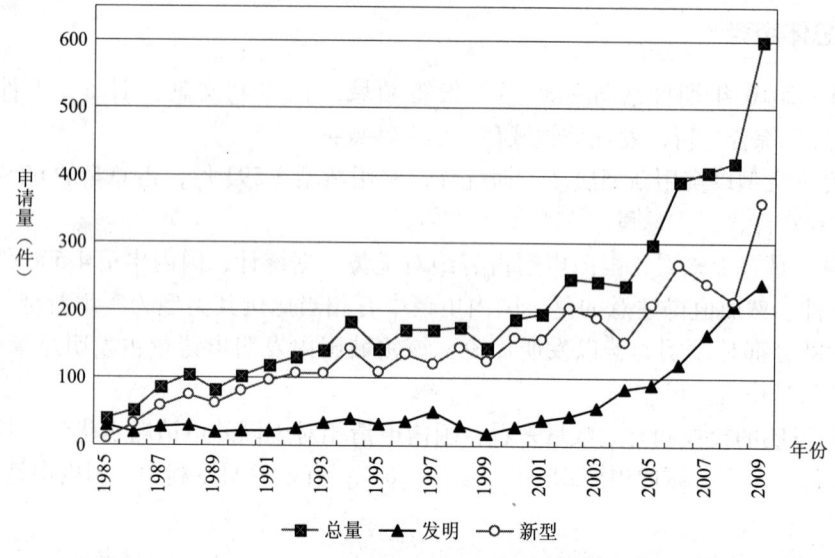

图 2－2－1　中国专利申请量年度分布

① 起步期：该阶段从 20 世纪 80 年代中期持续到 90 年代中期。期间专利申请量稳定上升，从 1985 年的 41 件增长到 1996 年的 171 件，年增长率约为 10%。

② 调整期：该阶段从 20 世纪 90 年代后期持续到 2002 年左右。期间专利申请量比较平稳，申请总量基本保持在 170～200 件/年，发明申请量为 30～40 件/年。这与 1998 年的金融危机以及中国当时制定的限制火电发展的决策有很大关系。

③ 高速发展期：该阶段从 2003 年起。期间申请量迅速攀升，到 2007 年，年申请总量突破 400 件，发明年申请量将近 200 件，平均年增长率达 30%。由于中国经济发展迅速，电力供应紧张，于 2003 年取消了"三年不上火电项目"的政策限制。此外，国家还大力鼓励发展大容量电站锅炉。燃煤锅炉燃烧设备行业在国家政策的支持上，并结合国外先进技术的引进以及自主开发，获得了蓬勃发展。目前，燃煤锅炉燃烧设备领域中国专利申请处在高速增长期。

结合图 2－2－2 和图 2－2－3 可以综合分析得出，燃煤锅炉燃烧设备领域的国外申请人非常关注中国市场。从 1985 年中国建立专利制度起，国外申请人就开始到中国进行专利申请，并且一直持续申请。1993～1998 年是国外申请人在中国申请的一个重要时期，这期间的发明申请量占其申请总量的 25%，授权量占其授权总量的 29%。在 2001 年之前，每年的国外发明申请量一直高于国内发明申请量。但是，从 2003 年起，中国燃煤锅炉燃烧设备领域进入高速增长期，近年来国内申请人申请量增长明显高于国外申请人，自 2004 年起，国内发明公开、授权、有效年度数量都已超过国外。

2.2.3　主要技术分支

燃煤锅炉燃烧设备领域的三个一级分支中，层燃炉的申请总量虽然大，但具有如

第1章

第2章

第3章

第4章

第5章

第6章

第7章

第8章

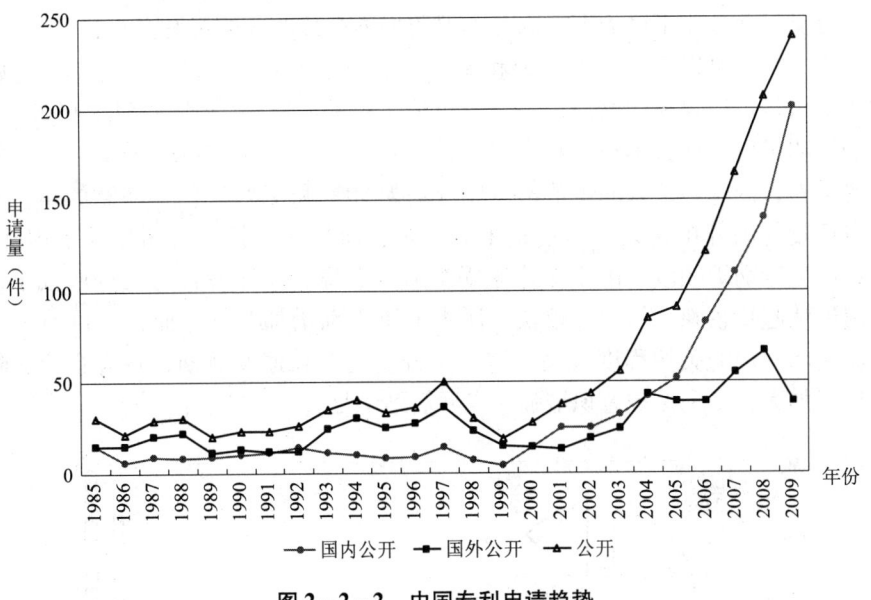

图 2-2-2 中国专利申请趋势

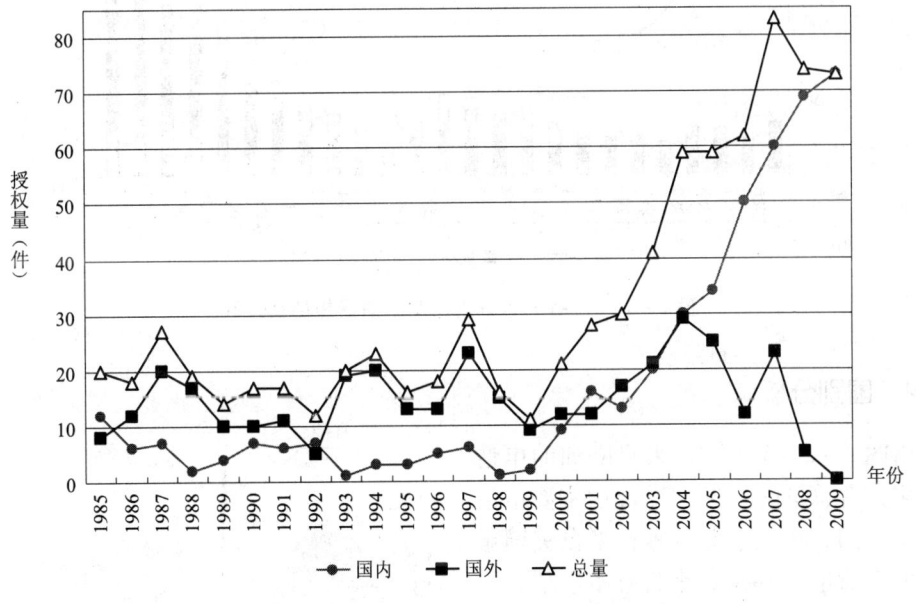

图 2-2-3 中国发明专利授权量年度分布

下特点：① 以实用新型为主，实用新型的数量占该分支总申请量的90%；② 该分支的发明申请量、授权量、有效量份额较低，仅占燃煤锅炉燃烧设备领域发明申请总量的13%、授权总量的10%、有效总量的8%；③ 对其发明申请量年度分布进行分析，发现其申请量随年份增长情况不明显；④ 对国内外申请人所占的比重进行分析，发现该分支以国内申请为主，国外申请不到一成；⑤ 对其申请人类型进行分析，发现该分支以个人申请为主，有近七成的个人申请。综合上述这五方面的信息，可以看出层燃炉这一技术分支目前处于下降周期，因此本课题将不对其进行深入关注。

从图2-2-4可以看出，煤粉炉和流化床锅炉是更受关注的技术分支，这两个分支的发明申请量占燃煤锅炉燃烧设备领域申请总量的87%（分别为54%和33%）；最近5年的发明申请量增长迅速，年平均增长率在30%左右；这两个分支也是国外申请人申请的重点，国外申请人的申请量占比分别为50%和40%。值得注意的是，国内申请人的申请量与国外申请人的申请量平分秋色，而且其增长速度明显高于国外申请，尤其是在流化床锅炉领域。由于流化床锅炉适合燃烧劣质煤炭且污染排放较小，因此其在中国虽然起步较晚，但发展很快，所占比重逐渐增加。总体而言，目前国内对煤粉炉和流化床锅炉的关注程度较高，这两个分支处于高速发展期，各大企业、院校研发投入逐年加大，专利保护意识增强，发展后劲十足。

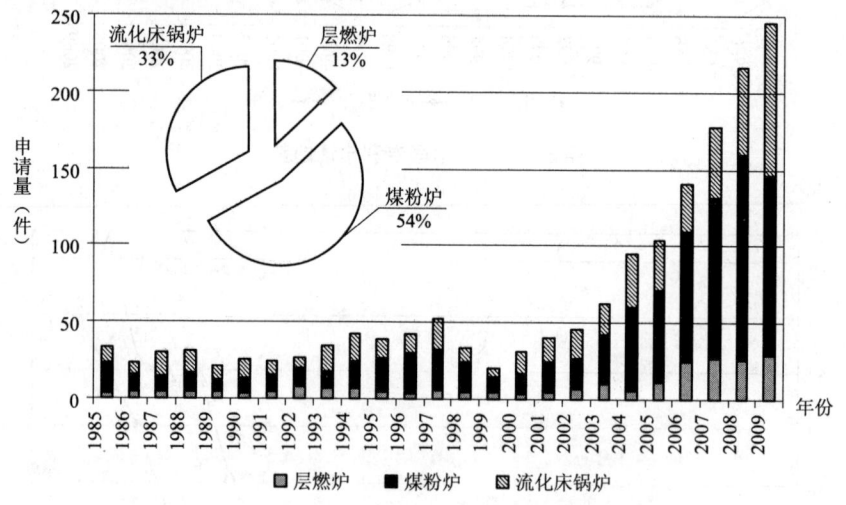

图2-2-4　各一级分支发明申请量趋势及比例

2.2.4　国别分析

由图2-2-5可知，来自欧洲的申请量最多，占总量的17%，欧洲中主要申请国家有法国、德国、芬兰等；来自美国申请人的申请量达14%；来自日本申请人的申请量占8%，而其他国家或地区在中国的申请量不到1%。可见，美国、法国、德国、日本这些在燃煤锅炉燃烧设备领域实力比较强劲的国家都非常重视中国市场，积极在中国进行专利申请。

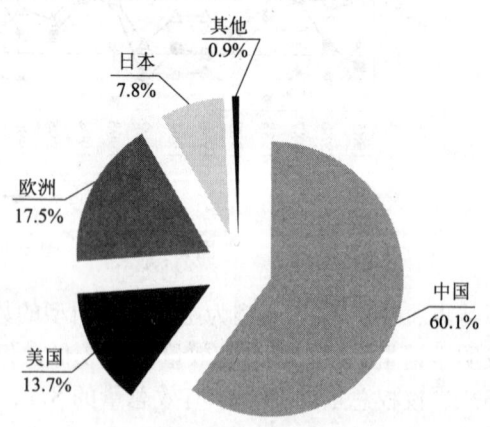

图2-2-5　中国发明专利国别分布情况

2.2.5 省市区域分布

由图 2-2-6 可知，燃煤锅炉燃烧设备领域的申请人主要集中在华北、东北以及华东，这三个区域的专利申请量占总量的77%。分析其原因，发现上述三个区域具有共同特点：工业较为发达并且冬季气候寒冷。之前的行业调查也显示，中国的工业锅炉主要分布在华北、东北和华东，上述三个区域的工业锅炉拥有量占到了75%；而且三大电站锅炉厂中的哈尔滨锅炉厂、上海锅炉厂就处于上述区域中。上述这些因素导致燃煤锅炉燃烧设备的国内申请区域集中度较高。

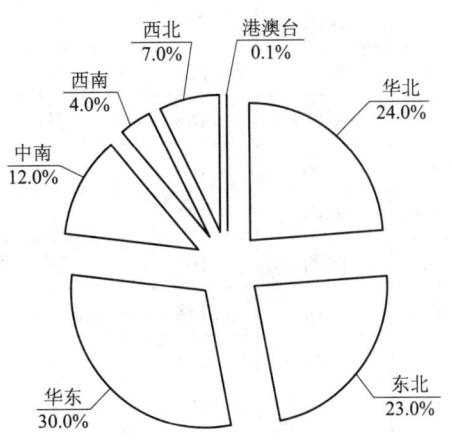

图 2-2-6 中国专利区域分布情况

在华东地区，山东、浙江、上海、江苏都有不少的申请量。这些省市的代表申请人有浙江大学、上海锅炉厂有限公司、上海交通大学、无锡华光锅炉股份有限公司、烟台龙源电力技术股份有限公司等。这些申请人的专利主要集中在煤粉炉和流化床锅炉分支。

在华北地区，北京是最主要的申请省市，北京的申请总量在全国排在第 2 位，且发明申请量居首位，其代表申请人有清华大学、中科院工程热物理研究所等高校以及科研院所，体现出北京作为全国的政治文化中心对专利保护的重视以及科研力量的雄厚。这些申请人的专利主要集中在煤粉炉和流化床锅炉分支。

在东北地区，黑龙江和辽宁是主要的申请省市，其中黑龙江省的发明申请量在所有省市中排在第 3 位，黑龙江省的代表申请人是哈尔滨工业大学。这些申请人的专利主要集中在煤粉炉和层燃炉分支。

在中南地区，广东和湖北有一定的申请量，其代表申请人有东南大学、中科院广州能源研究所、深圳东方锅炉控制有限公司、华中科技大学等。

在西北地区，陕西是主要的申请省市，代表申请人有西安交通大学、西安热工研究院有限公司；该区域的其他省市申请量都不多，并且以实用新型为主。

在西南地区，四川是主要的申请省市，代表申请人有东方锅炉厂有限公司。

另外，港、澳、台地区也有零星的申请。

从表 2-2-2 可以看出各省市的具体专利申请情况。

表 2-2-2 燃煤锅炉燃烧设备中国专利申请省市分布　　　　单位：件

序号	省份	申请量	发明	实用新型	煤粉炉	流化床锅炉	层燃炉
1	山东	481	30	451	112	133	236
2	北京	437	109	328	184	184	69
3	辽宁	422	25	397	57	38	327

序号	省份	申请量	发明	实用新型	煤粉炉	流化床锅炉	层燃炉
4	黑龙江	327	47	280	114	43	170
5	江苏	278	29	249	101	113	64
6	河北	223	9	214	23	31	169
7	浙江	188	51	137	105	60	23
8	吉林	183	6	177	23	12	148
9	河南	164	8	156	39	61	64
10	陕西	163	28	135	63	50	50
11	山西	138	6	132	16	27	95
12	上海	133	32	101	79	60	0
13	湖南	122	6	116	27	38	57
14	四川	120	8	112	20	70	30
15	内蒙古	84	4	80	5	2	77
16	广东	83	18	65	49	39	0
17	天津	83	2	81	14	3	66
18	湖北	82	18	64	48	31	3
19	新疆	82	0	82	11	3	68
20	安徽	60	1	59	13	7	40

2.2.6　申请人分析

表2-2-3列出了燃煤锅炉燃烧设备领域中国发明专利申请人排名情况，综合分析中国发明专利申请人排名情况，可以得到下列信息：

① 前20位申请人中，国内申请人有15个，说明在燃煤锅炉燃烧设备领域国内申请活跃。

② 阿尔斯通公司、福斯特惠勒公司、美国巴威公司、日立巴布考克株式会社、普莱克斯技术有限公司是主要国外申请人。尤其是阿尔斯通公司，其申请量仅次于清华大学排在第2位，而有效量很高，排在各申请人的首位，中国企业应对其予以特别关注。

③ 中国锅炉燃烧设备领域的技术集中度不高，前10位申请人的申请量占总量的10.7%，前20位申请人的申请量占总量的15.7%，参见图2-2-7。

④ 在前20位的申请人中，公司占据了11个席位，大学占7个，公司和大学是技术创新的主体；对申请人的类型进一步分析发现，煤粉炉和流化床锅炉分支的公司申请量分别占总量的50%和60%，大学申请量占总量的19%和26%；而在技术门槛较低

的层燃炉领域，个人申请达到了67%。

表2-2-3　中国发明专利申请人排名表　　　　单位：件

排名❶	申请人名称	国别	类型	公开	授权	有效
1	清华大学	中国	大学	87	70	25
2	阿尔斯通公司	法国	公司	82	45	41
3	福斯特惠勒公司	美国	公司	78	60	26
4	哈尔滨工业大学	中国	大学	75	61	37
5	浙江大学	中国	大学	64	57	22
6	上海锅炉厂有限公司	中国	公司	45	37	35
7	美国巴威公司	美国	公司	44	16	12
8	西安热工研究院有限公司	中国	公司	41	35	30
9	日立巴布考克株式会社	日本	公司	39	30	17
10	中科院工程热物理研究所	中国	研究机构	38	29	21
11	华中科技大学	中国	大学	34	26	9
12	烟台龙源电力技术股份有限公司	中国	公司	36	21	19
13	西安交通大学	中国	大学	33	27	12
14	东南大学	中国	大学	32	23	15
15	无锡华光锅炉股份有限公司	中国	公司	32	22	22
16	王树洲	中国	个人	23	17	4
17	东方锅炉（集团）股份有限公司	中国	公司	22	19	18
18	中国铝业股份有限公司	中国	公司	22	20	19
19	上海交通大学	中国	大学	21	12	7
20	普莱克斯技术有限公司	美国	公司	20	14	12

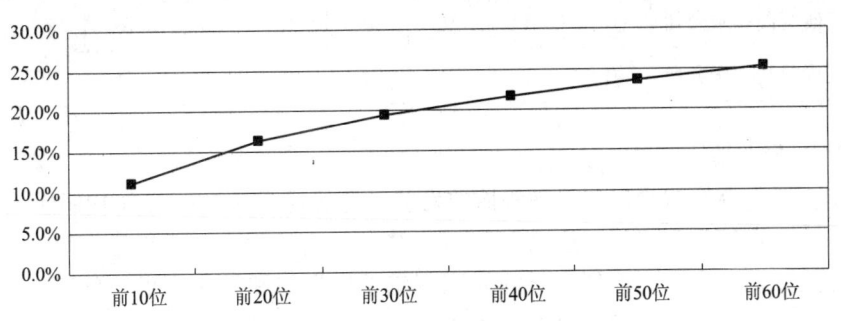

图2-2-7　技术集中度

---

❶　申请人排名按发明申请量进行统计。

第1章　第2章　第3章　第4章　第5章　第6章　第7章　第8章

2.2.7 国内重点申请人的技术侧重点分析

本节旨在通过分析国内重点申请人的技术侧重点，了解国内申请人的技术专长，从而为国内申请人提供相应的专利技术信息以利于国内申请人展开合作以提高国内申请人整体技术水平。

通过比较中国专利申请人的申请量排名情况，结合申请人的类型，选择了表2-2-4中的申请人作为国内重点申请人。

表2-2-4 燃煤锅炉燃烧设备中国专利申请人申请量及排名

申请人名称	排名	数量（件）
清华大学	1	87
哈尔滨工业大学	4	75
浙江大学	5	64
上海锅炉厂有限公司	6	45
西安热工研究院有限公司	8	41
中科院工程热物理研究所	10	38

表2-2-5 燃煤锅炉燃烧设备国内重点申请人发明专利申请年份分布

年份 申请人	1985 ~1987	1988 ~1990	1991 ~1993	1994 ~1996	1997 ~1999	2000 ~2002	2003 ~2005	2006 ~2008	2009 ~2010
清华大学	10	3	10	8	6	13	15	12	10
哈尔滨工业大学	5	0	4	2	2	1	10	30	20
浙江大学	6	3	4	8	1	8	13	10	11
上海锅炉厂有限公司	0	0	0	0	0	0	4	11	23
西安热工研究院有限公司	0	0	0	0	0	0	14	12	16
中科院工程热物理研究所	0	2	0	4	0	5	11	9	7

（1）清华大学

清华大学在燃煤锅炉燃烧设备领域的发明申请量排在首位，其自1985年以来一直在该领域持续进行专利申请，进入2000年后申请量有所上升。近年来的申请量虽有起伏但基本处于同一水平。清华大学的研究侧重于煤粉炉和流化床锅炉分支，这两个分支的申请量相当，占比分别为49%和51%。其不涉及层燃炉。

参照图2-2-8，可以明确知道，清华大学在煤粉炉和流化床锅炉的各分支均有涉及，但是煤粉燃烧器分支明显高于其他分支；在流化床锅炉这个一级分支中的主要改进为流化床锅炉的回料系统。

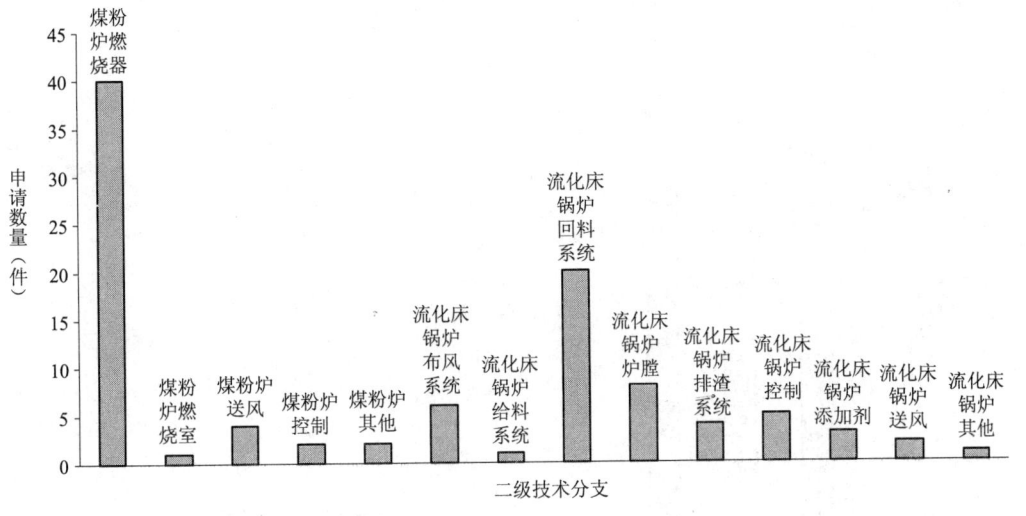

图 2 - 2 - 8　清华大学燃煤锅炉燃烧设备专利申请量技术分布

（2）哈尔滨工业大学

哈尔滨工业大学自 1987 年以来一直在燃煤锅炉燃烧设备领域持续进行专利申请，2003 年之后申请量大幅增加，尤其是近 5 年的专利申请量突飞猛进。2007 年是其申请的高峰期，当年的发明申请量达 16 件。参照图 2 - 2 - 9 和图 2 - 2 - 10，可以知道：其在各个技术分支上包括层燃炉均有专利申请，技术较为全面。但是其申请重点还是在煤粉炉分支，煤粉炉的申请量占总量的 84%。其在煤粉炉的煤粉燃烧器、燃烧室和送风的申请量明显大于其他二级分支。进一步深入发现，哈尔滨工业大学近年来的申

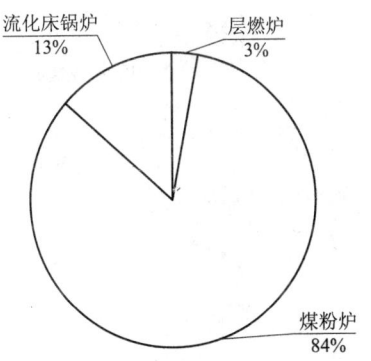

图 2 - 2 - 9　哈尔滨工业大学燃煤锅炉燃烧设备专利申请量比例

请主要集中在 W 型火焰煤粉炉以及旋流燃烧器，例如 200910309100，一种带有增程二次风喷口的 W 型火焰锅炉；200910071436，一种带有渐扩段的低阻力、低 NOx 的旋流煤粉燃烧器。

（3）浙江大学

浙江大学自 1985 年以来一直在燃煤锅炉燃烧设备领域持续进行专利申请，2003 年后申请量有所上升。近年来其在流化床锅炉的研究力度加强，流化床锅炉在 2006 ~ 2009 年的总申请量高于煤粉炉。浙江大学的专利申请分布在各技术分支，在层燃炉分支有少量的关于链条炉的专利申请，但主要研究重心在煤粉炉和流化床锅炉分支上，这两个分支的申请量分别占总量的 52% 和 47%。在这两个分支中，申请量相对突出的二级分支为煤粉燃烧器和流化床锅炉的回料系统（参见图 2 - 2 - 11）。

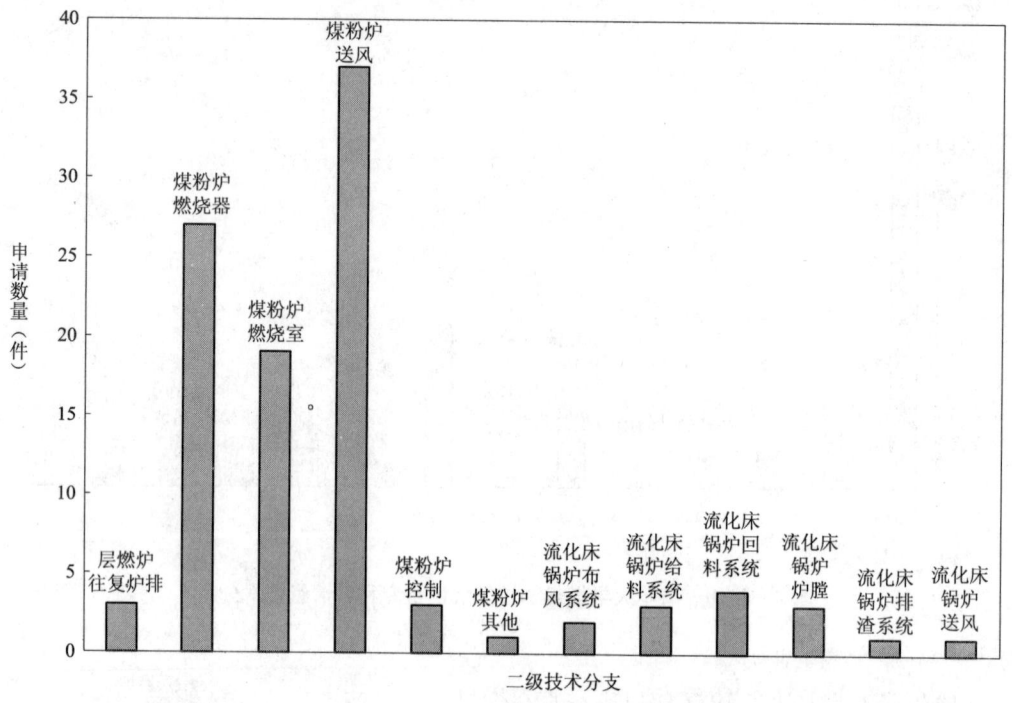

图 2 - 2 - 10　哈尔滨工业大学燃煤锅炉燃烧设备专利申请技术分布

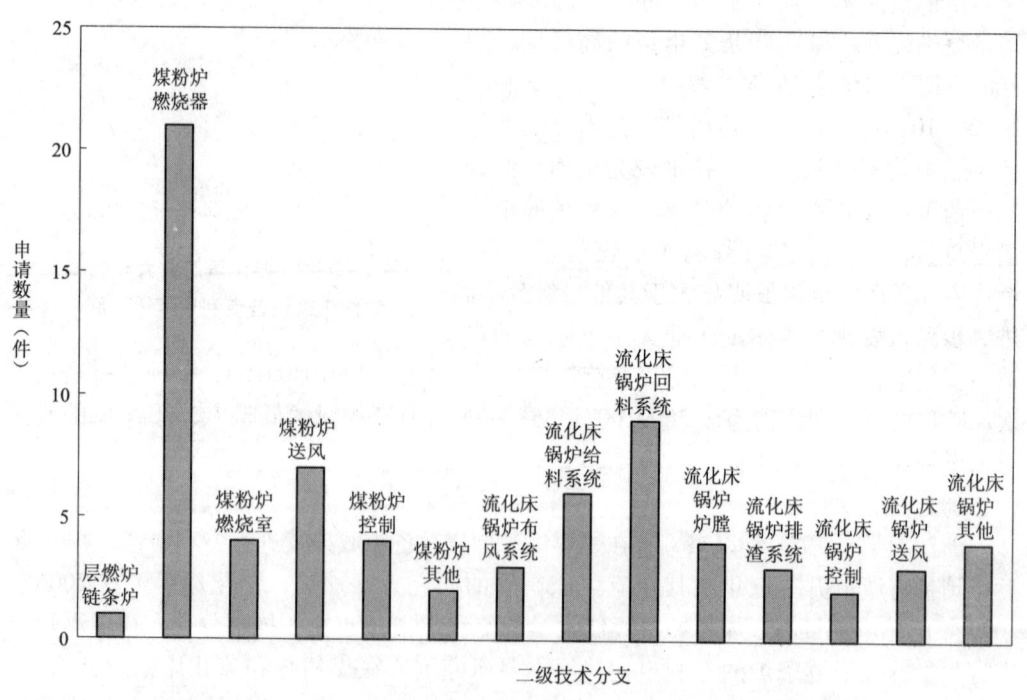

图 2 - 2 - 11　浙江大学燃煤锅炉燃烧设备专利申请技术分支分布

（4）上海锅炉厂有限公司

上海锅炉厂有限公司的专利申请量居于国内锅炉企业的首位。虽然上海锅炉厂有限公司从 2003 年才开始在燃煤锅炉燃烧设备领域进行专利申请，但是其近年来的专利申请量增长非常迅猛。2009 年是其申请的高峰期，当年的发明专利申请量为 20 件。上海锅炉厂有限公司燃煤锅炉燃烧设备的专利申请主要涉及煤粉炉和流化床锅炉，其中涉及流化床锅炉的申请量更高，占总量的 53%。图 2-2-12 进一步反映了其专利申请技术分支分布情况，可以看出，其专利申请主要涉及煤粉炉的燃烧器、燃烧室和送风分支，同时还涉及流化床锅炉的多个技术分支。

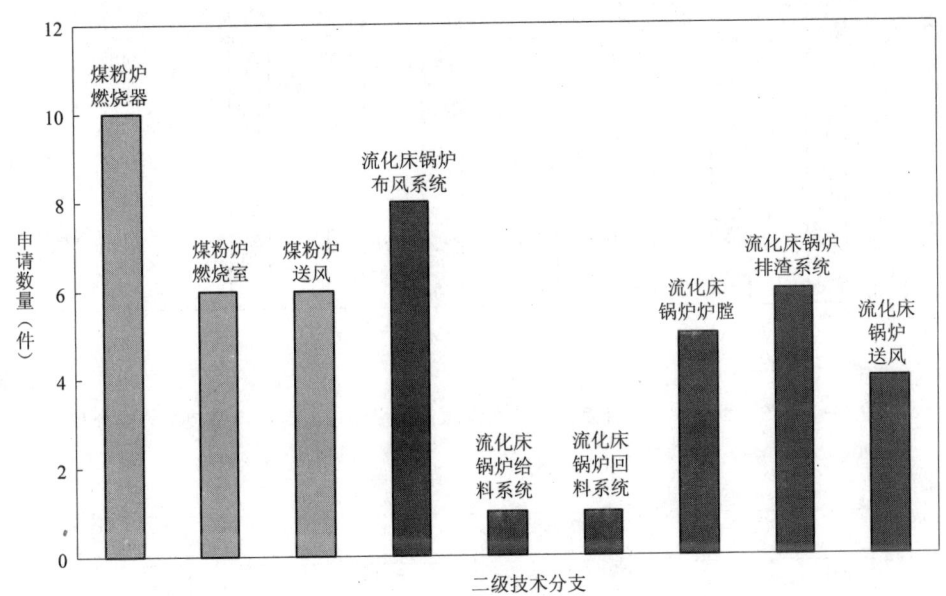

图 2-2-12　上海锅炉厂有限公司燃煤锅炉燃烧设备专利申请技术分支分布

（5）西安热工研究院有限公司

西安热工研究院有限公司从 2004 年才开始在燃煤锅炉燃烧设备领域进行专利申请，其年申请量虽有起伏但基本呈上升趋势。该公司专利申请中流化床锅炉的专利申请占到 77%，其他为煤粉炉，并不涉及层燃炉。图 2-2-13 反映出其专利申请的技术分支分布情况，西安热工研究院有限公司的专利申请涉及流化床锅炉和煤粉炉的多个技术分支，其中涉及流化床锅炉炉膛的专利申请量最高，其次为流化床锅炉的排渣系统，然后才是煤粉炉的煤粉燃烧器。近年来该公司专利申请量的提高也主要得益于流化床锅炉专利申请量的增加，其中流化床锅炉申请量在 2009 年已经达到 14 件（参见图 2-2-14）。

（6）中科院工程热物理研究所

中科院工程热物理研究所从 1990 年开始在燃煤锅炉燃烧设备领域进行专利申请，2003 年之后专利申请量大幅上升。其研究领域在流化床锅炉分支，涉及流化床锅炉的回料系统、炉膛和排渣系统的专利申请量较高。尤其是流化床锅炉回料系统的申请量显著高于其他分支，显示出该申请人在流化床锅炉回料系统上具有一定的专利优势。

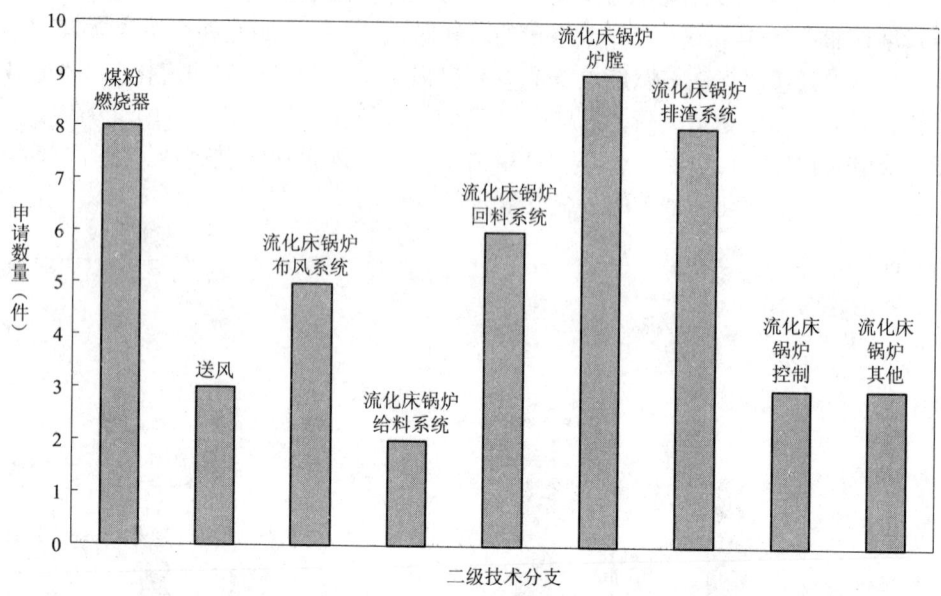

图2-2-13　西安热工研究院有限公司燃煤锅炉燃烧设备专利申请技术分支分布

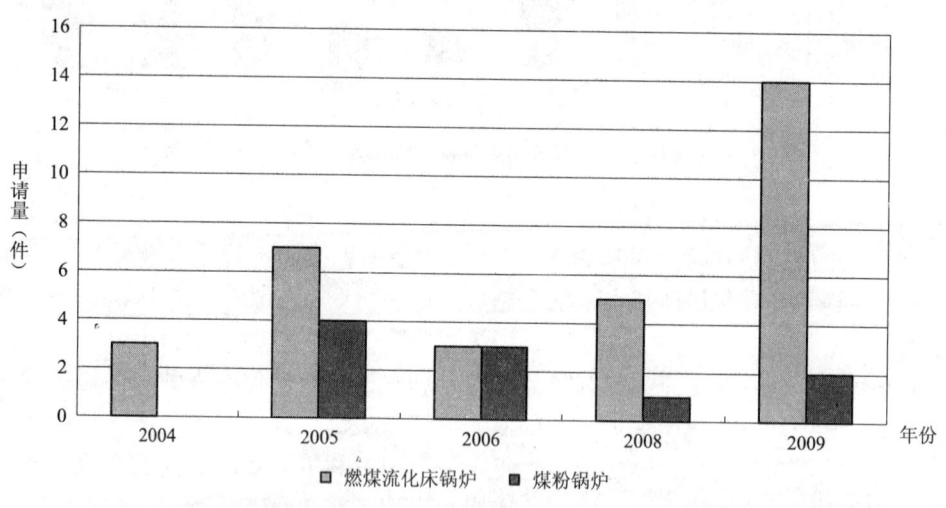

图2-2-14　西安热工研究院有限公司燃煤锅炉燃烧设备专利申请年份分布

　　通过上述分析，可以得出以下结论：首先，各国内申请人在各分支侧重点不同，高校在煤粉炉领域优势比较明显，而每个高校在煤粉炉各分支又各有特长；企业在流化床锅炉的排渣等应用性分支上研究较多，具有一定优势；研究院所侧重于流化床锅炉的回料系统，具有一定的技术优势。其次，由于各申请人侧重点和长处有所不同，因此它们之间存在着取长补短从而提高整体技术水平的可能，各个申请人在不同分支可以展开合作，取相互的优势所在。

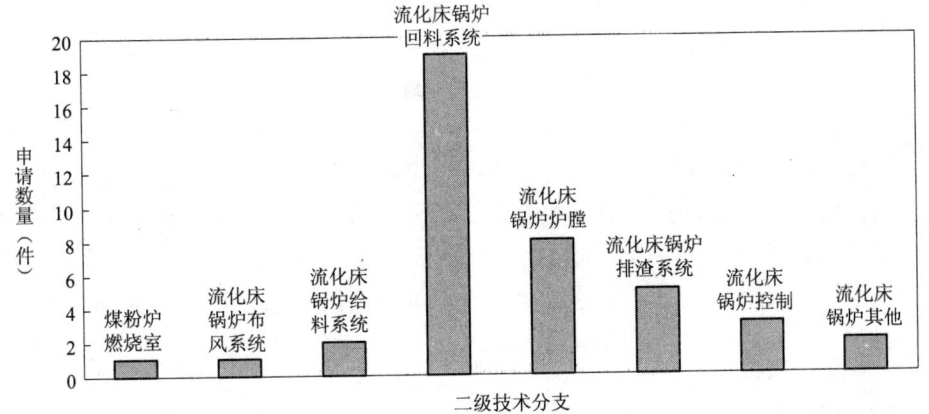

图2-2-15　中科院工程热物理研究所燃煤锅炉燃烧设备专利申请技术分支分布

第1章

第2章

第3章

第4章

第5章

第6章

第7章

第8章

第 3 章　重要技术分支分析

本章旨在通过对燃煤锅炉燃烧设备的各重要技术分支进行分析比较以获得燃煤锅炉燃烧设备的技术热点和前沿动态。由第 2 章分析可以知道目前一级技术分支中的层燃炉由于政策、能效和环保因素的限制，其技术发展已经处于相对停滞和衰退的阶段，因此本章不再对层燃炉这一分支进行分析。本章涉及的重要技术分支为煤粉炉和流化床锅炉。

3.1　煤粉炉

3.1.1　煤粉炉总体分析

从全球来看，煤粉炉从出现至今经历了 5 个发展阶段，目前处于技术稳定期。其基本发展过程如第 2.1.1 节和第 2.1.2 节所述。其中 2006 年起申请量放大，与此同时申请人数量变动较为剧烈，申请人数量从总体上看先减少后增加，因此有理由认为煤粉炉进入到一个技术稳定期，但是可能孕育着新的发展阶段（参见图 3 - 1 - 1）。

从国际能源结构和政治经济环境上看，由于 2000 年后特别是 2005 年后油价再次上涨，促使煤粉炉的研究再次活跃。于此同时进入 2000 年后国际环保组织对于污染气体排放的控制日益严格，因此给燃煤锅炉燃烧设备特别是煤粉炉带来了更多的挑战；相应的煤粉炉申请人为了应对这种调整加强了技术研究。

从全球来看，排名靠前的申请人大都为跨国企业且重工基础雄厚。从前 10 位的申请人排名与行业现状相对比分析，发现行业内公认的业内领军单位均已进入前 10 位（参见表 3 - 1 - 1）。其中日本、美国和法国的申请人为公司，俄罗斯申请人主要是科研院所。其他国家申请人未进入前 10 位。前 10 位申请量约占总量的 24%，但是从近 10 年的申请量来看，前 10 位中的阿尔斯通公司、美国巴威公司、福斯特惠勒公司、日立巴布考克株式会社、三菱重工株式会社和石川岛播磨重工株式会社的申请量总和约占总申请量的 52%，反映出该领域技术集中度较高。

表 3 - 1 - 1　全球煤粉炉申请人排名（前 10 位）

排　　名	申请人名称	国　别	数量（项）
1	日立巴布考克株式会社	日本	276
2	阿尔斯通公司	法国	261
3	MOSC 电力研究所	俄罗斯	131
4	三菱重工株式会社	日本	121

续表

排　名	申请人名称	国　别	数量（项）
5	石川岛播磨重工株式会社	日本	94
6	美国巴威公司	美国	90
7	乌拉尔公司	俄罗斯	62
8	福斯特惠勒公司	美国	53
9	克拉斯诺亚尔斯克工学院	前苏联	49
10	CASI－R 公司	日本	48

　　从申请人数量和申请量变化趋势分析，自1976年开始申请人数量和申请量均呈波动上升趋势，至1995年申请量达到顶峰后，开始呈波动下降趋势，但是随着各国对煤炭资源的再次重视，自2002年开始了新一轮的增长并在2009年申请量再次到达一个新高峰。且在1999～2001年期间申请人数量出现了跳跃式增长，此后申请人数量小幅波动，2009年申请人数量有所回落，但是总体基本维持平稳，而申请量则不断增长，因此从总体上说，该技术领域有日趋集中的趋势。

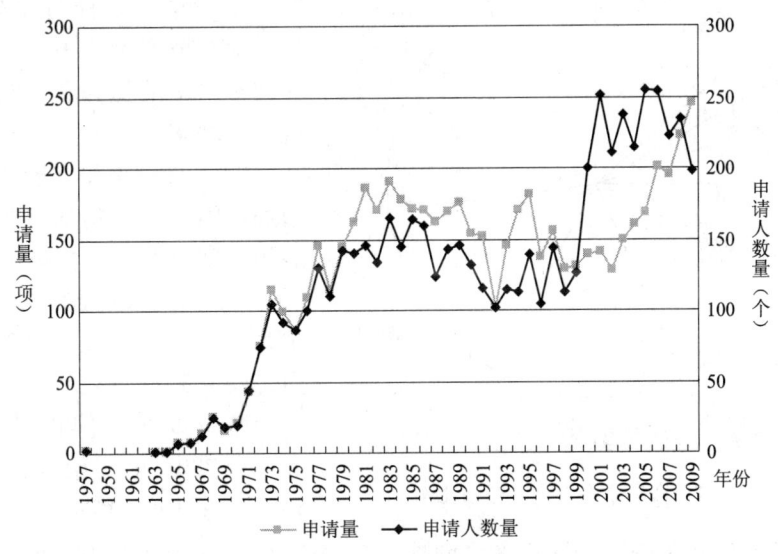

图3－1－1　煤粉炉全球专利申请量和申请人数量趋势

　　从专利申请量的国家分布来看，美国、日本、德国和俄罗斯（包括前苏联）是申请量最多的国家，中国潜力巨大。美、日、德、俄四个国家数量总和为其他国家总和的2～3倍。中国专利申请量则在全球排名第5位，专利申请量为第6位的法国数量的1.6倍左右，考虑到中国1983年后才建立专利制度，可以知道中国也是重要的活跃国家之一。

　　结合中国近些年电力系统的发展情况来看，作为电力建设的重要设备之一，燃煤锅炉中的煤粉炉也伴随着电力发展而快速发展。同时由于中国能源结构的缘故，在中国煤粉炉对于能源供给显得尤为重要。而随着中国经济发展、技术进步、专利制度的发展和深入，以及知识产权重要性在国际竞争中的凸显，相应的企业日益重视专利研究和保护，中国专利数量也随之增加，这同时也反映了中国在相应领域的进步和发展。

从专利申请量的发展趋势来看。早期，煤粉炉的申请居于前3位的国家是俄罗斯（包括前苏联）、德国、美国；1994年后日本取代俄罗斯进入前3位，并排名第一，从1994～1998年间，日本申请量始终位于第一；1999年后美国申请量位居第一，一直维持到2008年；2006年后，中国煤粉炉相应申请量超过德国，进入前3位，并在2009年超过美国成为煤粉炉申请量最多的国家。从各国能源结构及产业发展来看，由于德国、前苏联均是煤资源丰富的国家，因此它们在相应领域的研究开展的也比较早，而美国、日本是重要的能源消耗国，因此他们一向比较重视燃烧器的研究；在油气价格比较低廉的时期，其申请量有所减少；但在2000年特别是2005年后，由于一些国家能源政策的调整，比如德国鼓励发展太阳能和风能等清洁能源，这些国家的申请量有所减少。而中国由于技术底子比较薄弱，且专利制度历史较短，因此在1990年前申请量未能进入前3位，但是仍然具有一定数量，而进入2001年后特别是2002年后，由于知识产权制度的推进、技术积累的增加和中国能源结构的限制，煤粉炉申请量较之前有了较大飞跃；从目前行业发展来看，由于国内企业技术水平的提高和参与国际竞争机会的增多，未来煤粉炉将再次迎来发展时期，并且申请量将会有所增加。因此从申请的数量、产业发展的角度以及未来的能源结构上来看，未来煤粉炉仍然是行业研究的主要方向之一（参见图3-1-2和图3-1-3）。

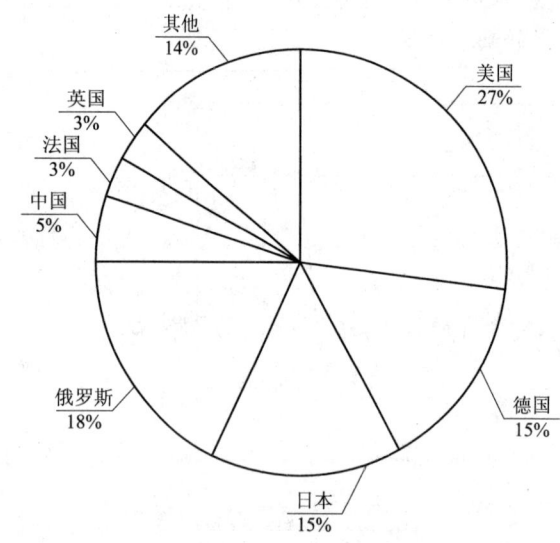

图3-1-2　煤粉炉各国专利数量比例

煤粉炉在中国申请量逐年放大，自2002年开始进入高速增长阶段。在1990年前，中国煤粉炉申请量从开始的几十件开始逐渐平稳增长，自1990年后数量高于100件，而后波动增长，2002年后数量飞跃至200件并在随后的年份中申请量增长幅度呈增大趋势（参见图3-1-4）。

从申请量、授权量和有效量来分析，国内申请人在该领域具有一定实力，但是申请水平有待提高（参见表3-1-2和图3-1-4）。从国内申请的总体来看，国内申请的公开量、授权量和有效量均明显高于国外申请；但就发明而言，国内申请的公开量、授权量和有效量仅略高于国外申请；说明从数量来判断中国国内申请人在此领域具有一定实力。从发明占总量的比例来看，公开约占36%，授权和有效均不足30%，说明中国国内申请人在申请质量上有待提高。

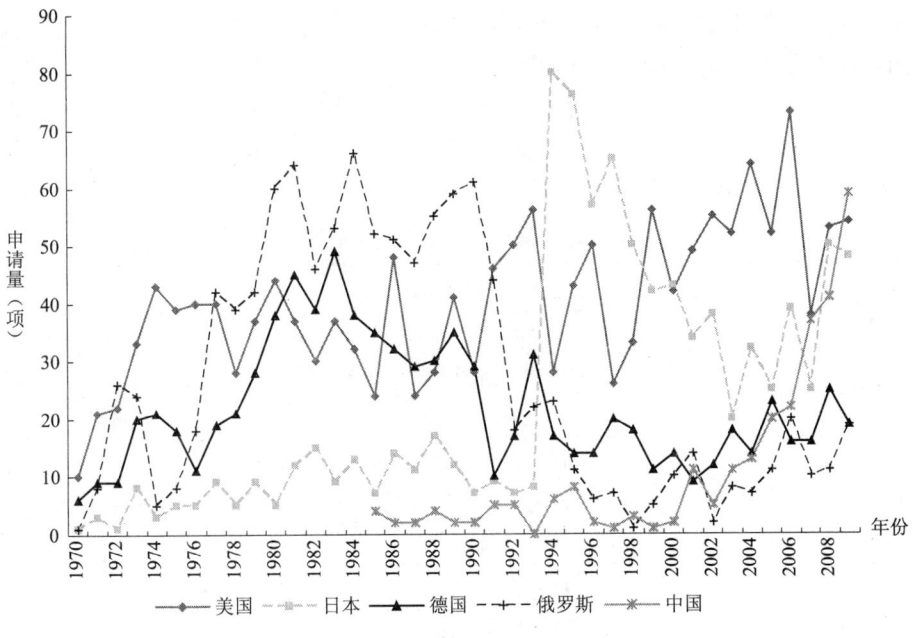

图3-1-3　煤粉炉各国专利数量年份分布

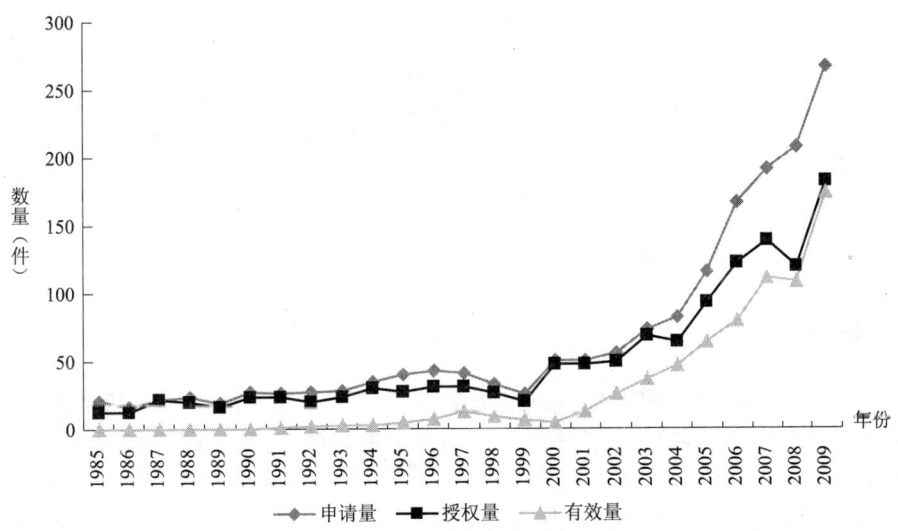

图3-1-4　煤粉炉中国专利数量年份分布

表3-1-2　煤粉炉中国发明专利数据表　　　　单位：件

	公开量			授权量			有效量		
	国内申请	国外申请	小计	国内申请	国外申请	小计	国内申请	国外申请	小计
总量	1 167	388	1 555	955	191	1 146	583	132	715
发明	419	383	802	207	186	393	159	128	287
实用新型	748	5	753	748	5	753	424	4	428

从中国专利的申请人来分析，国内申请人排名靠前，但是大都为科研院所或是高校，而国内的企业申请人中除了上海锅炉厂有限公司外其他申请人申请中实用新型占据了绝大部分，而国外公司则基本分布在发明，并且专利有效期较长同时还握有某些代表性专利。因此从这点上分析，国外申请人在煤粉炉领域实力仍然强于国内申请人（参见表3-1-2和表3-1-3）。

表3-1-3　煤粉炉中国专利申请人排名表

排名	申请人	数量（件）
1	哈尔滨工业大学	58
2	清华大学	36
2	阿尔斯通公司	36
2	日立巴布考克株式会社	36
5	烟台龙源电力技术科技股份有限公司	31
6	浙江大学	24
7	普莱克斯技术有限公司	19
8	美国巴威公司	19
9	通用电气公司	18
10	华中科技大学	17
11	上海锅炉厂有限公司	17
12	西安交通大学	16
13	郑平安	15
14	杭州意能节能技术有限公司	12
15	三菱重工株式会社	12

3.1.2　煤粉炉演进历史

从现有的专利文献资源可以查到的最早的煤粉炉专利文献来看，最早的煤粉炉申请公开号为 GB191012725A，其申请时间为 1910 年 5 月 25 日。而后在 1926 年 9 月 30 日，THOMAS EDWARD MURRAY 在英国提出了公开号为 GB258760A 的专利申请，其首先提出的切圆燃烧，具体为四墙切圆；而后 1929 年 4 月 25 日 Willfred Rothery Wood 在英国提出公开号为 GB31947A 的专利申请，其将四墙切圆改为四角切圆有效提高了切圆效率，而后美国巴威公司分别在 1948 年、1951 年、1953 年和 1955 年对燃烧室的燃烧方式提出一系列的改进，进一步发展为八角切圆、四角双墙切圆、四角四墙切圆等燃烧方式。此后由于燃烧室布置方式改进的逐步成熟，因此许多申请人在其他分支进行了尝试，从现有检索到的专利文献来看，1954 年 Pollopas 在英国提出了公开号为 GB704901A 的专利申请，在该申请中首次将燃烧器设置为涡流燃烧器；而后在 1978 年福斯特惠勒公司的 US4116388A 进一步改进涡流燃烧器提高了混合效率，1979 年的日立巴布考克株式会社的 JP54121424A 和 1980 年的 Steinmuller 公司的 GB2043871A 进一步改进了涡流燃烧器。同时在 20 世纪 70 年代由于对于 NO_x 污染物控制的需求以及进一步提高燃烧效率的需求，很多公司在送风领域开始尝试并有许多有益的专利产生，例如 OLIVER F KING 公司在 1972 的 US3699903A 中提出了将富氧燃烧用于煤粉炉，1979 年 CE 公司（后被阿尔斯通公司并购）在 US4150631A 中提出了多处送风，1983 年西屋电气公司在 BE896105A 中提出了浓淡燃烧（燃烧器和区域），1987 年美国巴威公司的 US4654001A 进一步改进了浓淡燃烧器。参见表 3 - 1 - 4。迄今为止，各大公司研究的重点仍然在于燃烧器和送风两个分支，尤其是与燃烧器和控制二者整合的送风分支更是研究的重点。

表 3 - 1 - 4　煤粉炉技术演进代表专利

时间	专利公开号	技术主题	申请人
1910 - 05 - 25	GB191012725A	煤粉炉	BARNHURST HENRY
1926 - 09 - 30	GB258760A	燃烧室 - 四墙切圆	THOMAS EDWARD MURRAY
1929 - 04 - 25	GB31947A	燃烧室 - 四角切圆	WILLFRED ROTHERY WOOD
1951 - 02 - 03	DE1066314B	燃烧室 - 八角切圆	美国巴威公司
1953 - 01 - 28	GB698939A	燃烧室 - 四角双墙切圆	美国巴威公司
1955 - 01 - 13	DE916973C	燃烧室 - 四角四墙切圆	美国巴威公司
1954 - 03 - 03	GB704901A	燃烧器 - 涡流燃烧器	Pollopas
1978 - 09 - 26	US4116388A	燃烧器 - 涡流燃烧器	福斯特惠勒公司
1979 - 09 - 20	JP54121424A	燃烧器 - 涡流燃烧器	日立巴布考克株式会社
1980 - 10 - 08	GB2043871A	燃烧器 - 涡流燃烧器	Steinmuller
1972 - 10 - 24	US3699903A	送风 - 富氧燃烧	OLIVER F KING
1979 - 04 - 24	US4150631A	送风	CE 公司（已被阿尔斯通公司并购）
1983 - 09 - 08	BE896105A	送风、燃烧器 - 浓淡燃烧	西屋电气公司
1987 - 03 - 31	US4654001A	燃烧器 - 浓淡燃烧器	美国巴威公司

3.1.3　技术构成分析

具体来说，煤粉炉涉及 5 个技术分支，除了其他[1]这一分支外各分支分布较为平均，但目前申请重点在于燃烧器和送风这两个分支。从煤粉炉各个分支的发展情况来看，在 20 世纪 60 年代以前，各个分支申请均较少，但是燃烧室明显多于其他各个分支。而进入到 20 世纪 70 年代以后，煤粉炉进入了第一个快速发展期，在该发展阶段，燃烧室这个分支明显大于其他分支的申请量，显然在该阶段，燃烧室是研究重点。在这个时期，由于燃烧室的形状和构成对于燃料构成一个整体燃烧系统从而使得燃料在可控范围下的充分燃烧起着决定性的作用，因此煤粉炉早期主要集中于燃烧室这一技术分支，其主要是研究燃烧室内部的构造以及燃烧器在燃烧室内的布置方式，从而使得送入的煤粉可以在燃烧室内得到较高的利用。

---

[1]　其他是指除了燃烧器、送风、燃烧室和控制外的技术分支，主要有燃料送料等，其中包括 CO_2 捕集。

　　20 世纪 80 年代期间，关于燃烧器申请量增加迅速，取代燃烧室成为申请量最多的分支，并从此以后数量均大于燃烧室这一分支。在这个阶段，较多申请人发现不仅燃烧室对于燃烧效率的提高具有重要的影响，而且燃烧器的构成尤其是燃烧器内的一、二次风与燃料的混合方式和比例也对燃烧效率具有重要影响，同时一、二次风与燃料在不同时期的混合比例还影响到了燃烧污染物的控制。因此，在这个阶段申请人主要着重于研究燃烧器。其中这个时期，中国国内一些申请人如清华大学等也在相应领域具有一定的技术水平。

　　到了 1990 年后，送风领域申请量大幅增加，成为燃烧设备领域申请量最大的分支，该状况一直持续到 2008 年，因为燃烧器、燃烧室的改进均对送风的改进提出要求，并且送风通常与燃烧效率和燃烧污染物控制相关，因此相应分支成为活跃的分支。而到了 2009 年燃烧器的申请量又多过送风，结合之前燃烧器申请量的情况来看，其仍然是最活跃的分支之一。同时近年来的行业年会和专业论文的动向也印证上述两个方面。此外，在煤粉炉其他领域中今年来有关于 CO_2 捕集❶的专利申请逐渐增加，例如阿尔斯通公司的 WO2007074304A 等，结合近些年的国际环保组织对于氮氧化物、硫氧化物等污染气体排放要求的提高和行业内整体煤气化循环发电系统（IGCC）的提出，这可能是潜在的新技术热点方向。

　　从各个国家的技术分支分布来看，俄罗斯在燃烧室分支明显技术实力雄厚，但是究其源头，主要是前苏联的申请较多；美国、日本在燃烧室分支紧随其后；在燃烧器分支领先的依次是美国、俄罗斯、德国和日本；控制分支领先的依次是美国、日本和德国；送风分支领先的依次是美国、日本和德国；综合来看，显然美国总体上处于领先，日本和德国紧随其后；考虑到中国专利制度建立的较晚，因此说明中国近些年进步不小，但是在控制这一分支落后于上述国家（参见图 3 -1 -5 和表 3 -1 -5）。

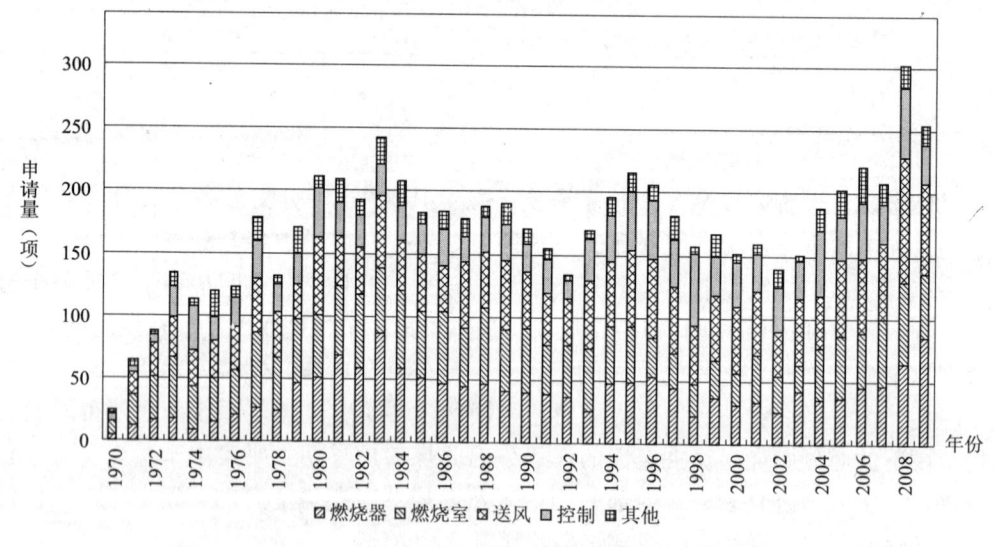

图 3 -1 -5　煤粉炉各分支的申请趋势及比例

---

❶　指通过加压冷却等物理方法或是化学结合的方法将 CO_2 从燃烧尾气中分离从而不排放入大气的方法。

表 3-1-5　煤粉炉分支国别构成表　　　　　　　　　单位：件

	美国		日本		中国		德国❶		俄罗斯❷		英国		法国	
	公开	构成	公开	构成	公开	构成	公开	构成	公开	构成	公开	构成	公开	构成
燃烧室	426	27.2%	185	11.8%	94	6.0%	246	15.7%	488	31.1%	53	3.4%	77	4.9%
送风	509	31.6%	332	20.6%	122	7.6%	319	19.8%	181	11.3%	64	4.0%	82	5.1%
其他	114	27.4%	74	17.8%	21	5.1%	90	21.6%	84	20.2%	14	3.4%	19	4.6%
控制	474	44.2%	295	27.5%	26	2.4%	134	12.5%	72	6.7%	41	3.8%	31	2.9%
燃烧器	340	24.5%	262	18.9%	121	8.7%	269	19.4%	323	23.3%	33	2.4%	39	2.8%

　　从中国申请来看，燃烧器分支比例明显高于其他分支，其比例约占煤粉炉总量51%，其次的分支为送风领域约占25%，而燃烧室、控制和其他依次以2%的比例递减，这与中国较迟进入该领域和专利制度较迟有关。中国专利制度开展的时间正好是国际上重点研究燃烧器的时期，因此相应的中国也在该领域投入较多的热情，而燃烧室领域则相对成熟，相应的申请量较少。而在控制领域则由于中国相关的技术领域水平有待提高，因此数量偏少。但是从近些年的发展来看，送风和控制分支申请量和比例有提高的趋势，究其原因，其与国际上煤粉炉各分支发展情况的影响状况相关（参见图 3-1-6 和图 3-1-7）。

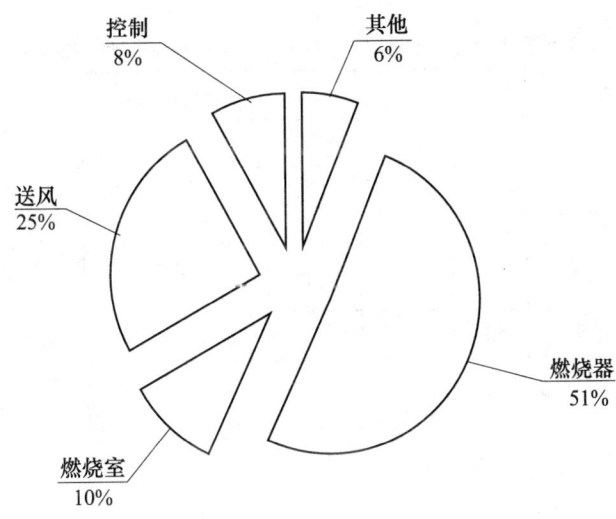

图 3-1-6　煤粉炉二级分支比例

　　从国内各分支的授权有效情况分析（参见表 3-1-6），从数量上来看，授权和有

---

❶ 包括前联邦德国申请。

❷ 包括前苏联申请。

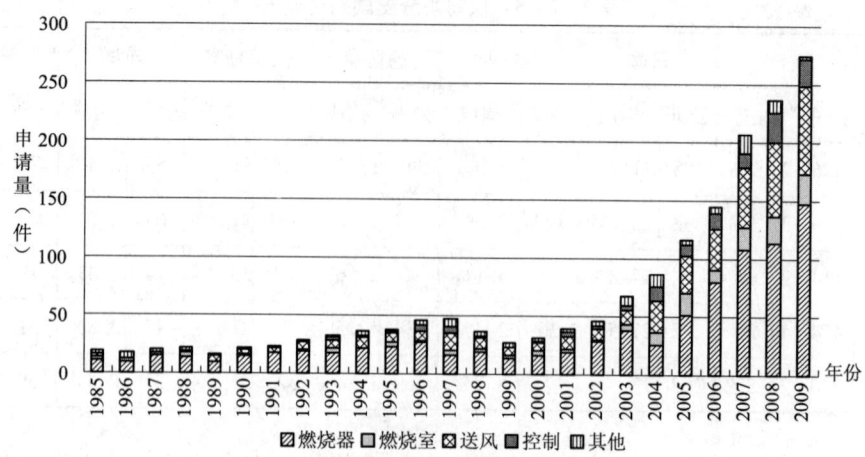

图 3 - 1 - 7   煤粉炉中国申请二级技术分支数量及比例发展趋势

效量较高的分支也是上述的燃烧器分支和送风分支，这两个二者数量远高于其他分支，特别是有效专利的数量远大于其他分支，约占总有效量的 75% 。这也验证了这两个分支是目前煤粉炉研究的重点。其中清华大学和哈尔滨工业大学在燃烧器分支具有优势，哈尔滨工业大学还在送风领域优势明显。

表 3 - 1 - 6   煤粉炉领域数据统计表格   单位：件

		公开			授权			有效		
		国内申请	国外申请	小计	国内申请	国外申请	小计	国内申请	国外申请	小计
煤粉炉	燃烧器	264	222	486	129	118	247	97	72	169
	燃烧室	53	68	121	29	37	66	26	29	55
	送风	120	156	276	62	71	133	53	56	109
	控制	52	68	120	24	25	49	21	22	43
	其他	26	41	67	14	21	35	11	17	28
	总计	515	555	1070	258	272	530	208	196	404

综上所述，煤粉炉的燃烧器和送风仍然是专利申请的热点和重点。而与 IGCC 相关的 CO_2 捕集技术有可能成为新的热点所在。

3.1.4   中国代表性专利

本节以及后面的第 3.2.3 节所述的中国代表性专利，指对本行业具有重大技术贡献且在中国专利权有效的专利，即中国代表性专利应当满足两个条件：① 基础性创新或重大技术改进；② 在中国专利权有效。

根据第 1 章第 1.6.3.3 节的筛选方法，共筛选出 58 篇煤粉炉中国代表性专利，参见表 3 - 1 - 7。

表 3－1－7　煤粉炉中国代表性专利清单

申请号	发明名称	申请日	申请人	同族专利信息
92104834	一种浓缩煤粉燃烧设备	1992－06－24	哈尔滨工业大学	
94190377	低 NO_x 的联合切向燃烧系统	1994－03－17	阿尔斯通公司	US, WO, ZA, AU, EP, SK, CZ, NZ, AU, JP, IL, DE, TW, CA, ES, BR, RU, KR, PH, PL, AT, DK
96122581	一种浓淡风煤粉燃烧方式及装置	1996－11－09	哈尔滨工业大学	
97119807	预混燃烧器	1997－09－30	阿尔斯通公司	EP, DE, JP, US,
97190929	一种燃烧器和使用该燃烧器的燃烧设备	1997－04－30	日立巴布考克株式会社	WO, JP, CA, AU, EP, ID, PL, CZ, RU, KR, US, RO, ES, DE, AT, DK
97191119	燃烧器及装设有所述燃烧器的燃烧设备	1997－04－30	日立巴布考克株式会社	WO, JP, CA, AU, EP, CZ, PL, TW, US, AT, DK, ES, DE
97197733	粉状固体燃料喷嘴头	1997－06－13	阿尔斯通公司	WO, US, CA, ID, AU, EP, KR, ES, PT
98117424	煤粉燃烧器	1998－07－23	日立巴布考克株式会社	EP, JP, CZ, AU, CA, TW, KR, US, DE
00103827	粉煤燃烧器和粉煤燃烧设备及粉煤燃烧方法	2000－3－3	日立巴布考克株式会社	JP, EP, AU, CZ, KR, US, PL, TW
00815620	用来把产生燃烧的介质送进炉子的喷嘴	2000－09－11	福斯特惠勒公司	WO, US, AU, EP, KR, DE, ES, IN, CA, AT
02817253	具有陶瓷部件的粉末化固体燃料喷嘴	2002－04－03	阿尔斯通公司	WO, US, EP, AU, CA, IL, DE, PL

申请号	发明名称	申请日	申请人	同族专利信息
03111101	一种中心给粉旋流煤粉燃烧器	2003－02－28	哈尔滨工业大学	
03134317	一种径向浓淡式双调风旋流煤粉燃烧器	2003－06－23	西安交通大学	
03151064	复合型多功能直流燃烧器	2003－09－16	甘肃省电力试验研究所；浙江大学	
03164967	减少 NOx 的浓缩煤物流燃烧	2003－07－09	普莱克斯技术有限公司	US, JP, CA, EP, KR, AU, BR, TW, MXPA, PL
03815931	低 NOx 燃烧	2003－05－13	普莱克斯技术有限公司	US, WO, CA, AU, MXPA, EP, PL, TW
03816424	低级燃料的增氧燃烧	2003－07－09	普莱克斯技术有限公司	US, WO, AU, TW, IN
03816491	加入氧气来增强 SNCR 辅助燃烧	2003－07－09	普莱克斯技术有限公司	US, WO, AU, EP, KR, TW, CA
200380104148	包括固定支持结构的塔式锅炉	2003－11－26	福斯特惠勒公司	FI, WO, AU, EP, PL, RU, AT, US, DE, ES, UA, IN
200410009535	一种圆形旋流浓淡煤粉燃烧器	2004－09－10	清华大学	
200410050565	一种煤粉锅炉的低氮氧化物的燃烧方法	2004－10－10	辽宁东电燃烧设备有限公司；中国电力投资集团公司东北分公司	
200410102222	用于燃烧灰粉状燃料的圆形燃烧器	2004－12－16	阿尔斯通公司	DE, KR, ES, CN
200480041485	生产能量的设备和方法	2004－12－16	先进燃烧能量系统公司	WO, US, EP, AU, IN, JP, MX, CA
200510009372	燃烧器、燃料燃烧方法以及锅炉改进方法	2005－02－21	日立巴布考克株式会社	JP, CA, EP, US, AU, KR

续表

申请号	发明名称	申请日	申请人	同族专利信息
200510018431	可调节外旋流内直流主燃烧器装置	2005 – 03 – 24	华中科技大学	
200510018434	外旋流内直流主燃烧器装置	2005 – 03 – 24	华中科技大学	
200510082508	运行燃烧系统的方法和系统	2005 – 7 – 6	通用电气公司	US, GB, JP, CA,
200510124586	切圆燃烧锅炉新三区燃烧器的分体布置方法	2005 – 12 – 20	西安热工研究院有限公司	
200610009364	用于大型蒸汽发生器的快速装配方法	2006 – 02 – 28	阿尔斯通公司	PL, DE, AU, ZA, IN
200610021753	一种旋流粉煤燃烧器	2006 – 09 – 4	东方锅炉（集团）股份有限公司	
200610118898	无烟煤燃烧方法	2006 – 11 – 30	上海交通大学	
200710050989	一种双旋流粉煤燃烧器	2007 – 12 – 26	东方锅炉（集团）股份有限公司	
200710052202	煤粉粗细分离燃烧方法及其装置	2007 – 05 – 18	华中科技大学	
200710071703	一种具有二次风分风室倾斜装置的 W 形火焰炉	2007 – 01 – 29	哈尔滨工业大学	
200710072221	防止侧墙水冷壁结渣的 W 型火焰锅炉	2007 – 05 – 18	哈尔滨工业大学	
200710072577	一种小油量气化燃烧、侧向点燃中心给粉的旋流燃烧器	2007 – 07 – 27	哈尔滨工业大学	
200780008491	圆形燃烧器及其运行方法	2007 – 03 – 02	阿尔斯通公司	WO, AU, DE, EP, IN
200780012463	粉状固体燃料喷嘴组件	2007 – 03 – 06	阿尔斯通公司	WO, US, TW, KR, CA, IN
200780017088	用于用矿物的固体燃料运行的燃烧系统的空气量调节的方法和装置	2007 – 05 – 03	阿尔斯通公司	WO, AU, DE, EP, IN

申请号	发明名称	申请日	申请人	同族专利信息
200810018042	一种煤粉周向浓缩分区驻涡的旋流燃烧器	2008 - 04 - 25	西安交通大学	
200810032736	多级还原风控制大容量燃煤锅炉 NOx 排放的方法	2008 - 01 - 17	上海交通大学；上海锅炉厂有限公司	
200810044352	前后墙对冲燃烧锅炉炉膛及在侧墙上设置空气喷嘴的方法	2008 - 05 - 07	东方锅炉（集团）股份有限公司	
200810064748	一种墙式布置的水平浓淡直流燃烧装置	2008 - 06 - 17	哈尔滨工业大学	
200810064783	小油量气化燃烧侧向多级开放式点燃中心给粉旋流燃烧器	2008 - 06 - 20	哈尔滨工业大学	
200810137200	一种大速比中心给粉旋流煤粉燃烧器	2008 - 09 - 26	哈尔滨工业大学	
200810137213	一种稳燃防结渣采用直流缝隙式燃烧器的 W 型火焰锅炉装置	2008 - 09 - 27	哈尔滨工业大学	
200810137506	一种防止一级燃烧室结渣的微油点火旋流煤粉燃烧装置	2008 - 11 - 12	哈尔滨工业大学	
200810162047	外燃式微油点火和超低负荷稳燃煤粉燃烧器	2008 - 11 - 07	浙江大学	
200810162522	一种重油少油点火煤粉燃烧器	2008 - 12 - 01	浙江大学；广州宇阳电力科技有限公司	
200810162917	外燃式富氧点火和超低负荷稳燃煤粉燃烧器	2008 - 12 - 08	浙江大学；浙江浙能温州发电有限公司	
200910071436	一种带有渐扩段的低阻力、低 NOx 的旋流煤粉燃烧器	2009 - 02 - 25	哈尔滨工业大学	

申请号	发明名称	申请日	申请人	同族专利信息
200910072137	二次浓缩双喷口微油量点燃煤粉装置	2009 - 05 - 27	哈尔滨工业大学	
200910075273	一种高氧浓度富氧煤粉分级燃烧方法及装置	2009 - 08 - 31	华北电力大学（保定）	
200910304771	一种多油枪微油量点燃煤粉燃烧装置	2009 - 07 - 24	哈尔滨工业大学	
200910309100	一种带有增程二次风喷口的 W 型火焰锅炉	2009 - 10 - 30	哈尔滨工业大学	
200910309113	在炉拱上布置有缝隙式燃尽风喷口的 W 型火焰锅炉	2009 - 10 - 30	哈尔滨工业大学	
201010136693	一种单炉膛对称双切圆煤粉燃烧装置	2010 - 03 - 31	哈尔滨工业大学	
201010204882	一种煤粉锅炉烟气再循环燃烧方法	2010 - 06 - 22	华中科技大学	

表 3 - 1 - 8　煤粉炉中国代表性专利的技术分支分布情况　　单位：件

燃烧器	燃烧室	送风	控制	其他
32	5	12	10	4

表 3 - 1 - 7 和表 3 - 1 - 8 反映出，在煤粉炉领域，燃烧器分支的代表性专利数量最多，且还可以进一步细分为直流燃烧器和旋流燃烧器两大类，两者各有优缺点。直流燃烧器四角切圆燃烧方式在中国使用比较多，例如哈尔滨工业大学研发的申请号为92104834 的 "一种浓缩煤粉燃烧设备"，具有高效、稳燃、防结渣和低 NOx 排放等良好特性，曾获第八届中国专利奖优秀奖。但随着机组容量的增大，直流燃烧器四角切圆燃烧导致炉膛出口烟温偏差大的难题开始暴露出来。旋流燃烧器在烟温偏差方面具有明显的优越性，因此中国开始重视旋流燃烧技术的发展与创新。近年来，关于旋流燃烧器的申请量增多，代表性专利中也有相当一部分涉及该分支。

表 3 - 1 - 9　煤粉炉中国代表性专利的申请人情况　　单位：件

申请人	国别	数量
哈尔滨工业大学	中国	17
阿尔斯通公司	法国	9
日立巴布考克株式会社	日本	5

续表

申请人	国别	数量
普莱克斯技术有限公司	美国	4
浙江大学	中国	4
华中科技大学	中国	4
东方锅炉（集团）股份有限公司	中国	3
西安交通大学	中国	2
福斯特惠勒公司	美国	2
上海锅炉厂有限公司	中国	1
西安热工研究院有限公司	中国	1
先进燃烧能量系统公司	美国	1
清华大学	中国	1
通用电气公司	美国	1
上海交通大学	中国	1
华北电力大学（保定）	中国	1

在煤粉炉领域，国外申请人一共拥有22件代表性专利，约占煤粉炉中国代表性专利的40%。这22件代表性专利的申请人都是国外大公司，其中，阿尔斯通公司、日立巴布考克株式会社、普莱克斯技术有限公司在该领域拥有的代表性专利数量居于国外申请人的前3位（参见表3-1-9）。

国内申请人中，哈尔滨工业大学在煤粉炉领域拥有17件代表性专利，居于首位，并且遥遥领先于其他申请人。哈尔滨工业大学在煤粉炉领域具有较强的研究实力，20世纪90年代的研究方向主要集中在四角切圆型煤粉燃烧方式及装置，而在进入本世纪后研究方向侧重于旋流燃烧器以及W型火焰锅炉，在这一领域申请了大量专利。此外，浙江大学、华中科技大学、西安交通大学等其他高校在煤粉炉领域也体现出一定的研究实力。

国内高校一共拥有30件代表性专利，而与此形成对照的是，作为市场主体的国内企业，仅仅拥有8件代表性专利，其中有3件为合作申请。国内企业在代表性专利的拥有数量上体现出与其市场地位不相称的状况，这值得关注和思考。

3.2 流化床锅炉

由于流化床锅炉具有对燃料适应性强、燃烧效率高、污染控制好、负荷调节范围大、便于综合利用等诸多优点，国际上主要发达国家都重视对其的理论研究和工业应用。

3.2.1　技术生命周期分析

以年申请人数量和申请量为主辅纵坐标绘制出流化床锅炉的技术生命周期图（参见图3-2-1），通过专利申请的数量和申请人数量之间的变化趋势对流化床锅炉的技术生命周期进行分析，以了解其技术发展所处的阶段。技术发展通常可以分为四个阶段：起步期、发展期、成熟期和衰退期。从专利申请上来看，起步期表现为年专利申请量和申请人的数量都很少；发展期表现为年专利申请量和申请人的数量均快速增长；成熟期表现为年专利申请量和申请人的数量保持相对的稳定；衰退期表现为年专利申请量和申请人的数量都快速减少。

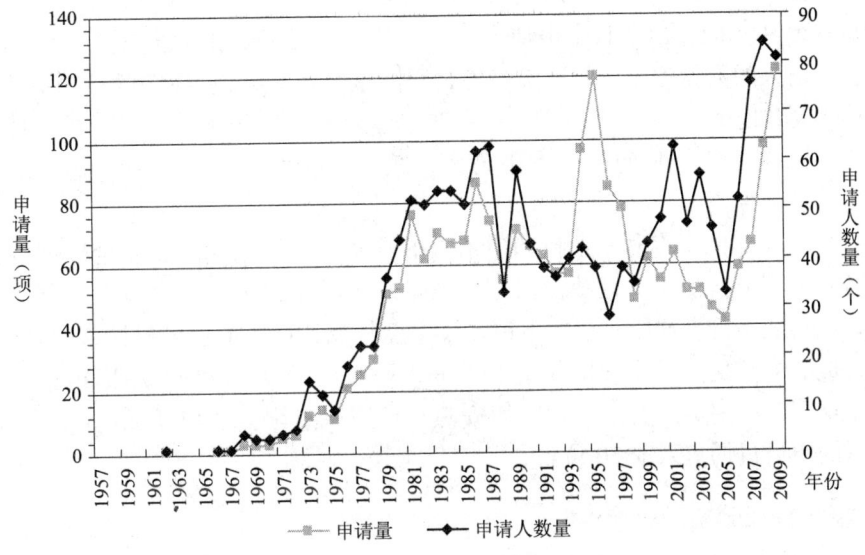

图3-2-1　流化床锅炉技术生命周期

1962～1975年的13年期间，全球流化床锅炉年申请量和申请人的数量均较少，流化床锅炉技术处于起步期，这一阶段虽然专利数量较少，但大多数是原理性的基础专利，由于技术市场还不明确，只有少数企业参与技术研究和市场开发，技术也相对集中在这些企业中，这一时期的主要申请人有英国 COAL IND PATENTS LTD 和美国福斯特惠勒公司，英国 COAL IND PATENTS LTD 主要集中在炉膛、炉型的改进，而福斯特惠勒公司除了对流化床锅炉炉膛进行研究外，还比较关注循环流化床锅炉的回料系统。

1976～1980年间，随着流化床锅炉技术不断发展，市场逐渐扩大，介入该领域的企业不断增多，大量跟随型企业进入，申请量和申请人数量均快速增长。这段时间福斯特惠勒公司跃居申请量第一，对流化床锅炉布风、炉膛、排渣、控制都较为关注，该公司对流化床锅炉进入全面研究阶段，除此以外，美国巴威公司和燃烧工程公司也是这一时期的主要申请人，申请领域分别集中在炉膛和给料。

1981～1990年间，由于市场有限，进入该领域的企业开始趋缓，专利增长的速度也放慢，专利申请量和申请人的数量基本保持稳定，主要申请人仍是福斯特惠勒公司和美国巴威公司，福斯特惠勒公司的主要关注点仍集中在布风、炉膛、控制、排渣四个方面，这段时期，瑞典 ABB STAL AB 公司一跃成为申请量居第 2 位的公司。

1991～1999 年间，申请人数量较前一阶段略有下降，但整体保持稳定，表明流化床锅炉领域日趋成熟，市场逐渐饱和，规模较小或者跟随型申请人开始退出该领域，申请人趋于集中。值得注意的是，专利申请量在 1993～1995 年间存在激增，到 1995 年达到顶峰后衰落，对其深入分析，该激增主要是由于日本申请人加入导致，这段时期，一些有实力的日本申请人集中提出大量申请，其中，日本的石川岛播磨重工株式会社和日立巴布考克株式会社两家公司一举超过美国的福斯特惠勒公司，申请量跃居前两位，且技术关注点均集中在控制领域。

2000～2004 年间，由于日本申请人集中申请时期已经过去，全球流化床锅炉领域申请量和申请人的数量均呈小幅下降趋势，跟随型企业继续退出，市场集中程度更高，日本申请人超过欧美，其中日立巴布考克株式会社、石川岛播磨重工株式会社和三菱重工株式会社成为这一时期的三大申请人，其技术研发主要集中在流化床锅炉控制系统。

2005～2009 年间，专利申请量和申请人的数量又呈现快速增长，全球范围内法国阿尔斯通公司和美国福斯特惠勒公司是申请量最多的申请人，但是申请量所占总申请量比例却比较低，可见这段时期的申请量集中度较低，传统的主要申请人申请量下降，说明申请量的上扬是由于大量的新申请人进入该市场所致，其中，中国申请人占了相当大的比重，上海锅炉厂有限公司、西安热工研究院有限公司以及无锡华光锅炉股份有限公司的申请量均进入前 10 位。

3.2.2　技术构成分析

在 1962～2009 年间，有关流化床锅炉的申请中，来自欧洲、日本、美国申请人的申请分别占到 33.5%、25.5% 和 20.3%，来自中国申请人的申请占到 11.4%。其中，欧洲的申请又主要集中在德国、芬兰、英国和瑞典这几个国家。英国的申请主要集中在 1975～1983 年流化床锅炉技术起步和发展阶段，之后鲜有涉及流化床锅炉领域的申请；美国的申请量在 1980 年至 1992 年间平稳增长并保持领先，德国这一段时期的申请量紧随其后；日本关于流化床锅炉的申请量自 20 世纪 80 年代起逐步增加，至 1995 年前后出现飞跃性增长，随后下降并基本保持平稳；中国申请量自 2000 年稳步提高，2005 年后快速增长。

欧美是流化床锅炉技术起源和发展之地，在流化床锅炉领域具有传统优势。日本企业普遍重视专利申请，在 20 世纪 90 年代中期集中进入流化床锅炉领域并提出大量申请，随后一直保持其在某一特定技术分支上的优势。中国在该领域虽然起步较晚，但近几年发展迅速，并逐渐形成自己的技术特点。以下对流化床锅炉技术构成进行分析，以进一步研究该领域发展趋势和技术水平。

图 3-2-2 反映了 1962～2009 年间提出的涉及流化床锅炉的各技术分支的总体分布情况。从该图中可以看出流化床锅炉各技术分支的申请中，回料占据了 1/4 的比重、

炉膛占据了超过 1/5 的比重，受到申请人最大的关注，布风、给料、排渣、控制所占比重相当，各占 1/10 左右，受到申请人较大的关注。

选取流化床锅炉申请人较为关注的六个技术分支绘制 1962～2009 年间主要技术分支申请量随年代变化图（参见图 3－2－3）。总体上，早期流化床锅炉申请主要集中在布风方式、炉膛和回料的改进上，技术构成相对单一，且各技术分支申请量较均衡。自 20 世纪 80 年代起，随着技术发展的应用的广泛，流化床锅炉燃烧技术呈现出多元化走势，涉及排渣、控制的比重逐渐增加。

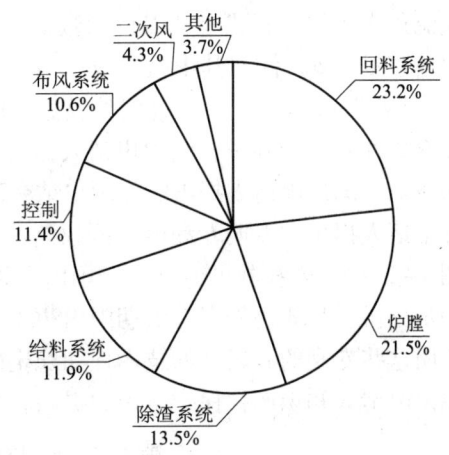

图 3－2－2　流化床锅炉技术构成分布

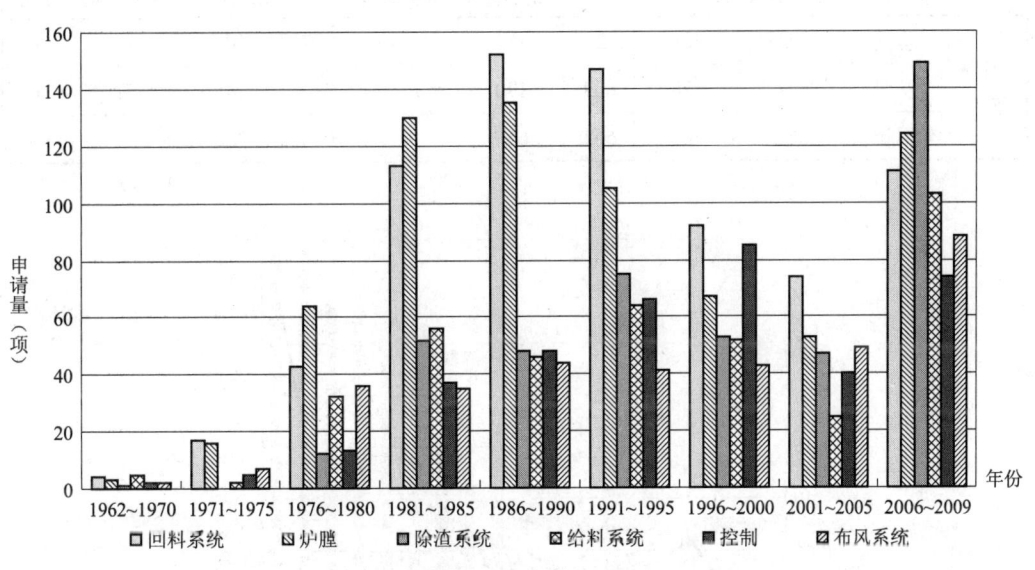

图 3－2－3　流化床锅炉主要技术分支申请量历年分布

其中，涉及布风系统的申请量自始至终相对稳定；涉及回料系统的申请量自 20 世纪 80 年代起迅速增长，至 2000 年一直保持较高的申请量，表明这一时期，随着循环流化床锅炉技术的发展，申请人对回料系统的研究热情高涨，2000 年后，随着市场逐渐饱和和技术趋于稳定，涉及回料系统的申请量有所下降，并基本保持稳定；排渣和控制技术起步较晚，申请量稳步攀升后略有下降，尤其是控制技术，2000 年前后达到高峰。近两三年来，各技术分支申请大致相当，虽然二次送风技术起步较晚，且涉及该分支的申请量所占比重较少，但近些年来以富氧燃烧为代表的二次送风技术的申请量逐渐增加。

流化床锅炉技术在中国起步较晚，发展很快，自 1982 年以来，中科院工程热物理研究所、清华大学、华中理工大学与有关锅炉厂合作先后开发了多种循环流化床锅炉。

就流化床锅炉专利或专利申请的数量而言，1985~2010 年间，公开的中国专利或专利申请总量 1 265 件，其中授权 997 件，到目前为止❶仍然处于有效状态的专利 577 件（参见表 3-2-1）。在公开的涉及流化床锅炉领域的专利申请中，发明专利占据近1/2，在 602 件发明专利中，国内申请人提出的专利申请❷ 374 件，授权 190 件，占公开量的 50.8%；国外申请人提出的专利申请❸ 228 件，授权 144 件，占公开量 63.2%，说明国外申请人提出的发明专利申请授权略高于中国国内申请人提出的发明专利申请。结合图 3-2-4，在授权的专利中，国内申请近 80% 仍然有效，国外申请一半已经失效。进一步分析，目前仍处于有效期限内❶的专利，申请日在 2000 年以前的全部是国外申请，说明这些专利的有较高的技术性和稳定的专利性。但随着中国流化床锅炉技术的发展，以及申请人知识产权保护意识的提高，2000 年以后国内申请专利稳定性逐渐提高。

表 3-2-1   流化床锅炉领域专利申请量   单位：件

		公开量			授权量			有效量		
		国内申请	国外申请	小计	国内申请	国外申请	小计	国内申请	国外申请	小计
流化床锅炉	总量	1 037	228	1 265	853	144	997	505	72	577
	发明	374	228	602	190	144	334	145	72	217
	实用新型	663	0	663	663	0	663	360	0	360

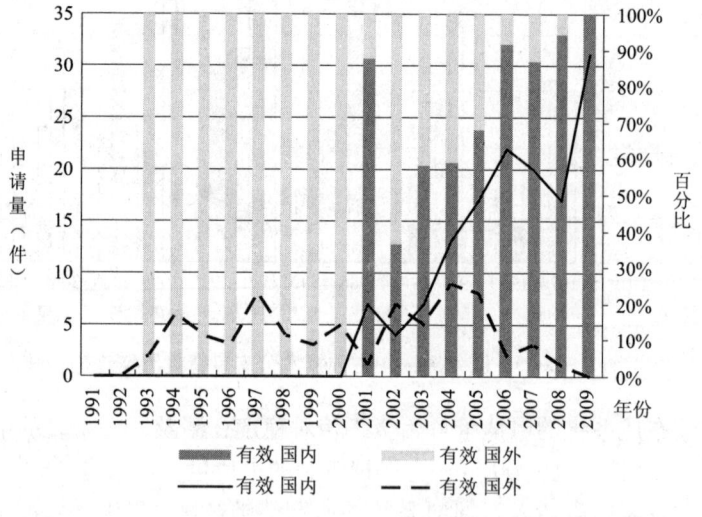

图 3-2-4   流化床锅炉中国发明专利有效国内外比重趋势图

根据表 3-2-2，就在全球范围内受到申请人关注的几个技术分支而言，国外申请

---

❶ 本报告检索截止时间 2011 年 7 月。
❷ 以下简称"国内申请"。
❸ 以下简称"国外申请"。
❶ 发明专利有效期限 20 年。

人在中国提出的申请中，涉及回料和炉膛的申请占据33%和21%，控制、给料、布风各占据14%、10%和8%，而排渣仅占到了4%，可见，国外申请人最为重视回料和炉膛在中国的申请，较为重视控制、给料和布风，对排渣的重视程度较低。其中，涉及回料和炉膛的专利申请中，流化床锅炉领域两大集团公司——美国的福斯特惠勒公司和法国阿尔斯通公司居于前两位。而公开的国内申请人专利申请中，回料和炉膛所占比重较国外申请人有所下降，占20%和17%，涉及控制的专利量略有下降，占12%，涉及给料的专利量略有上升，达到12%，而涉及布风的专利申请量有所上升，达到12%，涉及排渣的专利量大幅度增加，达到12%。可见，国内申请人较国外申请人更关注布风和排渣分支。

表3-2-2 流化床锅炉各技术分支申请量及相关情况 单位：件

	公开量			授权量			有效量		
	国内申请	国外申请	小计	国内申请	国外申请	小计	国内申请	国外申请	小计
布风	45	21	66	24	12	36	18	6	24
给料	50	24	74	13	9	22	8	6	14
回料	85	83	168	50	59	109	36	26	62
炉膛	73	53	126	40	42	82	33	20	53
排渣	51	10	61	21	5	26	13	4	17
控制	51	34	85	25	21	46	21	8	29
送风	12	12	24	8	7	15	6	4	10
其他	54	12	82	25	13	38	22	7	29
总计	421	249	670	206	168	374	157	81	238

3.2.3 中国代表性专利

根据第1.6.3.3节的筛选方法，共筛选出40篇流化床锅炉中国代表性专利，参见表3-2-3。

表3-2-3 流化床锅炉中国代表性专利清单

申请号	发明名称	申请日	申请人	同族专利信息
93104645	循环流化床反应器	1993-04-23	阿尔斯通公司	EP，FR，CZ，FI，CA，ZA，JP，US，DE，ES，RO，RU，IN
93112939	用于操纵循环的流化床反应系统的方法和设备	1993-11-10	福斯特惠勒公司	WO，US，EP，FI，JP，DE，ES，CA，KR，PL，AT，DK，RU，IL，EE

续表

申请号	发明名称	申请日	申请人	同族专利信息
94105284	用于使流化床反应器中的固体物料循环的方法和设备	1994 – 04 – 05	福斯特惠勒公司	WO, US, EP, FI, JP, DE, ES, RU, KR, CA, DK, PL, AT, EE
94107812	一种流化床蒸汽发生系统及方法	1994 – 06 – 29	福斯特惠勒公司	US, CA, EP, MX, JP, ES, KR
94120110	具有扩展热交换面的循环流化床反应器	1994 – 11 – 09	阿尔斯通公司	EP, FR, CA, CZ, FI, SK, DE, ES, US, RU, MX, IN, PL, AT, GR
96195225	循环流化床蒸汽发生器 NOx 的控制	1996 – 04 – 15	阿尔斯通公司	WO, CA, AU, US, EP, PL, CZ, KR, AT, ES, DE, RO
97110931	一种燃烧方法和燃烧装置	1997 – 03 – 08	ABB 公司	WO, SE, JP, US
97110946	一种燃烧装置和燃烧方法	1997 – 03 – 07	ABB 公司	WO, SE, JP
00126488	循环流化床反应器中的细小固体再循环	2000 – 08 – 28	美国巴威公司	US, CA, PT, CZ, KR, MXPA, MX, ES, RU
01822624	从气体和颗粒固体的混合物的物流中去除气体的系统和方法	2001 – 12 – 11	福斯特惠勒公司	WO, US, AU, EP, DE, ES, TR, AT
02126882	带有可控床内热交换器的循环流化床	2002 – 07 – 17	美国巴威公司	US, CA, KR, PL, PT, CZ, BG, RU, MXPA, ES, IN
02153759	调节循环流化床锅炉炉膛温度的冷灰器和方法	2002 – 12 – 06	中科院工程热物理研究所	
02803378	一种特别用于流化床反应器装置的离心分离器	2002 – 10 – 29	阿尔斯通公司	WO, EP, US, AU, KR, DE, MXPA, IN
200410037095	一种循环流化床锅炉的风控式物料外循环装置	2001 – 12 – 22	浙江大学	

续表

申请号	发明名称	申请日	申请人	同族专利信息
200410047488	由相互反向的 U 形件构成的冲击式颗粒分离器	2004 - 05 - 28	美国巴威公司	US, CA, DK, IN, UA, RU, TR
200410057326	一种冷却式高温气固分离装置	2004 - 08 - 27	清华大学	
200410062262	一种风水联合流化床冷渣器	2004 - 07 - 02	清华大学	
200410081018	双循环流化床煤气 - 蒸汽联产方法及装置	2004 - 09 - 30	中科院工程热物理研究所	
200510011117	一种底部带导流盘的旋风分离器	2005 - 01 - 07	清华大学	
200510011575	一种旋风分离装置	2005 - 04 - 15	清华大学	
200510102903	一种循环流化床锅炉的冷渣器	2005 - 09 - 13	中科院工程热物理研究所	
200510112902	一种气动控制的物料循环装置	2005 - 10 - 14	中科院工程热物理研究所	
200510138040	调整循环式流化床反应系统固体循环量的方法和设备	2005 - 10 - 21	阿尔斯通公司	DE, EP, US, IN
200610029872	一种流化床锅炉底渣冷却的方法及系统	2006 - 08 - 10	上海锅炉厂有限公司	
200610114031	循环流化床锅炉多点返料器	2006 - 10 - 25	中科院工程热物理研究所	
200610118145	种循环流化床锅炉底布风板制造方法	2006 - 11 - 09	上海锅炉厂有限公司	
200610118146	一种流化床锅炉分层流化布风板的布置方法	2006 - 11 - 09	上海锅炉厂有限公司	
200610124994	富氧燃烧循环流化床锅炉系统	2006 - 11 - 09	华中科技大学	
200610154581	循环流化床热电气焦油多联产装置及其方法	2006 - 11 - 08	浙江大学	
200710092413	复合式冷渣装置	2007 - 07 - 12	重庆大学	
200710100248	超临界循环流化床锅炉炉膛受热面	2007 - 06 - 06	中科院工程热物理研究所	

续表

申请号	发明名称	申请日	申请人	同族专利信息
200710144890	壁面－中心复合供给二次风的流化床燃烧装置	2007－12－21	哈尔滨工业大学	
200780016720	用于循环流化床锅炉的流化床热交换器和具有流化床热交换器的循环流化床锅炉	2007－05－09	福斯特惠勒公司	WO, FI, KR, AU, EP, ZA, IN, JP, US, RU
200810017240	内凹式循环流化床锅炉二次风供风方法及其装置	2008－01－07	西安热工研究院有限公司	
200810150706	外置床高、低温回料管给煤系统	2008－08－22	西安热工研究院有限公司	
200880008080	用于循环流化床锅炉系统的二级气流偏置设备和方法	2008－01－28	阿尔斯通公司	WO, US, EP, IN
200910054142	循环流化床底渣冷却方法	2009－06－30	上海锅炉厂有限公司	
200910088898	裤衩腿结构的流化床锅炉一次风调节方法	2009－07－21	清华大学	
200910308124	循环流化床带加速段的水冷或汽冷高温卧式旋风分离器	2009－10－9	哈尔滨工业大学	
201010197297	一种复合炉型的循环流化床锅炉	2010－06－10	西安热工研究院有限公司	

表3-2-4　流化床锅炉中国代表性专利的技术分支分布情况　　单位：件

布风系统	给料系统	回料系统	炉膛	排渣系统	控制	送风	其他
2	1	15	9	5	3	3	2

基于表3-2-3和表3-2-4可以看出，流化床锅炉中国代表性专利主要集中在回料系统、炉膛以及排渣系统这3个技术分支。

表3-2-5　流化床锅炉中国代表性专利的申请人情况　　单位：件

申请人	国　别	件　数
阿尔斯通公司	法国	6
中科院工程热物理研究所	中国	6
福斯特惠勒公司	美国	5

续表

申请人	国　别	件　数
清华大学	中国	5
上海锅炉厂有限公司	中国	4
西安热工研究院有限公司	中国	3
美国巴威公司	美国	3
哈尔滨工业大学	中国	2
浙江大学	中国	2
ABB 公司	瑞典	2
重庆大学	中国	1
华中科技大学	中国	1

基于表 3 - 2 - 5 可以看出，在这 40 篇流化床锅炉中国代表性专利的申请人中，有 4 家外国公司，分别是阿尔斯通公司、福斯特惠勒公司、美国巴威公司和 ABB 公司，它们拥有 16 件代表性专利，占总量的 40%。其中，阿尔斯通公司和福斯特惠勒公司代表了国际上两大循环流化床锅炉流派，也是中国技术引进的源头，其在该领域拥有相当数量的代表性专利。但是，这两家公司的代表性专利中，有一些是 20 世纪 90 年代的申请，专利权即将到期。国内锅炉企业可以关注这些专利，考虑合理使用过期专利技术。

此外瑞典 ABB 公司以加压流化床燃烧技术著名，其入围的 2 篇代表性专利 97110931、97110946 都是关于此方面的。加压流化床燃烧技术能较大幅度地提高发电效率，并能减少由于燃煤对环境的污染，是未来的发展方向之一，值得中国企业关注。

国内申请人中，以中科院工程热物理研究所、清华大学为代表的高校和研究机构在流化床锅炉领域体现出较强的研究实力，一共拥有 17 件代表性专利。与煤粉炉情况类似，作为市场主体的国内锅炉企业，在流化床锅炉领域代表性专利的拥有数量方面并不占优，仅仅拥有 7 件代表性专利，其中上海锅炉厂有限公司 4 件，西安热工研究院有限公司 3 件。

在这些代表性专利中，国外申请人的代表性专利大都是多边申请，而国内申请基本上没有国外的同族专利，这反映出中国申请人知识产权全球意识的淡薄。随着全球经济一体化的潮流，国内申请人也应考虑知识产权的输出，以保持参与国际市场竞争所必需的知识产权能力。

第1章
第2章
第3章
第4章
第5章
第6章
第7章
第8章

第4章 流化床锅炉布风系统专利分析

　　本章旨在通过对于燃煤锅炉燃烧设备的具体关键技术分支进行详细的分析，从而向行业内人员展示如何通过专利信息来判断行业内的关键技术分支，并指引行业内人员利用关键分支的专利信息来获取关键技术分支的发展趋势、关键技术分支内的技术点与功效需求的关系等信息。

　　并且希望通过这些分析，为国内行业创业人员提供技术与需求的联系消息，指引行业技术改进的方向，进一步推进专利信息的利用。

4.1　关键技术分支的确定

　　结合中国煤炭资源的特点（煤炭伴生物多，品种跨度大），本报告重点选取了流化床锅炉（燃料适应性高、污染物控制能力强、效率高）作为关键的一级技术分支，而流化床锅炉中的布风系统是流化床锅炉关键的部件之一，其是实现流态化燃烧的关键设备，关系到流化质量和锅炉稳定运行，对于循环流化床锅炉而言，流化不均匀会加大循环料量，加重分离器分离压力和回料器负担。因此，布风系统对流化床锅炉燃烧的整体性能影响极大。同时由于位于高温区，对布风系统的材料、布置、控制等均具有较高的要求，根据流化床锅炉的发展沿革以及目前行业现状，布风系统一直是技术改进的热点和难点之一，因此，选择布风系统作为关键技术分支加以详细分析。

　　本章从该技术分支的作用和意义、技术构成、技术需求、技术 - 功效矩阵分析❶和代表性专利等几个方面对流化床锅炉布风系统进行分析，依据技术 - 功效矩阵重点分析了流化床锅炉布风系统研究的热点以及潜在可能的发展点，并具体对布风系统风板、风帽的结构和其相应的用途进行分析。

4.2　技术构成分析

　　布风系统包括风室、布风板和风帽。图 4 - 2 - 1 反映了 1962 ~ 2010 年间❷提出的涉及流化床锅炉布风系统的申请中，各主要技术分支的总体分布情况。从该图中可以看出，在风帽、风板和风室这三个主要的技术分支的申请中，风帽和风板占据比例相

---

❶　以技术功效为横坐标、技术分类为纵坐标描绘的矩阵图，主要用于寻找潜在的技术空白点。

❷　鉴于截至检索日，2010 年提出的中国申请大部分已经公开，为了了解中国在布风系统上的研究状态，该章节时间统计到 2010 年。

当，各40%以上，两者总共占据了近90%的比例，受到申请人主要的关注。而关于风室的申请量则比例较低，不足15%。

风室位于炉膛燃烧室的下部，通常为倒锥形或减缩形，起到使气体介质压力均匀稳定的作用，并实现气体介质预分配。布风板直接承接床料，决定布风流体的分布，提供足够的动压头，使床料均匀流化，维持床层稳定，是保证炉膛内具有良好而稳定的流态化状态的重要构件，其为多孔形状的平板或凹形板，布风板的孔数、孔径以及排布方式对流化床锅炉流态化效果尤为重要。风帽按一定方式排列安装在布风板上，多为钟罩型

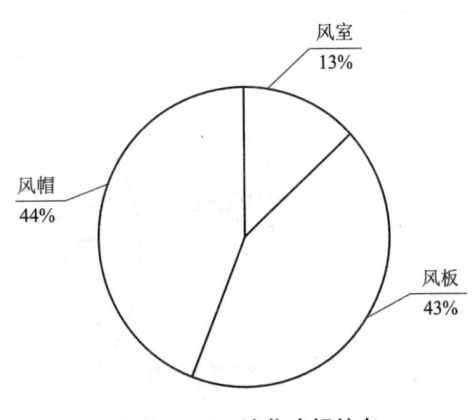

图4-2-1 流化床锅炉布风系统构成分布

或柱形，气流通过风帽上的小孔吹扫到布风板附近各处的床料，并且产生二次风流并使气流改向，旋转运动，使布风板产生阻力，维持床层流化状态稳定，风帽的气流分配性能直接影响流态化效果。可见，风板和风帽的结构特点决定了它们是布风系统中影响流态化效果的重要部件，因此，对于布风系统的关注自然主要集中在风板和风帽上。

图4-2-2进一步反映了1962~2009年间，流化床锅炉布风系统各技术分支的发明专利申请随申请年代的变化。从该图中可以看出，总体上，布风系统逐年专利申请量基本保持平稳，并有小幅波动，到2008年申请量达到峰值。在各分支历年申请中，早期申请以风板为主（1968~1982年间），后来涉及风帽的申请量逐渐增加，在1983~1999年间和风板的申请量相当，到2000年以后，涉及风帽的专利申请量显著增加，逐渐大于涉及风板的申请量。随着流态化技术的发展与应用，流化床锅炉有大型化、宽煤种等发展趋势，对于多样化和大颗粒化的燃料，从防堵、防漏以及避免死角的要求出发，在风帽的改进更加受到重视。

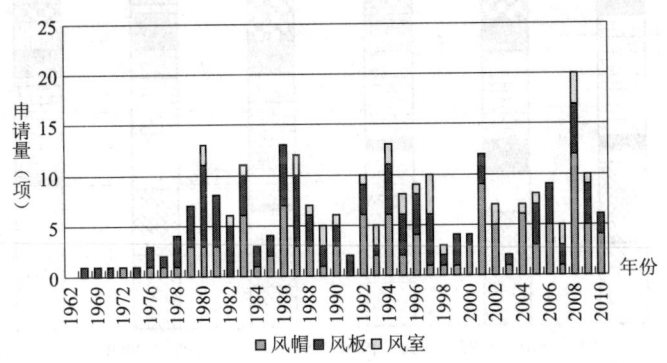

图4-2-2 流化床锅炉布风系统各技术分支历年专利申请分布

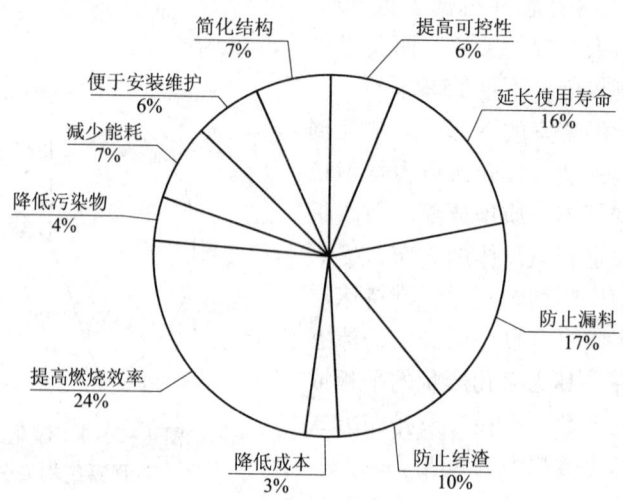

图4-3-1 流化床锅炉布风系统各技术功效分布

4.3 技术需求分析

　　根据布风系统功能和作用将技术功效分为10类，通过对布风系统申请文件筛分和分类，归纳布风系统主要功能和作用的发展状况。图4-3-1反映了1962~2010年间提出的涉及流化床锅炉布风系统的申请中，各技术功效的总体分布情况。从该图中可以看出，布风系统的主要作用是流化床料，布风系统需求构成主要集中在提高燃烧效率，存在的主要问题是漏料、磨损，因此业界对能够解决提高燃烧效率、防止漏料和延长使用寿命这三个方面问题的布风系统技术需求较高。

　　图4-3-2关于1962~2010年间涉及流化床锅炉布风系统专利申请中各技术功效分布，反映了布风系统领域的技术需求发展趋势。从该图中可以看出，早期功效需求

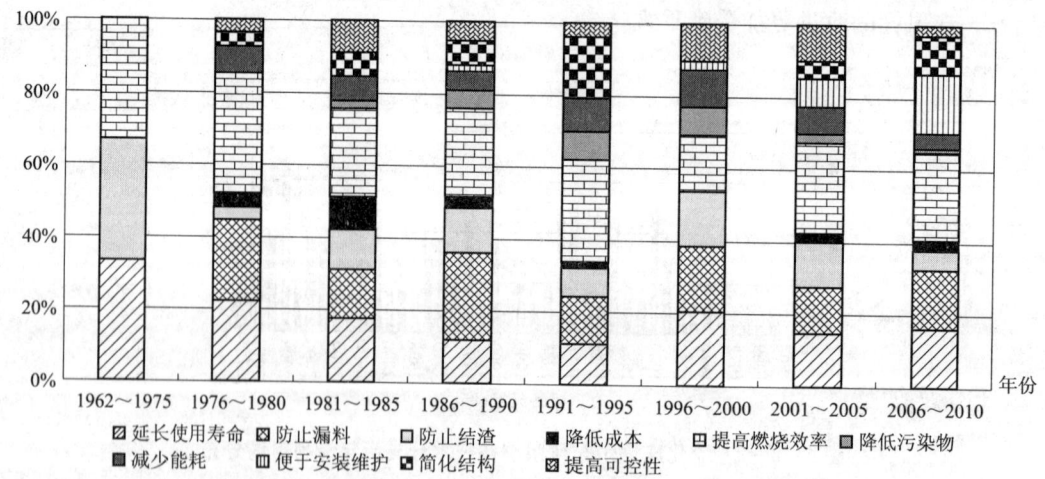

图4-3-2 流化床锅炉布风系统各技术功效历年专利申请分布

比较单一，主要集中在延长使用寿命、防止结渣和提高燃烧效率上，随着流化技术发展，以及流化床锅炉广泛应用，对布风系统技术需求种类增多，例如使结构简化、提高可控性、降低污染物等。但延长使用寿命、提高燃烧效率和防止漏料仍是布风系统申请的主要功效。值得注意的是，近 15 年来对布风系统便于安装维护的需求逐年增高，其原因在于，不可避免的磨损等因素影响，布风系统有一定的寿命，在提高布风系统寿命的同时，对便于更换或安装的需求也逐渐受到关注。

4.4 技术–功效矩阵分析

将技术构成与功能作用结合形成技术功效矩阵，目的在于分析寻找技术研发热点、难点和空白点。技术–功效矩阵图的横坐标为技术功效（代表相应的技术需求），其纵坐标为各技术分支（代表相应的技术手段），该图中面积越大的圆代表申请量越集中，表明针对纵坐标所代表的技术分支的改进是解决相应的技术需求的主要技术手段；反之，图中面积小的圆或者空白的点分别代表专利申请量很少或者没有提出专利申请，这样的圆或点代表了技术–功效矩阵分析，但是部分技术–功效矩阵分析是无法实现或者没有价值的，这样的点无需关注，而有些点则存在实现的可能，值得关注。

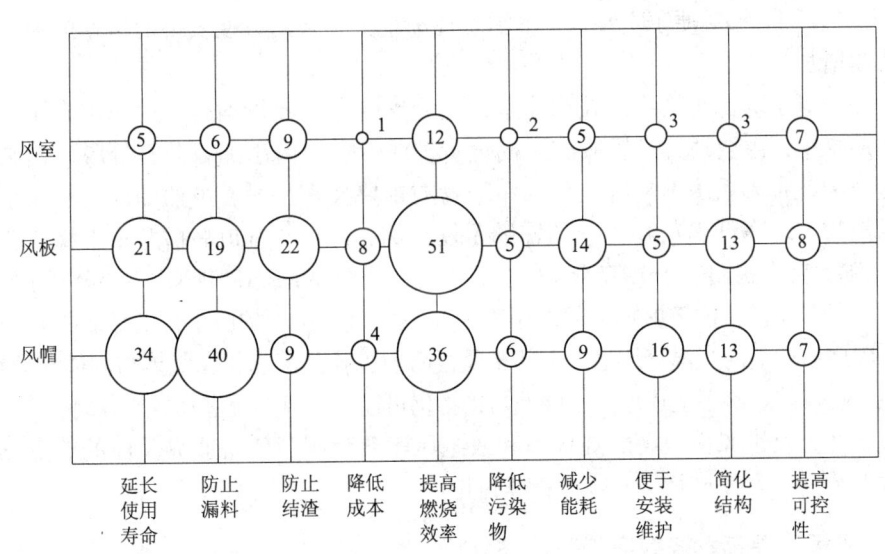

图 4 – 4 – 1 流化床锅炉布风系统的专利技术 – 功效矩阵图

4.4.1 布风系统整体技术功效 – 矩阵分析

将流化床锅炉布风系统 3 个技术构成和 10 项功效需求结合，形成流化床锅炉布风系统的技术 – 功效矩阵图，如图 4 – 4 – 1 所示。从该图中可以看出，就目前的专利分布而言，这 10 个功效需求均有相应的解决方案与其对应。其中改善燃烧效率的手段集中在风板和风帽这两个分支。首先，由于流化床锅炉是燃烧流态化燃料的锅炉设备，流态化的效果直接影响燃烧的稳定和效率，而风板和风帽是使燃料呈流态化最为关键的结构，尤其是风板，其以风孔结构、排布等方式的改进控制流化风以及床料等影响燃烧效率的因素，因此，对针对改善燃烧效率提出的风板和风帽的改进，是业界关注的热点。

其次，对于防止漏料这一较为关注的技术需求，与其相关度最高的技术分支在于风帽。风帽虽然能够加强流化提高燃烧效率，但因其风孔直径较小，容易发生漏料，为了减少不利影响，通过对风帽结构的改进以改善漏料是研究的热点之一。

最后，由于风帽主体位于浓相区易受到床料的磨损，以及风帽出风孔射流夹带的床料对相邻风帽造成的磨损等原因，为了提高使用寿命，针对风帽耐磨性的改进是业界研究的另一热点。

在解决减少成本和降低污染物的技术需求上，各分支的专利数量均较少。对于减少成本，由于布风系统在整个锅炉系统中属于结构较为简单的部件，且其制造相对于回料、炉膛等其他结构相对容易，从而，在整个锅炉结构成本构成中布风系统所占比例较小，因此，从布风系统上减少成本对整个锅炉系统降低成本的意义不大，因而在这方面的研究投入也相对较少。但是，就布风系统降低成本的途径而言，大致可以分为制造成本和安装成本，图 4-4-1 中降低成本功效反映了降低制造成本的途径主要在于改进风板的制作方法，而便于安装维护功效则体现了降低安装成本的途径主要在于研发出便于安装和拆换的风帽。由于风帽漏掉堵塞或者磨损是流化床锅炉常见的问题之一，且近 15 年对便于安装维护的需求逐渐增大，采用方便安装的风帽的关注度将可能持续增加。

另外，对于降低污染物的技术需求，各分支的专利数量均较少的原因在于，流化床锅炉系统中，主要通过设置脱硫脱硝设备，或者在炉内添加石灰石等脱硫剂来实现降低污染物，布风系统不是解决降低污染物的主要技术手段。虽然如此，布风系统仍然可以作为实现降低污染物需求的辅助手段，例如，日本石川岛播磨重工株式会社于 1996 年 5 月 27 日提出、于 1997 年 12 月 12 日公开的专利 JP9318011A，主要公开了在炉膛内设置多层布风板，位于炉膛下部的用来通过流化风，位于炉膛上部的放置石灰石等脱硫剂，燃烧后产生的高温气体通过上部布风板而使脱硫剂流态化，气体与固体充分结合，以实现脱硫目的。鉴于上述原因，降低污染物仍可能是布风系统潜在研究方向。

由于通过改进风板提高燃烧效率和改进风帽避免漏料，是业界关注的热点，下一节将对上述两个方面进行进一步分析和讨论。

4.4.2 风板-提高燃烧效率功效矩阵分析

图 4-4-2 是抽取实现提高燃烧效率功效主要部件风板分支 51 项专利进一步分析技术-功效矩阵图。以风板布置的形式、布置位置和通过流体的特征将风板分为平板平置、平板斜置、复合布置、非平板（表面凹凸）和供应复合流体；将提高燃烧效率的途径分为控制料高、床温、加强扰动和均匀布风。从该图中可以看出，每个途径都可以通过多种风板结构和布置方式实现，每种风板结构或布置方式受到不同程度的关注；平板平置式风板是解决上述各途径的主要结构和布置方式；在平板平置式风板可解决的各问题中，针对如何解决控制床料和均匀布风问题的研究又是重点。

另外，对于解决控制床温问题的多个手段中，除了平板平置式风板外，值得注意

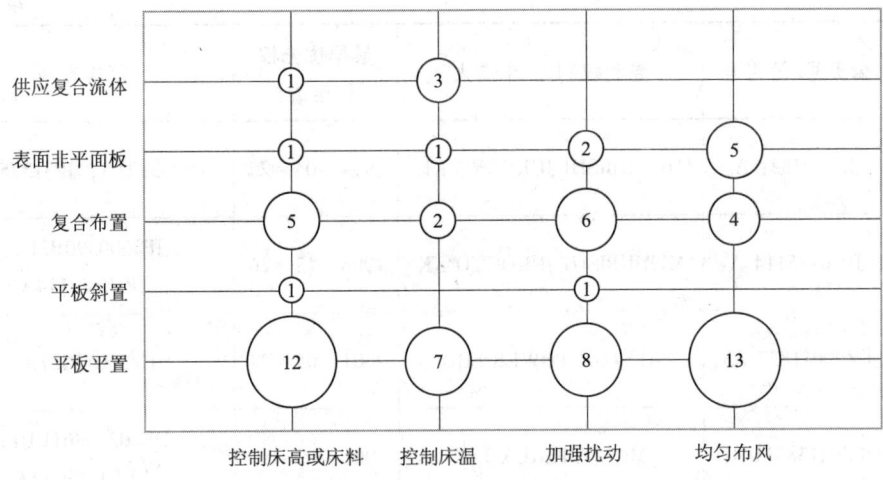

图 4 – 4 – 2　风板 – 提高燃烧效率专利技术 – 功效矩阵图

的是通过通入复合流体控制床温技术，其可能是潜在的研究方向；同样，针对加强扰动，风板其他设置的方式也值得关注，例如错选多孔板、凹型或者凸形多孔板等复合布置类型，出风方向相向或者相对，实现相互扰动。

4.4.3　风帽 – 防漏功效分析

鉴于风帽的防堵功效属于关注的热点和重点，本节抽取图 4 – 4 – 1 中所示实现防漏功效的风帽 40 项专利进一步分析。

对该 40 项专利通过人工阅读筛分，就风帽结构而言，大致分为钟罩型风帽（包括锥形、半球形帽头等）和柱管型风帽（包括异型管风帽、Γ 型定向风帽、柱形风帽等），除此以外，还包括 3 项专利涉及盖板型风帽，另外有两项专利涉及采用高渗透多孔材料制造风帽。

表 4 – 4 – 1　钟罩型风帽专利主要信息

序号	公开号/公告号	专利权利人/申请人	最早优先权日/申请日	同族专利
1	FR2366515 A1	STAL – LAVAL TURBIN A	1976 – 09 – 30	DE2743030A；SE7610814A；FR2366515A
2	SE8302539 A	ASEA STAL AB；STAL LAVAL TURBIN AB	1983 – 05 – 04	SE8302539A；US4589841A
3	CS8602372 A	TODORIEV N；VMEI LENIN	1983 – 11 – 01	CS8602372A；DD272013A
4	DE4211646 A1	RHEINBRAUN AG	1992 – 04 – 07	DE4211646A1
5	JP7055112 A	MITSUBISHI JUKOGYO KK	1993 – 08 – 16	JP7055112A

续表

序号	公开号/公告号	专利权利人/申请人	最早优先权日/申请日	同族专利
6	JP7293821 A	MITSUBISHI JUKOGYO KK	1994 - 04 - 25	JP7293821A；JP3137528B2
7	JP10185114 A	MITSUBISHI JUKOGYO KK	1996 - 12 - 26	JP3600390B2B2；JP10185114A
8	CZ20011827 A3	ALSTOM POWER SRO	2001 - 05 - 24	CZ20011827A3
9	DE20213861U U1	MAGOTTEAUX INT	2001 - 09 - 10	DE20213861UU1；BE1014366A3
10	KR20090019377 A	KOREA INST ENERGY RES	2007 - 08 - 21	KR20090019377A
11	JP2009204196 A	MITSUBISHI JUKOGYO KK	2008 - 02 - 26	JP2009204196A
12	JP2009300043 A	ISHIKAWAJIMA HARIMA HEAVY IND	2008 - 06 - 17	JP2009300043A
13	CN101368726 A	东北电力大学	2008 - 10 - 08	CN101368726A；CN101368726B B
14	FI20086192 A	FOSTER WHEELER ENERGY CORP；FOSTER WHEELER ENERGIA OY	2008 - 12 - 12	WO2010066947A1；FI20086192A
15	US2011073022 A1	BABCOCK&WILCOX POWER GENERATION GROUP；ALEXANDER K C；B&WBC ENERGY GROUP；GODDEN M C；KRAFT D L；MARYAMCHIK M	2009 - 09 - 30	EP2312211A2；MX2010010634A1；JP2011075273A；US2011073022A1；CA27157801；CN102032561A；VN25797A；AU2010221809A1；KR20110035951A；ZA201006618A
16	CN101943402 A	中国神华能源股份有限公司；神华神东电力有限责任公司；神华神东电力有限责任公司店塔电厂	2010 - 06 - 18	CN101943402A

序号	公开号/公告号	专利权利人/申请人	最早优先权日/申请日	同族专利
17	CN101943401 A	中国神华能源股份有限公司；神华神东电力有限责任公司；神华神东电力有限责任公司店塔电厂	2010 - 06 - 18	CN101943401A；CN101943401B
18	CN101881440 A	西安热工研究院有限公司	2010 - 07 - 15	CN101881440A
19	CN101975396 A	哈尔滨哈锅锅炉工程技术有限公司	2010 - 11 - 30	CN101975396A

  从表 4 - 4 - 1 中可以看出，在实现防堵功效的专利申请中，钟罩型风帽共 19 项专利，达到专利总量的 47%，由于钟罩型风帽由内套管和风帽头组成，内套管下端固定在风板上，风帽头扣在内套管上端，风帽头上具有水平或者斜向下的出风孔，其内部呈迷宫结构，气流有二次转向的过程，因此低负荷以及压力波动较大的情况下，也能较好地防止漏料堵塞，因此这种风帽的结构决定其适用范围广，受到关注程度高。另外，从表 4 - 4 - 1 中也可以看出，对于这种钟罩型风帽在防漏防堵应用上的研究，基本上呈百家争鸣的形式，没有哪个申请人有特殊的优势或者处于垄断的地位。虽然如此，还是不难看出，从 20 世纪 90 年代开始，三菱重工株式会社就对这种风帽防堵技术作了一系列的研究和改进，例如 1993 年提出的专利申请 JP7055112A，公开了一种在风帽管体内设置浮块的结构，能够产生防止颗粒回流的作用；1994 年提出的专利申请 JP7293821A，公开了帽头紧贴内管顶部的结构，同时内管在顶部和底部分别被帽头紧盖，能够在回流相当大的情况下，防止颗粒回流至风室；1996 年提出的专利申请 JP3600390B2，公开了在风帽头切线方向设置出风孔的构造，实现扩大气体回流的阻力，抑制反方向的气体回流；2008 年提出的专利申请 JP2009204196A，公开了一种在风室内套设在风帽内管下端的盖结构，其可以防止该风帽损坏时流料到风室中，避免损坏其他风帽。可见，虽然该公司在该技术分支不能构成一家独霸的局面，但仍可以看出，相对于其他申请人该公司在针对提高钟罩型风帽防漏功效上保持了持续关注。另外，中国研发也主要集中于钟罩型风帽，分析其原因主要由以下两点：第一，钟罩型风帽自身结构适合循环流化床锅炉设备；第二，近年来中国大力提倡发展大型循环流化床锅炉，随着在循环流化床锅炉上投入的增加，也会在主要部件上投入越来越多的研发。

表 4 - 4 - 2　柱管型喷嘴专利主要信息

序号	公开号/公告号	专利权人/申请人	最早优先权日/申请日	同族专利
1	US2010018444 A1	ALSTOM TECHNOLOGY LTD；BURNETT S D；MARTIN L W；PAUKER M J；SPIES T；VATERLAUS R K	2008 - 07 - 25	US2010018444A1；WO2010011457A3；EP2308193A2；CA2731770A1；WO2010011457A2；US2010284532A1
2	US5122346 A	WORMSER A	1990 - 05 - 10	US5122346A
3	KR20040061976 A	DOOSAN HEAVY IND&CONSTR CO LTD	2002 - 12 - 31	KR20040061976A；KR499234B
4	US5105559 A	FOSTER WHEELER ENERGY CORP	1990 - 03 - 01	US5105559A
5	US5101576 A	FOSTER WHEELER ENERGY CORP	1990 - 10 - 22	EP0482799A1；CA2053437A1；US5101576A；PT99305A
6	US5183641 A1	AHLSTROEM CORP A；AHLSTROEM OY A	1988 - 08 - 16	EP0406336B1；AU4052789A；DE68905473EE；US5014632A；WO9001988A1；US5183641A；EP0406336A1
7	DE4230608 C1	EVT ENERGIE & VERFAHRENSTECH；EVT ENERGIE & VERFAHRENSTECHNIK GMBH	1992 - 09 - 12	JP6190266A；US5376181A；DE4230608C1；FR2695572A1；KR970011319B；JP95112538B
8	JP8219414 A	ISHIKAWAJIMA HARIMA HEAVY IND	1995 - 02 - 08	JP8219414A；JP3493782B2
9	CZ20003165 A3	ALSTOM POWER SRO	2000 - 08 - 31	CZ296174B6；CZ20003165A3
10	FR2588772 A1	CHARBONNAGES DE FRANCE	1985 - 10 - 21	FR2588772A1；US4880311A；JP62095129A；ZA8607978A；AU6428686A；EP0225221A1；CN86106927A；DE3661796GG；EP0225221B1；CA1285374C；ES2005813B

续表

序号	公开号/公告号	专利权人/申请人	最早优先权日/申请日	同族专利
11	DE19848155 C1	PAULSEN R	1998 – 10 – 20	DE19848155C1
12	US4565136 A	KAWASAKI HEAVY IND LTD	1983 – 03 – 01	DE3407441A；DE3407441C；US4565136A
13	US4628868 A	ASHLAND OIL INC	1985 – 02 – 08	EP0190699A2；CA1254024A1；US4628868A；JP61227836A
14	FI102563B B1	KVAERNER PULPING OY；TAMPELLA POWER OY；KVAERNER POWER OY	1996 – 04 – 15	FI102563BB1；US5966839A；CN1114064C；SE9701313A；FI961653A；CA2202674A1；CN1167899A；SE521126C2；CA2202674C
15	GB2066691 A	LUCAS IND LTD	1979 – 12 – 14	GB2066691A；GB2066691B
16	US5286188 A	FOSTER WHEELER ENERGY CORP	1992 – 09 – 11	US5286188A

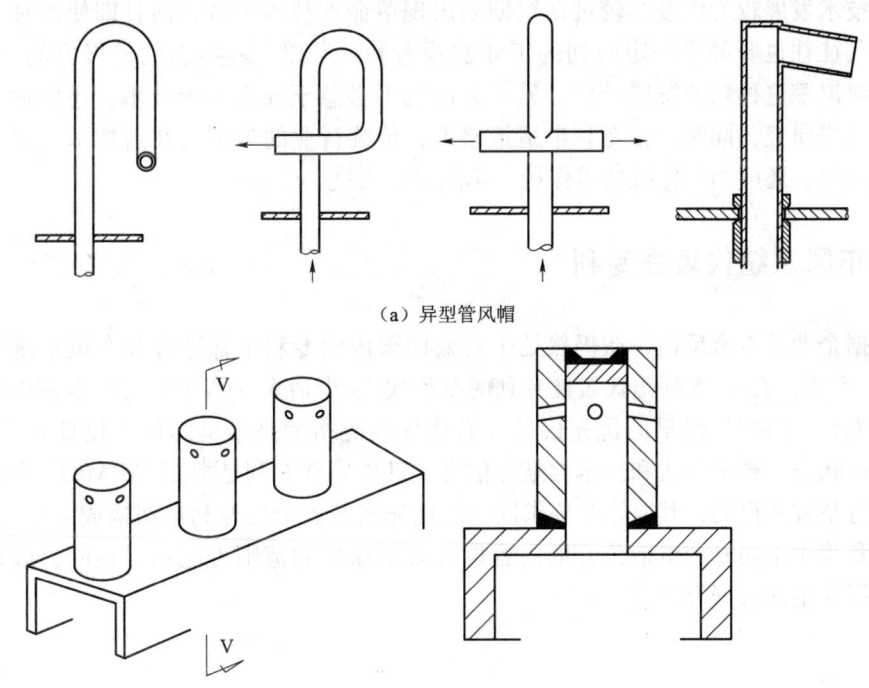

（a）异型管风帽

（b）柱状风帽

图 4 – 4 – 3 异型管风帽和柱状风帽示意图

柱管型风帽是以管状主体为主体、不带有帽头的风帽，包括异型管风帽（例如 S 型管状风帽、箭头型风帽、Γ 型定向风帽等）和柱形风帽。其中，柱形风帽顶部封闭，在风帽顶端开有多个直孔或斜孔；异型管风帽结构形式参见图 4-4-3 中（a）❶ 所示。涉及柱管型风帽的 16 项专利中，异型管风帽 10 项，占专利总量的 25%，柱状风帽 6 项，仅占总量 15%。由于柱状风帽防漏防堵性能较差，目前应用较少，因而申请人研发热情不高。异型管风帽的所占比例较高，比较受到关注，异型管风帽排渣导向性好，防漏防堵功能强于柱状风帽，而且向下的气流难以冲刷到周围风帽，有利于避免射流相吹造成的风帽磨损问题，并且与钟罩型风帽相比，这种管状风帽在加工、安装和维护上都较为方便，出于结构简化的目的，促使申请人在该分支上投入精力。从表 4-4-2 中可以看出，和钟罩型风帽类似，该分支技术呈百家争鸣状态，申请人上没有较高的集中度，但是，也应当注意福斯特惠勒公司在 20 世纪 90 年代初提出了 3 项关于异型管风帽的专利申请，表明这段时期该公司对异型管风帽投入了一定的研发精力。另外，值得注意的是，从表 4-4-1 和表 4-4-2 中可以看出，涉及异型管风帽的专利申请主要集中在 20 世纪 80 年代后期至 20 世纪 90 年代，早期和 2000 年后都鲜有申请，而钟罩型风帽技术在 1976~2010 年间保持了稳定均衡的申请量，这表明，钟罩型风帽技术在防堵应用上适用性较强，因而受到持续关注，并得到不断改进和持续的发展，至今仍被广泛应用；而异型管风帽技术虽然在一定时期内受到过广泛关注，但近 10 年来对其关注程度显著降低，少有改进和发展，说明在解决防漏防堵的问题上，其不具有明显优势，而未能替代钟罩型风帽成为主流技术。从上述技术发展历程来看，值得传统行业注意的是，技术发展较为缓慢，较难在短期内出现革命性技术更替，而且即使出现一些新技术，其往往也要经受一定时期的工业实践考验，所以，一些新的发展方向出现时，一方面要追踪这种新的发展动向，另一方面也不必急于放弃传统技术，还应适当保持对其的改进研究，同时，在专利申请策略上，传统行业的申请人在新技术上寻求专利保护的同时，还应当对传统技术保持一定的申请力度。

4.5　布风系统代表性专利

根据企业及专家反馈，在仍然处于有效期限内的专利中筛选涉及布风系统的代表性专利 35 项，表 4-5 列出代表性专利的专利权人/申请人（待审状态的专利申请指的是申请人）、申请日/最早的优先权日（有优先权时指的是最早的优先权日）、同族专利、法律状态、被引频次和技术贡献等信息，其中同族专利是根据 INPADOC 专利族的数据进行整理获得的，其原则是要求同一件优先权的若干件专利申请构成一个专利族，同一专利族中不同专利申请公开的内容以及要求保护的范围可能不尽相同，该数据与 WPI 数据库中的数据有差别。

---

❶ 包括与图示中等同的一些形式。

表 4 - 5　流化床锅炉布风系统的代表性专利清单

序号	公开号/公告号	专利权人/申请人	申请日/最早的优先权日	同族专利	法律状态	在中国法律状态	被引频次	技术贡献
1	US5286188A	FOSTER WHEELER ENERGY CORP	1992 - 09 - 11	US5286188A	未交费失效	未进入中国	3	风帽
2	JP7055112A	MITSUBISHI JUKOGYO KK	1993 - 08 - 16	JP7055112A	驳回	未进入中国	1	风帽结构改进
3	JP7167408A	KAWASAKI HEAVY D LTD	1993 - 12 - 15	JP7167408A; JP2767541B2 B2	2006 年权利终止	未进入中国	1	布风装置
4	US5422080A	TAMPELLA POWER CORP	1994 - 03 - 09	US5422080A	有效	未进入中国	3	布风装置
5	JP7293821A	MITSUBISHI JUKOGYO KK	1994 - 04 - 25	JP7293821A; JP3137528B2 B2	2009 年 8 月 12 日权利终止	未进入中国	0	风帽结构改进
6	JP8014507A	ISHIKAWAJIMA HARIMA HEAVY D	1994 - 06 - 30	JP8014507A; JP3513918B2 B2	有效	未进入中国	0	布风装置
7	JP8028815A	ISHIKAWAJIMA HARIMA HEAVY D	1994 - 07 - 19	JP8028815A	未进审	未进入中国	1	布风装置
8	JP8189603A	ISHIKAWAJIMA HARIMA HEAVY D	1995 - 01 - 11	JP8189603A; JP3694910B2 B2	专利权终止	未进入中国	1	布风装置
9	JP8285226A	ISHIKAWAJIMA HARIMA HEAVY D	1995 - 04 - 12	JP8285226A	未进审	未进入中国	0	布风装置
10	JP8285229A	ISHIKAWAJIMA HARIMA HEAVY D	1995 - 04 - 12	JP8285229A	03 年驳回	未进入中国	1	布风装置

续表

序号	公开号/公告号	专利权人/申请人	申请日/最早的优先权日	同族专利	法律状态	在中国法律状态	被引频次	技术贡献
11	WO9914530A1	FOSTER WHEELER ENERGIA OY	1997–09–12	WO9914530A1；FI973668A；AU9165198A；EP1012502A1；US6263837B1；JP2001516864T；EP1012502B1；DE69802819E；ES2169548T3；FI110026BB1；CA2300188C；INCHE9802022A；IN212438B	有效	未进入中国	4	布风装置
12	JP2000346310A	BABCOCK	1999–06–10	JP2000346310A	未进审	未进入中国	0	风帽
13	CZ20011824A3	ALSTOM POWER SRO	2001–05–24	CZ20011824A3		未进入中国	0	风帽结构改进
14	CZ20011826A3	ALSTOM POWER SRO	2001–05–24	CZ20011826A3		未进入中国	0	风帽结构改进
15	JP2003172504A	EBARA CORP	2001–12–03	JP2003172504A	未进审	未进入中国	0	风帽结构改进
16	US2003202912A1	FOSTER WHEELER ENERGIA OY	2002–04–26	US2003202912A1；WO03090919A1；AU2003229795A1；EP1499434A1；JP2005523806T；KR20050025159A；MXPA04010439A；EP1499434B1；DE60302147E；CN1662297A；ES2251685T；DE60302147T2；RU2288031C2；KR100625292B1；CN1297339C；CA2483211C；US7244399B2；INCHENP200402403E；JP4171704B2；IN221301B	有效	有效	1	用于流化床反应器的格栅结构和从流化床反应器中除去粗粒材料的方法

续表

序号	公开号/公告号	专利权人/申请人	申请日/最早的优先权日	同族专利	法律状态	在中国法律状态	被引频次	技术贡献
17	KR20040062034A	DOOSAN HEAVY D&CONSTR CO LTD	2002-12-31	KR20040062034A；KR100669658B B1	有效	未进入中国	0	喷嘴
18	KR20040061975A	DOOSAN HEAVY D&CONSTR CO LTD	2002-12-31	KR20040061975A	2006年再审驳回	未进入中国	0	喷嘴
19	KR20040061976A	DOOSAN HEAVY D&CONSTR CO LTD	2002-12-31	KR20040061976A；KR100499234B B	有效	未进入中国	0	流化风喷嘴
20	CN1699826A	中科院工程热物理研究所	2004-05-21	CN1699826A；CN100504165C	有效	有效	0	风帽结构改进
21	WO2005119126A1	ALSTOM SA;ALSTOM TECHNOLOGY LTD	2004-07-28	WO2005119126A1；FR2873789A1；EP1753999A1；INKOLNP200603298E；CN1961180A；US2008000403A1；US7658167B2；CN100591994C	有效	有效	2	布风装置
22	CN1786566A	西安热工研究院有限公司	2005-12-09	CN1786566A；CN100443800C	授权,有效	有效	0	布风装置通风口的控制
23	CN1800709A	清华大学	2006-01-13	CN1800709ACN100404953C	有效	有效	0	风帽结构改进
24	CN1948831A	上海锅炉厂有限公司	2006-11-09	CN1948831A；CN1948831B	有效	有效	1	布风板布置

续表

序号	公开号/公告号	专利权人/申请人	申请日/最早的优先权日	同族专利	法律状态	在中国法律状态	被引频次	技术贡献
25	KR200900193 77A	KOREA INST ENERGY RES	2007-08-21	KR20090019377A	09-02-18 驳回	未进入中国	0	布风装置
26	WO20090983 58A2	FOSTER WHEELER ENERGIA OY	2008-02-08	WO2009098358A2；FI20085108A；FI120515BB1；WO2009098358A3；AU2009211288A1；KR2010011 2640A；EP2252832A2；US 20110004 06A1；CN10197 0937A；JP201151 1259TT；INCHENP201005494E	待审	待审	0	富氧燃烧循环流化床反应器及此类反应器的操作方法
27	JP2009204196A	MITSUBISHI JUKOGYO KK	2008-02-26	JP2009204196A	未进审	未进入中国	0	风帽位置
28	JP2009300043 A	ISHIKAWAJIMA HARIMA HEAVY IND	2008-06-17	JP2009300043 A	待审	未进入中国	0	喷嘴
29	FI20086192A	FOSTER WHEELER ENERGIA OY	2008-12-12	WO2010066947 A1；FI20086192A	待审	暂未进入中国	0	富氧燃烧循环流化床反应器及此类反应器的操作方法

续表

序号	公开号/公告号	专利权人/申请人	申请日/最早的优先权日	同族专利	法律状态	在中国法律状态	被引频次	技术贡献
30	US2010018444A1	ALSTOM TECHNOLOGY LTD; BURNETT S D; MARTIN L W; PAUKER M J; SPIES T; VATERLAUS R K	2009－05－05	WO2010011457A2;US20 10018444A1;WO201001 1457A3;US2010284532A 1;CA2731770A1;EP2308 193A2	待审	暂未进入中国	0	喷嘴
31	CN101761923 A	上海锅炉厂有限公司	2010－03－02	CN101761923 A	待审	待审	0	布风板布置
32	CN101943401 A	神华神东电力有限责任公司 神华神东电力有限责任公司 店塔电厂 中国神华能源股份有限公司	2010－06－18	CN101943401 A	有效	有效	0	布风装置通风口的控制
33	CN101943402 A	中国神华能源股份有限公司 神华神东电力有限责任公司 神华神东电力有限责任公司 店塔电厂	2010－06－18	CN101943402 A	授权公告封卷	授权公告封卷	0	布风装置通风口的控制
34	CN101881440 A	西安热工研究院有限公司	2010－07－15	CN101881440 A	待审	待审	0	风帽结构改进
35	CN101975396 A	哈尔滨哈锅锅炉工程技术有限公司	2010－11－30	CN101975396 A	待审	待审	0	风帽结构改进

第1章 第2章 第3章 第4章 第5章 第6章 第7章 第8章

第5章 主要申请人分析

本章针对燃煤锅炉燃烧设备的申请人状况进行分析，主要涉及主要申请人的申请量排名、主要申请人的中国专利申请、多边申请和全球专利申请的年份分布、专利申请的全球、主要市场、技术分支分布，以及关键技术分支的专利策略。

并希望通过本章的分析，以获取全球范围内行业各主要申请人的研发能力、技术专长和专利区域分布等信息，从而为国内相关行业提供专利信息指引。

5.1 主要申请人的确定及分析

5.1.1 主要申请人的确定

本节旨在通过比较中国专利申请和全球专利申请的数量以及排名情况，结合行业现状了解到的信息，来确定燃煤锅炉燃烧设备领域的主要申请人。主要申请人的确定标准为：首先，专利申请数量排名位于全球排名前10位；其次，在中国专利申请量排名前30位；再次，其技术是行业流派代表之一；最后，对中国该领域的技术具有较大影响。

近年来，中国燃煤锅炉燃烧设备领域的专利申请量大幅度增长，尤其是近10年来，中国在这个技术领域研究活跃，发明专利的申请量更是增长迅速，因此依据发明专利申请量对中国申请人进行了排名。同时依据全球发明申请量对全球申请人进行了排名。参见表5-1-1。

表5-1-1 全球和中国燃煤锅炉燃烧设备专利申请人申请量及排名

全　球			中　国					
排名	申请人	数量(项)	排名	申请人	数量(件)	排名	申请人	数量(件)
1	阿尔斯通公司	426	1	清华大学	87	4	哈尔滨工业大学	73
2	日立巴布考克株式会社	381	2	阿尔斯通公司	79	5	浙江大学	64
3	石川岛播磨重工株式会社	239	3	福斯特惠勒公司	77	6	上海锅炉厂有限公司	45

续表

全 球			中 国					
排名	申请人	数量（项）	排名	申请人	数量（件）	排名	申请人	数量（件）
4	三菱重工株式会社	237	7	美国巴威公司	44	13	东南大学	33
5	福斯特惠勒公司	236	8	西安热工研究院有限公司	41	14	西安交通大学	32
6	美国巴威公司	164	9	日立巴布考克株式会社	39	15	无锡华光锅炉股份有限公司	32
7	MOSC 电力研究所	132	10	中科院工程热物理研究所	38	……		……
8	瑞典通用电器斯泰尔公司	113	11	烟台龙源电力技术股份有限公司	36	28	三菱重工株式会社	15
9	乌拉尔公司	63	12	华中科技大学	35			
10	通用电气公司	45						

基于表 5-1-1 中全球排名前 10 位的申请人，结合行业现状，发现全球著名的燃烧设备公司均榜上有名。其中排名前 6 位的申请人依次为阿尔斯通公司（法国）、日立巴布考克株式会社（日本）、石川岛播磨重工株式会社（日本）、三菱重工株式会社（日本）、福斯特惠勒公司（美国）和美国巴威公司。

结合中国申请人排名情况，全球排名前 6 位的申请人除了日本的石川岛播磨重工株式会社外的 5 位申请人均进入中国专利申请前 30 位，其中除了三菱重工株式会社外均进入中国排名前 10 位。进一步分析石川岛播磨重工株式会社的申请比例，发现其在外国申请比例非常小，所占比例为 14.1%；结合行业现况，确定石川岛播磨重工株式会社在该领域并非全球范围的重要申请人。同时根据这些公司在业内的知名度、对中国企业的影响和与中国企业的合作的情况，本报告最终确定了法国的阿尔斯通公司、美国的福斯特惠勒公司、日本的日立巴布考克株式会社、三菱重工株式会社和美国巴威公司 5 家公司为主要申请人并对它们进行了分析。

5.1.2　主要申请人的汇总分析

首先，对各主要申请人在燃煤锅炉燃烧设备的总体情况作一个分析，根据煤粉炉和流化床锅炉各自的专利申请总量统计得出表 5-1-2。

表 5 - 1 - 2　全球煤粉炉和流化床锅炉主要申请人专利申请量和排名表　单位：项

煤粉炉			流化床锅炉		
排名	申请人名称	申请量	排名	申请人名称	申请量
1	阿尔斯通公司	261	1	福斯特惠勒公司	189
2	日立巴布考克株式会社	215	2	日立巴布考克株式会社	169
4	三菱重工株式会社	121	3	阿尔斯通公司	165
6	美国巴威公司	90	5	三菱重工株式会社	116
8	福斯特惠勒公司	53	6	美国巴威公司	81

　　由表 5 - 1 - 2 可知，从总量上看，涉及煤粉炉和流化床锅炉的申请人的煤粉炉申请总量均大于流化床锅炉总量，但是这并不能说明该申请人在煤粉炉和流化床锅炉上实力的强弱，煤粉炉发展时间长，申请量大于流化床锅炉是有其历史渊源的。综合专利申请量和行业现况，在煤粉炉领域实力较强的有阿尔斯通公司和日立巴布考克株式会社，两者申请量相当，并远远高于其他申请人，在流化床锅炉领域实力较强的是福斯特惠勒公司和阿尔斯通公司，福斯特惠勒公司的申请量远远高于其他申请人。

　　为了进一步了解各申请人在各技术分支的情况，根据各个分支的专利分布情况统计得出表 5 - 1 - 3。

表 5 - 1 - 3　主要申请人各分支申请量列表（数据采集到 2009 年）　单位：项

分支	煤粉炉					流化床锅炉								
	燃烧器	燃烧室	送风	控制	其他	布风	给料	回料	炉膛	排渣	控制	添加剂	送风	其他
阿尔斯通公司	83	61	65	33	13	14	19	50	38	10	11	2	17	0
日立巴布考克株式会社	94	38	64	53	18	10	35	22	22	18	50	1	4	11
三菱重工株式会社	69	45	34	13	13	6	18	26	24	19	27	3	2	5
美国巴威公司	52	19	51	14	11	7	12	37	37	12	6	1	5	2
福斯特惠勒公司	24	13	31	8	7	22	12	107	101	25	19	1	6	1

　　从表 5 - 1 - 3 中可以看出，在煤粉炉领域，燃烧器分支——日立巴布考克株式会社和阿尔斯通公司专利申请量最多；燃烧室分支——阿尔斯通公司和三菱重工株式会社专利申请量最多；送风分支和控制分支——日立巴布考克株式会社和阿尔斯通公司专利申请量最多。流化床锅炉领域，布风系统——福斯特惠勒公司和阿尔斯通公司专利申请量最多；给料系统——日立巴布考克株式会社和阿尔斯通公司专利申请量最多，回料系统——福斯特惠勒公司和阿尔斯通公司专利申请量最多，福斯特惠勒公司尤其显著；炉膛分支——福斯特惠勒公司和阿尔斯通公司专利申请量最多，福斯特惠勒公司尤其显著；排渣系统——福斯特惠勒公司申请量最多，但相对其他分支来说各申请人的申请量比较均衡。控制分支——日立巴布考克株式会社和三菱重工株式会社专利申请量最多。

以下将结合上面的分析对各个主要申请人作不同侧重点的详细分析。

5.2 阿尔斯通公司

阿尔斯通公司是一家大型的法国公司，在世界很多国家设有分公司，总部设在法国巴黎西北郊勒瓦卢瓦市。阿尔斯通公司年营业额达到 230 亿欧元，共有员工 96 500 余人。其主要业务为电力及轨道交通基础设施，燃煤锅炉设备是其重要的业务，阿尔斯通公司的燃煤锅炉设备涉及 30 个国家和地区燃煤锅炉设备市场。阿尔斯通公司的燃煤锅炉设备对中国也具有深远的影响，上海锅炉厂最早的循环流化床技术就是从阿尔斯通公司引进的，阿尔斯通公司于 2009 年收购了中国的武汉锅炉厂。

5.2.1 专利申请量及中国专利分析

5.2.1.1 历年中国 – 多边 – 全球申请量分析

为了了解阿尔斯通公司全球申请情况、专利策略以及在中国的申请量情况，对阿尔斯通公司的申请量作综合分析，得出图 5 – 2 – 1。中国的申请量以申请日为基准，多边申请及全球申请量以最早的优先权日为基准。

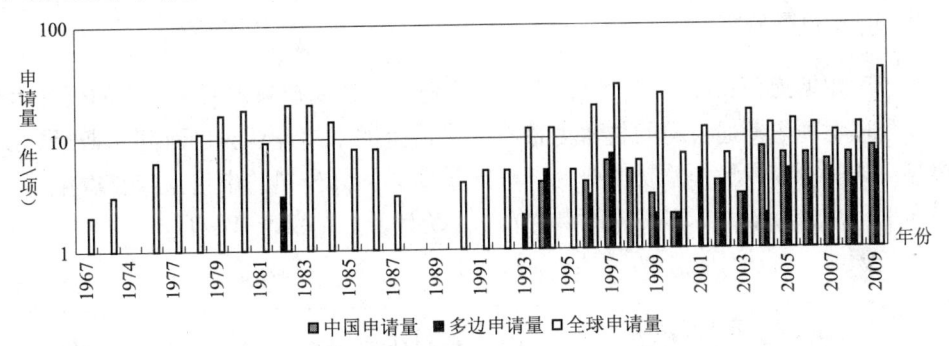

图 5 – 2 – 1 阿尔斯通公司燃煤锅炉技术中国 – 多边 – 全球申请量历年分布情况

结合表 5 – 1 – 1 可以知道，阿尔斯通公司中国发明专利申请量排在首位，并且较早就在中国开始专利申请。基于图 5 – 2 – 1，结合阿尔斯通公司的行业现况，综合分析得出：

① 在进入 21 世纪后，其在中国的发明专利申请较之前有所增加并保持在一个稳定的数量，并且总体上保持了上升趋势。阿尔斯通公司一直比较重视专利战略，对其代表性专利在世界范围内的重要的燃煤锅炉设备市场进行了申请，20 世纪 90 年代以后，阿尔斯通公司一直保有一定数量的多边申请量，

② 阿尔斯通公司在燃煤锅炉燃烧设备领域的专利申请量从 20 世纪 70 年代末开始进入第一个高峰期，其后在 80 年代末进入一个低谷期，而后震荡变化，期间在 90 年代中末期和 2009 年申请量较大。

5.2.1.2 中国专利分析

为了一窥阿尔斯通公司对专利的维护情况，对阿尔斯通公司在中国专利的情况作进一步分析，分析其申请的授权、有效情况。

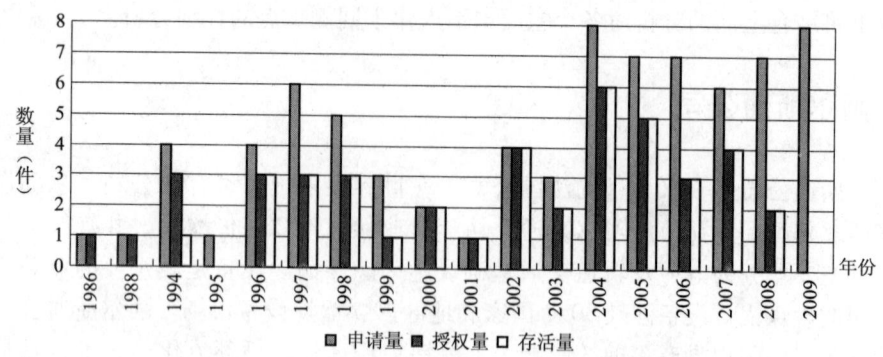

图5-2-2 阿尔斯通公司在中国的专利申请总体情况

基于图5-2-2可以看出，阿尔斯通公司在中国的专利申请授权量相对于申请量比重很高，而且授权后的专利维持很好，从1996年后授权的专利全部维持有效。中国虽然是阿尔斯通公司的重要市场，但是并不是最重要的市场，阿尔斯通公司在中国的专利情况可以折射其对外输出专利情况的一般情况，有理由推测，阿尔斯通公司向外输出的专利申请质量较好，后期维护也很好。

5.2.2 研发力量分析

鉴于阿尔斯通公司在很多国家设立了分公司，为了清楚阿尔斯通公司的研发力量，为其他公司对阿尔斯通公司的技术力量有一个清楚的了解和认识。对阿尔斯通集团下的燃煤设备的研究力量作系统的研究，对阿尔斯通各分公司的申请量与首次申请国的分布作了一个分析统计，对主要的申请人作了统计，参见表5-2-1。

表5-2-1 阿尔斯通各分公司的申请量分布表   单位：项

首次申请国 申请公司	美国	法国	德国	捷克	瑞典	英国	瑞士	其他	合计
COMBUSTION ENGINEERING IN	226	—	—	—	—	—	—	6	232
ALSTOM TECHNOLOGY LTD	72	25	19	—	—	—	2	8	126
ALSTOM POWER INC	53	—	—	—	—	—	—	3	56
ALSTOM SWITZERLAND LTD	10	8	3	—	—	—	—	4	25
ALSTOM ENERGY SYSTEMS SA	—	21	1	—	—	—	—	2	24
ALSTOM POWER BOILER GMBH	—	—	17	—	—	—	—	—	17
ALSTOM ELECTRIC INC	9	—	—	—	—	—	—	—	9
ALSTOM POWER NV	3	2	—	—	—	—	—	—	5
ALSTOM POWER SRO	—	—	—	5	—	—	—	—	5
ALSTOM ELECTRIC POWER CORP	3	—	—	—	—	—	—	—	3
ALSTOM POWER SWEDEN HOLDING AB	—	—	—	—	3	—	—	—	3
ALSHOM COMBUSTION SERVICES LTD	—	—	—	—	—	2	—	—	2

基于表5-2-1可以看出，各分公司基本都会在其属地国提出首次申请，虽然阿尔斯通公司的总部在法国，但是对于燃煤锅炉燃烧设备，阿尔斯通公司的研发力量集中在美国的 ALSTOM TECHNOLOGY LTD、COMBUSTION ENGINEERING IN。阿尔斯通公司在燃煤锅炉设备领域，无论是煤粉炉还是流化床锅炉均处于业界领先地位，但是其技术研发力量非常集中。阿尔斯通公司在世界很多国家都设有分公司，很明显，许多分公司只是充当了生产、制造和销售的功能，因此，如果仅仅想通过阿尔斯通公司在一个国家投资设厂是无法获得其技术的，以市场换技术对于阿尔斯通公司来说效果并不显著。

为了进一步了解阿尔斯通公司的研发力量的分布，分领域对各公司的年度申请量进行统计分析，绘制了图5-2-3和图5-2-4。

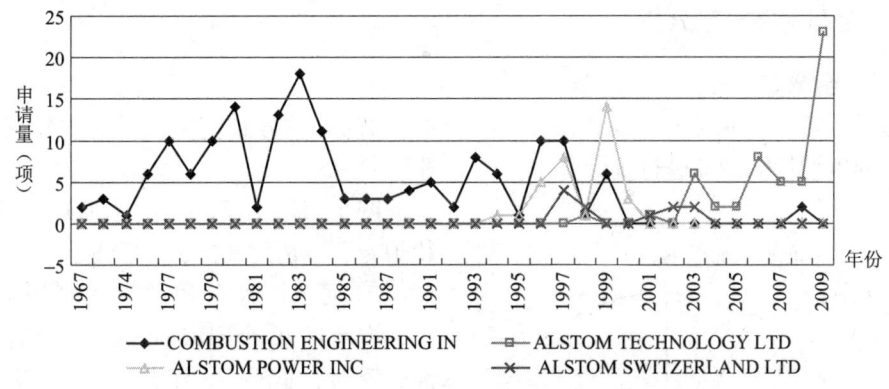

图5-2-3 煤粉炉主要分公司历年申请量

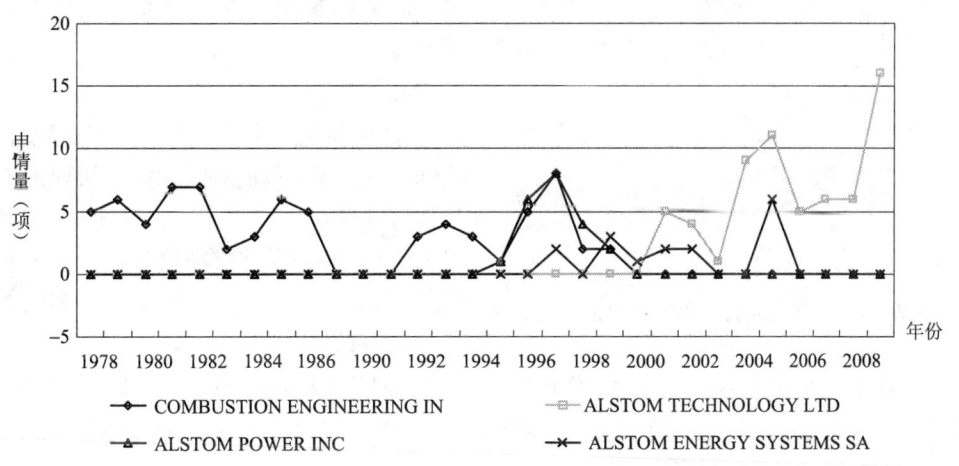

图5-2-4 流化床锅炉主要分公司历年申请量

由图5-2-3可知，专利申请量第1位的为 COMBUSTION ENGINEERING IN，申请总量达到160件，但是该公司的申请主要集中在2000年以前，2000年以后该公司鲜有申请，说明该公司被并入阿尔斯通公司以后在煤粉炉领域的研发力量被转移。第2位为 ALSTOM TECHNOLOGY LTD，申请总量为59件，该公司的申请量集中在2000年以后，2000 年以前鲜有申请。第 3 位是 ALSTOM POWER INC，总量为 33 件，基本集中在 2000 年以前。第 4 位是 ALSTOM SWITZERLAND LTD，总量为 11 件，集中在 1997～2003 年，2003 年以后没有新的申请。可以进一步看出，阿尔斯通公司目前煤粉炉的主要研发力量集中在 ALSTOM TECHNOLOGY LTD，说明阿尔斯通公司煤粉炉领域的主要研发力量已转移到该公司，阿尔斯通公司对其煤粉炉领域的技术实行集中控制。

由图 5-2-4 可知，流化床锅炉领域的情况基本与煤粉炉领域相似，研发力量主要集中在 ALSTOM TECHNOLOGY LTD，阿尔斯通公司对其流化床锅炉领域的技术集中控制。

总体来说，阿尔斯通公司的燃煤锅炉燃烧设备的研发力量进一步集中到 ALSTOM TECHNOLOGY LTD。

5.2.3 专利区域分布分析

5.2.3.1 全球专利分布

为了了解阿尔斯通公司在各国家/地区的专利的总体分布情况，对其在各国家/地区的专利申请量的情况进行统计分析，得到图 5-2-5。

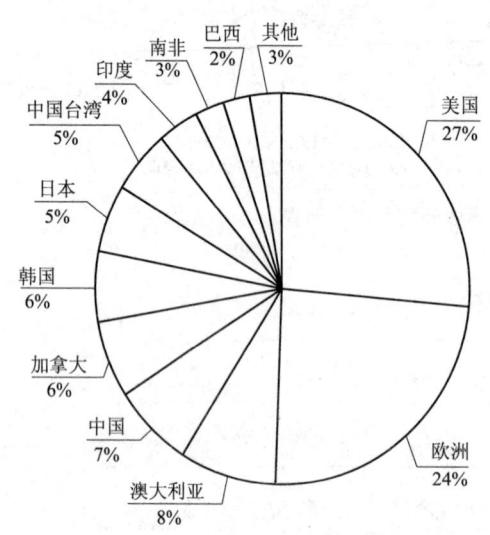

图 5-2-5 阿尔斯通公司煤粉炉申请地区分布

图 5-2-5 反映出阿尔斯通公司的煤粉炉专利申请的地区分布状况：

① 阿尔斯通公司的专利区域分布较广，涉及近 30 个国家和地区，在欧洲、美洲、亚洲、非洲、大洋洲都有专利申请。

② 申请针对的主要国家或地区是美国、欧洲和亚洲，亚洲国家和地区中在中国、日本、韩国、中国台湾地区、印度都有较高的申请量。

③ 阿尔斯通公司最早在欧洲起步，将欧洲作为传统市场，在欧洲专利局的专利申请有 309 项，排在首位，其中在德国的专利申请达到 80 件排在第 3 位，在其他欧洲国家如捷克、法国、匈牙利、挪威等都有专利申请。

④ 其次是美国市场，美国作为阿尔斯通公司较早进入的市场，且美国市场经济保持活跃，所以阿尔斯通公司最重视美国的市场，其在美国的专利申请量达到 209 件，占到其在所有国家或地区总申请量的 23%。

⑤ 在新兴国家，如印度、南非、巴西都有专利申请，表明阿尔斯通公司积极在经济活跃地区进行专利申请。

图 5-2-6 反映了阿尔斯通公司流化床锅炉专利申请量地区分布情况如下：

① 阿尔斯通公司的流化床锅炉专利的申请量低于其煤粉炉的申请量。

② 阿尔斯通公司在流化床锅炉的专利申请分布也较广，在美洲、欧洲和亚洲都有

分布，涉及 20 多个国家和地区。

③ 美国是阿尔斯通公司燃煤锅炉设备的主要研发地，也是其重要的市场，其在美国的申请量占据到了在所有国家申请量的 23%。处在第 3 位的是中国，阿尔斯通公司在中国的有关流化床锅炉的专利申请量占据到了在所有国家申请量的 15%，达到 74 件。其主要原因是中国作为能源消耗大国对能源产业非常重视，促进了国外大公司在中国的专利申请以及与中国企业的合作。

④ 欧洲的专利申请量超过了中国和其他国家排在第 2 位，由此可看出欧洲工业国家仍然是其专利申请的主要方向。

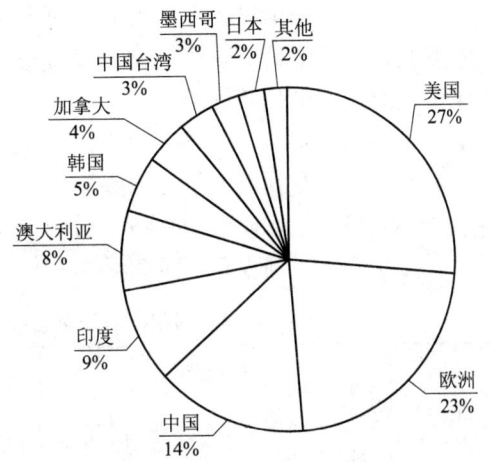

图 5 - 2 - 6　阿尔斯通公司流化床锅炉
申请地区分布

5.2.3.2　主要市场的专利分布

结合上节的分析情况，对阿尔斯通公司的主要市场的专利分布情况进行分析，根据其年代的申请量的变化比较可以看出阿尔斯通公司在这些主要市场的关注度的变化，绘制图 5 - 2 - 7。

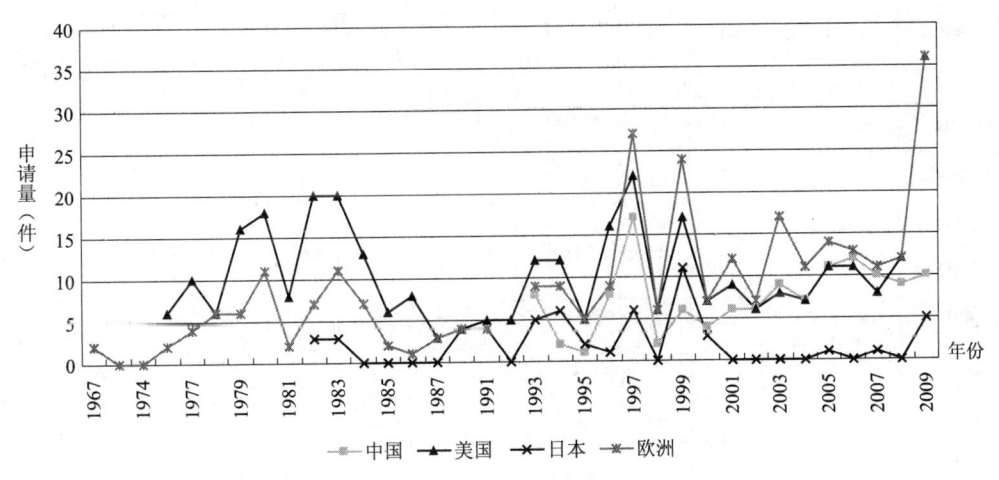

图 5 - 2 - 7　阿尔斯通公司在主要市场的专利申请年代分布

图 5 - 2 - 7 反映了阿尔斯通公司在中国、美国、日本和欧洲的专利申请分布情况。20 世纪 90 年代中期阿尔斯通公司在各个主要市场的申请量都达到了高峰，之后有所降低。阿尔斯通公司近 3 年来关注欧洲、美国和中国市场，在上述地区的申请量都在提高，尤其在欧洲和美国市场，2009 年申请量达到 36 件。

5.2.3.3　各分支专利分布

基于表 5 - 1 - 3，结合行业现状，可以分析得出：

① 阿尔斯通公司在燃煤锅炉燃烧设备的专利申请在各个技术分支都有一定申请量，

其中在煤粉炉的申请量大于流化床锅炉的申请量。煤粉炉的煤粉燃烧器、燃烧室、送风分支上的专利申请量较大，并高于流化床锅炉的各个技术分支的专利申请，由此可知煤粉炉的技术也是其优势技术。

② 在流化床锅炉中，回料系统、炉膛是其专利申请的重中之重，而给料系统、布风和送风系统的专利申请量也较多。

为了了解阿尔斯通公司在各个分支上的专利分布情况，对其历年在各个分支的专利申请统计分析得到表5-2-2。

表5-2-2　阿尔斯通公司燃煤锅炉燃烧设备申请量年份技术分布　　单位：项

年份	煤粉炉					流化床锅炉							
	燃烧器	燃烧室	送风	控制	其他	布风	给料	回料	炉膛	排渣	控制	添加剂	送风
1990	1	1	1	—	1	—	—	—	—	—	—	—	—
1991	2	1	1	—	1	—	—	—	—	—	—	—	—
1992	1	1	—	—	—	—	—	1	1	—	—	—	1
1993	2	3	2	1	—	—	1	1	1	—	1	—	—
1994	2	2	2	1	—	—	1	2	1	1	—	—	—
1995	1	1	1	1	—	1	—	—	—	—	—	—	—
1996	4	5	4	—	—	—	—	2	—	1	1	—	2
1997	5	4	8	1	1	—	2	3	2	—	2	—	—
1998	—	—	3	1	—	—	—	1	1	—	—	—	—
1999	4	6	5	2	1	—	—	3	2	—	1	—	—
2000	2	1	2	—	—	1	—	1	—	—	—	—	—
2001	1	—	—	—	—	3	—	4	2	1	—	—	1
2002	2	1	—	—	—	—	—	2	2	—	—	—	—
2003	2	3	2	1	—	1	1	3	3	1	—	—	—
2004	2	1	—	—	—	—	—	4	2	—	—	—	2
2005	1	1	—	—	1	—	—	4	3	1	—	—	—
2006	2	1	2	2	—	—	1	2	—	—	—	—	2
2007	2	1	1	1	—	—	—	3	1	—	1	—	1
2008	3	—	1	2	—	—	—	2	2	—	—	—	2
2009	6	6	8	3	—	1	—	5	2	2	2	—	4

基于表5-2-2可以看出，该公司在本技术领域中的技术分布比较全面，其专利申请几乎涉及了所有技术分支，并且在每个技术分支上都保持相对稳定的申请量。煤

粉炉的燃烧器、燃烧室、送风、控制和流化床锅炉的回料系统、排渣系统、送风在 2009 年的申请量都有较大提高，可以预料在今后在这些分支依然是其重点。

5.2.4   重点技术分支专利分析

虽然阿尔斯通公司在煤粉炉和流化床锅炉领域均处于业界领先位置，但鉴于阿尔斯通公司的流化床技术对中国的流化床锅炉的发展影响深远，因此，结合专利分布对阿尔斯通公司的流化床技术进一步分析。

阿尔斯通公司的流化床技术来源于德国鲁奇公司，是流化床锅炉领域的典型流派之一，裤衩型流化床锅炉（炉膛外形特征），如图 5-2-8 所示，典型特征是设置外置热交换器。由于外置热交换器的设置，对回料系统提出了极高的要求，而且由于流化床锅炉大型化的需求，炉膛送风给料的困难度加大，因此，对回料系统和炉膛的改进一直是阿尔斯通公司的重点和难点，相应地，这两个分支的专利申请量也位于前列，回料系统的专利申请量最多，结合阿尔斯通公司循环流化床锅炉的特点，对回料系统的专利策略作简要分析。

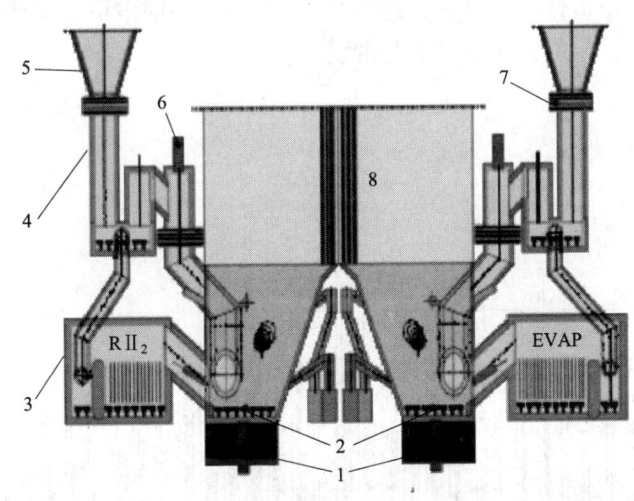

图 5-2-8   阿尔斯通公司循环流化床锅炉结构示意图

从表 5-2-2 中可以看出，阿尔斯通公司对回料系统进行了持续不断的改进，近几年在数量上有增加的趋势。针对循环流化床锅炉大型化发展，阿尔斯通公司近年来，加强了对回料系统的研究，对回料系统的关键部件分离器提出了持续的改进，在回料系统的 52 项专利中，涉及分离器的专利有 17 项，接近回料系统的三分之一，并对其中关键的技术改进进行了广泛的专利申请。例如，现在使用最佳的分离器是旋风分离器，但是该分离器一直存在一些问题，尤其在使用高灰分含量的燃料时，存在流化床锅炉燃烧室温度下降，在外部的灰分循环系统过载，燃烧室喷嘴底部被处于悬浮状态的过多的流化床锅炉物料堆满的问题。针对这些问题，阿尔斯通公司提出提出了一种解决方法，并在 2004 年 10 月 22 日提出一项专利，即"调整循环式流化床反应系统固体循环量的方法"，专利号为 DE102004051477 A1，并向中国、德国、欧洲专利局、美国及印度提出了专利申请并获得授权。

通过对阿尔斯通公司回料系统的专利申请分析，其中只有8项仅在一国申请，且都存在于早期，其他的申请都在多个国家或地区进行了申请，其中有28项在中国申请。说明阿尔斯通公司对回料系统的技术十分重视，牢牢掌控着该类型的流化床锅炉的技术。

5.3 福斯特惠勒公司

福斯特惠勒公司在中国的发明专利国外申请人中排名第2位，也是全球最大的电站锅炉制造商之一。

5.3.1 专利申请量及中国专利分析

5.3.1.1 历年中国-多边-全球申请量分析

为了了解福斯特惠勒公司全球申请情况、专利策略以及在中国的申请的情况，对福斯特惠勒公司的申请作综合分析，得到图5-3-1。中国申请以申请日为基准，多边申请及全球申请以最早的优先权日为基准。

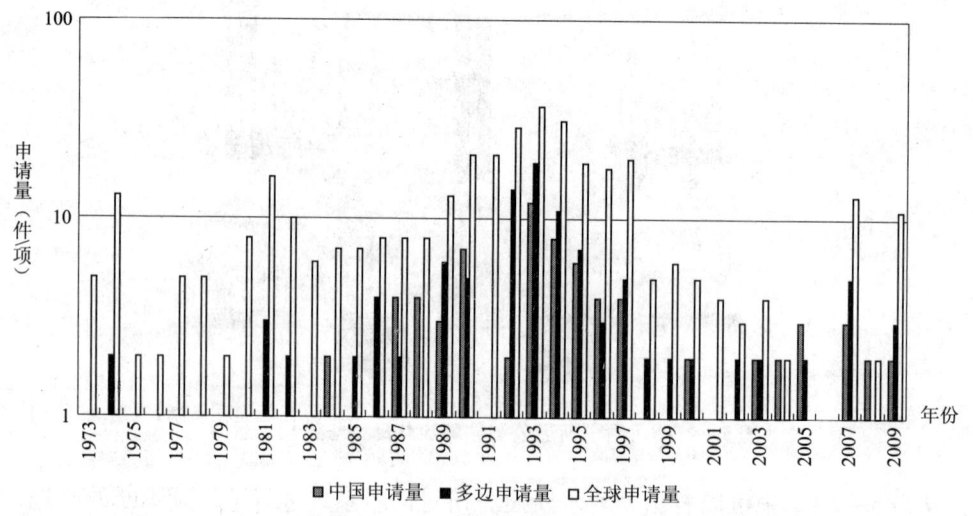

图5-3-1 福斯特惠勒公司燃煤锅炉燃烧设备中国-多边-历年申请量

由图5-3-1和图5-3-2可以知道，在20世纪90年代中期该公司在燃煤锅炉燃烧设备专利申请进入一个高峰期。与福斯特惠勒公司在全球的申请趋势基本一致，相应的中国申请的数量和多边申请量也在20世纪90年代中期进入高峰期，而自20世纪90年代后期逐渐降低，并在之后保持在较低的水平。

5.3.1.2 中国专利分析

为了一窥福斯特惠勒公司对专利的维护情况，对福斯特惠勒公司在中国的申请情况作进一步分析，分析其申请的授权、有效情况。

由图5-3-2可知，福斯特惠勒公司在中国的申请授权比率很高，1997~2006年

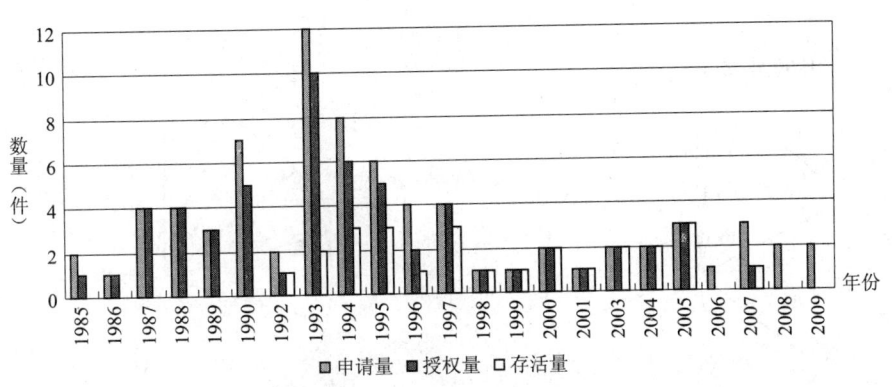

图 5-3-2 福斯特惠勒公司燃煤锅炉燃烧设备中国申请授权有效量

间的申请量与授权量几乎持平，2007年以后的数据由于审查周期的原因不能准确反映情况。而且授权后的专利维持很好，从1998年后授权的专利全部维持有效。中国虽然是福斯特惠勒公司的重要市场，但是并不是最重要的市场，福斯特惠勒公司在中国的专利情况可以折射其对外输出专利的一般策略，有理由推测，福斯特惠勒公司向外输出的专利申请质量都很好，后期维护也很好。

5.3.2 研发力量分析

福斯特惠勒公司的专利申请主要集中在 FOSTER WHEELER ENERGY CORP 和 FOSTER WHEELER ENERGIA OY。1995年后几乎都集中在 FOSTER WHEELER ENERGIA OY。FOSTER WHEELER ENERGIA OY 来源于福斯特惠勒公司收购了芬兰的传统流化床锅炉企业——奥斯龙公司，奥斯龙公司在流化床锅炉领域属于三大流派之一。福斯特惠勒公司收购了该公司后，跻身于流化床锅炉领域的龙头企业行列。FOSTER WHEELER ENERGIA OY 自1990年开始具有相当大的申请量，FOSTER WHEELER ENERGY CORP 自1995年后申请量显著减小，可见，福斯特惠勒公司在流化床锅炉领域的研发力量逐渐集中于 FOSTER WHEELER ENERGIA OY。

5.3.3 专利区域分布分析

5.3.3.1 全球专利分布

为了了解福斯特惠勒公司在各国家/地区的专利的总体分布情况，对其在各国家/地区的专利申请情况进行统计分析，得到图5-3-3和图5-3-4。

参照图5-3-3，结合行业现状，可以分析得出福斯特惠勒公司在煤粉炉的专利申请有如下特点：

① 煤粉炉申请多集中在发达国家，其中在美国的申请量最大，占总申请量的30%，达到70多件。此外，在欧洲国家、加拿大的专利申请量都比较高。

② 虽然福斯特惠勒公司在中国的申请量排在第2位，但是参照图5-3-1可知，近年来福斯特惠勒公司在中国的专利申请量保持在一个较低的水平。

参照图5-3-4，结合行业现状，可以分析得出，福斯特惠勒公司流化床锅炉在欧

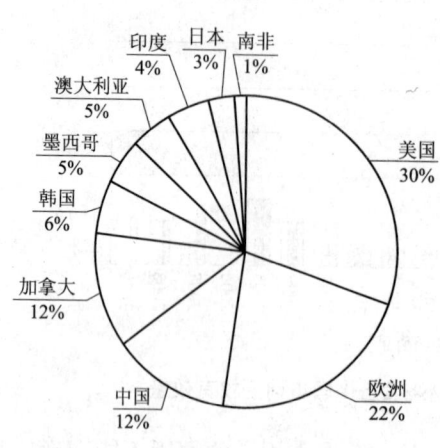

图5-3-3　福斯特惠勒公司煤粉炉
申请地区分布

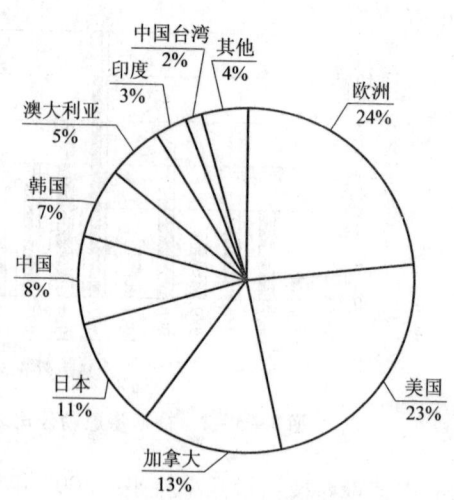

5-3-4　福斯特惠勒公司流化床锅炉
申请地区分布

洲的申请量最大，占总申请量的24%，达到257件。在美国、加拿大、日本等国家的专利申请量都比较高。

结合图5-3-1可以看出，福斯特惠勒公司在中国的专利申请量处在下降后的上升趋势，但是其在全球流化床锅炉的申请量是最高的。

5.3.3.2　主要市场的专利分布

结合上节的分析情况，对福斯特惠勒公司的主要市场的专利分布情况进行分析，根据其年度申请量的变化比较可以看出福斯特惠勒公司对这些主要市场的关注度的变化，绘制图5-3-5。

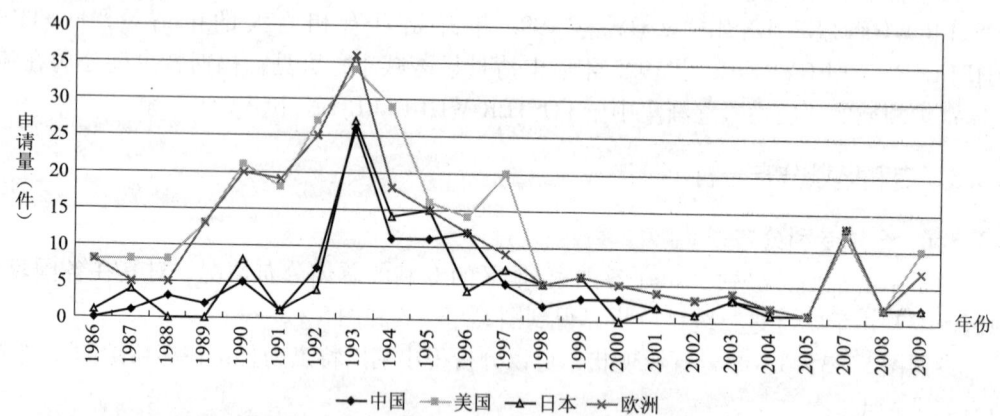

图5-3-5　福斯特惠勒公司在各主要市场的专利申请分布

由图5-3-5可知，20世纪90年代中期是福斯特惠勒公司在中、美、日、欧申请的高峰期，期后其专利申请量降低。近年来其申请量在起伏中保持一个上升趋势，但是对中国、日本市场的关注度下降。

5.3.3.2　各分支专利分布

基于表5-1-3，结合行业现状可以分析得出：

① 福斯特惠勒公司在流化床锅炉的申请量明显远大于煤粉炉的申请量，其流化床锅炉专利申请的数量是煤粉炉专利申请量的约4倍。

② 福斯特惠勒公司在回料系统和炉膛的技术分支上的优势明显。这两项的专利申请的数量占流化床锅炉专利申请总数量的70%。

这与从行业现状了解到的福斯特惠勒公司在流化床锅炉方面专利申请量排在首位，尤其注重在回料系统和炉膛的改进的信息相一致。

为了了解福斯特惠勒公司在各个分支上的专利分布情况，对其历年在各个分支的专利申请进行统计分析，得到表5-3。

表5-3　福斯特惠勒公司燃煤锅炉燃烧设备申请量年代技术分布　　单位：项

年份	煤粉炉					流化床锅炉								
	燃烧器	燃烧室	送风	控制	其他	布风	给料	回料	炉膛	排渣	控制	添加剂	送风	其他
1990	—	—	—	—	—	3	2	6	6	1	3	—	—	—
1991	1	—	—	—	—	—	—	10	7	1	2	—	—	—
1992	1	4	1	—	—	1	—	10	9	2	1	—	—	—
1993	1	1	1	—	—	1	3	14	11	3	2	—	—	—
1994	2	2	1	—	1	2	1	14	4	2	—	—	1	1
1995	1	—	—	—	—	1	1	6	6	4	—	—	—	—
1996	3	3	4	2	3	—	—	2	1	—	—	—	—	—
1997	3	—	3	—	1	1	—	6	4	—	—	—	1	—
1998	—	—	—	—	—	2	—	—	1	1	—	—	1	—
1999	—	—	—	—	—	—	1	2	2	—	—	—	—	—
2000	1	—	—	—	—	—	—	2	1	1	—	—	—	—
2001	—	—	—	—	—	—	—	2	2	—	—	—	—	—
2002	1	—	1	—	—	1	—	—	—	—	—	—	—	—
2003	—	—	—	—	—	—	—	2	2	—	—	—	—	—
2004	—	—	—	—	—	1	—	—	—	—	—	—	—	—
2005	—	—	—	—	—	1	—	—	—	—	—	—	—	—
2007	—	—	1	—	—	1	—	3	5	2	1	—	—	—
2008	—	—	1	1	—	—	—	—	—	—	—	—	—	—
2009	—	—	2	—	—	2	—	2	2	—	1	—	2	—

基于表5-3，结合行业现状，可以分析得出，该公司在本领域的各个技术分布都

第1章

第2章

第3章

第4章

第5章

第6章

第7章

第8章

有涉及。在 1990～1996 年间，流化床锅炉的回料系统和炉膛的申请量比较大，但是在之后数量减少，趋于平稳，在 2008～2009 两年的专利申请量较小而且分布不均匀，仍然专注在流化床锅炉的回料系统和炉膛，对其他技术分支关注较少。

5.3.4 重点技术分支专利分析

福斯特惠勒公司的流化床锅炉处于业界领先位置，而且属于流化床锅炉领域的典型流派，因此，结合专利分布对福斯特惠勒公司的流化床技术进一步分析。与阿尔斯通公司的循环流化床锅炉不同，福斯特惠勒公司的循环流化床锅炉的回料系统的分离器一般采用水冷或汽冷，分离器承担了相当程度的负荷。而且由于流化床锅炉大型化的发展，炉膛送风给料的困难度加大，因此，对回料系统和炉膛的改进一直是福斯特惠勒公司的重点和难点，相应地，这两个分支的专利申请量也位于前列，回料系统的专利申请量最多，结合福斯特惠勒公司循环流化床锅炉的特点，对回料系统的专利策略作简要分析。

随着技术的不断发展，福斯特惠勒公司对回料系统的热回收能力作了持续不断的改进，以分离器为例，在回料系统的 107 项专利中，涉及分离器的专利共用 37 项，占 1/3 强，并对其中重要的技术的改进进行了广泛的申请。例如，对于其水冷的分离器，在 1989 年 6 月 9 日，福斯特惠勒公司申请了一项专利 US4951611A，其中，分离器通道中设置有大量的有一定间隔且平行的水管，以便从混合气体中分离所携带的细粒物料。该专利在美国、欧洲、葡萄牙、加拿大、日本均进行了申请。

而且，早期福斯特惠勒公司的循环流化床锅炉不设置外部热交换器，为了适应负荷的要求，在回料系统中设置了热交换器，涉及外部热交换器的专利共有 23 项，占总量的近 1/4，并对其中关键的技术改进进行了广泛的专利申请，例如，1991 年 11 月 15 日，申请了一项专利申请 US5218931 A，500MW 或以上的流化床蒸汽发生器，带有 2 个水平的旋风分离器，而且带有与反应器一体的热回收器，在美国、加拿大、日本、墨西哥和欧洲专利局均进行了申请。在 1992 年 11 月 10 日，申请了一项专利 US5332553 A，在流化床反应器内回收热能的方法和设备，利用外部热交换器调节对热传递进行控制。该专利在韩国、欧洲专利局、加拿大、中国、世界知识产权组织、美国、以色列、俄罗斯、德国、西班牙、中国台湾地区、芬兰、日本均进行了专利申请。针对现有热交换器的热交换效率以及热交换效率的适应性不够的问题，福斯特惠勒公司提出了一种解决方法并于 2006 年 05 月 10 日申请了一项专利 FI20065308A，用于循环流化床锅炉的流化床热交换器和具有流化床热交换器的循环流化床锅炉，并在美国、澳大利亚、印度、欧洲专利局、中国、日本、世界知识产权组织、俄罗斯、芬兰、南非、韩国提出了申请。

通过对福斯特惠勒公司回料系统的专利申请作的进一步分析，发现 111 项专利中，其中仅 14 项仅在一国申请，且都在 1996 年以前；其他的回料系统的专利都在多个国家或地区进行了申请，其中 39 项在中国进行了申请。可见，福斯特惠勒公司对回料系统的技术十分重视，对该类型的流化床锅炉技术的相关专利进行了广泛的申请，维持其技术的独占性。

5.4 三菱重工株式会社

5.4.1 专利申请量和中国专利分析

5.4.1.1 历年申请量及中国 - 多边 - 全球申请量分析

为了了解三菱重工株式会社全球申请情况、专利策略以及在中国的申请情况，对三菱重工株式会社的申请作综合分析，得出图5-4-1。中国申请以申请日为基准，多边申请及全球申请以最早的优先权日为基准。

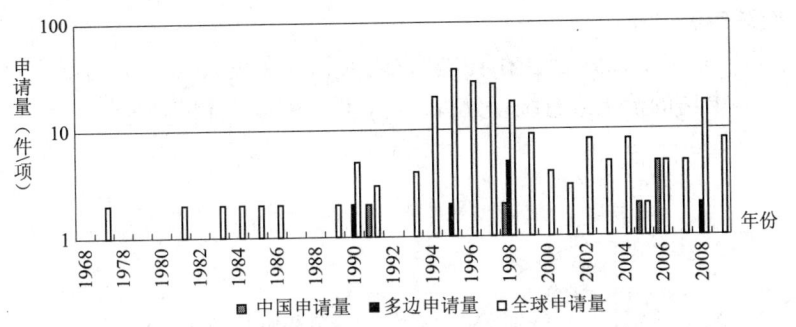

图5-4-1 三菱重工株式会社燃煤锅炉燃烧设备中国 - 多边 - 全球历年申请量

参照图5-4-1，结合行业现状，可以分析得出：

① 三菱重工株式会社在中国的申请量不多；多边申请量也很少。

② 三菱重工株式会社在全球的燃煤锅炉燃烧设备申请量在20世纪90年代中期达到了最高峰，虽然在2008年达到了较高申请量（18项），但是总体上仍保持平稳。

5.4.1.2 中国专利分析

对三菱重工株式会社在中国的申请的情况作进一步分析，分析其申请的授权、有效情况。

由图5-4-2可知，总体来说，三菱重工株式会社在中国的申请量不多，1996年以前的申请量与授权量相等，但是没有存活专利，1998年与2007年各有一件授权并维

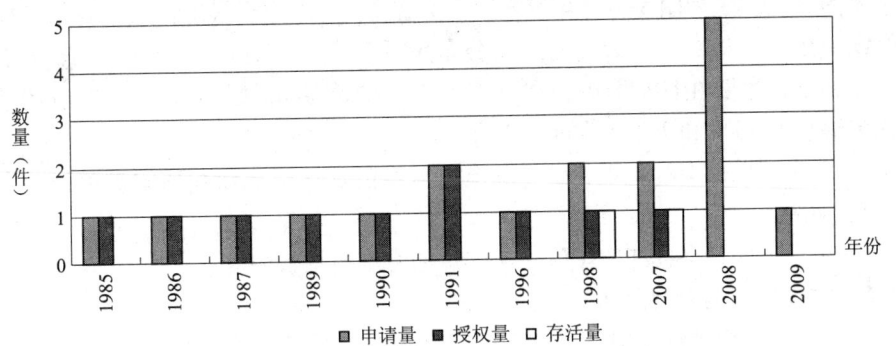

图5-4-2 三菱重工株式会社燃煤锅炉燃烧设备中国历年申请授权有效量

持存活。三菱重工株式会社对中国市场专利申请和维护情况均较差。

5.4.2 研发力量分析

三菱重工株式会社的研发集团为 MITSUBISHI JUKOGYO KK 和 MITSUBISHI HEAVY IND CO LTD，首次申请国基本位于日本，MITSUBISHI JUKOGYO KK 在日本的首次申请量为 279 项，MITSUBISHI HEAVY IND CO LTD 首次申请国也位于日本，数量为 72 项。三菱重工株式会社的主要研发力量集中在 MITSUBISHI JUKOGYO KK。

5.4.3 专利区域分布分析

5.4.3.1 全球专利分布

为了了解三菱重工株式会社在各国家/地区的专利的总体分布情况，对其在各国家/地区的专利申请的情况进行统计分析，得到图 5 - 4 - 3 和图 5 - 4 - 4。

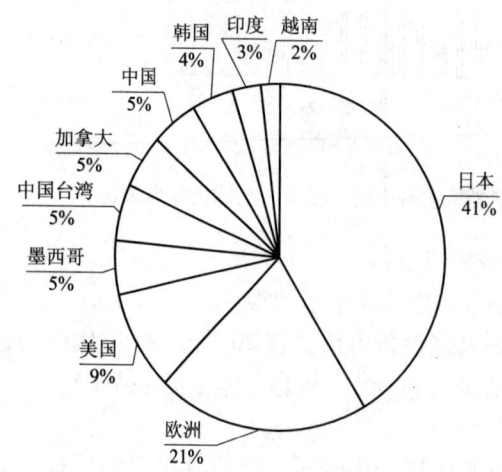

图 5 - 4 - 3   三菱重工株式会社煤粉炉
申请地区分布

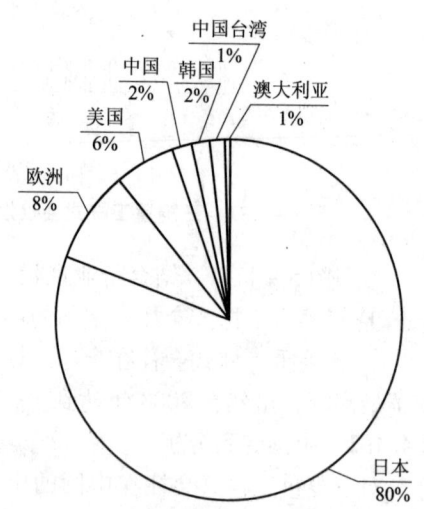

图 5 - 4 - 4   三菱重工株式会社流化床锅炉
申请地区分布

参照图 5 - 4 - 3 和图 5 - 4 - 4，结合行业现状，可以分析得出：从三菱重工株式会社燃煤锅炉燃烧设备专利申请量的地区分布来看，作为一家日本公司，三菱重工株式会社的专利申请主要在日本国内，在日本国内的申请量分别占全球煤粉炉申请量和全球流化床锅炉的 35% 和 76%。同时可以看出：

① 三菱重工株式会社在煤粉炉专利申请分布的地区远比流化床锅炉申请分布的地区广泛和均衡。

② 三菱重工株式会社在中国流化床锅炉的专利申请较少。

5.4.3.2 主要市场的专利分布

结合上节的分析情况，对三菱重工株式会社的主要市场的专利分布情况进行分析，绘制了图 5 - 4 -5。根据其申请量的年代变化可以看出阿尔斯通公司对这些主要市场的关注度的变化，绘制了图 5 - 4 -5。

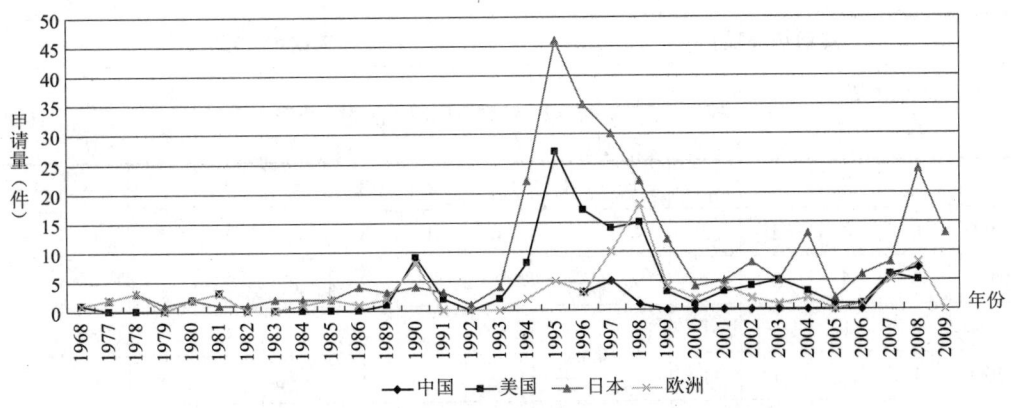

图 5 - 4 - 5　三菱重工株式会社在各主要市场的专利申请年代分布

三菱重工株式会社的燃煤锅炉燃烧设备申请量在 20 世纪 90 年代中期达到高峰后走低，直到 2002 年后开始上升。三菱重工株式会社作为日本本土的公司，显然注重日本本土市场，在日本的申请量保持最高。在 1989 年三菱重工株式会社在美国开始重新申请专利后，其专利申请的趋势与在日本的专利申请趋势相近。三菱重工株式会社对中国市场的关注度较小，到 1997 年后才重新开始专利申请。

5.4.3.3　各分支专利分布

基于表 5 - 4 并结合行业现状，可以分析得出：

① 三菱重工株式会社在煤粉炉技术分支相对于流化床锅炉具有优势，在燃烧器和燃烧室的专利申请量远高于其他技术分支的专利申请量。同时在煤粉炉送风方面也有较高申请量。

② 在流化床锅炉涉及的技术分支中，控制、回料系统以及炉膛是三菱重工株式会社专利申请的重点。

为了了解三菱重工株式会社在各个分支上的专利分布情况，对其历年在各个分支的专利申请统计分析，从而得出表 5 - 4。

表 5 - 4　三菱重工株式会社燃煤锅炉燃烧设备申请量年代技术分布　　单位：项

年份	煤粉炉					流化床锅炉								
	燃烧器	燃烧室	送风	控制	其他	布风	给料	回料	炉膛	排渣	控制	添加剂	送风	其他
1990	3	2	2	—	—	—	—	1	1	—	—	—	—	—
1991	—	—	—	—	—	—	3	—	—	—	—	—	—	—
1992	—	—	—	—	—	—	—	—	—	—	—	—	—	1
1993	—	1	—	—	—	1	—	—	—	1	1	—	—	—
1994	2	6	1	3	—	1	1	1	—	2	4	—	—	1
1995	8	4	5	—	2	—	7	2	2	4	11	—	—	1

续表

年份	煤粉炉（项）					流化床锅炉（项）								
	燃烧器	燃烧室	送风	控制	其他	布风	给料	回料	炉膛	排渣	控制	添加剂	送风	其他
1996	9	2	2	—	1	1	6	2	3	5	4	—	—	—
1997	6	4	2	2	—	—	1	4	3	4	2	1	1	—
1998	4	4	3	1	2	—	2	3	2	1	2	1	—	2
1999	5	1	—	1	2	—	—	1	1	—	1	—	—	—
2000	1	1	1	—	—	—	—	—	1	—	—	—	—	—
2001	2	—	1	—	—	—	—	—	—	—	—	—	—	—
2002	4	—	1	1	—	—	—	—	2	—	—	—	—	—
2003	2	1	—	—	—	—	—	2	—	—	—	—	—	—
2004	4	3	1	—	3	1	—	—	1	—	—	—	—	—
2005	1	—	—	—	—	—	—	—	1	—	—	—	—	—
2006	2	1	—	—	1	—	—	—	1	—	—	—	—	—
2007	4	1	1	1	—	—	—	1	—	—	—	—	—	—
2008	5	6	5	1	—	1	—	2	3	1	—	—	—	—
2009	4	3	3	1	2	—	—	—	—	—	—	—	—	—

基于表 5－4 反映，结合行业现状，可以分析得出：该公司在 20 世纪 90 年代中期申请量较大，此后申请量走低。尤其是近年来该公司在流化床锅炉的申请量明显减少而在每个技术分支上近 20 年来的申请量有起伏。

5.4.4 重点技术分支专利分析

与其他主要申请人综合比较，三菱重工株式会社在煤粉炉的燃烧器分支上比较具有优势，因此对煤粉炉的燃烧器作进一步的分析。三菱重工株式会社的燃烧器分支中，涡流燃烧器 21 项，平流燃烧器 52 项。三菱重工株式会社的平流燃烧器在主要申请人中占有重要的位置。

在涡流燃烧器的 21 项专利中，有 9 项向日本以外的国家提出了申请，但仅有 3 项向中国提出了申请。

在平流燃烧器的 9 项专利在日本以外的国家进行了专利申请，只有 5 项向中国提出了申请，可见，三菱重工株式会社在煤粉燃烧器分支的技术在中国未进行广泛的申请，大部分都不能获得专利权的保护。

5.5　日立巴布考克株式会社

5.5.1　专利申请量和中国专利分析

5.5.1.1　历年中国-多边-全球申请量分析

为了了解日立巴布考克株式会社全球申请情况、专利策略以及在中国的申请情况，对日立巴布考克株式会社的申请作综合分析，得出图5-5-1。中国申请以申请日为基准，多边申请及全球申请以最早的优先权日为基准。

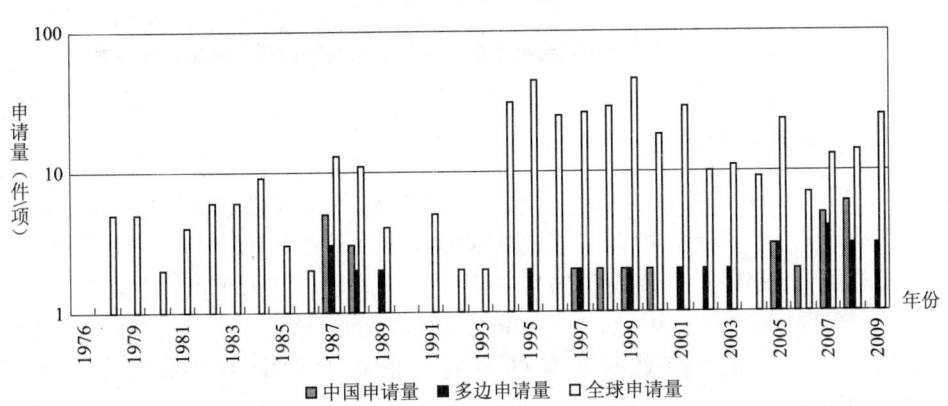

图5-5-1　日立巴布考克株式会社燃煤锅炉燃烧设备中国-多边-全球历年申请量

参照图5-5-1，结合行业现状，可以分析得出：

① 日立巴布考克株式会社在中国专利申请的数量在2005年后的4年中保持增长，但是在2009年该公司未在中国继续专利申请。总体来说，该公司的多边申请的数量并不多，但是近几年呈现增加的趋势。

② 该公司在全球的燃煤锅炉燃烧设备专利申请是在1994年后保持了较高的申请量，并在1999年前后达到了高峰。在2004年和2006年申请量大幅降低后，该公司在燃煤锅炉燃烧设备专利申请保持较低水平。

5.5.1.2　中国专利分析

为了一窥日立巴布考克株式会社对专利的维护情况，对其在中国的申请情况作进一步分析，分析其申请的授权、有效情况。

由图5-5-2可知，日立巴布考克株式会社在中国的申请授权比率很高，2005年前申请量与授权量几乎持平，2005年与2006年授权量较申请量略有减少，2007年以后的数据由于审查周期的原因不能准确反映情况。而且授权后的专利维持很好，从1997年后授权的专利全部维持有效。中国虽然是日立巴布考克株式会社的重要市场，但是并不是最重要的市场，日立巴布考克株式会社在中国的专利情况可以折射其对外输出专利的一般策略。有理由推测，日立巴布考克株式会社向外输出的专利申请质量都很好，后期维护也很好。

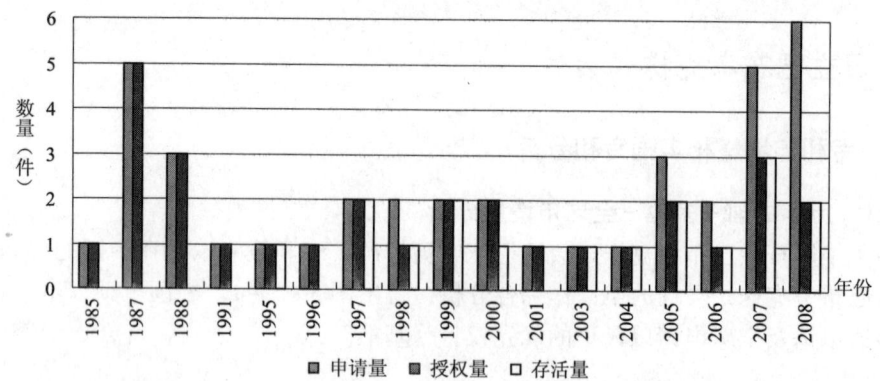

图 5-5-2　日立巴布考克株式会社燃煤锅炉燃烧设备中国历年申请授权有效量

5.5.2　研发力量分析

日立巴布考克株式会社燃煤锅炉燃烧设备的研发力量主要集中在 BABCOCK - HITACHI KK，申请量达到 381 项，首次申请地基本在日本，HITACHI LTD 也是日立巴布考克株式会社燃煤锅炉燃烧设备的重要团队，申请量达到 156 项，首次申请地也基本在日本，HITACHI POWER EURO GMBH 具有少量的申请，申请量为 9 项，首次申请地为德国。日立巴布考克株式会社的研发力量基本集中于日本的 BABCOCK - HITACHI KK。

5.5.3　专利区域分布分析

5.5.3.1　全球专利分布

为了了解日立巴布考克株式会社在各国家/地区的专利的总体分布情况，对其在各国家/地区的专利申请的情况进行统计分析，得到图 5-5-3 和图 5-5-4。

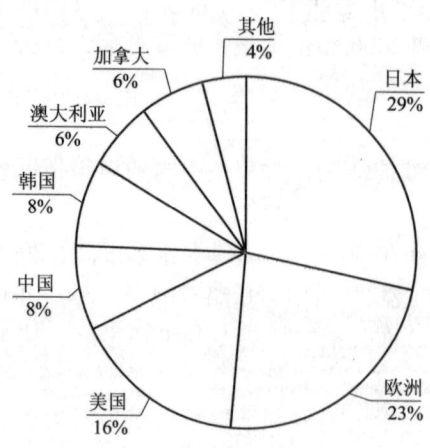

图 5-5-3　日立巴布考克株式会社
煤粉炉地区分布

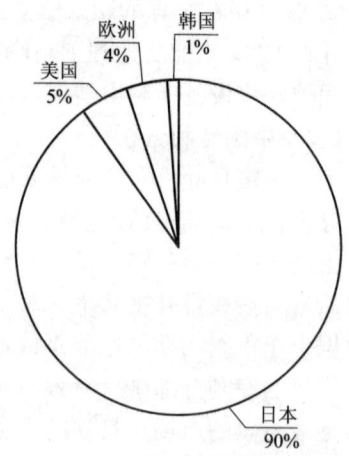

图 5-5-4　日立巴布考克株式会社
流化床锅炉地区分布

参照图 5 - 5 - 3，结合行业现状，可以分析得出：

① 作为一家日本公司，日立巴布考克株式会社在煤粉炉分支的专利申请主要集中在日本，在日本的专利申请量达到 223 件，占据了其在全球专利申请的 29%。

② 美国和欧洲是日立巴布考克株式会社的主要市场，其专利申请在这两个国家和地区的分别占 16% 和 23%。

参照图 5 - 5 - 4，结合行业现状，可以分析得出：

① 作为一家日本公司，日立巴布考克株式会社在流化床锅炉分支的专利申请主要集中在日本，在日本的专利申请量占其在全球专利申请总量的 90%。

② 紧随其后的是美国和欧洲，其专利申请在这两个国家和地区的分别占 5% 和 4%。

③ 这说明了日立巴布考克株式会社的流化床锅炉的专利分布不够广泛，仅仅在少数国家进行了专利申请。

5.5.3.2　主要市场的专利分布

结合上面的分析情况，对日立巴布考克株式会社的主要市场的专利分布情况进行分析，绘制了图 5 - 5 - 5。根据其申请量的年度变化可以看出日立巴布考克株式会社对这些主要市场的关注度的变化。

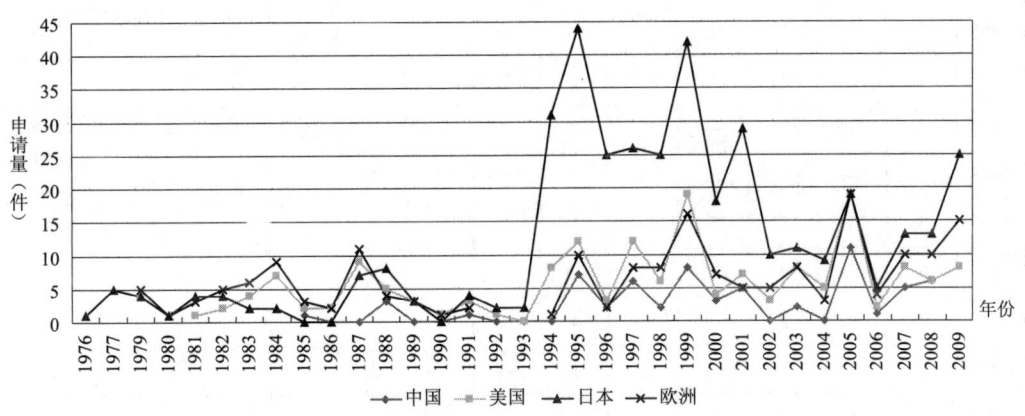

图 5 - 5 - 5　日立巴布考克株式会社在各主要市场的专利申请年份分布

由图 5 - 5 - 5 可知，日立巴布考克株式会社的燃煤锅炉燃烧设备申请量在 20 世纪 90 年代中期到 20 世纪初达到高峰后走低，直到 2005 年前后重新走高。日立巴布考克株式会社工作为日本本土的公司，明显更注重日本本土市场，20 世纪 90 年代后的各个时期在日本的申请量保持最高。巴布考克在中美日欧的专利申请量趋势相似，除了最注重日本市场外，在欧美也有较高专利申请量，对中国市场的关注度稍小。

5.5.3.3　各分支专利分布

基于表 5 - 5，结合行业现状，可以分析得出：

① 日立巴布考克株式会社在燃煤锅炉燃烧设备的各个分支都有专利申请，结合其在煤粉炉分支全球排名第一的事实，可以认为煤粉炉是日立巴布考克株式会社的强项，并且其在各个技术分支都有较高的水平。

第1章

第2章

第3章

第4章

第5章

第6章

第7章

第8章

② 对于煤粉炉，日立巴布考克株式会社在煤粉燃烧器、送风和控制技术分支的专利申请量高于其他分支，且从全球煤粉炉分支排名知道其申请量高于其他申请人。

③ 对于流化床锅炉，日立巴布考克株式会社在控制分支的专利申请量远高于其他分支，可见日立巴布考克株式会社重视锅炉控制分支的专利申请。

为了了解日立巴布考克株式会社在各个分支上的专利分布情况，对其在各个分支的历年专利申请进行统计分析，从而得出表5-5。

表5-5　日立巴布考克株式会社燃煤锅炉燃烧设备申请量年代技术分布

年份	煤粉炉（项）					流化床锅炉（项）								
	燃烧器	燃烧室	送风	控制	其他	布风	给料	回料	炉膛	排渣	控制	添加剂	送风	其他
1990	1	—	—	—	—	—	—	—	—	—	—	—	—	—
1991	3	—	—	—	—	—	2	—	—	—	—	—	—	—
1992	—	—	—	—	—	—	1	—	—	—	1	—	—	—
1993	—	—	—	—	—	—	1	1	—	—	—	—	—	—
1994	4	2	2	5	—	—	1	2	1	3	9	—	—	2
1995	11	3	2	2	2	—	8	4	—	3	—	—	—	1
1996	4	—	1	1	—	2	2	2	3	2	6	—	2	—
1997	9	1	3	—	2	—	2	—	—	2	6	—	—	1
1998	7	—	—	3	4	—	8	1	—	2	—	2	—	—
1999	3	3	5	5	2	1	7	2	5	3	8	—	—	1
2000	6	3	3	3	—	—	—	—	2	—	1	—	—	—
2001	3	2	2	—	—	4	4	—	3	2	7	—	—	2
2002	2	1	1	—	2	1	—	—	—	—	1	1	—	—
2003	3	1	3	2	—	—	—	—	—	1	—	—	—	1
2004	3	—	2	3	—	—	—	—	—	1	—	—	—	—
2005	5	5	7	5	1	—	—	—	—	—	—	—	—	—
2006	2	1	2	—	—	—	—	—	—	1	—	—	—	—
2007	1	3	3	5	1	—	—	—	—	—	—	—	—	—
2008	3	2	8	1	—	—	—	—	—	—	—	—	—	—
2009	6	1	11	4	3	—	—	—	—	—	—	—	—	—

基于表5-5，结合行业现状，可以分析得出：该公司在燃煤锅炉燃烧设备领域的专利申请量保持稳定，在煤粉炉的送风分支申请量增长较为明显。该公司于20世纪90年代中期至21世纪初在流化床锅炉领域申请了一些专利，主要集中在流化床锅炉的控

制分支，但是近3年来该公司在流化床锅炉的专利申请很少。

5.5.4　重点技术分支专利分析

与其他主要申请人综合比较，日立巴布考克株式会社在煤粉炉的燃烧器分支上的专利申请具有一定的优势，因此对其涉及煤粉炉的燃烧器的专利申请作进一步的分析。日立巴布考克株式会社的燃烧器分支中，31项专利涉及涡流燃烧器，73项专利涉及平流燃烧器，体现出日立巴布考克株式会社的平流燃烧器在主要申请人中具有绝对的优势。

在涡流燃烧器的31项专利中，有18项向日本以外的国家提出了申请，其中有9项向中国提出了申请。

在平流燃烧器的73项专利中，有39项是向日本以外的国家/地区提出，其中18项是向中国提出，可见，日立巴布考克株式会社在煤粉燃烧器的技术向本土以外进行了适当的专利申请，在中国也进行了重点专利的申请。

5.6　美国巴威公司

5.6.1　专利申请量和中国专利分析

5.6.1.1　历年中国－多边－全球申请量分析

为了了解美国巴威公司全球申请情况、专利策略以及在中国的申请情况，对美国巴威公司的申请作综合分析，得出图5－6－1。

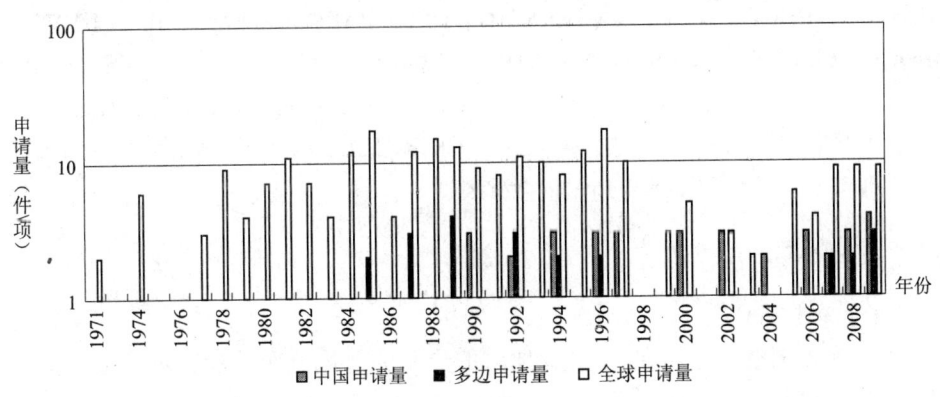

图5－6－1　美国巴威公司燃煤锅炉燃烧设备中国－多边－历年申请量

参照图5－6－1，结合行业现状，可以分析得出：

① 美国巴威公司具有一定的多边申请，其中向中国提出的申请保持稳中有升的趋势，说明该公司较视重点市场的整体专利申请。

② 该公司的全球的燃煤锅炉燃烧设备专利申请量在20世纪80年代中期和90年代中期较大，此后在21世纪初进入低谷，随后有所增长。

5.6.1.2　中国专利分析

为了一窥美国巴威公司对专利的维护情况，对其在中国的申请情况作进一步分析，分析其申请的授权、有效情况。

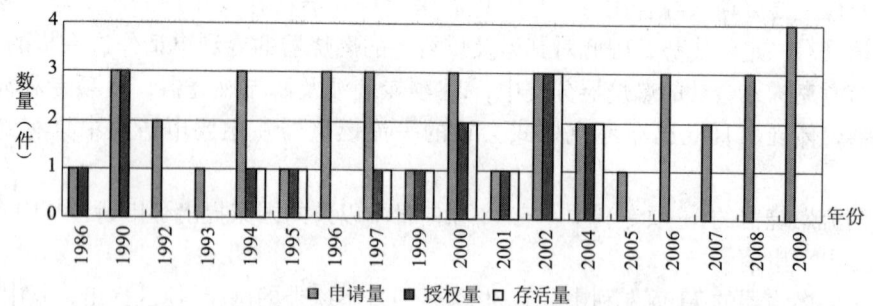

图 5 - 6 - 2　美国巴威公司在中国的专利申请总体情况

由图 5 - 6 - 2 可知，美国巴威公司在中国的授权专利集中在 1994～2004 年期间，2005 年以后未有授权专利，这可能与专利审批周期有关。授权后的专利维持很好，从 1994 年后授权的专利全部维持有效。中国虽然是美国巴威公司的重要市场，但是并不是最重要的市场，该公司在中国的专利情况可以折射出其对外专利输出的大致状态，有理由推测，美国巴威公司比较重视专利申请的后期维护。

5.6.2　研发力量分析

美国巴威公司是一个全球性的公司，在多个国家设有公司，主要有 BABCOCK & WILCOX CO、DEUT BABCOCK WERKE AG、DEUT BABCOCK ENERGIE & UMWELTT、BABCOCK&WILCOX POWER GENERATION GROUP、BABCOCK LENTJES 、KRAFT-WERKSTECHNIK GMBH、BABCOCK POWER LTD、BABCOCK KRAFTWERKSTECHNIK GMBH。但是其研发力量主要集中在 BABCOCK & WILCOX CO，该公司专利申请量有 164 项，占美国巴威公司全球申请量的大多数。

5.6.3　专利区域分布分析

5.6.3.1　全球专利分布

为了了解美国巴威公司在各国家/地区的专利的总体分布情况，对其在各国家/地区的专利申请情况进行统计分析，从而得到图 5 - 6 - 3 和图 5 - 6 - 4。

参照图 5 - 6 - 3，结合行业现况，可以分析得出：

① 美国巴威公司在煤粉炉分支的专利申请主要集中在美国，申请量达到 108 件，占该公司在全球专利申请的 26%。

② 欧洲也是美国巴威公司的主要市场，该公司在这一地区的申请量占其总申请量的 25%；中国和加拿大是美国巴威公司的重要市场，分别为 12% 和 11%。

参照图 5 - 6 - 4，结合行业现况，可以分析得出：

① 美国巴威公司关于流化床锅炉分支的专利申请主要集中在欧洲，占该公司在全

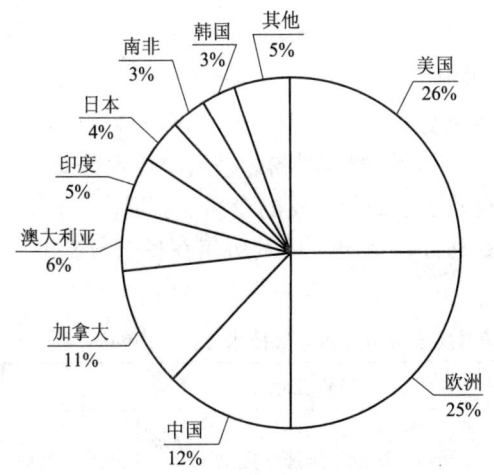

图 5 - 6 - 3　美国巴威公司煤粉炉
申请地区分布

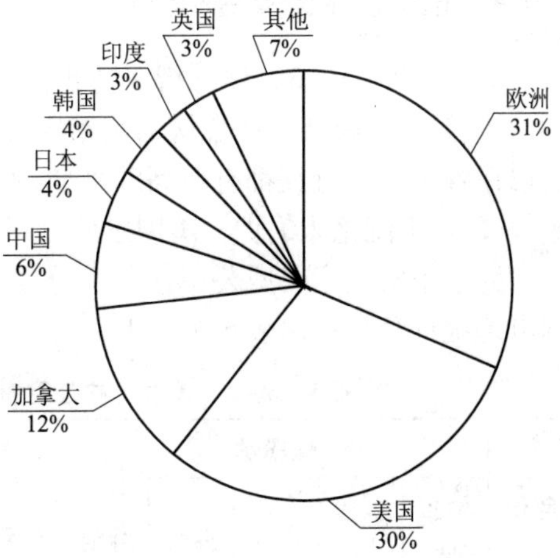

图 5 - 6 - 4　美国巴威公司流化床锅炉
申请地区分布

球专利申请的 31% 。

②紧随其后的是美国和加拿大，其专利申请在这两个国家和地区的分布占到 30% 和 12% 。

5.6.3.2　主要市场的专利分布

结合上节的分析情况，对美国巴威公司的主要市场的专利分布情况进行分析，绘制了图 5 - 6 - 5。根据其申请量的年份变化可以看出美国巴威公司对这些主要市场的关注度的变化。

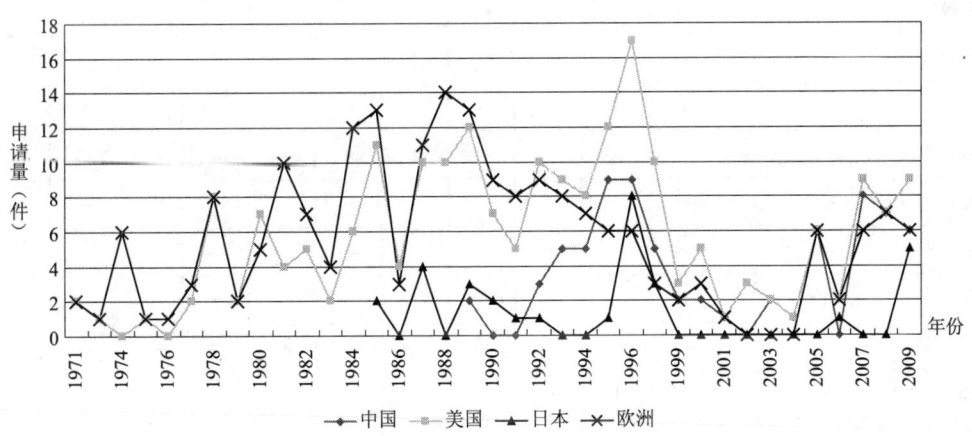

图 5 - 6 - 5　美国巴威公司在各主要市场的专利申请年份分布

基于图 5 - 6 - 5 可以看出，美国巴威公司的燃煤锅炉燃烧设备申请量在 20 世纪 90 年代中期达到高峰后走低，直到 2007 年前后重新走高。美国巴威公司更注重美国本土市场，在日本的申请量相对较小。美国巴威公司在中、美、欧的专利申请趋势相似。

第
1
章

第
2
章

第
3
章

第
4
章

第
5
章

第
6
章

第
7
章

第
8
章

5.6.4 重点技术分支专利分析

基于表 5-1-3，结合行业现状，可以分析得出：

① 美国巴威公司在燃煤锅炉燃烧设备的各个分支都有专利申请，可以说美国巴威公司在各个技术分支都有较高的水平，尤其在煤粉燃烧器、煤粉炉送风等技术分支。

② 对于流化床锅炉，美国巴威公司在回料系统、炉膛分支的专利申请量较高。

为了了解美国巴威公司在各个分支上的专利分布情况，对其历年在各个分支的专利申请统计分析得出表 5-6-1。

表 5-6-1　美国巴威公司燃煤锅炉燃烧设备申请量年代技术分布　　单位：项

年份	煤粉炉					流化床锅炉								
	燃烧器	燃烧室	送风	控制	其他	布风	给料	回料	炉膛	排渣	控制	添加剂	送风	其他
1990	—	1	1	1	—	—	—	4	—	2	—	—	—	—
1991	—	1	1					2	2	2				
1992	2	2		1	1		1	1	2	1				
1993	2	—	3		1			2	2					
1994	3		2		1			—	1	1				
1995	5	3	3	1										
1996	6	—	5	1	2			2	1					
1997	4	1	2	—	2	1								
1999	—		1					1	1					
2000	—		1					2	2					
2001	—							1						
2002								2	1					
2003	—		1			1								
2004	—		1											
2005	2	1	2	1	—									
2006	3													
2007	1	1	2	1	1			2	1					
2008	3	1	3	—				1	—					
2009	3		1			1	1	—	—				1	1

基于表 5-6-1，结合行业现状，可以分析得出，该公司在煤粉炉的专利申请量保持稳定，在流化床锅炉方面有逐渐淡出的趋势，尤其在燃煤流化床锅炉控制、添加剂等分支鲜有专利申请，近年来该公司流化床锅炉的专利申请很少。

与其他主要申请人综合比较，美国巴威公司在煤粉炉的送风分支上较具有优势，因此对煤粉炉的送风做进一步的分析。

在送风分支的 51 项专利中，有 37 项向多个国家提出了申请，其中 20 项向中国提出了申请。

可见，该公司在送风分支在全球进行了广泛的专利申请，在中国也进行了很大力度的专利申请。

5.7 本章小结

阿尔斯通公司非常重视全球专利申请，也比较重视中国市场，专利申请的总体质量较好，后期维护也较好。研发力量进一步集中到 ALSTOM TECHNOLOGY LTD。综合分析阿尔斯通公司循环流化床锅炉的特点和阿尔斯通公司的专利申请量的总体状况，可以预见，阿尔斯通公司未来的研发重点依然在燃烧室的设计、高温旋风分离器和外部流化床热交换器。

福斯特惠勒公司非常重视全球专利申请，也比较重视中国市场，专利申请的总体质量较好，后期维护也较好。研发力量集中在 FOSTER WHEELER ENERGIA OY。综合分析福斯特惠勒公司循环流化床锅炉的特点和福斯特惠勒公司的专利申请量的总体状况，可以预见，福斯特惠勒公司未来的研发重点依然在燃烧室的设计，水冷或气冷旋风分离器和外部流化床热交换器的改进和控制。

三菱重工株式会社非常重视本土市场。在国际市场、包括中国市场上相对更重视煤粉炉分支，在中国的流化床锅炉的专利申请非常少。研发力量集中在 MITSUBISHI JUKOGYO KK。三菱重工株式会社的平流燃烧器技术具有一定的优势，但是全球专利申请情况较差，在中国专利申请情况也较差。

日立巴布考克株式会社在煤粉炉分支非常重视日本、欧洲和美国市场，其重要技术分支也在全球范围内进行了适当的专利申请，比较重视中国市场；在流化床锅炉分支，该公司比较关注日本本土市场，在中国的专利申请非常少。总体来说，该公司专利申请的总体质量较好，后期维护也较好，其研发力量主要集中在 BABCOCK - HITACHI KK；其平流燃烧器技术具有绝对优势，并在中国也进行了适当的专利申请。

美国巴威公司非常重视欧洲、美国、加拿大和中国市场，在这些重点市场进行了较广泛的专利申请。总体来说，专利申请的总体质量较好，后期维护也较好。研发力量集中在 BABCOCK & WILCOX CO。其在送风分支具有一定的优势，并进行了较广泛的全球专利申请，在中国也进行了适当的专利申请。

专利分布对申请人十分重要，其他公司可以通过人才引进、设备引进、抄袭、模仿等方法跟进他们的技术，但是，如果他们对基础和代表性专利在全球进行广泛的申请，跟随他们的技术具有极大的侵权的风险，因此，专利的独占性成为申请人维持市场领先地位的有力武器之一。

阿尔斯通公司和福斯特惠勒公司在煤粉炉和流化床锅炉领域均进行了广泛的专利申请；美国巴威公司在煤粉炉和流化床锅炉领域进行了较广泛的全球专利申请。三菱

第 1 章

第 2 章

第 3 章

第 4 章

第 5 章

第 6 章

第 7 章

第 8 章

重工株式会社非常重视本土市场，本土以外的专利申请量较少；日立巴布考克株式会社在煤粉炉领域进行了较广泛的全球专利申请，在流化床锅炉领域相对比较关注日本本土市场。参见表5-7。

表5-7　申请人技术特长和目的地分布表

申请人	特长技术分析	专利目的地分布分析
阿尔斯通公司	该公司在煤粉炉领域的送风、燃烧室和燃烧器方面基础雄厚，技术能力突出；尤其在送风和燃烧器方面近些年申请数量较多；其在煤粉炉的其他分支中也有所动作，特别是关于 CO_2 捕集的专利申请迎合国际气候组织的政策，是需要注意跟踪的方面。该公司在流化床锅炉的回料系统、排渣系统、送风实力雄厚，是目前流化床锅炉两大技术流派之一	专利区域分布涵盖面广，在是美、欧、日等传统市场均有申请，在中国专利申请积极，同时还非常重视印度等新兴市场的申请
福斯特惠勒公司	该公司在流化床锅炉领域的送风、炉膛和回料系统方面基础雄厚，技术能力突出；尤其在回料和炉膛方面处于全球领先地位，近些年申请活跃，该公司的流化床锅炉是两大技术流派之一	申请多集中在发达国家，20世纪90年代中期是其专利申请的高峰期，近期申请量增加，对中国专利申请较为忽视，但是对于印度等新兴市场专利申请较为重视
三菱重工株式会社	该公司在煤粉炉领域的燃烧器和控制方面技术能力突出；尤其在燃烧器中的平流燃烧器方面优势明显。同时该公司在流化床锅炉的控制方面具有特点，但其专利申请多集中于20世纪90年代中后期	主要重视日本国内，其次重视欧美，对中国和新兴市场重视程度不足，其中日本国内申请量占据全球申请量的80%
日立巴克考克株式会社	该公司在煤粉炉领域的燃烧器、送风和控制方面技术能力突出；不论是燃烧器中的平流燃烧器还是涡流燃烧器，均是优势明显，并且具有相当数量的多边申请。同时该公司在流化床锅炉的控制分支申请量最大，但是在日本国外申请较少	主要重视日、欧、美，对中国和新兴市场重视程度不足，其中煤粉炉领域日、美、欧申请量比例分别为29%，16%和23%。流化床锅炉专利90%分布于日本国内
美国巴威公司	该公司在煤粉炉领域的送风和燃烧器方面基础雄厚，技术能力突出；尤其在送风和燃烧器方面近些年申请数量较多。但该公司在流化床锅炉方面今年申请量较少，有淡出趋势	专利区域分布涵盖面广，在是美、欧、日等传统市场均有申请，在中国专利申请积极，同时还非常重视印度等新兴市场的专利申请

第6章 技术引进中的专利分析

近年来，中国大中型工业企业技术引进经费支出和消化吸收经费支出均呈现增长趋势。通过与国外公司的技术合作、技术引进以及国内科研院所的合作，并结合国内的市场情况以及用户的特殊要求，中国锅炉行业走出了一条具有中国特色、符合中国国情的发展之路。

企业在技术引进中，专利分析策略的使用毫无疑义处在一个重要地位，基于此，本报告特别设置了本章，其目的旨在通过具体的案例分析，为国内企业的技术引进工作，特别是技术引进中的专利产权策略提供参考和建议。

6.1 亚临界流化床锅炉技术引进技术的选择

中国的电力供应及工业、民用供热所需燃料绝大部分来自煤炭。中国地域辽阔，煤种繁多，为消耗劣质煤炭、以较小的代价获取较低的污染排放，国内急需发展循环流化床锅炉燃烧技术。虽然经过近20年发展，国内已自主开发研制出了数千台循环流化床锅炉，但主要以应用于工业和热电联产的50 MW及以下产品为主；在能够跻身电网主力机组的135 MW以上等级、特别是300 MW及以上等级的循环流化床电站锅炉方面，由于我国循环流化床电站锅炉技术的开发应用晚于国外10年才起步，到21世纪初，国内的锅炉设计能力、制造能力、锅炉岛整体设计能力都还不能支撑300 MW循环流化床锅炉的产品研制。面对当时国内强劲的电力需求，2003年国家发改委组织国内一大电力规划院、六大电力设计院、三大锅炉制造企业联合引进了法国阿尔斯通公司全套300MW（1 025 t/h）亚临界循环流化床电站锅炉岛技术。这次技术引进直接促进了国内循环流化床锅炉机组的大型化发展，可谓是一次成功的技术引进的范例；但由于当时国内相关经验的缺乏，也存在一些不足之处，因此下面将针对该案例，结合本课题的特色，进行一些关于技术引进方面的专利分析，以期为行业今后的技术引进工作提供参考和借鉴。

在技术引进之前，有必要充分了解本领域的技术动向，明确企业技术引进的总体方向。专利文献是报道最新发明创造最快的信息源，同时它也是世界上最精确、最严密的追溯性资料。据统计世界上每年发明创造的90%可在专利文献中查出，因此企业在进行引进工作前，要充分利用专利文献，选择合适的技术。

具体到循环流化床锅炉领域，近年来，循环流化床锅炉以其优越的环保特性、燃料适应性和良好的运行性能受到广泛欢迎，并得到了迅猛发展。尤其是最近10年，机组大型化发展取得了突破性的进展。其代表作就是法国普罗旺斯Gardanne电站250 MW循环流化床锅炉的成功投运。另外，近几年来，国际上循环流化床锅炉的发展出现了

第1章
第2章
第3章
第4章
第5章
第6章
第7章
第8章

竞争十分激烈的局面：法国阿尔斯通收购了德国 EVT 公司、法国 Stein 公司和美国 ABB – CE公司；美国福斯特惠勒公司兼并了芬兰的奥斯龙公司，不同流派的循环流化床锅炉燃烧技术在逐渐相互结合、相互渗透，在国外逐渐形成了法国阿尔斯通公司和美国福斯特惠勒公司两大循环流化床锅炉技术集团。

体现在专利文献中，阿尔斯通公司在燃煤锅炉燃烧设备领域的申请量在全世界居于首位，专利分布涉及近30个国家和地区，在美洲、欧洲、亚洲、非洲、大洋洲都有专利申请；并且阿尔斯通公司很重视中国的市场，从20世纪80年代起就在中国进行专利申请，在中国的专利申请量也居于首位。阿尔斯通公司在燃煤锅炉燃烧设备领域的技术分布均衡，在煤粉炉、流化床锅炉领域均有涉猎。具体到流化床锅炉这个分支，阿尔斯通公司的全球申请量仅次于福斯特惠勒公司排在第2位。其对循环流化床锅炉的研发遍及布风、给料、回料、排渣、控制等各个方面，其中，在回料系统和炉膛的方面的申请量排在各分支的前2位，且明显高于其他分支（参见表6－1－1）。

表6－1－1　阿尔斯通公司在流化床锅炉领域的各个技术分支的全球申请量　单位：项

布风系统	给料系统	回料系统	炉膛	排渣系统	控制	送风	其他
14	19	52	38	11	11	18	2

这与阿尔斯通公司的产品特点有关。阿尔斯通公司的鲁奇型循环流化床锅炉（见图6－1－1），其主要特点有：

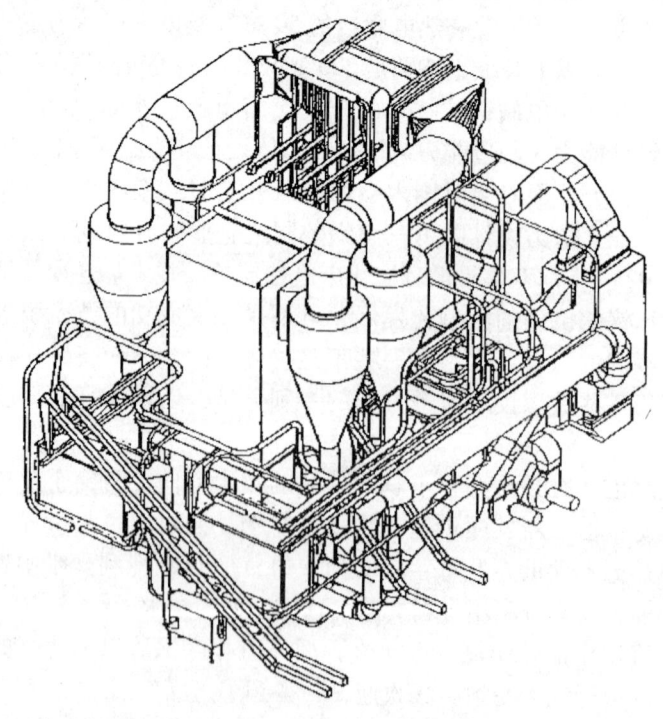

图6－1－1　阿尔斯通所建造的 Gardenne 电厂的循环流化床锅炉外观图

① 炉膛呈单炉膛，下部为裤衩型双布风板结构；

② 炉膛两侧墙各布置 2 只绝热型分离器；

③ 采用外置式换热器，分离器分离下来的高温物料一部分直接返回炉膛，另一部分通过机械分灰阀引入外置式换热器，通过调节进入外置式换热器内的高温物料量，达到控制床温与汽温的目的。

因此，阿尔斯通公司的循环流化床锅炉改进重点在于回料系统和炉膛方面，这与专利文献所反映出的信息相符。

通过前面的分析可以看出，阿尔斯通公司的循环流化床锅炉技术无论是在行业上还是在专利方面，都处于重要的地位，是国际上两大循环流化床技术流派之一。选择阿尔斯通公司作为技术引进的对象毫无疑义是合适的。

6.2　引进技术的内容

经检索，这次技术引进涉及 44 篇许可专利，其清单如表 6 - 2 - 1 所示。

表 6 - 2 - 1　阿尔斯通公司的许可专利清单

申请号	申请日	同族专利信息	在中国的法律状态	主　题
FR9916244	1999 - 12 - 22	EP, US, IN, DE, ES, CN	专利权有效	在循环流化床燃烧系统中减少氮氧化物排放的方法
FR9900465	1999 - 01 - 18	EP, US, IN, DE, ES, CN	专利权有效	旋风分离器的进气管
FR9900464	1999 - 01 - 18	EP, US, DE, ES, CN	专利权有效	旋风分离器的进气管
FR9801839	1998 - 02 - 16	EP, US, MX, DE, ES, CN	专利权有效	具有改进的氧化氮还原的循环流化床锅炉
FR9710425	1997 - 08 - 18	EP, PL, ZA, JP, US, KR, DE, ES, ZA, AT	专利权有效	具有致密外部流化床的锅炉
FR9710426	1997 - 08 - 18	EP, PL, ZA, IN, JP, US, KR, DE, DK, ES, CN	专利权有效	循环流化床锅炉的热交换装置
FR9703540	1997 - 03 - 24	EP, ZA, CA, IN, JP, US, CN	专利权有效	小尺寸热交换器
FR9610832	1996 - 09 - 05			流体热交换器
FR9702991	1997 - 03 - 13	EP, ZA, CA, IN, JP, TH, US, RU, CN, AT, CN	专利权有效	浓流化床热交换器
FR9700010	1997 - 01 - 02	EP, IN, TH, VN, MX, CL, UA, BE, ES, GB, GR, IE, CN	专利权有效	具有改进炉床的炉膛

申请号	申请日	同族专利信息	在中国的法律状态	主　题
FR9601130	1996－01－31	ZA, IN, TH, RU, BE, DE, DK, ES, GB, GR, IT, PT, SE, CN	专利权有效	用于循环流化床锅炉的外部流化床
FR9510845	1995－09－15	IN, TH, RU, AT, BE, DE, DK, ES, GB, IE, NL, SE, CN	2009年11月11日因费用终止	离心分离器
FR9507214	1995－06－16	IN, CN	专利权有效	减少流化床加热系统的烟中污染物的方法和装置
FR9407524	1994－06－20	IN, RU, EP, ZA, BE, ES, FI, DE, CN	2003年8月13日因费用终止	将穿过炉壁用以通入沉箱的导管固定在炉壁上的固定装置
FR9409364	1994－07－28	IN, BE, DE, DK, ES, GB, SE, CN	专利权有效	出自处理设备的固体颗粒的冷却装置
FR9407164	1994－06－13	IN, RU, BE, DE, DK, ES, GB, FI, IN, TH, US, SE	2003年8月13日视为放弃	流体床燃烧室的底板
FR9409365	1994－07－28	FI, IN, TH, US, DE, DK, ES, GB, SE, CN	2003年9月17日因费用终止	监测流化床反应器中内循环的方法和装置
FR9313476	1993－11－10	EP, CA, FI, IN, US, RU, CZ, MX, PL, SK, BE, DE, AT, GB, ES, GR, SE, CN	专利权有效	具有扩展热交换面的CFB反应器
FR9312679	1993－10－25	EP, FI, IN, RU, AT, BE, DE, ES, GB, GR, SE, CN	专利权有效	用于调节流体流动的装置
FR9205165	1992－04－27	EP, CA, RU, US, AT, BE, CH, DE, DK, ES, GB, GR, IT, MX, NL, PT, SE, CN	专利权有效	包含一个或多个内沸腾床的循环流化床反应器
FR9112429	1991－10－09			减少烟气中氮氧化物的方法和装置

续表

申请号	申请日	同族专利信息	在中国的法律状态	主　题
FR9014807	1990 – 11 – 27	EP, BE, IT, ES, FT, ZA, JP, US, IN, DE, AT		CFB 锅炉中旋风分离器的裙边的支撑和引导装置
FR9111754	1991 – 09 – 24			具有内部隔板的 CFB 锅炉
FR9013801	1990 – 11 – 07	EP, IN, JP, US, ZA, BE, IT, ES, FI, DE		离心分离器
FR9015362	1990 – 12 – 07			分离器
FR9001748	1990 – 02 – 14	EP, BE, IT, LU, GB, ES, GR, DE		可拆卸的热交换器
FR9011859	1990 – 09 – 26	EP, CA, FI, US, CA, DE, ES, BE, IT, CN	专利权有效	冷却流化床锅炉内炉壁的中间区域的设备
FR9005060	1990 – 04 – 20	ZA, BR, CA, CL, CO, SK, EP, IN, JP, KR, MX, PH, PK, PL, RO, TH, TR, US, BE, IT, ES, GR, CZ, CN	2011 年 6 月 8 日专利权有效期届满	进行放热或吸热反应的装置和方法
FR8909187	1989 – 07 – 07	DE, FI, US		用于 CFB 锅炉炉膛的点火燃烧器
FR8907545	1989 – 06 – 07	EP, DE, GB		建造蒸汽锅炉的方法
FR8813703	1988 – 10 – 18	EP, DE, US, ES, GR, IT, JP, SE		在垂直支管上悬挂水平换热管的方法
FR8607007	1986 – 05 – 15	EP, ZA		CFB 锅炉管屏的加强装置
DE3706538	1987 – 02 – 28	EP, FI, CA, AU, JP, US, ZA, ES, DD, IN, AT		流化床装置
US80424	1987 – 07 – 31	EP, AU, ZA, CA, DE, ES, JP		在循环流化床装置中改进固体分布的方法
DE3905553	1989 – 02 – 23	EP, AU, CA, FI, US, PT, ZA, DD, DE, ES, DK, JP		具有耐火衬里的燃烧室
DE4005305	1990 – 02 – 20	EP, AU, CA, ZA, US, DK, ES, JP, ZA		流化床反应器
DE4102959	1991 – 02 – 01	EP, AU, CA, JP, SK, US, CZ, ES, CS		循环流化床燃烧方法

第 1 章
第 2 章
第 3 章
第 4 章
第 5 章
第 6 章
第 7 章
第 8 章

续表

申请号	申请日	同族专利信息	在中国的法律状态	主　题
DE4200244	1992-01-08	EP, AU, CZ, JP, SK, US		对来自流化床反应器的固体进行冷却的方法和装置
DE4301365	1993-01-20	EP, AU, CA, US, GR		具有喷嘴炉栅的流化床反应器
DE4321680	1993-06-30	EP, AU, CA, US, GR, ES		与热的固体颗粒残渣直接接触干燥湿煤的方法
DE1013906	1996-04-06	EP, ES		流化床布风板
DE1030482	1996-07-27	EP		热交换器
DE4037252	1990-11-23			用于返料器回路的虹吸管
DE4220952	1992-06-26	AU, GB		间接热交换器

表6-2-2　阿尔斯通公司的专利清单中流化床锅炉各个技术分支❶的数量　单位：项

布风系统	给料系统	回料系统	炉膛	排渣系统	控制	送风	其他
2	3	22	14	1	1	1	2

　　由表6-2-2可知，在这44篇专利中，关于回料系统的专利有22篇，占到了总量的一半，其中有10篇涉及外置式热交换器的结构，6篇涉及分离器的结构；关于炉膛的专利有14篇，排在第2位。这与阿尔斯通公司产品特点相符，因为阿尔斯通公司所生产的鲁奇型循环流化床锅炉的主要特点就在于外置式换热器和裤衩型炉膛结构，因此对回料系统以及炉膛的改进是阿尔斯通公司的研发重点，也是其专利技术申请重点。可以看出，所引进的阿尔斯通公司的专利确实是与其核心技术密切相关的内容。此外，在布风、给料、排渣、控制等技术分支等均有相关专利，反映出这次技术引进涉及了300 MW亚临界循环流化床锅炉全套技术的各个方面。

6.3　引进技术的形式

　　首先有必要了解一下技术许可的类型，技术许可主要包括专利许可和专有技术许可两种，这两种形式亦可混合使用。专利许可仅是一种授权行为，技术出口方将其在某国家申请批准的专利编号与专利说明书告知引进方，并给予专利技术制造和销售产

---

　　❶　一篇文献有可能被分到多个分支。

品的权利，但并不提供详细技术资料。而在专有技术许可中，出口方除了授权外，还必须向进口方提供全套的技术资料，并有义务进行技术指导和人员培训，协助引进方掌握该技术。一般情况下，技术进口方不单独引进专利使用权，而是采用混合许可的方式。❶

在技术引进之前，技术进口方有必要针对技术出口方的专利申请作全面深入的调研。首先要通过检索获得技术出口方在该领域的所有相关专利，然后进行专利分析，包括专利族状态、法律状态和技术内容分析，例如其专利族情况就是需要了解的重要信息之一。对于不存在中国同族——即未在中国申请的专利，不能受到中华人民共和国《专利法》的保护，中国大陆的公众可以直接使用该专利。然而专利权人有可能将某些最佳的实施方式作为一种技术秘密保留起来，而未将其写入专利说明书中；此外，专利说明书中记载的实施方式通常实在实验室中或者在小规模条件下得出的，离商业性生产还有一定距离。因此，仅凭专利文件所公开的内容，可能不足以使进口方生产出可销售的产品。所以还需要详细了解专利的技术内容，看其公开的内容是否提供了足够详细的技术资料，是否有必要进行技术引进；若认为专利权人保留了技术秘密的话，则有必要进行技术引进。在技术引进行为中，由于该专利不受中国法律的保护，在谈判时应慎重考虑所述专利的作用、价值。而对于技术出口方在中国的专利申请，则应调查其法律状态，看其专利权是否有效、有效期还有多长。根据前期调查的情况，视情况采取合适的技术引进形式。对阿尔斯通公司300 MW亚临界循环流化床锅炉的技术引进就是采取了混合许可的模式，既包括专利许可，也包括专有技术许可。

具体到本案例，其中多篇专利同族信息与检索结果不相符，例如FR9916244，其给出的同族有EP/US/CN/IN，经查，发现还有DE/ES的同族申请。究其原因，可能有：① 技术出口方的无意笔误或疏漏；② 技术出口方出于商业策略有意为之。但是，这反映出技术进口方在当时缺乏足够的知识产权意识，由于条件限制可能在进口工作的前期缺乏充分的专利调查，同时也未在过程中仔细进行核对，建议在今后的技术引进中尽量避免上述缺陷，提高知识产权意识。

在这44篇中，有21篇存在中国同族，另外23篇未在中国申请专利，上述两种情况应区分对待。对于未在中国提出申请的23篇专利，技术进口方应仔细研究这些专利的内容，清楚自身需求，慎重评估所述专利的价值及其对技术的披露程度，若属于确实需要引进的情况，可采用专有技术许可的方式进行引进，并且在谈判时注意避免技术出口方将上述专利作为不适当要价的筹码，从而最大限度地维护自身权益。

在21篇中文专利中，目前仍然有效的有16篇。其中4篇在随后的年度因为未缴纳费用或其他原因专利权已经终止，也就是说，技术出口方在技术转让行为发生后就放弃了这些专利。分析这4篇放弃的原因，可能在于：① 技术出口方（专利权人）认为所涉及技术不再重要；② 技术出口方（专利权人）认为已经获得收益，由于资金或技术门槛的限制，该地域其他企业不可能使用这些技术；③ 方便其子公司在该地域使用

❶ 汤秀莲. 国际商务谈判［M］. 天津：南开大学出版社，2003.

所述专利；④ 在技术转让合同中是否有约定由技术进口方继续维持专利有效性。这种技术转让后放弃专利权的情况应引起技术进口方的注意，技术进口方应当注意保护自己的后续权益。

此外，在21篇中文专利中，有1篇CN1056443A（优先权：法国1990年4月20日9005060）已经于2011年6月8日专利权有效期届满。另外还有一些专利也即将到期。国内其他锅炉企业可以关注这些专利，考虑合理使用这些过期专利技术。

6.4 技术引进的影响

针对法国阿尔斯通公司300 MW亚临界循环流化床锅炉技术的这次引进，有力地促进了我国大容量、高参数循环流化床电站锅炉岛的设计能力和锅炉制造能力的提升。此前国内虽然已有上千台采用自主技术的50MW及以下容量的循环流化床锅炉广泛应用于热电联产工业产品，但用于电力行业只能生产135 MW等级的循环流化床锅炉，而从2006~2007年在国内相继有11台引进技术生产的300 MW循环流化床锅炉投运，标志着锅炉设计单位和锅炉制造企业的设计制造能力登上了新的台阶，而这也为自主技术的300MW循环流化床锅炉研制打下了基础（见表6-4-1）。

表6-4-1　国内300MW级循环流化床锅炉一览表（2006~2007年）

序号	电厂名称	台数	制造商	投运时间（年）
1	白马示范电站	1	阿尔斯通公司	2006
2	云南红河发电有限责任公司	2	哈尔滨锅炉厂	2006
3	秦皇岛热电厂	2	东方锅炉厂	2006
4	云南巡检司电厂	2	哈尔滨锅炉厂	2007
5	云南国电开远发电有限责任公司	2	上海锅炉厂	2007

这次技术引进也促使国内相关行业对该领域技术加大研发投入、并更加重视知识产权保护。从表6-4-2中可以看出，循环流化床锅炉的国内发明申请量在2004年上了一个台阶，此后一直保持迅猛的增长势头，从21世纪初的每年10来件增长到2009年的88件，年增长率约为40%。

表6-4-2　中国循环流化床锅炉领域国内发明申请量年份情况

年份	2000	2001	2002	2003	2004	2005	2006	2007	2008	2009
申请量（件）	7	14	12	14	22	22	27	38	43	88

表6-4-3反映了流化床锅炉领域国内申请人的排名情况。从该表中可以看出，在流化床锅炉领域，国内的高校、科研单位体现出较强的研究实力和技术创新优势。

表 6 - 4 - 3　流化床锅炉领域国内申请人排名

排名	申请人	申请量（件）
1	清华大学	46
2	中科院工程热物理研究所	37
3	浙江大学	32
4	西安热工研究院有限公司	30
5	上海锅炉厂	26
6	东南大学	23
7	中国铝业股份有限公司	19
8	无锡华光锅炉股份有限公司	18
9	哈尔滨工业大学	11
10	济南锅炉集团有限公司	10

由于引进技术的协议中对锅炉产品的出口有严格的限制条款，加之技术使用费昂贵，这次技术引进也激发了国内锅炉制造企业开发自主技术产品的决心。三大锅炉制造企业采用引进技术一共只生产了不到 20 台 300 MW 循环流化床锅炉产品，此后三家企业均开发出了自主技术的 300 MW 循环流化床锅炉产品，如上海锅炉厂的广东云浮电厂项目、东方锅炉厂的广东坪石电厂项目、哈尔滨锅炉厂的郭家湾电厂项目等等，迄今已生产了超过 100 台 300 MW 循环流化床锅炉产品。

这次技术引进还促进了企业知识产权意识的提高，三大锅炉制造企业在自主开发过程中都更加注重知识产权问题，其中一家于 2009 年专门委托知识产权司法鉴定机构对其自主开发的 300 MW 等级亚临界、300 MW 等级超临界循环流化床锅炉中的锅炉总体方案设计、流态化燃烧系统、锅炉结构、自动控制系统等核心技术进行了知识产权司法鉴定，这在我国的循环流化床锅炉技术发展史上是首开先河之举，凸显了企业对知识产权的重视。

6.5　对引进技术的消化、吸收及改进

所引进的阿尔斯通公司的鲁奇型循环流化床锅炉存在鲜明的特点，但是在投产和实际运行中，发现其也存在一些技术缺陷和"水土不服"的问题，主要有：

① 运行过程中两床失稳。

由于采用裤衩型双布风板结构炉膛，炉内具有两个底部并不连通的床层。当两个床层温差较大或料层差压较大时，会出现一个床内的床料在很短时间内全部翻到另一个床内的现象，严重时会造成停炉事故，因此两床失稳又称翻床。

② 冷渣器问题。

国外循环流化床锅炉使用的煤大多是灰含量很少的优质煤，同时入炉粒度得到较

好的控制，因此很少遇到排渣困难的问题。而中国的循环流化床锅炉所使用的大多是低热值、低挥发分、高灰分的劣质煤，而且国内给煤破碎系统无法满足给煤粒度设计要求，导致底渣粒度远远超出设计值，造成排渣不畅。原设计的翻墙式风水联合冷却的冷渣器，其底渣无法顺利流动和冷却，影响锅炉安全运行及负荷。

③ 锅炉水冷壁磨损问题。

炉膛四角水冷壁与耐火材料交接处上方300～400mm的地方磨损严重。

④ 风帽磨损与风室漏渣问题。

⑤ 外置换热器的循环灰进灰控制装置为机械式锥形阀，结构复杂、容易卡塞、容易磨损、材料等级高、价格昂贵；此外，外置换热器还有如下缺点：结构比较复杂，制造安装困难、事故点增加，运行维护费用高、结构庞大，布置难度大、系统复杂，制造运行成本增加、增加厂用电、减少锅炉的有组织风等。

⑥ 炉膛底部布风板制造中外形尺寸控制困难，收缩余量难以控制。

这些技术缺陷使该引进技术在国内的推广使用受到了很大限制，而且面对我国劣质煤比重大的煤质特点，该引进技术更加显得水土不服。随着国家推行"上大压小"的政策，我国高达3 000万千瓦的煤矸石发电机组的巨大装机需求需要大量300 MW循环流化床锅炉产品。国内几家大型锅炉制造厂商通过技术人员的研究，并会同国内多家高校、科研单位共同开发研究，在135～150 MW循环流化床锅炉自主技术的基础上，充分吸取引进技术产品的经验教训，不仅基本解决了上述技术难题，而且形成了更适合我国国情、日趋成熟的亚临界1 025 t/h循环流化床锅炉自主技术，具体的技术手段有：

① 运行过程中的两床失稳问题是裤衩型双布风板结构炉膛的顽疾，我国自主技术产品大都不再采用该结构，改为采用单炉膛单布风板炉膛，从根本上避免了两床失稳问题，而且针对大型炉膛的二次风穿透问题，也发展出了新型的炉膛结构，相关专利例如有：200710063703"带受热屏的循环流化床锅炉炉膛"，200710151813"带水冷柱的循环流化床锅炉炉膛"。此外，针对裤衩型双布风板结构炉膛，自主技术也提出了有效解决两床压力的平衡问题的方法，这方面的相关专利例如有：200910088898"裤衩腿结构的流化床锅炉一次风调节方法"，其从控制系统增加一次风量变化的前馈信号，限制每一个风道风量的异常变化，从而有效解决两床压力的平衡问题。

② 由于中国煤质资源的自身特点，导致中国在循环流化床锅炉排渣系统方面的研究十分活跃，相关的申请量也居于流化床锅炉的各个技术分支的首位。通过将冷渣器更换成国产的水冷滚筒冷渣器最终解决了所述问题。这方面的相关专利例如有：200410062262"一种风水联合流化床冷渣器"；200510102903"一种循环流化床锅炉的冷渣器"；200520078204"滚筒式流化床锅炉冷渣器"；200910054142"循环流化床底渣冷却方法"。

③ 针对炉膛水冷壁的磨损问题，我国发展出了多种自主技术，包括过渡区让管、超音速喷涂、敷设特殊形状的耐磨材料等，这方面的相关专利例如有200620047625"流化床锅炉炉膛过渡区防磨结构"。（图6-5）

④ 针对引进技术风帽漏渣严重的问题，国内发展出了多种自主技术，如采用加焊

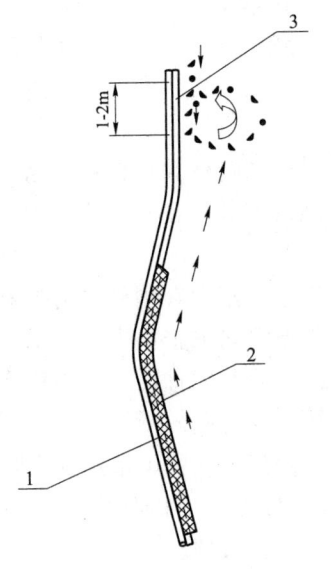 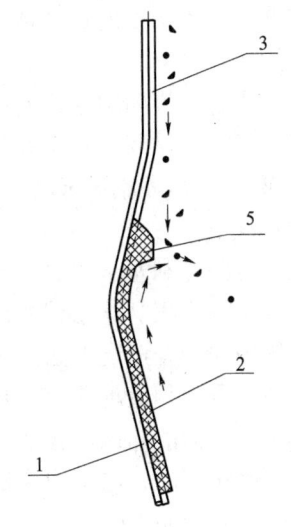

（1）.原炉膛过渡区防磨结构 （2）.改进后的炉膛过渡期防磨结构

图 6－5 流化床锅炉炉膛过渡区防磨结构比较

防磨罩的方法或者采用改进型大口径钟罩式风帽。对于风帽的改进也是流化床锅炉领域国内研究热点之一，而且近年申请量有上升的趋势。这方面的相关专利例如有：200810102793 "内嵌式柱形风帽"；200610011187 "一种浮子式风帽"；200410042717 "镶嵌多孔段型风帽"；200620020678 "一种用于流化床反应器的钟罩式风帽"；200820055595 "一种 T 型钟罩流化风帽"。

⑤ 针对机械式灰控阀的弊端，国内发展出了多种自主技术的非机械式的物料循环装置，相关专利例如有：200510102905.0 "一种气动控制进灰的外置换热器"；此外，国内还从锅炉整体设计入手，取消了外置换热器，已研制成功不带外置换热器的 300 MW 等级锅炉技术产品。

⑥ 针对布风板的制造问题，自主技术摒弃了传统的产品整体组装制造方法，而是分成模块制造，采用气体保护焊组装模块，从而解决了由于大量的密集焊接引起的焊接收缩、变形问题，确保产品的最终尺寸符合要求。这方面的相关专利例如有：200610118145 "一种循环流化床锅炉炉底布风板的制造方法"。

通过国内研发机构和锅炉制造企业的不断努力，在这次技术引进后的短短几年，我国的循环流化床锅炉自主技术已经大步迈向了国际先进水平，不仅能够自主设计并制造 300 MW 等级循环流化床锅炉，而且具备了开发更高容量等级锅炉产品的实力。2006 年 2 月，国务院发布了《国家中长期科学和技术发展规划纲要（2006～2020年)》，将自主开发超临界大型循环流化床确立为能源领域的优先主题之一；2006 年 10 月，国家发改委组织成立了 "自主研发 600 MW 超临界循环流化床锅炉专家组"。目前，我国循环流化床技术主要研发机构、锅炉制造企业、设计院共近 20 家单位正在国家科技支撑计划项目的支持下、在专家组的领导下，协力开展 600 MW 超临界循环流化床锅炉研发，示范工程已获国家发改委批准，正在紧张建设中，即将于 2012 年投运，届时这将是世界上最大容量的循环流化床锅炉产品。该技术产品的研发瞄准核心技术创新，已经产生了一批支柱性专利技术，并带动了相关技术的开发，终将把我国的循环流化床锅炉自主技术推向国际领先水平。

目前，我国已经从循环流化床锅炉技术的引进国转变为出口国，而我国自主开发的 135～150 MW 等级循环流化床锅炉技术已经实现了技术出口，将在国际技术市场上与国外技术进行竞争。

但是，上述这些专利基本上都是中国国内申请，甚少在国外进行专利申请。这反映出中国申请人知识产权全球意识的淡薄。随着国内锅炉企业生产技术的进步和资金经验的积累，国内锅炉企业走出国门参与国际竞争的愿望日益增强并且实践比例逐步提高，国内申请人也应相应地重视全球专利申请，及时到国际上申请专利，以保持参与国际市场竞争所必需的知识产权能力。国外企业在进入中国市场前大都先进行专利申请，然后才开始卖产品，而国内多数企业在输出产品的同时，往往忽视了对知识产权的申请和保护，等产品卖好了，再申请专利，则为时已晚。

6.6 本章小结

第一，企业应当充分了解本领域的技术动向，明确企业技术引进的总体方向。专利文献是报道最新发明创造最快的信息源，同时它也是世界上最精确、最严密的追溯性资料。据统计世界上每年发明创造的 90% 可在专利文献中查出，因此企业在进行技术引进工作前，要充分利用专利文献，选择合适的技术。

第二，要对引进的行业先进技术进行前期调查，它包括：了解同行业某项特定技术是否是专利技术、是何种专利技术、是否是有效专利、专利权的期限还有多少、专利族信息，以及特定技术与特定专利技术的关系等情况，从而选择合适的引进方式。

第三，在技术引进过程中，要充分维护技术引进方的权益，明确技术转让方的各种义务。需要提醒技术引进方注意的是，在技术引进实践中，引进方在使用技术的过程中，往往会对进口技术进行改进，技术引进方应在技术引进合同中对于这部分改进成果的归属予以声明，以避免将来的知识产权纠纷。

第四，技术引进要与自主技术的发展相结合。通过引进技术和工艺，以及企业自身的发展，国内锅炉制造企业已经具备了制造高性能锅炉的制造平台和工艺，但是自主创新技术开发能力依然有待进一步提高。以企业产品开发和应用为中心，行业、学校、科研机构相互配合，发挥各自的优势，通过吸取引进技术和国外技术开发的经验教训，大力开展自主创新，才能进一步推动具有自主知识产权的燃煤锅炉技术向高参数、大容量、低污染的方向发展。

第7章　新兴市场专利分布分析

　　由于国内锅炉企业生产技术的进步和经验的积累，结合之前行业调查了解的信息，发现国内锅炉企业走出国门参与国际竞争的愿望日益增强和实践比例逐步提高。伴随着企业参与国际竞争的增多，以专利为核心的知识产权纠纷也随之增多。

　　基于上述情况，本报告特别设置了本章，其目的旨在为参与国际竞争的国内锅炉企业提供新兴市场的专利分布信息，并帮助企业避开潜在的专利纠纷风险。尤其是为企业提供新兴市场专利分析方法的指引。

7.1　新兴市场定义及检索数据说明

　　本报告中的新兴市场是指近年来经济发展活跃、能源需求增长快速和燃煤锅炉燃烧设备市场增长迅速的国家和地区。其中典型的代表国家和地区有印度为首的南亚国家和地区、印尼为首的东南亚国家和地区、南非为首的部分非洲国家和以巴西为首的部分南美国家和地区。

　　由于新兴市场分布范围较为广阔，并且各个国家的市场情况受其所处的地区和国家的政治经济条件和自然资源条件影响，特别是专利政策的影响，因此本报告没有选择所有的新兴国家和地区均作详细地分析。本报告选取了具有代表性的国家作为范例来提供专利信息并给出避免专利纠纷的方法指引。本报告选择的国家是印度，选择印度的理由如下：首先，印度近年经济发展活跃、能源需求增长迅速，是公认的"金砖四国"之一；其次，印度的能源结构使得其燃煤锅炉燃烧设备市场增长迅速；再次，印度较早建立了较为完善和独特的专利制度；最后，印度的人口众多，随着经济的发展，其对能源的需求仍然迫切，从而使得燃煤锅炉燃烧设备市场增长空间巨大。

　　在本章后续的章节中将以印度为例来对新兴市场专利的分布进行分析，其中检索印度专利的数据库主要是德温特公司的 WPI 数据库（其收集了自 1994 年后的印度专利文献，2000 年后的印度专利文献收集较为齐全），辅之以印度专利官方网站（www. ipindia. nic. in）的检索接口来获取 2000 年以前的专利数据。

　　在检索过程中采用的检索策略为：先在 WPI 数据库中检索相应的燃煤燃烧设备，然后在获得的检索数据集合中使用公开号检索印度专利申请，之后统计申请人，再到印度专利官方网站以申请人为主要检索要素获取专利数据，并与 WPI 数据库检索获得的对应申请人的印度公开专利进行比较合并从而获得印度专利数据集合。最终获得印度燃煤锅炉燃烧设备公开专利数量总量为 317 件。

7.2 印度专利分布及主要申请人

基于表7－2－1可以明确地知道，无论从印度专利申请量和授权数量来看，阿尔斯通公司均处于第1位，且明显高于其他公司，其中申请量为76件，授权66件；虽然印度占比略低于其他两家公司，但是仍然高于15%达到17.8%，因此其印度申请所占比例仍然很高，所以从上述数据可以看出阿尔斯通公司非常重视印度市场和印度专利申请。福斯特惠勒公司排名紧随阿尔斯通公司，其申请量为47件，授权37件，印度占比为19.8%；因此可以知道该公司也很重视印度市场和印度专利申请。排名第3位的则是美国巴威公司，其申请量为38件，授权31件，印度占比为23.2%；其虽然申请量小于福斯特惠勒公司，但是从印度占比来看，美国巴威公司则高于福斯特惠勒公司，因此可以知道该公司同样重视印度市场和印度专利申请。而日本的几家公司虽然在全球专利数量总排名更为靠前，但是从其在印度的申请量来看明显与其在全球数量中的地位不相符合，其印度占比更是均小于5%，并且这三家公司数量总和不及排名第3位的美国巴威公司。此外，对印度申请人进一步详细分析，发现印度国内申请人数量众多，但是没有一位申请人申请量大于或是等于印度公开专利申请总量的1%。参见图7－2－1和表7－2－1，可以明确知道阿尔斯通公司、福斯特惠勒公司和美国巴威公司三家公司专利申请量占据了印度专利申请量的51%以上，结合中国国内企业技术来源状况以及印度申请人申请量分布状况，我们认为对于印度专利分布情况主要分析阿尔斯通公司、福斯特惠勒公司以及美国巴威公司即可为国内企业提供相对重要的信息。

表7－2－1　印度专利主要申请人申请授权数量及其印度占比❶

申请人	印度专利数量（件）	全球专利数量（件）	印度占比	授权数量（件）
阿尔斯通公司	76	426	17.8%	66
福斯特惠勒公司	47	237	19.8%	37
美国巴威公司	38	164	23.2%	31
三菱重工株式会社	11	237	4.6%	7
日立巴布考克株式会社	10	381	2.6%	4
石川岛播磨重工株式会社	5	239	2.1%	4

之所以出现日本公司全球专利数量大于阿尔斯通公司等三家公司而印度专利数量小于阿尔斯通公司等三家公司的情况是有其历史缘由的。从公司所属地域上来看，阿尔斯通公司是欧洲公司，而欧洲专利制度的历史较为悠久，同时阿尔斯通公司从成立至今，公司运营状况未出现特别重大的波折，并且由于其法资背景使得其与印度关系一向较为良好，因此阿尔斯通公司对于印度专利申请的重视有史可循。至于福斯特惠勒公司和美国巴威公司由于其是美国公司，且美国与印度的关系较为平稳，且美国在

---

❶ 印度占比：某公司印度专利申请占其全球专利申请的比例。

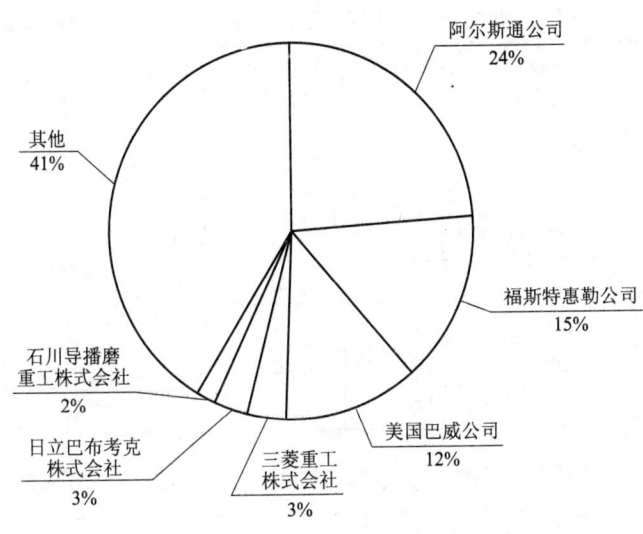

图 7 – 2 – 1　各主要申请人在印度专利中的比例

国际领域同样重视知识产权的保护，因此其对在印度进行专利申请也较为重视。然而三菱重工株式会社、日立巴布考克株式会社和石川岛播磨重工株式会社等日本公司的原始技术来源主要也是从美国早期技术（例如原来的 CE 公司后被阿尔斯通公司并购）引进、继承和发展，且传统上日本重国内以及欧美而轻亚洲，因此它们对于印度专利申请重视程度不够。

7.3　阿尔斯通公司

基于表 7 – 3 – 1 可以明确地知道，阿尔斯通公司在煤粉炉和流化床锅炉均有专利申请，且每个时间段均有申请存在，这反映了阿尔斯通公司对于印度市场的关注程度较高且专利策略较为稳定且持续。但是从一级分支来分析，其在流化床锅炉申请量大于煤粉炉的申请量，特别是 2000 年以后，流化床锅炉的申请量明显多于煤粉炉的申请量。而具体在煤粉炉的各二级分支中，申请集中在送风和燃烧器两个技术分支，且燃烧器分支有随着时间推移申请量增加的趋势；在流化床锅炉的各分支中，布风系统、回料系统、炉膛申请量相对较多，并随着时间的推移，布风系统申请量有逐渐增加的趋势，这与燃烧设备发展的大趋势几乎一致，由于流化床锅炉的煤种适应性好的特性决定了流化床锅炉日渐受到重视。而在具体的煤粉炉中，又由于燃烧器和送风对于燃烧的效率和污染物控制具有重要意义，因此相关分支专利申请受到重视，而阿尔斯通公司也在印度的相应领域相应进行专利申请。在流化床锅炉领域，阿尔斯通公司在炉膛、回料和布风系统中也作了相应申请，而在布风系统中其近期申请力度加强，但是其中部分申请还处于审查或是刚公开的状态。

第1章

第2章

第3章

第4章

第5章

第6章

第7章

第8章

表7-3-1　阿尔斯通公司燃烧设备各分支在印度每个时间段申请量

年份		~1990	1990~1994	1995~1999	2000~2004	2005~2009	合计
煤粉炉	燃烧器	2	1	1	3	4	11
	燃烧室	3	0	1	0	0	4
	送风	1	0	4	3	1	9
	控制	1	0	0	0	1	2
	其他	1	0	0	1	0	2
流化床锅炉	布风系统	0	2	1	3	5	11
	给料系统	0	0	0	0	0	0
	回料系统	0	0	0	6	2	8
	炉膛	0	1	3	5	4	13
	排渣系统	0	0	0	0	0	0
	控制	0	4	2	0	2	8
	送风	0	0	1	0	2	3
	其他	0	0	2	1	2	5

　　同时从时间上看，在煤粉炉的燃烧室分支中阿尔斯通公司已有过期专利，由于这些过期专利中的技术已进入公共领域，对这些技术的使用已不存在专利纠纷的风险。而燃烧器、布风系统等分支中还有一些申请尚在审查过程中。

　　如图7-3-1所示，该图直接反映了阿尔斯通公司各技术分支印度占比差异较大，

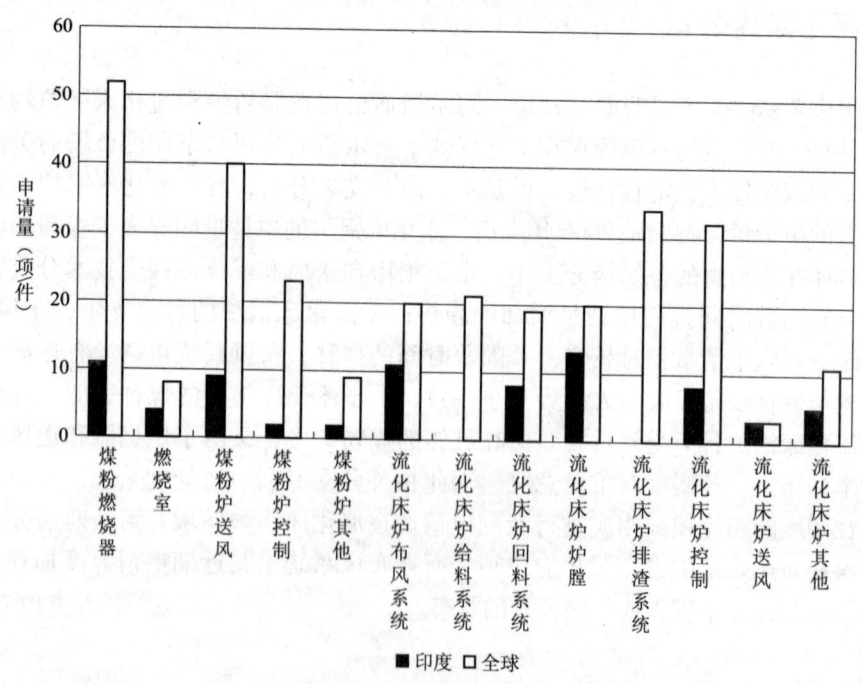

图7-3-1　阿尔斯通公司各分支申请印度申请与其全球申请比较图

流化床锅炉给料系统和流化床锅炉控制系统在印度未申请专利，而流化床锅炉布风系统、流化床锅炉炉膛和煤粉炉燃烧室专利申请较多，而流化床锅炉送风占比最高达到100%，基于该公司在该二级分支总量较小，可以认为该分支不具备参考意义。图7-3-1还进一步反映了阿尔斯通公司公司对于各二级技术分支在印度市场具有不同的预期判断。

7.4　福斯特惠勒公司

基于表7-4可以明确地知道，福斯特惠勒公司在煤粉炉和流化床锅炉均有专利申请，且除了1990~1994年外的每个时间段均有申请存在，这反映了福斯特惠勒公司对于印度市场保持一定的关注程度。但是从一级分支来分析，其在流化床锅炉申请量远大于煤粉炉的申请量，特别是2000年以后，流化床锅炉的申请量处于绝对优势地位。而具体在煤粉炉的各分支中，申请均匀分布于各分支，且数量较小；在流化床锅炉领域各分支中，布风系统和回料系统处于明显优势，同时随着年代的推移布风系统申请量有逐渐增加的趋势，这与福斯特惠勒公司在燃烧设备中的特长相一致，该公司在流化床锅炉领域实力明显强于煤粉炉领域。而在具体的流化床锅炉中，又由于布风系统和回料系统对于燃烧的效率、燃料的转移和污染物控制具有重要意义，且相关领域是福斯特惠勒公司的长项，因此相关分支专利受到重视并在印度相应进行了专利申请。

表7-4　福斯特惠勒公司燃烧设备各分支在印度每个时间段申请量　单位：件

年　份		~1990	1990~1994	1995~1999	2000~2004	2005~2009	合计
煤粉炉	燃烧器	1	0	1	1	1	4
	燃烧室	1	0	1	0	0	2
	送风	1	0	0	2	0	3
	控制	1	0	0	0	0	1
	其他	0	0	0	0	0	0
流化床锅炉	布风系统	1	1	2	3	5	12
	给料系统	0	1	0	0	0	1
	回料系统	1	3	3	2	0	9
	炉膛	1	1	0	1	1	4
	排渣系统	2	0	0	0	0	2
	控制	0	0	1	0	1	2
	送风	1	0	1	0	2	4
	其他	1	1	0	0	1	3

同时从时间上看，在流化床锅炉的排渣系统中已有过期专利，由于这些过期专利的中的技术已进入公共领域，对这些技术的使用已不存在专利纠纷的风险。而在回料系统分支申请有所减弱，估计该公司的研究重点有所转移。

如图7-4所示，该图直接反映了福斯特惠勒公司各技术分支印度占比差异较大，

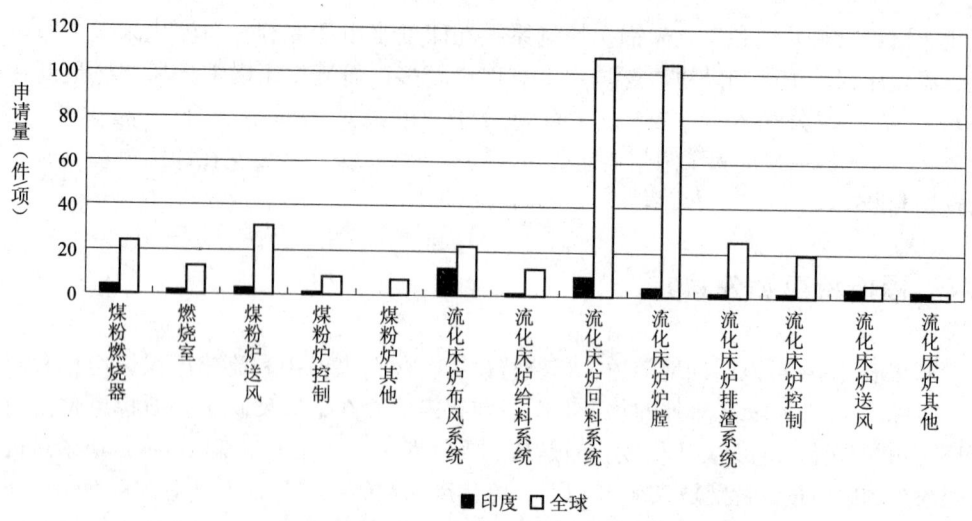

图7-4 福斯特惠勒公司各分支申请印度申请与其全球申请比较图

流化床锅炉给料系统未在印度进行专利申请，而流化床锅炉布风系统申请较多；而流化床锅炉其他占比最高达到100%，但是基于流化床锅炉其他的总数较小，可以认为该二级分支不具备参考意义。该图进一步反映了福斯特惠勒公司对于各二级技术分支在印度市场具有不同的预期判断。

7.5 美国巴威公司

基于表7-5可以明确地知道，美国巴威公司在煤粉炉和流化床锅炉均有专利申请，且除了1990~1994年外的每个时间段均有申请存在，这反映了美国巴威公司对于印度市场保持一定的关注程度。但是从一级分支来分析，其在流化床锅炉申请量远小于煤粉炉的申请量，但是2000年以后，流化床锅炉相对于煤粉炉的申请量差距减小，二者申请量接近。而具体在煤粉炉的各分支中，申请主要分布于燃烧室、燃烧器和送风，但是燃烧室和燃烧器主要为早期申请，近些年的申请量明显减少，然而送风分支的数量仍然保持在较高的水平；而在流化床锅炉的各分支中，回料系统处于相对优势，同时可以看出该公司在煤粉炉的专利申请量明显大于流化床锅炉的专利申请量，这与该公司在煤粉炉领域实力明显强于流化床锅炉领域相一致。

表7-5 美国巴威公司燃烧设备各分支在印度每个时间段申请量　　单位：件

年 份		~1990	1990~1994	1995~1999	2000~2004	2005~2009	合计
煤粉炉	燃烧器	4	0	1	1	1	7
	燃烧室	4	0	1	0	1	6
	送风	5	0	0	0	5	10
	控制	1	0	0	0	3	4
	其他	0	0	0	1	0	1

续表

年　　份		~1990	1990~1994	1995~1999	2000~2004	2005~2009	合计
流化床锅炉	布风系统	1	0	0	0	0	1
	给料系统	1	0	0	0	0	1
	回料系统	1	0	1	1	0	3
	炉膛	0	0	0	0	1	1
	排渣系统	0	0	0	0	0	0
	控制	0	0	0	0	1	1
	送风	0	0	0	0	1	1
	其他	0	0	0	1	1	2

　　同时从时间上看,在煤粉炉的燃烧室、燃烧器和送风分支中已有过期专利,对这些过期专利的中的技术已进入公共领域,对这些技术的使用已不存在专利纠纷的风险。

　　如图7-5所示,该图直接反映了美国巴威公司各技术分支印度占比差异较大,流化床锅炉排渣系统在印度未申请专利,而煤粉燃烧器和煤粉炉送风分支申请量较多;而流化床锅炉其他占比最高达到67%,但是基于流化床锅炉其他的总数较小,可以认为该二级分支不具备参考意义。该图还进一步反映了美国巴威公司对于各二级技术分支在印度市场具有不同的预期判断。

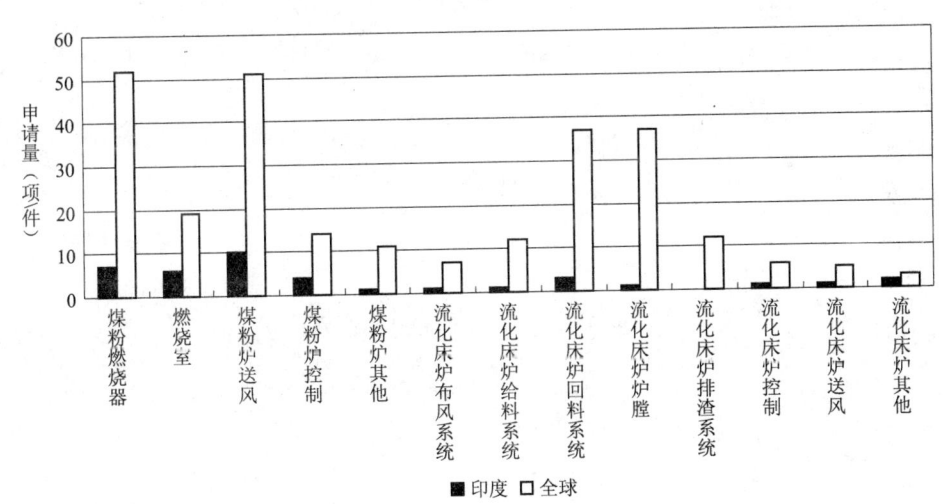

图7-5　美国巴威公司各分支申请印度申请与其全球申请比较图

7.6　本章小结

　　第一,中国企业应当充分了解主要申请人在印度等新兴市场专利分布的情况。充分利用专利制度的地域性特征,合理规避专利壁垒,并充分利用全球专利资源,在特定地域合理使用已公开的其他专利情报和技术,提高企业的整体技术水平。例如在印

第1章　第2章　第3章　第4章　第5章　第6章　第7章　第8章

度市场重点需要关注阿尔斯通公司、福斯特惠勒公司和美国巴威公司的专利情况，着力避开相关公司的有效专利；但是可以根据全球的专利技术情况，特别是可以多了解使用三菱重工株式会社、日立巴布考克株式会社和石川岛播磨重工株式会社的专利技术，考虑合理利用三菱重工株式会社等日本申请人在非印度的专利申请技术合理提高设备的技术水平，以提高竞争能力等。

第二，根据中国企业的产品特点，发挥国内企业的在某些技术分支的长处和后发优势，集中在某些技术分支尽快取得技术突破并在新兴市场合理进行专利申请。例如：根据中国在流化床锅炉的排渣系统中技术改进的优势在印度市场及时作合理的专利申请。

第三，加强与行业领先企业的合作，力争获得合作项目或是获得在新兴市场的技术许可，进一步拓宽市场和加强企业在新兴市场的知名度和影响力。

第 8 章　主要结论

第1章

第2章

第3章

第4章

第5章

第6章

第7章

第8章

　　本章旨在对于报告整体分析进行总结，分别对于行业的总体态势、整体技术发展的现状和潜在前沿技术、关键的技术分支、申请人的状况以及引进技术对于我国行业影响给出主要的结论。

　　通过本章给出的结论，国内行业从业人员可以较为全面了解目前燃煤锅炉燃烧设备行业的全球和国内的发展情况，并可有针对性地进行技术革新和研究，同时还可以根据主要申请人的信息进行选择合作、竞争的方式。

8.1　燃煤锅炉燃烧设备总体态势

8.1.1　全球专利发展态势

　　从全球上来看，燃煤锅炉燃烧设备的全球专利申请处于新一轮的技术发展期，申请人数量相对稳定，申请量增长较快。全球燃煤锅炉燃烧设备的专利分布相对均衡，其中流化床锅炉是研究的热点。

　　燃煤锅炉燃烧设备行业技术集中度相对较高，且有进一步集中的趋势。其中日本的企业占据十强中的四席。

　　日本、美国、德国和法国专利优势明显，是专利输出主要国家，中国市场受到国外大公司的重视。

8.1.2　中国专利发展态势

　　从国内来看，中国在燃煤锅炉燃烧设备行业的专利申请进入了高速增长期，但国内申请人主要以大学和研究所为主，作为市场主体的公司和企业申请量并不占有优势；而国外申请人（主要是行业内的跨国巨头公司）在中国积极申请专利。

　　从专利申请人所在的地区看，北京、浙江、黑龙江、上海等省市申请人相对活跃。

　　从技术分支上来看，发明申请主要集中在煤粉炉和流化床锅炉两个技术分支，近年来流化床锅炉申请量增长幅度超过煤粉炉。

　　国内企业与可考虑研究院所联合，在增大研发投入的同时，推进专利的市场化。结合中国的国情，发挥国内申请人在流化床锅炉领域的优势，积极将一些专利在全球范围内选取合适的区域国家进行专利申请，从而在国际市场上赢得更多的话语权。

8.2 燃煤锅炉燃烧设备技术发展现状及趋势

8.2.1 燃煤锅炉燃烧设备技术发展现状

燃煤锅炉燃烧设备的主要方向仍然集中在研制大容量、高参数、宽煤种、低污染的流化床锅炉和煤粉炉。具体而言，流化床锅炉送风以及回料分支仍然是燃烧设备的前沿，而煤粉炉中的燃烧器以及送风也是燃烧设备研究的主要技术主题。

层燃炉虽然已经进入技术衰退期，但是还有使用前景，低污染、高效率、易控制的小型层燃炉仍受市场欢迎。

在布风系统中，对风帽和风板结构的改进是申请人关注点。早期技术功效比较单一，主要集中在延长使用寿命和提高燃烧效率上。随着技术发展，对布风系统的功效提出更高的要求，例如使结构简化、提高可控性、降低污染物等；但延长使用寿命、提高燃烧效率仍是布风系统的主要功效，其中在提高燃烧效率方面，主要通过风板布置的改进；而在延长使用寿命和防止堵塞两个方面，主要在于风帽的改进。

8.2.2 燃煤锅炉燃烧设备潜在技术点

由于国际环保组织对于污染气体排放标准日益提高，因此存在将污染物控制技术与燃烧设备结合的趋势，特别是二氧化碳等温室气体的控制和捕集技术有可能成为燃烧设备未来发展的新的技术点。

8.3 燃煤锅炉燃烧设备主要申请人

燃煤锅炉燃烧设备的主要申请人包括：阿尔斯通公司、美国巴威公司、日立巴布考克株式会社、福斯特惠勒公司和三菱重工株式会社。

8.3.1 主要申请人的技术特长

在可以预见的未来，日立巴布考克株式会社、阿尔斯通公司、三菱重工株式会社和美国巴威公司仍将在煤粉燃烧器和送风上进行创新和改进。可以预见这些公司在相应领域技术水平仍将位于前茅。

对于燃煤流化床锅炉，各主要申请人主要针对锅炉的布风系统、回料系统和炉膛进行创新和改进，其中福斯特惠勒公司和阿尔斯通公司在可见的未来内仍将引领流化床锅炉技术的发展。

8.3.2 主要申请人的专利申请分布

燃煤锅炉燃烧设备的主要申请人中，阿尔斯通公司、福斯特惠勒公司以及美国巴威公司的专利分布较广，涉及近30个国家和地区，在美洲、欧洲、亚洲、非洲、大洋洲都有专利申请；申请针对的主要国家或地区是美国、欧洲和亚洲，亚洲国家和地区中在中国、日本、韩国、中国台湾地区、印度都有较高的申请量；上述公司在新兴国家，如印度、南非、巴西都有专利申请，表明它们积极在经济活跃地区进行专利申请，应对它们加以重点关注。而日本的几家公司，例如三菱重工株式会社、石川岛播磨重工株式会社，虽然在全球专利申请量排名靠前，但是主要申请集中在本国，在中国专利申请量不占优势，并且对于印度等新兴市场的专利申请重视程度也不够。

8.4　引进技术专利分析带来的启示

通过本报告引进技术的专利分析，发现专利分析对于技术引进具有重要的作用。它可以帮助企业确定引进技术的方向，有助于企业确定引进的方式，有助于降低引进成本和维护自身权益。

但是目前燃煤锅炉燃烧设备行业主体在技术引进中还未能充分利用专利分析方法和工具，在技术引进中还存在一些不足。首先，对于其中的专利技术预分析工作仍然存在期待改进的地方，例如：对于专利技术地域性分析不足，特别是对于这些技术是否在中国申请专利以及专利的法律状态未能充分了解，从而没有能够最大限度地充分利用专利地域性和公开性特点。其次，对于技术引进后专利权保护和专利改进权利的重视不够，例如：对于引进后专利权维持状态未予充分关注；对于引进专利后在此基础上改进技术的专利保护意识不够，未及时在合适的国家地区申请专利或是在合同中未约定改进后申请专利的权利，以最大化地维护合理的权益从而提高企业的全球市场竞争力。

8.5　新兴市场的专利申请分析

通过新兴市场的专利申请分析，可以为国内企业参与国际竞争规避专利纠纷风险、提高企业竞争能力提供信息和方法指引。首先，可以帮助企业了解新兴市场的主要专利申请人是谁；其次，可以帮助企业了解新兴市场主要申请人专利申请的分布情况；最后，借助专利信息可以帮助企业了解主要申请人在新兴市场的技术实力以及市场前景，从而对新兴市场作出正确的评估和判断，有利于企业提高决策的科学水平。